21世纪全国高职高专机电系列技能型规划教材

Pro/ENGINEER Wildfire 设计实训教程

主　编　吴志清　张文凡

副主编　郭军平　吴铁军　周渝明

北京大学出版社
PEKING UNIVERSITY PRESS

内容简介

本书是在吸收国际劳工组织（ILO）开发的模块项目式技能培训（MES）教学方式以及德国行为引导型职业教学模式的特点，结合我国高等职业教育培养及改革方向，采用领域化教材新形式而编写的。

本书共分为 7 个大模块，主要包括 Pro/ENGINEER Wildfire 基础简介、二维草图绘制、基础实体特征零件设计、高级扫描特征零件设计、特征操作及工程特征零件设计、曲面造型零件设计、零件综合设计，每个模块都有其相应的项目和知识点，7 个模块共包含了 30 个项目。每个项目都以一个产品设计模型作为任务驱动，由浅入深，提出需要掌握的基本技能及基础知识，由项目引出相关的知识要点，然后运用相关的知识进行项目的操作指引，引领学生一步步地掌握此软件的操作方法及技巧，从而掌握相关技能。

本书可作为高等职业院校机电一体化技术、数控技术、模具设计与制造、汽车检测与维修技术等专业的教材，也可作为从事机械模具设计、工业产品设计的技术人员，以及生产工人的培训用书和参考书。

图书在版编目(CIP)数据

Pro/ENGINEER Wildfire 设计实训教程/吴志清，张文凡主编. —北京：北京大学出版社，2012.8

(21 世纪全国高职高专机电系列技能型规划教材)

ISBN 978-7-301-16448-8

Ⅰ. ①P…　Ⅱ. ①吴…②张…　Ⅲ. ①机械设计—计算机辅助设计—应用软件—高等职业教育—教材

Ⅳ. ①TH122

中国版本图书馆 CIP 数据核字(2012)第 197081 号

书　　　名：Pro/ENGINEER Wildfire 设计实训教程

著作责任者：吴志清　张文凡　主编

策 划 编 辑：张永见　赖　青

责 任 编 辑：张永见

标 准 书 号：ISBN 978-7-301-16448-8/TH・0311

出　版　者：北京大学出版社

地　　　址：北京市海淀区成府路 205 号　100871

网　　　址：http://www.pup.cn　http://www.pup6.cn

电　　　话：邮购部 62752015　发行部 62750672　编辑部 62750667　出版部 62754962

电 子 邮 箱：pup_6@163.com

印　刷　者：河北滦县鑫华书刊印刷厂

发　行　者：北京大学出版社

经　销　者：新华书店

787mm×1092mm　16 开本　20 印张　465 千字

2012 年 8 月第 1 版　2012 年 8 月第 1 次印刷

定　　　价：38.00 元

前　　言

Pro/ENGINEER Wildfire 软件是美国参数技术公司（Parametric Technology Corporation，PTC）开发的大型 CAD/CAM/CAE 集成软件。该软件广泛地应用于机械设计、工业产品设计、模具设计、有限元分析、加工制造、功能仿真以及关系数据库管理等方面，是当今社会最流行、最优秀的三维实体建模设计软件之一。其内容丰富、功能强大，随着生产自动化水平的不断提高，在我国设计加工领域里的应用越来越广泛，受到广大用户的普遍欢迎。

本书采用理论与实践相结合，项目式的编写方式，能够轻松地引导读者循序渐进地掌握软件的基本用法，进一步将所学知识融会贯通，迅速、熟练地掌握软件的使用技巧。

本书在综合国内同类教材优点的基础上，结合我国高等职业技术教育的特色，并且在适度够用的基础上，加强基本理论、基本知识及基本技能操作技巧的掌握，并重视校企合作的开发，拓宽方向，重在实用。

本书共分为 7 个大模块，各模块课时分配(以 72 学时分配)见下表。

序号	模块	模块内容	建议学时
1	模块 1	Pro/ENGINEER Wildfire 基础简介	4
2	模块 2	二维草图绘制应用实例	6
3	模块 3	基础实体特征——零件设计应用实例	20
4	模块 4	高级扫描特征——零件设计应用实例	12
5	模块 5	特征操作及工程特征——零件设计应用实例	8
6	模块 6	曲面造型——零件设计应用实例	12
7	模块 7	产品综合设计应用实例	10
合计			72

本书由广州工程技术职业学院吴志清、张文凡任主编，广州市交通技师学院郭军平、东莞职业技术学院吴铁军、广东工贸职业技术学院周渝明任副主编。本书由吴志清审核与统稿。

本书在编写过程中得到了众多企业的关心和支持，提供了翔实、丰富的资料和宝贵的经验，同时还运用了前辈们的论述和成果，采其优长、集其精粹，使本书内容更为丰富、充实、严密、精彩，更具实用价值。对他们的关怀支持以及所付出的辛勤劳动，在此一并致以深切、诚挚的谢意。

限于编者的水平与经验的差距，加之这种教材编写模式尚是一种新的探索和尝试，书中难免会出现不妥和疏漏之处，恳请读者和同行批评指正。

编　者

2012 年 5 月

目　录

模块 1

Pro/ENGINEER Wildfire 基础简介

项目 1 认识 Pro/ENGINEER Wildfire

熟悉 Pro/ENGINEER Wildfire 系统的主要功能、主要特征、系统环境的设定、系统的启动；熟悉 Pro/ENGINEER Wildfire 系统的工作界面，包括菜单栏、工具箱、导航区和浏览器、图形窗口区、信息区；文件管理中掌握设置工作目录、新建文件、打开与关闭文件、文件的保存、重命名文件、文件的拭除与删除、退出系统等；视图显示的调整中掌握视图操作、颜色和外观、模型显示、基准显示。

熟练地操作 Pro/ENGINEER Wildfire 系统的相关基础功能。

熟悉 Pro/ENGINEER Wildfire 系统。

Pro/ENGINEER Wildfire 系统基础

一、Pro/ENGINEER Wildfire 系统

美国参数技术公司(Parametric Technology Corporation，PTC)于 1988 年推出 Pro/ENGINEER 的第一个版本，产品一经推出就在市场上获得了极大的成功。迄今为止，PTC 公司已推出多个版本的 Pro/ENGINEER，诸如 16i、20i、2000i、2001、Wildfire 2.0、Wildfire 3.0、Wildfire 4.0 等。

Pro/ENGINEER Wildfire 5.0(以下简称 Pro/E)作为一个机械自动化软件，在生产过程中能将设计、制造和工程分析 3 个方面有机地结合起来，全方位地进行三维产品的设计开发工作，此产品自问世以来，已成为了全世界最普及的三维设计软件之一，广泛地应用于机械、汽车、航空、家电、玩具、模具、工业设计等领域，用来进行产品造型设计、装配设计、模具设计、钣金设计、机构仿真、有限元分析和 NC 加工等。

1. Pro/E 系统的主要功能

(1) 机械设计(CAD)模块。此模块是一个高效快捷的三维机械设计工具，运用它可以创建任意复杂形状的产品零件。

(2) 工业设计(CAID)模块。此模块主要用于对产品进行几何外观设计。

(3) 功能仿真(CAE)模块。此模块为有限元分析，主要对产品零件内部的受力进行分析，从而满足产品零件在受力要求的基础上充分优化产品零件的设计。

(4) 制造(CAM)模块。此模块在机械行业中体现的功能主要是数控加工。

(5) 数据管理(PDM)模块。

(6) 数据交换(Geometry Translator)模块。

2. Pro/E 系统的主要特性

(1) 三维实体模型的设计系统。

(2) 单一数据库。

(3) 以特征作为设计的基本单元。

(4) 参数化设计。

3. Pro/E 软件的启动与退出

(1) 启动。

方法一：快捷图标方式启动，即双击桌面上的 图标，就可打开此操作系统。

方法二：菜单方式启动，即按照传统方式，逐步打开“开始”→“程序”→PTC→Pro/ ENGINEER。

(2) 退出。

方法一：选择主菜单中的“文件”→“退出”命令。

方法二：单击 Pro/ENGINEER Wildfire 5.0 系统右上角的 按钮，在弹出的“确定”对话框中单击“是”按钮即可退出。

二、Pro/E 野火软件工作界面

工作界面上部为下拉式主菜单，在主菜单下部是上工具箱，布置了不少图形工具栏，主要是一些常用的设计工具。在工作界面右侧是右工具箱，一般放置特定模块中的专用设计的工具。在界面左侧是零件的特征树(也称为模型树)，在设计工作区的上部或下部是设计图标板，在界面的底部是信息提示区和系统状态栏，如图 1-1 所示。

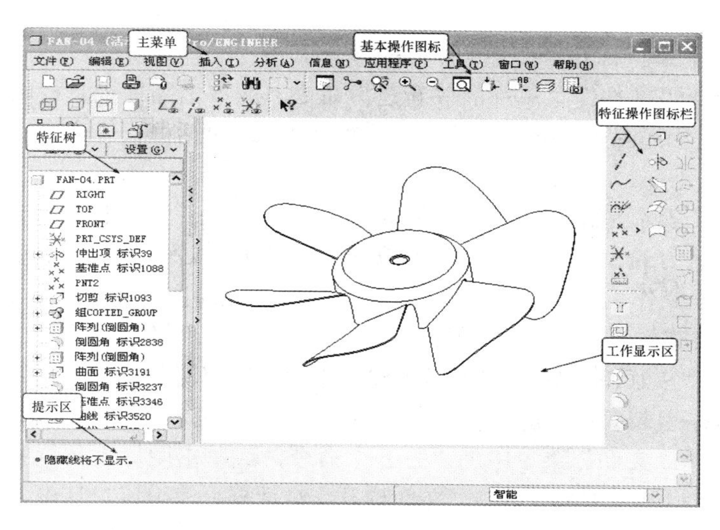

图 1-1　零件设计工作区的主界面

1. Pro/E 零件设计工作界面

(1) 主菜单区。位于工作界面的上部，放置系统的主菜单。不同的模块，在该区显示的菜单及内容有所不同。

(2) 基本操作图标区。一些使用频繁的基本操作命令，以快捷图标按钮的形式显示在这里，用户可以根据需要设置快捷图标的显示状态。不同的模块在该区显示的快捷图标有所不同。

(3) 特征操作图标栏区。位于窗口工作区的右侧，将使用频繁的特征操作命令以快捷图标按钮的形式显示在这里，用户可以根据需要设置快捷图标的显示状态。不同的模块，在该区显示的快捷图标有所不同。

(4) 工作显示区。该区是 Pro/E 软件的主窗口区。用户主要在此区域进行产品设计操作，操作的结果也显示在该区域内，同时用户也可在该区域内对模型进行相关的操作，如观察模型、选择模型、编辑模型等。

(5) 导航栏“隐藏/显示”区。位于窗口工作区的左侧。单击导航栏右侧的“▸”按钮，显示导航栏，单击导航栏右侧的“◂”按钮，隐藏导航栏。导航栏中包括模型树、资源管理器、收藏夹和相关网络技术资源四部分内容。单击相应选项按钮，可打开相应的导航面板。

(6) 信息显示区。位于窗口工作区的底部，对当前窗口中的操作简要说明或提示，对于需要输入数据的操作，会在该区出现一文本框，供用户输入数据使用。

(7) 过滤器栏。位于主窗口的右下角，单击其右侧的按钮，打开其下拉列表，显示当前模型可供选择的项目。使用该栏相应选项可以有目的地选择模型中的对象，可以在较复杂的模型中快速选择要操作的对象。

2. 菜单栏

菜单栏上提供了常用的文件操作工具、视窗交换工具以及各种模型设计工具，如图 1-2 所示。菜单栏按照功能进行分类，其内容因当前设计任务的不同而有所差异。

文件(F)　编辑(E)　视图(V)　插入(I)　分析(A)　信息(N)　应用程序(P)　工具(T)　窗口(W)　帮助(H)

图 1-2　菜单栏

(1)“文件”菜单。打开“文件”下拉菜单，其中：

新建——选择“文件”菜单中的“新建”命令，或单击图标工具栏中的文件常用工具按钮 ，系统显示如图 1-3 所示的“新建”对话框，该对话框包含要建立的文件类型及其子类型。

其中“草绘”表示建立 2D 草图文件，其后缀名为.sec；“零件”表示建立 3D 零件模型文件，其后缀名为.prt；“组件”表示建立 3D 模型安装文件，其后缀名为.asm；“制造”表示 NC 加工程序制作、模具设计，其后缀名为.mfg；“绘图”表示建立 2D 工程图，其后缀名为.drw；“格式”表示建立 2D 工程图图纸格式，其后缀名为.frm；“报表”表示建立模型报表，其后缀名为.rep；“图表”表示建立电路、管路流程图，其后缀名为.dgm；“布局”表示建立产品组装布局，其后缀名为.lay；“标记”表示注解，其后缀名为.mrk。

打开——选择“文件”菜单中的“打开”命令，或单击图标工具栏中的文件常用工具按钮，系统显示如图 1-4 所示的“文件打开”对话框，使用该对话框可以打开系统接受的图形文件。

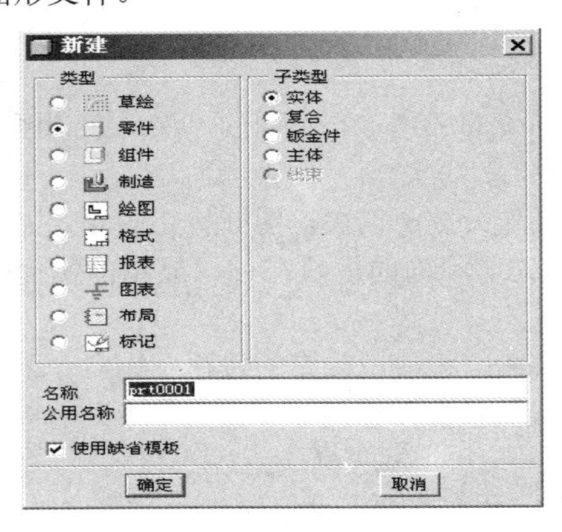

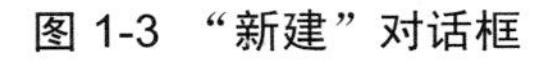
图 1-3 “新建”对话框

图 1-4 “文件打开”对话框

设置工作目录——选择“文件”菜单中的“设置工作目录”命令，弹出如图 1-5 所示的“选取工作目录”对话框。在“名称”文本框中输入一个目录名称，单击“确定”按钮即可完成当前工作目录的设定。设定当前工作目录可方便以后文件的保存与打开，既便于文件的管理，也节省文件打开的时间。

关闭窗口——选择“文件”菜单中的“关闭窗口”命令或单击当前模型工作窗口中的按钮 ，都可关闭当前模型的工作窗口。关闭窗口后，建立的模型仍保留在内存中，除非系统的主窗口被关闭，否则仍可在“文件打开”对话框中打开该模型。

保存——选择“文件”菜单中的“保存”命令，或单击当前模型工作窗口中的按钮，用于原名保存，即不允许更改文件名，并且只能将文件保存在其原有目录或设定的工作目录下，系统每次执行保存命令时都会复制一次文件，自动生成一个新版本文件，而不会覆盖原有的文件。

保存副本——选择“文件”菜单中的“保存副本”命令，系统显示如图 1-6 所示的对话框，输入保存文件名，选择相应的文件类型，单击“确定”按钮即可。此工具用于换名保存，即必须采用新的文件名，并且允许选择新的存放路径和文件类型。选择此命令时，

通过更改文件副本的类型才可实现 Pro/E 系统与其他软件系统之间的数据交换。

图 1-5 “选取工作目录”对话框

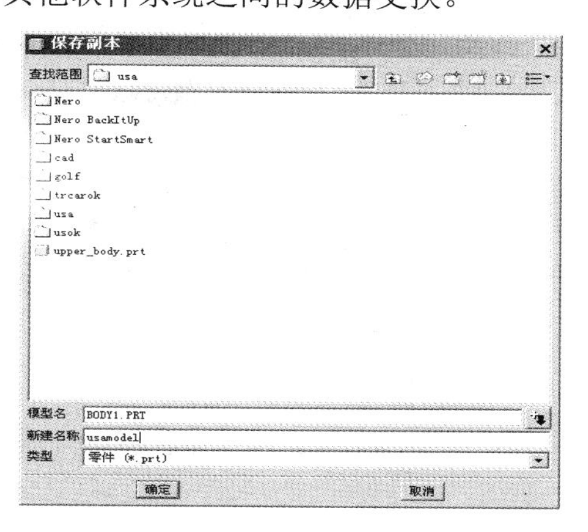

图 1-6 “保存副本”对话框

备份——选择“文件”菜单中的“备份”命令，弹出如图 1-7 所示的“备份”对话框，在“备份到”一栏中输入要备份的路径名称，单击“确定”按钮即可完成备份。这种方法用于将当前窗口文件保存到其他的磁盘目录，而文件名称是不能更改的，并且在执行时内存及活动窗口并不加载此备份文件。当备份组件时，与之相关的所有零件文件都将一起备份。

重命名——使用该命令可实现对当前工作界面中的模型文件重新命名，图 1-8 所示为“重命名”对话框。在“新名称”栏中输入新的文件名称，然后根据需要相应选中“在磁盘上和进程中重命名”(更改模型在硬盘及内存中的文件名称)或“在进程中重命名”(只更改模型在内存中的文件名称)单选按钮。

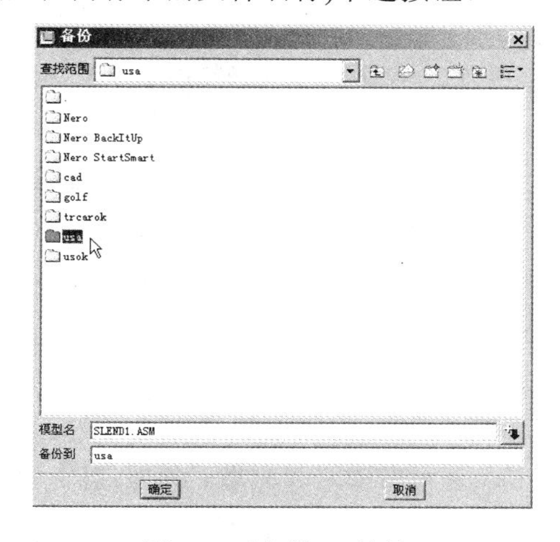

图 1-7 “备份”对话框

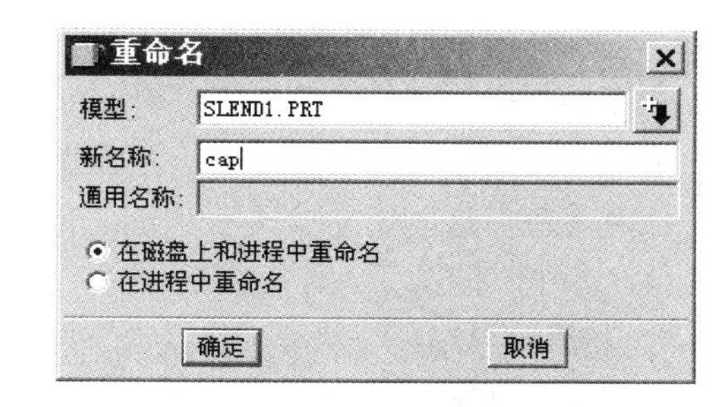

图 1-8 “重命名”对话框

拭除文件——此命令用于清除驻留在内存进程中的 Pro/E 模型文件，但不删除磁盘中的原文件。如果该文件正被其他模型文件调用，则无法将其清除。选择该命令会弹出如图 1-9 所示的菜单。其中，“当前”表示将当前工作窗口中的模型文件从内存中删除；“不显示”表示将没有显示在工作窗口中但存在于内存中的所有模型文件从内存中删除；“元件表示”表示把进程中没有使用的，而且用简化表示的模型从内存中删除。

删除——使用该命令可删除当前模型的所有版本文件，或者删除当前模型的所有旧版本，只保留最新版本。单击该命令弹出如图 1-10 所示的菜单，若单击“旧版本”选项，系统显示如图 1-11 所示的信息提示框，单击按钮或按 Enter 键，则删除当前模型的所有旧版本，只保留最新版本；若单击“所有版本”选项，弹出如图 1-11 所示的对话框，单击“是”按钮，则删除当前模型的所有版本。

图 1-9 “拭除”命名时的菜单

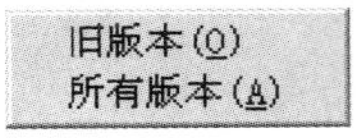

图 1-10 “删除”命名时的菜单

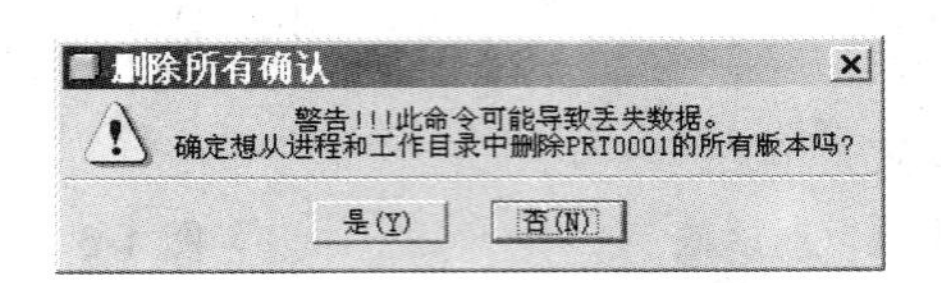

图 1-11 “删除”命名时的确认

退出——选择该命令，弹出“确认”对话框，单击“是”按钮，则退出当前系统。 在默认配置环境下系统退出时并不提示“是否保存尚未保存的文件”，因此使用该命令前应首先保存要保存的文件，然后再选择该命令。

(2)“编辑”菜单和“插入”菜单。“编辑”下拉菜单和“插入”下拉菜单内容丰富，主要用来完成对各种基准特征、实体特征以及曲面特征的创建和编辑操作，菜单选项的具体内容将分散到以后各模块各项目中具体介绍。

(3)“视图”菜单。

重画——选择此命令，可以对视图区进行刷新操作，清除视图进行修改后遗留在模型上的残影以获取更加清晰整洁的显示结果。

方向——设置观察模型的视角，在三维建模时，可以从不同角度观察模型，获得更多模型上的细节信息。

视图操作——在三维设计环境中，可以对模型进行移动、缩放和旋转等操作。

显示设置——在设计中，系统为模型提供了 4 种显示模型方式，即线框、隐藏线、无隐藏线、着色，这些模型形式可以分别用于不同的设计环境。

(4)“分析”菜单。

“分析”菜单用于分析模型上的几何特征，使用此菜单可以完成测量、模型分析、敏感度分析、可行性/优化、多目标设计研究、ModelCHECK 等内容的分析和评价。

(5)“信息”菜单和“应用程序”菜单。

“信息”菜单用于查看模型设计过程的所有信息。“应用程序”菜单为设计者提供其他常用应用程序，并可以从 Pro/E 模块切换到其他模块。

(6)“工具”菜单。

“工具”菜单提供了许多行之有效的设计工具。本书将在以后的内容中详细介绍。

“窗口”菜单、“帮助”菜单不作详细说明。

3. 工具箱

工具箱上布置了代表常用操作命令的图形按钮。位于上工具箱的图形按钮主要取自使用频率较高的主菜单选项，用来实现对菜单命令的快速访问，以提高设计效率，是各个设计模块中都可以使用的通用工具，工具箱可位于 Pro/E 图形窗口的顶部、右侧和左侧。根据工具按钮的功能不同，可将其分为图标工具栏和特征工具栏两大类。

图标工具栏位于菜单栏的下方，具体如下。

(1) 文件中常用工具，如图 1-12 所示。

(2) 编辑中常用工具，如图 1-13 所示。

图 1-12　文件中常用工具

图 1-13　编辑中常用工具

(3) 图形显示模式，如图 1-14 所示。

(4) 基准显示模式，如图 1-15 所示。

(5) 屏幕图形操作工具，如图 1-16 所示。

(6) 屏幕视图操作工具，如图 1-17 所示。

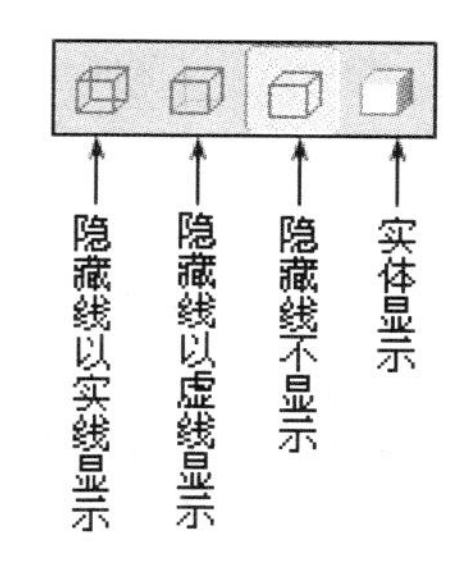

图 1-14　图形显示模式

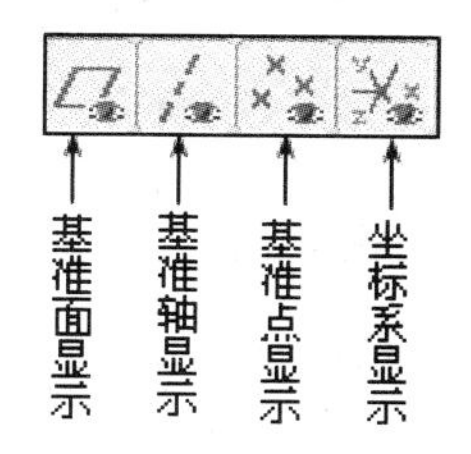

图 1-15　基准显示模式

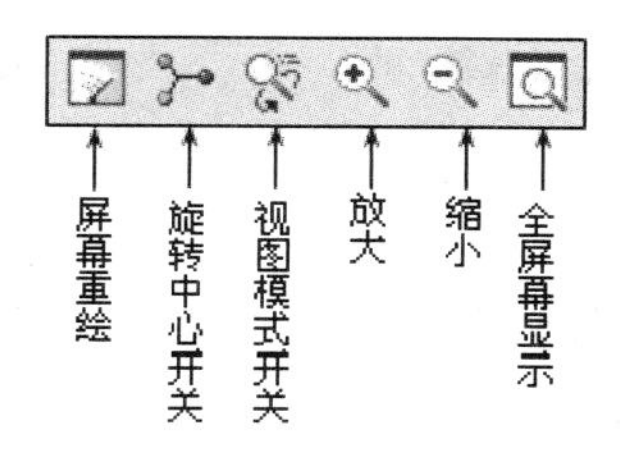

图 1-16　屏幕图形操作工具

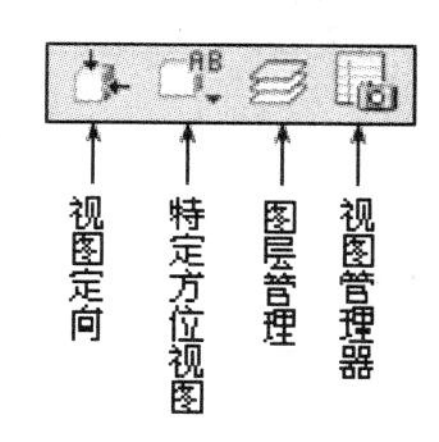

图 1-17　屏幕视图操作工具

特征工具栏位于图形设计窗口的右方，具体如下。

(1) 基准特征工具，如图 1-18 所示。

(2) 实体与曲面操作工具，如图 1-19 所示。

(3) 工程特征工具，如图 1-20 所示。

(4) 编辑中常用工具，如图 1-21 所示。

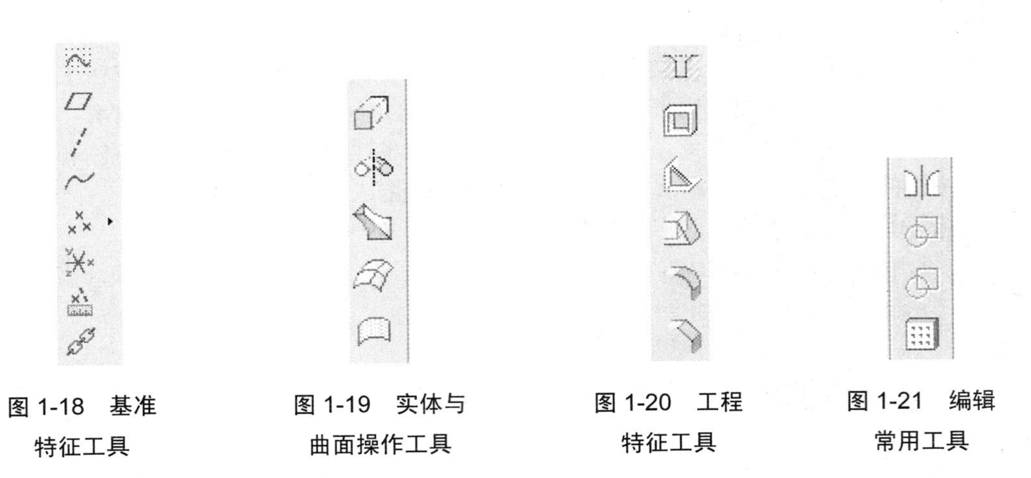

图 1-18　基准特征工具

图 1-19　实体与曲面操作工具

图 1-20　工程特征工具

图 1-21　编辑常用工具

4. 设计操作面板

图 1-22 所示就是拉伸设计操作面板。当用户创建新特征时，系统使用拉伸设计操作面板收集该特征的所有参数，用户一一确定这些参数的数值后即可生成该特征。如果用户没有指定某个参数数值，系统将使用默认值。

放置 选项 属性
216.51

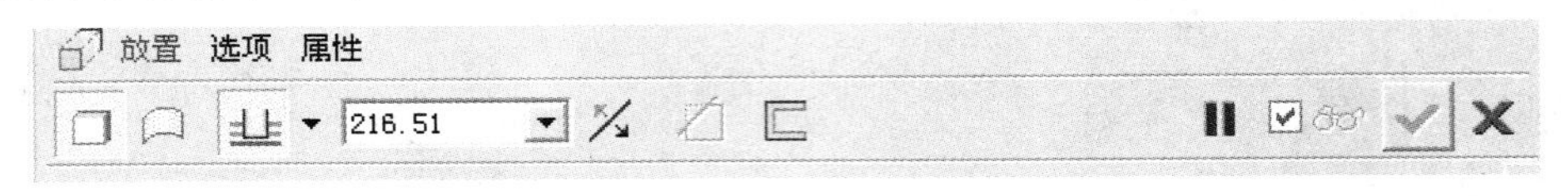

图 1-22　拉伸设计操作面板

5. 系统信息与状态栏

在产品设计过程中，系统通过信息栏向用户提示当前正在进行的操作以及需要用户继续执行的操作，如图 1-23 所示。

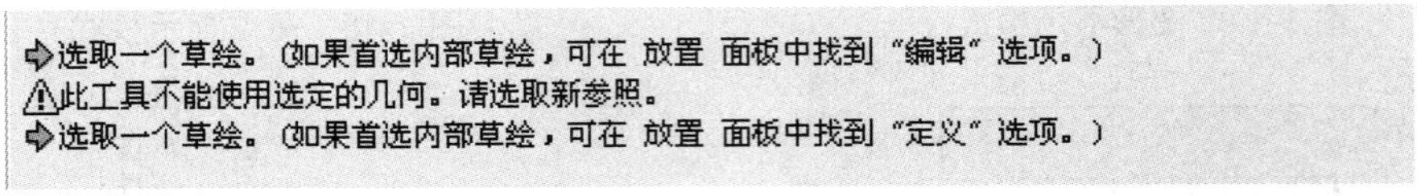

选取一个草绘。(如果首选内部草绘，可在 放置 面板中找到"编辑"选项。)
此工具不能使用选定的几何。请选取新参照。
选取一个草绘。(如果首选内部草绘，可在 放置 面板中找到"定义"选项。)

图 1-23　系统信息

当光标在菜单命令选项、工具栏上的图形按钮以及对话框项目上停留时，系统状态将显示关于这些项目用途和用法的提示信息，如图 1-24 所示。

曲面:F5 (拉伸_1)

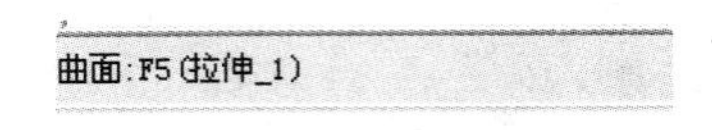

图 1-24　系统状态栏

6. 过滤器

过滤器提供了一个下拉列表，其中列出了模型上常见的图形元素类型，选中某一种类型可以滤去其他类型。常见的图形元素类型包括"几何"、"尺寸"、"约束"、"特征"、"基准"、"面组"等，过滤器中的内容随着当前设计功能的不同而有所差异，如图 1-25 所示。

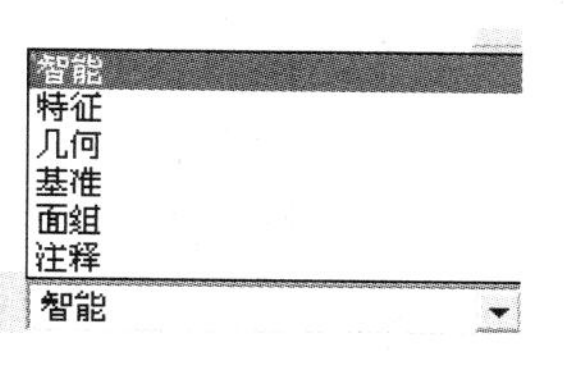

图 1-25　过滤器

7. 界面操作

(1) 设置工作目录。选择“文件”→“设置工作目录”，弹出“选择工作目录”对话框，选择“D：\ProE 产品设计实例\风扇”，单击“确定”按钮。

(2) 打开文件。选择“文件”→“打开”命令或单击文件常用工具中的按钮，弹出“文件打开”对话框，可先查找到文件所在的路径并在“类型”下拉列表框中指定要打开的文件类型，然后选取文件进行打开。

(3) 设置窗口背景底色。选择“视图”→“显示设置”→“系统颜色”，在弹出的“系统颜色”对话框中单击“布置”按钮，选择“白底黑色”，单击“确定”按钮。

(4) 图形缩放、平移与旋转。单击图标，用鼠标左键在屏幕上框选放大区域。单击图标，图形自动按系统内定的比例缩小。单击鼠标中键，同时，按住“Shift”键，拖动鼠标可进行平移操作。按下鼠标中间滚轮，拖动鼠标，可进行旋转操作。滚动鼠标中间滚轮，对图形进行动态缩放。

(5) 鼠标的运用。在 Pro/E 系统中为了使操作更便利，也为了使设计效率更高，操作者最好使用三键滚轮鼠标，其中滚轮兼具鼠标中键的功能，一般而言，鼠标左键的使用率是最高的，主要用于选取对象、绘制几何图形等；鼠标中键用于确认、结束或取消几何图形命令，并能切换至选取模式；鼠标右键主要用于切换选取对象或弹出快捷菜单。

(6) 颜色和外观。系统提供外观编辑器以便用户能够调配出适当的颜色，使模型着色显示出最好的视觉效果。选择“视图”→“颜色和外观”命令，弹出如图 1-26 所示的“外观编辑器”窗口，利用此窗口可以选择、新增或修改各种颜色与材质，并着色到指定的模型对象。

在“外观编辑器”窗口中，系统调配好的颜色都会在调色板中显示，也可以通过“+”、“-”按钮新增或清除某种颜色。设定模型外观颜色时，先选取欲设定的颜色，再指定对象类型，单击“应用”按钮后系统将立即以选取的颜色着色模型，如要取消则只单击“清除”按钮即可。如果展开“属性”栏，可以通过拖移滑块调整颜色的深浅、明暗、亮度等颜色属性，如图 1-27 所示。

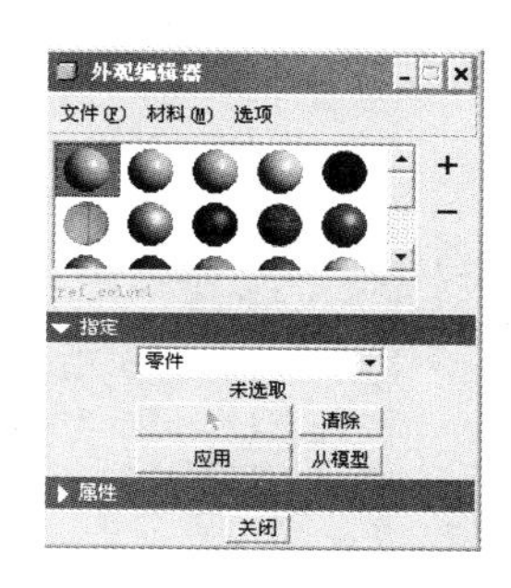

图 1-26　外观编辑器

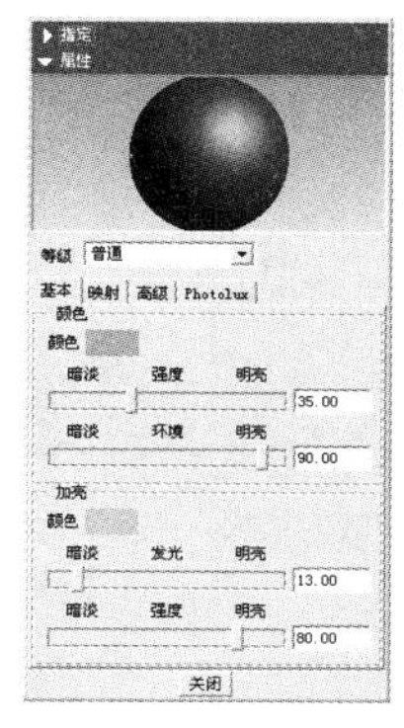

图 1-27　属性栏

在“外观编辑器”窗口中单击“颜色”按钮，将弹出“颜色编辑器”窗口，如图 1-28 所示。其中提供了 3 种颜色调配方法，分别是颜色轮盘、混合调色板和 RGB/HSV 滑块，系统默认选中“RGB/HSV 滑块”方式。采用颜色轮盘或混合调色板调色时，需单击“颜色编辑器”窗口中对应的▶按钮以展开其窗口，如图 1-29 所示。采用颜色轮盘调色时，直接从颜色轮盘上单击所要的颜色即可，此时 RGB/HSV 的色阶值大小也会随着改变。采用混合调色板调配颜色时，必须与颜色轮盘配合使用，单击混合调色板的任一角落，再从颜色轮盘中选取所要的颜色，如此依次设定混合调色板 4 个角落的颜色，此时下方矩形区域的颜色即为 4 个角落颜色的混合结果，然后从该区域中选取适当的颜色即可。

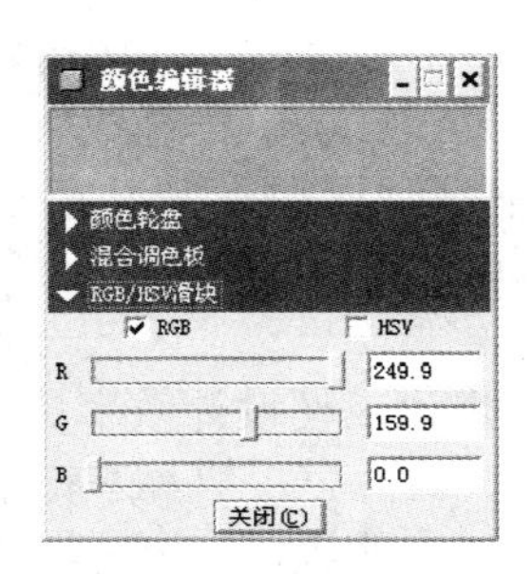

图 1-28　颜色编辑器

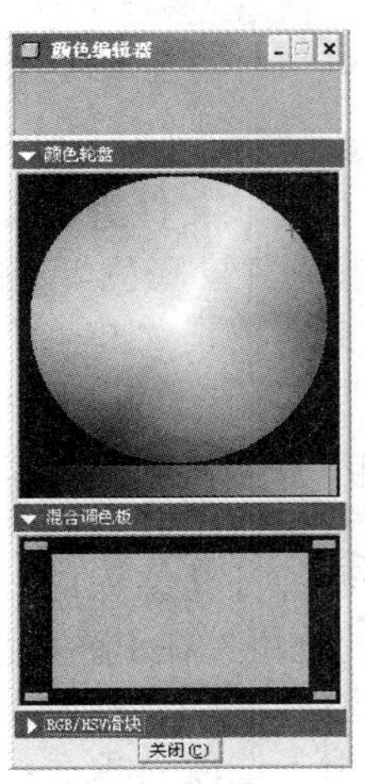

图 1-29　颜色轮盘

模块2

二维草图绘制应用实例

项目2　叶片的设计

知识目标

了解软件中的二维绘图环境及其设置，掌握常用二维绘图工具的用法，掌握约束的概念及其应用，熟悉绘制二维图形的一般流程和技巧等。

技能目标

熟练地运用软件中的二维绘图工具、约束工具等对叶片的二维平面图形进行绘制。

项目任务

运用 Pro/E 软件，完成如图 2-1 所示和叶片的二维图形的绘制。

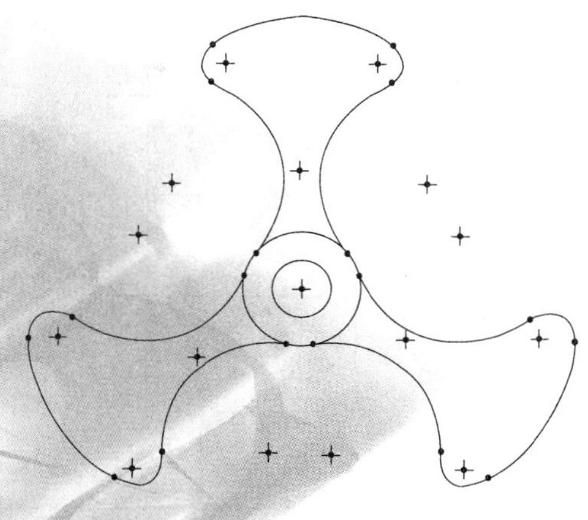

图 2-1　叶片的二维图形

二维草图的绘制

一、草绘基础

二维图形是指由点图元和线图元构成的平面图形，用于表达二维的设计方法，在 Pro/E 中，二维草绘的另一个重要用途是在创建三维实体模型和曲面特征时绘制剖面图。

1. 草绘的工作界面

方法一：选择“文件”→“新建”命令，然后在随后弹出的“新建”对话框的“类型”选项组中选中“草绘”单选按钮，并在名称栏内输入草绘的新文件名进入剖面绘制模式。

方法二：在建构实体模型过程中，当选定绘图平面后进入二维剖面绘制模型。

进入如图 2-2 所示的草绘工作界面，此时呈现的工作界面与三维产品设计模式下的工作界面有如下不同。

其一，图标工具栏中新增了 4 个草绘专用按钮，如图 2-3 所示，分别用来控制草绘环境下各种对象的显示与隐藏。如果是在三维模型特征的建立过程中进入草绘模式，图标工具栏中还将显示按钮，用于使草绘视图恢复到正视状态，即草绘平面与屏幕平行。

其二，菜单栏新增了“草绘”菜单，其中包括直线、圆、圆弧、圆角和文本等基本几何图元的绘制命令。

其三，在主窗口的右侧新增了一条草绘器工具栏，如图 2-4 所示，草绘器工具栏默认在窗口右侧位置，提供了大部分的截面绘制工具按钮，将鼠标停留在各按钮上稍许即会显示即时说明，在草绘器工具栏中，功能相似的按钮结成一组，单击右侧的 ▸ 按钮可将其展开。

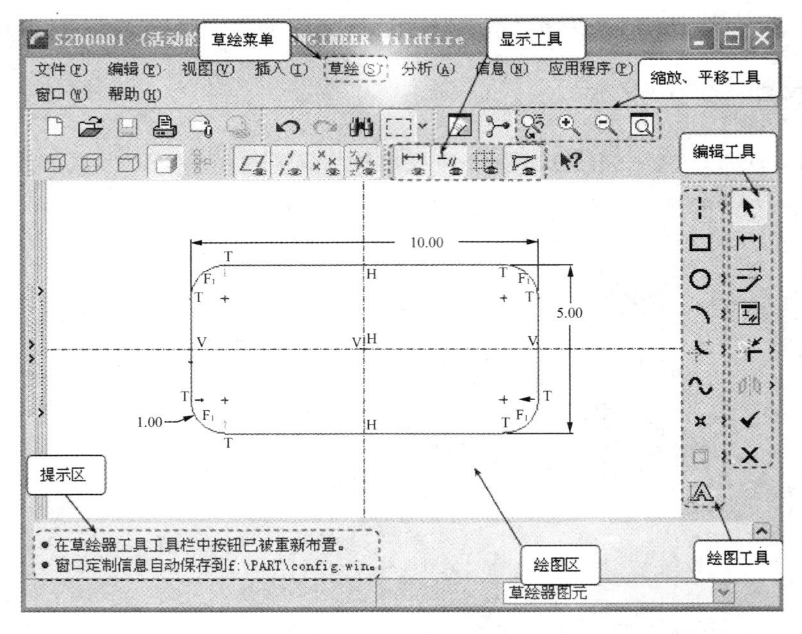

图 2-2　草绘工作界面

2. 草绘几何的基本步骤

进入草绘模式绘制特征截面时，往往要遵守以下 3 个步骤。

(1) 几何线条的绘制。利用草绘命令或草绘工具按钮绘制出截面的大致形状，并对几何图形进行必要的编辑，使几何形状符合设计的要求，Pro/E 的草绘一开始不要求精确的尺寸，只需要形状相似即可，尺寸在其后调整。

(2) 约束设定。依据设计要求指定图形中各几何图元的限制条件，约束就是几何限制条件，例如水平、竖直、平行、重直、相切等，在图形上都有相对应的显示符号。

(3) 修改尺寸。在几何线条的绘制过程中，系统会自动标注尺寸，该尺寸为弱尺寸。弱尺寸不符合要求，修改或重新标注后，几何图形也就随之确定，一幅草图就完成了。执行尺寸修改时，一般应采用延迟修改方式，即将所有尺寸的数值修改好后一并执行重新生成，而不是一个个地执行重新生成运算。

3. 截面图元显示工具栏

截面图元工具栏如图 2-3 所示。

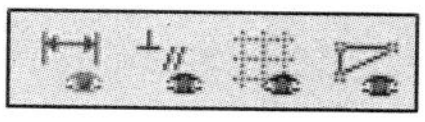

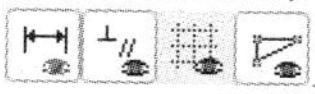

工具栏中的命令按键说明如下。

——“尺寸”按钮，控制草图中是否显示尺寸。

——“约束”按钮，控制草图中是否显示几何约束。

——“网格”按钮，控制草图中是否显示网格。

——“顶点”按钮，控制草图中是否显示草绘实体端点。

图 2-3　截面图元显示工具栏

4. 草绘器工具栏

草绘中最重要的、最常用的指令就是主视区右侧的草绘器工具栏，如图 2-4 所示。草绘器工具栏的上部为二维图元草绘工具，如图 2-5 所示；下部为二维图元编辑工具，如图 2-6 所示。

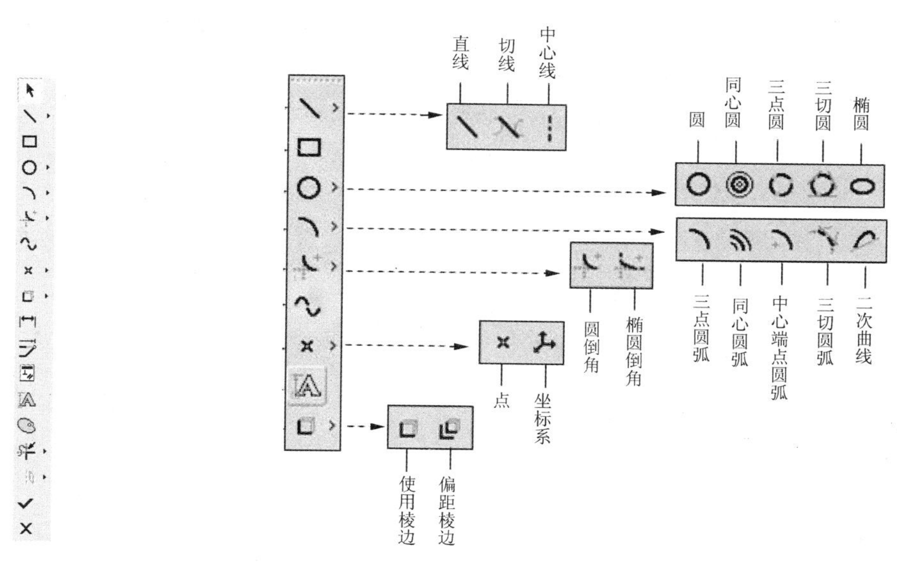

图 2-4　草绘器工具栏

图 2-5　二维图元草绘工具分解及说明 1

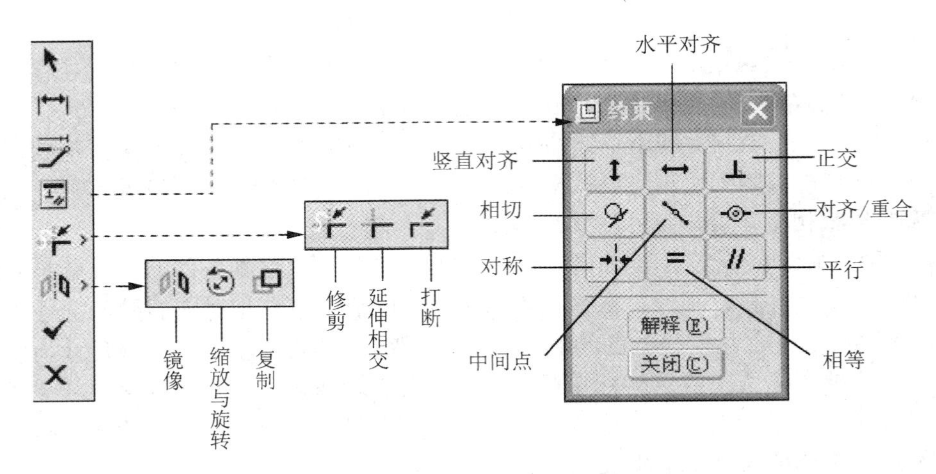

图 2-6　二维图元编辑工具分解及说明 2

(1) 草绘工具。草绘器中绘图工具栏按钮的功能说明如下。

——“绘制直线”按钮，单击 按钮，弹出如下 3 种绘制直线的命令按钮。

——创建几何实体直线，处于按下状态时选中该命令，以下同理。

——创建与两实体相切的直线。

——创建中心线(辅助线)。

——“绘制矩形”按钮，明确两对角点来绘制矩形。

——“绘制圆”按钮，单击 按钮，弹出如下 5 种绘制圆的命令按钮。

——以圆心，半径方式绘制圆。

——绘制同心圆。

——三点方式绘圆。

——绘制与 3 个实体相切的圆。

——“绘制圆弧”按钮，单击 按钮，弹出如下 5 种绘制圆弧的命令图标。

——通过三点绘弧，或通过在其端点与图元相切绘弧。

——绘制同心弧。

——通过确定中心和端点绘弧。

——创建与 3 个实体相切的弧。

——创建圆锥曲线弧。

——“绘制圆角”按钮，单击 按钮，弹出如下两种绘制圆角的命令按钮。

——创建与两图元相切的圆角。

——创建与两图元相切的椭圆圆角。

——绘制样条线按钮。

——“创建参照坐标系或参照点”按钮，单击 按钮，弹出如下两种绘制参照命令按钮。

——创建参照坐标系。

——创建参照点。

——“创建文本”按钮，创建文字作为草绘图。

——使用边界图元按钮，单击 按钮，弹出如下两种使用边界图元的命令按钮。

——使用已有实体的边界作为草绘图元。

——选择已有实体的边界，并给定偏移量，作为草绘图元。

(2) 编辑工具。草绘器图元编辑工具栏中各命令按钮的功能说明如下。

——“项目选择切换”按钮，处于按下状态为选取对象模式，可用左键选取要编辑的图元。

——“人工标注尺寸”按钮。

——“修改尺寸值、样条几何或文本图元”按钮。

——对图元施加几何约束按钮，处于按下状态时系统弹出“约束”对话框，对指定图元施加相应的几何约束。

——“修剪图元”按钮，单击按钮，弹出 3 种修剪图元的命令按钮。

——动态修剪图元。

——交角修剪图元。

——在选取点的位置处分割图元。

——“操作图元”按钮，单击按钮，弹出如下 3 种操作图元的命令按钮。

——对选定图元进行镜像。

——对选定图元进行缩放与旋转。

——对选定图元进行复制。

——“完成当前草绘任务并退出草绘模块”按钮。

——“放弃当前草绘任务并退出草绘模块”按钮。

二、几何图素的绘制

1. 点及坐标系的绘制

(1) 点。单击草绘器工具栏中的绘制点按钮，或选择“草绘”→“点”命令，在绘图区域单击左键即可创建第一个草绘点，移动鼠标并再次单击左键即可创建第二个草绘点，此时屏幕上除了显示两个草绘点外，还显示两个草绘点间的尺寸位置关系，如图 2-7 所示。

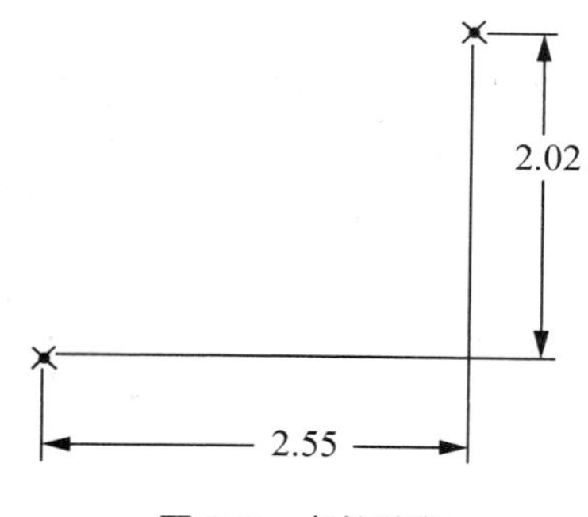

图 2-7　点的绘制

(2) 坐标系。单击草绘器工具栏中的绘制坐标系按钮，或选择“草绘”→“坐标系”命令，可在任意位置建立草绘坐标系，其主要用于辅助几何图元定位或建立特征的位置参照，如旋转混合、一般混合等。草绘坐标系的正 X 轴方向为水平向右，正 Y 轴方向为垂直向上，正 Z 轴方向是朝向用户的。

2. 直线的绘制

(1) 线。在草绘器工具栏中单击绘制直线方式的按钮，或选择“草绘”→“线”→“线”命令，然后在草绘区域任一位置单击鼠标左键，此位置即为绘制直线的起点，随着鼠标的移动，一条高亮显示的直线也会随之变化，拖动鼠标至直线的终点，单击鼠标中键，即可完成一条直线的绘制，即两点确定一条直线，鼠标中键表示结束绘制，否则将继续直线的绘制，如图 2-8 所示。

(2) 直线相切。在草绘器工具栏中单击绘制直线方式的按钮，或选择“草绘”→“线”→“直线相切”命令，可在两个已经存在的圆或圆弧之间建立一条相切的直线，操作时用鼠标左键依次在两个图元的相切点处拾取，即可得到一条相切的直线，如图 2-9 所示。

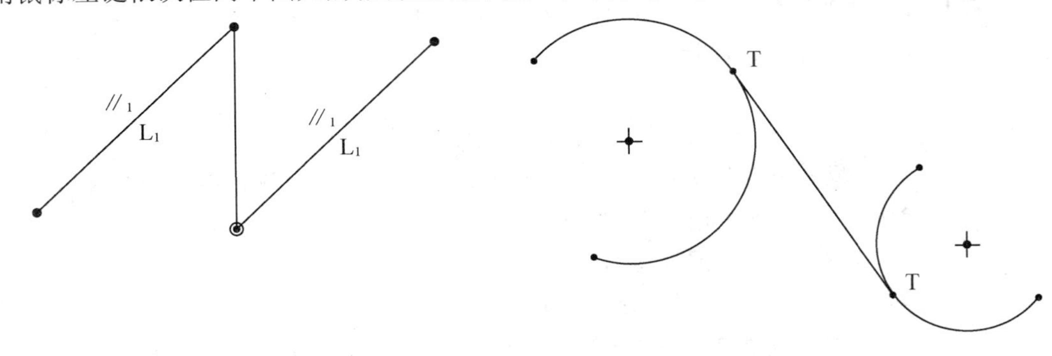

图 2-8 直线的绘制　　　　图 2-9 相切直线的绘制

(3) 中心线。在草绘器工具栏中单击绘制直线方式的按钮，或选择“草绘”→“线”→“中心线”命令，绘制无限长且不具有形成实体边特性的线，常用于辅助绘图，如几何图元的对称轴线、旋转特征的轴线或几何图形的镜像线等。

(4) 中心线相切。选择“草绘”→“线”→“中心线相切”命令，可以绘制与两个圆或圆弧相切的中心线，其操作方法与“直线相切”相同。在系统默认模式下，右侧的草绘器工具栏中没有此按钮，但是可以通过选择“工具”→“定制屏幕”命令将该按钮拖移出来。

3. 矩形的绘制

在草绘器工具栏中，单击“绘制矩形”按钮或选择“草绘”→“矩形”命令，在绘图区域任意一点，单击鼠标左键，作为矩形的一个角端点，移动鼠标产生一动态矩形，将矩形拖动到适当大小单击鼠标中键，完成矩形的绘制，系统自动标注与矩形相关的尺寸和约束条件，如图 2-10 所示。

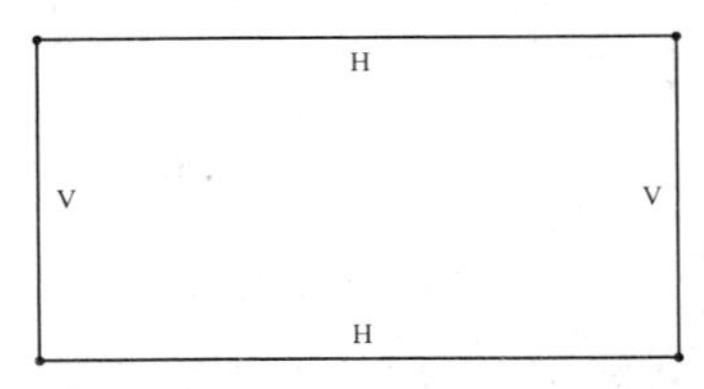

图 2-10 矩形的绘制

执行矩形的绘制时，只需依次用鼠标左键给出两个对角顶点即可，两对角顶点的相异位置决定了矩形的长度、宽度及方向。

4. 圆的绘制

在草绘器命令工具栏中 Pro/E 提供了 5 种绘制圆的方式。

(1) 圆心和点。单击草绘器工具栏中的按钮，或选择“草绘”→“圆”→“圆心和点”命令，单击绘图区一点确定圆的圆心，移动鼠标拖到圆周到适当的位置，然后单击左键确定圆的大小，圆周点的位置决定着圆周的大小，单击鼠标中键，结束圆的绘制，如图 2-11 所示。

(2) 同心。单击草绘器工具栏中的按钮，或选择“草绘”→“圆”→“同心”命令，在绘图区单击一个已存在的圆或圆弧边线，移动鼠标，然后单击左键定义圆的大小，使用此命令可连续产生多个同心圆，如要结束则只需单击鼠标中键，结束圆的绘制，如图 2-12 所示。

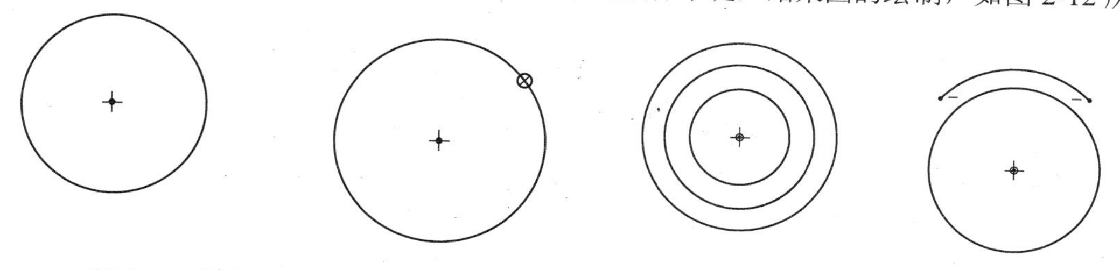

图 2-11　圆心和点的方式绘制圆

图 2-12　同心圆的方式绘制圆

(3) 三相切。单击草绘器工具栏中的按钮，或选择“草绘”→“圆”→“三相切”命令，在绘图区依次选择与 3 个图素相切图元的边线，系统会自动生成与该三图元边相切的圆，如图 2-13 所示。

(4) 三点。单击草绘器工具栏中的按钮，或选择“草绘”→“圆”→“三点”选项，在绘图区依次定义圆周通过的第一、第二个点，再移动鼠标确定第三个点即可完成绘制，此命令用于选取 3 个不共线的点来绘制圆。

(5) 椭圆。单击草绘器命令工具栏中的按钮，或选择“草绘”→“圆”→“椭圆”命令，在绘图区域选择一点作为椭圆的中心点，移动鼠标，将椭圆拖动至适当的大小后单击鼠标左键，修改椭圆的 R_x、R_y 轴尺寸大小，完成椭圆绘制，如图 2-14 所示。

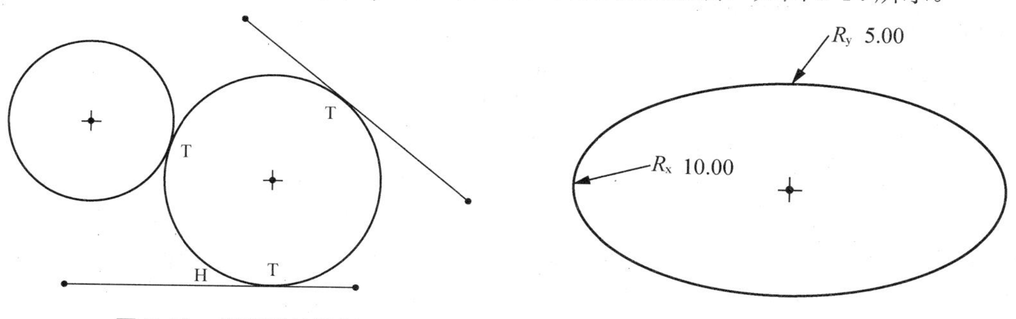

图 2-13　相切圆的绘制

图 2-14　椭圆的绘制

5. 圆弧的绘制

(1) 三点/相切端。单击草绘器工具栏中的按钮，或选择“草绘”→“弧”→“三点/相切端”命令，一种是单击绘图区击中任意一点作为弧的起点，然后单击另一个位置作为弧的终点，移动鼠标，在产生的动态弧上指定一点，以定义弧的大小和方向。另一种是相切端，即以现有图元的一个端点为相切的起点，动态拖动鼠标产生出相切的弧，单击鼠标左键确定第二点即完成圆弧的创建，如图 2-15 所示。

(2) 同心。单击草绘器工具栏中的按钮，或选择“草绘”→“弧”→“同心”命令，在绘图区先选取同心的参照圆或弧，即单击一个已存在的圆或圆弧上任意一点，沿径向移动鼠标以确定圆弧的半径大小，沿圆周决定圆弧的起点与终点，可连续产生多个同心圆弧，单击鼠标中键则结束绘制，完成圆弧的绘制，如图 2-16 所示。

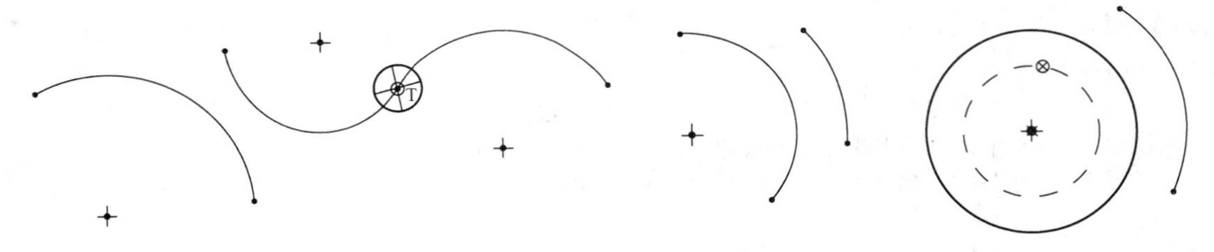

图 2-15　三点方式绘制圆弧

图 2-16　同心弧方式绘制圆弧

(3) 圆心和端点。单击草绘器工具栏中的按钮，或选择“草绘”→“弧”→“圆心和端点”命令，在绘图区单击一点作为圆弧的中心点，然后指定弧的起点与终点即可完成圆弧的绘制。其中，起点(第二点)决定圆弧的半径大小，如图 2-17 所示。

(4) 三相切。单击草绘器工具栏中的按钮，或选择“草绘”→“弧”→“三相切”命令，在绘图区分别选中 3 个参考图元即可绘制与其相切的圆弧，如图 2-18 所示。

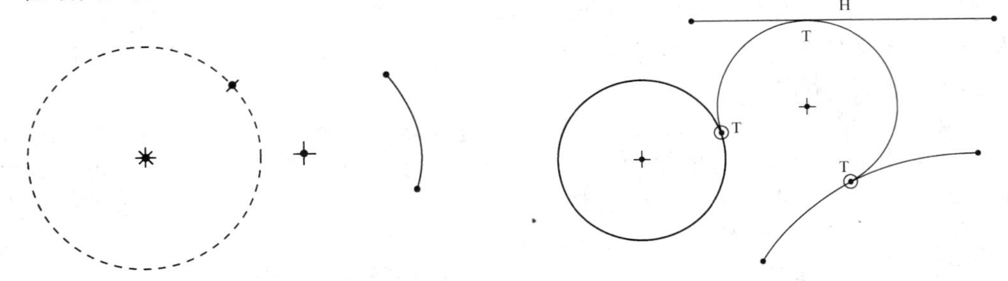

图 2-17　圆心和端点方式绘制圆弧

图 2-18　三相切方式绘制圆弧

(5) 圆锥。单击草绘器工具栏中的按钮，或选择“草绘”→“弧”→“圆锥”命令，先用鼠标左键选取曲线的起点和终点，然后拖移光标调整曲线外列至适当位置后，用鼠标左键拾取轴肩(中间点)位置即可，系统在生成圆锥曲线的同时，还会形成一条过曲线起点和终点的中心线，这条中心线为圆锥曲线的标注基准线。

此命令用于绘制圆锥曲线，又称二次曲线，即二次多项式描述的曲线。按照曲率半径值的不同，圆锥曲线又分为 3 类，即抛物线(rho=0.5)、双曲线(0.5＜rho＜0.95)和椭圆线(0.05＜rho＜0.5)。其曲率半径 rho 值越大，曲线越膨胀；反之，rho 值越小则曲线越平滑，如图 2-19 所示。

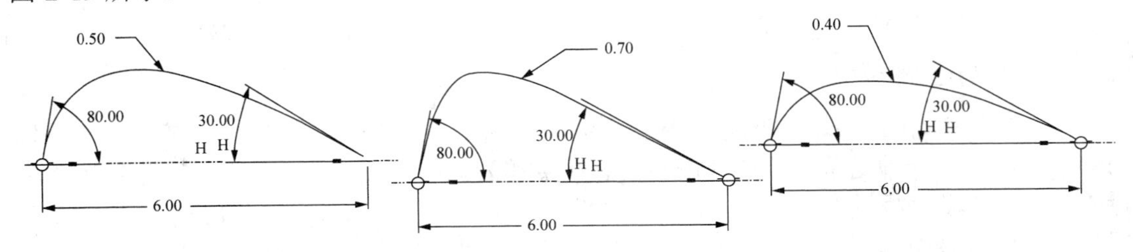

图 2-19　曲率半径值 rho 对圆锥曲线的影响

6. 圆角的绘制

圆角有两种形式，即圆形圆角和椭圆形圆角，两者的绘法相同，但是尺寸标注的形式不同。圆形圆角的几何线为圆弧，仅需一个半径值 R 控制，而椭圆形圆角的几何为椭圆弧，需由两个半径值 R_x、R_y 控制。

(1) 圆形。单击草绘器工具栏中的按钮，或选择“草绘”→“圆角”→“圆形”命令，用鼠标左键点选两个图素，在两个图素之间产生一个圆弧，如图 2-20 所示。

(2) 椭圆形。单击草绘器工具栏中的按钮，或选择“草绘”→“圆角”→“椭圆形”命令，可绘制与两直线相切的椭圆形圆角，其方法与使用创建圆角相同，如图 2-21 所示。

绘制圆形圆角和椭圆形圆角时，其圆角形状的默认大小取决于鼠标在两条边上的选取位置。

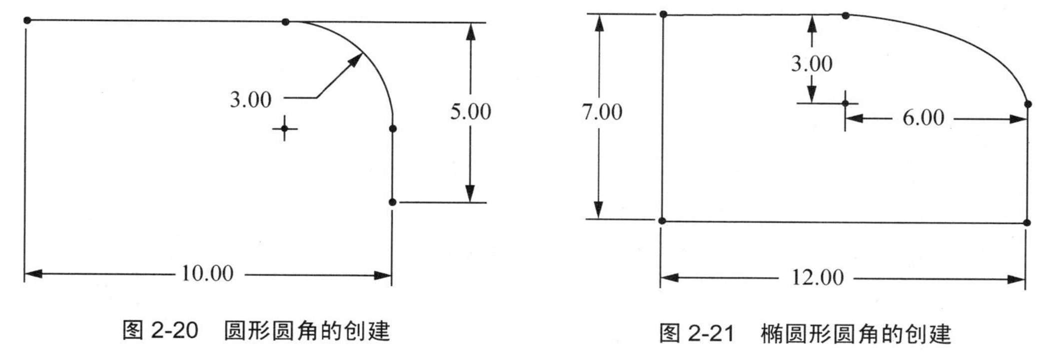

图 2-20　圆形圆角的创建　　　图 2-21　椭圆形圆角的创建

7. 样条线的绘制

单击草绘器工具栏中的按钮，或选择“草绘”→“样条”命令，用鼠标左键连续单击几个点，然后单击鼠标中键，系统自动绘制光滑的样条线。完成绘制样条曲线后，如果不满意，可以选中样条曲线或点，单击鼠标右键，在弹出的快捷菜单中选择“添加点”或“删除点”命令，在样条线上添加或删除控制点；如果双击样条线，或单击鼠标右键，选择“修改”命令，系统显示样条线修改面板，根据需要在样条线修改面板中进行相应设置可进一步控制样条线的外观，如图 2-22 所示。

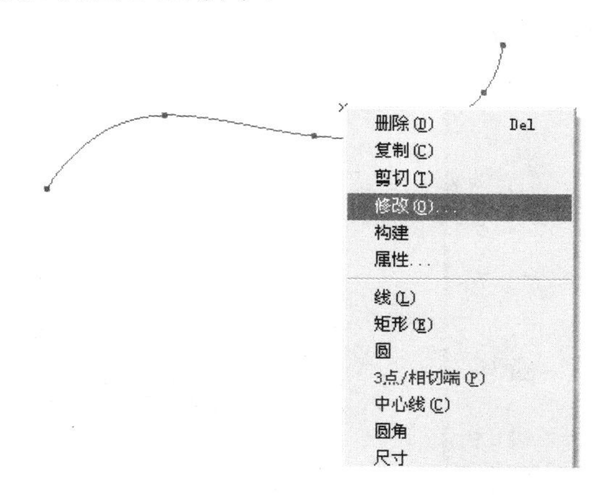

图 2-22　样条线的修改

其中工具为在样条线上创建可控制的外多边形，用样条线的内插点操作样条线，也可通过用样条线的控制点操作样条线，如图 2-23 所示。工具为显示样条线的曲率分析图，如图 2-24 所示。

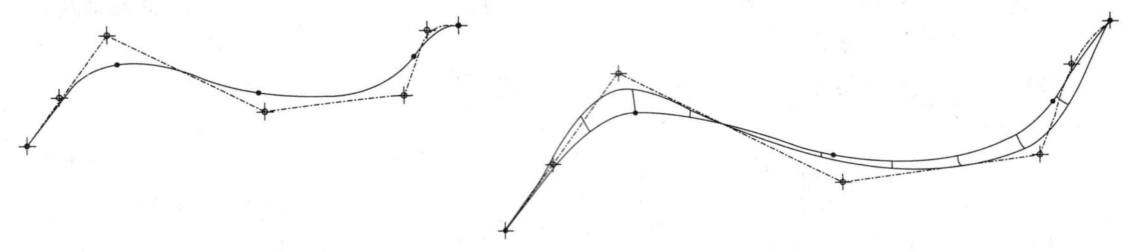

图 2-23　用控制点修改样条线

图 2-24　曲率分析样条线

8. 文本的绘制

单击草绘器工具栏中的按钮，或选择“草绘”→“文本”命令，在绘图区绘制一段直线，线的长度代表文字的高度，线的角度代表文字的方向，该直线的起点作为这段文本的左下角的起点。完成定义后，弹出“文本”对话框，如图 2-25 所示。

在对话框的“文本行”栏中输入显示在绘图区中的文字。

对“字体”栏输入的文字字体进行设置，字体表示在该栏下拉列表中选择要使用的字体。

“位置”表示确定文字的放置位置，在放置文字时，首先单击鼠标左键，选取一点作为放置参考点，在“水平”和“垂直”下拉列表框中可以设置该参考点的相对放置文本的位置。

在“长宽比”栏设置文字的长宽方向的比例，其值小于 1.00 时，文字的长大于宽，其值大于 1.00 时，文字的长小于宽。

在“斜角”栏设置文字的倾斜角度，其值为负时向左方向倾斜，其值为正时向右方向倾斜。

若选中“沿曲线放置”复选框，则设置文字是否沿指定曲线方向排列放置，反向表示可以使文字反向放置。

完成以上设置后，单击“确定”按钮即可完成 2D 文字图形的绘制，如图 2-26 所示。

图 2-25　“文本”对话框

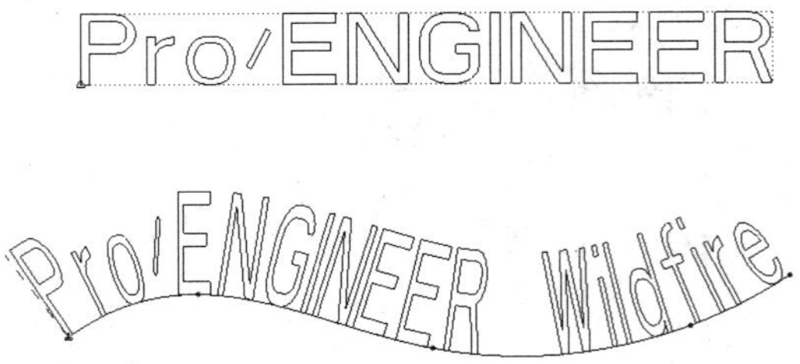

图 2-26　完成文字图形的绘制

9. 使用边和偏移边

(1) 使用。单击草绘器工具栏中的 按钮，或选择“草绘”→“边”→“使用”命令，可将所选模型的边投影到草绘平面以创建出当前截面的几何图元，如图 2-27 所示。

(2) 偏移。单击草绘器命令工具栏中的 按钮，或选择“草绘”→“边”→“偏移”命令，可将所选模型的边投影到草绘平面，并相对其进行偏移以创建出当前截面的几何图元，如图 2-28 所示。

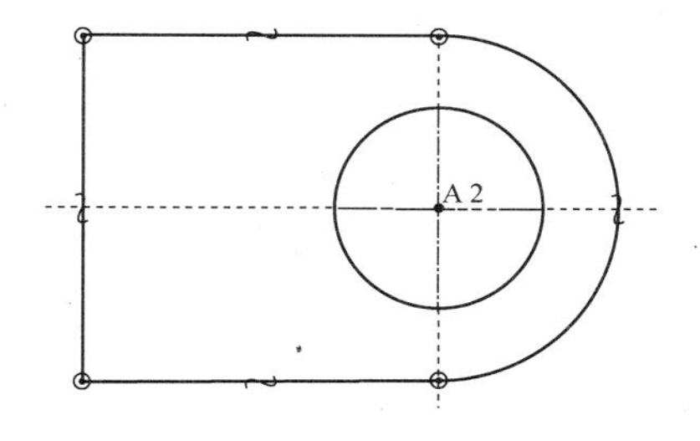

图 2-27　使用边创建草绘图元

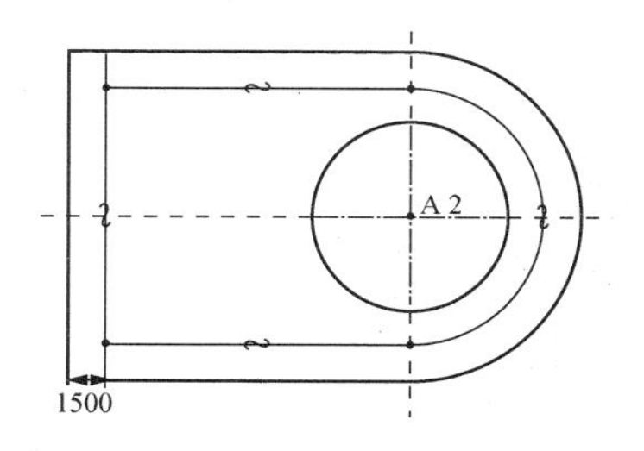

图 2-28　偏移边创建草绘图元

利用上述方法创建的图元具有“∽”约束符号，并且所得的特征截面与被参照的特征间必然会产生父子关系。

三、几何图素的编辑

1. 删除

选择“编辑”→“删除”命令，或直接按住 Del 键，可删除所选取的截面几何图元。执行时，应先选取欲删除的几何图元对象，再选择“删除”命令或按住 Del 键。

2. 修剪

(1) 删除段。单击草绘器工具栏中的 按钮，或选择“编辑”→“修剪”→“删除段”命令，也称为“动态修剪”，其工作原理类似于橡皮擦的擦拭移动。执行此命令时，系统会将所有几何图元自动在其相交处打断，即产生“虚拟断点”使其分成数段，此时可连续移动光标删除不必要的线段，如图 2-29 所示。

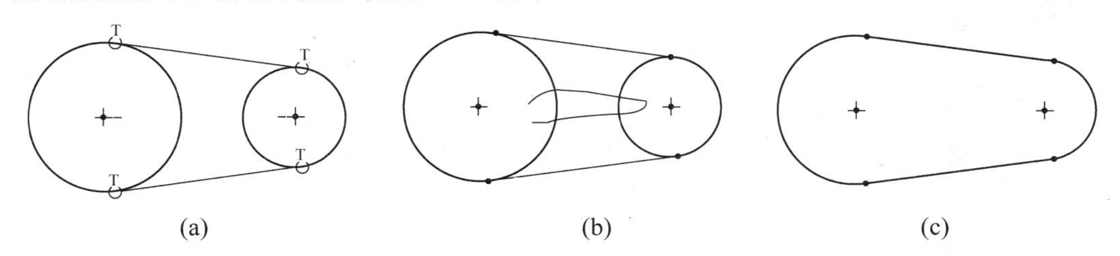

图 2-29　运用“删除段”修剪命令修剪图元

(2) 拐角。单击草绘器工具栏中的 按钮，或选择“编辑”→“修剪”→“拐角”命令，将选取的两个几何图元修剪至其相交处，图 2-30(a)所示两曲线相交处产生断点，将选取的几何图元分割为两段，鼠标选择的一处是保留下来的，没有选择到一处是将删除的线段。对于两个相交图元而言，可自动修剪其相交点以外的部分，图 2-30(b)所示鼠标选择两曲线的上方，图 2-30(c)所示鼠标选择两曲线的下方。而对于两个未相交图元而言，可自动延伸两图元相交，如图 2-31 所示。

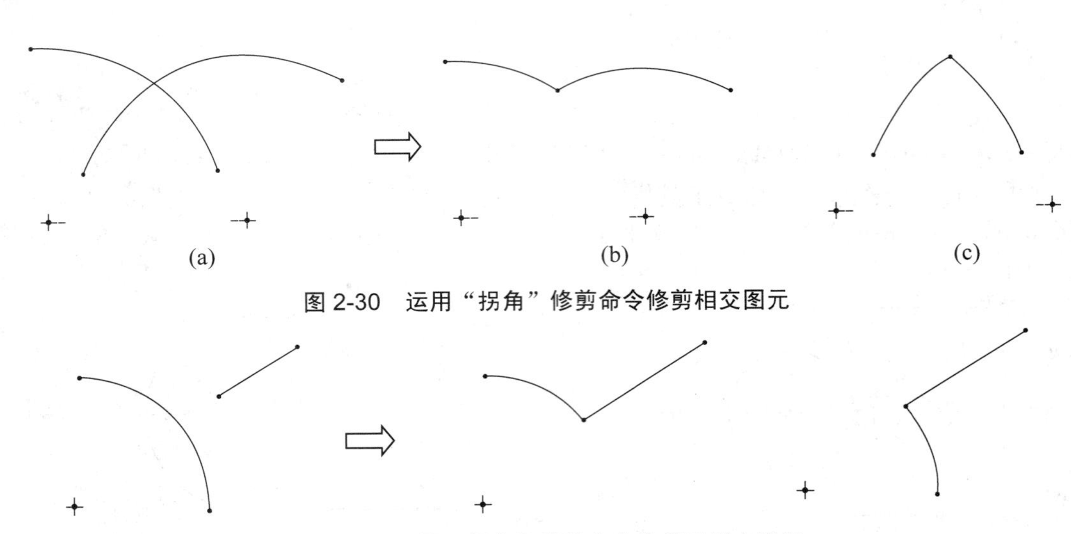

图 2-30 运用“拐角”修剪命令修剪相交图元

图 2-31 运用“拐角”修剪命令修剪不相交图元

(3) 分割。单击草绘器工具栏中的按钮，或选择“编辑”→“修剪”→“分割”命令，将在截面图元的指定位置(选取点处)产生断点，将选取的几何图元分割为两段，以便删除无用的线段，如图 2-32 所示。

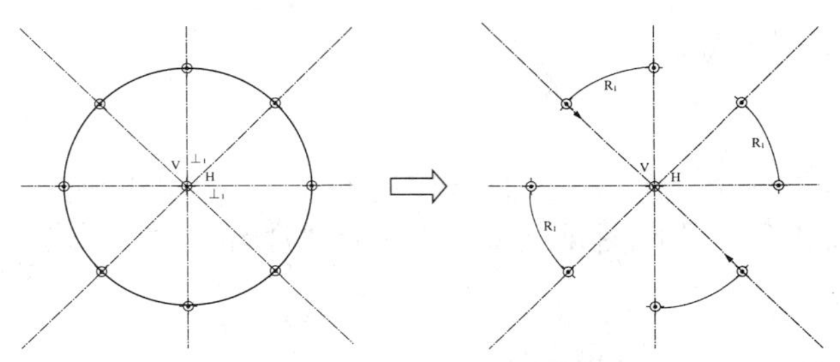

图 2-32 运用“分割”修剪命令修剪圆

3. 复制

复制命令用于复制草绘的几何图元，同时允许对复制的图元执行缩放与旋转操作。执行时，首先选取欲复制的几何图元(可选取多个)，单击草绘器工具栏中的按钮，或选择“编辑”→“复制”命令，系统将显示出几何图形的预览效果以及相关操作标记，如图 2-33(a)所示。此时，允许直接拖移预览图形上的对应符号以实现图形的定位、旋转或缩放，也允许在缩放旋转对话框中通过输入缩放比例和旋转角度来执行相应操作，如图 2-33(b)所示。

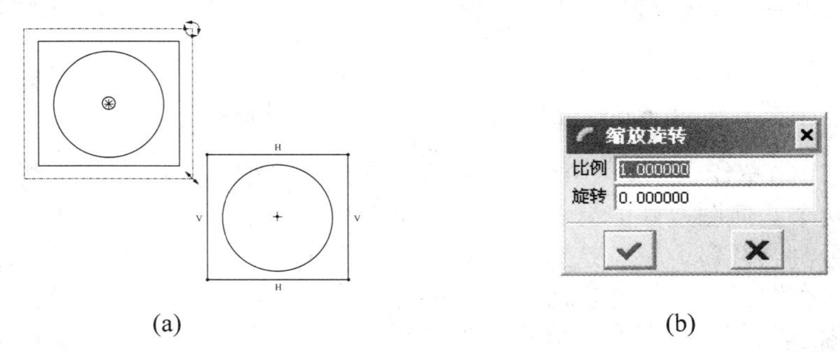

图 2-33 运用“复制”命令

4. 镜像

镜像命令用于将选取的几何图元镜像至指定中心线的另一侧，此系统会自动添加对称约束。执行此命令时，要求必须有中心线作为镜像的轴线。

单击草绘器工具栏中的按钮，或选择“编辑”→“镜像”命令，然后选取一条中心线作为镜像的轴线，则镜像的图元会立即生成，如图 2-34 所示。

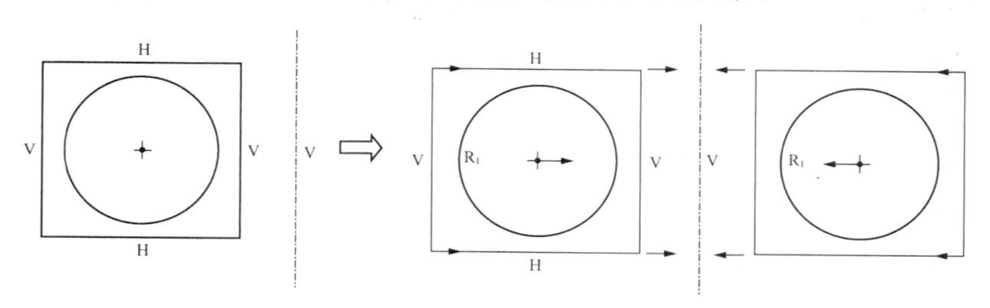

图 2-34　运用“镜像”命令

5. 缩放和旋转

缩放和旋转命令用于对草绘图形进行缩放与旋转操作。执行时，选取草绘的几何对象后，单击草绘器工具栏中的按钮，或选择“编辑”→“缩放和旋转”命令，系统将在几何图形上显示 3 种操作标记：平移、比例缩放和旋转，同时弹出“缩放旋转”对话框，此时，允许直接用鼠标左键拖拉这些标记或在对话框中输入比例与旋转值来改变图形，如图 2-35 所示。

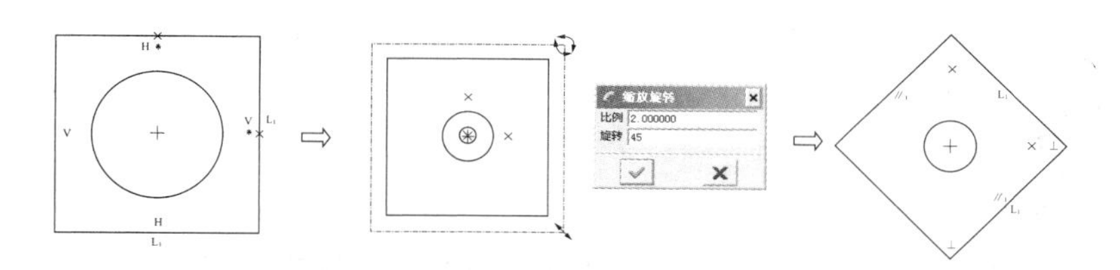

图 2-35　运用“缩放和旋转”命令

6. 切换构造

切换构造命令用于将选定的图元对象在几何图形与构造图形之间进行切换。所谓的构造图形，是指由虚线描述的图形，一般用于表示假想之结构，以辅助图形的定位或用做几何参照等。执行时，首先选取欲切换的几何对象(可一次选取多个)，然后选择“编辑”→“切换构造”命令，或单击鼠标右键，在弹出的菜单中选择“构建”命令，如图 2-36 所示。

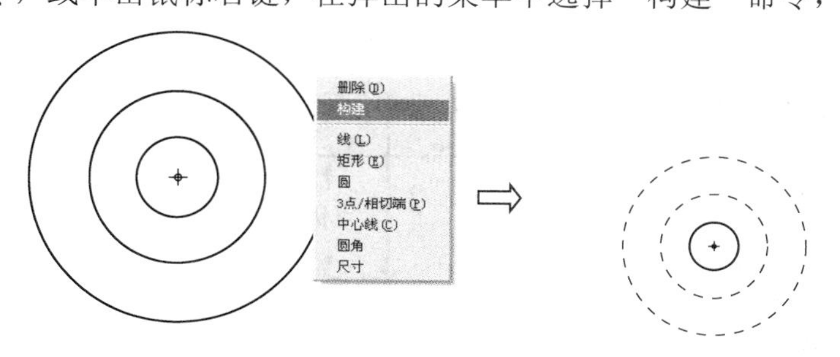

图 2-36　运用“切换构造”命令

7. 动态修改

在草绘模式中，允许按住鼠标左键直接拖拉截面的几何图元来实现图形的动态修改。只是根据鼠标拾取点的位置不同，几何图元产生的修改效果也不同。同时，对于不同的几何图元鼠标拖拉产生的效果也不同。

如图 2-37 所示，若按住鼠标左键拾取点为圆心位置，则动态拖拉仅改变圆的圆心位置而不改变其半径大小。

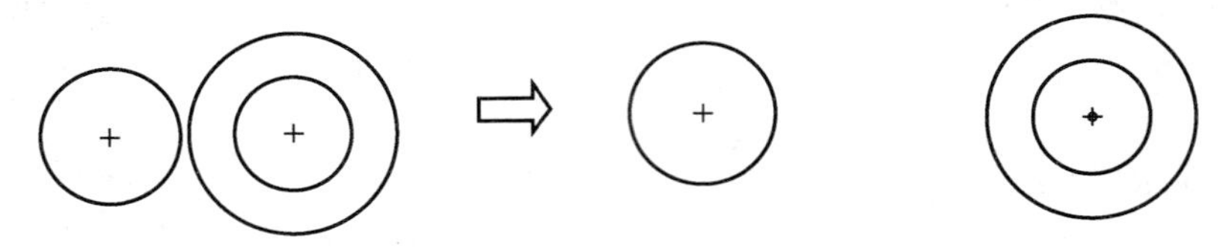

图 2-37 点选圆心拖拉其位置

如图 2-38 所示，若按住鼠标左键拾取点为圆的圆周位置，则动态拖拉仅改变圆的半径大小而不改变其圆心位置。

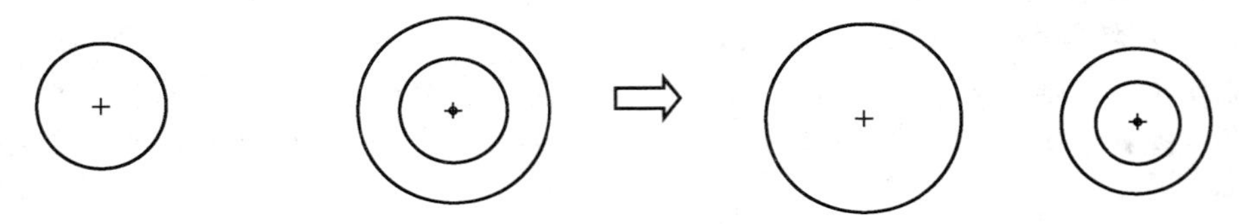

图 2-38 点选单个圆的圆周拖拉其大小

四、尺寸标注

1. 垂直型尺寸标注

Pro/ENGINEER 的草绘图中，系统自动标注出的尺寸称为弱尺寸，显示为淡灰色，当进行修改或新的标注之后，尺寸显示为黄色，这时称为强尺寸。

(1) 点与点。将两点在水平与垂直方向连接起来，形成一个矩形，如图 2-39(a)所示。

单击草绘工具条 按钮后，用鼠标左键点选两点，在矩形的外部的上、下位置单击鼠标中键确认，则出现水平尺寸标注，同样在矩形的外部的左、右位置单击鼠标中键确认，则出现竖直尺寸标注，如图 2-39(b)所示；如在矩形内部单击鼠标中键进行尺寸标注确认，则会出现倾斜的尺寸标注，如图 2-39(c)所示。

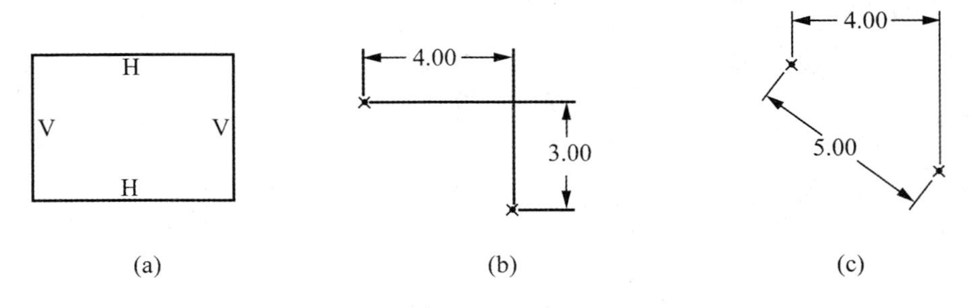

图 2-39 点与点的标注

(2) 点与直线。单击草绘工具条⟷按钮后，用鼠标左键点选点和直线，然后在需要放置尺寸的位置单击鼠标中键，就可以标注出尺寸，如图 2-40 所示。

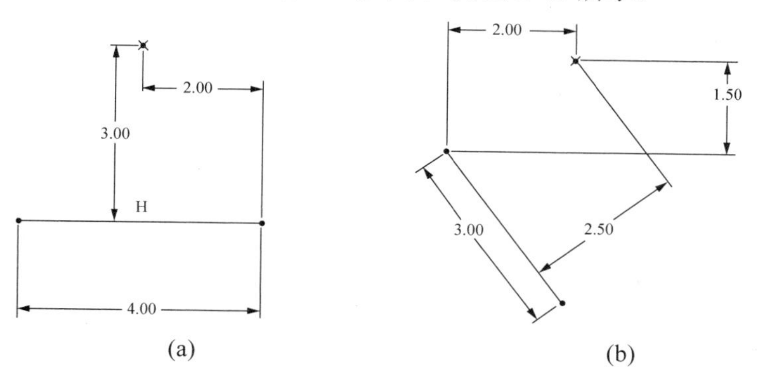

图 2-40　点与直线的标注

(3) 直线与直线。当两直线平行时，才能进行距离的尺寸标注，其标注方法与点与直线的距离尺寸标注相同。

(4) 圆弧与圆弧。单击草绘工具条⟷按钮后，用鼠标左键分别点选两圆弧，然后在需要放置尺寸的位置单击鼠标中键，系统就会弹出如图 2-41(a)所示的对话框，此对话框让用户选择用竖直尺寸还是水平尺寸标注圆弧间的距离，图 2-41(b)所示为竖直距离尺寸的标注，图 2-41(c)所示为水平距离尺寸的标注。

至于具体用圆弧的哪一侧进行尺寸标注，则是以点选圆弧的位置为准。

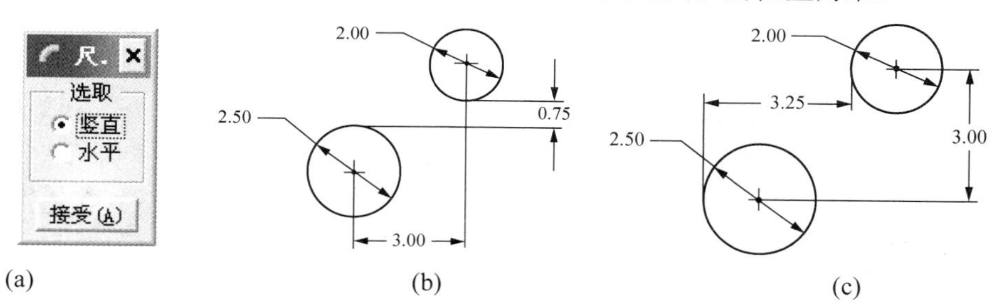

图 2-41　圆弧与圆弧的标注

(5) 圆弧与直线。单击草绘工具条⟷按钮后，用鼠标左键分别点选圆弧和直线，然后在需要放置尺寸的位置单击鼠标中键。至于具体用圆弧的哪一侧进行尺寸标注，则是以点选圆弧的位置为准，图 2-42(a)所示就是点选圆弧的下边圆周，图 2-42(b)所示就是点选圆弧的中心点，图 2-42(c)所示就是点选圆弧的上边圆周。

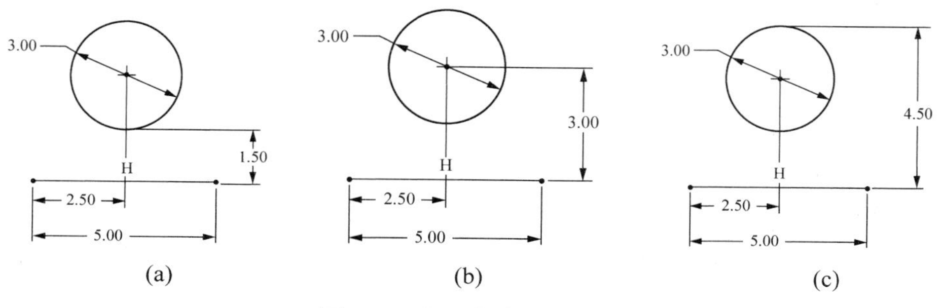

图 2-42　圆弧与直线的标注

(6) 圆弧与点。圆弧与点的尺寸标注，实际上相当于圆心与点的尺寸标注，只是在选择圆心的时候可以用选择圆弧来代替。

2. 径向尺寸标注

径向尺寸包括半径尺寸与直径尺寸。执行时，用鼠标左键单击圆周则标注半径尺寸，图 2-43(a)所示就是标注半径尺寸，而双击圆周则标注直径尺寸，图 2-43(b)所示就是标注直径尺寸。尺寸参数的位置取决于鼠标中键的放置。

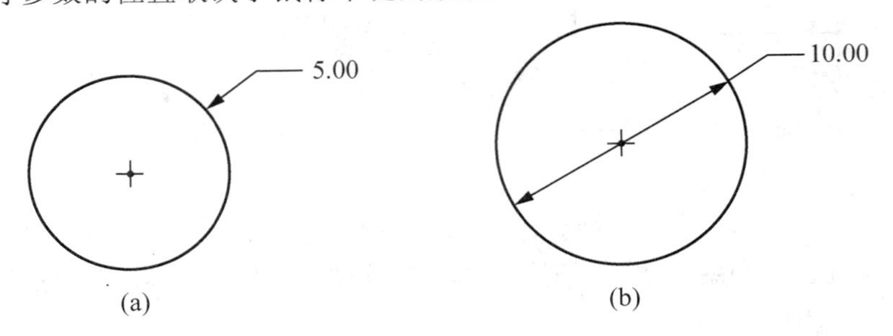

图 2-43 径向尺寸的标注

3. 对称尺寸标注

建立旋转特征时，常需在特征截面中标注截面图形的直径尺寸，即对称尺寸。此时，必须有中心线作为旋转特征的中心轴。标注时，需依次用鼠标左键点选图元对象、中心线，再点选图元对象，然后在适当位置单击鼠标中键放置尺寸，如图 2-44 所示。

4. 角度尺寸标注

角度尺寸包括两直线夹角和圆弧的圆心角两种形式，标注两直线夹角时，用鼠标左键点选两直线，然后单击鼠标中键放置尺寸即可，如图 2-45(a)所示；标注圆弧的圆心角时，需依次用鼠标左键点选圆弧、圆弧的两端点，然后单击鼠标中键将尺寸放置在适当的位置，如图 2-45(b)所示。

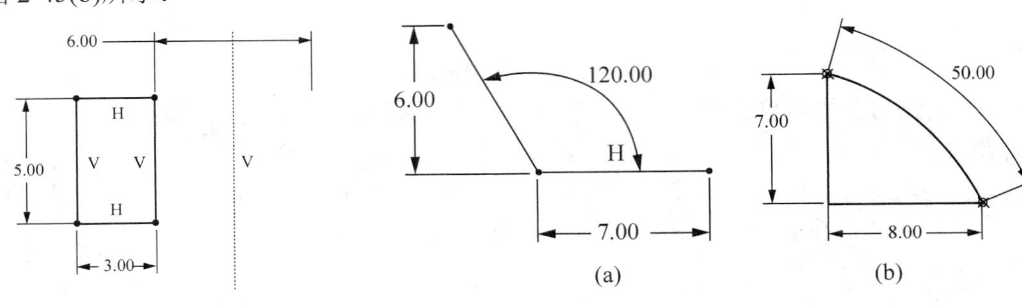

图 2-44 对称尺寸的标注

图 2-45 角度尺寸的标注

5. 椭圆尺寸标注

椭圆标注主要指标注椭圆的 x 轴半径(R_x)或 y 轴半径(R_y)。标注时，用鼠标左键点选椭圆圆周，再用鼠标中键在适当位置单击以放置尺寸，此时系统会显示如图 2-46(a)所示的“椭圆半径”对话框以选取欲标注的对象，之后单击“接受”按钮即可标出所需的椭圆半轴尺寸，如图 2-46(b)所示。

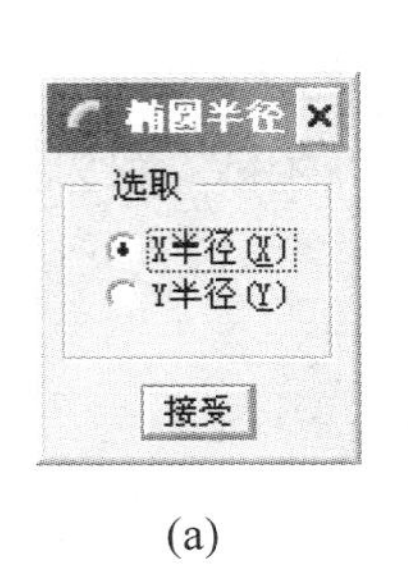

(a)

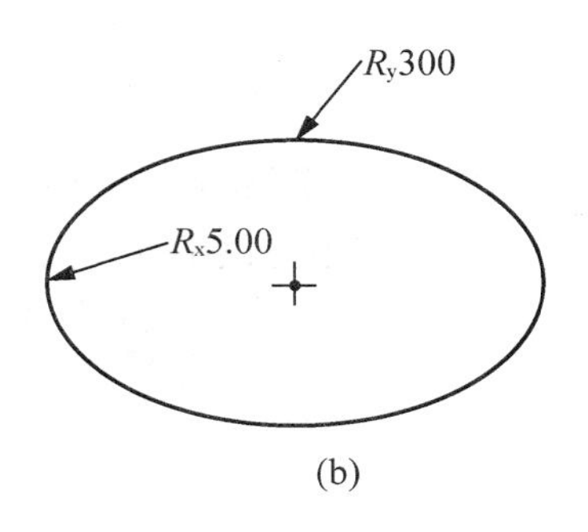

(b)

图 2-46　椭圆半径尺寸的标注

6. 圆锥曲线尺寸标注

圆锥曲线标注包括两端点的距离、两端点的切线角度和曲率半径 3 类尺寸，如图 2-47 所示。两端点距离尺寸的标注与线性尺寸的标注相同，曲率半径的标注与圆弧半径的标注相同，而标注两端点的切线角度时，需依次点选圆锥曲线、所需标注的曲线端点和基准中心线，然后单击鼠标中键放置尺寸。

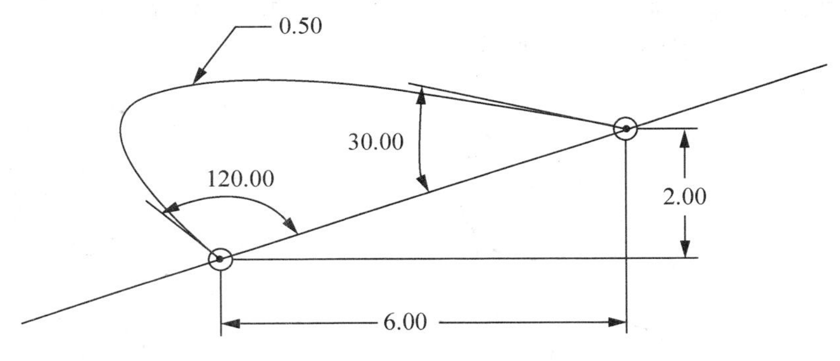

图 2-47　圆锥曲线尺寸的标注

7. 样条曲线尺寸标注

样条曲线为连接一系列点的光滑曲线，其完整的尺寸标注包括两端点的距离、两端点的切线角度、曲线节点的位置尺寸以及曲线节点的切线角度，其中，曲线节点的尺寸一般不标注，如图 2-48 所示。

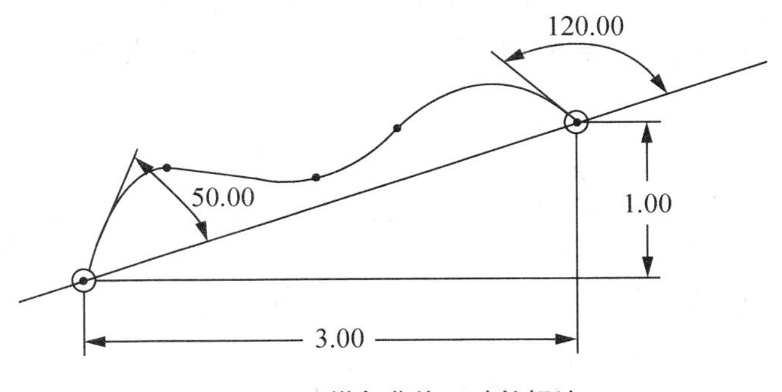

图 2-48　样条曲线尺寸的标注

五、草绘约束

单击草绘器工具栏中的 按钮，或选择“草绘”→“约束”命令，系统弹出如图 2-49 所示的“约束”对话框，其中提供了 9 种约束选项按钮。

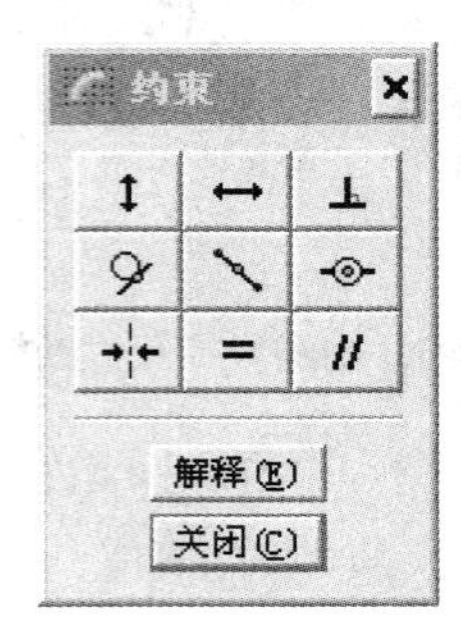

图 2-49 “约束”对话框

1. 竖直

按钮用于约束某线段为竖直放置或约束两个点在同一竖直位置上，执行时，只需点选欲约束的草绘直线或两图形端点，显示的约束符号为“V”或“｜”，如图 2-50 所示。

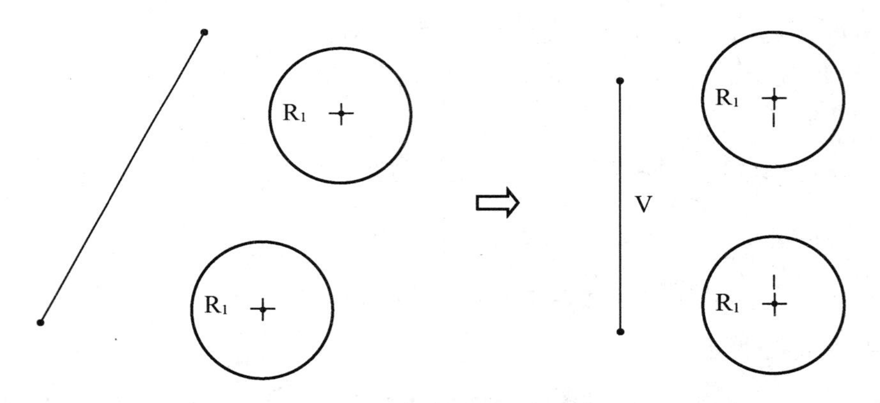

图 2-50 竖直约束

2. 水平

按钮用于约束某线段为水平放置或约束两个点在同一水平位置上，执行时，只需点选欲约束的草绘直线或两图形端点，显示的约束符号为“H”或“—”，如图 2-51 所示。

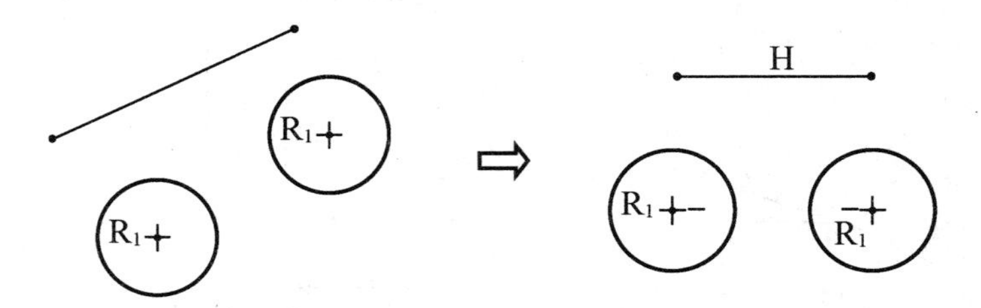

图 2-51 水平约束

3. 正交

⊥按钮用于约束两个草绘图元相互正交。执行时，只需依次点选欲约束的两个图元，显示的约束符号为“⊥x”(其中 x 表示约束的数字序号)，如图 2-52 所示。

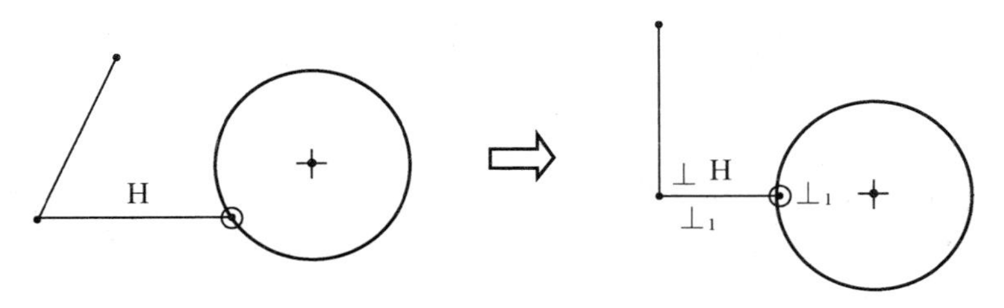

图 2-52　正交约束

4. 相切

按钮用于约束两个草绘图元相切。执行时，只需依次点选欲约束的两个图元，显示的约束符号为“T”，如图 2-53 所示。

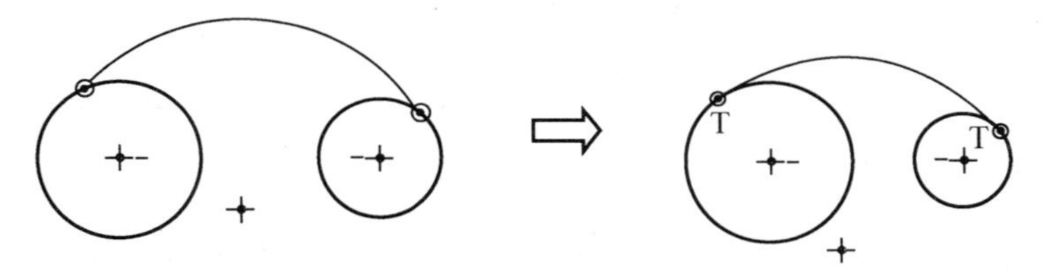

图 2-53　相切约束

5. 中点

按钮用于约束某点位于指定直线的中点。执行时，只需依次点选欲约束的点(或端点)和直线，则选定点将被限定在所选直线的中点位置，显示的约束符号为“M”，如图 2-54 所示。

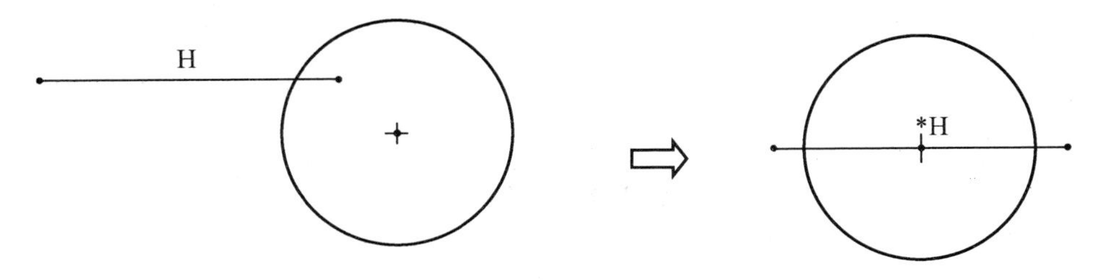

图 2-54　中点约束

6. 点重合、共线

按钮用于约束某两点重合。执行时，只需依次点选欲约束的两点(端点)，则选定点将被限定在同一位置上，即重合在一起，如图 2-55 所示。

按钮用于约束某两直线重合。执行时，只需依次点选欲约束的两直线，则选定两直线将被重合在一起，如图 2-56 所示。

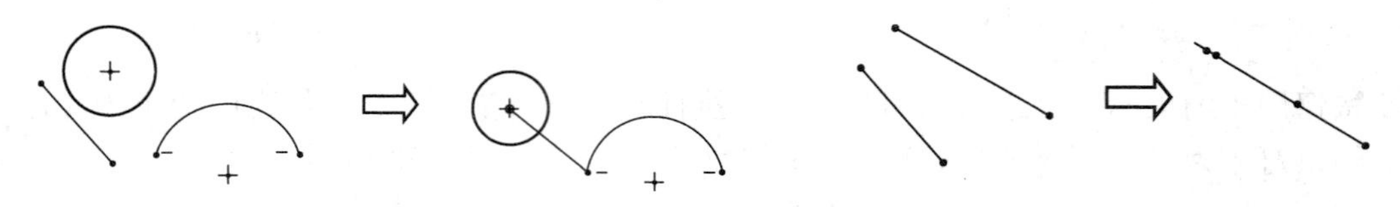

图 2-55 点重合约束　　　　图 2-56 共线约束

7. 对称

按钮用于约束中心线两边的图形对称。执行时，先选中心线，再选两边的图形，显示的约束符号为“→←”。要使两个圆的圆心相对于中心线对称，先点中心线，再分别点两个圆的圆心；要使矩形的角点相对于中心线对称，先点中心线，再分别点选要对称的两个角点，如图 2-57 所示。

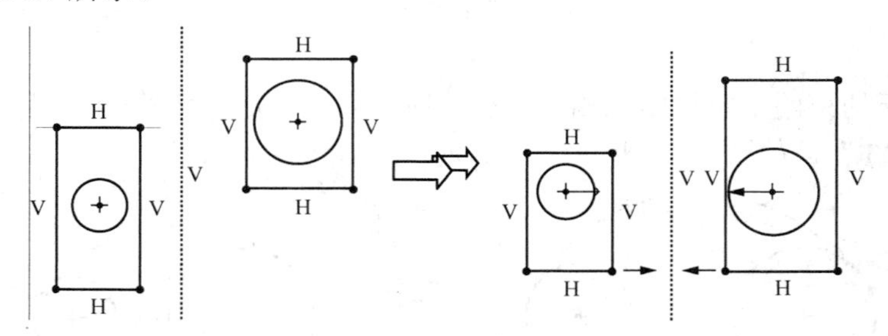

图 2-57 对称约束

8. 相等

= 按钮用于约束两直线长度相等或两圆弧半径相等。执行时，若点选的是直线，则约束为等长，显示的约束符号为“Lx”(其中 x 表示约束的数字序号)；若点选的是两圆弧，则约束为等半径，显示的约束符号为“Rx”(其中 x 表示约束的数字序号)，如图 2-58 所示。

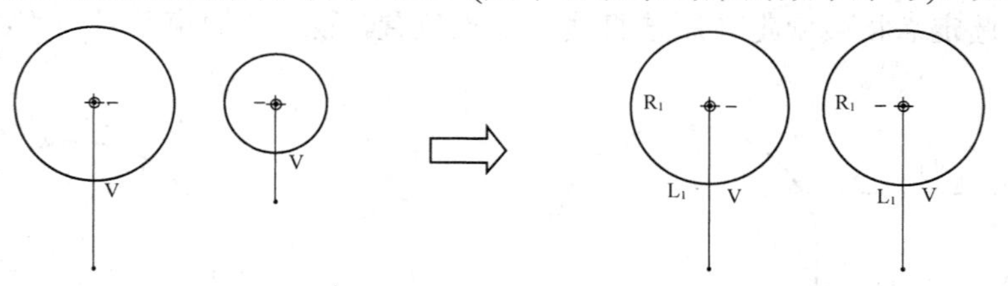

图 2-58 相等约束

9. 平行

// 按钮用于约束两直线相互平行。执行时，只需依次点选欲约束的两直线，显示的约束符号为“//x” (其中 x 表示约束的数字序号)，如图 2-59 所示。

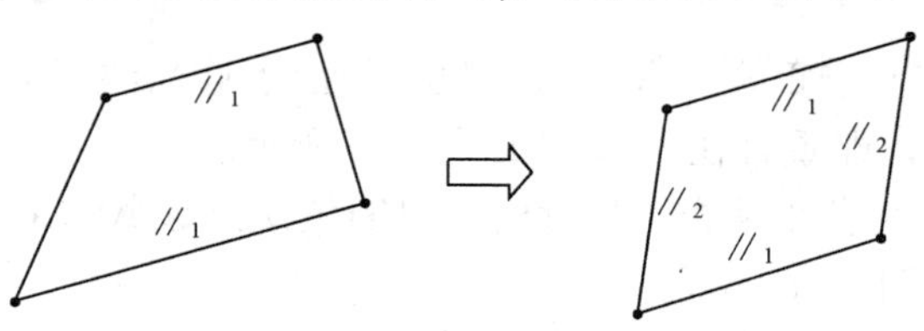

图 2-59 平行约束

六、草绘实例

草绘如图 2-60 所示的手柄图形。

步骤一：选择“文件”→“新建”命令，弹出“新建”对话框，在“类型”选项组中选中“草绘”单选按钮，并输入文件名“shoubing”，然后单击“确定”按钮进入草绘模式。

步骤二：草绘手柄的几何图形，如图 2-61～图 2-65 所示。

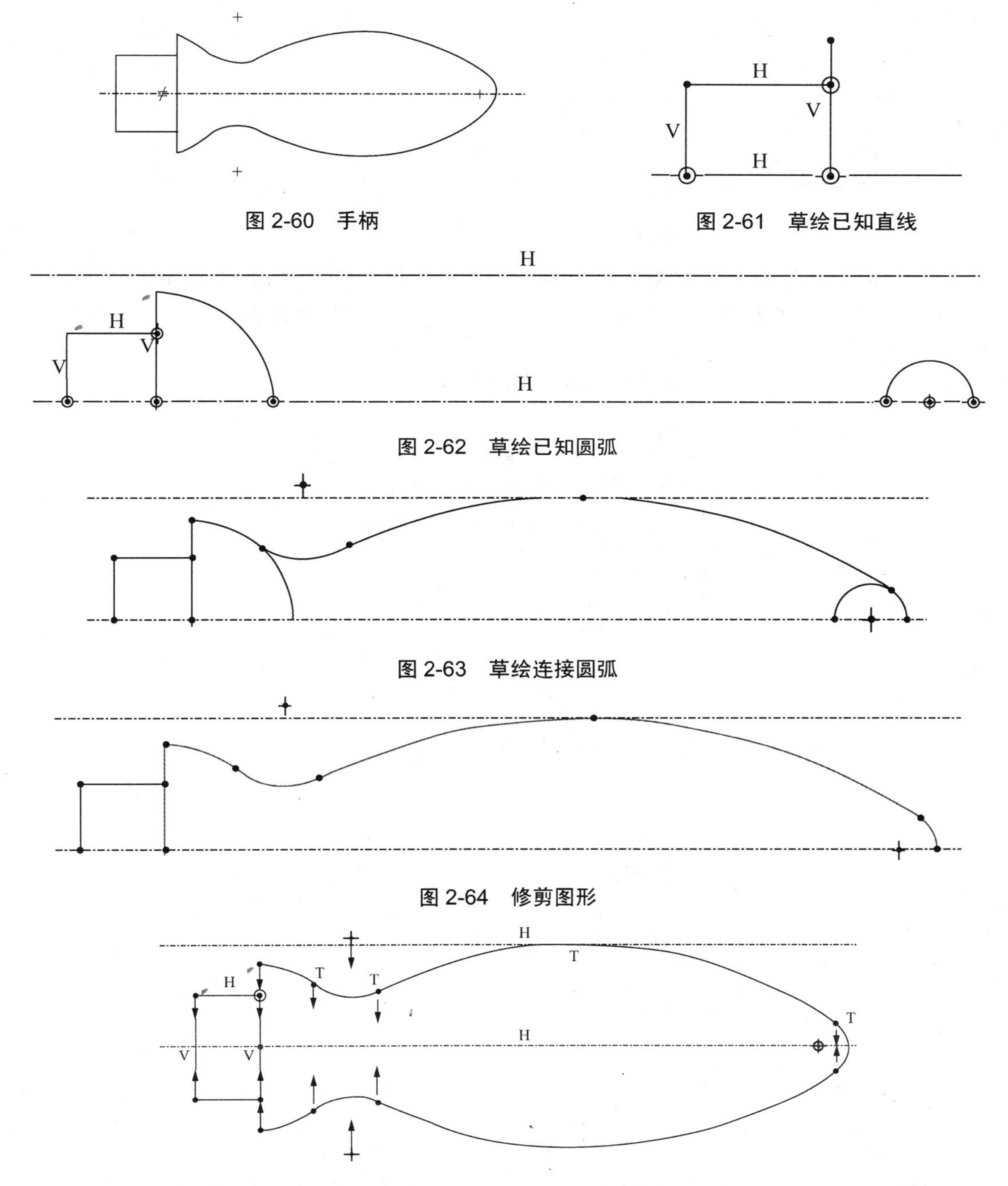

图 2-60　手柄

图 2-61　草绘已知直线

图 2-62　草绘已知圆弧

图 2-63　草绘连接圆弧

图 2-64　修剪图形

图 2-65　选择修剪好的图形，以中心线为对称轴进行镜像操作

步骤三：标注所需的尺寸并修改尺寸。

如图 2-66 所示，标注出图形所需要的尺寸。

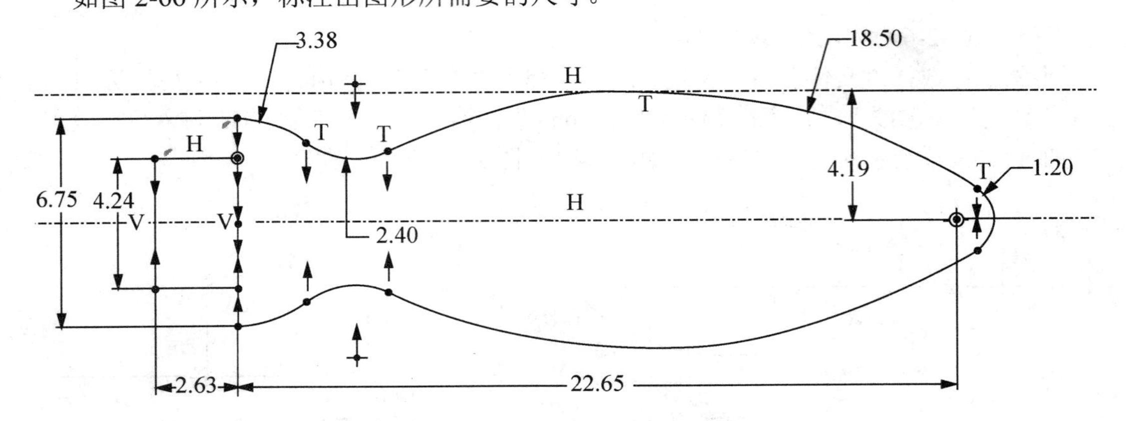

图 2-66　标注出图形所需要的尺寸

如图 2-67 所示，单击草绘器工具栏中的“修改尺寸”按钮，然后在弹出的“修改尺寸”对话框中依次选取要更改的各尺寸标注值，取消选中“再生”复选框，统一修改各个尺寸值至设计值。

图 2-68 所示为完成修改后重新生成的截面的外形效果。

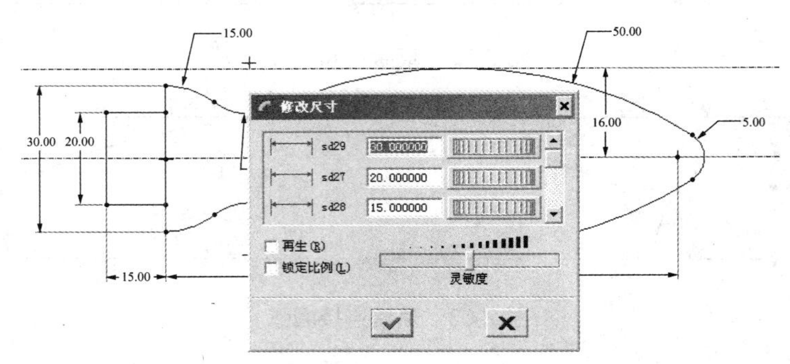

图 2-67　统一修改各个尺寸值至设计值

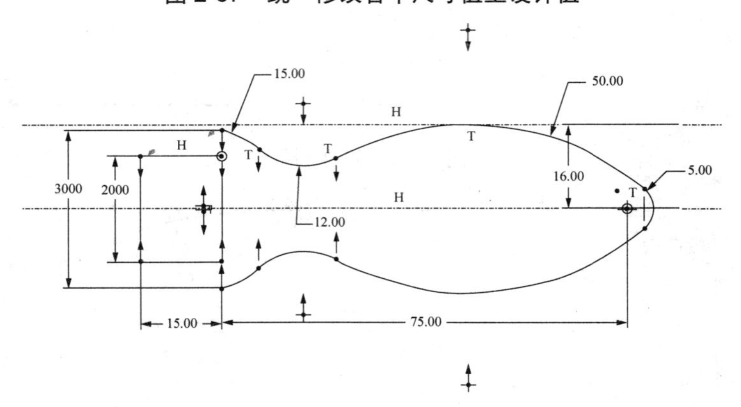

图 2-68　完成修改后截面的外形效果

步骤四：关闭“尺寸”、“约束”、“顶点显示”按钮，完成如图 2-68 所示的手柄图形。

操作指引

绘制叶片的二维图形

步骤一：新建草绘截面文件。

如图 2-69 所示，选择“文件”→“新建”命令，弹出“新建”对话框，在“类型”选项组中选中“草绘”单选按钮并输入文件名“yepian”，然后单击“确定”按钮进入草绘模式。选择菜单栏中“草绘”→“选项”命令，弹出“草绘器优先选项”对话框，弹出取消对“弱尺寸”复选框的选中，隐藏图形上的弱尺寸。

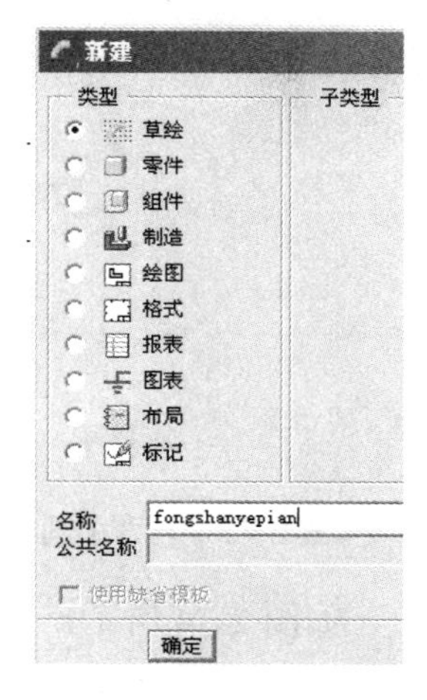

图 2-69　新建草绘截面文件

步骤二：草绘单个的叶片图形。

如图 2-70 所示，绘制 5 条辅助线，分别相距 60、20、20。如图 2-71 所示，绘制两个同心圆，直径分别为 30 和 15。

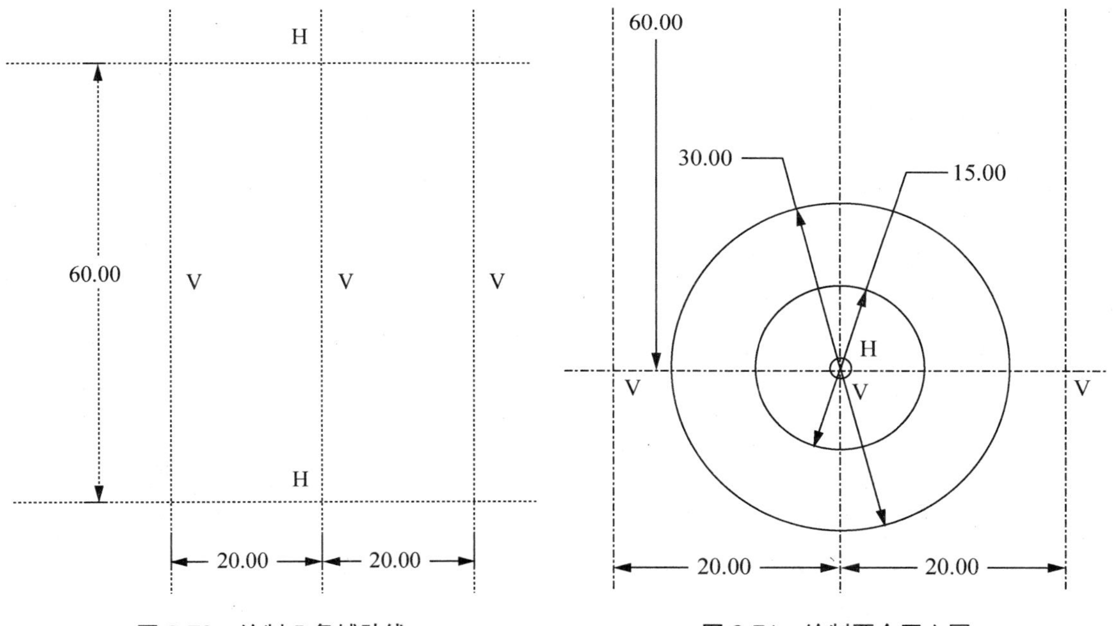

图 2-70　绘制 5 条辅助线　　　图 2-71　绘制两个同心圆

如图 2-72 所示，绘制直径为 12 的两小圆，然后绘制与 12 的小圆、30 的大圆及水平线相切的两大圆(这里不宜采用相切圆工具绘制相切圆，因水平线为辅助线，可以先任意绘制一个圆，使用约束使此圆与 3 个图圆都相切)。

如图 2-73 所示，继续绘制一个圆心落在中间竖直中心线上，同时与上面两个 12 的小圆相切，直径为 80 的大圆。

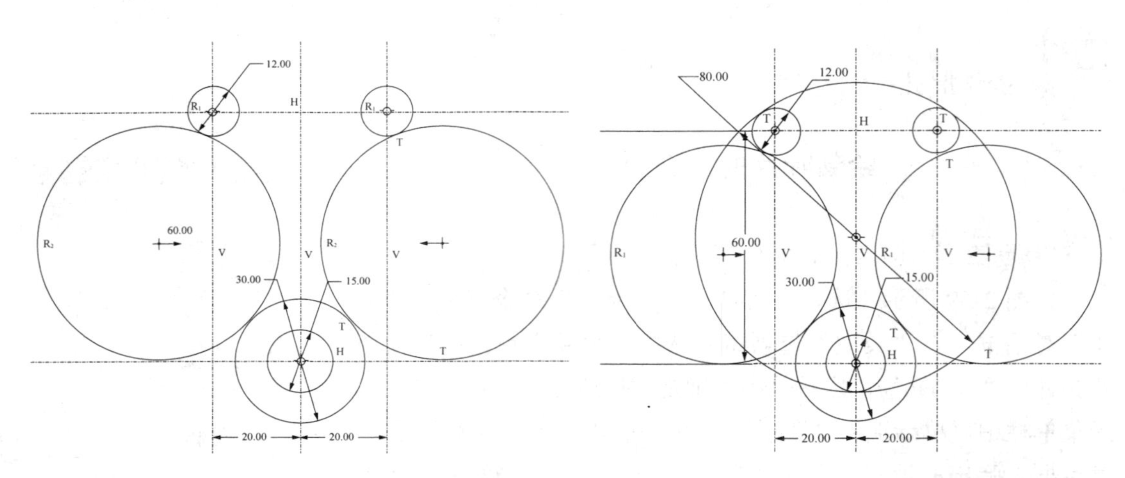

图 2-72　与两小圆、水平线相切的两大圆　　图 2-73　与上两个小圆相切的大圆

如图 2-74 所示，运用“修剪”工具把多余的线删除，形成一个风扇的叶片。

步骤三：对单个的叶片进行复制。

如图 2-75 所示，选中全部图形，然后按住 Ctrl 键排除中间的小圆及 5 条辅助线，选择“复制”工具。

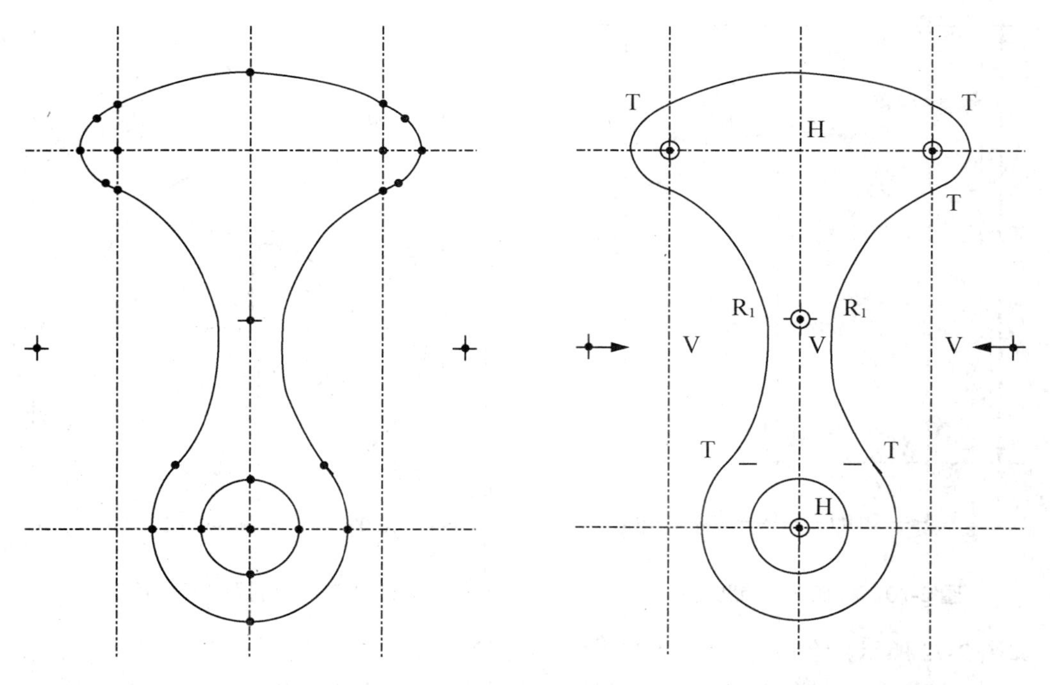

图 2-74　形成一个风扇的叶片　　图 2-75　选取复制的对象

如图 2-76 所示，按住鼠标右键将复制出的图形的移动手柄(旋转中心)移动到下部小圆中心处，单击鼠标左键确定，然后按住鼠标左键拖动复制图形的移动中心，将其与原图形下部小圆中心对齐，单击鼠标左键确定。

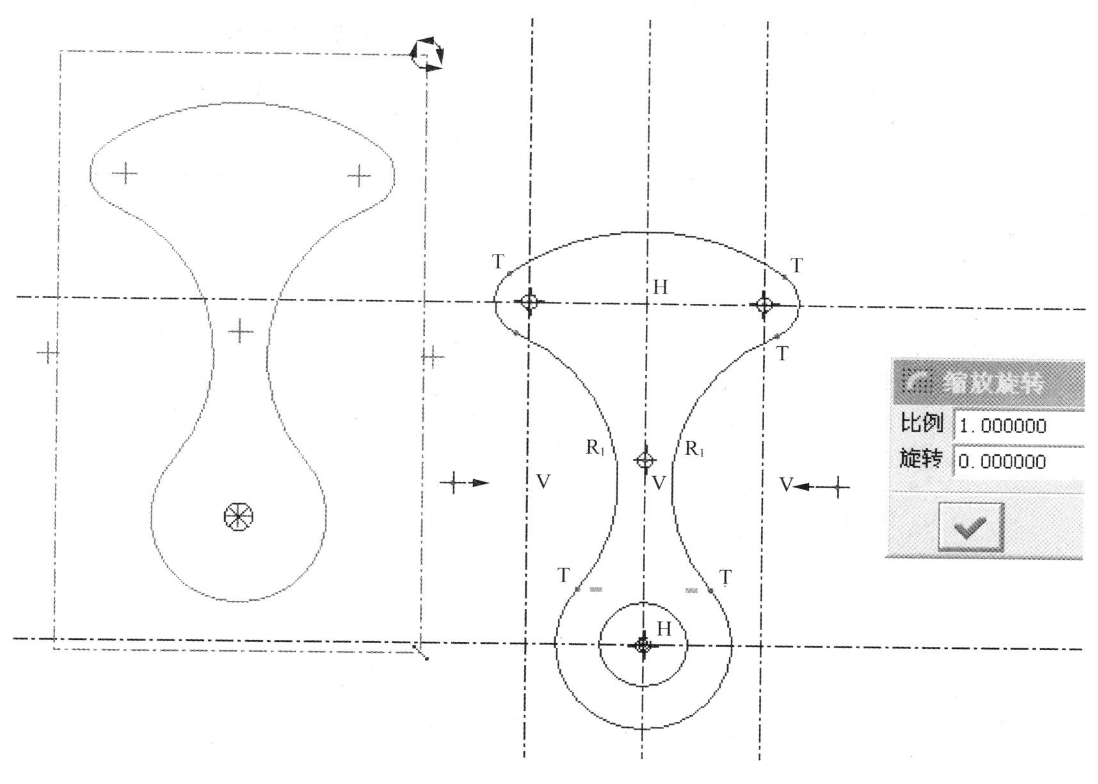

图 2-76　拖动复制图形的移动中心

如图 2-77 所示，在“缩放旋转”对话框中输入缩放比例为 1，旋转角度为 120°，打钩完成。

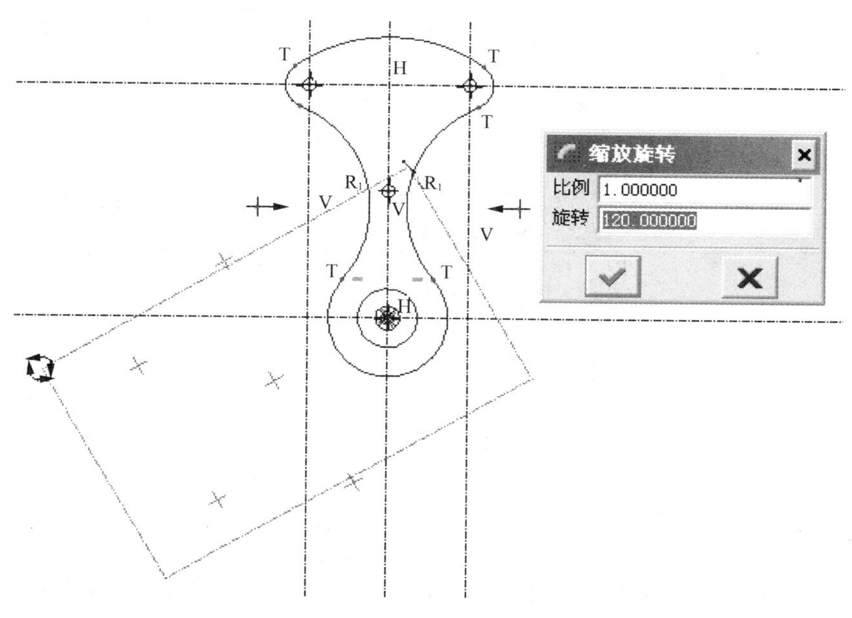

图 2-77　“缩放旋转”设置

图 2-78 所示为旋转确定后生成的另一个风扇叶片。如图 2-79 所示，选中刚复制出来的图形，选择“复制”工具。

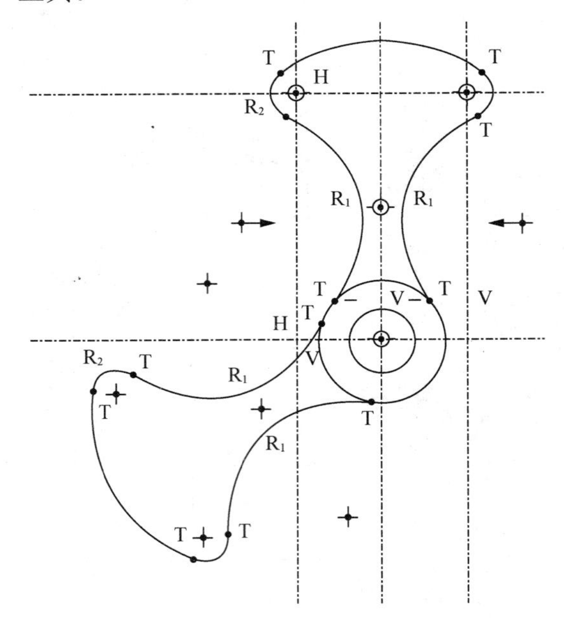

图 2-78　复制生成的另一个风扇叶片

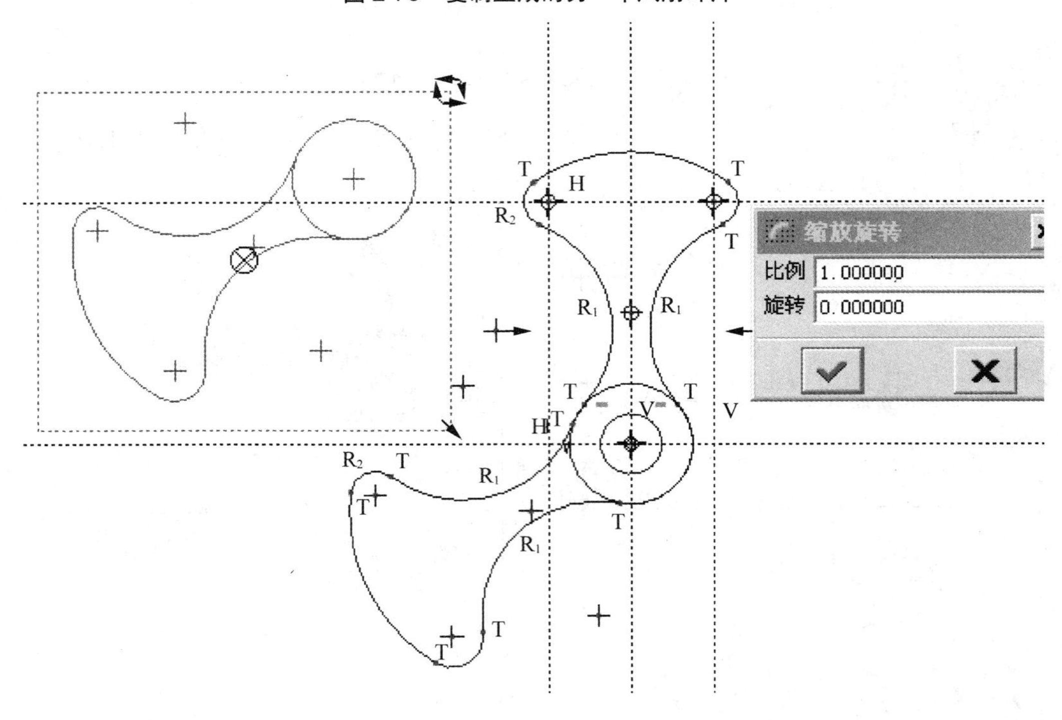

图 2-79　选择“复制”工具

如图 2-80 所示，按住鼠标右键将复制出的图形的移动手柄(旋转中心)移动到下部小圆中心处，单击鼠标左键确定。

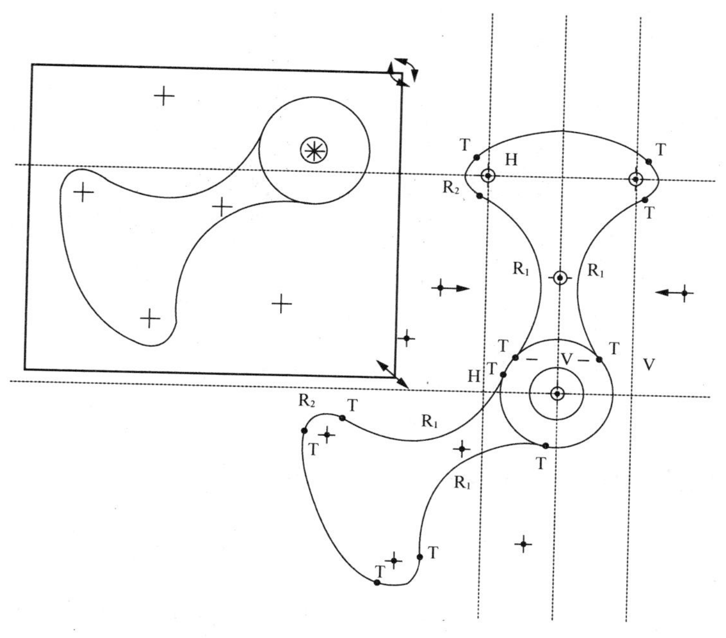

图 2-80　移动旋转中心

如图 2-81 所示，按住鼠标左键拖动复制图形的移动中心，将其与原图形下部小圆中心对齐，单击鼠标左键确定。然后在“缩放旋转”对话框中输入缩放比例为 1，旋转角度为 120°，打钩完成。

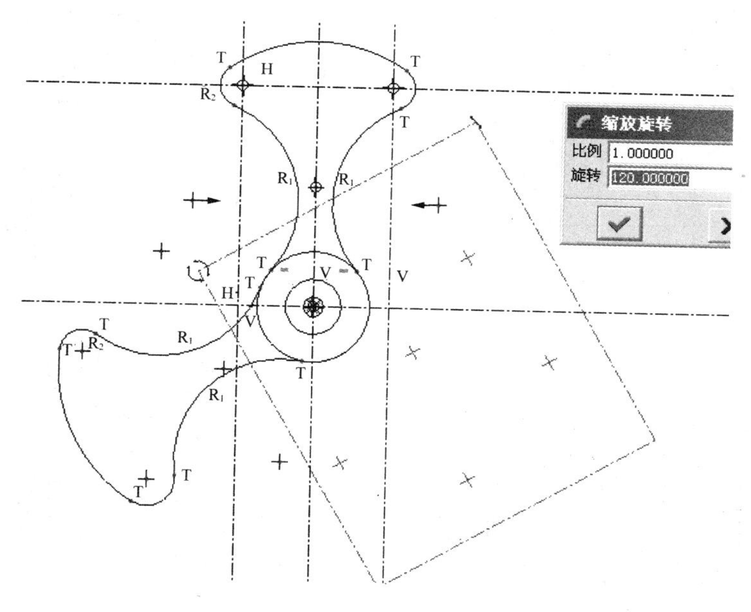

图 2-81　拖动移动中心并设置“缩放旋转”

图 2-82 所示为确定后生成的最后一个风扇叶片。图 2-83 所示为最后完成的风扇叶片的二维图形。

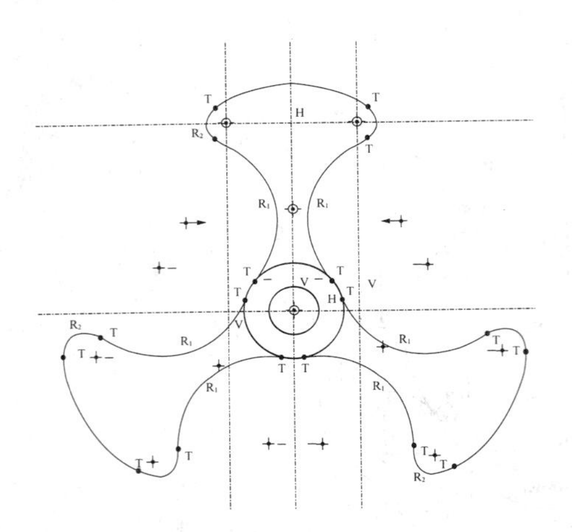

图 2-82　确定后生成的最后一个风扇叶片

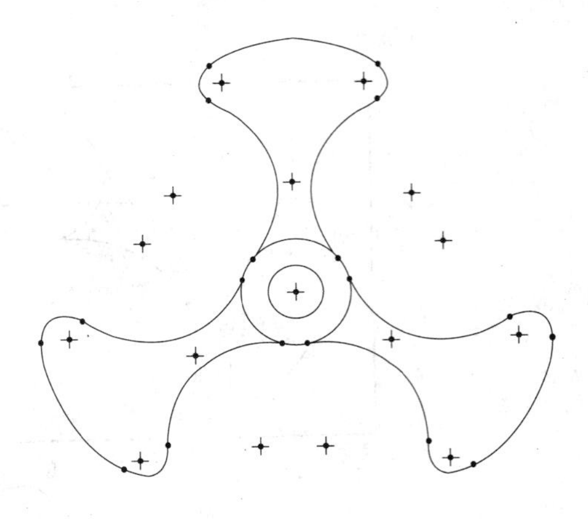

图 2-83　最后完成的风扇叶片的二维图形

拓展训练

运用 Pro/E 三维设计软件，完成图 2-84 至图 2-99 所示的二维平面设计。

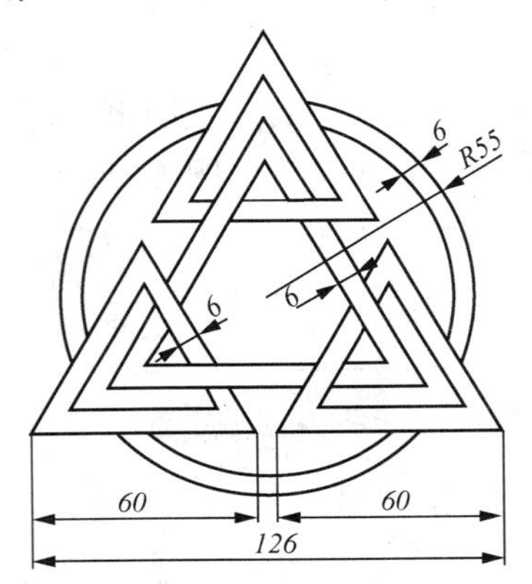

图 2-84

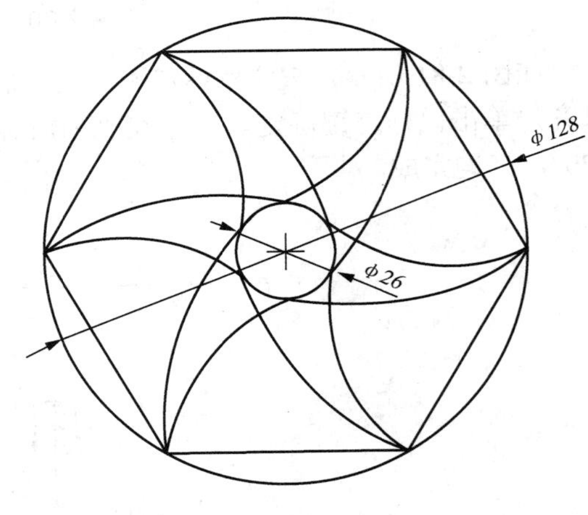

图 2-85

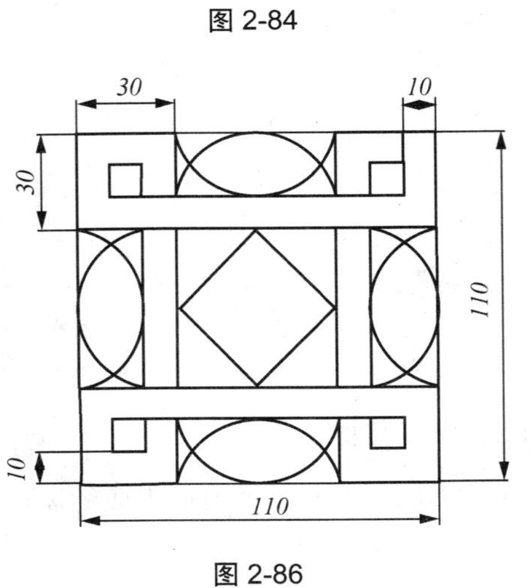

图 2-86

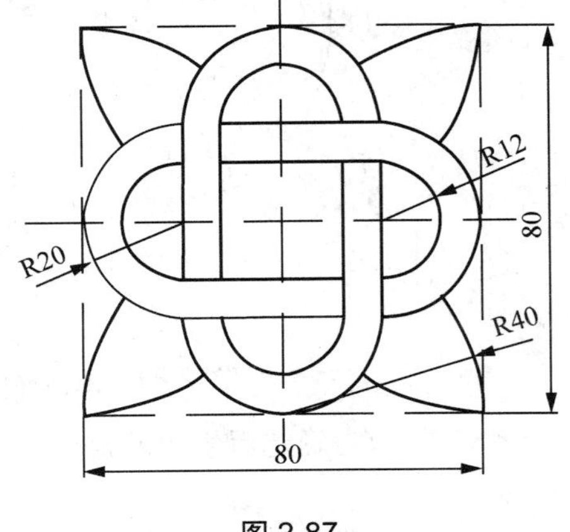

图 2-87

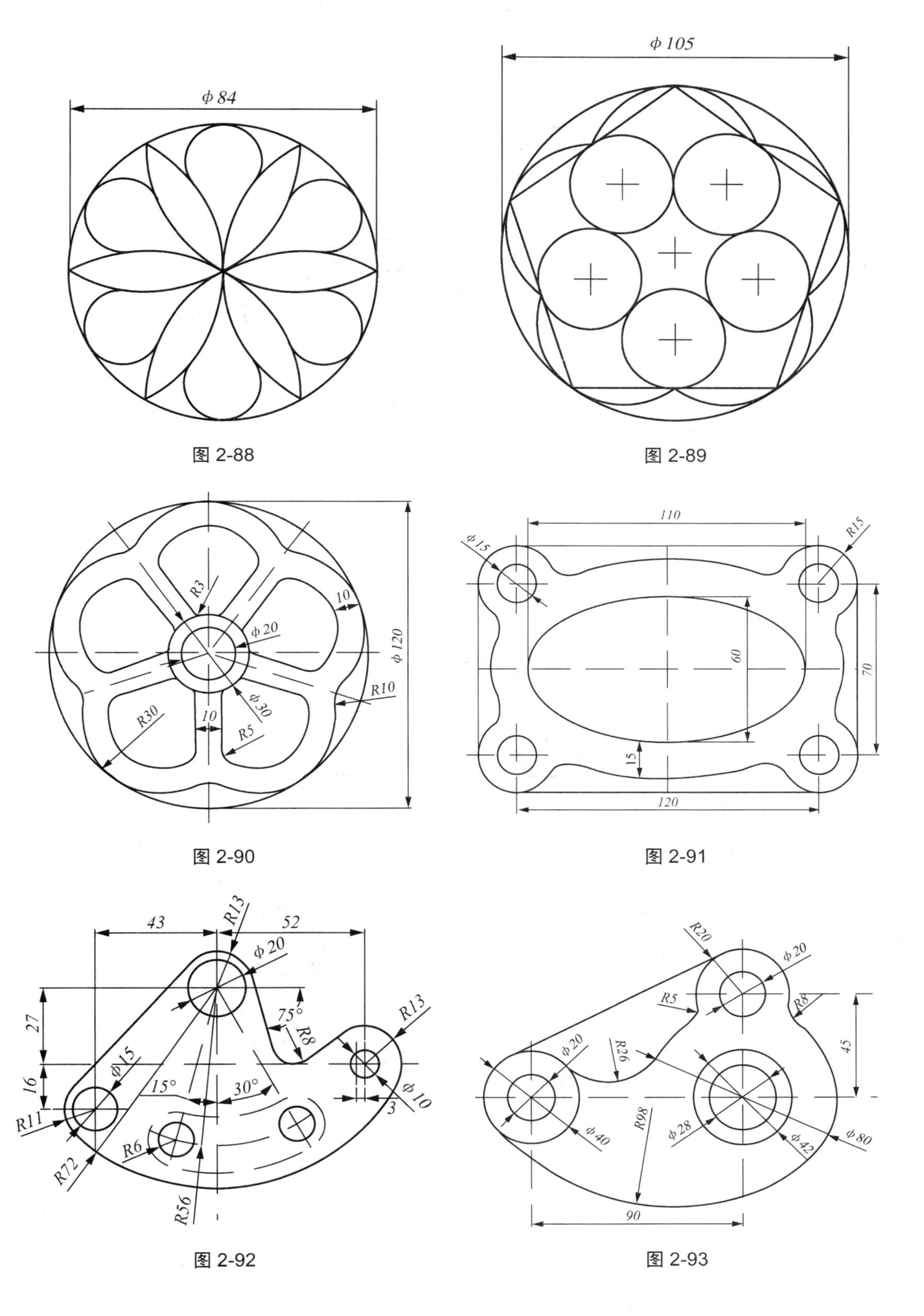

图 2-88

图 2-89

图 2-90

图 2-91

图 2-92

图 2-93

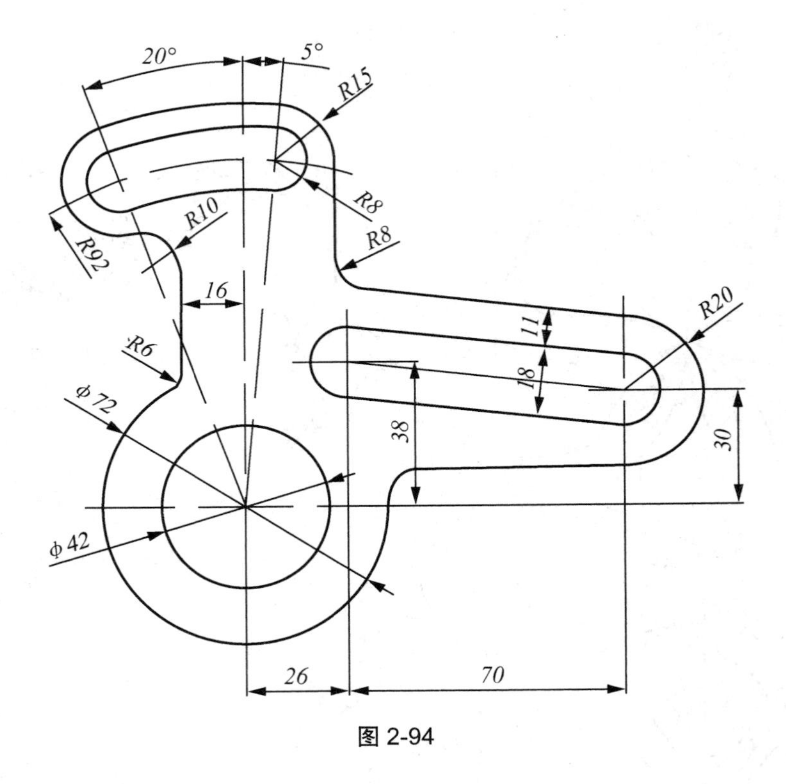
20°
5°
R15
R8
R8
R10
R92
16
R6
ϕ 72
11
R20
18
38
30
ϕ 42
26
70

图 2-94

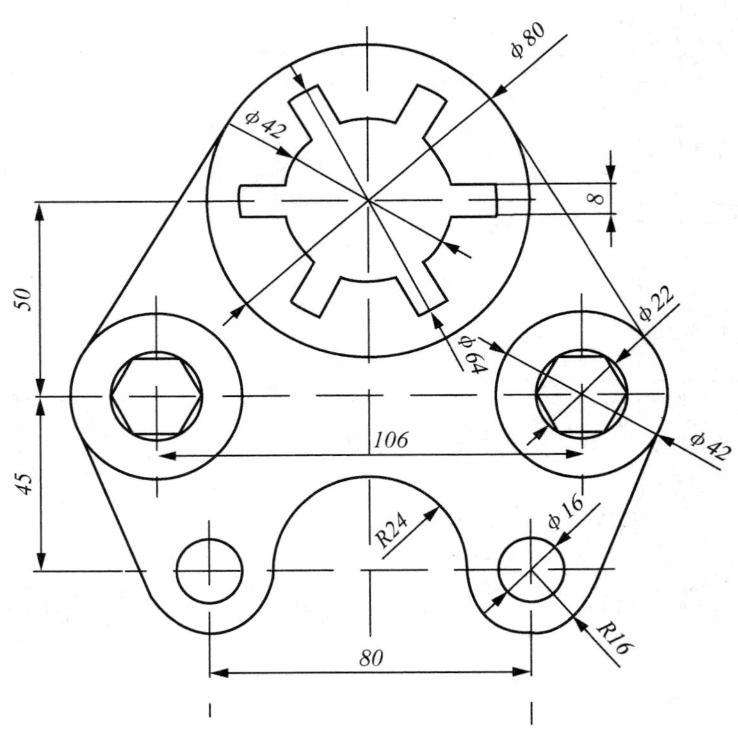
ϕ 80
ϕ 42
8
50
ϕ 22
ϕ 64
106
ϕ 42
45
ϕ 16
R24
R16
80

图 2-95

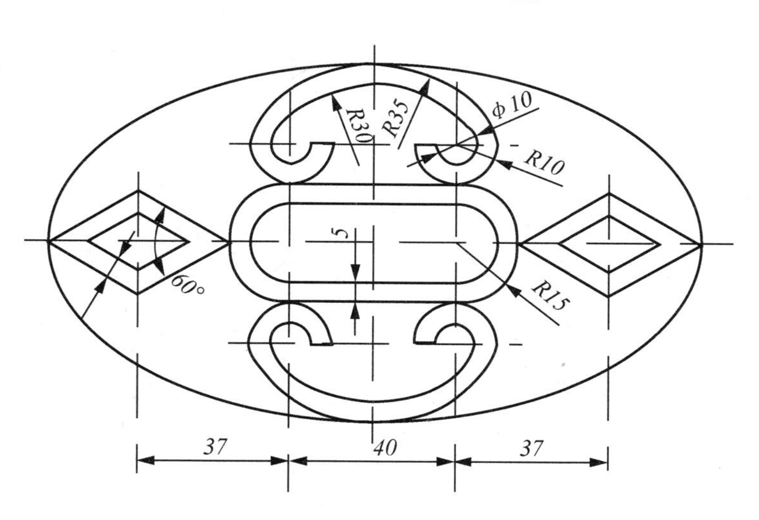

图 2-96

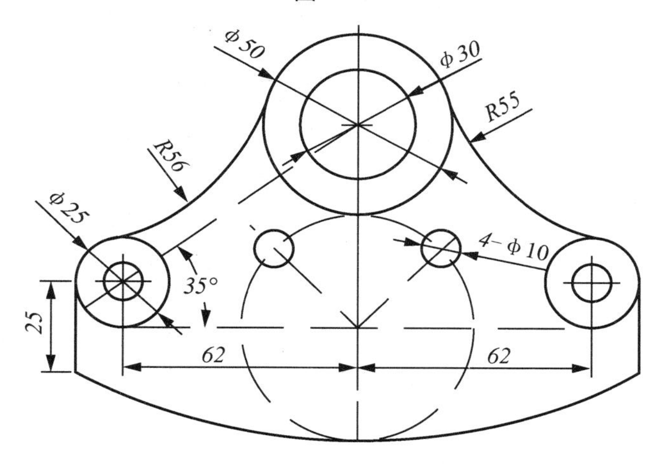

图 2-97

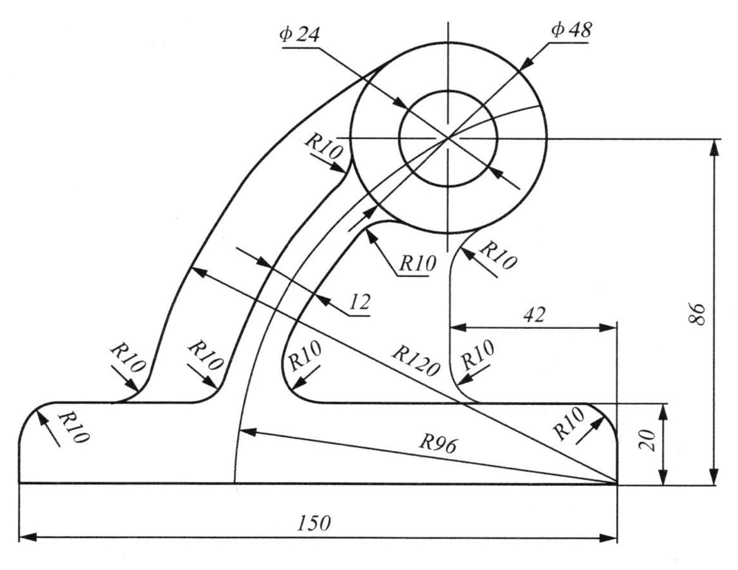

图 2-98

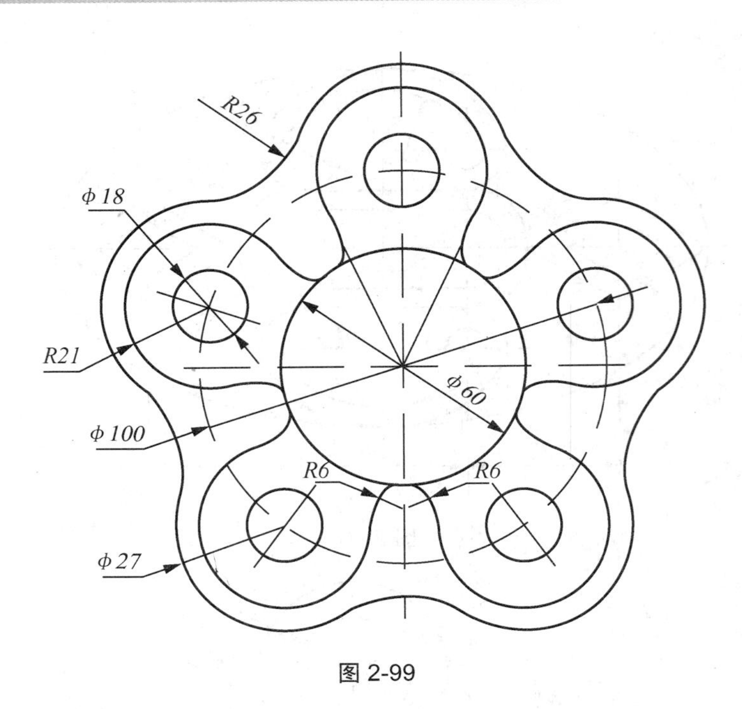

图 2-99

模块3

基础实体特征——零件设计应用实例

项目3　机座的设计

知识目标

了解三维绘图环境及其设置，了解 Pro/E 系统中的实体特征，包括基础特征和工程特征、曲面特征和基准特征，掌握基准显示的设置，草绘平面和参照平面的设置，掌握三维实体模型的创建方法，掌握常用三维工具的用法，熟悉绘制二维图形的一般流程和技巧，重点掌握拉伸实体特征的操作方法等。

技能目标

熟练地运用 Pro/E 三维设计软件，使用拉伸实体特征的创建方法，快速准确地设计机座三维模型。

项目任务

运用 Pro/E 设计软件，完成如图 3-1 所示的机座三维模型的设计。

图 3-1　机座的三维模型

Pro/E 零件建模基础

一、特征及其分类

1. 实体特征

实体特征是零件建模中最常用的一类特征，它具有形状、质量、体积等实体属性。实体特征是使用 Pro/E 进行三维造型设计的主要手段。

(1) 基础特征。基础特征一般是指零件建模时设计者创建的第一个实体特征，往往代表着零件最基本的形状，在 Pro/E 系统中，建立基础特征最基本的 4 种方法是拉伸、旋转、扫描和混合。

(2) 工程特征。工程特征是指零件模型中除基础特征以外，后续建立的其他特征。工程特征包括草绘型特征和放置型特征。草绘型特征是指在特征创建过程中，设计者必须绘制二维截面才能根据某种形式生成的特征，如拉伸、旋转、扫描、混合等；放置型特征是指系统内部定义好的一些参数化特征，创建过程中设计者只要按照系统的提示选择适当的参照，设定相关的参数即可生成，如圆孔、倒圆角、倒角等。

2. 曲面特征

曲面特征是一类相对抽象的特征，它没有质量、体积、厚度等实体属性。但是，对特定曲面进行合理的设计和裁剪后可将其作为实体特征的表面，这是曲面特征的一个重要用途。也正是因为有曲面特征的存在，才可以通过曲面造型设计出非常复杂的实体模型。

3. 基准特征

基准特征就是基准点、基准轴、基准曲线、基准坐标系等的统称。这种特征不是实体特征，它没有质量、体积和厚度，但却是特征创建过程中一种必不可少的辅助设计手段，常用于建立实体特征的放置参照、尺寸参照等。

二、基准显示设置

在 Pro/E 系统中，如选用默认模板新建零件文件，系统将自动创建 3 个默认的基准平面和一个基准坐标系，如图 3-2(a)所示。

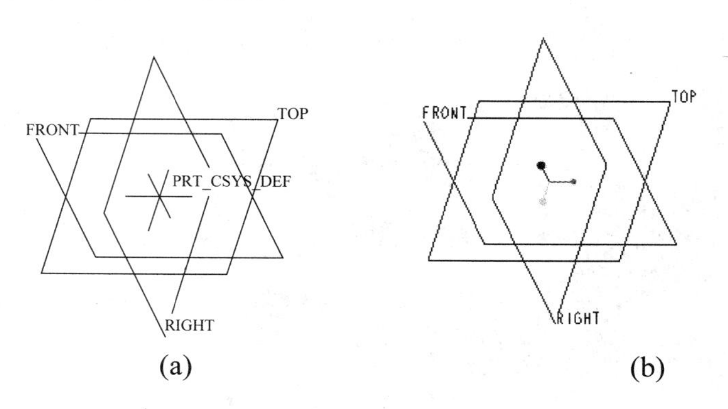

图 3-2　基准平面和基准坐标系

3 个默认基准面的交点是基准坐标系的原点，其中 FRONT 面相当于前平面，正方向指向正 z 轴，朝向操作者；RIGHT 面相当于侧平面，正方向指向正 x 轴，朝右；TOP 面相当于水平面，正方向指向正 y 轴，朝上。

在 3 个默认基准平面的相交处会显示一个由 3 小段颜色不同的单向线标定的旋转中心，即模型视图的旋转中心，如图 3－2(b)所示。旋转中心的 3 段单向线相互正交，并且分别与对应的基准平面垂直，各单向线端点处的小球分别位于各自的正向端，其中红色单向线表示 x 方向，绿色单向线表示 y 方向，蓝色单向线表示 z 方向。

三、草绘平面和参考平面

绘制草绘型特征的二维截面时，必须定义一个草绘平面和一个参考平面，且参考平面必须与草绘平面垂直。草绘平面和参考平面可以是基准平面、实体表面、平面型曲面等。这里草绘平面是指用来绘制特征截面的二维平面。参考平面是指用来确定草绘平面放置方位的一个二维平面，即用来辅助草绘平面定位。

当选定草绘平面进入草绘模式时，系统会将视角调整到纯二维平面草绘的状态，即沿指定的草绘视图方向将草绘平面放置到与屏幕平行的位置。在选定草绘平面的同时必须指定一个参考平面并限定其法向方向，如顶、底部、左和右，

以模型上表面为草绘平面建立新的特征，并选取左侧平面为参考平面，草绘视图方向选择“顶”，如图 3-3(a)所示，则进入草绘模式时草绘平面的放置状态会随参考平面方向设定的不同而不同，如图 3-3(b)所示。

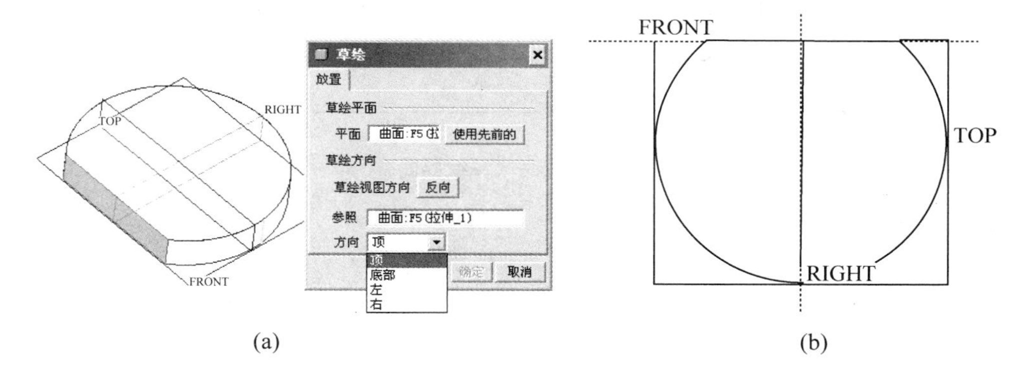

图 3-3　选取基准平面和基准坐标系

草绘二维截面时，参照项一般是按系统默认设置，操作者可以自行设置参考平面，系统在“草绘”对话框中提供了 4 种参考平面的方向，在“方向”下拉列表中有顶、底部、左和右 4 种选项。

四、三维实体特征创建的基本过程

三维实体造型技术是 CAD 技术发展历程中的一项革命性的技术，使用三维实体造型技术创建的三维实体模型在现代设计中具有举足轻重的地位。

创建三维实体特征的第一个步骤是绘制二维草图，这是三维建模的基础。在 Pro/E 中，二维草图被称作草绘剖面图或草绘截面图。在完成剖截面图的创建工作之后，使用拉伸、旋转、扫描、混合以及其他高级方法创建实体特征，然后在基础实体特征之上创建孔、圆角、拔模以及壳等工程特征。

根据特征生成原理的不同，可划分出 4 种最基础的特征创建方式，即创建拉伸实体特征、创建旋转实体特征、创建扫描实体特征和创建混合实体特征。

操作指引

设计机座的三维模型

步骤一：选择“文件”→“新建”命令，弹出“新建”对话框，在“类型”选项组中选中“零件”单选按钮并输入文件名“jizuo”，然后单击“确定”按钮进入三维实体建模模式。

步骤二：创建机座模型底板。

创建拉伸特征，在右工具箱中单击“拉伸”按钮或选择“插入”→“拉伸”→“伸出项”命令，打开其操作面板，以 F 平面为草绘平面，其余按系统默认进入草绘界面，草绘二维平面图形，完成后打钩退出草绘界面，如图 3-4 所示。

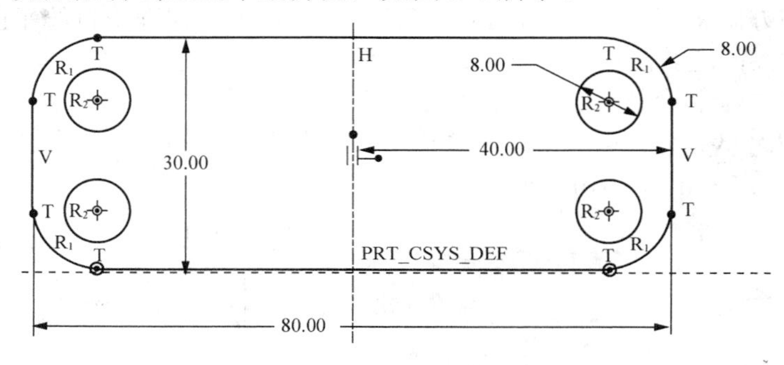

图 3-4　完成草绘界面

特别提示

本书所有的【操作指引】中的“F 平面”指的是“FRONT 基准平面”，“R 平面”指的是“RIGHT 基准平面”，“T 平面”指的是“TOP 基准平面”。

如图 3-5 所示，设置为“从草绘平面以指定的深度值拉伸”，深度为 8，打钩完成底板的拉伸。第一次拉伸的特征如图 3-6 所示。

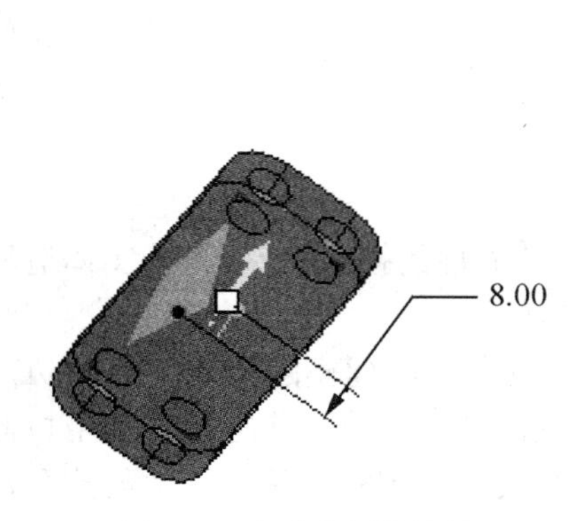

图 3-5　完成底板的拉伸

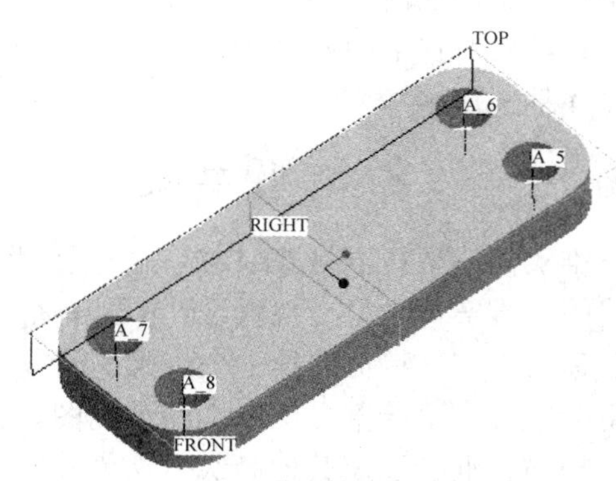

图 3-6　第一次拉伸的特征

步骤三：创建机座模型半圆柱。

再次创建拉伸特征，在右工具箱中单击“拉伸”按钮或选择“插入”→“拉伸”→“伸出项”命令，打开其操作面板，以 T 平面为草绘平面，其余按系统默认进入草绘界面，草绘一个半径为 20 的半圆封闭图形，完成后打钩退出草绘界面，如图 3-7 所示。

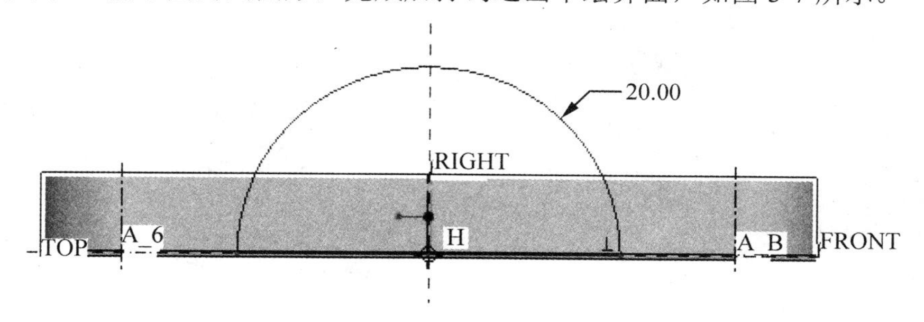

图 3-7　草绘半圆的图形

如图 3-8 所示，设置为“从草绘平面以指定的深度值拉伸”，调整拉伸的方向，深度设为 45，打钩完成半圆柱的拉伸。第二次拉伸的特征如图 3-9 所示。

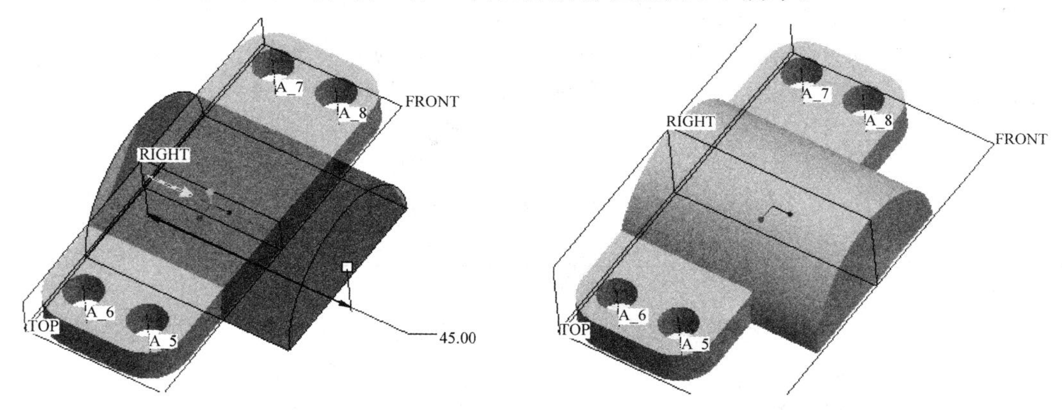

图 3-8　完成半圆柱的拉伸　　　　图 3-9　第二次拉伸的特征

步骤四：创建机座模型半圆柱中空。

如图 3-10 所示，再次创建拉伸特征，在右工具箱中单击“拉伸”按钮或选择“插入”→“拉伸”→“伸出项”命令，打开其操作面板，以 T 平面为草绘平面，其余按系统默认进入草绘界面，草绘一个直径为 24 的圆，完成后打钩退出草绘界面。

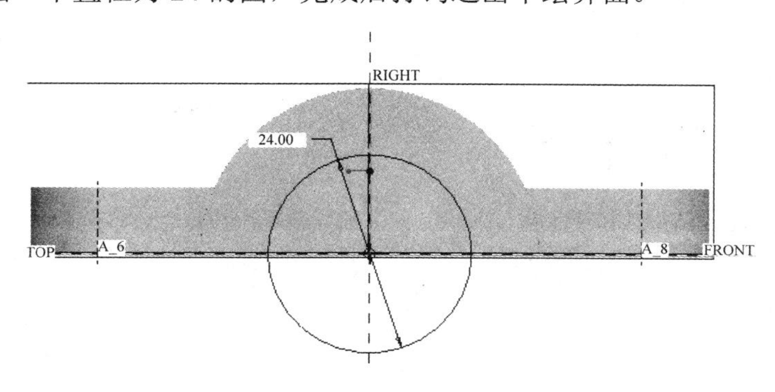

图 3-10　完成草绘界面

如图 3-11 所示，设置为“减材料”、“从草绘平面以指定的深度值拉伸”，调整拉伸的方向，深度为 45，打钩完成。创建的第三次拉伸减材料特征——半圆柱中空，如图 3-12 所示。

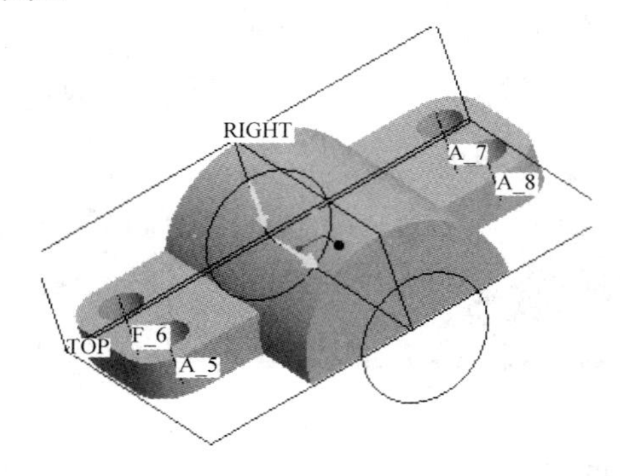

图 3-11　调整拉伸的方向

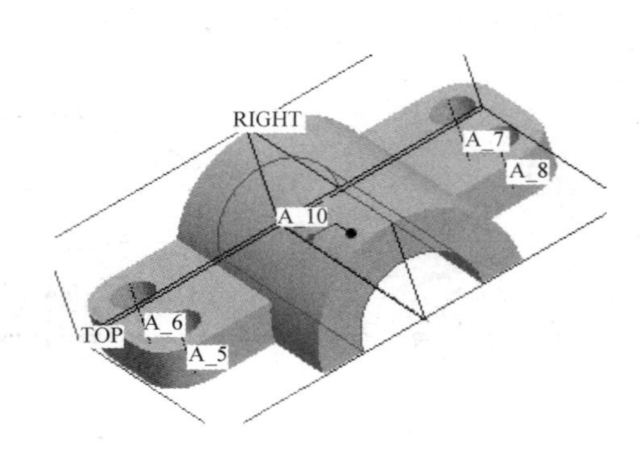

图 3-12　半圆柱中空

步骤五：创建机座模型竖板。

如图 3-13 所示，再次创建拉伸特征，在右工具箱中单击“拉伸”按钮或选择“插入”→“拉伸”→“伸出项”命令，打开其操作面板，以 T 平面为草绘平面，其余按系统默认进入草绘界面，选择大圆弧作为草绘参照，草绘二维平面图形，完成后打钩退出草绘界面。

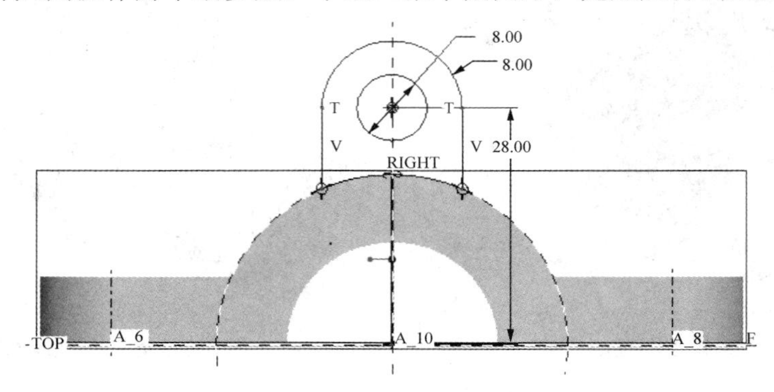

图 3-13　完成草绘界面

如图 3-14 所示，设置为“从草绘平面以指定的深度值拉伸”，调整拉伸的方向，深度为 8，打钩完成第四次的拉伸特征。

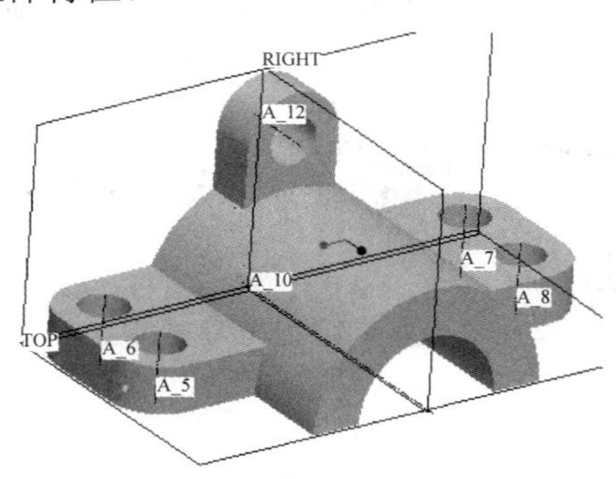

图 3-14　完成第四次的拉伸特征

步骤六：创建机座模型半圆柱上部槽。

如图 3-15 所示，再次创建拉伸特征，在右工具箱中单击“拉伸”按钮或选择“插入”→“拉伸”→“伸出项”命令，打开其操作面板，以 R 平面为草绘平面，其余按系统默认进入草绘界面，草绘长为 18、高为 5 的矩形，完成后打钩退出草绘界面。

如图 3-16 所示，设置为“减材料”、“双侧拉伸”，深度为 50，打钩完成。

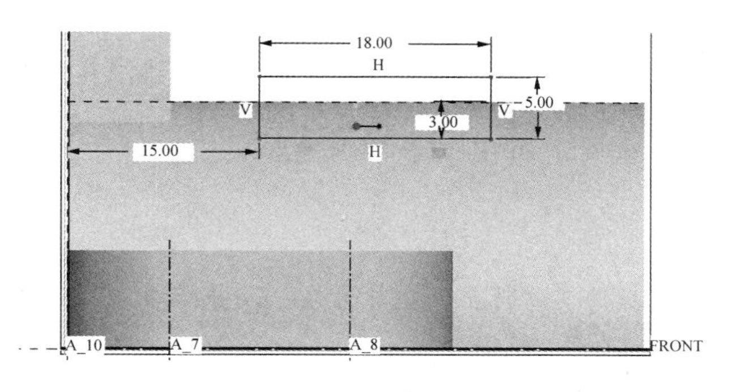

图 3-15　再次创建拉伸特征

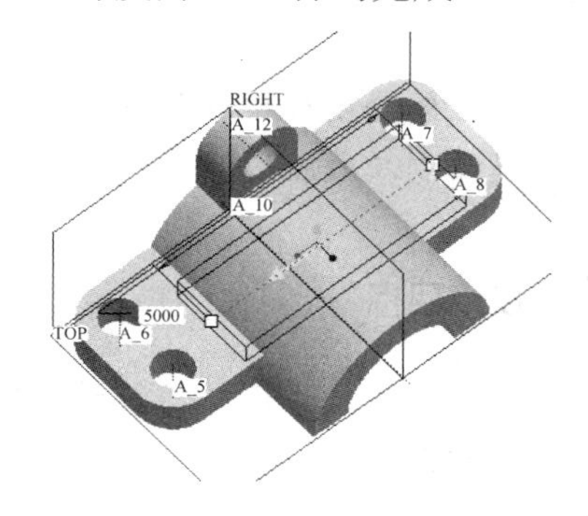

图 3-16　设置“减材料”双侧拉伸

图 3-17 所示为第五次的拉伸减材料的特征。最终完成的机座模型如图 3-18 所示。

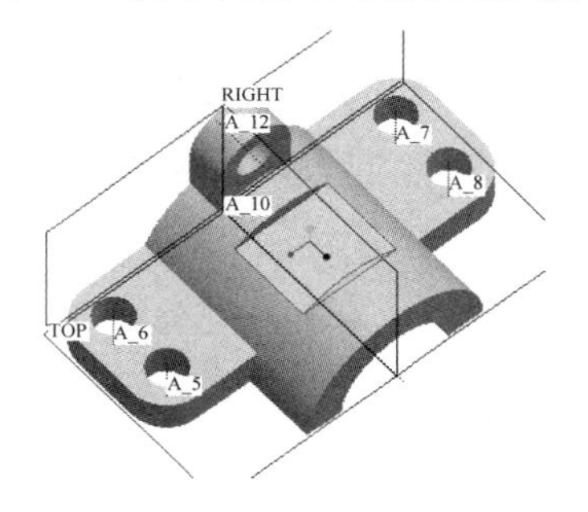

图 3-17　第五次的拉伸减材料的特征

图 3-18　最终完成的机座模型

拓展训练

运用 Pro/ENGINEER 三维设计软件，完成如图 3-19 至图 3-20 所示机械模型的设计。

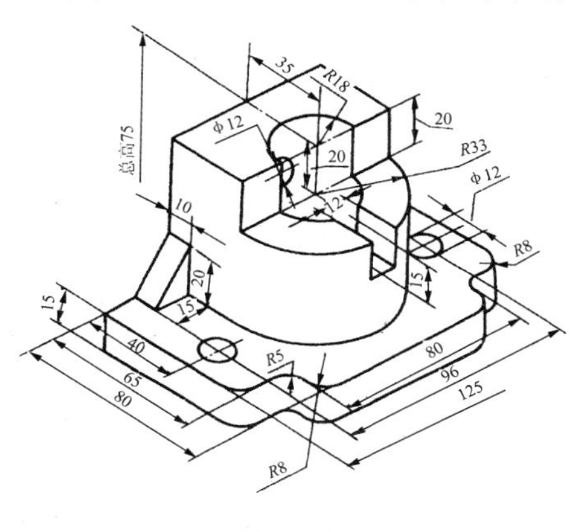

图 3-19

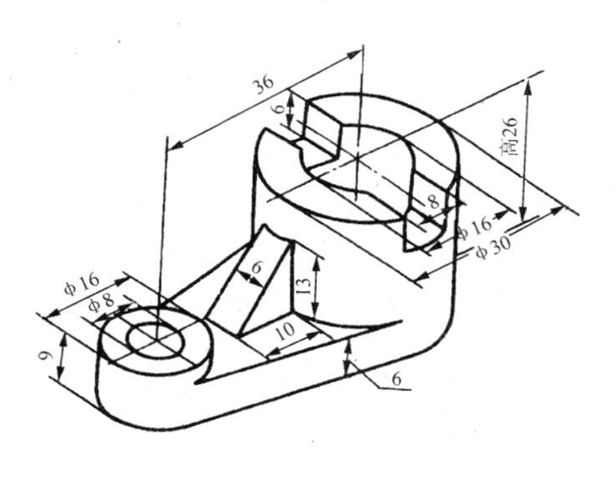

图 3-20

项目4　连接板的设计

知识目标

了解三维绘图环境及其设置，掌握三维实体模型的创建方法，掌握常用三维工具的用法，熟悉绘制二维图形的一般流程和技巧，重点掌握拉伸实体特征的操作方法等。

技能目标

熟练地运用 Pro/E 三维设计软件，使用拉伸实体特征的创建方法，快速准确地设计连接板三维模型。

项目任务

运用 Pro/E 设计软件，完成如图 4-1 所示的连接板三维模型的设计。

图 4-1　连接板三维模型

相关知识

三维实体模型的创建——拉伸实体特征

拉伸是指特征截面沿其垂直方向长出或切去一个实心体或薄体，也可以说将绘制的截面沿给定的方向和给定深度生成的三维特征称为拉伸特征，它适用于构造等截面的实体特征。拉伸特征有4种基本的特征类型，分别是“伸出项”、“切除”、“曲面拉伸”、“曲面修剪”。配合“薄体”按钮的使用，就可建立出更好的特征类型。

一、拉伸特征操作板

在 Pro/E 野火版中，拉伸特征功能有了相当大的改变，很多的拉伸操作命令都被整合到了拉伸特征操作面板中，图 4-2 所示为拉伸特征的操作面板，这大大缩减了选择命令的次数，提高了操作的便捷性。

图 4-2　拉伸特征操作面板

在拉伸特征操作面板的上滑面板中，“放置”按钮用于打开上滑面板以草绘特征的二维截面，单击“定义”按钮可进入草绘模式创建或更改特征截面，如图 4-3 所示；“选项”按钮用于弹出上滑面板以定义特征的拉伸深度，如图 4-4 所示；“属性”按钮用于弹出上滑面板以编辑特征的名称，并在 Pro/E 浏览器中打开特征信息，如图 4-5 所示。

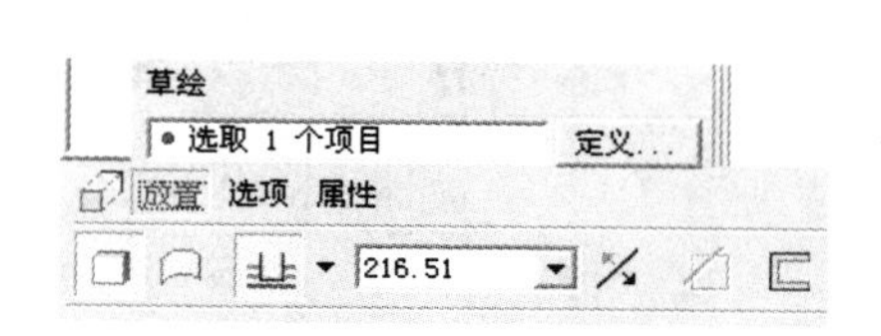

图 4-3 “设置”上滑面板

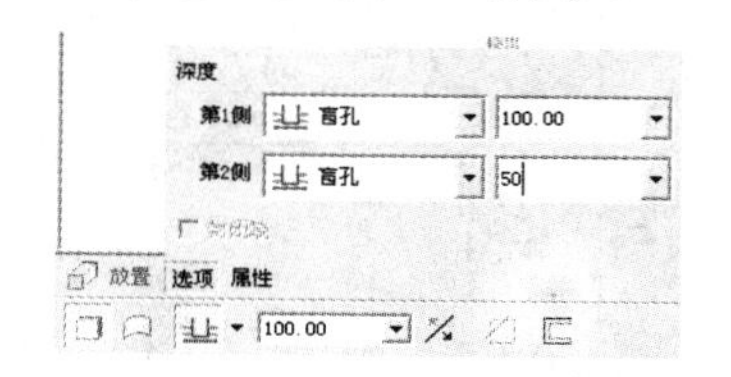

图 4-4 “选项”上滑面板

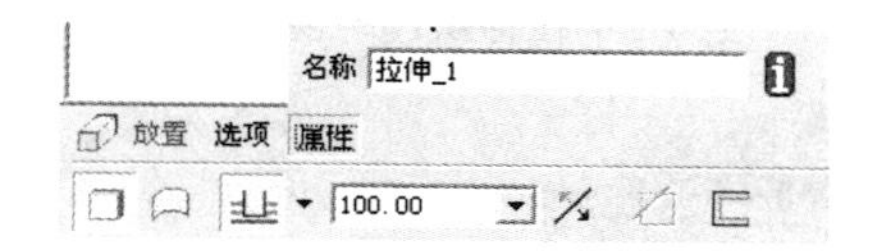

图 4-5 “属性”上滑面板

在特征操作面板中系统提供了 6 种不同的深度定义形式，而对于特征的双侧不对称拉伸，可以分别指定两侧的深度值，如图 4- 4 所示。

——盲孔，自草绘平面以指定的深度值拉伸截面，如果输入负值就会反方向进行拉伸。

——对称，以指定深度值的一半向草绘平面两侧对称拉伸截面。

——到下一个，沿拉伸方向自动拉伸截面至下一个曲面，但基准平面不能用做终止曲面。

——穿透，沿拉伸方向拉伸截面，使之与所有的曲面相交，即贯穿整个零件。

——穿至，沿拉伸方向拉伸截面至选定的曲面或基准平面，该曲面需与拉伸特征相接。

——到选定项，沿拉伸方向拉伸截面至一个选定的点、曲线、基准平面或曲面。

二、建立拉伸特征的操作步骤

图 4-6 所示就是拉抻操作的基本过程。

(1) 进入零件设计模式，选择“插入”→“拉伸”→“伸出项”命令或直接单击工具栏的“拉伸”按钮，打开拉伸特征操作面板，见①。

(2) 单击“放置”按钮，在弹出的放置面板中单击“定义”按钮，系统弹出如图 4-7 所示的“草绘”对话框，或者在工作界面的绘图区直接长按鼠标右键，在弹出的菜单(如图 4-8 所示)中选择“定义内部草绘命令”，出现如图 4-7 所示的“草绘”对话框，该对话框中显示指定的草绘平面、参照平面、视图方向等内容，见②。

(3) 在绘图区中选择相应的草绘平面或参照平面，在“剖面”对话框中设定视图方向和特征生成方向。

(4) 单击“剖面”对话框中的“草绘”按钮，系统进入草绘状态，选择合适的参照用来标注尺寸或用来约束。

(5) 在草绘环境中绘制拉伸截面，绘制完毕单击草绘工具栏中的✔按钮，系统回到拉伸特征操作面板。

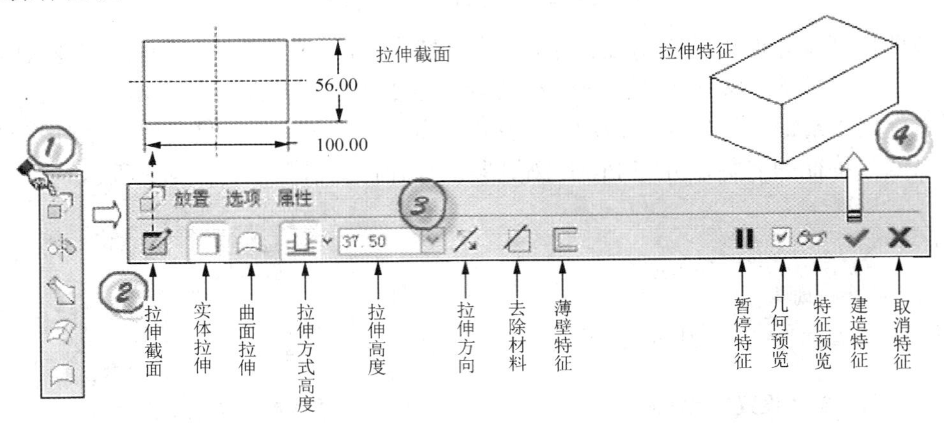

图 4-6 拉伸操作的创建步骤

图 4-7 “草绘”对话框

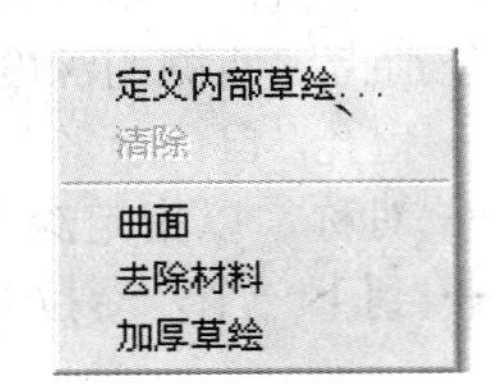

图 4-8 鼠标右键菜单

(6) 选择合适的深度定义形式并设置拉深的深度，若为两侧不同拉伸，则在“选项”上滑面板中选择，并设置两侧拉伸的尺寸，见③。如果生成薄体特征，单击“薄体特征”按钮，但如果薄体特征的截面是开放的，这一步必须在进入草绘界面之前选择；如果是在已有的实体特征中去除材料，单击“去除材料”按钮，单击按钮可改变去除材料的方向。

(7) 单击“特征预览”按钮，可观察生成的特征，单击拉伸特征操作面板中的✔按钮，完成拉伸特征的创建，见④。

特别提示

在进行减料特征操作时，将光标移到建立的切割几何体，光标自动显示单/双方向箭头，单击鼠标左键即可完成特征生成方向的更改。在其他特征的操作中也有类似功能，请读者留心学习使用。

操作指引

设计连接板的三维模型

步骤一：选择“文件”→“新建”命令，弹出“新建”对话框，在“类型”选项组中选中“零件”文件单选按钮并输入文件名“lianjieban”，然后单击“确定”按钮进入三维实体建模模式。

步骤二：创建连接板模型底板。

如图 4-9 所示，创建拉伸特征，在右工具箱中单击“拉伸”按钮或选择“插入”→“拉伸”→“伸出项”命令，打开其操作面板，以 F 平面为草绘平面，其余按系统默认进入草绘界面，草绘拉伸的二维平面图形，完成后打钩退出草绘界面。

如图 4-10 所示，设置为“从草绘平面以指定的深度值拉伸”，深度为 8，打钩完成第一次的拉伸。

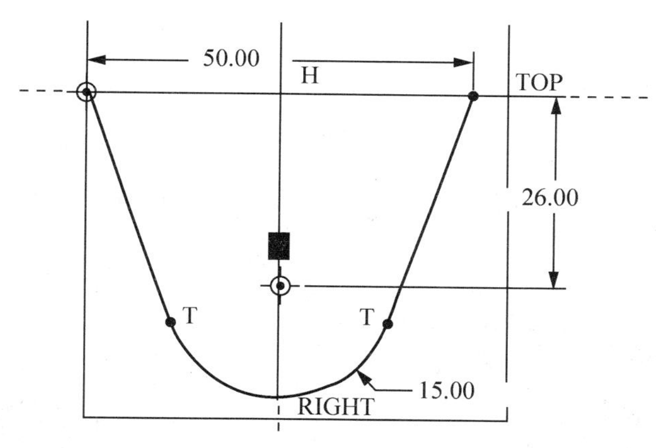

图 4-9　草绘拉伸的二维平面

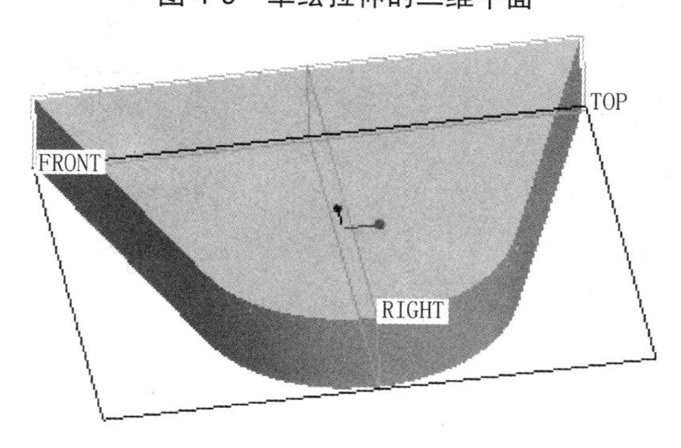

图 4-10　第一次拉伸的特征

步骤三：创建连接板模型中竖板。

如图 4-11 所示，再次创建拉伸特征，在右工具箱中单击“拉伸”按钮或选择“插入”→“拉伸”→“伸出项”命令，打开其操作面板，以 F 平面为草绘平面，选择拉伸体的实体边作为草绘参照，草绘拉伸的二维平面图形，完成后打钩退出草绘界面。

如图 4-12 所示，设置为“从草绘平面以指定的深度值拉伸”，深度为 26，打钩完成第二次的拉伸。

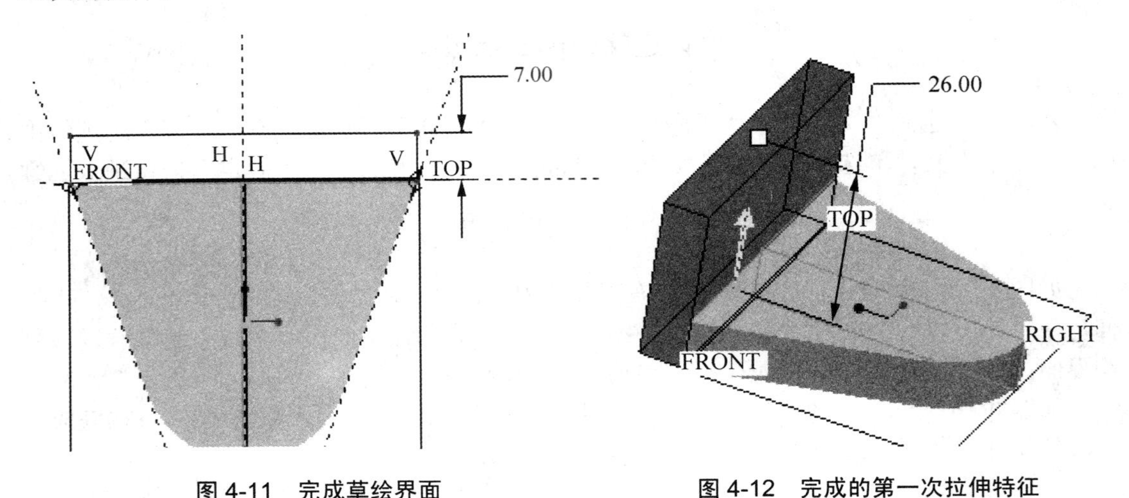

图 4-11　完成草绘界面　　　　图 4-12　完成的第一次拉伸特征

步骤四：创建基准平面。

如图 4-13 所示，单击右工具栏中的“基准平面工具”按钮，选取 F 平面为参照，向上平移 22。单击“确定”按钮后创建的基准平面 DTM1 如图 4-14 所示。

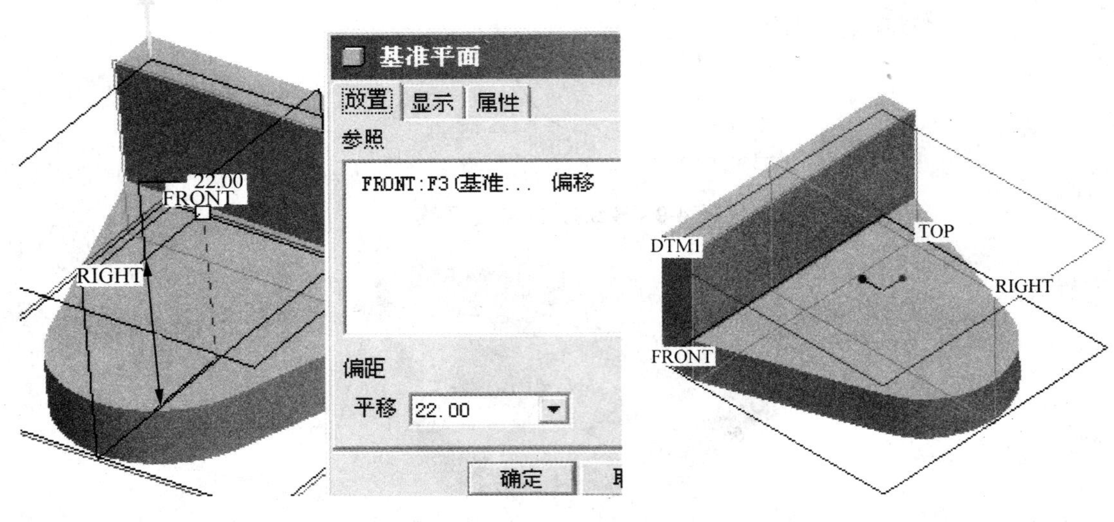

图 4-13　创建基准平面　　　　图 4-14　创建的基准平面 DTM1

步骤五：创建连接板模型中水平板。

如图 4-15 所示，再次创建拉伸特征，在右工具箱中单击“拉伸”按钮或选择“插入”→“拉伸”→“伸出项”命令，打开其操作面板，以创建的基准平面 DTM1 为草绘平面，选择拉伸体的实体边作为草绘参照，草绘拉伸的二维平面图形，完成后打钩退出草绘界面。

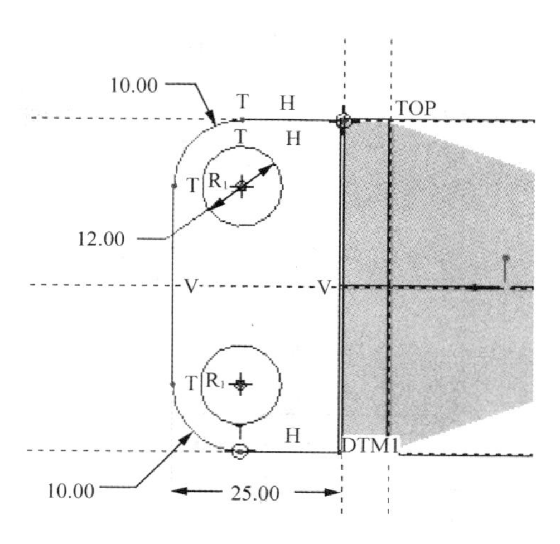

图 4-15　再次完成草绘界面

如图 4-16 所示，设置为“从草绘平面以指定的深度值拉伸”，方向向上，深度为 8。图 4-17 所示为第三次完成后的拉伸特征。

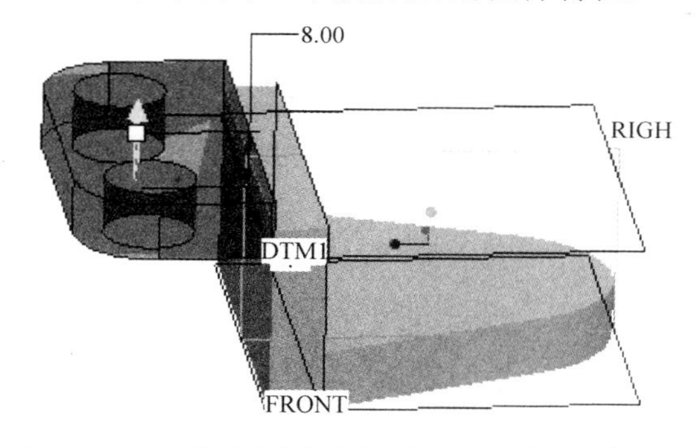

图 4-16　设置“从草绘平面以指定的深度值拉伸”　　　　图 4-17　第三次完成后的拉伸特征

步骤六：创建连接板模型上竖板。

如图 4-18 所示，再次创建拉伸特征，在右工具箱中单击“拉伸”按钮或选择“插入”→“拉伸”→“伸出项”命令，打开其操作面板，以第二次拉伸特征的上表面作为草绘平面，其余按系统默认方式进入草绘界面。

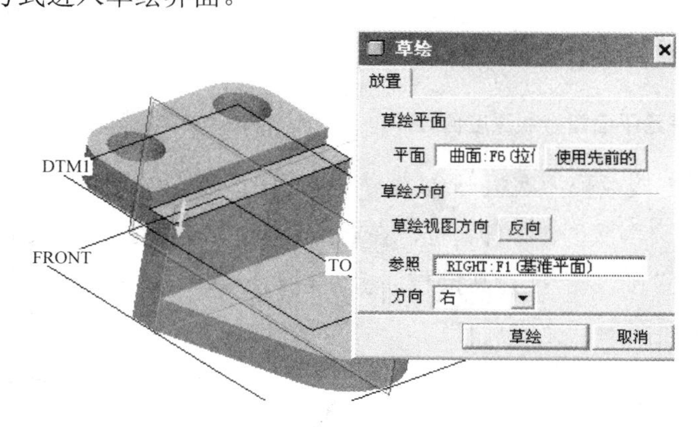

图 4-18　进入草绘界面

如图 4-19 所示，草绘拉伸的二维平面图形，完成后打钩退出草绘界面。

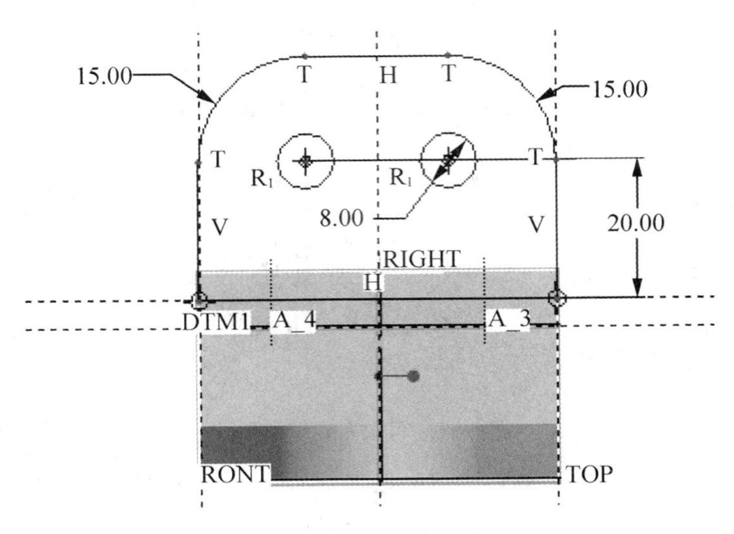

图 4-19　草绘拉伸的二维平面

如图 4-20 所示，设置为“从草绘平面以指定的深度值拉伸”，深度为 12，打钩完成。图 4-21 所示为第四次完成后的拉伸特征。

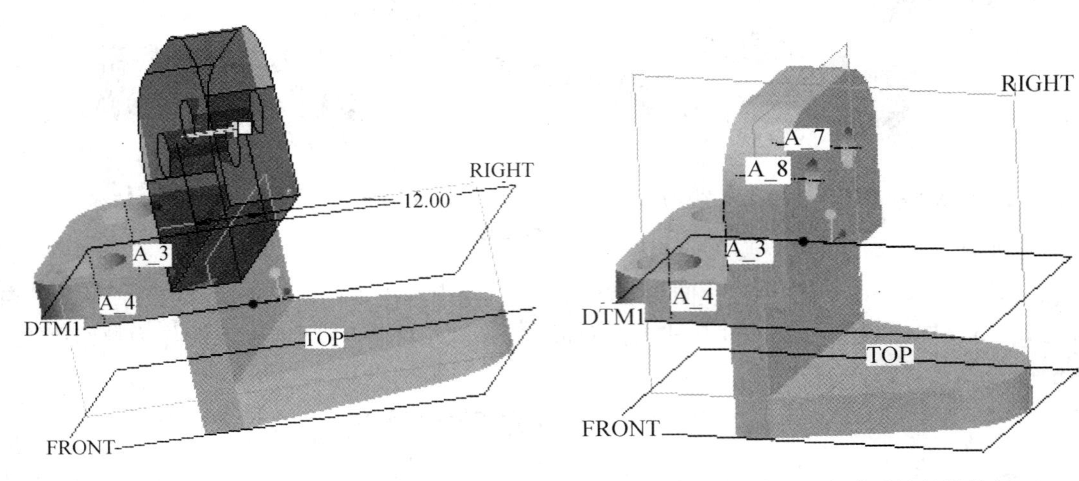

图 4-20　设置为“草绘平面指定的深度值拉伸”　　图 4-21　第四次完成后的拉伸特征

步骤七：创建连接板模型底板凸台。

如图 4-22 所示，再次创建拉伸特征，在右工具箱中单击“拉伸”按钮或选择“插入”→“拉伸”→“伸出项”命令，打开其操作面板，以第一次拉伸特征的上表面作为草绘平面，草绘拉伸的二维平面图形，完成后打钩退出草绘界面。

如图 4-23 所示，设置为“从草绘平面以指定的深度值拉伸”，深度为 5，打钩完成第五次的拉伸。

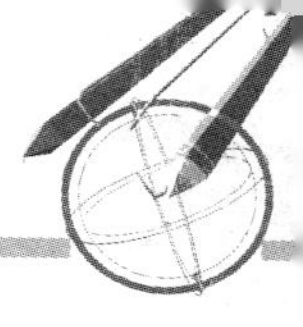

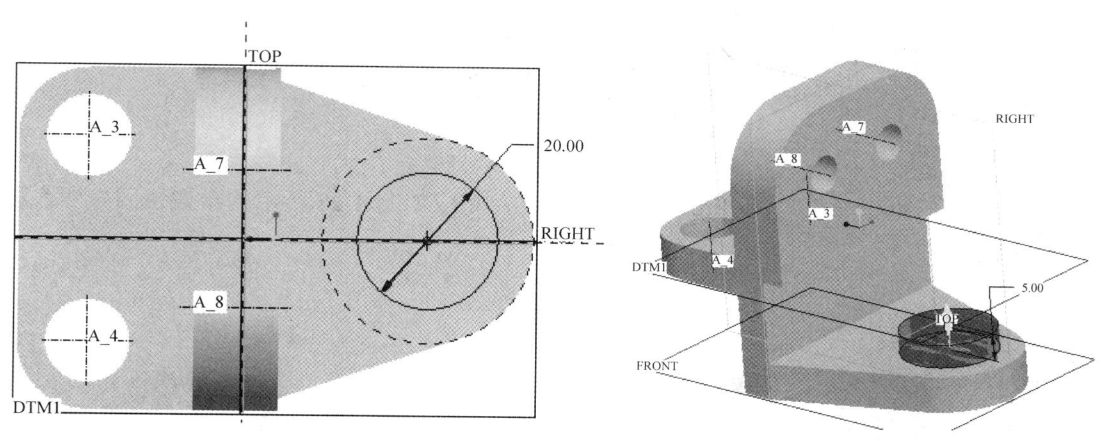

图 4-22　草绘拉伸的二维平面　　图 4-23　完成的第五次的拉伸特征

步骤八：创建连接板模型底板凸台孔。

如图 4-24 所示，再次创建拉伸特征，在右工具箱中单击“拉伸”按钮或选择“插入”→“拉伸”→“伸出项”命令，打开其操作面板，以第五次拉伸特征的上表面作为草绘平面，草绘拉伸的二维平面图形，完成后打钩退出草绘界面。

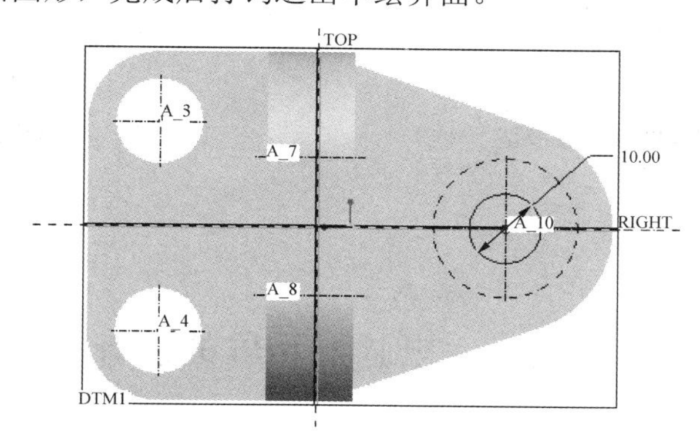

图 4-24　草绘以第五次拉伸特征的上表面为草绘平面的二维平面

如图 4-25 所示，设置为“减材料”、“穿透”，调整减材料的方向，打钩完成减材料的拉伸。图 4-26 为生成的孔，图 4-27 为最终完成的连接扳模型。

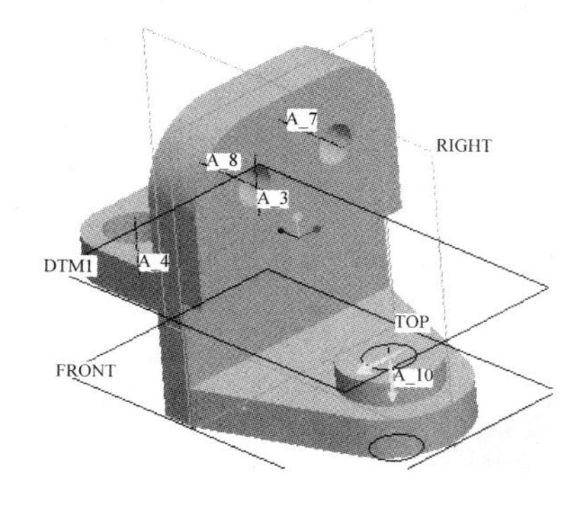

图 4-25　减材料的拉伸

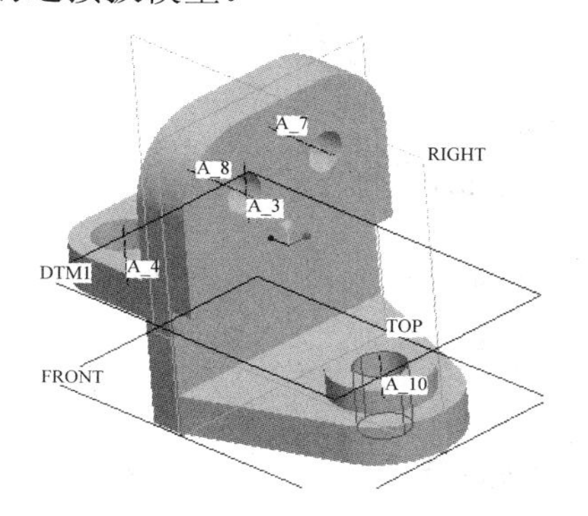

图 4-26　生成的孔

拓展训练

运用 Pro/ENGINEER Wildfire 三维设计软件，完成如图 4-28 所示的台虎钳固定钳身模型的设计。

图 4-27　最终完成的连接板模型

图 4-28　台虎钳固定钳身

项目 5　电脑显示屏的设计

知识目标

了解三维绘图环境及其设置，掌握常用三维工具的用法，掌握基准特征及其在三维设计中的应用，熟悉绘制二维图形的一般流程和技巧，掌握拉伸实体特征的操作方法等。

技能目标

熟练地运用 Pro/E 三维设计软件，使用拉伸实体特征的创建方法，快速准确地设计电脑显示屏三维模型。

项目任务

运用 Pro/E 设计软件，完成如图 5-1 所示的电脑显示屏模型的设计。

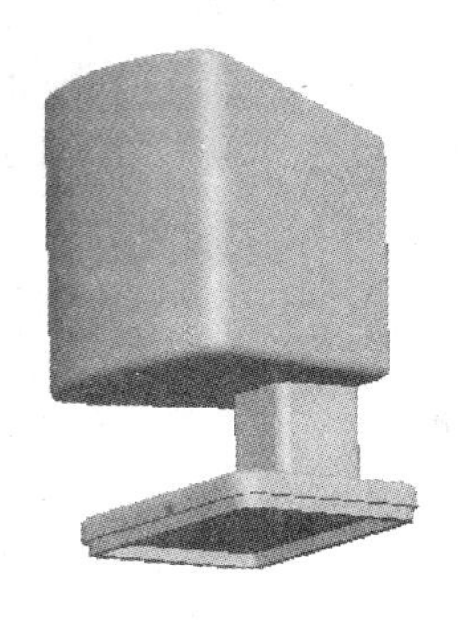

图 5-1　电脑显示屏模型

基准特征及其应用

基准特征是 Pro/E 中的一类重要特征类型，主要用作三维建模时的设计参照。在设计中如果要精确确定图元的位置，可以借助各种基准特征(如基准平面、基准轴、基准点、基准曲线、基准坐标系等)来实现。在三维建模中，基准特征就是这样一种辅助工具，用来辅助完成三维模型的创建工作。当模型的设计工作完成后，基准特征也就完成了自己的使命，被隐藏起来。

一、基准平面

基准平面是一种重要的基准特征，在设计中使用最为频繁，常用作草绘平面和参考平面。基准平面是一种二维的，无限延伸的平面，其主要的用途一是作为特征的绘图面和参考面；二是尺寸标注时的参考面、镜像时的参考面；三是装配状态下组合约束条件的参考面；四是建立工程图时，作为建立剖面图的参考面。

在图形窗口中，Pro/E 根据朝向侧将基准平面显示为褐色或灰色，基准平面的正向由该平面的褐色侧表示，灰色侧代表其负向。

1. 基准平面对话框

选择“插入”→“模型基准”→“平面”命令，或单击右侧“新建基准平面”的按钮，将弹出如图 5-2 所示的对话框。

(1)“放置”。选择当前存在的平面、曲面、边、点、坐标、轴、顶点等作为参照，在偏距的“平移”栏中输入相应的约束数据，如图 5-3 所示。在“参照”栏中根据选择的参照不同，可能显示如下 5 种类型的约束。

穿过——创建的新基准平面通过选择的参照，该约束选项适用的参照有点/顶点、轴、边/曲线、平面、圆柱面或坐标系。

偏移——创建的新基准平面偏离选择的参照，在偏距的“平移”栏中输入新基准平面的距离偏移值或角度偏移值。

平行——创建的新基准平面平行选择的参照，该约束选项适用的参照只有平面。

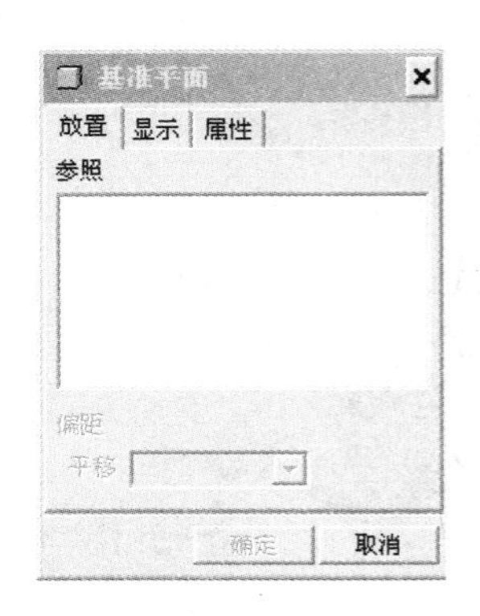

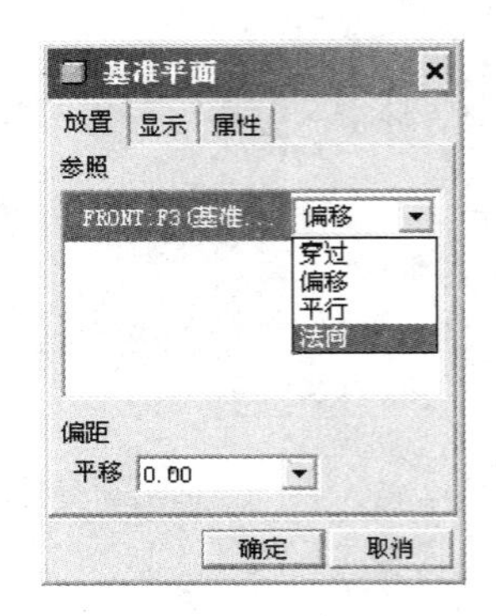

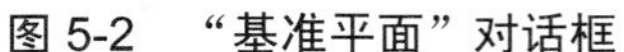
图 5-2 “基准平面”对话框

图 5-3 “参照”中的约束类型

法向——创建的新基准平面垂直于选择的参照，该约束选项适用的参照有轴、边、曲线或平面。

相切——创建的新基准平面与选择的参照相切，该约束选项适用的参照只有圆柱曲面。

除穿过平面、偏移平面或坐标系以及混合截面等约束外，一般需要定义两个或两个以上的约束条件，才能够满足基准平面的创建要求。选取多个参照时，必须按住 Ctrl 键。

(2)“显示”。该面板包括“反向”按钮和“调整轮廓”复选框，“反向”按钮用于反转基准平面的法向，即垂直于基准面的相反方向；“调整轮廓”用于调整基准平面的轮廓显示尺寸，即供用户调节基准面的外部轮廓尺寸。

(3)“属性”。该面板显示当前基准特征的信息，也可对基准平面进行重命名。

2. 建立基准平面的操作步骤

图 5-4 所示为建立基准平面的操作步骤。

(1) 选择“插入”→“模型基准”→“平面”命令，或单击基准特征工具栏中的按钮，见①。

(2) 在图形窗口中为新的基准平面选择参照，在“基准平面”对话框的“参照”栏中选择合适的约束(如偏移、平行、法向、穿过等)，见②。

(3) 若选择多个对象作为参照应按住 Ctrl 键。

(4) 重复步骤(2)~(3)，直到必要的约束建立完毕。

(5) 在图形中点取偏移参照，输入偏移参数，见③。

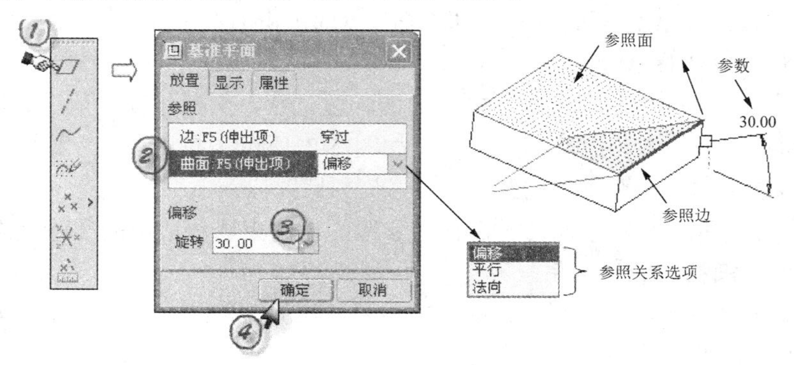

图 5-4 建立基准平面的操作步骤

(6) 单击“确定”按钮，完成基准平面的创建，见④，即创建了穿过实体前棱边且与上表面参照面偏移旋转成 30° 夹角的新基准平面。

3. 可以建立基准平面的参照组合

(1) 选择两个共面的边或轴(但不能共线)作为参照，单击按钮，可产生通过参照的基准平面。

(2) 选择 3 个基准点或顶点作为参照，单击按钮，可产生通过三点的基准平面。

(3) 选择一个基准平面或平面以及两个基准点或一个顶点，单击按钮，可产生过这两点并与参照平面垂直的基准平面。

(4) 选择一个基准平面或平面以及一个基准点或一个顶点，单击按钮，可产生过这两点并与参照平面垂直的基准平面。

(5) 选择一个基准点和一个基准轴或边(点与边不共线)，单击按钮，“基准平面”对话框显示通过参照的约束，单击“确定”按钮即可建立基准平面。

二、基准轴

基准轴一般用于表示圆、柱体等对称中心，同时也是一种重要的设计参照。基准轴在模型中由褐色点画线表示，且轴线上会显示“A_#”(#为数字编号)标签。基准轴的主要用途一是作为基准平面的放置参照；二是作为同轴放置特征或旋转阵的参考等。

1. 基准轴对话框

选择“插入”→“模型基准”→“轴”命令，或单击“新建基准平面”按钮，将弹出如图 5-5 所示的对话框。

(1)“放置”。在放置选项卡中，包括“参照”和“偏移参照”两个收集器，如图 5-6 所示，其中，参照收集器用于选取和显示新基准轴的放置参照，并指定参照的类型；而偏移参照收集器仅在选定法向参照类型时才被激活，用于选取基准轴的偏移参照并定义合适的定位尺寸值。

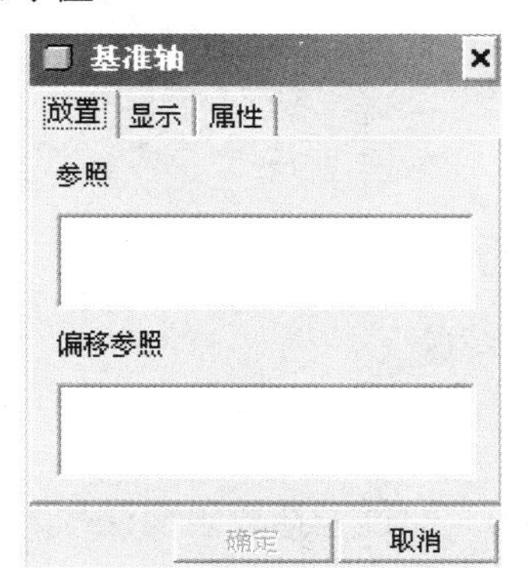

图 5-5 “基准轴”对话框

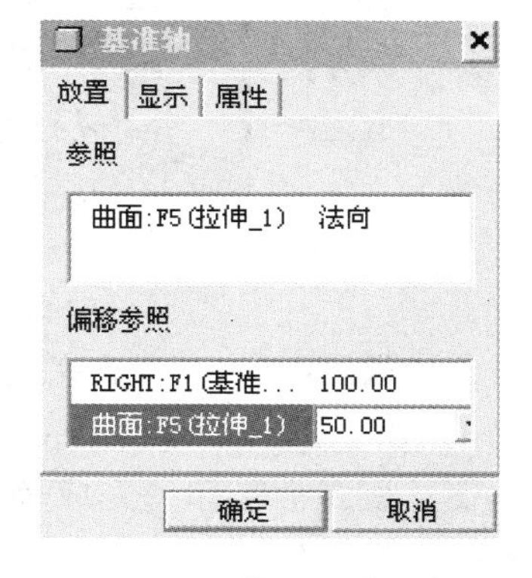

图 5-6 “放置”选项卡

(2) 显示。图 5-7 所示为“显示”选项卡，用于调整基准轴轮廓的长度，使基准轴轮廓与指定尺寸或选定参照相拟合。选中“调整轮廓”复选框，可分别选择“大小”和“参照”两个选项，其中“大小”是将基准轴调整到所输入的长度值，“参照”是将基准轴调整到与选定参照相拟合。

(3)“属性”。该选项卡显示当前基准特征的信息，也可对基准轴进行重命名，如图 5-8 所示。

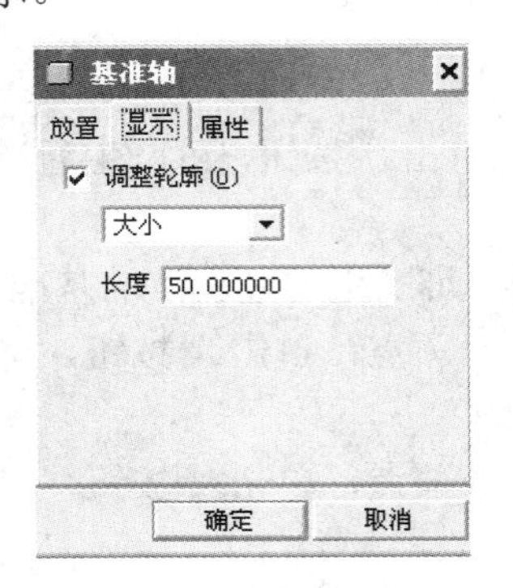

图 5-7 “显示”选项卡

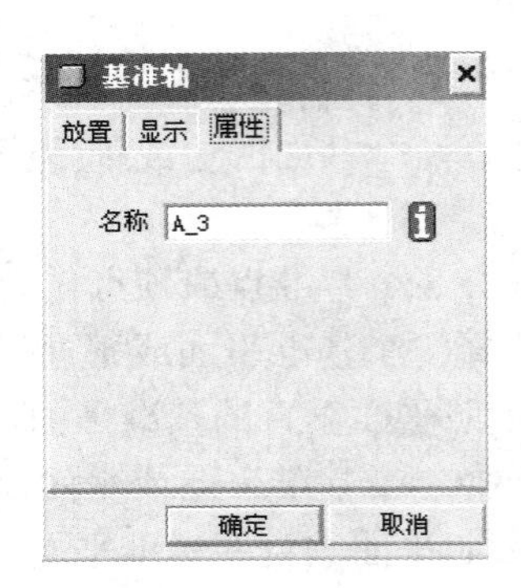

图 5-8 “属性”选项卡

2. 创建基准轴的操作步骤

图 5-9 所示为建立基准轴的操作步骤。

(1) 选择“插入”→“模型基准”→“轴”命令，或单击基准工具栏中的 按钮，弹出“基准轴”对话框，见①。

(2) 在图形窗口中为新基准轴选择至多两个放置参照。可选择已有的基准轴、平面、曲面、边、顶点、曲线、基准点等，选择的参照显示在“基准轴”对话框的“参照”栏中，见②。

(3) 在“参照”栏中选择适当的约束类型。

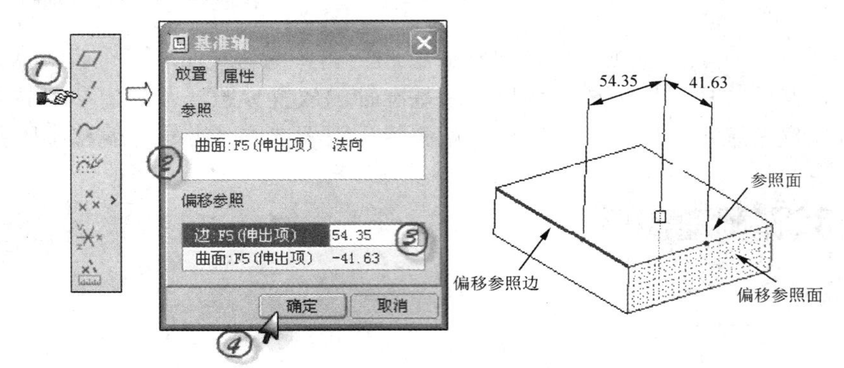

图 5-9 插入基准轴的操作步骤

(4) 重复步骤(2)～(3)，直到完成必要的约束。

(5) 在图形中点取“偏移参照”，输入偏移参数，见③。

(6) 单击“确定”按钮，完成基准轴的创建，见④，即过方体上表面法向，距左棱边 54.35，距前侧面 41.63 建立一轴线。

此外，系统允许用户预先选定参照，然后单击 按钮即可创建符合条件的基准轴。

3. 可以建立基准轴的各参照组合

(1) 选择一垂直的边或轴，单击 按钮，可创建一通过选定边或轴的基准轴。

(2) 选择两基准点或基准轴，单击 按钮，可创建一通过选定的两个点或轴的基准轴。

(3) 选择两个非平行的基准面或平面，单击按钮，可创建一通过选定相交线的基准轴。

(4) 选择一条曲线或边及其终点，单击按钮，可创建一通过终点和曲线切点的基准轴。

(5) 选择一个基准点和一个面，单击按钮，可产生过该点且垂直于该面的基准轴。

当添加多个参照时，应先按住 Ctrl 键，然后依次单击要选择的参照即可。

三、基准点

基准点的用途非常广泛，既可用于辅助建立其他基准特征，也可辅助定义特征的位置。基准点的主要用途一是借助基准点来定义参数；二是定义有限元分析网格的施力点等。Pro/ENGINEER Wildfire 系统提供了 4 种类型的基准点，选择“插入”→“模型基准”→“点”命令，或在右工具箱中单击“点”按钮右侧的“打开”图标，如图 5-10、图 5-11 所示。

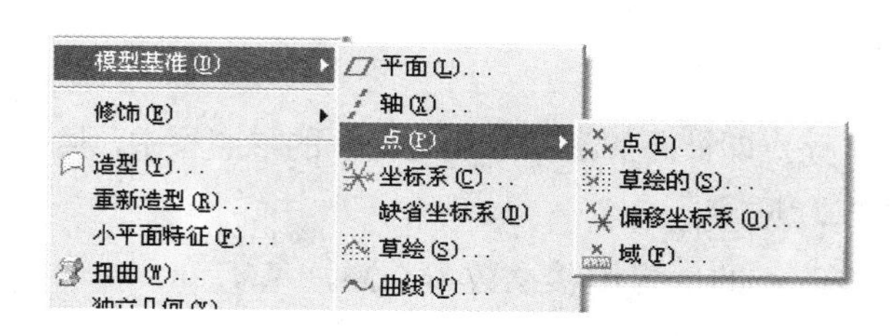

图 5-10　下拉菜单中基准点的 4 种类型

图 5-11　工具栏中基准点的 4 种图标

基准点图标的说明如下。

——一般基准点，从实体或实体交点或从实体偏离创建的基准点。

——在草绘工作界面指定位置来创建基准点。

——通过选定的坐标系创建基准点，通过输入偏移坐标值来创建基准点。

——直接在实体或曲面上单击鼠标左键即可创建基准点，该基准点在行为建模中供分析使用。

1. 一般基准点

选择“插入”→“模型基准”→“点”→“点”命令，或单击新建基准平面按钮，将弹出如图 5-12 所示的对话框。

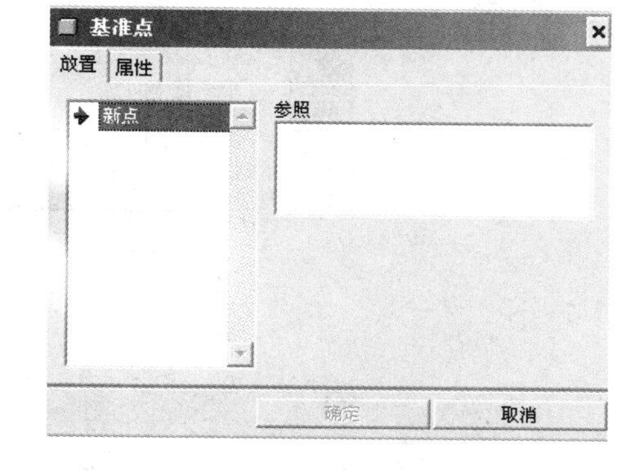

图 5-12　“基准点”对话框

该对话框中包括“放置”和“属性”两个选项卡，前者用于定义基准点的位置，后者用于修改特征名称或在浏览器中访问特征信息。

“放置”选项卡中包括点列表、参照列表、偏移框和偏移参照列表等项目。创建一般基准点时，选项卡的内容会随放置对象的不同而不同，如图 5-13 所示。

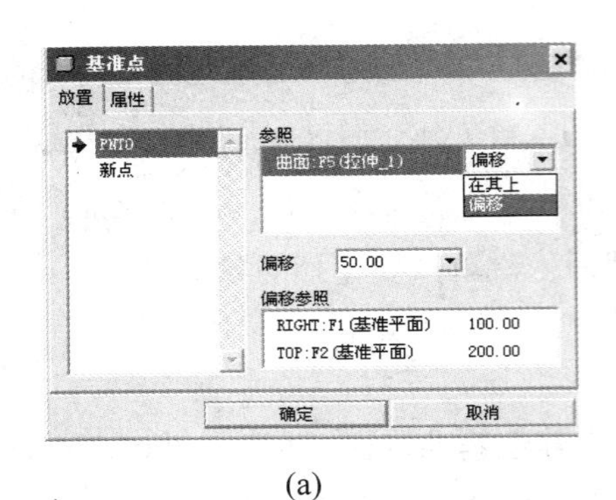

(a)

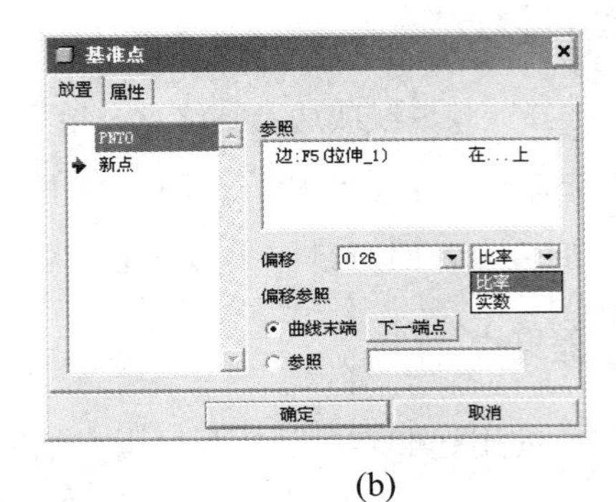

(b)

图 5-13 不同放置对象对应的选项设置

图 5-14 所示为创建一般偏移坐标基准点的操作步骤。

(1) 选择“插入”→“模型基准”→“点”→“点”命令，或单击基准点按钮，见①，弹出“基准点”对话框。

(2) 在零件棱边(曲线或轴)上点取一点，该点即被添加到基准点定义框的参照栏中，见②。

(3) 选择点的偏移参照为“曲线末端”，见③。

(4) 选择参数定义方式为“比率”；修改点的位置偏移参数为 0.35，见④。

(5) 单击“新点”选项，可添加新的基准点，见⑤。

(6) 单击“确定”按钮，完成基准点定义，见⑥。

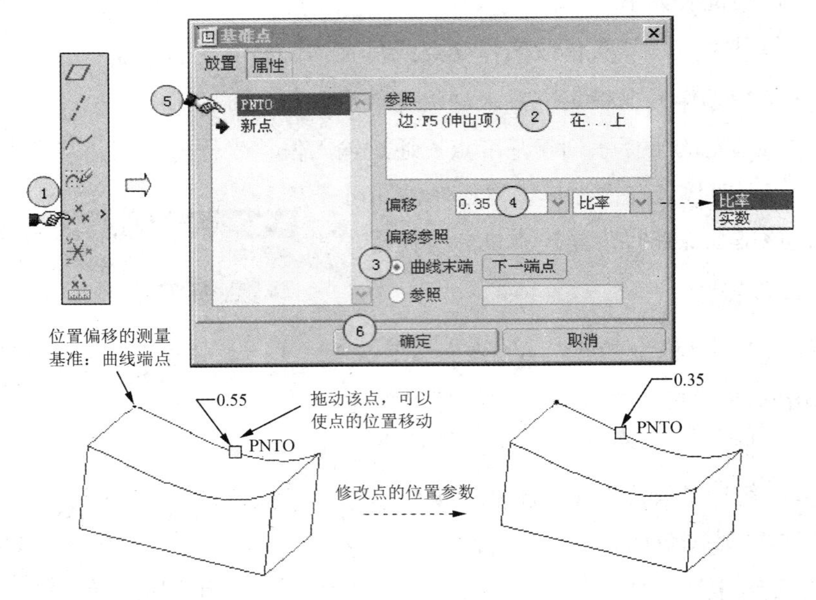

图 5-14 基准点的创建操作步骤

2. 创建草绘基准点

选择“插入”→“模型基准”→“点”→“草绘的基准点”命令，或单击基准工具栏中的按钮，系统弹出“草绘的基准点”对话框，如图 5-15 所示。

选取合适的草绘平面、参考平面并指定其方向，然后进入草绘界面，选择参照后，运用右工具箱中 × 工具可定义一个点或多个点，完成后打钩退出草绘界面，即完成创建所需的基准点。

3. 偏移坐标系基准点

Pro/E 允许用户选定某坐标系为参照，通过指定坐标的偏移产生基准点。可用笛卡尔坐标系、球坐标系或柱坐标系来实现基准点的建立。

创建偏移坐标系基准点首先是选择“插入”→“模型基准”→“点”→“偏移坐标系基准点”命令，或单击右工具箱中的基准工具中的按钮，弹出“偏移坐标系基准点”对话框，如图 5-16 所示。在图形窗口或模型树中选择要放置点的坐标系，在“类型”列表中选择要使用的坐标系类型，单击“偏移坐标系基准点”对话框命令中的“名称”单元格，系统自动添加一个点，然后修改坐标值即可，最后完成点的添加后，单击“确定”按钮，或单击“保存”按钮，保存添加的点。

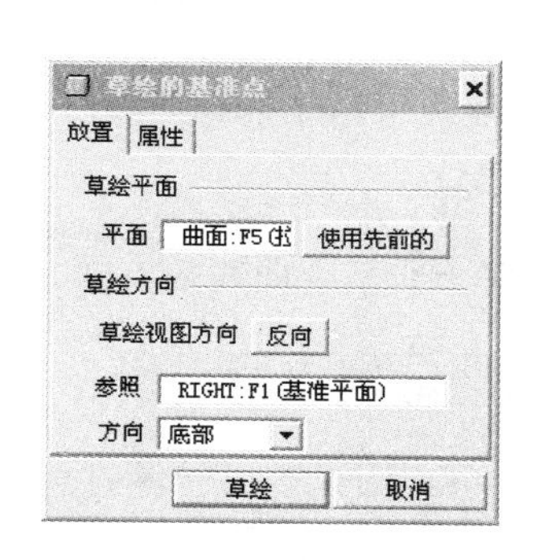

图 5-15　“草绘的基准点”对话框

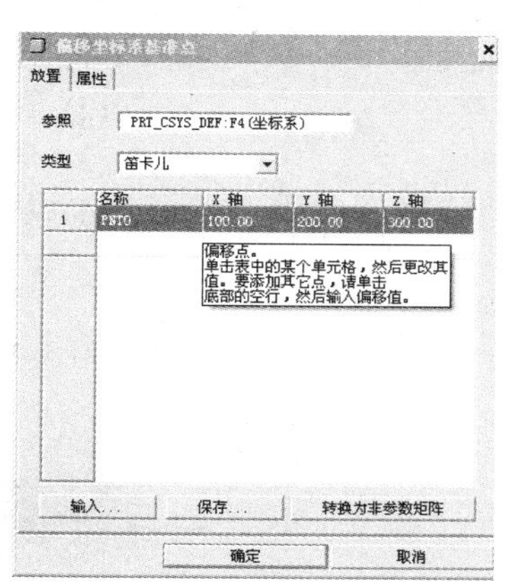

图 5-16　“偏移坐标系基准点”对话框

4. 创建域点

域点用于在曲线、边、曲面或面组的指定位置创建非参数化的基准点。它常常与用户定义的分析一起使用，只用来定义分析所需特征的参照。由于域点属于整个域，所以它不需要标注，要改变域点的域必须编辑特征的定义。

选择“插入”→“模型基准”→“点”→“域基准点”命令，或单击基准工具栏中的按钮，弹出“域基准点”对话框，如图 5-17 所示。

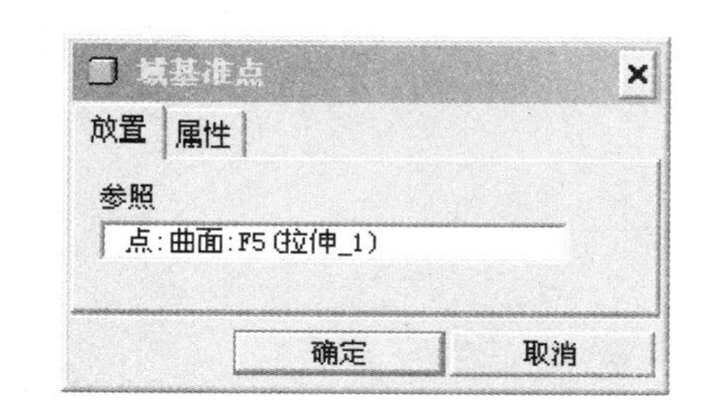

图 5-17　“域基准点”对话框

在图形窗口中选取欲放置点的曲线、边、实体曲面或面组，此时参照中将添加一个新的点，要更改此域点的名称，可选择“域基准点”对话框中的“属性”选项卡，单击“确定”按钮即可创建所要定义的域点。

特别提示

要移走或删除一个参照，可选中参照，单击鼠标右键，在弹出的快捷菜单中选择“移除”命令即可，或在图形窗口中选择一个新参照替换原来的参照。

四、基准曲线

基准曲线除可以作扫描特征的轨迹、建立圆角的参照特征之外，在绘制或修改曲面时也扮演着重要角色。

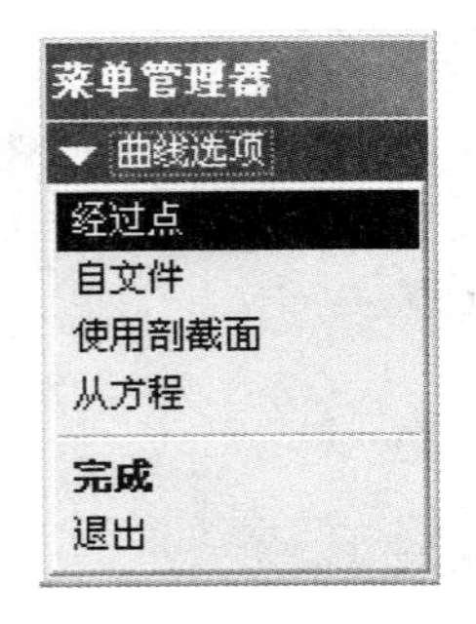

图 5-18　基准曲线选项

1. 基准曲线选项

选择“插入”→“模型基准”→“曲线”命令，或在基准特征工具栏中单击按钮，将出现如图 5-18 所示的下拉菜单，可实现基准曲线的绘制。

(1) 经过点：通过数个参照点建立基准曲线。

(2) 自文件：使用数据文件绘制一条基准曲线。

(3) 使用剖截面：用截面的边界来建立基准曲线。

(4) 从方程：通过输入方程式来建立基准曲线。

2. 一般基准曲线的建立步骤

图 5-19 所示为经过点创建一般基准曲线的步骤。

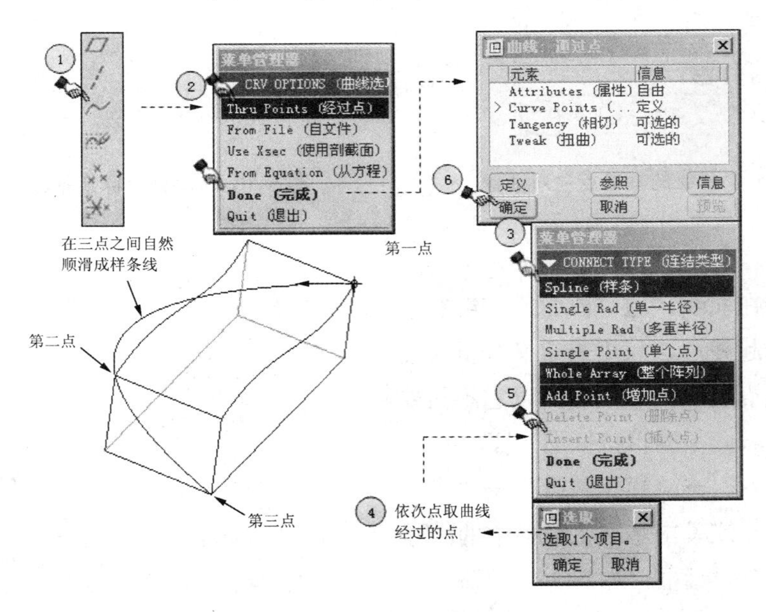

图 5-19　基准曲线的创建操作步骤

(1) 单击基准工具栏中的按钮，见①，弹出菜单管理器。

(2) 选择插入曲线方式为“经过点”，然后选择“完成”命令，弹出“曲线通过点”对话框，见②。

(3) 在菜单管理器中，选择曲线生成方式为“样条”，见③。

(4) 在零件图形中依次点取曲线经过的点，系统自动在所选取点之间生成一条顺滑的样条曲线，见④。

(5) 完成点的选取后，选择菜单管理器中的“完成”命令，见⑤。

(6) 单击“曲线通过点”对话框中的“确定”按钮，完成特征的定义，见⑥。

五、创建坐标系

在零件的绘制或组件装配中，坐标系可用来辅助计算零件的质量、质心、体积等；在零件装配中建立坐标系的约束条件；在进行有限元分析时，辅助建立约束条件；使用加工模块时，用于设定程序原点；辅助建立其他基准特征；使用坐标系作为定位参照。

选择“插入”→“模型基准”→“坐标系”命令，或单击基准特征工具栏中的按钮，弹出“坐标系”对话框，如图 5-20 所示。该对话框包括“原始”、“定向”、“属性”3 个选项卡。

在“原始”选项卡中，可以通过偏移已有的坐标系创建新的坐标系，此时在“参照”栏中选取已有坐标系，指定偏移坐标类型和参数即可；还可以指定 3 个参照来创建放置于这 3 个参照交点处的坐标系，如图 5-21 所示。

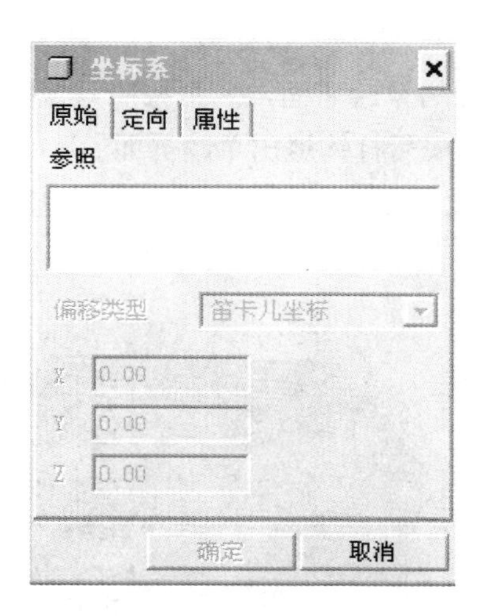

图 5-20 “坐标系”对话框

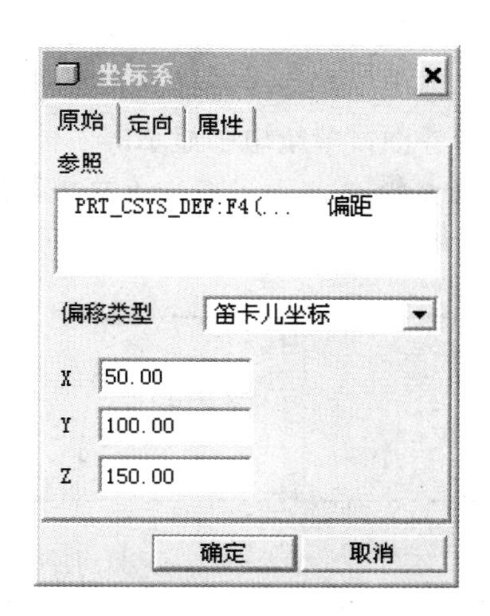

图 5-21 “原始”选项卡

在“定向”选项卡中，用户可以设置如图 5-22(a)所示对话框中的基本参数，使用参照来确定坐标系中各坐标轴的指向。用户也可以设置如图 5-22(b)所示对话框中的基本参数，使用选定的参照坐标系来确定各坐标轴的指向。

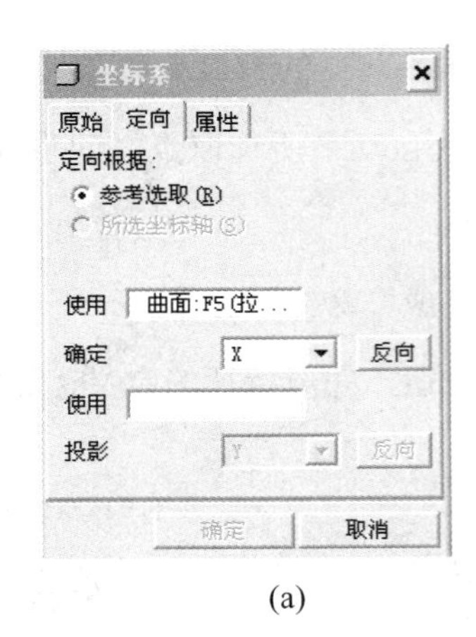

(a)

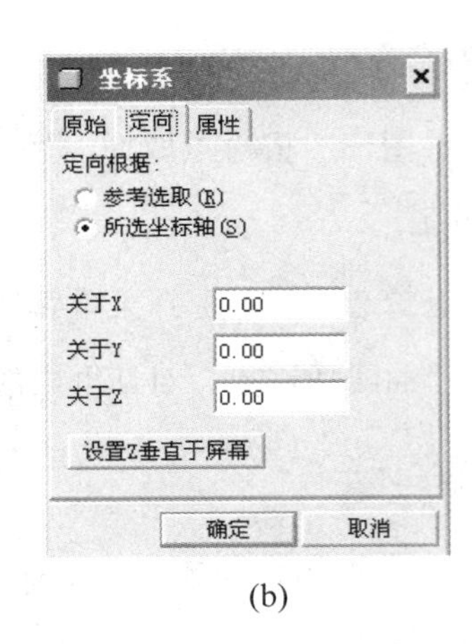

(b)

图 5-22 “定向”选项卡

操作指引

设计电脑显示屏的模型

步骤一：选择“文件”→“新建”命令，弹出“新建”对话框，在“类型”选项组中选中“零件”文件单选按钮并输入文件名“diannaoxianshiping”，然后单击“确定”按钮进入三维实体建模模式。

步骤二：创建电脑显示屏模型箱体。

如图 5-23 所示，创建拉伸特征，在右工具箱中单击“拉伸”按钮或选择“插入”→“拉伸”→“伸出项”命令，打开其操作面板，以 T 平面为草绘平面，其余按照系统默认方式进入草绘界面，草绘电脑显示屏主体的平面图形，完成后打钩退出草绘界面。

如图 5-24 所示，设置为“双侧对称”拉伸，深度为 250，打钩完成后生成电脑显示屏主体特征。

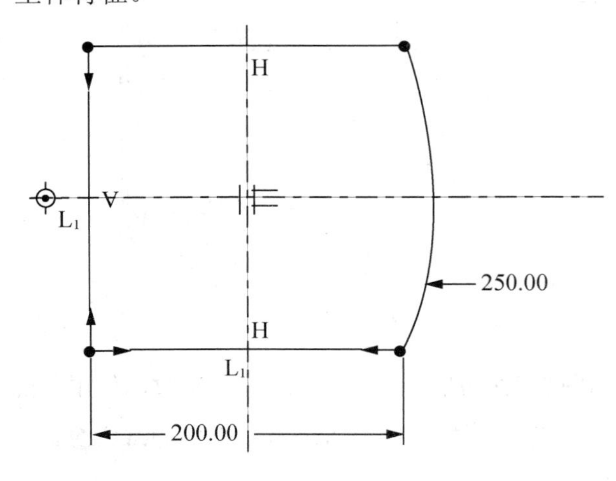

图 5-23 草绘电脑显示屏主体的平面

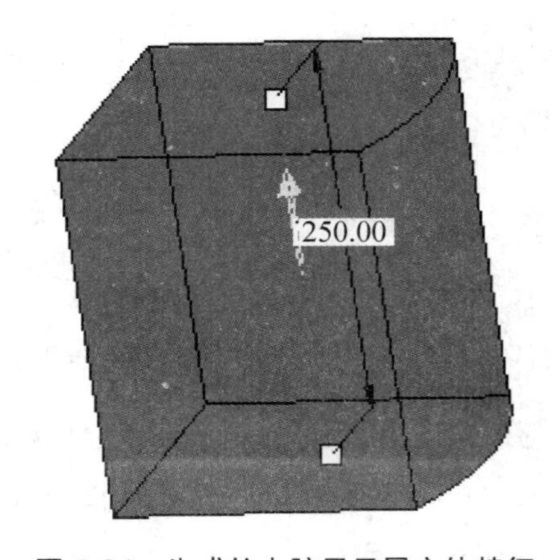

图 5-24 生成的电脑显示屏主体特征

步骤三：创建电脑显示屏主体的上斜面。

如图 5-25 所示，创建拉伸特征，在右工具箱中单击“拉伸”按钮或选择“插入”→“拉伸”→“伸出项”命令，打开其操作面板，以 F 平面为草绘平面，草绘一条斜线，角度为 80°，完成后打钩退出草绘界面。

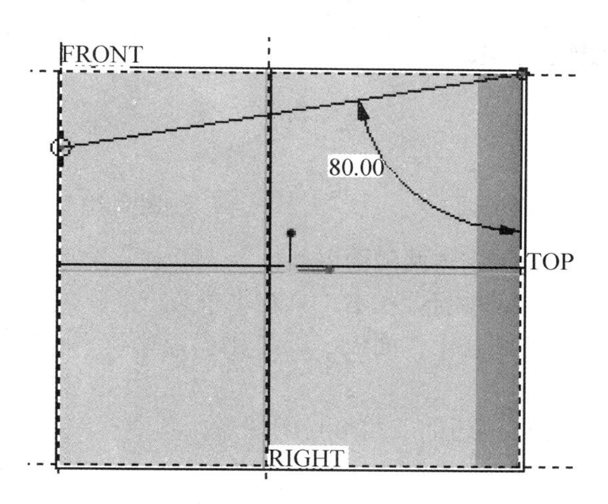

图 5-25　创建拉伸特征

如图 5-26 所示，设置为“减材料”，调整特征生成方向和切材料方向，预览无误后打钩完成拉伸的操作。图 5-27 为生成的实体特征

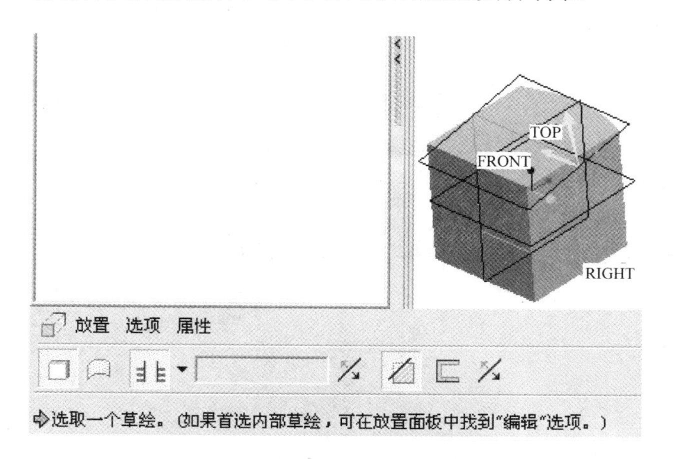

图 5-26　完成拉伸的操作

图 5-27　生成的实体特征

步骤四：创建电脑显示屏主体的下斜面。

如图 5-28 所示，同样的方法，运用拉伸工具，以 F 平面为草绘平面，草绘切掉下部材料的斜线，角度为 85°，完成后打钩退出草绘界面。

图 5-29 所示为选择“切材料”，调整特征生成方向和切材料方向，打钩完成后生成的特征。

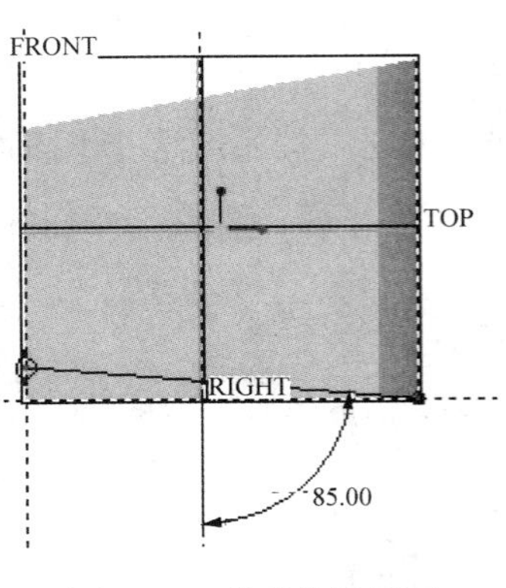

图 5-28　完成草绘界面

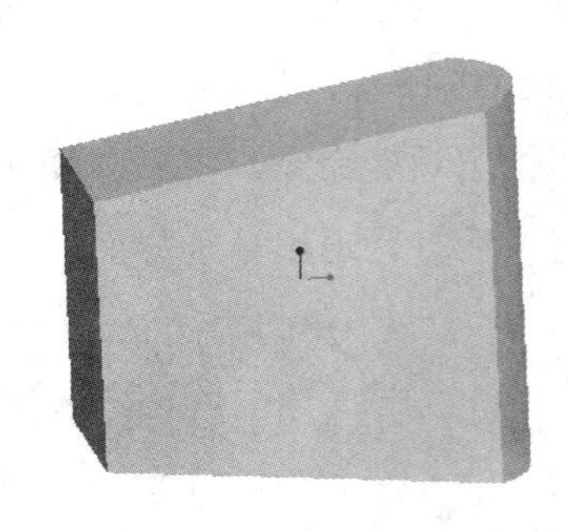

图 5-29　完成后生成的特征

步骤五：创建电脑显示屏主体两侧面的斜面。

如图 5-30 所示，创建拉伸特征，在右工具箱中单击“拉伸”按钮或选择“插入”→“拉伸”→“伸出项”命令，打开其操作面板，以 T 平面为草绘平面，选取四周边线作为草绘时的“参照”。

如图 5-31 所示，草绘两侧边的三角形封闭图形，其中一斜边角度为 100°，完成后打钩退出草绘界面。

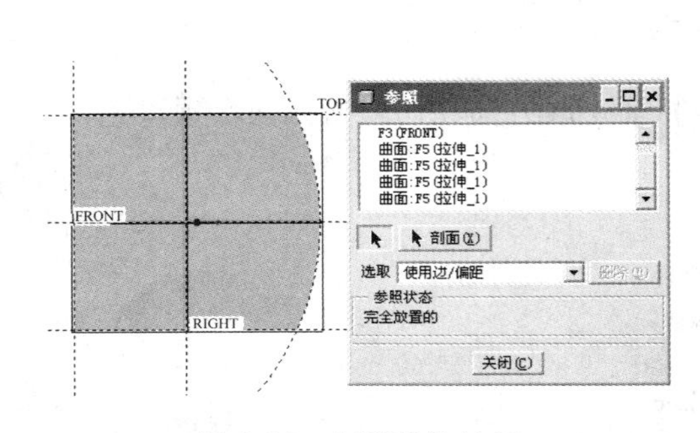

图 5-30　创建拉伸特征

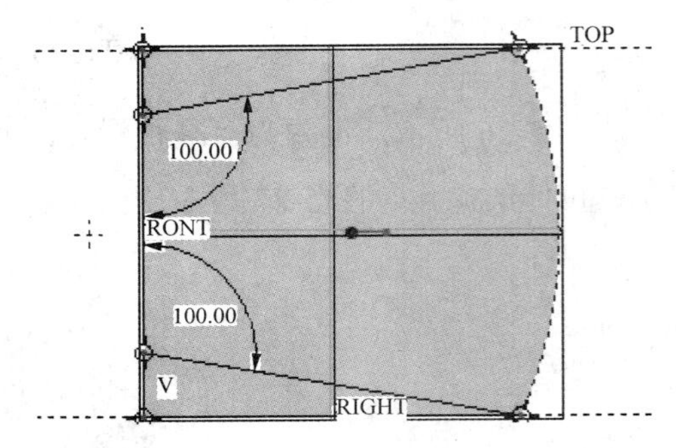

图 5-31　完成草绘界面

如图 5-32 所示，设置为“减材料”，“双伸对称”拉伸，拉伸的深度为 300°，预览无误后打钩完成拉伸的操作。图 5-33 所示为生成的侧面减材料特征。

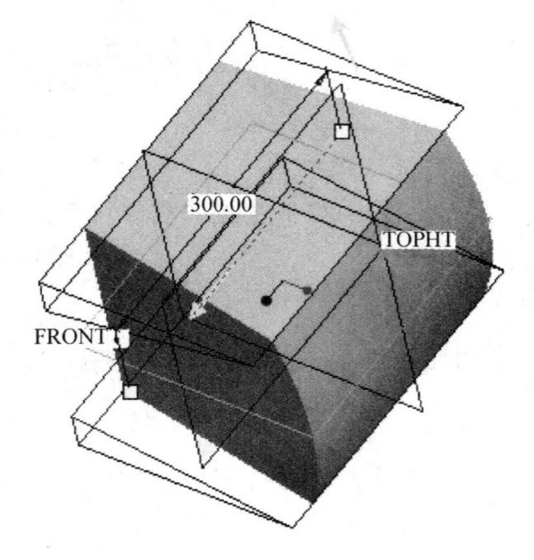

图 5-32　完成拉伸的操作

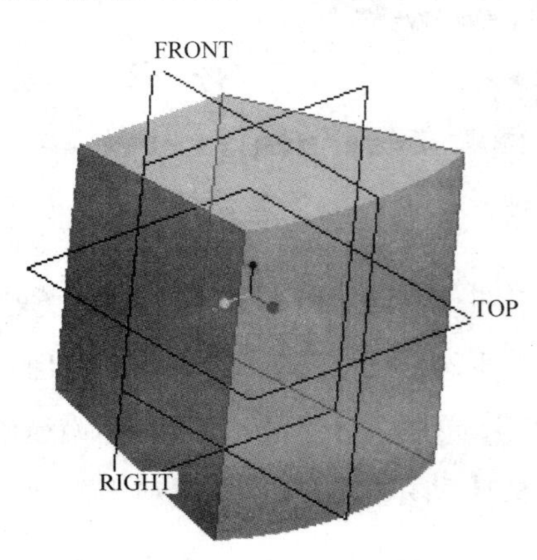

图 5-33　生成的侧面减材料特征

步骤六：创建电脑显示屏模型的支柱。

如图 5-34 所示，平移 T 平面-200 创建基准平面 DTM1，注意平移的方向是朝着第二次创建的斜面平移。

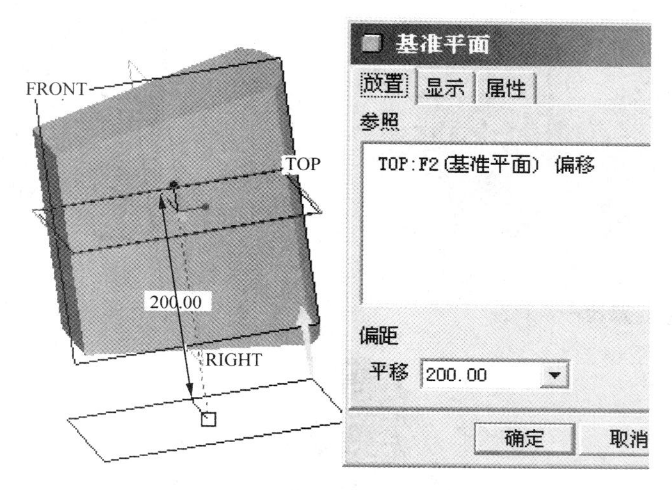

图 5-34　创建基准平面 DTM1

如图 5-35 所示，运用拉伸工具，以 DTM1 为草绘平面草绘支柱的平面图形，完成后退出草绘界面。

图 5-36 所示为选择“反向”拉伸(往音箱实体方向)，选择拉伸“到下一个平面”，打钩完成后生成的支柱实体。

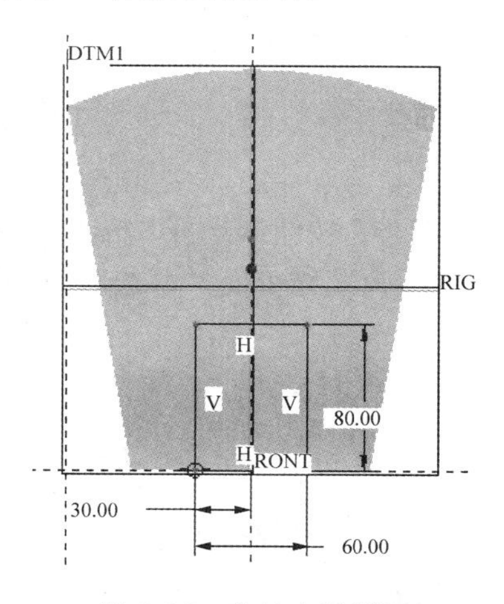

图 5-35　草绘支柱平面

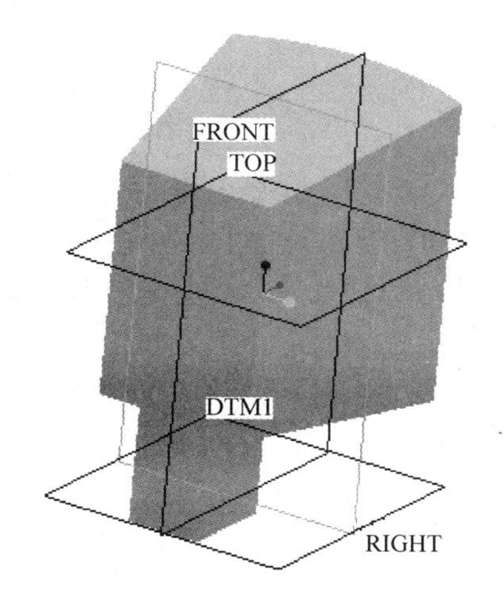

图 5-36　完成后生成的支柱实体

步骤七：创建电脑显示屏支柱的下斜面。

如图 5-37 所示，创建拉伸特征，在右工具箱中单击“拉伸”按钮或选择“插入”→“拉伸”→“伸出项”命令，打开其操作面板，以支柱的一外表面为草绘平面，草绘一条斜线角度为 85°，完成后打钩退出草绘界面。

如图 5-38 所示，选择“减材料”，调整特征生成方向和切材料的方向。打钩完成拉伸后生成的特征如图 5-39 所示。

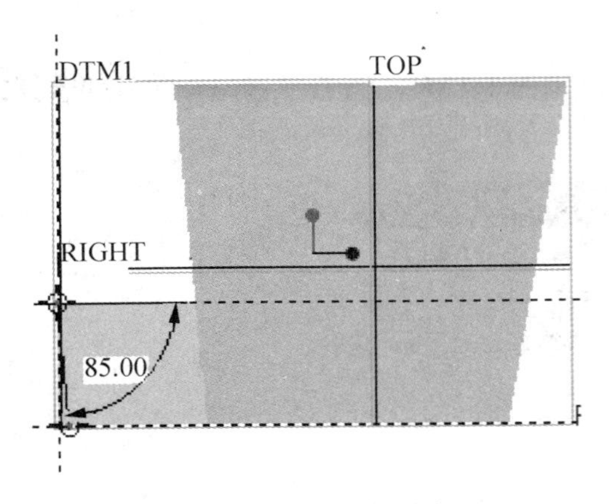

图 5-37　草绘一条斜线

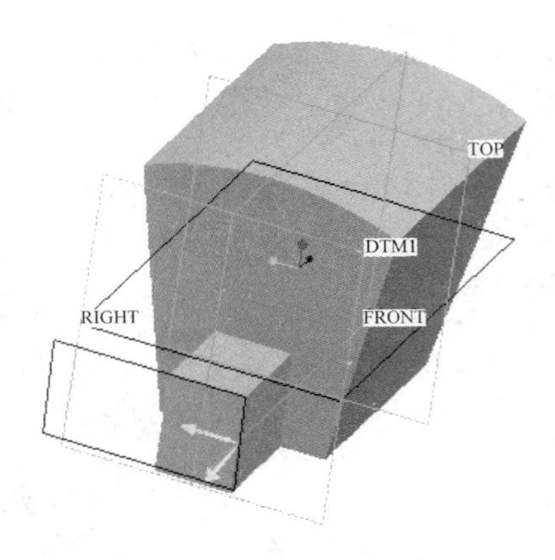

图 5-38　选择“减材料”，调整方向

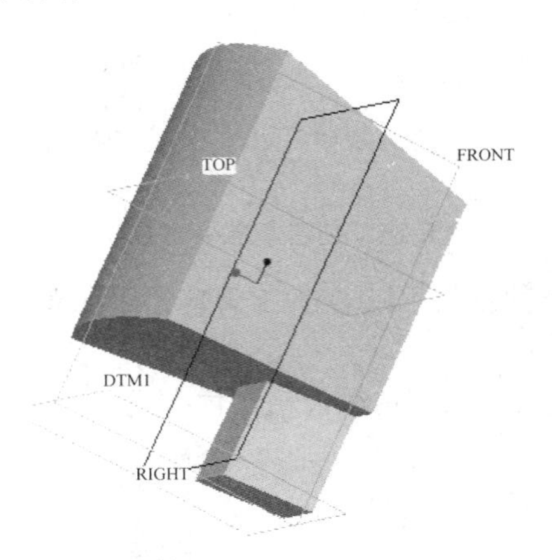

图 5-39　打钩完成拉伸后生成的特征

步骤八：创建电脑显示屏的底板。

如图 5-40 所示，创建拉伸特征，在右工具箱中单击“拉伸”按钮或选择“插入”→“拉伸”→“伸出项”命令，打开其操作面板，以支柱的下底面为草绘平面，草绘底板的平面图形，完成后打钩退出草绘界面。如图 5-41 所示，设置为“单侧”拉伸，向下拉伸 20。打钩完成后生成的底板特征如图 5-42 所示。

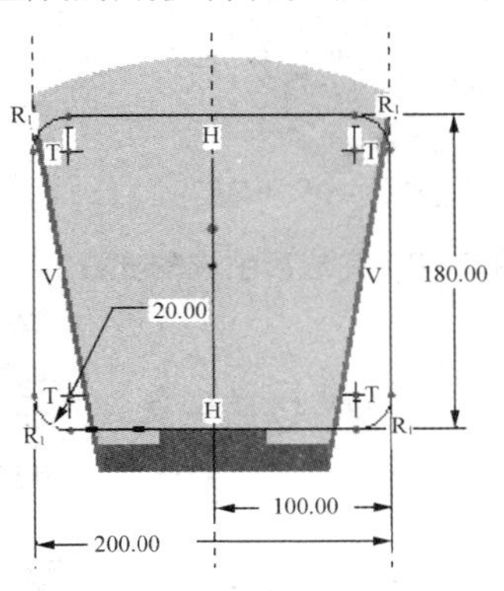

图 5-40　选择半径为 20 的倒圆角

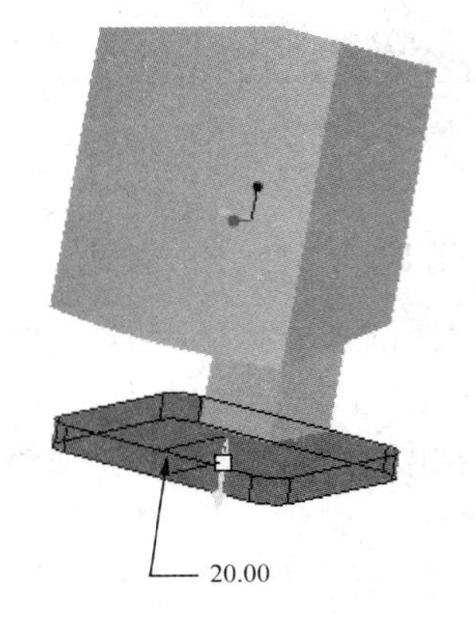

图 5-41　半径为 10 的倒圆角

图 5-42　完成后生成的底板特征

步骤九：创建电脑显示屏底板槽。

如图 5-43 所示，创建拉伸特征，在右工具箱点击“拉伸”工具或选取下拉菜单〖插入〗→〖拉伸〗→“薄板”选项，打开其操作面板，选取“薄板”拉伸，设置薄板的厚度为 10，以底板的下底面为草绘平面，运用草绘工具中的“实体边创建图元并偏移”工具点选底板图形后往里偏移 10 后的平面图形，如需要，可修整图形的四角，完成后打钩退出草绘界面。

如图 5-44、图 5-45 所示，设置薄板的拉伸深度为 10，拉伸方向朝外。完成后生成的底部槽如图 5-46 所示。

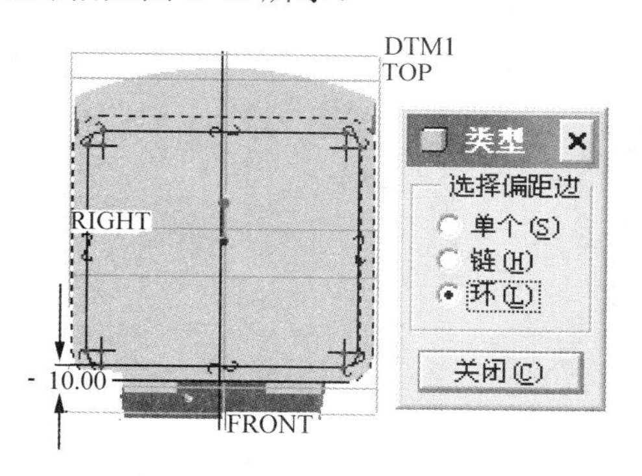

图 5-43

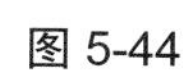

图 5-44

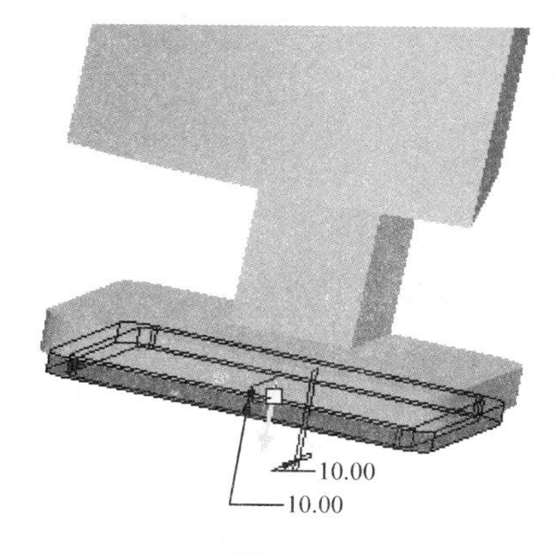

图 5-45

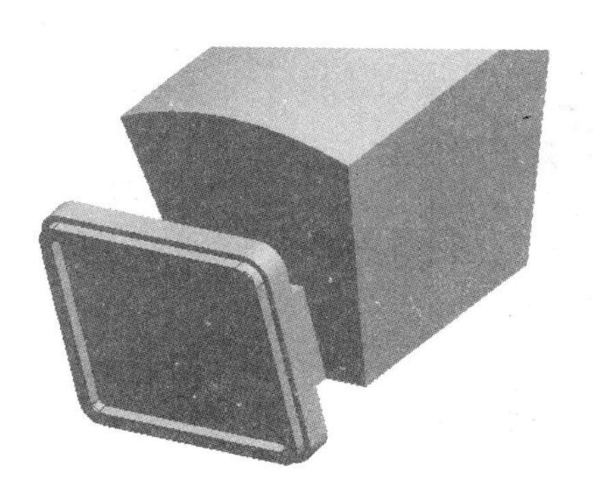

图 5-46　打钩完成后生成的底部槽特征

步骤十：倒圆角。

如图 5-47 所示，打开“倒圆角”工具的操作面板，选择前面两侧边，进行半径为 20 的倒圆角，打钩完成。

如图 5-48 所示，同样进行倒圆角的操作，选择其余的边进行半径为 10 的倒圆角处理。最终完成的电脑显示屏模型如图 5-49 所示。

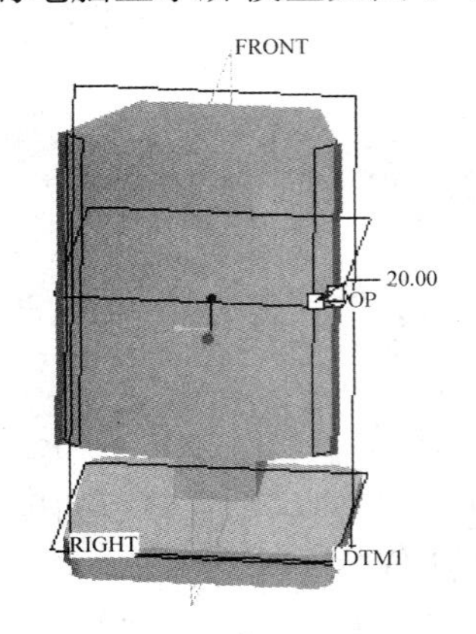

图 5-47　半径为 20 的倒圆角

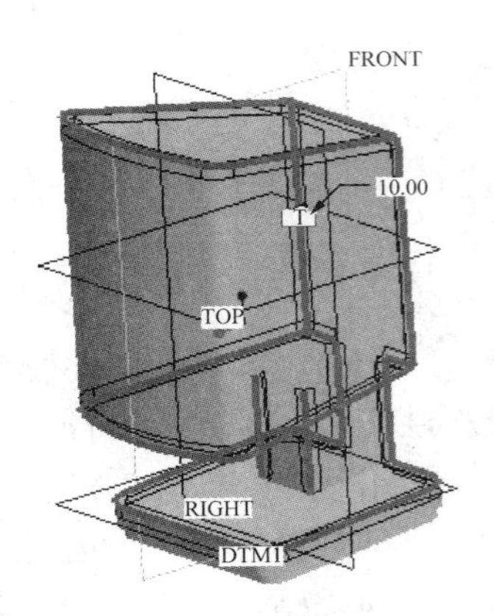

图 5-48　半径为 10 的倒圆角

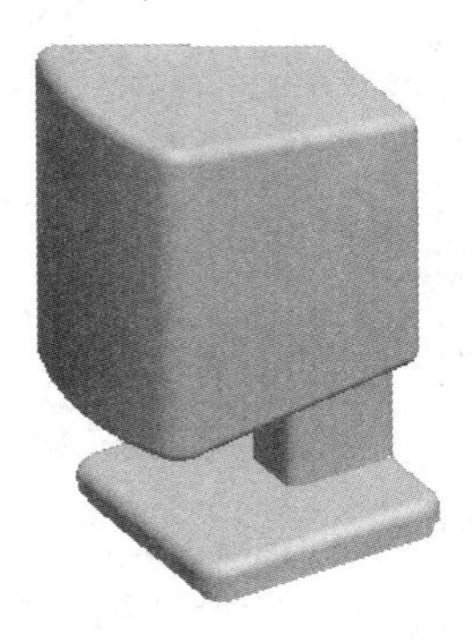

图 5-49　最终完成的电脑显示屏模型

项目 6　阀体的设计

知识目标

了解三维绘图环境及其设置，掌握常用三维设计工具的用法，熟悉绘制二维图形的一般流程和技巧，重点掌握旋转实体特征的一般造型原理和具体操作方法等。

技能目标

运用 Pro/E 三维设计软件，使用旋转、拉伸实体特征的创建方法，快速准确地设计阀体模型。

运用 Pro/E 设计软件，完成如图 6-1 所示的阀体三维模型的设计。

图 6-1　阀体三维模型

三维实体模型的创建——旋转实体特征

旋转实体特征是由特征截面绕旋转中心线旋转而成的一类特征，特征可以是长出或切掉一个实体或薄体，它适合于构建回转体零件，特征具有轴对称属性。

草绘旋转特征截面时，必须建立一条中心线作为旋转轴，其截面必须全部位于中心线的一侧，倘若要生成实体特征，其截面必须是封闭的，若为薄体类型，截面可封闭或开口。

在 Pro/E 野火版中，旋转特征具有与拉伸特征相似的操作面板，在旋转特征操作面板中，大部分操作按钮的功能与拉伸相同，这里就不再重述。

1. 建立旋转实体特征的操作步骤

(1) 进入零件设计模式，选择“插入”→“旋转”命令，或直接单击旋转按钮，见①，打开旋转特征操作面板，如图 6-2 所示。

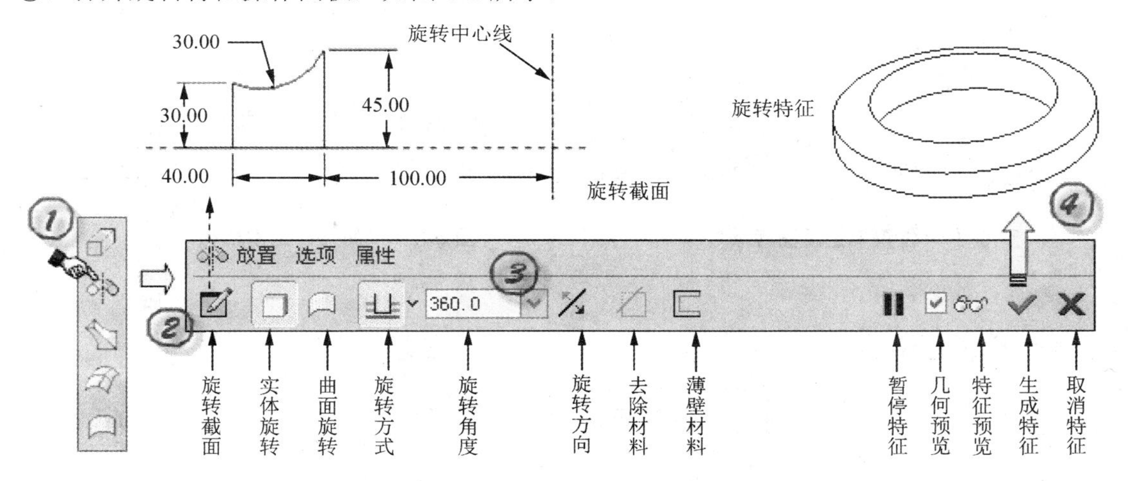

图 6-2　旋转菜单及创建步骤

(2) 单击放置按钮，在弹出的下拉菜单中单击“定义”按钮，系统弹出“草绘”对话框，根据需要定义基准平面或实体表面为草绘平面，并指定合适的参照平面及其方向，完成后单击“草绘”按钮进入草绘截面界面，见②。

(3) 在草绘环境中使用绘制中心线工具首先绘制一条中心线作为截面的旋转中心线，在中心线的一侧再绘制旋转特征截面，绘制完毕后单击草绘工具栏中的✔按钮，回到旋转特征操作板。

(4) 在“选项”选项卡中选择模型旋转方式，并设置旋转角度，见③。

(5) 如果生成薄体特征，则选择“薄体特征”按钮，并设置薄体的厚度及厚度方向；如果草绘截面是开口的，那么这一步必须在进入草绘界面之前选择。

(6) 如果是在已有的实体特征中去除材料，应选择“去除材料”按钮，单击按钮可改变去除材料区域或方向。

(7) 单击“特征预览”按钮，观察生成的特征。

(8) 单击旋转特征操作面板中的按钮，完成旋转特征的建立，见④。

2. 注意事项

(1) 若草绘截面中建立有两条或两条以上的中心线，系统将默认最先建立的中心线作为旋转轴。

(2) 在预览生成的特征后，如果欲重新修改草绘特征截面，以重新生成新的特征，只需单击特征操作面板中的“位置”按钮，在弹出的“位置”上滑面板中再单击“编辑”按钮，回到草绘工作环境进行修改即可，如图 6-3 所示。

(3) 完成旋转特征后，如果欲重新修改，只需在模型树中选中创建的旋转特征，单击鼠标右键，在弹出的菜单中选择“编辑”或“编辑定义”命令，前者是对特征的一些参数直接进行修改，后者是重新进入旋转特征操作板。

(4) 在旋转特征操作板中，“属性”按钮用于弹出上滑面板以编辑特征的名称，并在 Pro/E 浏览器中打开特征信息，如图 6-4 所示。

图 6-3 “位置”上滑面板

图 6-4 “属性”上滑面板

操作指引

设计阀体的三维模型

步骤一：选择“文件”→“新建”命令，弹出“新建”对话框，在“类型”选项组中选中“零件”文件单选按钮并输入文件名“fati”，然后单击“确定”按钮进入三维实体建模模式。

步骤二：创建阀体模型的主体。

如图 6-5 所示，运用旋转工具创建旋转实体薄板的操作，在右工具箱中单击“旋转”按钮或选择“插入”→“旋转”→“薄板伸出项”命令，打开其操作面板，首先选择“薄板”，设定薄板的厚度为 25，然后以 F 平面为草绘平面，其余按照系统默认方式进入草绘界面，草绘阀体旋转时的平面图形，建立旋转中心轴，完成后打钩退出草绘界面。

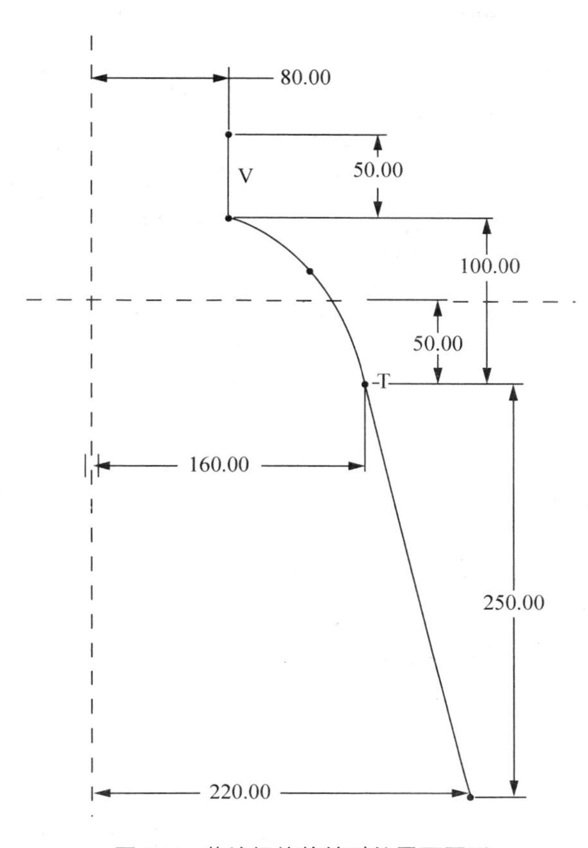

图 6-5　草绘阀体旋转时的平面图形

如图 6-6 所示，在旋转操作面板中输入旋转角度为 360°，调节薄板的厚度方向向外，预览无误后打钩完成阀体的旋转薄体创建。

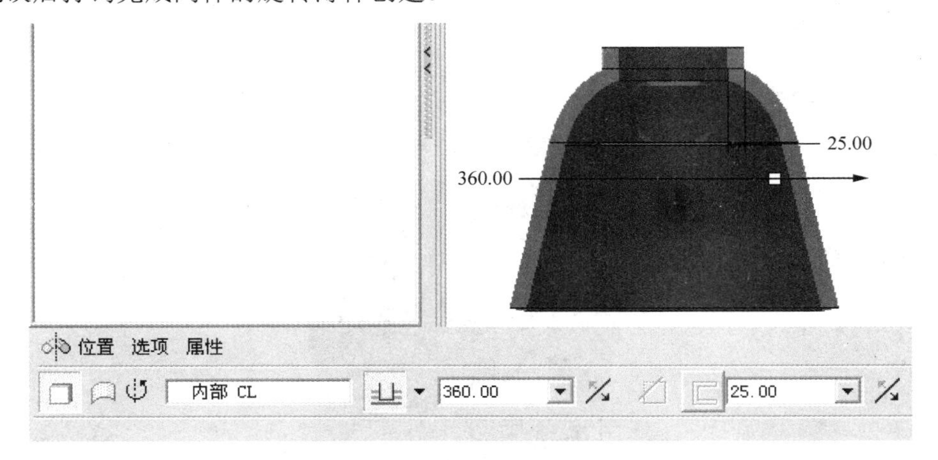

图 6-6　完成阀体的旋转薄体创建

步骤三：旋转薄体的下边缘进行拉平处理。

如图 6-7 所示，运用拉伸工具创建减材料操作，以 R 平面为草绘平面，草绘一长直线(只要比阀体的长度长就可以，距阀顶的距离为 450)，完成后打钩退出草绘界面。

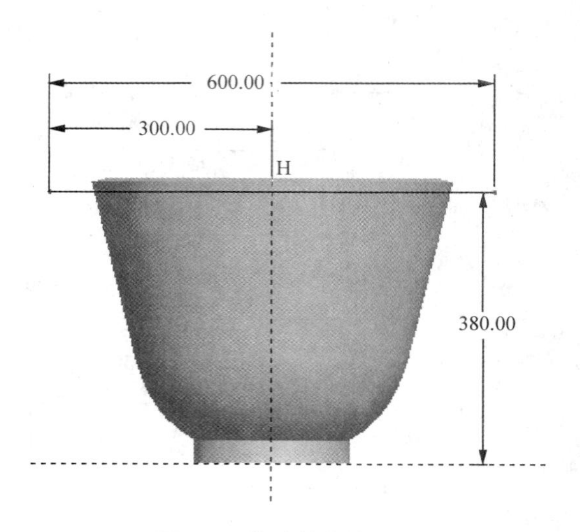

图 6-7　草绘长直线

如图 6-8 所示，进入拉伸操作面板，选择“双侧”拉伸，拉伸深度设为 600，选择“减材料”，调整减材料的方向(此步操作主要是为了使阀体的底面为水平面)。

如图 6-9 所示，打钩完成拉伸减材料的操作，这时上表面就是一个平行于基准平面的面。

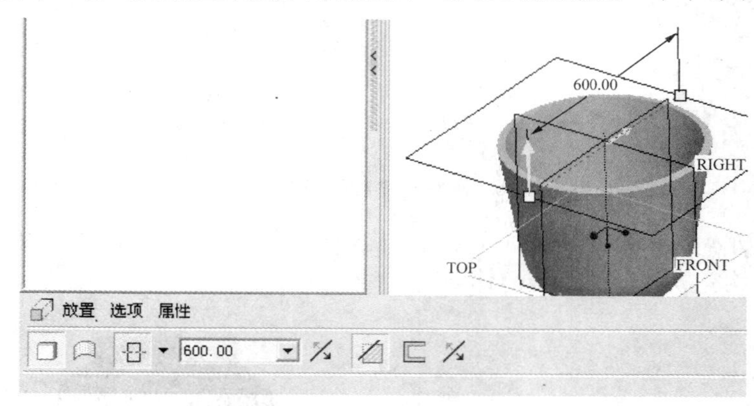

图 6-8　拉伸面板

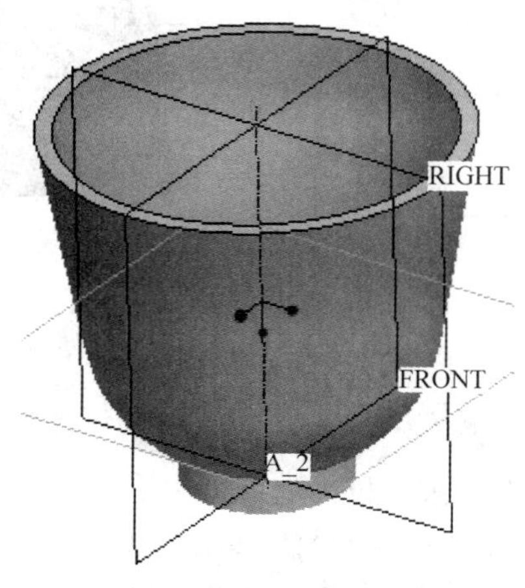

图 6-9　完成拉伸减材料操作

步骤四：阀体盖的创建。

如图 6-10 所示，再次运用拉伸工具，以上表面为草绘平面，选择默认的模式进入草绘界面，草绘阀底的平面图形，首先草绘 5 个圆。

图 6-11 所示为进行修剪后的草绘图形。

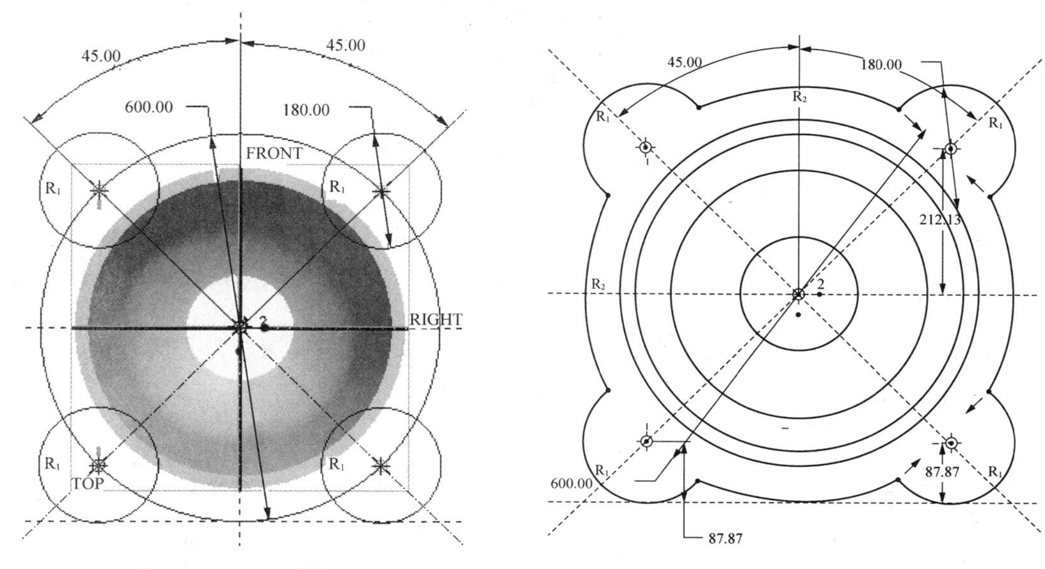

图 6-10　草绘阀底的平面图形　　　　图 6-11　完成后的草绘图形

如图 6-12 所示，在圆弧连接处进行倒圆角处理，利用约束工具使每个圆角都相等，设定圆角半径为 80。如图 6-13 所示，修剪圆角处多余的线段，完成后打钩退出草绘界面。

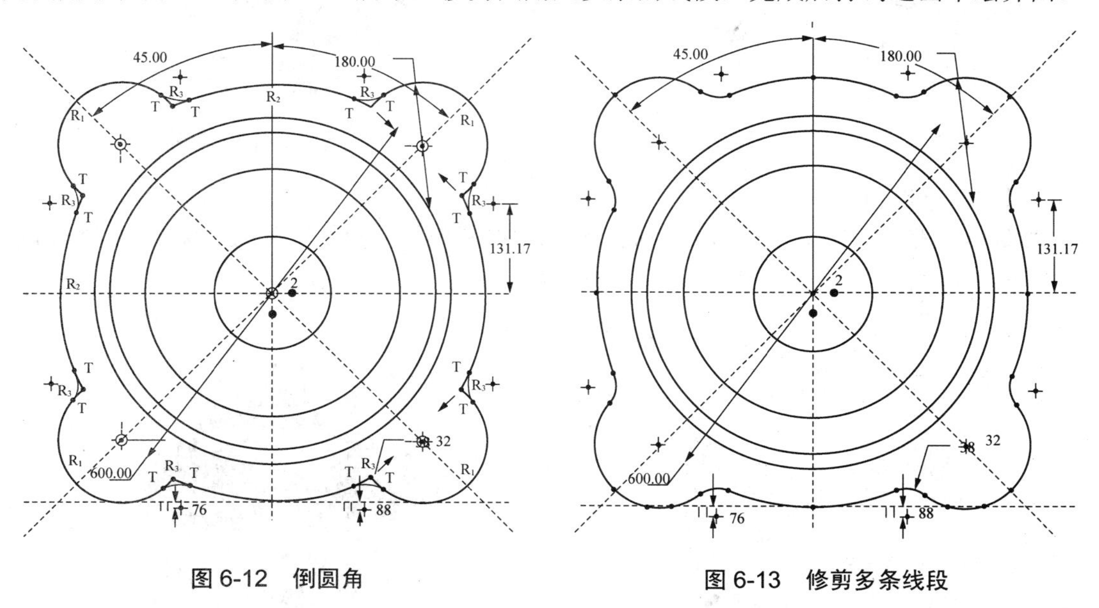

图 6-12　倒圆角　　　　图 6-13　修剪多条线段

如图 6-14 所示重新进入拉伸操作面板，选择“反向”拉伸，设置拉伸的深度为 60，打钩完成后生成阀底实体特征。

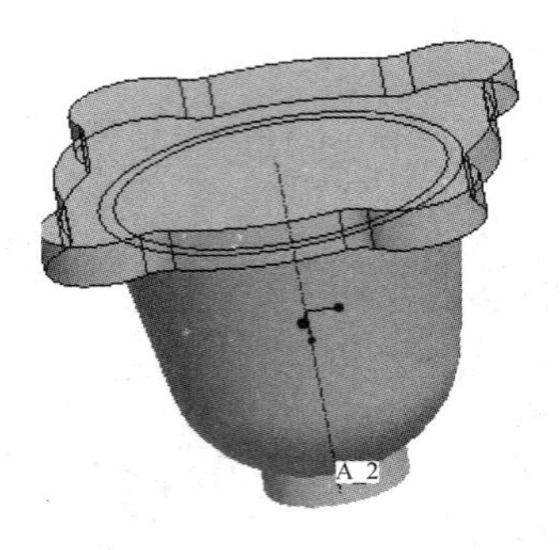

图 6-14　生成的阀体实体特征

步骤五：阀体盖孔的创建。

如图 6-15 所示，进行拉伸操作，以阀底的上表面为草绘平面，选择默认的模式进入草绘界面，利用同心圆的草绘工具草绘如图所示的 4 个直径为 110 的圆，完成后打钩退出草绘界面。

如图 6-16 所示，进入拉伸操作面板，设置“减材料”，拉伸深度为“穿透”，打钩完成后生成阀体底孔。

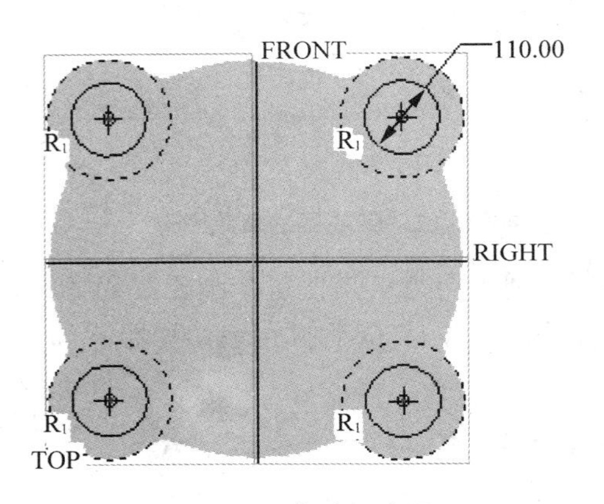

图 6-15　草绘 4 个图

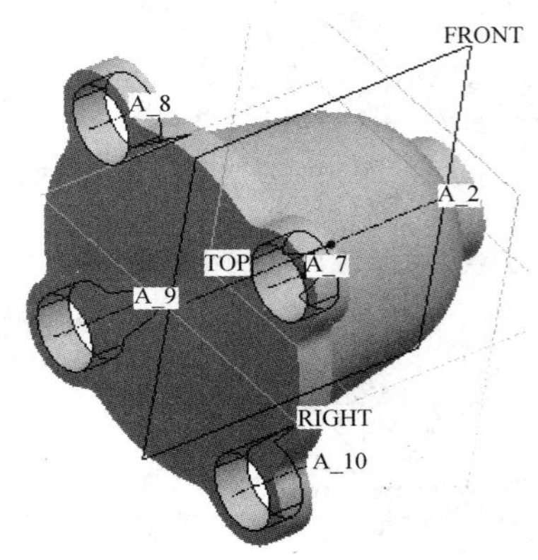

图 6-16　生成的阀体底孔

步骤六：倒圆角。

如图 6-17 所示，进入拉伸操作面板，设置“减材料”，拉伸深度为“穿透”，打钩完成后生成阀体底孔。图 6-18 是最终完成的阀体模型。

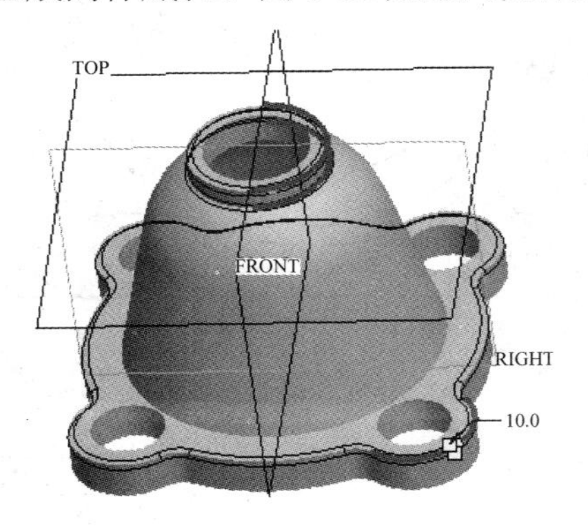

图 6-17　倒圆角后生成的阀体底孔

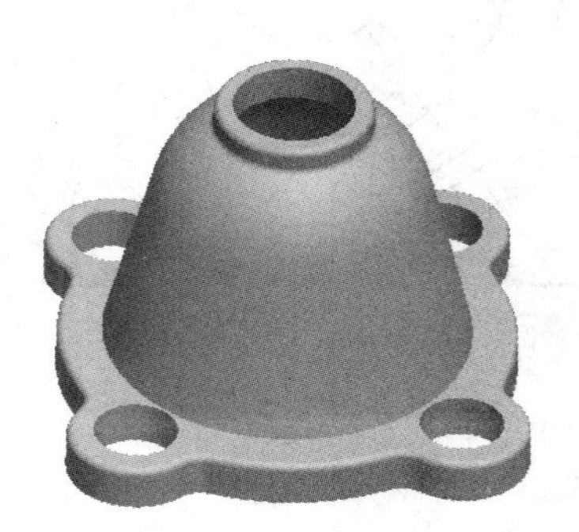

图 6-18　最终的阀体模型

拓展训练

熟练地运用 Pro/E 三维设计软件，使用旋转、拉伸实体特征的创建方法，快速准确地设计如图 6-19 所示的轴的模型，轴模型的一些长度尺寸设计者自行定义。图 6-20 所示为轴的平面图形。

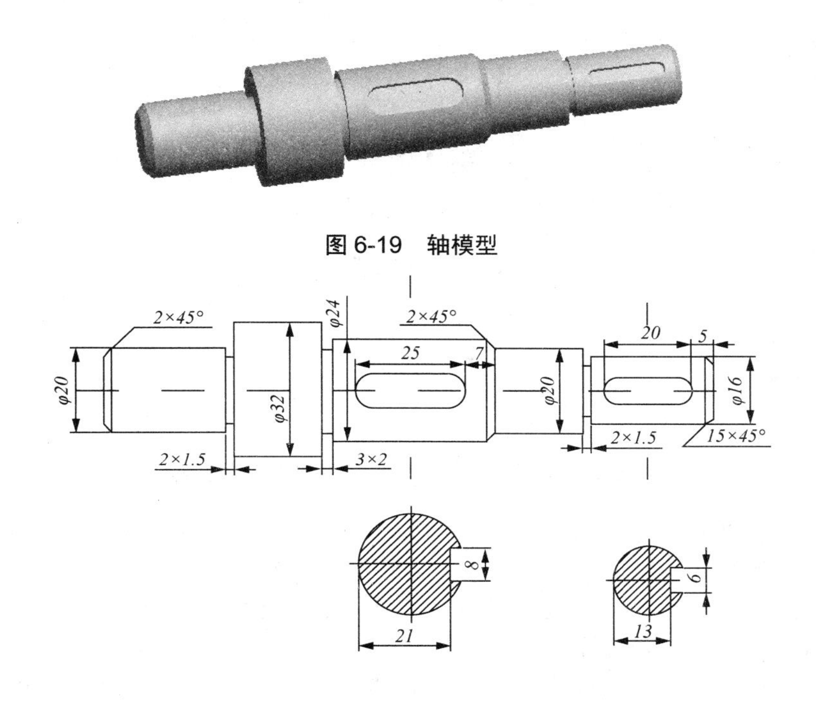

图 6-19　轴模型

图 6-20　轴的平面图形

项目 7　书夹的设计

知识目标

了解三维绘图环境及其设置，掌握常用三维设计工具的用法，熟悉绘制二维图形的一般流程和技巧，重点掌握扫描实体特征的一般创建原理及具体的操作方法等。

技能目标

熟练地运用 Pro/E 三维设计软件，使用扫描、拉伸实体特征的创建方法，快速准确地设计书夹模型。

运用 Pro/ENGINEER Wildfire 三维设计软件，完成如图 7-1 所示的书夹模型的设计。

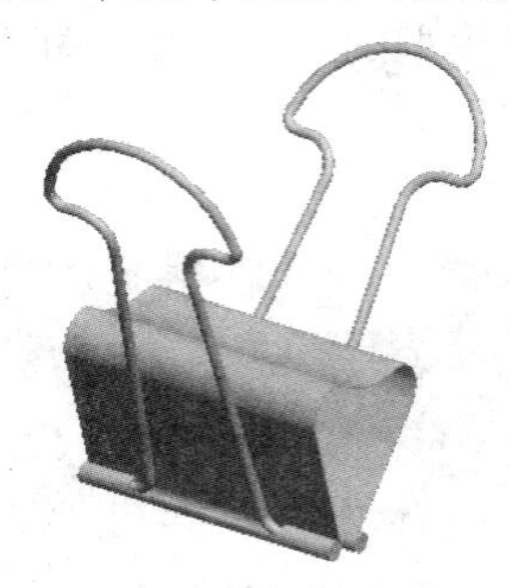

图 7-1　书夹模型

三维实体模型的创建——扫描实体特征

前面介绍的拉伸实体特征和旋转实体特征是两种最常用的实体特征，它们具有相对规则的几何形状，如果将拉伸实体特征的创建原理进一步推广，将草绘剖面沿任意路径(扫描轨迹线)扫描可以创建一种形式上更加多样的实体特征，这就是扫描实体特征。

扫描实体特征是将二维截面沿着指定的轨迹线(可以是平面的，也可以是空间的)扫描生成三维实体特征，使用扫描可以建立长出或切除材料特征。扫描特征类型包括伸出项、薄板伸出项、切口、薄板切口、曲面、曲面修剪和薄曲面修剪 7 种，如图 7-2 所示。选择“插入”→“扫描”→“伸出项”命令，系统弹出“伸出项：扫描”对话框，如图 7-3 所示。

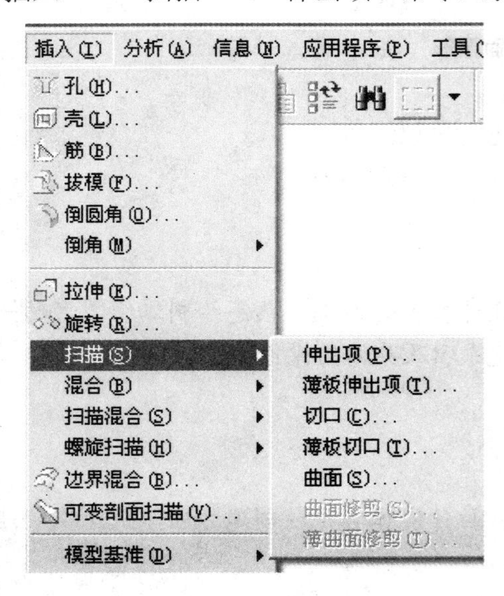

图 7-2　扫描类型选项

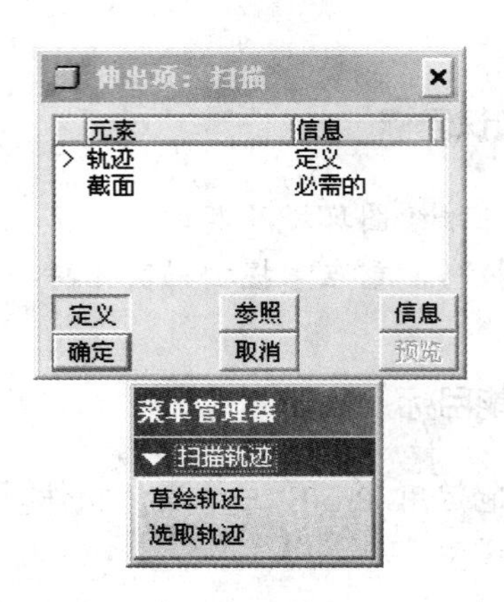

图 7-3　“伸出项：扫描”对话框

1. 创建扫描实体特征的选项

(1) 伸出项。使用扫描方法创建加材料的实体特征。
(2) 薄板伸出项。使用扫描方法创建薄板特征。
(3) 切口。使用扫描方法创建减材料的实体特征。
(4) 薄板切口。使用扫描方法创建减材料的薄板特征。

2. 扫描轨迹

(1) 草绘轨迹。在二维草绘平面内绘制二维曲线作为扫描轨迹线，这种方法只能创建二维轨迹线。

(2) 选取轨迹。选择已有的二维或者三维曲线作为扫描轨迹线，如可以选取实体特征的边线或基准曲线作为扫描轨迹线，这种方法可以创建空间三维轨迹线。

3. 扫描特征的属性

如果轨迹为开口并且其一端与已有特征实体相接，则系统会弹出如图 7-4 所示的属性设置。如果轨迹为闭合型，截面可以为闭合或开放时，则系统会弹出如图 7-5 所示的属性设置。

图 7-4 合并终点与自由端点“属性”

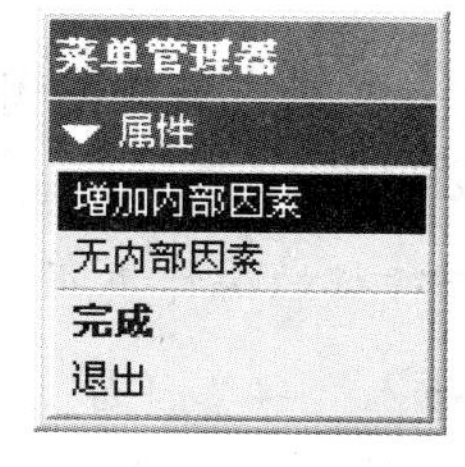

图 7-5 有无内部因素“属性”

(1) 合并终点。新建扫描实体特征和另一实体特征相接后，两实体自然融合，光滑连接，形成一个整体，如图 7-6 所示。

(2) 自由端点。新建扫描实体特征和另一实体特征相接后，两实体保持自然状态，互不融合，如图 7-7 所示。

图 7-6 合并终点属性设定

图 7-7 自由端点属性设定

(3) 增加内部因素。将一个非封闭的截面沿着轨迹线(应为封闭的线条)扫描出“没有封闭”的曲面，然后系统自动在开口处加入曲面，成为封闭曲面，并在封闭的曲面内部自动填补材料成为实体(如图 7-8 所示)。在使用添加内部因素进行扫描时，轨迹线必须封闭，截面为不封闭，方可完成扫描特征。

(4) 无内部因素。将一个封闭的截面沿着轨迹线(可为封闭或非封闭)扫描出实体(如图 7-9 所示)。

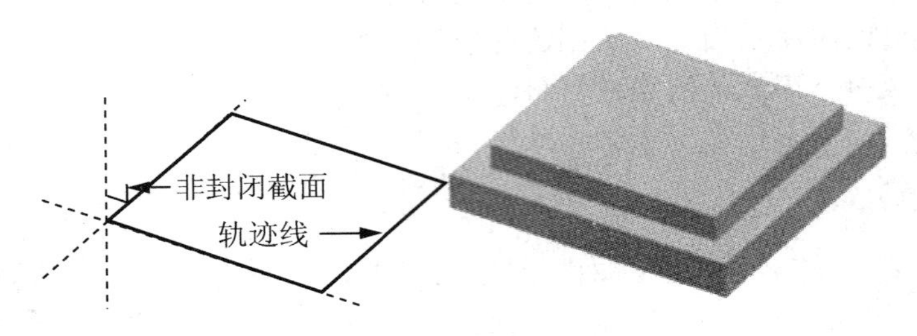

图 7-8　增加内部因素及其结果

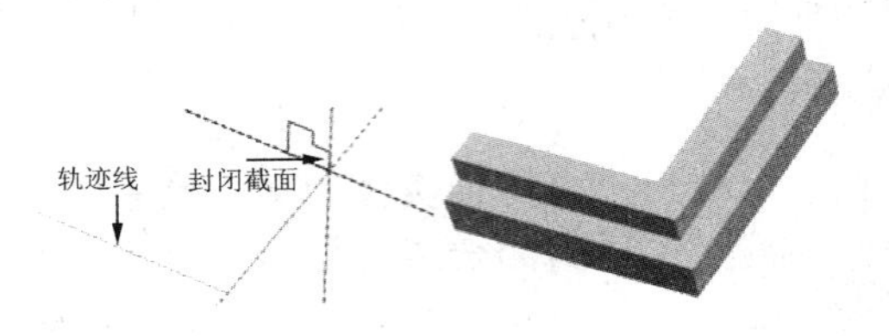

图 7-9　无内部因素及其结果

由上述可知，轨迹有开放和闭合两种，截面也有开放和闭合两种形式，但开放型轨迹不能与开放型截面组合。

4. 建立扫描特征的操作步骤

(1) 选择“插入”→“扫描”→“伸出项”命令(如果建立减料特征则选“切口”命令)，系统弹出如图 7-3 所示的对话框。

(2) 在弹出的“扫描轨迹”下拉菜单中选择创建轨迹线的方式，草绘轨迹或选取轨迹。如果选择的是“草绘轨迹”，则需定义绘图面与参考面，然后绘制轨迹线；如果选择“选取轨迹”，则需在绘制区中选择一条曲线作为轨迹线。

(3) 如果轨迹线为开放轨迹并与实体相接，则应在弹出的如图 7-4 所示的菜单管理器中确定轨迹的首尾端为“自由端点”还是“合并终点”。如果轨迹为封闭的，则需配合截面的形状，在弹出的如图 7-5 所示的菜单管理器中确定是“增加内部因素”或“无内部因素”。

(4) 在自动进入的草绘工作区中绘制扫描截面并标注尺寸(位置尺寸的标注必须以轨迹起点的十字线的中心为基准)，完成草绘后打钩退出草绘界面。

(5) 单击“扫描模型”对话框中的“预览”按钮，观察扫描结果，满足要求后只需单击鼠标中键完成扫描特征或单击“扫描模型”对话框中的“确定”按钮，完成扫描特征的创建。

特别提示

在进行扫描轨迹操作时，绘制的草绘特征截面不可彼此相交。截面与轨迹设置不当也会造成扫描干涉，不能完成扫描特征的建立，所以轨迹与截面间应相互协调，避免因截面过大或轨迹曲率半径过小而导致截面干涉现象，产生特征生成失败现象。

操作指引

设计书夹模型

步骤一：选择“文件”→“新建”命令，弹出“新建”对话框，在“类型”选项组中选中“零件”单选按钮并输入文件名“shujia”，然后单击“确定”按钮进入三维实体建模模式。

步骤二：创建书夹主体特征。

如图7-10所示，运用拉伸工具创建拉伸实体薄板，在右工具箱中单击“拉伸”按钮或选择“插入”→“拉伸”→“薄板伸出项”命令，打开其操作面板，首先选择“薄板”，设定薄板的厚度为2，然后以F平面为草绘平面，其余按系统默认进入草绘界面，草绘书夹的平面图形。

完成书夹的草绘图形，打钩退出草绘界面，如图7-11所示。

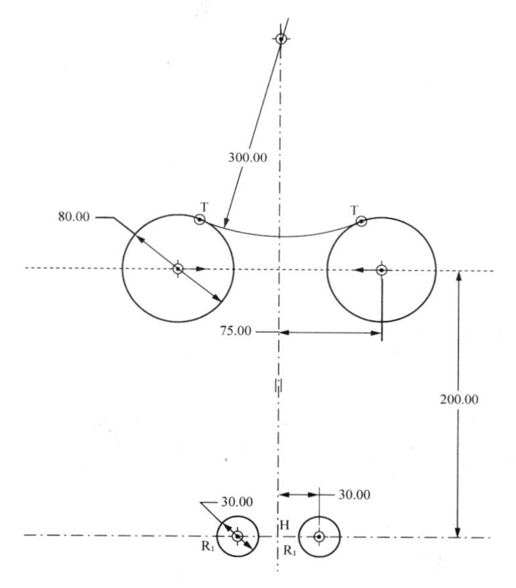

图7-10 草绘书夹的平面图形

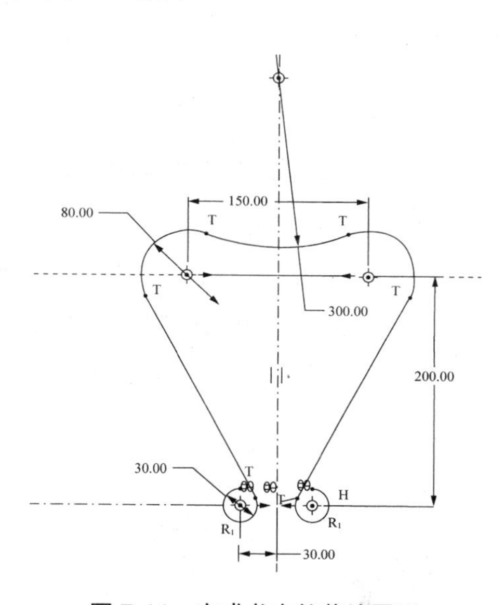

图7-11 完成书夹的草绘图形

如图7-12所示，在拉伸操作面板中设定为“双侧”拉伸，设置拉伸深度为400，打钩完成拉伸薄板的操作。图7-13为生成的书夹主体特征。

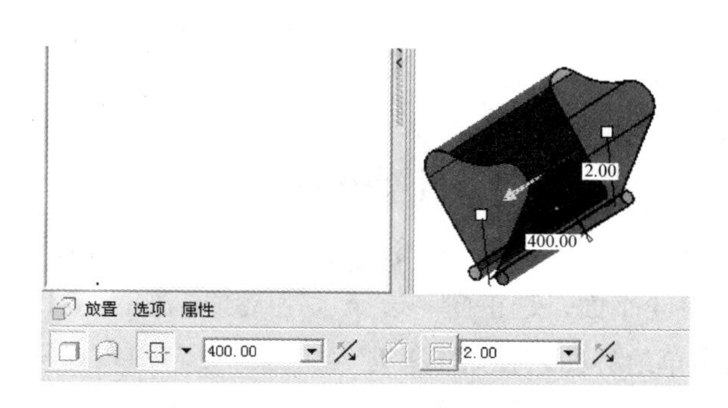

图7-12 完成拉伸薄板的操作

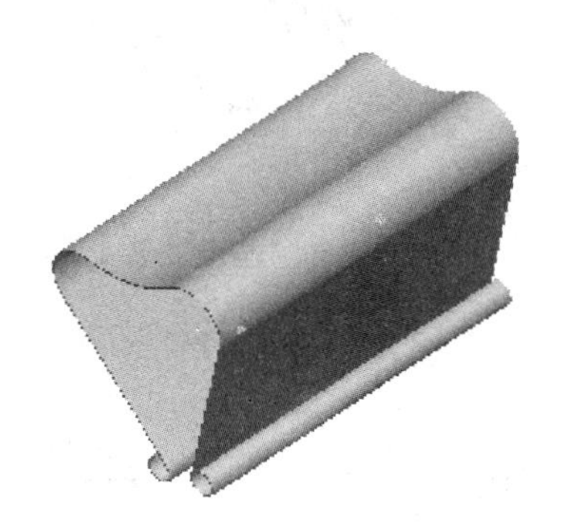

图7-13 生成的书夹主体特征

步骤三：创建书夹主体特征的减材料。

如图 7-14 所示，同样创建拉伸减材料操作，以先前的草绘平面进入第二次的草绘界面，草绘图形，完成后打钩退出草绘界面。

如图 7-15 所示，设置拉伸深度为 240，为“双侧”拉伸，“减材料”，打钩完成后生成特征。

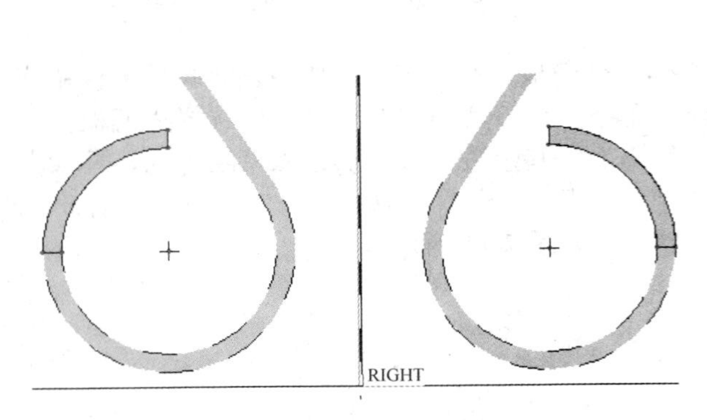

图 7-14　进入第二次的草绘界面

图 7-15　生成的特征

步骤四：创建书夹的夹子。

如图 7-16 所示，选取书夹下部的圆形曲面参照即可创建基准轴 A-1。如图 7-17 所示，过基准轴 A-1，选择与书夹的侧平面平行来创建基准平面 DTM1。

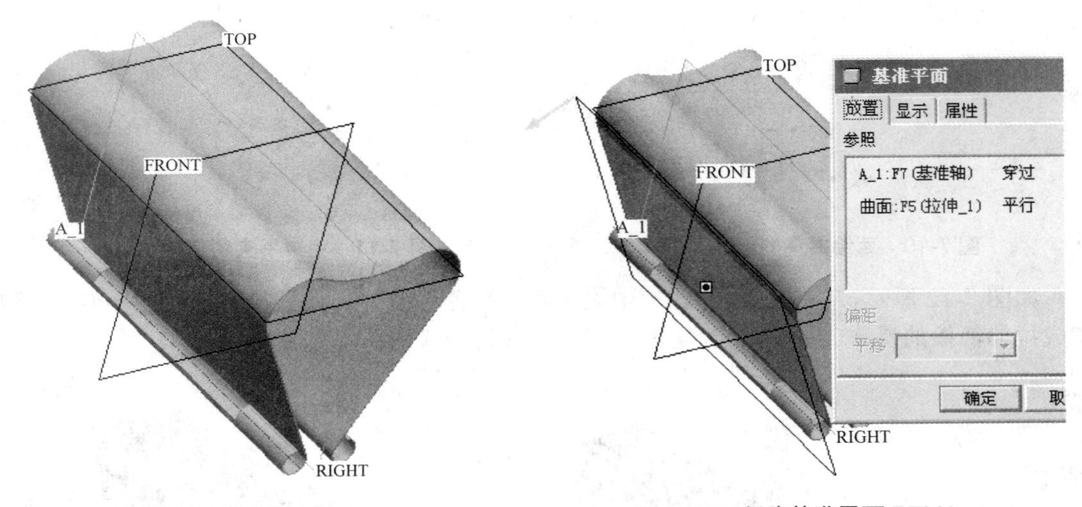

图 7-16　创建基准轴 A-1

图 7-17　创建基准平面 DTM1

如图 7-18 所示，选择“插入”→“扫描”→“伸出项”命令，弹出“伸出项：扫描”对话框，首先定义扫描轨迹，以 DTM1 为平绘平面，选正向，选 A-1 为参照。如图 7-19 所示，草绘扫描轨迹图形，完成后打钩退出草绘界面。在菜单管理器中选择“自由端点”命令。

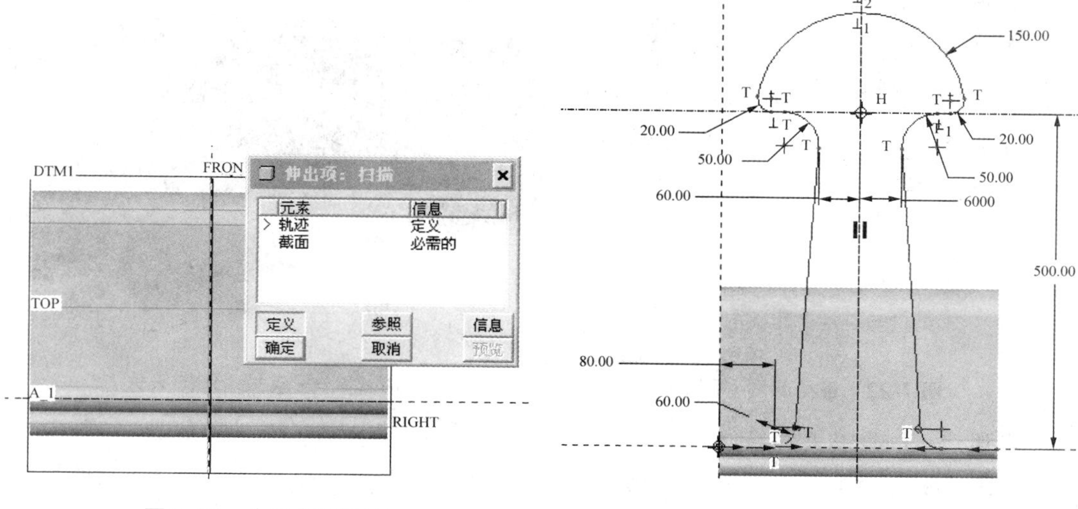

图 7-18　定义扫描轨迹

图 7-19　草绘扫描轨迹图形

如图 7-20 所示，然后又进入草绘截面界面，草绘直径为 15 的圆，完成后打钩退出草绘界面。图 7-21 所示为最后生成的扫描特征。

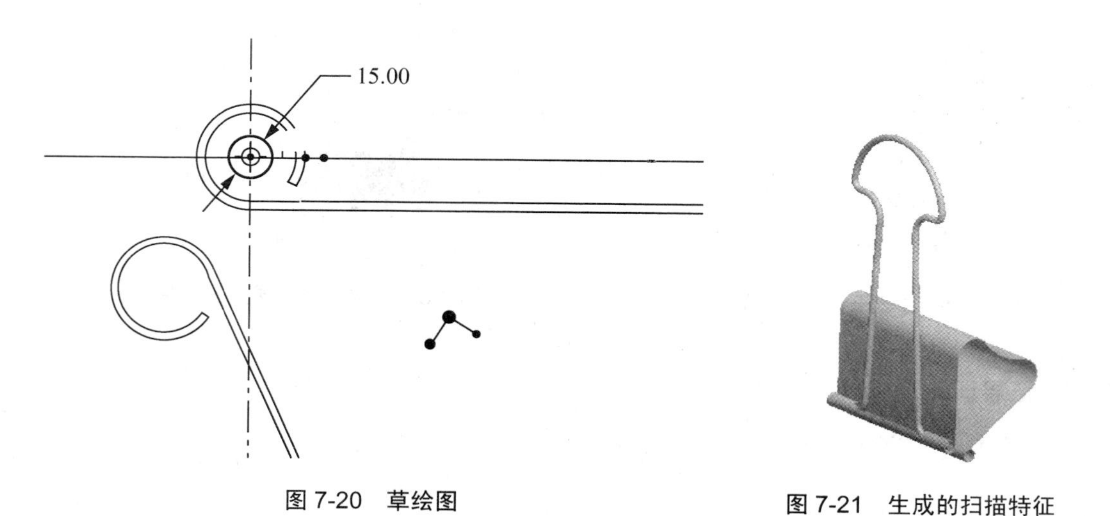

图 7-20　草绘图

图 7-21　生成的扫描特征

步骤五：创建书夹的夹头。

如图 7-22 所示，创建拉伸特征，以前平面为草绘平面，草绘两同心圆，完成后打钩退出草绘界面。

如图 7-23 所示，设置为“单侧”拉伸，调整拉伸的方向“向里”，拉伸的深度设置为 60，打钩完成。选择刚创建的拉伸特征以激活镜像工具，在右工具箱中单击“镜像”按钮或选择“插入”→“镜像”命令，打开其操作面板，以 F 平面为镜像平面，打钩完成另一侧的夹头。

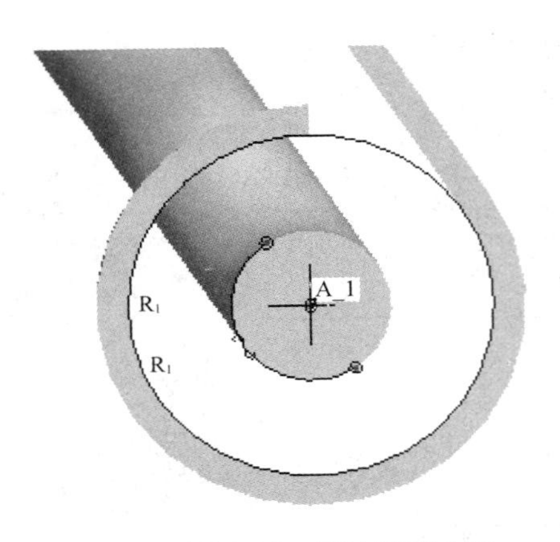

图 7-22　草绘两同心圆

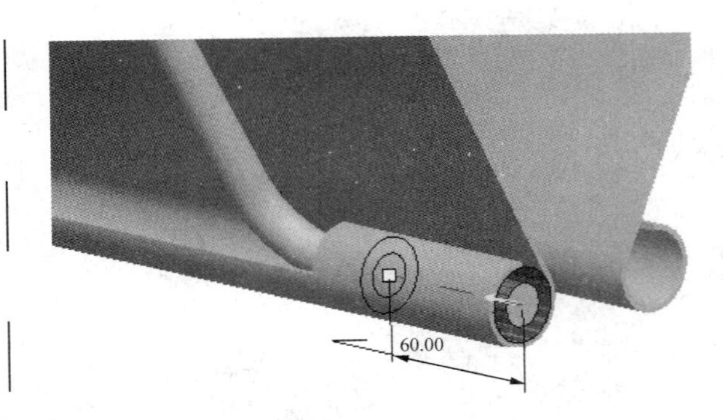

图 7-23　完成另一侧的夹头

步骤六：创建书夹的另一侧。

如图 7-24 所示，在模型树中，选择前面三项的操作特征，打开“镜像”工具的操作面板，以 R 平面为镜像平面，打钩完成书夹另一侧的特征。图 7-25 是最终完成的书夹三维模型。

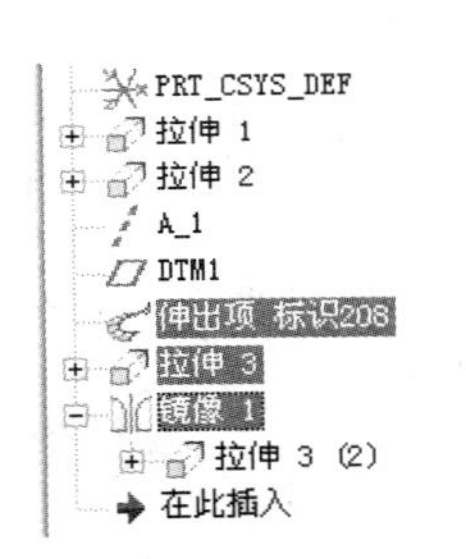

图 7-24　完成书夹另一侧特征

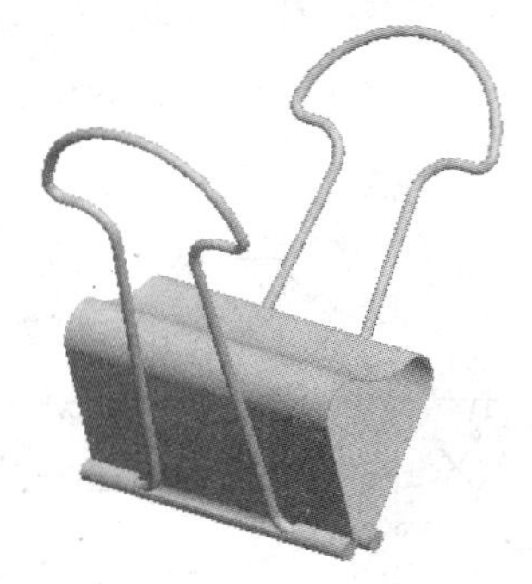

图 7-25　最终完成的书夹三维模型

拓展训练

运用 Pro/E 三维设计软件，完成如图 7-26 所示三维模型的设计。

图 7-26

项目8 旋转座椅的设计

知识目标

了解三维绘图环境及其设置，掌握常用三维工具的用法，熟悉绘制二维图形的一般流程和技巧，掌握扫描、旋转实体特征的操作方法等。

技能目标

熟练地运用 Pro/E 三维设计软件，使用拉伸、旋转、扫描实体特征的创建方法，快速准确地设计旋转座椅模型。

项目任务

运用 Pro/E 三维设计软件，完成如图 8-1 所示的旋转座椅模型的设计。

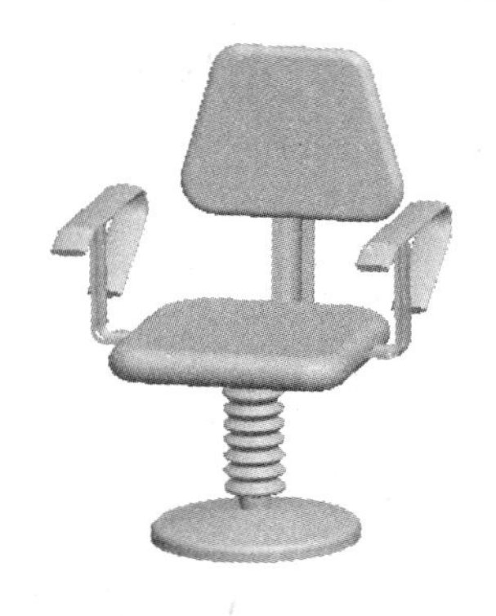

图 8-1 旋转座椅模型

操作指引

设计旋转座椅的模型

步骤一：选择“文件”→“新建”命令，弹出“新建”对话框，在“类型”选项组中选中“零件”单选按钮并输入文件名“xuanzhuanzuoyi”，然后单击“确定”按钮进入三维实体建模模式。

步骤二：创建旋转座椅的座板。

如图 8-2 所示，选择“插入”→“扫描”→“伸出项”命令，弹出“伸出项：扫描”对话框，首先定义扫描轨迹，选取 T 为草绘平面，草绘扫描轨迹，完成后打钩退出草绘界面。

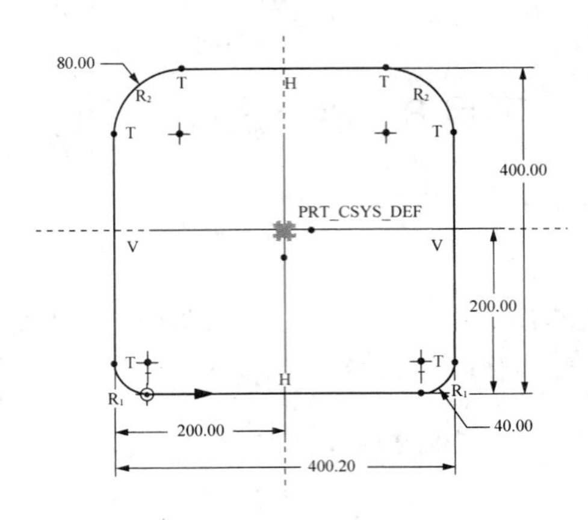

图 8-2　草绘扫描轨迹

如图 8-3 所示，在菜单管理器中的“属性”菜单中选择“增加内部因素”命令，完成后进入草绘扫描截面的界面，草绘扫描截面，为直径为 35 的半圆，打钩退出草绘界面。

如图 8-4 所示，在“伸出项：扫描”对话框中单击“确定”按钮即完成扫描特征的创建——旋转座椅座板。

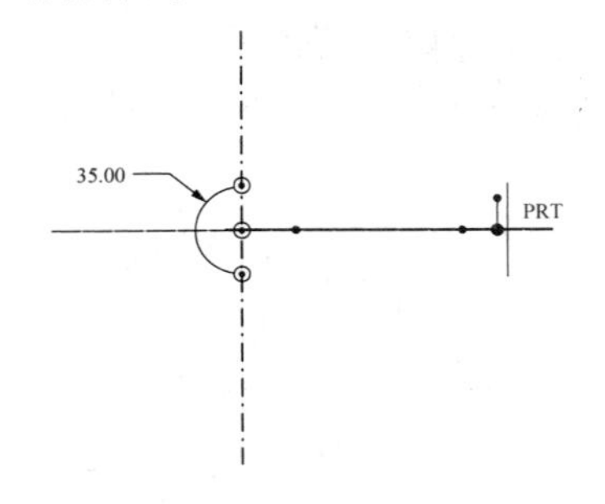

图 8-3　草绘扫描截面

图 8-4　旋转座椅座板

步骤三：创建旋转座椅的扶手的支柱。

如图 8-5 所示，创建扫描伸出项特征，同上步操作方法一样，选择“插入”→“扫描”→“伸出项”命令草绘轨迹，以 F 为草绘平面草绘扫描轨迹，完成后打钩退出。

如图 8-6 所示，在菜单管理器中的“属性”菜单中选择“合并终点”命令，完成后接着进入草绘扫描截面的界面，草绘扫描截面图形，完成后打钩退出。

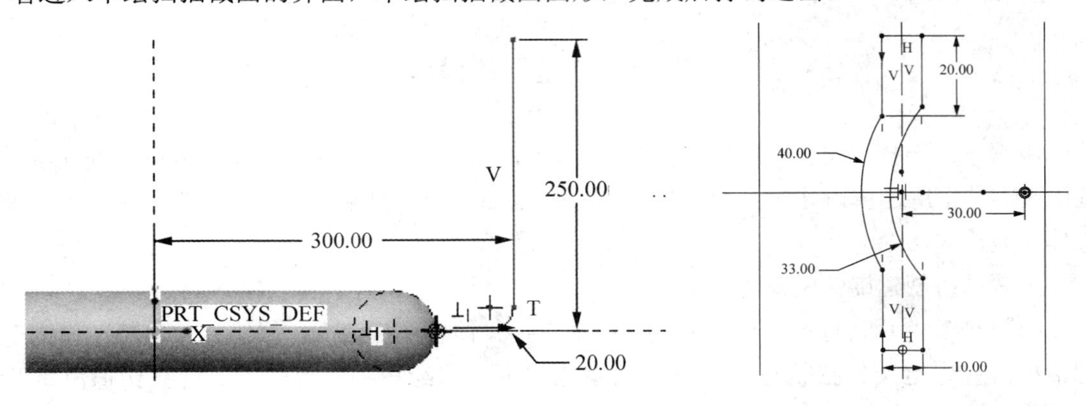

图 8-5　以 F 为草绘平面草绘扫描轨迹

图 8-6　草绘扫描截面图形

如图 8-7 所示，在“伸出项：扫描”对话框中单击“确定”按钮即完成扫描特征的创建——扶手支柱。

图 8-7　扶手支柱

步骤四：创建旋转座椅的扶手。

如图 8-8 所示，以 R 平移 300 后创建基准平面 DTM1，注意平移是朝扶手支柱方向进行平移。

如图 8-9 所示，创建扫描伸出项特征，选择“插入”→“扫描”→“伸出项”命令，草绘轨迹，以 DTM1 为草绘平面，草绘扫描轨迹，打钩完成。

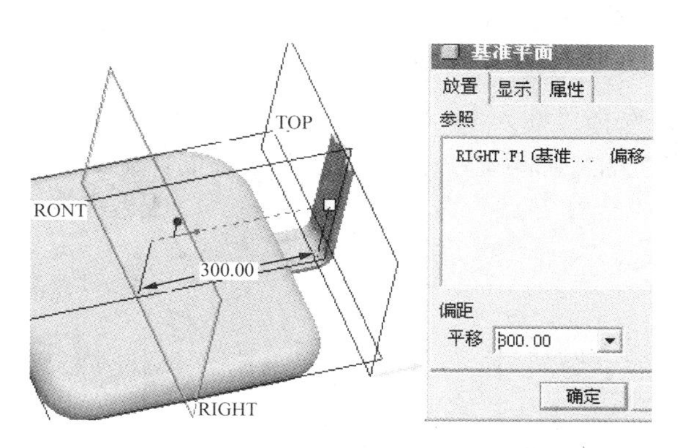

图 8-8　创建基准平面 DTM1

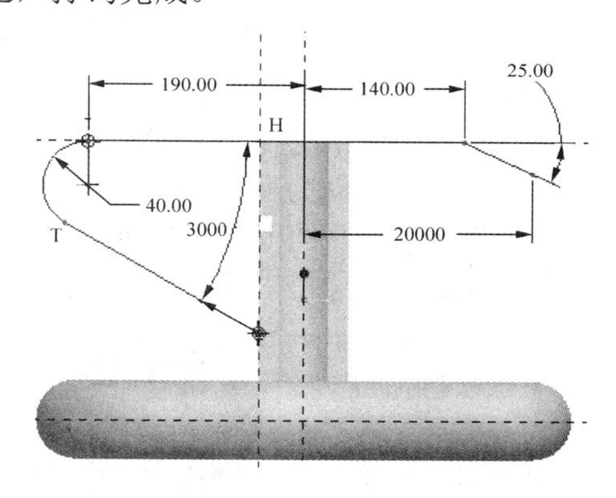

图 8-9　以 DTM1 为草绘平面草绘扫描轨迹

如图 8-10 所示，在菜单管理器中的“属性”菜单中选择“自由端点”命令，草绘截面，然后绘制一椭圆为扫描截面，打钩完成。如图 8-11 所示，在“伸出项：扫描”对话框中单击“确定”按钮即完成扫描特征的创建——扶手。

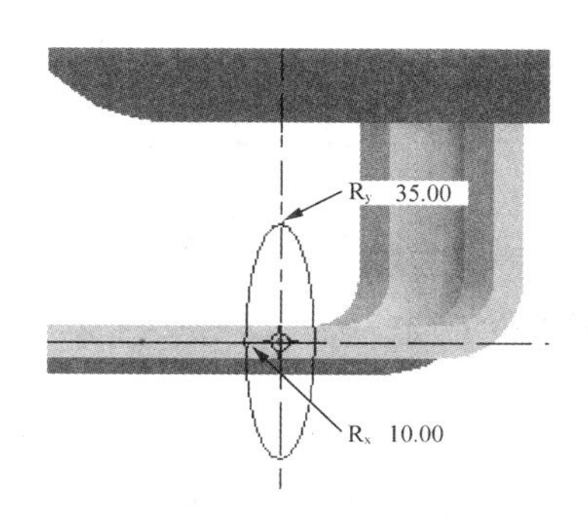

图 8-10　绘制一椭圆为扫描截面

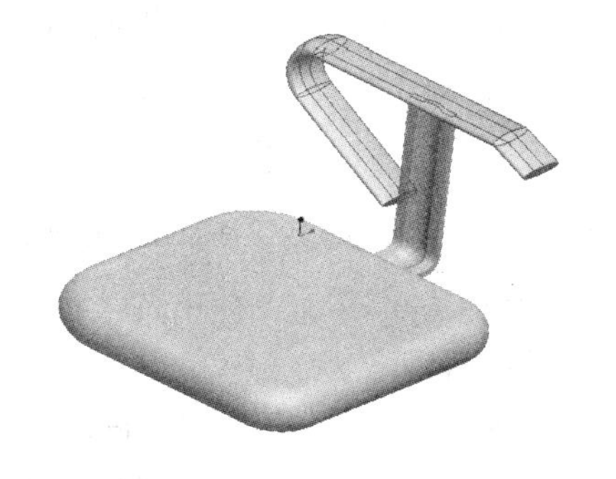

图 8-11　完成扫描特征的创建——扶手

步骤五：镜像另一侧的扶手及扶手支柱。

如图 8-12 所示，在模型树中或图形中按住 Ctrl 键选取两个扫描特征以激活“镜像”工具，然后以 R 平面为镜像平面进行镜像，打钩完成后生成另一侧的扶手。

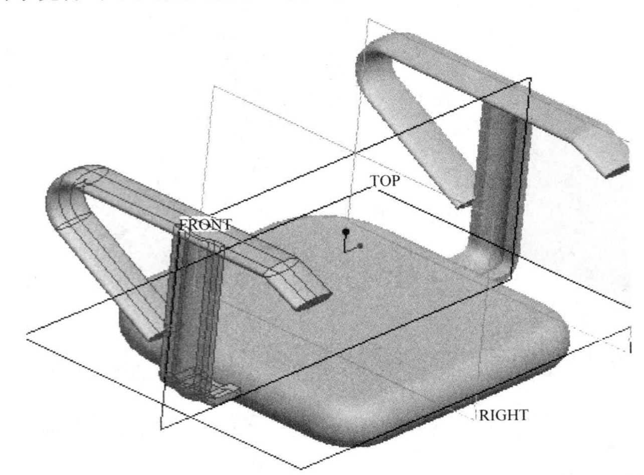

图 8-12　生成另一侧的扶手

步骤六：创建旋转座椅的靠背支柱。

如图 8-13 所示，创建扫描伸出项特征，选择“插入”→“扫描”→“伸出项”命令，草绘轨迹，以 R 平面为草绘平面，草绘靠背支柱扫描轨迹，打钩退出草绘界面。如图 8-14 所示，在菜单管理器的“属性”菜单中选择“合并终点”命令，然后选择“完成”命令，进入草绘界面，草绘扫描截面图形，打钩完成。

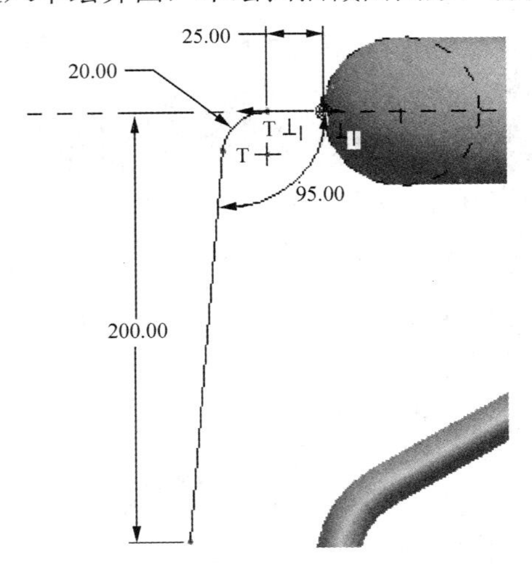

图 8-13　以 *R* 平面为草绘平面草绘扫描轨迹

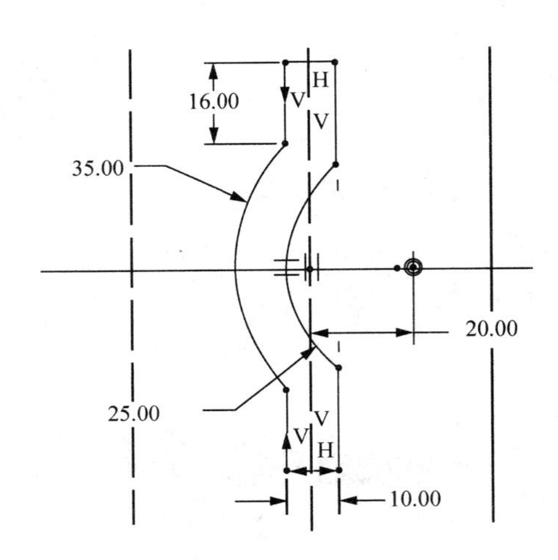

图 8-14　草绘扫描截面

如图 8-15 所示，在“伸出项：扫描”对话框中单击“确定”按钮即完成扫描特征的创建——靠背支柱。

步骤七：创建旋转座椅的靠背。

如图 8-16 所示，选取刚创建的扫描特征的前表面，向后平移 5 创建基准平面 DTM2，此平面正好处在靠背支柱中间位置。

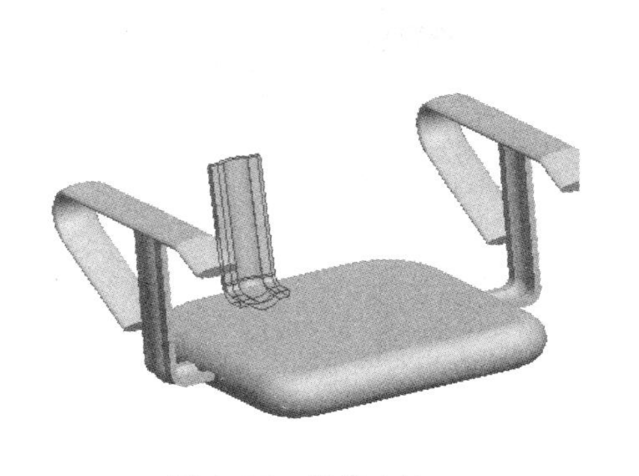

图 8-15　靠背支柱

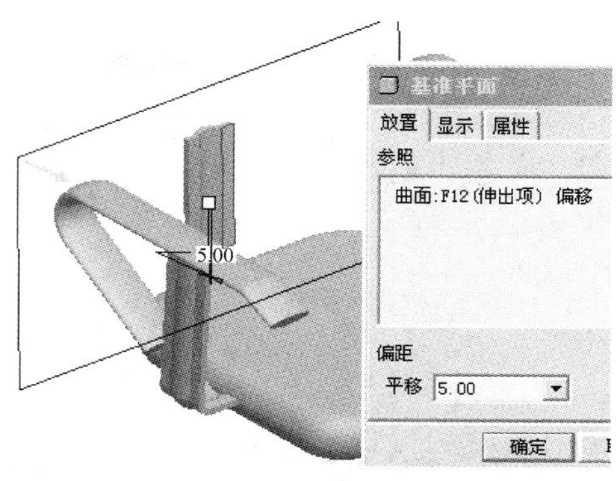

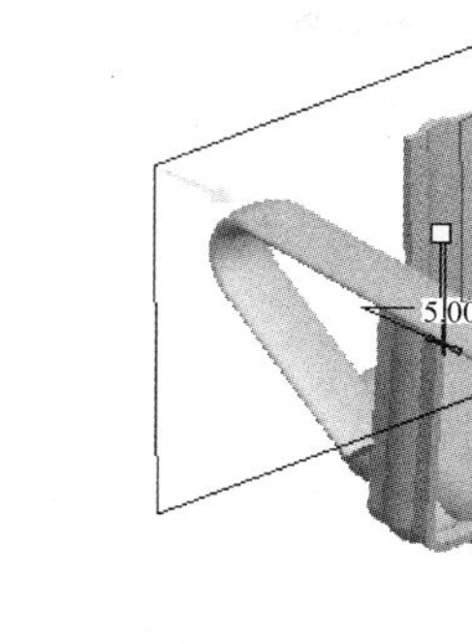

图 8-16　创建基准平面 DTM2

如图 8-17 所示，然后选择“插入”→“扫描”→“伸出项”命令，草绘轨迹，以刚创建的 DTM2 为草绘平面，草绘靠背的扫描轨迹，完成后打钩退出草绘界面。

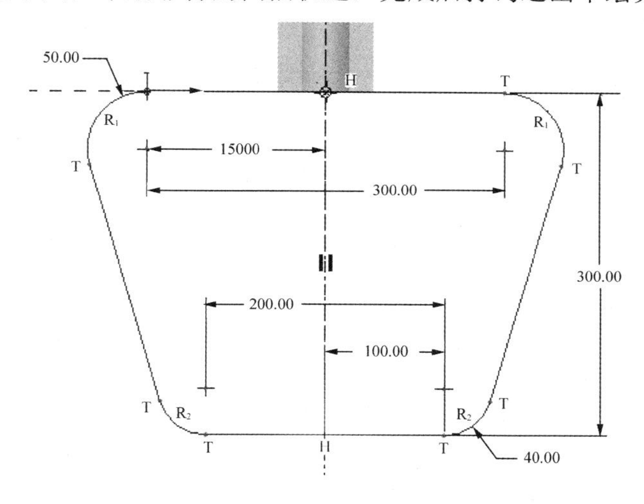

图 8-17　以 DTM2 为草绘平面草绘扫描轨迹

如图 8-18 所示，在菜单管理器的“属性”菜单中选择“增加内部因素”命令，进入草绘截面界面，草绘靠背的扫描截面，为直径为 20 的半圆，打钩完成。

如图 8-19 所示，在“伸出项：扫描”对话框中单击“确定”按钮即完成扫描特征的创建——座椅的靠背。

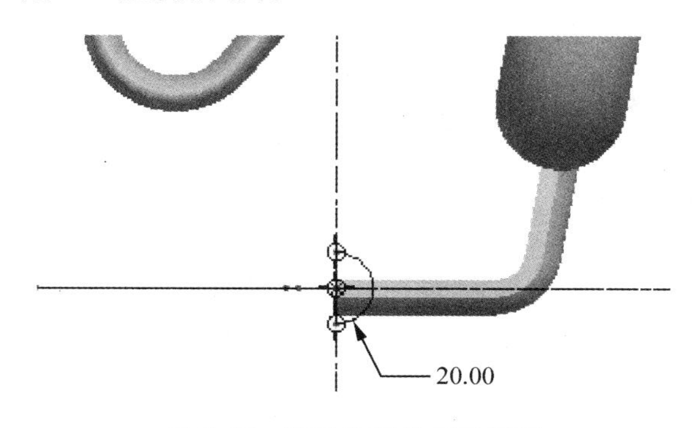

图 8-18　草绘靠背的扫描截面

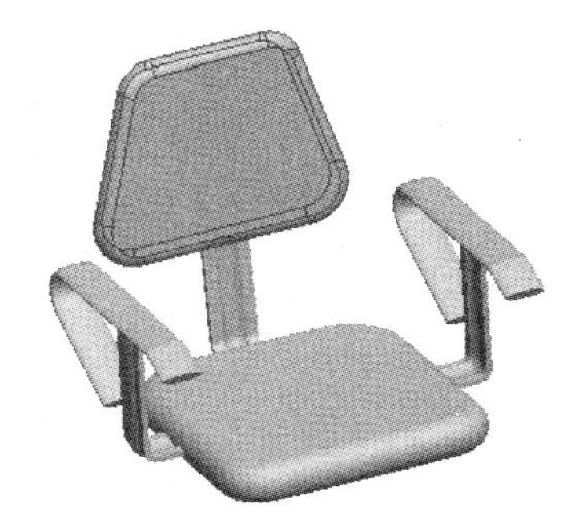

图 8-19　座椅的靠背

步骤八：创建旋转座椅的支腿。

如图 8-20 所示，创建旋转特征，选择“插入”→“旋转”→“伸出项”命令或在右工具箱中单击“旋转”工具，以 R 平面为草绘平面，草绘旋转平面图形及旋转轴，完成后打钩退出草绘界面。图 8-21 所示是草绘的图形。

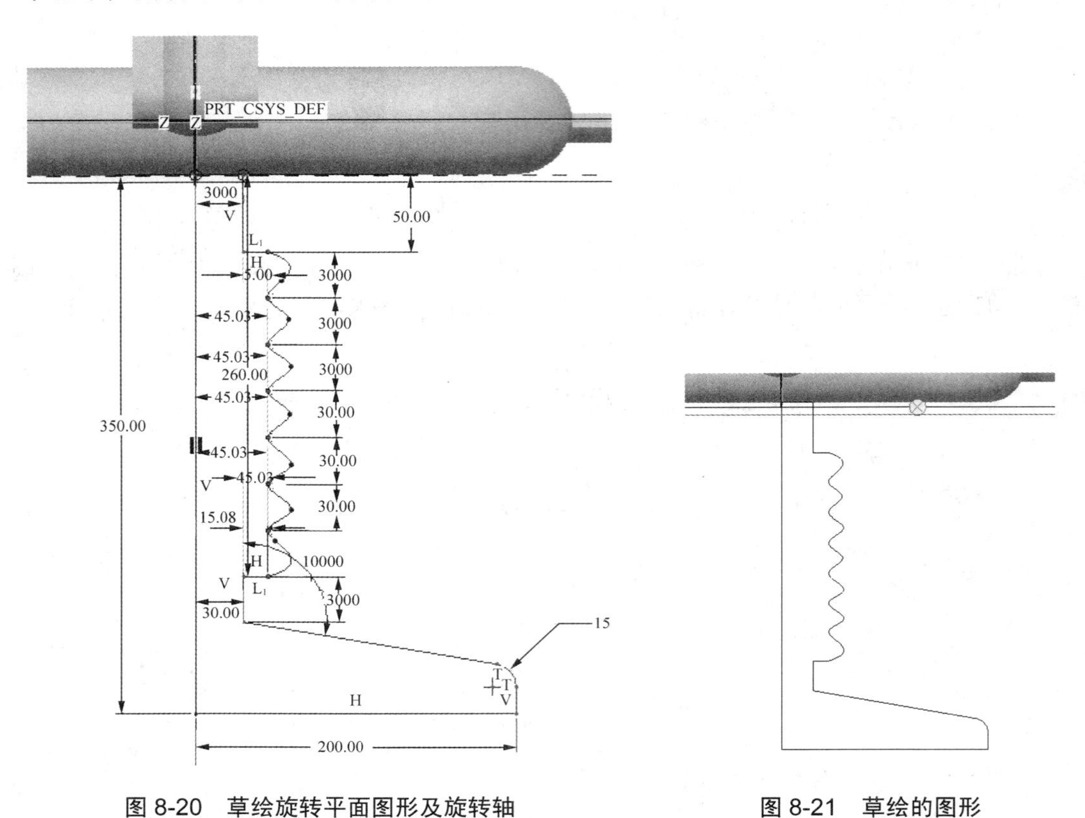

图 8-20 草绘旋转平面图形及旋转轴　　图 8-21 草绘的图形

如图 8-22 所示，设置旋转角度为 360°，打钩完成后生成的旋转椅模型。

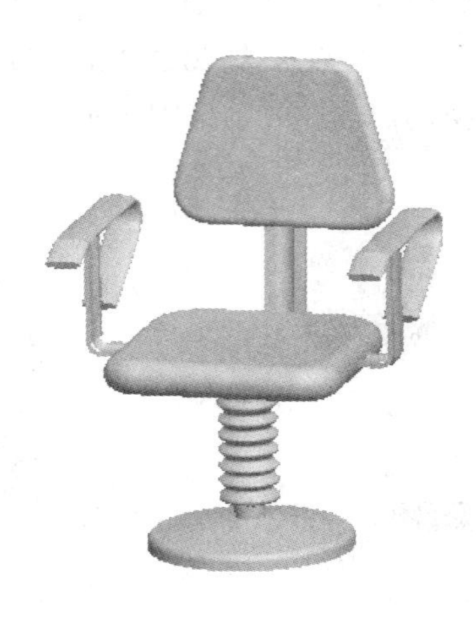

图 8-22 生成的旋转椅模型

项目 9　异形花瓶的设计

知识目标

了解三维绘图环境及其设置，掌握常用三维设计工具的用法，熟悉绘制二维图形的一般流程和技巧，掌握复杂平面图形的绘制及在草绘过程中导入外部数据文件的方法；重点掌握混合实体特征的创建方法，其中包括平行混合、旋转混合和一般混合特征的创建方法与步骤等。

技能目标

熟练地运用 Pro/E 三维设计软件，使用一般混合实体特征的创建方法，快速准确地设计异形花瓶模型。

项目任务

运用 Pro/E 三维设计软件，完成如图 9-1 所示的异形花瓶三维模型的设计。

图 9-1　异形花瓶三维模型

相关知识

三维实体模型的创建——混合特征

前面介绍的拉伸、旋转和扫描特征都可以看成由草绘剖面沿一定路径运动经过的轨迹生成。如拉伸实体特征由草绘剖面沿直线拉伸而成；旋转实体特征由草绘剖面绕固定轴线旋转生成；扫描实体特征由草绘剖面沿任意曲线扫描生成。这 3 种实体特征创建过程中都有一个公共的草绘剖面。

但是在实际生活中，很多结构更加复杂的物体，其形状和尺寸变化更加多样，因此很难仅仅通过一个草绘剖面的运动轨迹来生成模型，要创建这种实体特征可以通过混合实体特征来实现。

由两个或两个以上的截面按特定的方式依次连接形成的实体或曲面模型称为混合特征。混合特征共有 7 种类型，为伸出项、薄板伸出项、切口、薄板切口、曲面、曲面修剪和薄曲面修剪，如图 9-2 所示。

根据各截面间的位置关系或按混合方式，混合特征分为 3 种形式：平行混合(所有截面相互平行)、旋转混合(截面绕 *Y* 轴旋转)、一般混合(截面可沿 *X*、*Y*、*Z* 轴旋转或平移)，如图 9-3 所示。

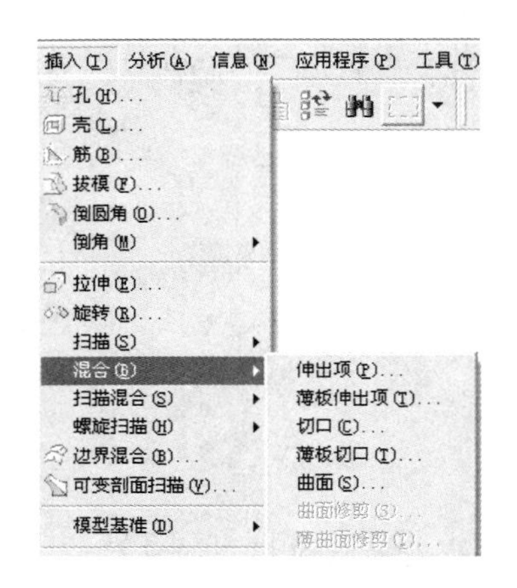

图 9-2 “混合”类型

图 9-3 “混合”选项

设定混合实体特征的截面有两种方式，规则截面(以草绘平面所绘制的面，或由现有零件选取的面为混合截面)和投影截面(以草绘平面所绘制的面，或选择现有零件投影后所得的面作为混合截面)。

设定获取截面的方式有两种，选取截面(选择已有的截面作为混合截面)和草绘截面(在草绘图中绘制混合截面)。

1. 平行混合

平行混合是混合特征中最简单的方法，平行混合中所有的截面都相互平行，所有的截面都在同一窗口中绘制，截面绘制完毕后，指定截面的距离即可。对于平行混合，草绘特征截面时只需定义一个草绘平面和参考平面，切换下一个截面只需单击鼠标右键，在弹出的菜单中选择“切换剖面”命令；或者选择“草绘”→“特征工具”→“切换剖面”命令。此时，每次只能有一个截面被激活，其几何图元以黄色显示，而未激活截面的几何图元呈现灰色。建立平行混合特征的操作步骤如下。

(1) 选择“插入”→“混合”→“伸出项”命令，弹出如图 9-4 所示的混合选项菜单管理器。若建立厚度均匀的实体，则选择“薄板伸出项”或其他。

(2) 在弹出的“混合选项”菜单管理器中选择“平行”命令，并相应选择截面的绘制形式及方法，系统弹出“伸出项：混合，平行”对话框，如图 9-5 所示。

(3) 在同时弹出的“属性”菜单管理器中确定截面混合的方式是“直的”还是“光滑”，如图 9-6 所示。若建立混合曲面还应选择端面为“开放终点”还是“封闭端”。

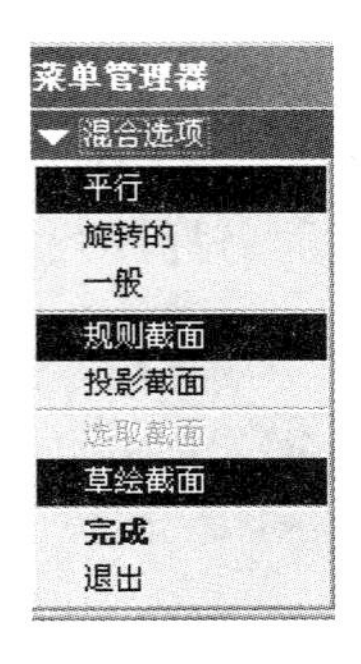

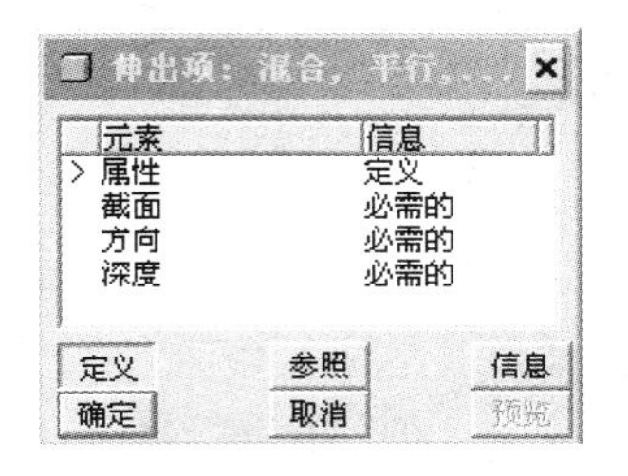

图 9-4　混合选项的菜单管理器　　图 9-5 “伸出项：混合，平行”对话框　　图 9-6　属性菜单管理器

(4) 选择草绘平面与参照面，如图 9-7 所示。绘制第一个截面，标注尺寸，并观察或调整起始点的位置，完成第一个截面的草绘，草绘一个正六边形，正六边形的 6 个顶点落在直径为 200 的构造圆上，如图 9-8 所示。

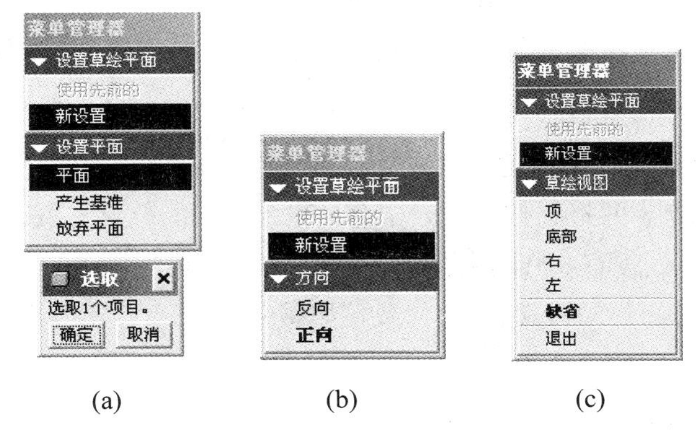

(a)　　(b)　　(c)

图 9-7　设置草绘平面步骤

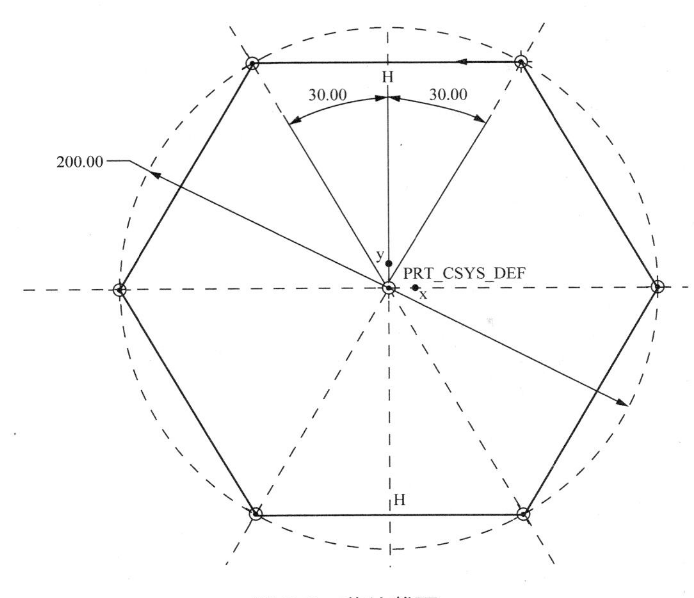

图 9-8　草绘截面一

(5) 选择“草绘”→“特征工具”→“切换剖面”命令，如图 9-9(a)所示；或单击鼠标右键，在弹出的快捷菜单中选择“切换剖面”命令，切换到第二个剖面，如图 9-9(b)所示。此时第一个剖面曲线将显示为灰色不可编辑状态。此时绘制第二个截面，标注尺寸，并观察或调整起始点的位置。

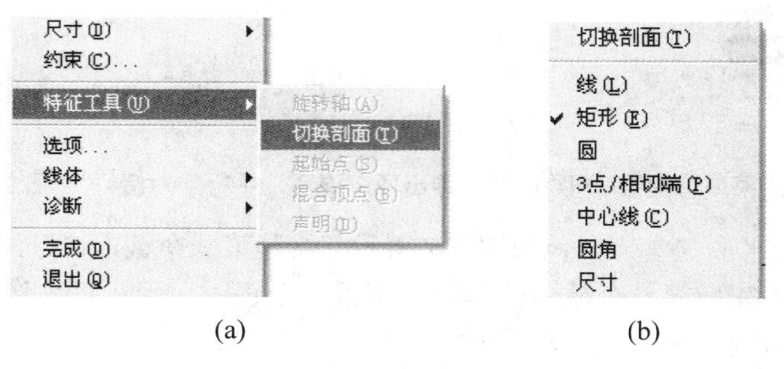

(a) (b)

图 9-9 “切换剖面”选择

(6) 若绘制第三个、第四个、第五个等的截面，操作步骤同上，若不绘制新的截面，单击草绘器工具栏中的 ✓ 按钮，结束截面的绘制，退出二维草绘模式。若要重新回到第一个截面，再次在右键快捷菜单中选择“切换剖面”命令即可。完成第二个截面的草绘，草绘一个直径为 300 的圆，并把圆打断成六部分，注意起始的位置与截面一的起始位置一致，如图 9-10 所示；第三个截面，只运用“直线”工具沿着第一个截面的图形草绘一遍，同样要注意起始的位置与截面一的起始位置一致，如图 9-11 所示；第四个截面的草绘，在中心位置草绘一个点即可。

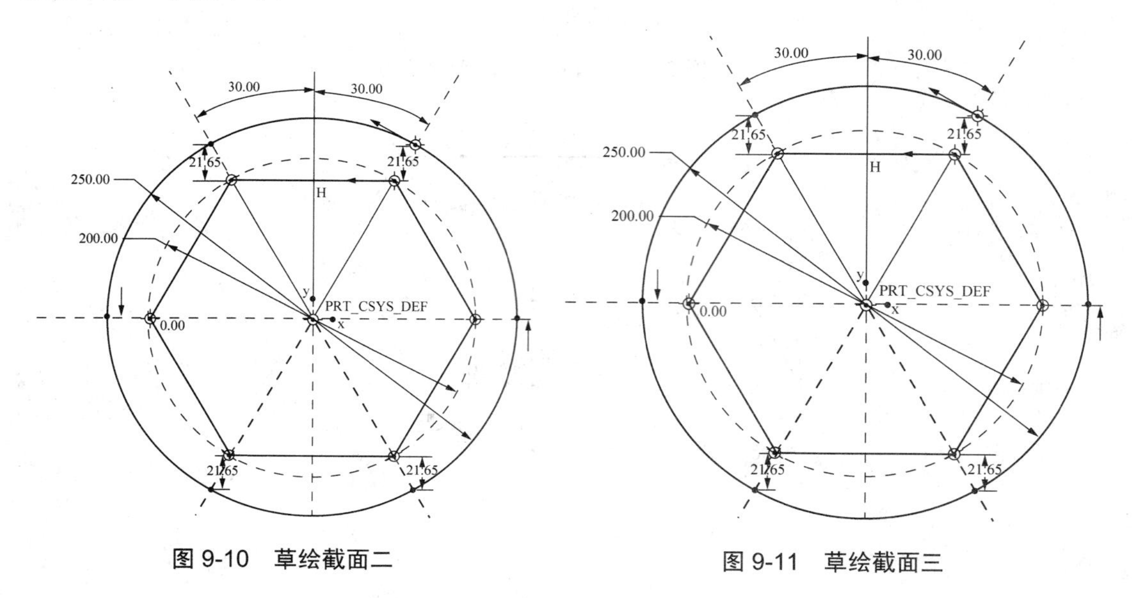

图 9-10 草绘截面二

图 9-11 草绘截面三

(7) 系统弹出“深度”的输入条，按照系统提示输入剖面一到剖面二之间的距离 200，系统又提示输入剖面二到剖面三之间的距离 300，系统又提示输入剖面三到剖面四之间的距离 200，一直按系统的提示操作完成。

(8) 单击“模型”对话框中的“预览”按钮，观察混合后的结果；单击“模型”对话框中的“确定”按钮，完成混合特征的建立，如图 9-12、图 9-13 所示。

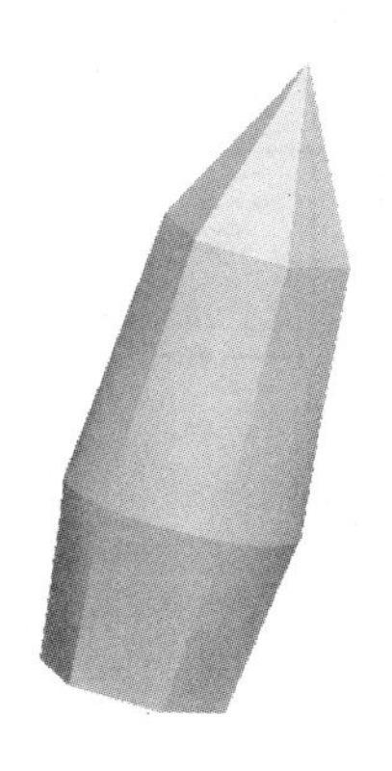

图 9-12　属性选择为“直的”生成的混合实体

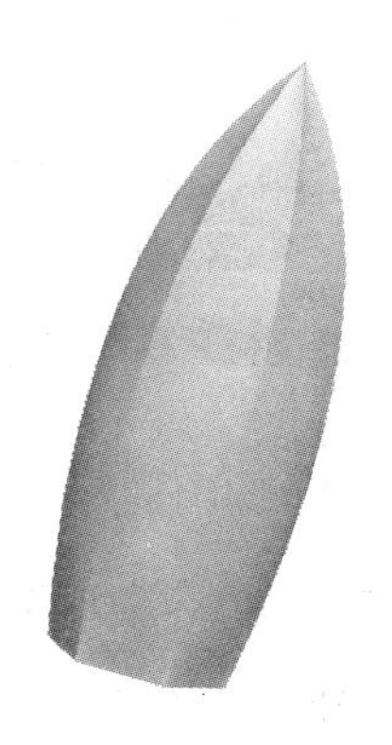

图 9-13　属性选择为“光滑的”生成的混合实体

特别提示

在混合特征中，各个截面的“节点”数必须相等！如果不相等，则需在少节点的截面中增加一点或多点为“混合顶点”。

2. 旋转混合

旋转混合是由绕 y 轴旋转的截面创建的，通过输入相邻两截面的角度来控制截面方向。草绘截面时必须添加一个草绘坐标系，并可以相对于草绘坐标系标注截面尺寸。建立旋转混合特征的操作步骤如下。

(1) 选择“插入”→“混合”→“伸出项”命令，弹出如图 9-14 所示的混合选选项菜单管理器。若绘制厚度均匀的实体，则选择“薄板伸出项”命令。

(2) 在“混合选项”菜单中管理器选择“旋转的”命令，并根据情况选择截面的绘制形式及方法。单击完成后系统弹出“伸出项：混合，旋转”对话框，如图 9-15 所示。

图 9-14　“混合选项”菜单管理器

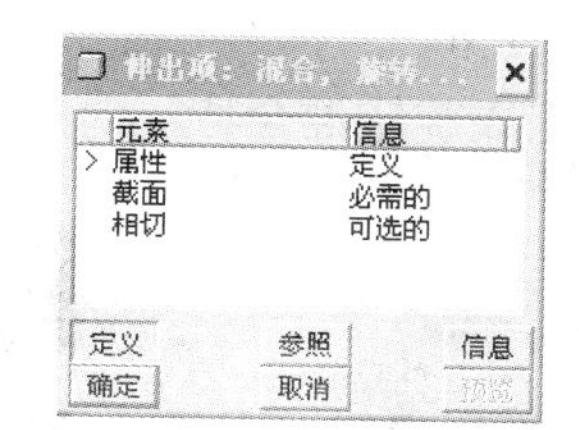

图 9-15　“伸出项：混合，旋转”对话框

(3) 在同时弹出的属性菜单管理器中确定截面混合的方式是“直的”还是“光滑”，是“开放”还是“闭合”，选择“直的”、“开放”，然后单击完成命令，如图 9-16 所示。

(4)选择草绘面与参照面，在草绘环境中使用“创建参照坐标系”按钮，建立一个相对坐标系，绘制混合特征的第一个截面并标注尺寸，同时标注此坐标系与草绘截面的位置尺寸，如图 9－17 所示。

图 9-16 “属性”菜单管理器

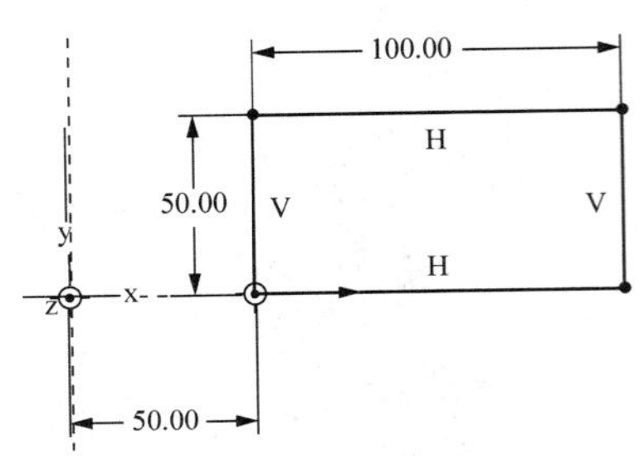

图 9-17 混合特征截面一

(5) 单击草绘器工具栏中的按钮，按系统提示输入第二个截面与第一个截面的夹角，输入 90°，打钩后即进入第二个截面的草绘界面。

(6) 同绘制第一个截面的操作相同，绘制第二个截面，如图 9-18 所示。

(7) 若绘制第三个截面，在系统弹出的“消息输入窗口”对话框中单击“是”按钮，按系统提示输入第三个截面与第二个截面的夹角，输入 45°，打钩后即进入第三个截面的草绘界面，操作步骤同上，第三个截面如图 9-19 所示。若完成截面的绘制只需在系统提示对话框中单击“否”按钮，就结束截面的绘制。

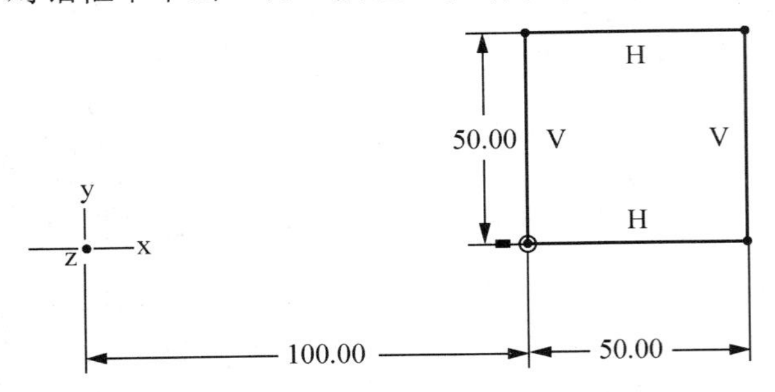

图 9-18 混合特征截面二

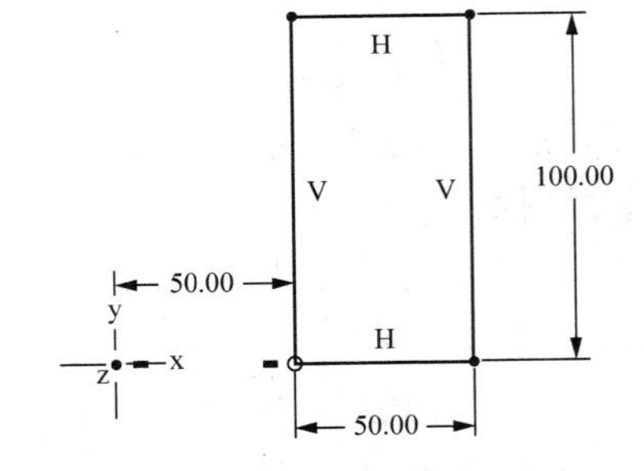

图 9-19 混合特征截面三

(8) 单击“模型”对话框中的“预览”按钮，观察混合后的结果，如图 9-20 所示；在“模型”对话框中选择“属性”，在弹出的“属性”菜单管理器中选择“光滑”“开放”命令，混合后的效果如图 9-21 所示；在“模型”对话框中选择“属性”，在弹出的“属性”菜单中选择“光滑”“闭合”命令，混合后的效果如图 9-22 所示；单击模型对话框中的“确定”按钮，完成旋转混合特征的建立。

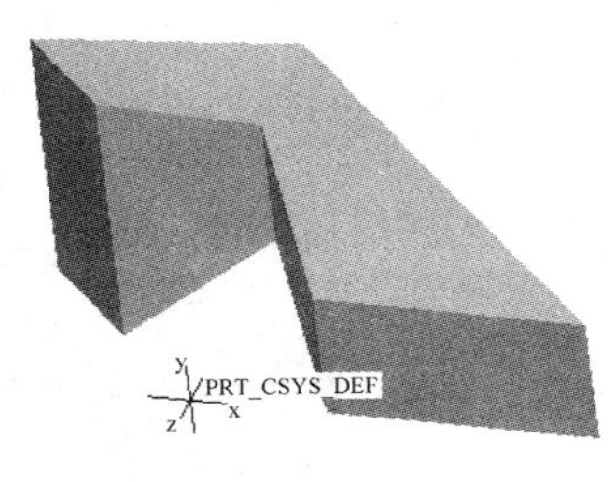

图 9-20 旋转混合效果一

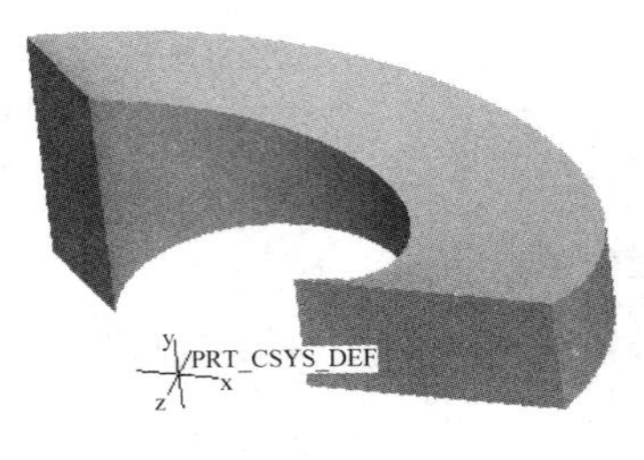

图 9-21 旋转混合效果二

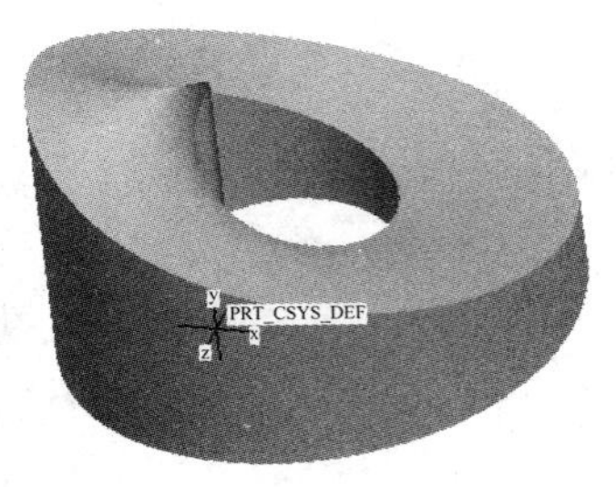

图 9-22 旋转混合效果三

3. 一般混合

一般混合是 3 种混合特征中使用最灵活、功能最强的混合特征。一般混合是由分别绕 x、y、z 轴旋转的截面创建的，通过输入相邻两截面的角度和距离来控制截面的方向，也就是说参与混合的截面可沿相对坐标系的 x、y、z 轴旋转或者平移。建立一般混合特征的操作步骤如下。

(1) 选择“插入”→“混合”→“伸出项”命令，弹出如图 9-4 所示的混合选项的菜单管理器。若建立厚度均匀的实体，则选择“薄板伸出项”命令或其他。

(2) 在“混合选项”管理器中选择“一般”命令，并根据情况选择截面的绘制形式及方法。单击击“完成”命令后系统弹出“伸出项：混合，一般”的对话框，如图 9-23 所示。

(3) 在同时弹出的“属性”菜单中确定截面混合的方式是“直的”还是“光滑”。然后单击完成命令，如图 9-24 所示。

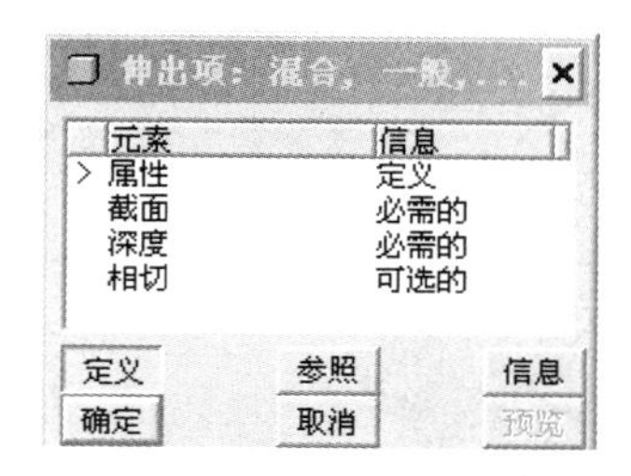

图 9-23 “伸出项：混合，一般”对话框

图 9-24 一般混合属性的选项

(4) 选择草绘面与参照面，在草绘环境中使用“创建参照坐标系”按钮，建立一个相对坐标系，绘制一般混合特征的第一个截面并标注尺寸，同时标注此坐标系的位置尺寸。

(5) 单击草绘器工具栏中的按钮，按系统提示依次输入第二个截面相对坐标系 x、y、z 三方向旋转的角度。

(6) 同绘制第一个截面的操作一样，首先创建参照坐标系，接着绘制第二个截面，最后标注截面尺寸和与坐标系的位置尺寸。

(7) 若绘制第三个截面，操作步骤同上；否则在系统提示对话框中单击“否”按钮，结束截面的绘制。

(8) 完成一般混合截面的绘制后，依次输入截面相对坐标系间的距离。

(9) 单击“模型”对话框中的“预览”按钮，观察生成的模型，或单击“模型”对话框中的“确定”按钮，完成混合特征的建立。

操作指引

设计异形花瓶三维的模型

步骤一：选择“文件”→“新建”命令，在弹出的“新建”对话框，在“类型”选项组中选中“零件”单选按钮并输入文件名“yixinghuaping”，然后单击“确定”按钮进入三维实体建模模式。

步骤二：在草绘工具中草绘异形花瓶的截面图形，并保存。

如图 9-25 所示，运用草绘工具进入草绘界面，先草绘直径分别为 70、150、200 的 3 个同心圆；分别对 3 个同心圆打断成六等份；然后画 6 段圆弧，每段圆弧的起点在直径为 200 的大圆上，终点在直径为 150 的中圆上，而圆弧的圆心则落在直径为 70 的小圆上，然后用直线把每段圆弧的终点与下一段圆的起点连接起来。完成后修剪多余的圆，最终完成异形花瓶一截面的平面图形。

如图 9-26 所示，新建名称“yixinghuaping”，在一文件夹中保存副本，然后退出草绘界面。

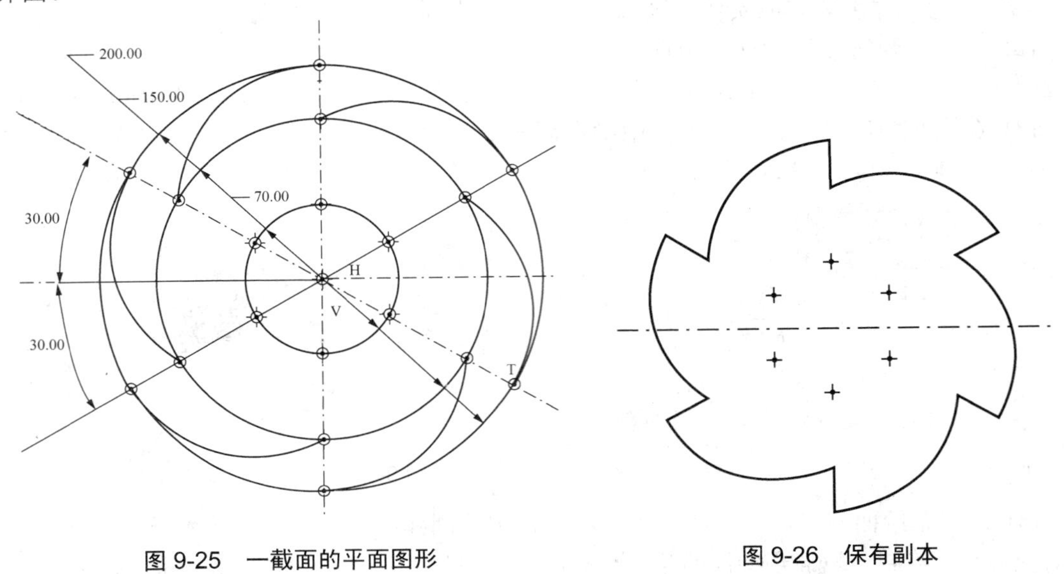

图 9-25　一截面的平面图形

图 9-26　保有副本

步骤三：创建异形花瓶。

如图 9-27 所示，选择“插入”→“混合”→“伸出项”命令，在弹出的对话框中选择“一般”、“规则截面”、“草绘截面”、“光滑”命令，完成后选择 F 平面为草绘平面进入草绘模式。选择“草绘”→“数据来自文件”命令，打开刚保存好的文件，将截面的中心点拉至设计界面的中心，比例选择为 1∶1，在图形的中心建立坐标系，再次“保存副本”，新建名称“yixinghuaping 1”，打钩退出草绘模式；根据系统提示，在“消息输入窗口”中依次输入 x、y 旋转角度为 0°，z 轴的旋转角度为 30°，选择“草绘”“数据来自文件”命令，打开刚保存好的文件“yixinghuaping 1”，将截面的中心点拉至设计界面的中心，比例选择为 1∶0.5，打钩退出草绘模式；根据系统提示，选择“是”命令再草绘截面图形，在消息窗口中依次输入 x、y 旋转角度为 0°，z 轴的旋转角度为 30，同样选择“草绘”→“数据来自文件”命令，打开刚保存好的文件“yixinghuaping 1”，将截面的中心点拉至设计界面的中心，比例选择为 1∶1，打钩退出草绘模式；选择“否”命令退出下一步的截面草绘，根据系统提示设置截面一至截面二间的距离为 200，截面二与截面三之间的距离为 50，最后确认后生成异形花瓶的实体模型。

步骤四：抽壳处理。

如图 9-28 所示，运用抽壳工具，创建异形花瓶中空的操作。打开“抽壳”工具的操作面板，选择上表面为去除表面，设置抽壳的厚度为 5，打钩完成。

图 9-29 所示为最终完成的异形花瓶的模型。

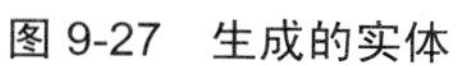

图 9-27　生成的实体　　图 9-28　抽壳处理　　图 9-29　最终完成的异形花瓶模型

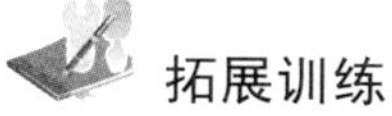

拓展训练

1. 运用 Pro/E 三维设计软件，运用平行混合实体特征的创建，完成如图 9-30 所示的立体五角星模型的设计。图 9-31 所示为 3 个平行混合截面中的第二个截面，第一个和第三个都是一个点，3 个截面之间的距离看效果自定。

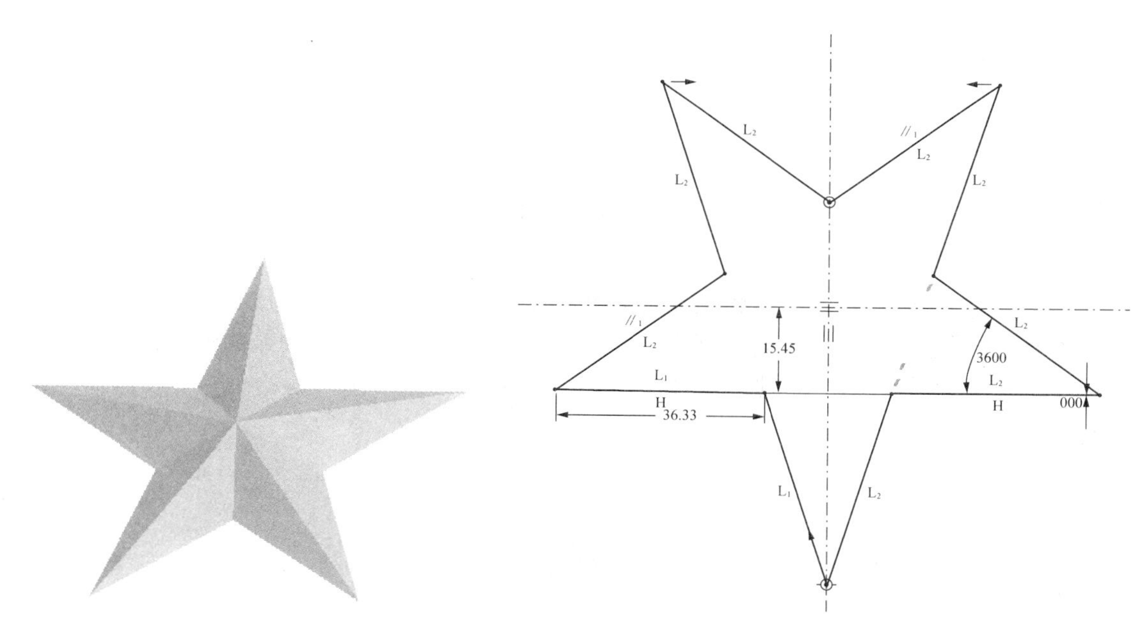

图 9-30　立体五角星模型　　图 9-31　五角星的截面图形

2. 运用 Pro/E 三维设计软件，运用旋转混合实体特征的创建，完成如图 9-34 所示房门把手模型的设计。图 9-32、图 9-33 所示为 3 个旋转混合截面，把手两端的连接板可运用拉伸工具进行操作，连接板的厚度为 5，大小为 60×50。

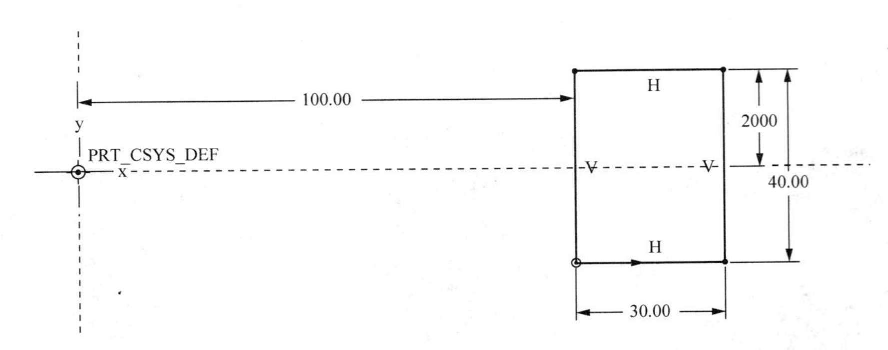

图 9-32　旋转混合的第一个和第三个截面图形

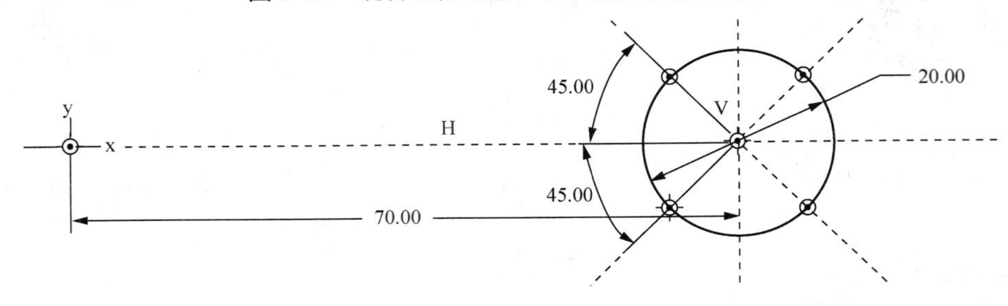

图 9-33　旋转混合的第二个截面图形

图 9-34　房门把手模型

3. 运用 Pro/E 三维设计软件，运用一般混合实体特征的创建，完成如图 9-35 所示的蜗轮蜗杆三维模型的设计。蜗轮蜗杆中心轴的直径为 100，蜗轮蜗杆的截面形状如图 9-36 所示，图 9-37 所示为创建了参照坐标系的截面。

图 9-35　蜗轮蜗杆三维模型

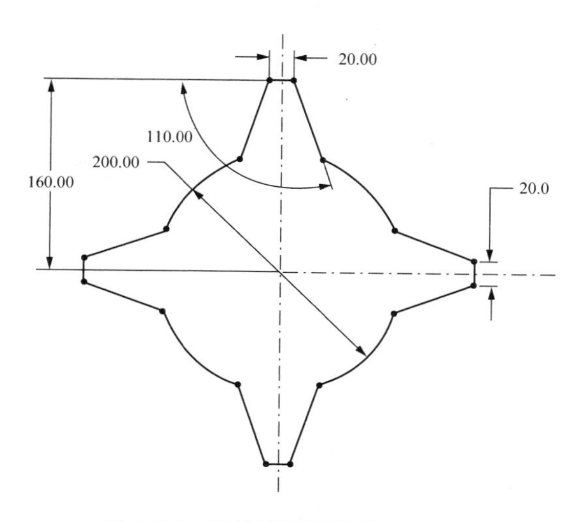

图 9-36　蜗轮蜗杆零件截面图

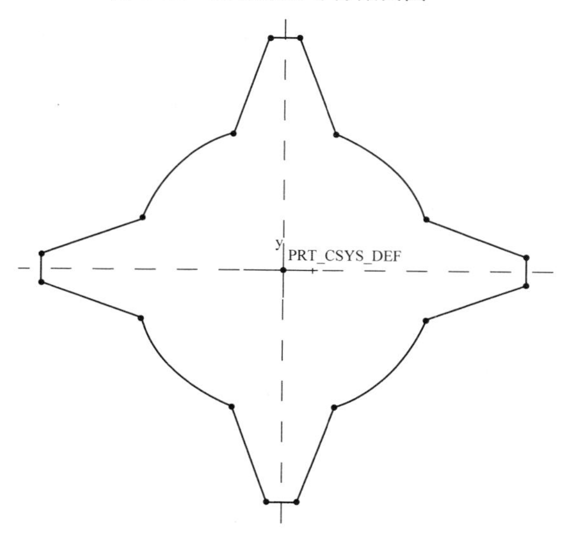

图 9-37　创建了坐标系的截面

模块4

高级扫描特征——零件设计应用实例

项目10 水龙头的设计

知识目标

了解三维绘图环境及其设置，掌握常用三维设计工具的用法，熟悉绘制二维图形的一般流程和技巧，重点掌握高级扫描特征中的扫描混合的创建方法、操作步骤与技巧。

技能目标

熟练地运用 Pro/E 三维设计软件，熟练使用扫描混合等实体特征的创建方法，快速准确地设计水龙头模型。

项目任务

运用 Pro/E 三维设计软件，完成如图10-1所示的水龙头三维模型的设计。

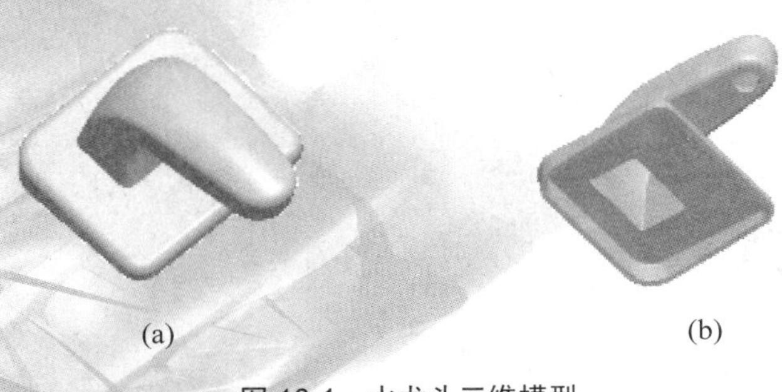

(a)　　(b)

图10-1 水龙头三维模型

高级扫描特征的创建——扫描混合特征

一、扫描混合简介

扫描混合特征是指多个截面沿着轨迹扫描创建出实体或曲面特征，这类特征具有扫描与混合的双重特点。其操作图标板如图 10－2 所示。和基础特征的创建一样，其特征操作面板上也有 4 种基本的特征类型，“伸出项”、“曲面”、“切除”按钮配合“薄体”按钮的使用，就可建立出更好的扫描混合特征类型。

图 10-2 “扫描混合”操作面板

1. 剖面控制

打开“扫描混合”操作面板中的“参照”上滑面板，如图 10-3 所示。首先确定扫描轨迹，然后在剖面控制下拉列表框中可设置特征截面的控制方式，如图 10-4 所示。

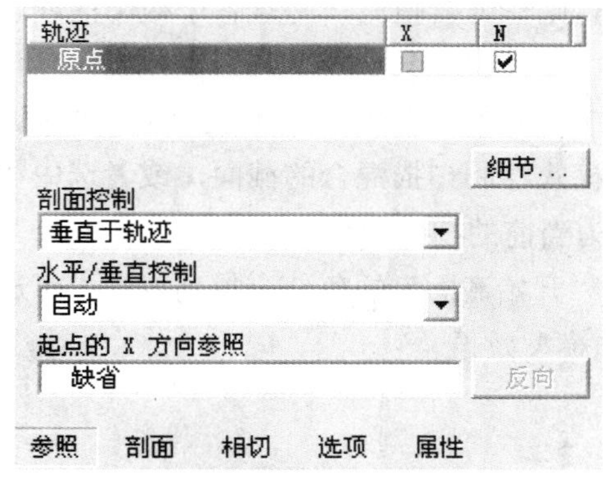

图 10-3 “参照”上滑面板

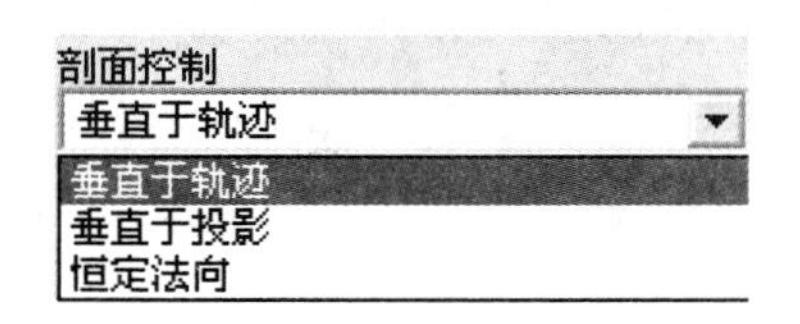

图 10-4 “剖面控制”下拉列表框

(1) 垂直于轨迹。表示特征截面所在的草绘平面始终垂直于指定的原点轨迹，此项为系统的默认设置。

(2) 垂直于投影。表示沿投影方向看，特征截面所在的平面保持与原点轨迹垂直，且其 z 轴与指定方向上原点轨迹的投影相切。此时必须指定投影方向参照，而不需要水平或垂直控制。

(3) 恒定法向。表示以定义的曲线或边链作为扫描的法向轨迹，在该特征长度上截面平面保持与法向轨迹垂直，即特征截面的 z 轴平行于指定方向向量，此时必须选择方向参照。

2. 水平/竖直控制

此下拉列表框用于设置截面的水平或竖直控制，Pro/E 系统提供了以下几种控制方式。

(1) 垂直于曲面。表示特征截面的 y 轴指向选定曲面的法线方向，并且后续所有截面都将使用相同的参照曲面来定义截面 y 方向。若原点轨迹只有一个相邻曲面，系统将自动选择该曲面作为截面定向的参照，若原点轨迹有两个相邻曲面，则需选取其中一个曲面来定义截面 y 方向。

(2) X-轨迹。表示在扫描中特征截面的 x 轴始终通过 X-轨迹与扫描截面的交点。该项仅在特征有两个轨迹时才有效，使用此项时要求 X-轨迹为第二轨迹而且必须比原点轨迹要长。

(3) 自动。表示截面的 x 轴方向由系统沿原点轨迹自动确定，当没有与原点轨迹相关的曲面时，该项是默认设置。

3. 截面定义

系统对扫描混合特征的截面有几个要求，第一对于闭合轨迹轮廓，至少要有两个草绘截面，必须有一个位于轨迹的起始点，对于开放轨迹轮廓，必须在轨迹的起始点和终点创建截面；第二所有截面必须包含相同的图元数；第三可使用面积控制曲线或者特征截面的周长来控制扫描混合几何。

除了必须在扫描轨迹的限定位置定义截面外，系统允许用户在轨迹线上加入所需的截面。加入截面时，可单击“剖面”上滑面板中的“插入”按钮，然后选取截面的放置位置点。而且每个加入截面的起始点位置必须一致，否则特征会扭曲，并且各个截面的线段数量必须相等。

定义特征截面时，可以在“剖面”上滑面板中选中“草绘截面”单选按钮，如图 10-5 所示，然后在轨迹上选取一个位置点并进入草绘模式绘制扫描混合的截面，或者选中“所选截面”单选按钮，然后选取先前定义的截面作为当前的扫描混合截面。

打开〖相切〗上滑面板，如图 10-6 所示，在“开始截面”的条件下拉列表框中可选择“尖点”或“平滑”两种选项，会得到两种不同的模型效果。

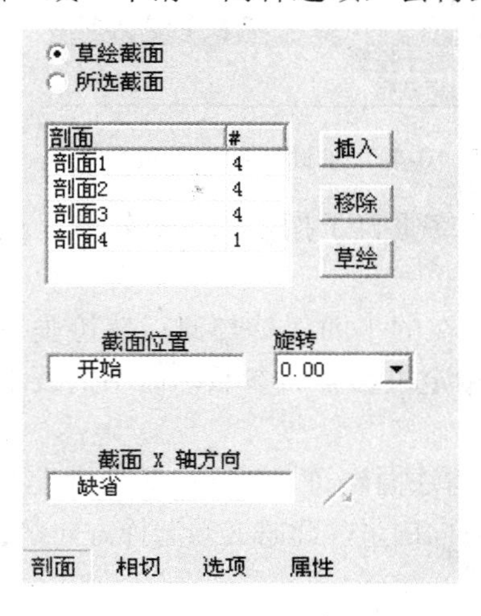

图 10-5 “剖面”上滑面板

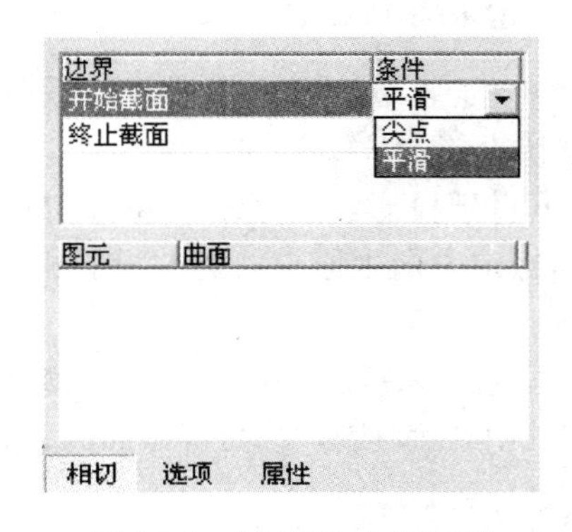

图 10-6 “相切”上滑面板

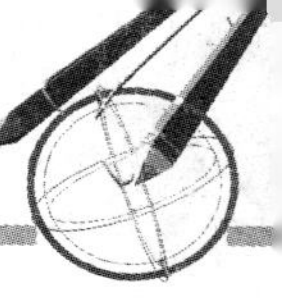

4. 混合控制

建立扫描混合特征时，通过〖选项〗上滑面板可控制扫描混合截面之间的部分形状，如图 10-7、10-8 所示，Pro/E 系统提供了 3 种控制方式。

(1) 无混合控制。此选项表示不为特征进行任何混合控制，该项为系统默认设定。

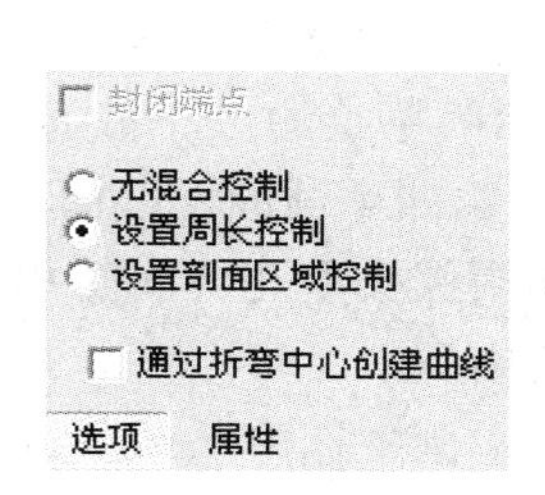

图 10-7 “选项”上滑面板一

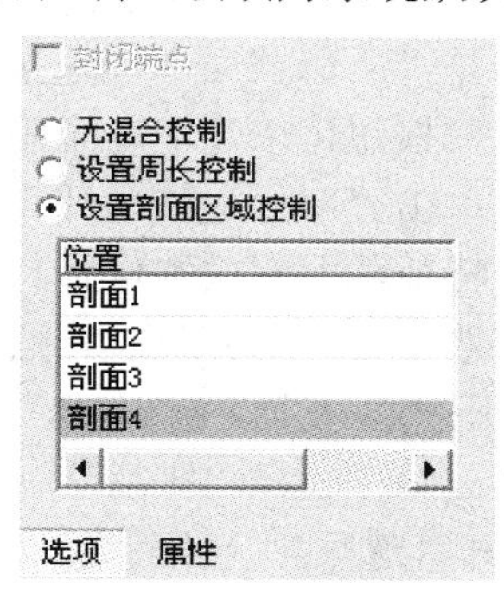

图 10-8 “选项”上滑面板二

(2) 设置周长控制。此选项表示通过线性方式改变扫描混合截面的周长，以控制特征截面的大小及其形状。执行时可在扫描轨迹的特定位置输入截面周长值，并配合“通过折弯中心创建曲线”复选框创建连接各特征截面形心的连续中心曲线。

如果两个连续有相同周长，那么系统将对这些截面保持相同的横截面周长，对于有不同周长的截面，系统用沿该轨迹的每个曲线的光滑插值来定义其截面间特征的周长。

(3) 设置剖面区域控制。此选项表示在扫描混合的指定位置指定剖面区域，通过控制点和面积值来控制特征形状。执行时，可在原点轨迹上添加或删除点，并改变该位置点在面积控制曲线中的数值大小，从而控制扫描混合特征的选型。

“设置周长控制”和“设置剖面区域控制”两选项的功能一致，但不能同时使用。两者之间的区别主要是前者是定义特征截面的周长值来控制截面大小的变化，后者是定义特定位置的面积控制曲线数值来控制截面大小的变化。

二、创建扫描混合特征的步骤

创建扫描混合特征时必须首先定义轨迹，可通过草绘轨迹或选择现有曲线和边链来定义轨迹，如图 10-9 所示。创建扫描混合特征一般的操作步骤如下。

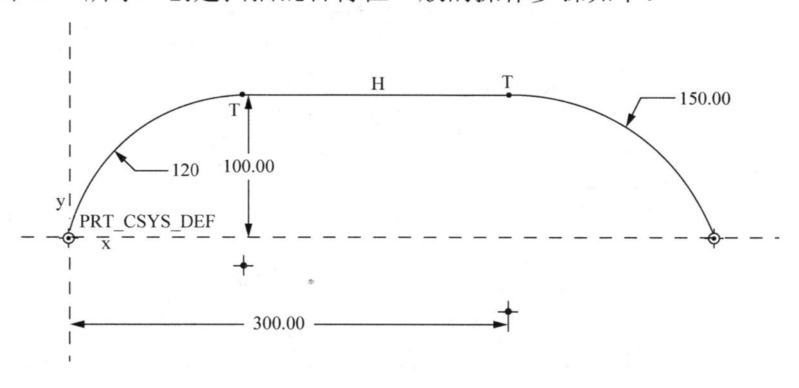

图 10-9　草绘扫描轨迹

(1) 选择“插入”→“扫描混合”→“伸出项”命令或者单击按钮，系统显示“扫描混合”操作面板。

(2) 打开“参照”上滑面板，定义扫描轨迹，并设置“剖面控制”和“水平/垂直控制”下拉列表框。

(3) 打开“剖面”上滑面板，并选择横截面的类型为“所选截面”或“草绘截面”。如果选中的是“所选截面”单选按钮，则可以直接选取一个截面作为当前的特征截面，而单击“插入”按钮可以选取一个附加截面；如果选取的是“草绘截面”单选按钮，则选取一个位置并单击“草绘”按钮即可进入草绘截面的界面，单击“插入”按钮可以指定新的附加点作为特征截面的放置位置。图 10-10～图 10-12 所示为草绘的 3 个截面图(注意 3 个截面的端点数要相同，并且起始点方同要一致)，最后草绘第四个截面，截面为一个点。

(4) 打开“相切”上滑面板，定义扫描混合的端点和相邻模型几何间的相切关系。本例中“开始截面”选择“平滑”，“终止截面”选择“自由”。

(5) 打开“选项”上滑面板，设置混合控制的类型。本例中选中系统默认“无混合控制”单选按钮。

(6) 在扫描混合特征操作面板中选择扫描混合的创建类型是“实体”还是“曲面”或者“薄板”等等，本例中选择“实体”。

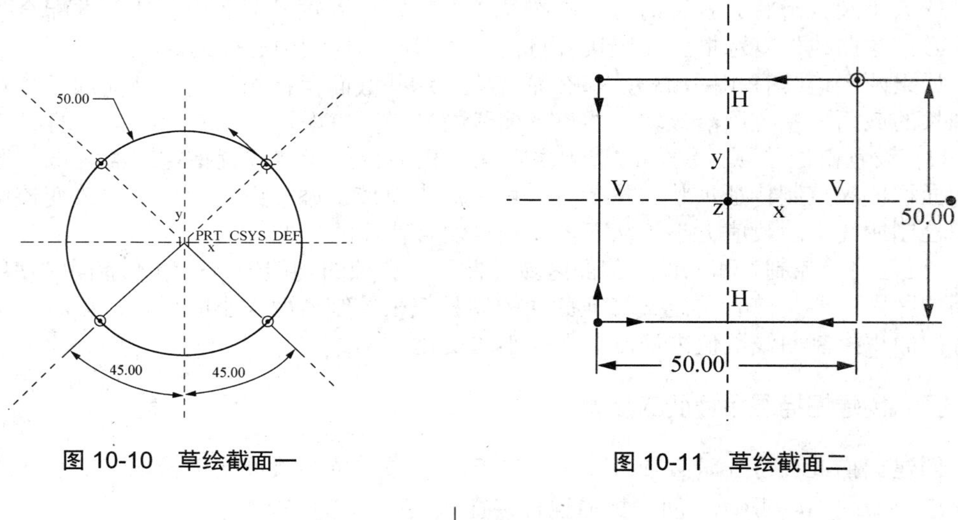

图 10-10　草绘截面一

图 10-11　草绘截面二

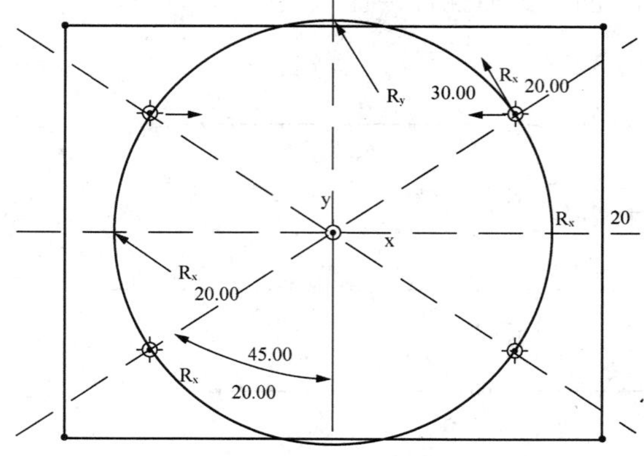

图 10-12　草绘截面三

(7) 预览创建的特征，单击√按钮，完成扫描混合特征的创建。如图 10-13 所示。

图 10-13　建立的扫描混合特征

操作指引

设计水龙头的三维模型

步骤一：选择“文件”→“新建”命令，弹出“新建”对话框，在“类型”选项组中选中“零件”单选按钮并输入文件名“shuilongtou”，然后单击“确定”按钮进入三维实体建模模式。

步骤二：创建水龙头底座特征。

如图 10-14 所示，在右工具箱中单击“拉伸”按钮或选择“插入”→“拉伸”→“伸出项”命令，打开“拉伸”工具的操作面板，在操作面板中打开“放置”上滑面板，单击“定义”“按钮”弹出“草绘”对话框，选取 R 平面为草绘平面，其他按默认形式进入草绘界面，绘制二维图形，完成后打钩退出草绘界面。

如图 10-15 所示，在“拉伸”操作面板中选择“双侧”拉伸，设置拉深深度为 60，打钩完成后生成水龙头底座特征。

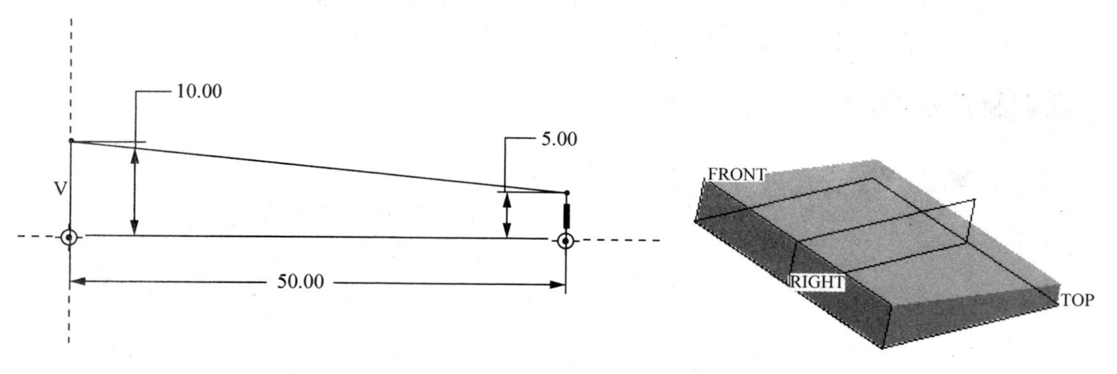

图 10-14　绘制二维图形

图 10-15　生成的水龙头底座特征

步骤三：倒圆角。

如图 10-16 所示，单击右工具箱中的“倒圆角”按钮或选择“插入”→“倒圆角”命令，打开“倒圆角”操作面板，选择前面两直边，设置圆角半径为 6，打钩完成。

如图 10-17 所示，单击右工具箱中的“倒圆角”按钮或选择“插入”→“倒圆角”命令，重新打开“倒圆角”操作面板，选择后面两直边，设置圆角半径为 10，打钩完成。

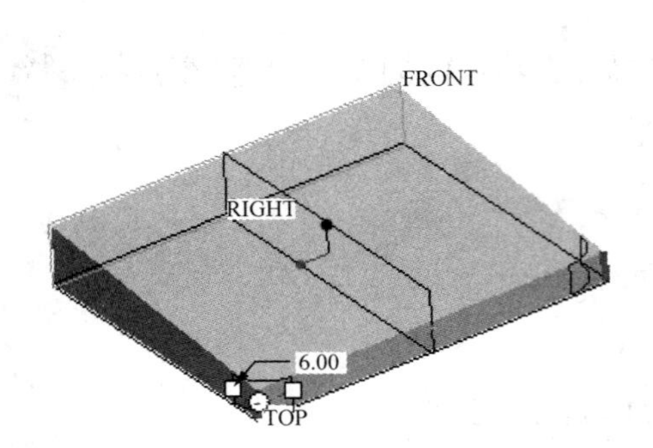

图 10-16　半径为 6 倒图角

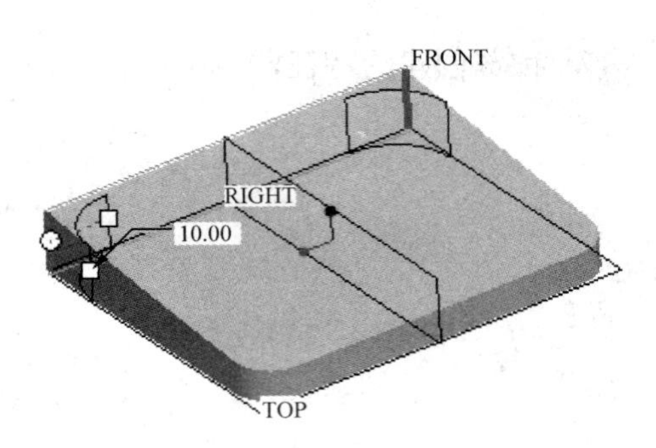

图 10-17　以半径为 10 倒图角

步骤四：草绘扫描混合的轨迹。

如图 10-18 所示，单击特征工具栏中的“草绘”按钮，选取 R 平面为草绘平面并默认视角方向向左，选取底座的上表面为参照平面并使其方向向上，进入草绘界面，绘制轨迹图形，完成后打钩退出草绘界面。图 10-19 是完成扫描混合的轨迹。

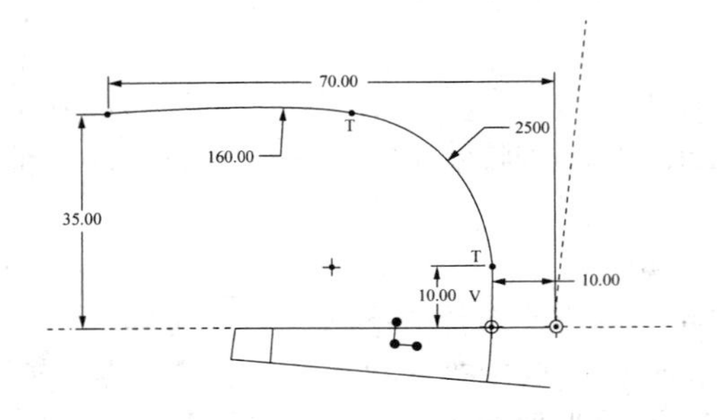

图 10-18　绘制轨迹图形

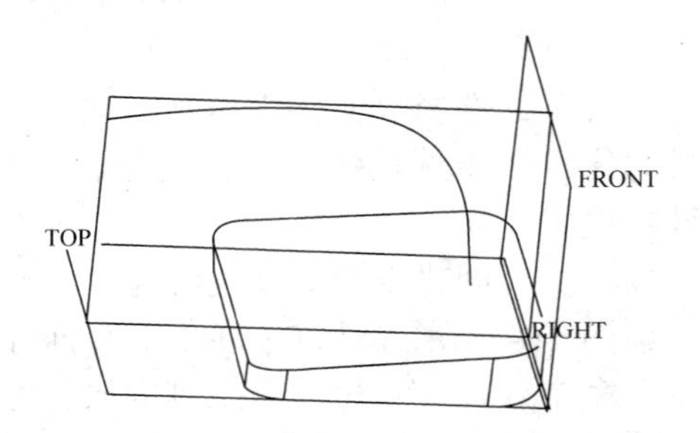

图 10-19　完成扫描混合的轨迹

步骤五：创建扫描混合的水龙头管身。

如图 10-20 所示，在基准曲线上建立两个基准点，作为后续扫描混合特征的截面插入位置，单击特征工具栏中的“基准点”按钮，选取草绘的基准曲线并相对曲线起始端分别定义偏移比率都为 0.5。图 10-21 是最终建立的两个基准点 PNT0 和 PNT1。

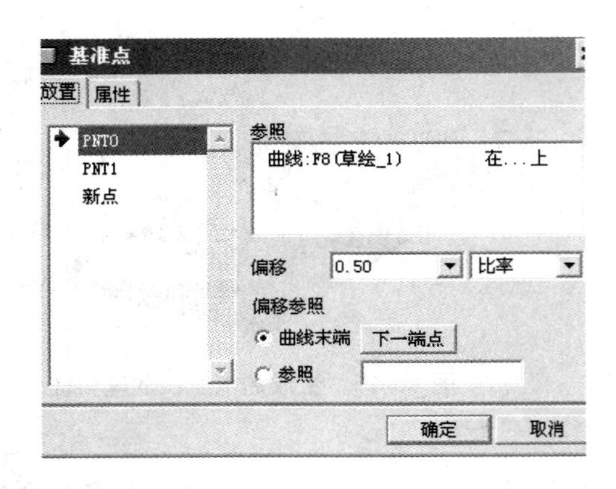

图 10-20　建立两个基准点

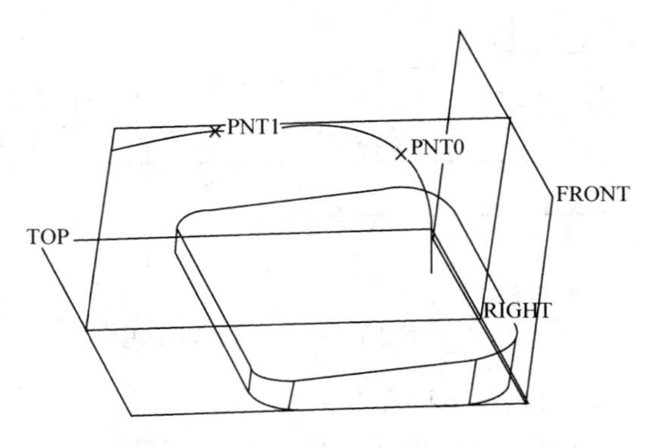

图 10-21　最终建立的 PNT0 和 PNT1

如图 10-22 所示，选择“插入”→“扫描混合”→“伸出项”命令，弹出“扫描混合”对话框，首先选取基准曲线作为扫描的原点轨迹，注意起始点的位置。

如图 10-23 所示，在图标板中打开“参照”上滑面板，设置“剖面控制”方式为“垂直于轨迹”，“水平/垂直控制”方式为“自动”，并将“起点的 X 方向参照”设定为“缺省”。在图标板中打开“剖面”上滑面板，选择截面类型设为“草绘截面”，然后选取轨迹起点作为截面位置并将旋转角度设为 0°，截面 x 轴方向为默认设置，单击“草绘”按钮进入草绘模式，绘制截面一，完成草绘图形后打钩结束。

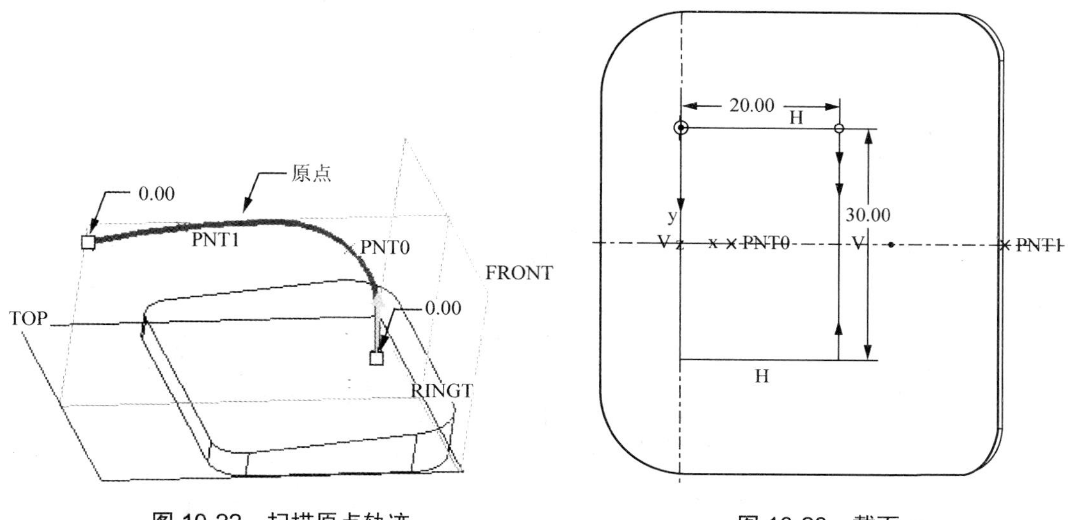

图 10-22　扫描原点轨迹

图 10-23　截面一

如图 10-24 所示，在“剖面”上滑面板中单击“插入”按钮，然后选取基准点 PNT0 作为截面放置位置，同样设置旋转角度为 0°，截面 x 轴方向为默认设置，单击“草绘”按钮进入草绘模式，绘制截面二，同时注意起始点的位置与截面一要一致(如果起始点的位置与截面一不同，只需要在与截面一相同位置的截面二的点上单击鼠标右键，在弹出的菜单中选择“起始点”命令即可)，完成草绘图形后打钩结束。

如图 10-25 所示，用同样的方法选取基准点 PNT1 作为截面放置位置，同样操作完成截面三的绘制。

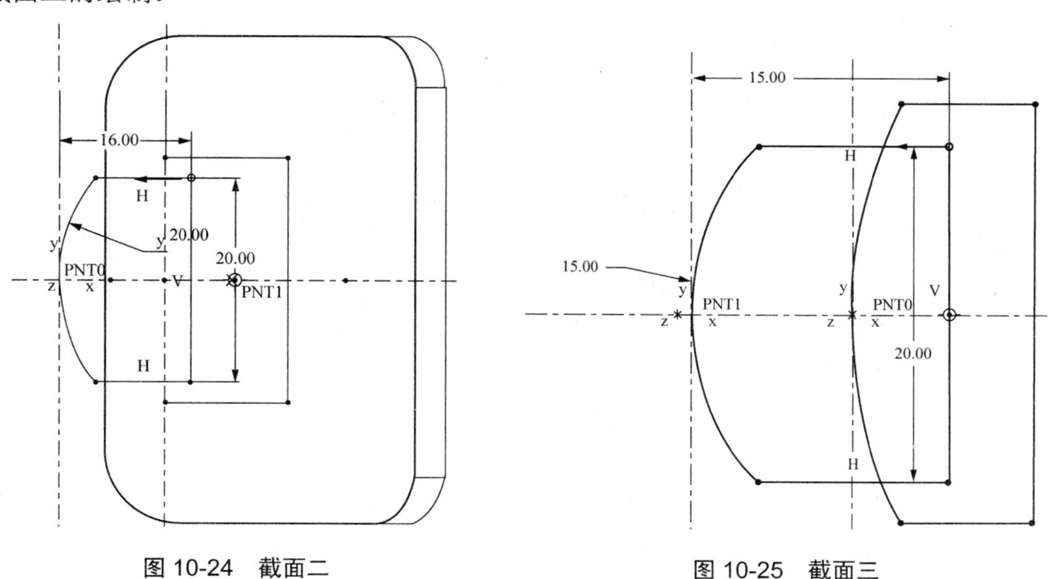

图 10-24　截面二

图 10-25　截面三

如图 10-26 所示，用同样的方法选取基准曲线的终端点作为截面放置位置，完成截面四的绘制，打钩退出草绘界面。

如图 10-27 所示，单击“扫描混合”特征操作面板中的“打钩”按钮即建立扫描混合特征。

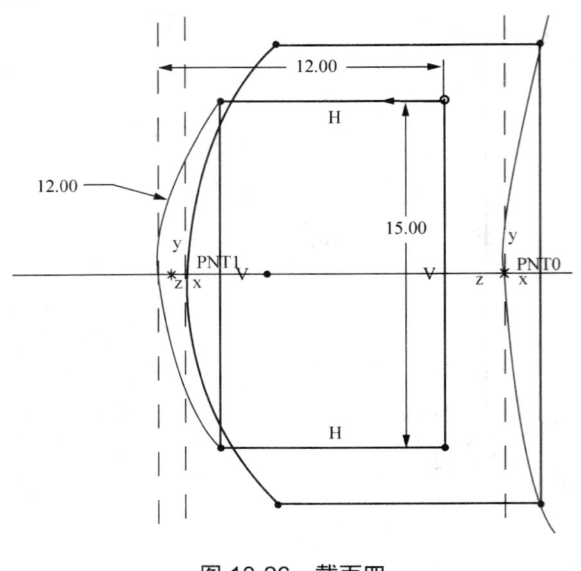

图 10-26　截面四

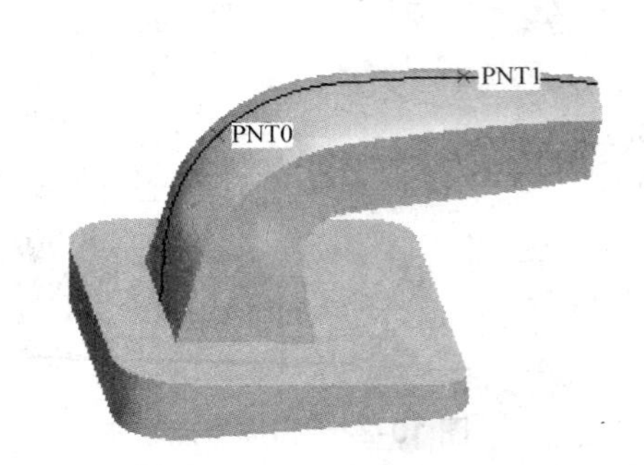

图 10-27　建立扫描混合特征

步骤六：倒圆角及抽壳处理。

图 10-28 所示为打开右工具箱中的“倒圆角”操作面板，选择水龙头前端的两竖直线，执行“完全倒圆角”的操作，打钩完成后的效果。

如图 10-29 所示，再次打开右工具箱中的“倒圆角”操作面板，选择水龙头需要倒圆角的边，进行圆角半径为 3 的倒圆角操作。

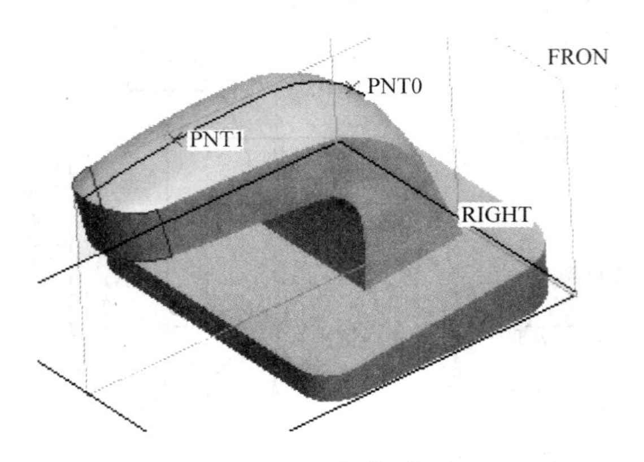

图 10－28　完成倒图角

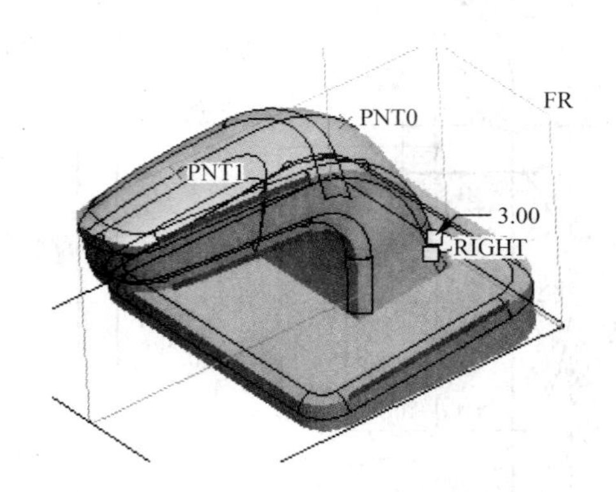

图 10－29　以半径为 3 倒图角

如图 10-30 所示，倒圆角完成后生成的特征。如图 10-31 所示，打开右工具箱中的“抽壳”操作面板，选择水龙头底面为抽壳去除面，设置薄壳厚度为 2，打钩后完成抽壳特征。

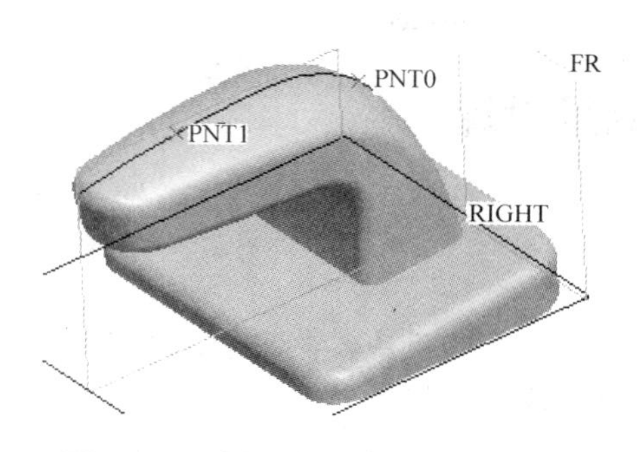

图 10-30　倒图角完成后生成的特征

图 10-31　完成的抽壳特征

步骤七：建立管身的出水口。

如图 10-32 所示，单击特征工具栏中的“拉伸”按钮或选择“插入”→“拉伸”→“伸出项”命令，在图标板中打开“放置”上滑面板，单击“定义”按钮弹出草绘对话框，选取 T 平面为草绘平面，其他按默认形式进入草绘界面，绘制一个直径为 8 的圆，完成后打钩退出草绘界面。

如图 10-33 所示，调整拉伸的方向，并在“拉伸”操作面板中选择“拉伸至下一个曲面”，选择“去除材料”，打钩完成拉伸的操作，此时水龙头的模型基本上创建完成。

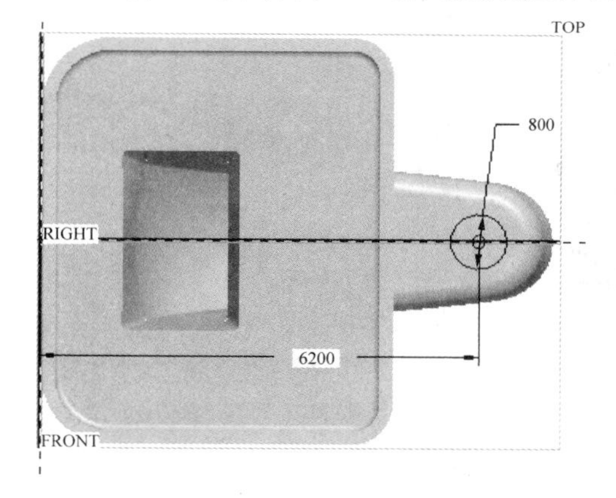

图 10-32　绘制图

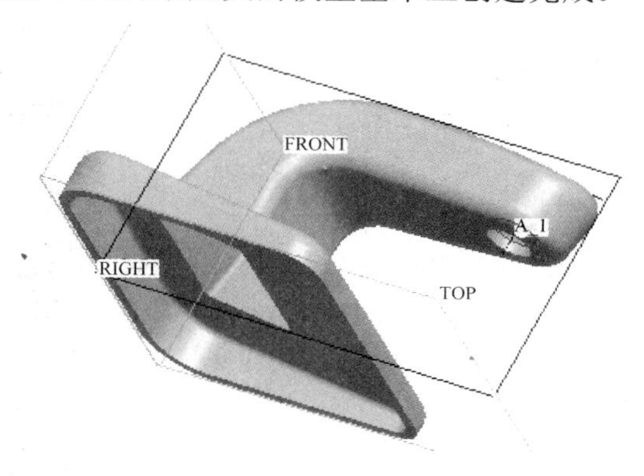

图 10-33　水龙头的模型

拓展训练

运用 Pro/E 三维设计软件，完成如图 10-34 所示异形通管三维模型的设计，尺寸自定。

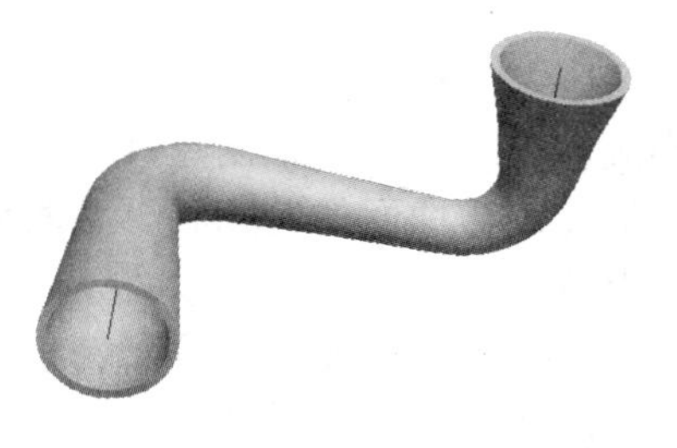

图 10-34　异形通管三维模型

项目 11　节能灯设计

知识目标

了解三维绘图环境及其设置，掌握常用三维设计工具的用法，熟悉绘制二维图形的一般流程和技巧，重点掌握高级扫描特征中的螺旋扫描特征的创建方法、操作步骤与技巧。

技能目标

熟练地运用 Pro/E 三维设计软件，使用拉伸、旋转、扫描、扫描混合、螺旋扫描等实体特征的创建方法，快速准确地设计节能灯模型。

项目任务

运用 Pro/E 三维设计软件，完成如图 11-1 所示的节能灯三维模型的设计。

图 11-1　节能灯三维模型

相关知识

高级扫描特征的创建——螺旋扫描特征

一、螺旋扫描简介

螺旋扫描是指沿着假想螺旋轨迹扫描截面来创建具有螺旋特征的实体或曲面特征，在螺旋扫描中，假想螺旋轨迹是通过旋转曲面的轮廓和螺距两者来定义的，建立螺旋扫描特征时，需分别指定其属性、扫引轨迹、节距与特征截面等。

螺旋扫描特征有 7 种基本的类型，分别是伸出项、薄板伸出项、切口、薄板切口、曲面、曲面修剪、薄曲面修剪，如图 11-2 所示。其中图 11-3 所示为创建“伸出项：螺旋扫描”对话框。

1. 属性设定

建立螺旋扫描特征时，系统会显示如图 11-4 所示的属性菜单，其中包含螺旋扫描的 3 类属性选项。

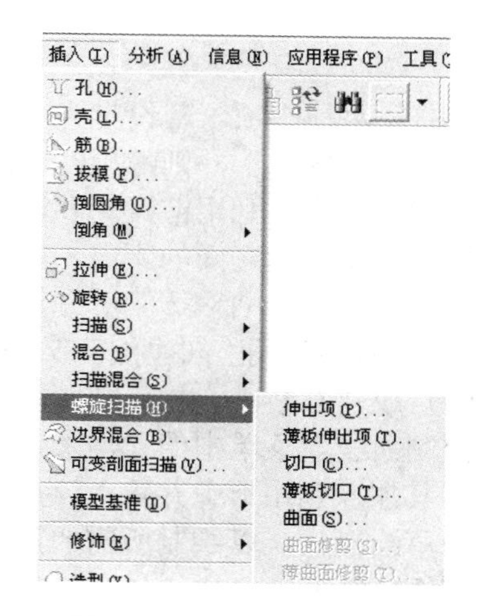

图 11-2　螺旋扫描的类型

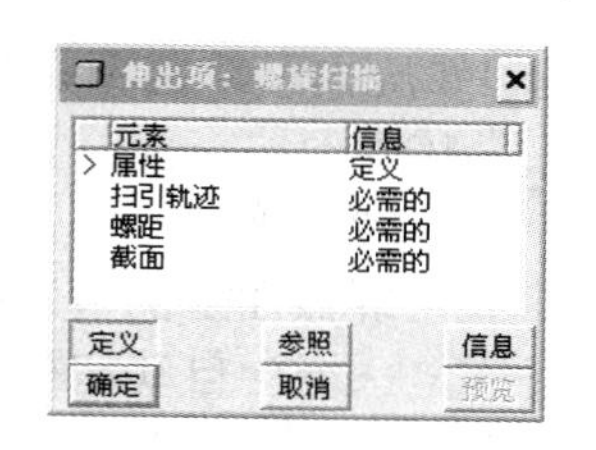

图 11-3　“伸出项：螺旋扫描”对话框

图 11-4　“属性”菜单

(1) 节距。螺旋扫描“属性”菜单中节距有“常数(恒定的)”和“可变的”两种选项。“常数(恒定的)”表示螺旋扫描特征各螺旋间的节距为常值，不允许发生变化；“可变的”表示各螺旋间的节距值呈变化的形式，并且可通过基准图形来控制其变化的形状，如图 11-5、图 11-6 所示。

(2) 截面放置方式。螺旋扫描属性按截面放置方式有“穿过轴”和“轨迹法向”两种，前者是螺旋扫描时，任意位置的特征截面都位于穿过旋转轴的平面内，后者是螺旋扫描时，任意位置的特征截面的方向都垂直于轨迹或旋转面的切线方向。

(3) 旋向。螺旋扫描属性按旋向分为“右手定则”和“左手定则”两种，如图 11-5、图 11-7 所示。

图 11-5　“常数”螺旋扫描

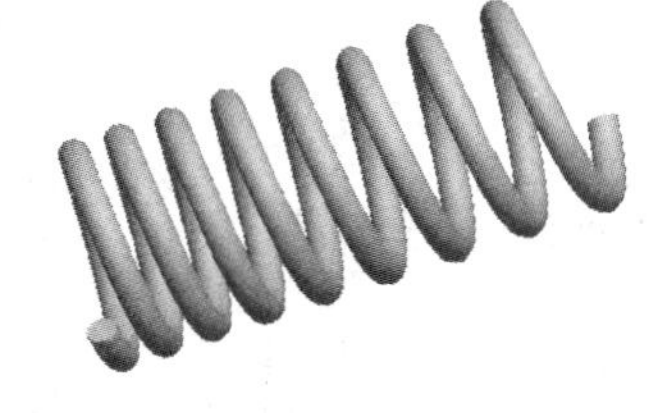

图 11-6　“可变的”螺旋扫描

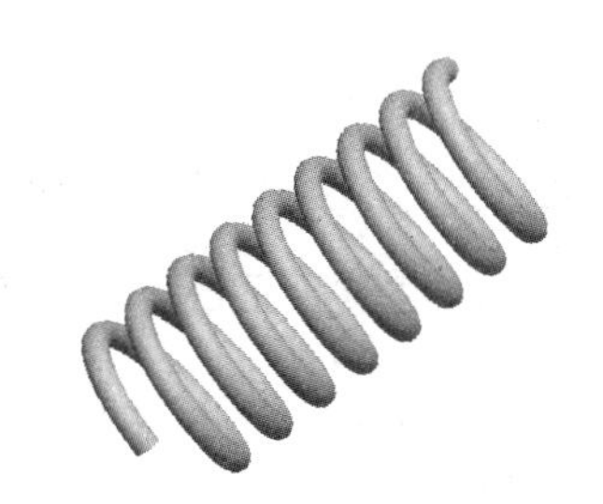

图 11-7　“左旋”螺旋扫描

2. 扫引轨迹

设定螺旋扫描属性后，系统会要求定义草绘平面以绘制螺旋的扫引轨迹，此时扫引轨迹的起点即螺旋扫描的起始点，当然也可以改变起点的位置，扫引轨迹线会绕旋转中心线旋转出一个假想的轮廓面，以限定假想螺旋轨迹位于其上。

在草绘螺旋的扫引轨迹时，必须做到：扫引轨迹必须在螺旋中心线的一侧，不可与中心线相交；扫引轨迹线必须是开放的，不允许封闭；扫引轨迹任意点处的切线不可与中心线正交；扫引轨迹一般要求连续的，若截面放置方式选择为“轨迹法向”，则要求扫引轨迹的图元必须连续且相切。

3. 螺距

螺旋扫描属性菜单中节距有“常数(恒定的)”和“可变的”两种选项。若设定为“常数(恒定的)”，则定义螺距是只需输入一个螺距值；若设定为“可变的”，则螺旋线之间的距离由螺旋扫引轨迹图形控制，即要求在起点和终点指定螺距值后，利用节距图和添加更多的控制点来定义一条复杂曲线，而该曲线用来控制螺旋线与旋转轴之间的距离。节距图如图 11-8 所示。

在设定螺距时，如果绘制的螺旋扫引轨迹不为线性变化，则必须利用“创建点”或“在选取点的位置处分割图元”工具在外形线指定位置加入草绘点或建立断点，作为节距图的控制点。如需定义扫引轨迹中间控制点的节距，则选择“控制曲线”菜单中的“增加点”命令，如图 11-9 所示。然后拾取轮廓截面上的节距控制点将其加入到图形中并输入该点的节距值。完成螺旋节距的定义后，系统会自动切换至适当的草绘模式，以绘制所需的特征截面，此时扫引轨迹线的起始点会显示两条正交中心线作为草绘参照。

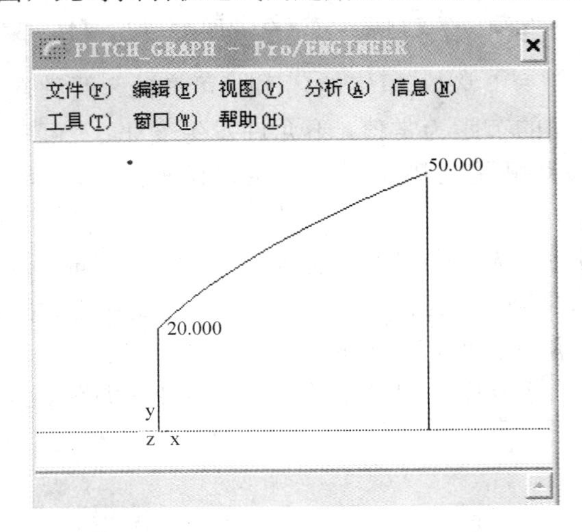

图 11-8 节距图

图 11-9 “控制曲线”菜单

二、螺旋扫描的具体的操作步骤

进入螺旋扫描的步骤及相应的解释如图 11-10 所示。

(1) 选择“插入”→“螺旋扫描”→“伸出项”命令，若建立一定厚度的中空的螺纹，则选择“薄板伸出项”命令。

(2) 在弹出的“伸出项：螺旋扫描”对话框中选择“属性”选项，在弹出的“属性”菜单管理器中相应选择“常数”、“穿过轴”、“右手定则”等绘制形式，然后完成。

(3) 在弹出的“设置草绘平面”菜单管理器中选择“新设置”、“平面”命令，然后选取一个平面作为草绘平面。

(4) 在弹出的“新设置”菜单管理器中选择“新设置”、“正向”或“反向”命令，看看方向是否选择正确，如果方向不对，再选择“反向”，然后“正向”(即确定)退出。

(5) 在“设置草绘平面”菜单管理器中选择“草绘视图”命令，一般情况设置选择“缺省”命令，然后进入一个草绘螺旋扫引轨迹及旋转中心轴的草绘平面。

(6) 首先绘制螺旋旋转中心轴，然后绘制螺纹扫引轨迹的图形，并标注尺寸，观察或调整起始点的位置。

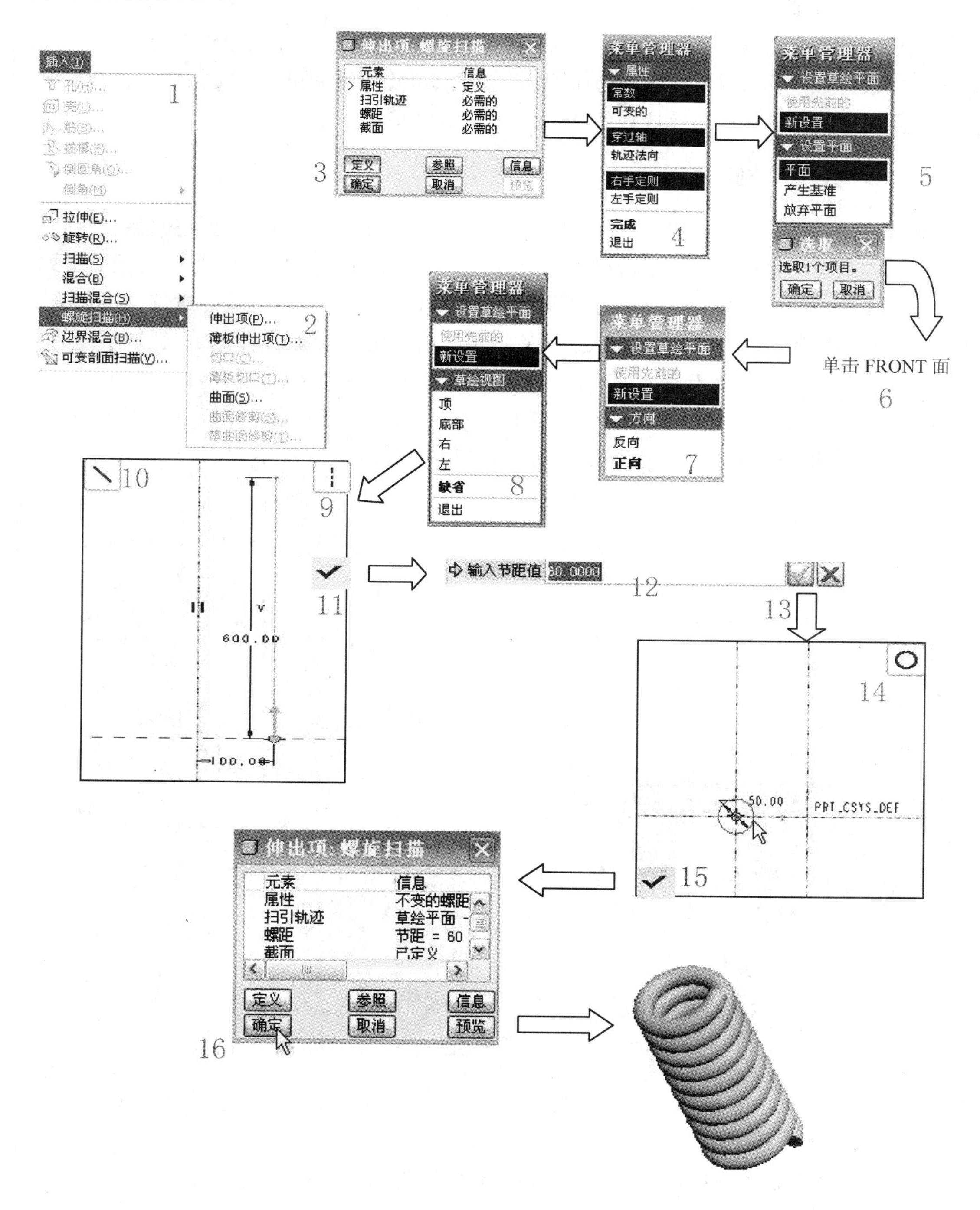

图 11-10　螺纹扫描的步骤过程

(7) 打钩退出草绘界面，接着输入螺纹的节距值，打钩完成。

(8) 进入螺纹扫描截面的草绘界面，绘制螺纹的截面，完成后打钩退出草绘界面。

(9) 再次回到“螺旋扫描”操作面板中，再检查各项设置是否正确，完成后单击“确定”按钮，完成螺旋扫描特征的建立。

(10) 最终完成的螺旋扫描特征，如果觉得需要更改，那只要在模型树中选择刚刚创建的螺旋扫描特征，单击鼠标右键，选择“编辑定义”命令，重新进入螺旋扫描定义菜单中，逐一地重新进行设置，即可完成螺纹的修改。

三、螺旋扫描举例

选择“插入”→“螺旋扫描”→“伸出项”命令，打开“伸出项：螺旋扫描”对话框，在弹出的“属性”菜单管理器中选择“可变的”、“穿过轴”、“右手定则”等绘制形式，如图 11-11 所示。完成后按系统提示选择一平面进入一个草绘界面，草绘螺旋扫引轨迹及旋转中心轴，如图 11-12 所示。完成后打钩退出，接着输入螺纹的每段扫引轨迹不同的节距值，分别打钩完成；接着进入螺旋扫描截面的草绘界面，绘制螺纹的截面，完成后打钩退出草绘界面；再次回到“伸出项：螺旋扫描”对话框中，再检查各项设置是否正确，完成后单击“确定”按钮，完成螺旋扫描特征的建立，如图 11-13 所示。

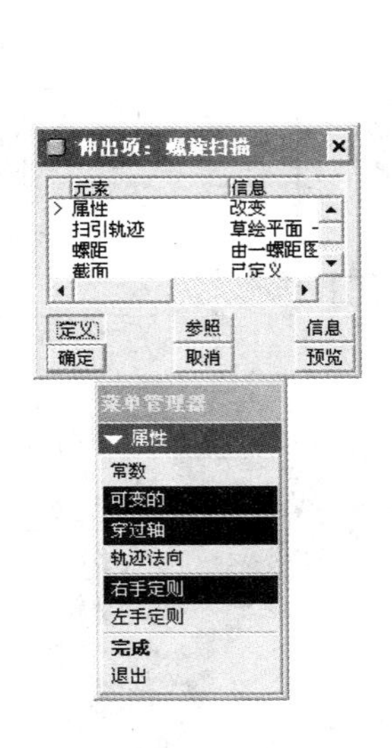

图 11-11 “伸出项：螺旋扫描”对话框和“属性”菜单管理器

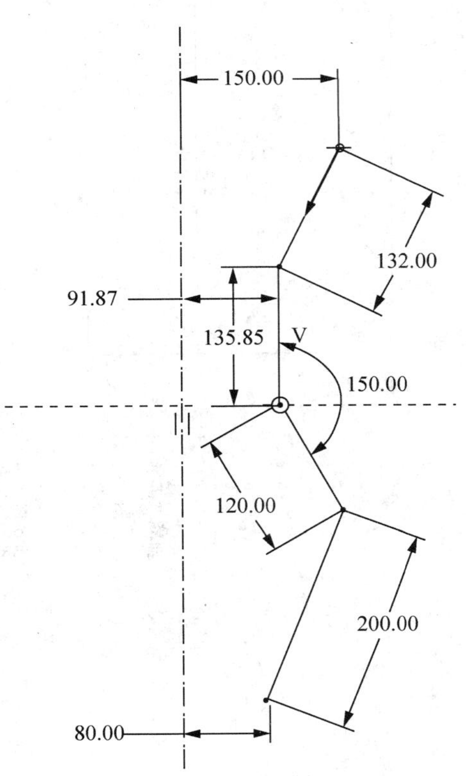

图 11-12 草绘螺旋扫引轨迹及旋转中心轴

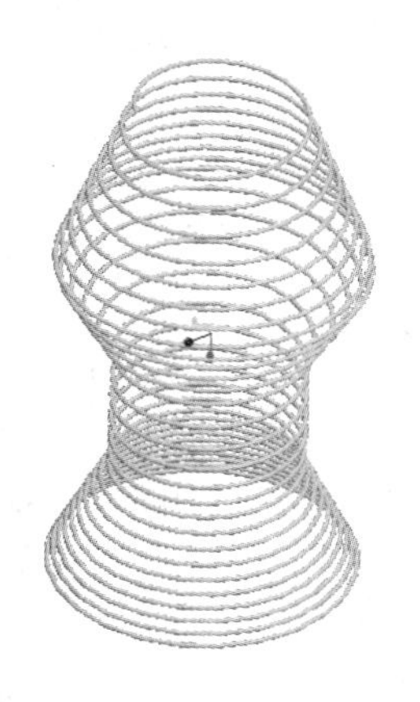

图 11-13　螺旋的扫描特征

操作指引

设计节能灯的三维模型

步骤一：选择“文件”→“新建”命令，弹出“新建”对话框，在“类型”选项组中选中“零件”单选按钮并输入文件名“jienengdeng”，然后单击“确定”按钮进入三维实体建模模式。

步骤二：创建节能灯模型主体上部。

如图 11-14 所示，选择“插入”→“拉伸”→“伸出项”命令或单击右工具箱中的“拉伸”按钮，打开“拉伸”操作面板，以 F 为草绘平面草绘边长为 50 的正方形截面，完成后打钩退出草绘界面。

如图 11-15 所示，设置为“双侧对称”拉伸，深度为 25，预览效果。

图 11-16 所示为打钩完成后生成的拉伸特征。

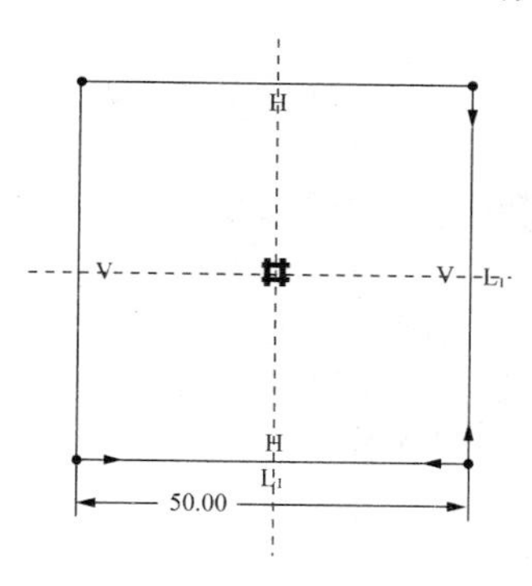

图 11-14　草绘的正方形截面

25.00

图 11-15　拉伸后预览效果

图 11-16　完成的拉伸特征

步骤三：创建节能灯模型主体的圆弧表面。

如图 11-17 所示，选择“插入”→“旋转”→“伸出项”命令或单击右工具箱中的“旋转”按钮，打开“旋转”操作面板，以 T 平面为草绘平面草绘旋转截面及旋转轴，完成后退出草绘界面。

如图 11-18 所示，设置旋转角度为 360°，“减材料”，预览效果。图 11-19 是打钩完成后生成的旋转减材料特征。

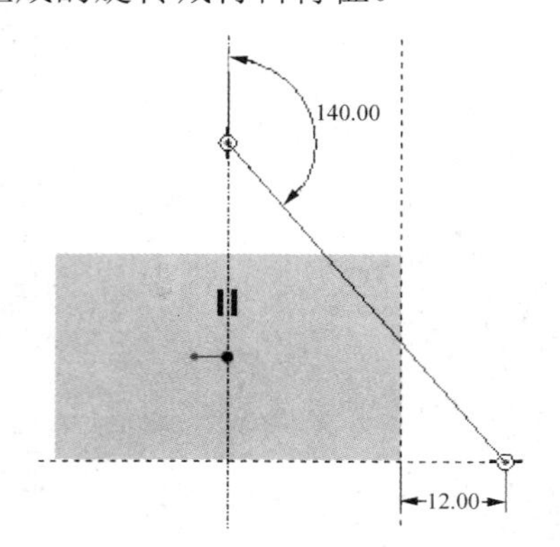

图 11-17　草绘旋转截面及旋转轴

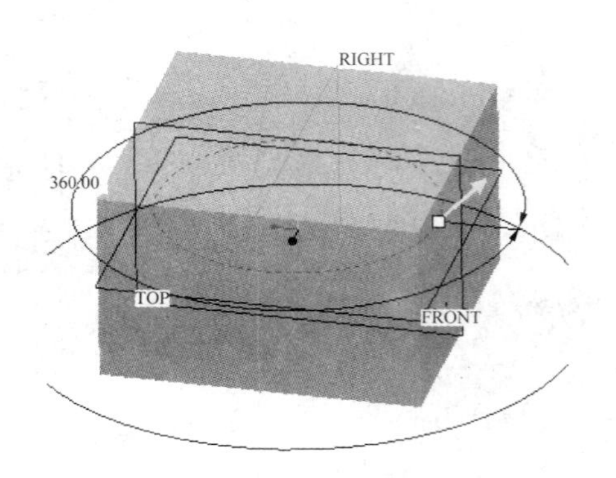

图 11-18　“减材料”预览效果

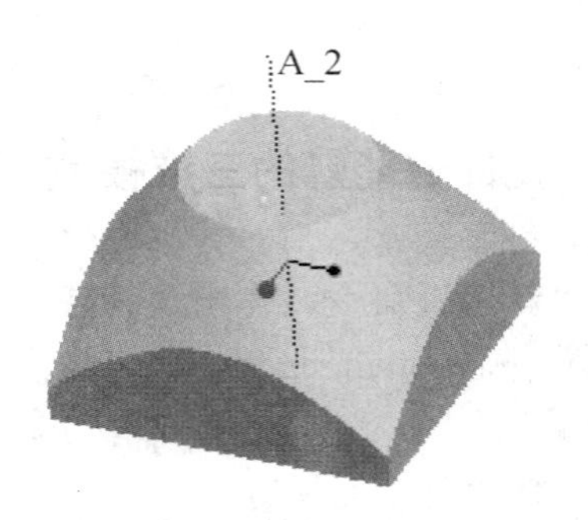

图 11-19　生成的旋转减材料特征

步骤四：倒圆角。

如图 11-20 所示，按住 Ctrl 键的同时选取四侧边，在右工具箱中单击“倒圆角”按钮，设置半径为 8 的圆角，打钩完成。图 11-21 是倒圆角后生成的特征。

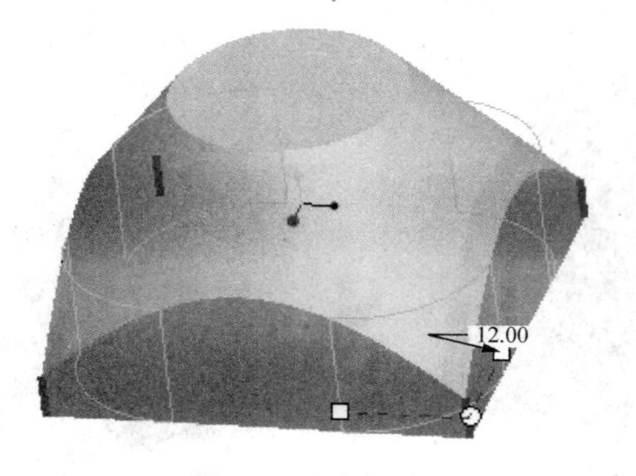

图 11-20　倒圆角

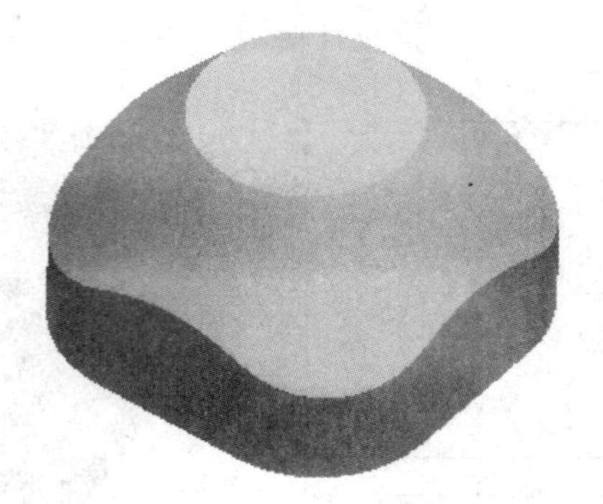

图 11-21　倒圆角后生成的特征

步骤五：创建节能灯模型灯头。

如图 11-22 所示，创建旋转实体特征，即节能灯的灯头，以 T 平面为草绘平面，草绘旋转的截面图形及旋转轴，完成后打钩退出草绘界面。

如图 11-23 所示，设置绕旋转轴旋转的角度为 360°，预览效果。图 11-24 所示是打钩完成后生成的灯头特征。

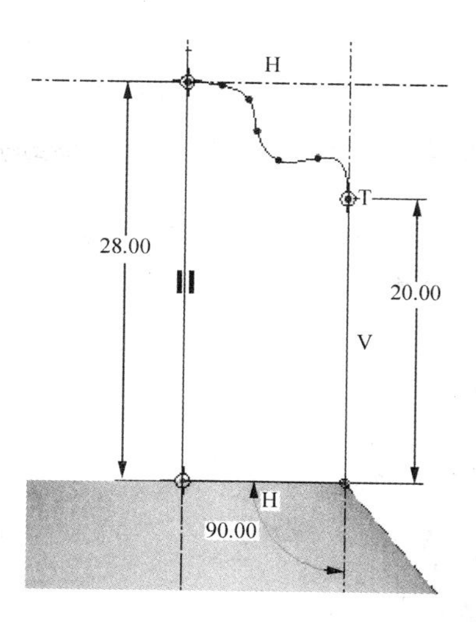

图 11-22　草绘旋转的截面图形及旋转轴

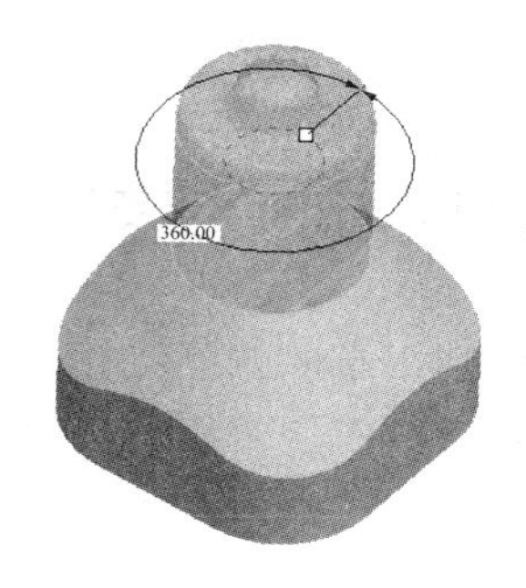

图 11-23　设置旋转角度

图 11-24　生成的灯头特征

步骤六：创建节能灯模型主体下部结构。

如图 11-25 所示，草绘模式下，在 R 平面上草绘一条长为 15 的线段，完成后退出草绘界面。

如图 11-26 所示，选择“插入”→“扫描混合”→“伸出项”命令，打开其菜单，选取刚草绘的线段为扫描轨迹，进入截面的草绘界面，运用草绘工具中的“实体边创建图元”、“环”工具，选择实体边形成第一个截面，打钩完成。

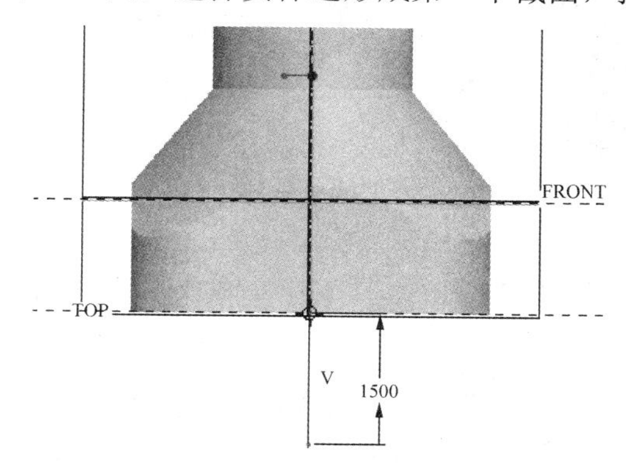

图 11-25　草绘一条线段

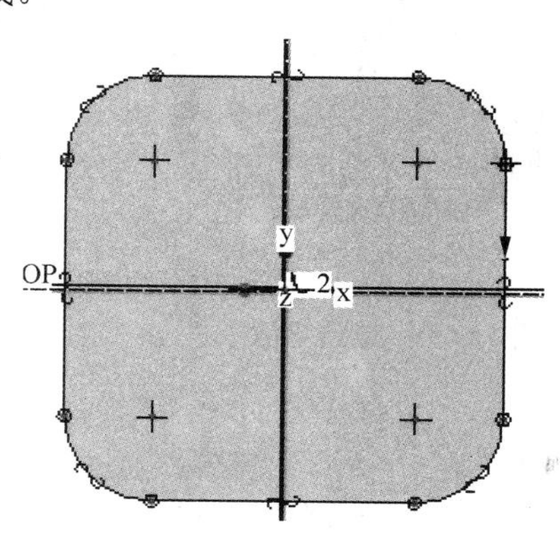

图 11-26　截面一

如图 11-27 所示，在弹出的“是否继续下一个截面”对话框中单击 “是”按钮，进入草绘截面的界面，继续草绘第二个截面，运用“实体边创建图元并偏移”、“环”工具草绘第二个截面，四角进行半径为 4 的倒圆角，删除多余的图元，完成后打钩退出草绘界面。

如图 11-28 所示，在弹出的“是否继续下一个截面”对话框中单击“否”按钮，在“扫描混合”对话框中单击“确定”按钮即完成扫描混合特征。

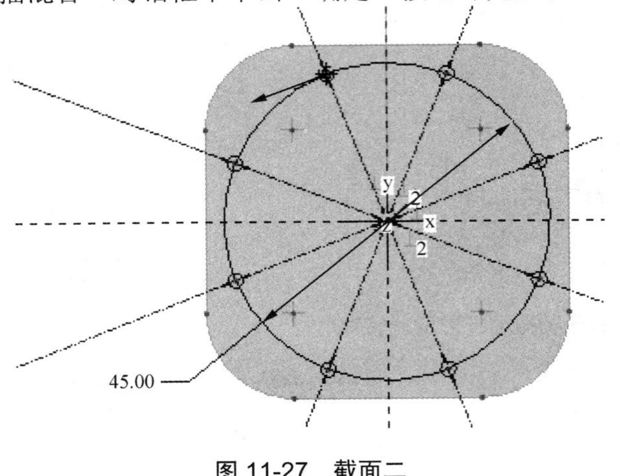

图 11-27 截面二

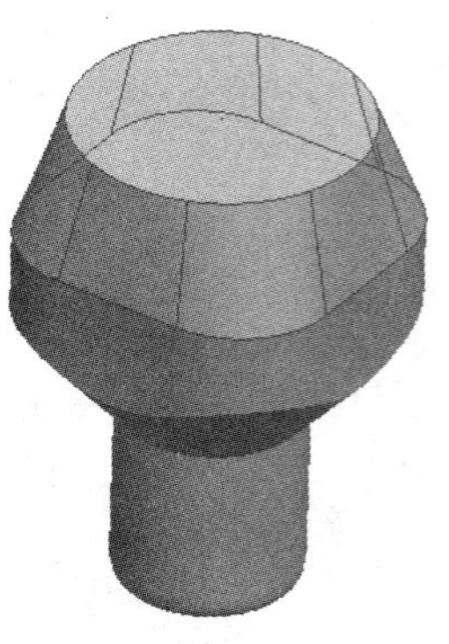

图 11-28 完成扫描混合特征

步骤七：创建节能灯模型主体下部的凹面。

如图 11-29 所示，可通过“拉伸”、“减材料”来创建下端的凹面特征，以刚创建的扫描混合的底面作为草绘平面，进入草绘界面，运用草绘工具中的“实体边创建图元并偏移”、“环”工具草绘图形，完成后打钩退出草绘界面。

如图 11-30 所示，设置“单侧”拉伸，拉伸方向朝里，“减材料”，预览效果。图 11-31 所示是打钩完成后生成的凹面特征。

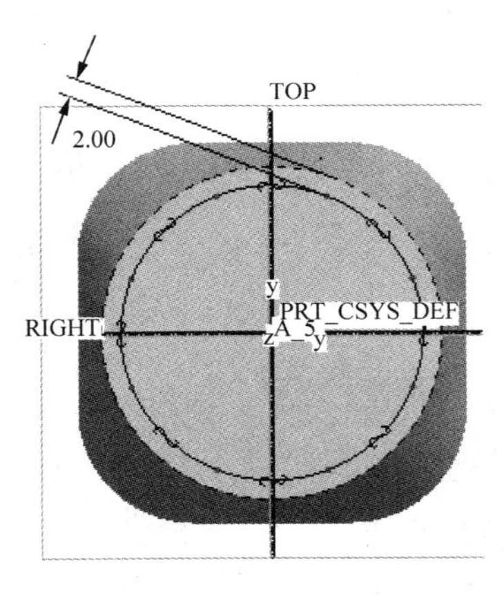

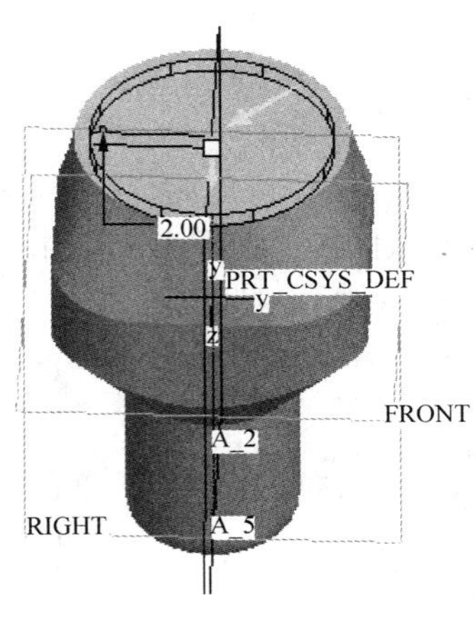

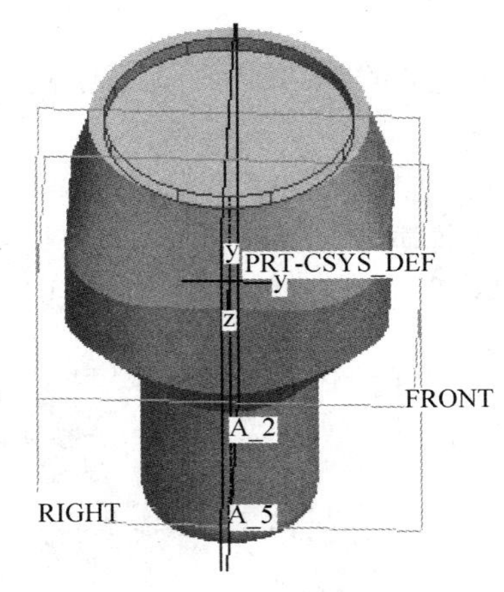

图 11-29 草绘平面

图 11-30 设置“单侧”拉伸

图 11-31 生成的凹面特征

步骤八：创建节能灯模型灯头的螺纹。

如图 11-32 所示，选择“插入”→“螺旋扫描”→“切口”命令，打开其菜单。在弹出的“切剪：螺旋扫描”对话框中选择“属性”选项，在弹出的“属性”菜单管理器中相应选择“常数”、“穿过轴”、“右手定则”等绘制形式，然后完成。

如图 11-33 所示，在弹出的“设置草绘平面”菜单中选择“新设置”、“平面”命令，然后选取 T 为草绘平面，在弹出的“新设置”菜单中选择“新设置”、“正向”或“反向”，看看方向是否选择正确，如果方向不对，再选择“反向”，然后“正向”(即确定)退出。在“设置草绘平面”菜单管理器中选择“草绘视图”命令，一般情况设置选择“缺省”命令，进入草绘界面，首先绘制螺旋旋转中心轴，然后绘制螺纹扫引轨迹的图形，并标注尺寸，观察或调整起始点的位置，完成后打钩退出草绘界面。

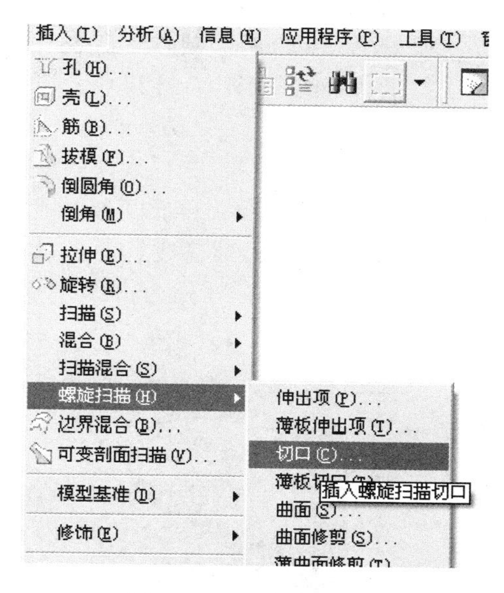

图 11-32　“插入”菜单

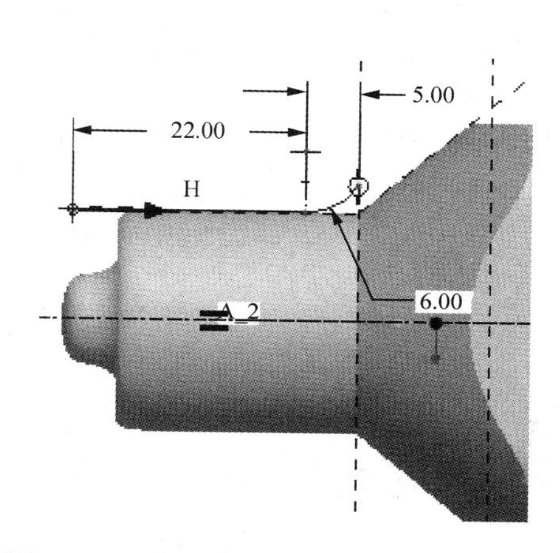

图 11-33　绘制螺旋旋转中心轴和扫引轨迹

如图 11-34 所示，接着输入螺纹的节距值为 3，打钩完成。进入螺纹扫描截面的草绘界面，绘制螺纹的截面，完成后打钩退出草绘界面。再次回到“螺旋扫描”操作面板中，再检查各项设置是否正确，完成后单击“确定”按钮完成。图 11-35 所示是生成的螺旋扫描切口的特征。

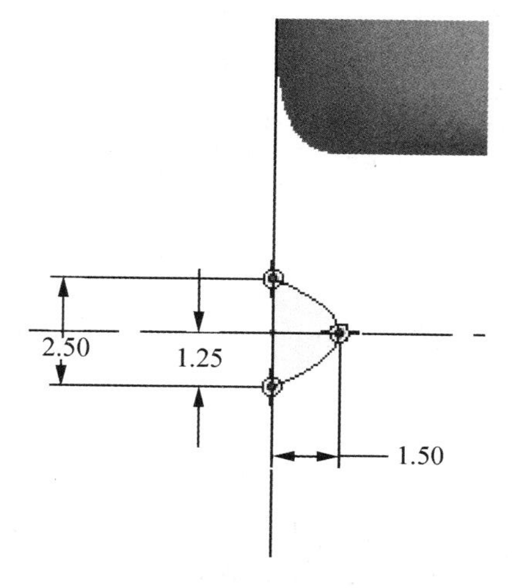

图 11-34　绘制螺纹截面

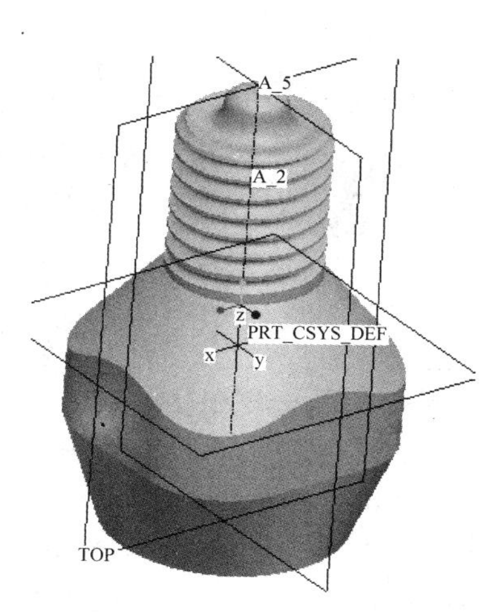

图 11-35　生成的螺旋扫描切口特征

步骤九：创建节能灯螺旋灯管。

如图 11-36 所示，选择“插入”→“螺旋扫描”→“伸出项”命令，打开其菜单。在弹出的“伸出项：螺旋扫描”对话框中选择“属性”选项，在弹出的“属性”菜单管理器中相应选择“常数”、“穿过轴”、“右手定则”等绘制形式，然后完成。在弹出的“设置草绘平面”菜单管理器中选择“新设置”、“平面”，然后选取 T 为草绘平面，在弹出的“新设置”菜单管理器中选择 “新设置”命令，选择方向为“正向”或“反向”，看看方向是否选择正确，如果方向不对，再选择“反向”，然后正向(即确定)退出。在“设置草绘平面”菜单管理器中选择“草绘视图”命令，一般情况设置选择“缺省”命令，进入草绘界面，首先绘制螺旋旋转中心轴，然后绘制螺纹扫引轨迹的图形，标注尺寸，观察或调整起始点的位置，完成后打钩退出草绘界面。

如图 11-37 所示，接着输入螺纹的节距值为 8，打钩完成。进入螺纹扫描截面的草绘界面，绘制螺纹的截面，一个直径为 7 的圆，完成后打钩退出草绘界面。再次回到“螺旋扫描”操作面板中，再检查各项设置是否正确，完成后单击“确定”按钮完成。

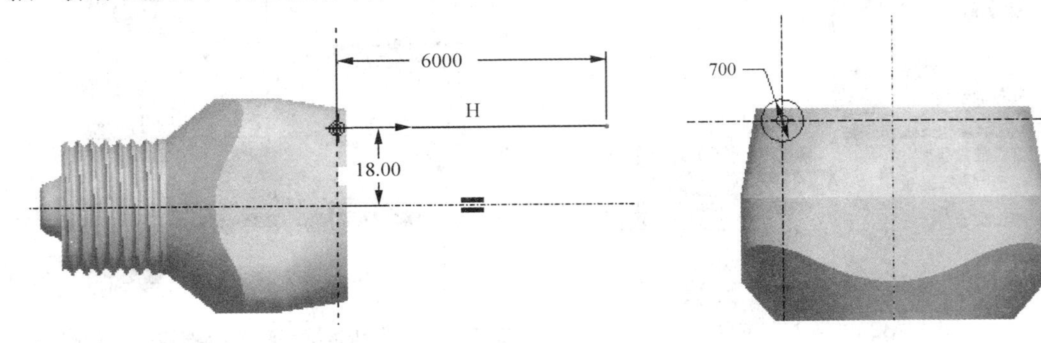

图 11-36　绘制螺旋旋转中心轴和扫引轨迹　　图 11-37　绘制螺纹截面

图 11-38 所示，是生成的螺旋扫描伸出项的特征——螺旋灯管。图 11-39 所示是最终完成的节能灯模型。

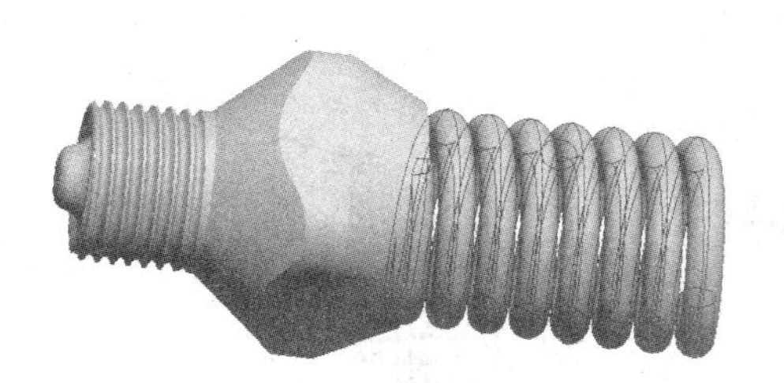

图 11-38　螺旋灯管

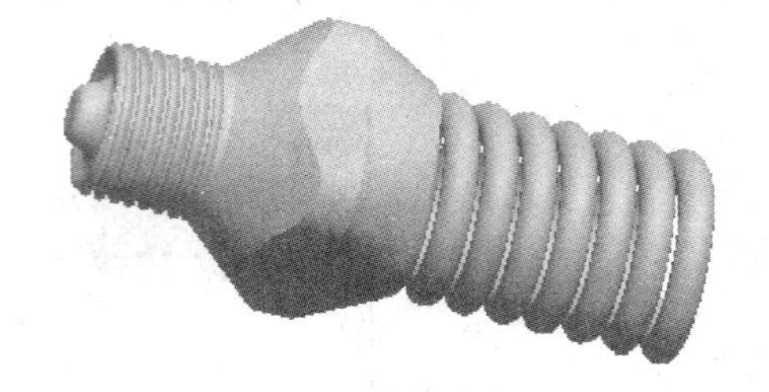

图 11-39　生成的节能灯模型

书中螺纹的另一种创建方法。

步骤九：创建节能灯模型灯头的螺纹。

如图 11-40 所示，选择“插入”→“螺旋扫描”→“切口”命令，在弹出的“属性”菜单管理器中选择“常数”→“穿过轴”、“右手定则”等绘制形式，然后完成。选 T 为草绘平面，草绘螺旋扫描的轨迹线及旋转轴，完成后系统提示，输入螺纹的节距为 3。

如图 11-41 所示，进入草绘螺旋扫描截面的界面，草绘扫描的封闭截面。

图 11-42 所示为确定完成后生成的螺旋扫描切口的特征。

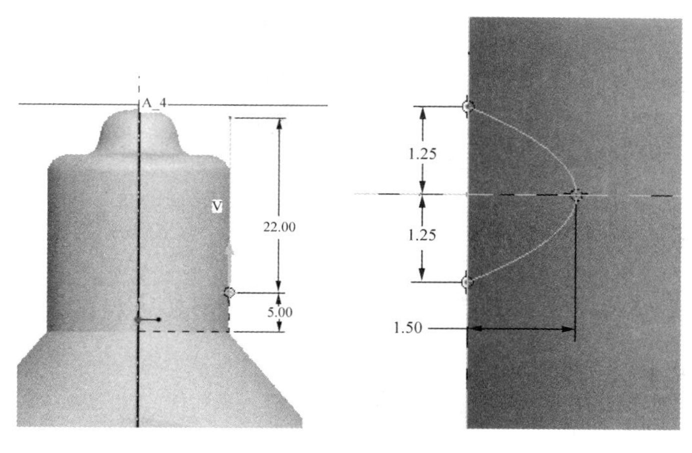

图 11-40　草绘轨迹线及旋转轴　图 11-41　草绘扫描的封闭截面　图 11-42　生成的螺旋扫描切口特征

步骤十：对生成的螺纹终点的截面进行收尾处理。

如图 11-43 所示，选择“插入”→“混合”→切口“命令”，在打开的菜单中选择“旋转的”、“规则截面”、“草绘截面”命令，然后选择“完成”命令，在属性选项组中选择光滑的、开放属性，选择完成命令，系统提示选择草绘平面，选择螺纹终端的截面(注意旋转混合是按逆时针方向旋转的，所以工件要倒转过来)。

如图 11-44 所示，草绘第一个截面，利用实体边创建图元的方法把螺纹终端的截面选取出来，并在螺纹轴线位置处加上坐标系，完成后打钩退出。

如图 11-45 所示，系统提示截面二绕坐标系的某轴旋转的角度，输入 60°，进入第二个截面的草绘界面，插入坐标系，并插入一个点，完成后打钩退出，系统提示“是否要继续下一个截面”，单击“否”按钮。

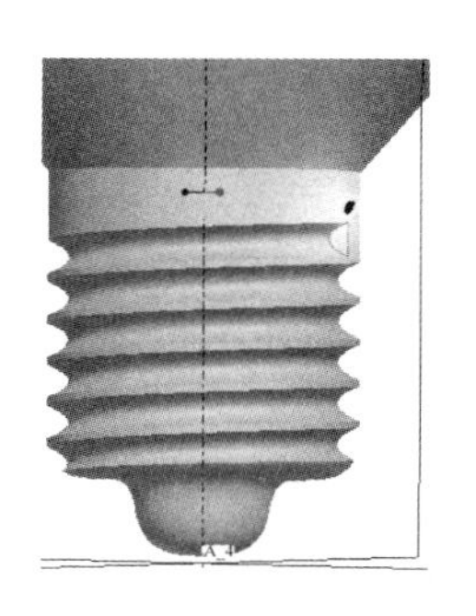

图 11-43　草绘平面

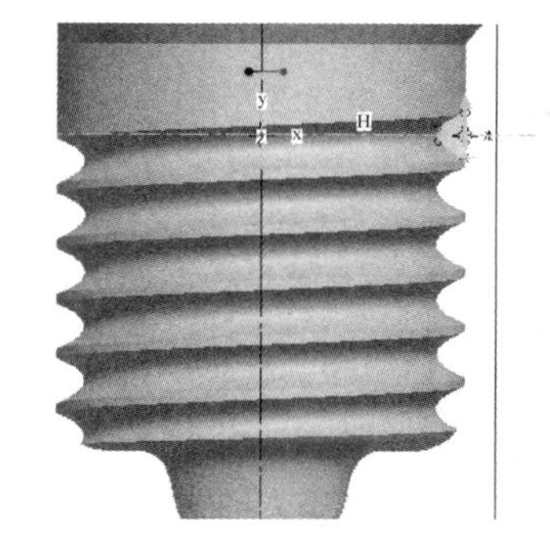

图 11-44　截面一

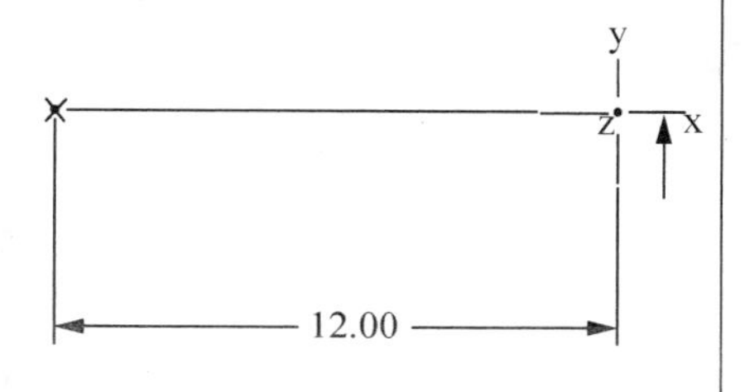

图 11-45　截面二

图 11-46 所示为在“旋转混合”主菜单中确定后生成的切口。图 11　47 所示是完成的螺纹终点收尾效果。

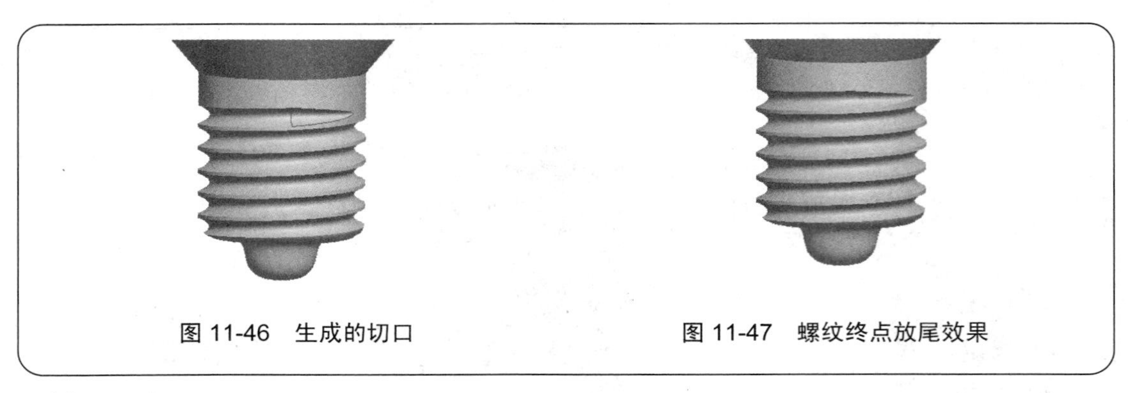

图 11-46　生成的切口　　　　图 11-47　螺纹终点放尾效果

拓展训练

1. 熟练地运用 Pro/E 三维设计软件，使用拉伸、旋转、螺旋扫描等实体特征的创建方法，快速准确地设计如图 11-48、图 11-49 所示的螺柱模型。

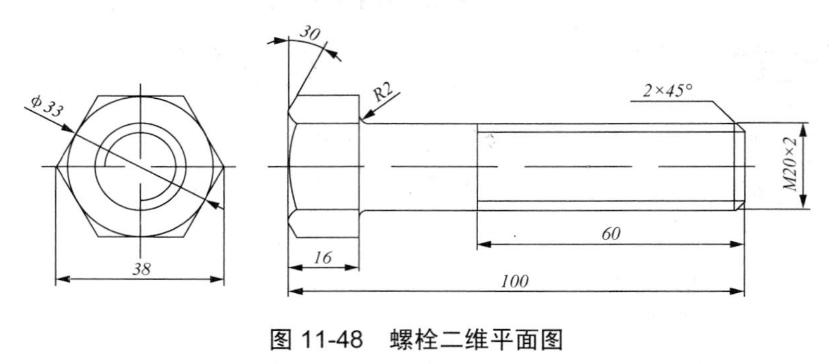

图 11-48　螺栓二维平面图

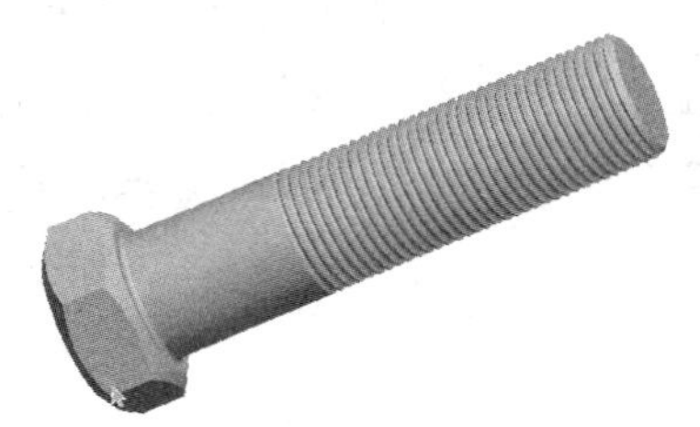

图 11-49　螺栓三维图

2. 熟练地运用 Pro/E 三维设计软件，使用螺旋扫描实体特征的创建方法，快速准确地设计如图 11-50 所示的涡卷弹簧模型，尺寸自定。

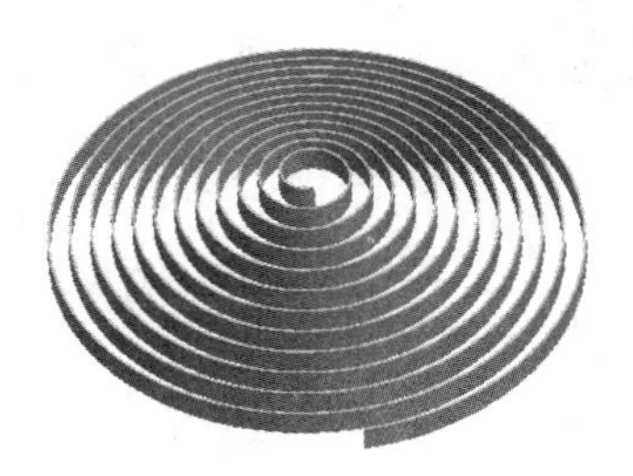

图 11-50　涡卷弹簧模型

项目 12　扁瓶的设计

知识目标

了解三维绘图环境及其设置，掌握常用三维设计工具的用法，熟悉绘制二维图形的一般流程和技巧，重点掌握高级扫描特征中的可变剖面扫描特征的创建方法、操作步骤与技巧。

技能目标

熟练地运用 Pro/E 三维设计软件，使用拉伸、旋转、扫描、扫描混合、螺旋扫描等实体特征的创建方法，快速准确地设计扁瓶模型。

项目任务

运用 Pro/E 三维设计软件，完成如图 12-1 所示的扁瓶三维模型的设计。

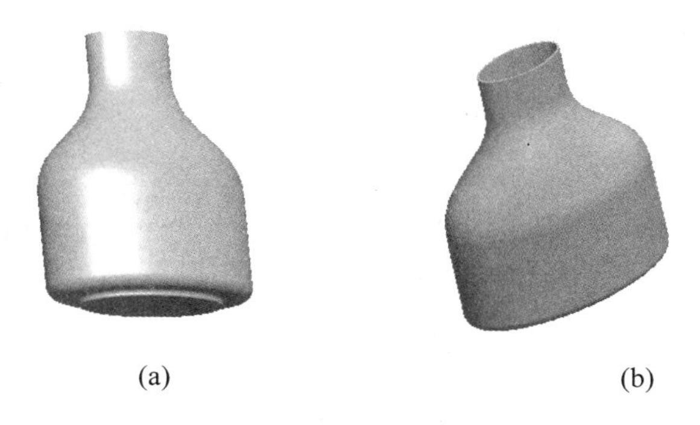

(a)　　　　(b)

图 12-1　扁瓶三维模型

相关知识

高级扫描特征的创建——可变剖面扫描特征

一、可变剖面扫描简介

可变剖面扫描是指沿一个或多个选定轨迹扫描剖面而创建出实体或曲面特征，扫描中特征剖面外形可随扫描轨迹进行变化，而且能任意决定剖面草绘的参考方位。一般在给定的剖面较少、轨迹线的尺寸很明确且轨迹线较多的情况下，可采用可变剖面扫描建立出一个“多轨迹”特征。

与一般的基本扫描建模比较，基本扫描建模时，是将扫描剖面沿一定的轨迹线扫描后生成曲面特征，虽然轨迹线的形式多样，但由于扫描剖面是固定不变的，所以最后创建的曲面相对比较单一。而可变剖面扫描特征的创建可以变化剖面的形状，所以可以创建出形状变化更为丰富的特征。

可变剖面扫描的核心是剖面“可变”，剖面的变化主要包括以下几个方面：一是方向(可以使用不同的参照确定剖面扫描运动时的方向)；二是旋转(扫描时可以绕指定轴线适当旋转剖面)；三是几何参数(扫描时可以改变剖面的尺寸参数)。

选择“插入”→“可变剖面扫描”→“伸出项”命令，系统显示“可变剖面扫描”操作面板，如图 12-2 所示。或者单击右工具箱中的按钮，在打开的“可变剖面扫描”操作面板中单击“实体”箱也可。

图 12-2 “可变剖面扫描”操作面板

二、“参照”上滑面板

打开操作图标板中的“参照”上滑面板，如图 12-3 所示。首先确定扫描轨迹，然后在“剖面控制”下拉列表框中可设置特征截面的控制方式，如图 12-4 所示。

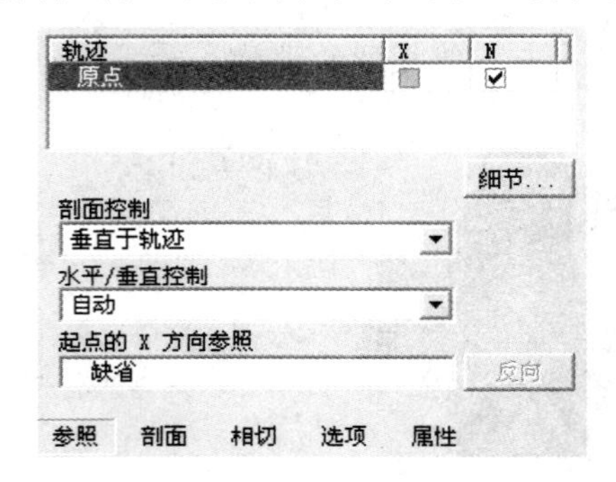

图 12-3 “参照”上滑面板

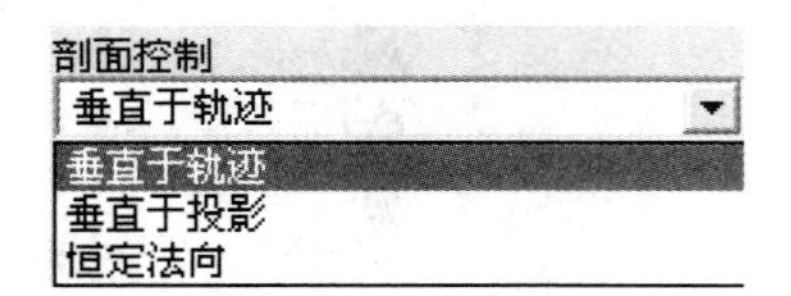

图 12-4 “剖面控制”下拉列表框

1. 特征剖面的控制

(1) 垂直于轨迹。表示特征剖面在整个扫描路径上始终垂直于指定的轨迹，该选项为默认项。采用这种控制方式建立特征时，除了必须指定原点轨迹外，还必须指定 *X*-轨迹，辅助轨迹则可有可无。注意 *X*-轨迹不能与原点轨迹相交，否则 x 向量会变为 0。

(2) 垂直于投影。表示剖面沿指定的方向参照垂直于原始轨迹的投影，或者说移动剖面框架的 y 轴平行于指定的方向，且 z 轴沿指定方向与原始轨迹的投影相切。采用这种控制方式建立特征时，必须选取投影的“方向参照”以定义投影方向，定义投影方向时，系统允许选取 3 类参照：一是选取一个基准平面为参照，以其法向作为投影方向；二是选取一条直曲线、边或基准轴为参照，以其直线方向作为投影方向；三是选择坐标系的某轴，以其轴向或反向作为投影方向。

(3) 恒定法向。表示剖面法向量平行于指定的方向，或者说移动剖面框架的 z 轴平行于恒定法向参照所定义的方向。采用这种控制方式建立特征时可定义一个 x 方向，否则系统将自动沿轨迹计算 x 和 y 方向。

2. 特征剖面的扫描定向

“水平/垂直控制”下拉列表框用于设置截面的水平或竖直控制，Pro/E 系统提供了以下几种控制方式。

(1) 垂直于曲面。表示特征截面的 y 轴指向选定曲面的法线方向，并且后续所有截面都将使用相同的参照曲面来定义截面 y 方向。若原点轨迹只有一个相邻曲面，系统将自动选择该曲面作为截面定向的参照，若原点轨迹有两个相邻曲面，则需选取其中一个曲面来定义截面 y 方向。

(2) X-轨迹。表示在扫描中特征截面的 x 轴始终通过 X-轨迹与扫描截面的交点。该项仅在特征有两个轨迹时才有效，使用此项时要求 X-轨迹为第二轨迹而且必须比原点轨迹要长。

(3) 自动。表示截面的 x 轴方向由系统沿原点轨迹自动确定，当没有与原点轨迹相关的曲面时，该项是默认设置。

3. 剖面

打开“相切”上滑面板，如图 12-5 所示，在可变剖面扫描中通过对多个参数进行综合控制从而获得不同的设计效果。在创建可变剖面扫描时，可以使用以下几种剖面形。

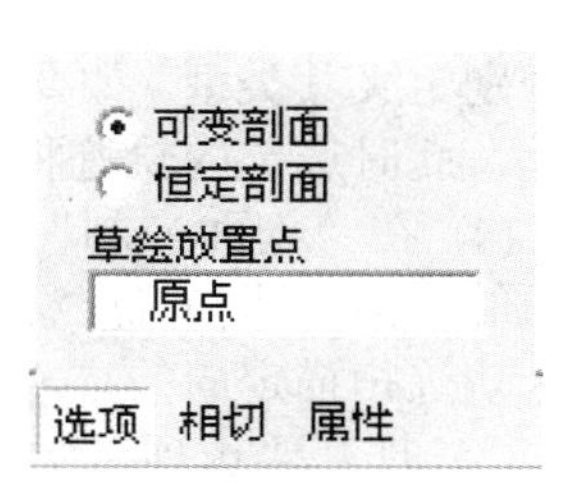

图 12-5 “选项”上滑面板

(1) 恒定剖面。在沿轨迹扫描的过程中，草绘剖面的形状不发生改变，而唯一发生变化的是剖面所在框架的方向。这里的剖面框架实质上是沿着原始轨迹滑动并且自身带有要被扫描剖面的坐标系。

(2) 可变剖面。是指通过在草绘剖面图元与其扫描轨迹之间添加约束，或使用由参数控制的剖面关系式使草绘剖面在扫描运动中可变。草绘剖面定位于附加至原始轨迹的剖面框架上，并沿轨迹长度方向移动以创建几何。

4. 关系式

一种抽象出来的剖面尺寸变化规律，此处的关系式比较特殊，主要由参数“trajpar”控制。“trajpar”是 Pro/E 提供的一个轨迹参数，该参数为一个 0～1 的变量，在生成特征的过程中，此变量呈线性变化，它代表着扫描特征创建长度百分比，在开始扫描时，“trajpar”的值是 0，而完成扫描时，该值为 1。

5. 扫描轨迹

创建可变剖面扫描轨迹特征时，根据功能不同将扫描轨迹分为 4 类，即原始轨迹、X-轨迹、法向轨迹、与辅助轨迹。原始轨迹是在打开设计工具之前选取的轨迹，即基础轨迹线，是用于引导剖面扫描移动并控制限定剖面外形变化的扫描路径，该轨迹可由多个线段构成但各线段间应相切连接；X-轨迹用于确定剖面的 x 轴方向并限定剖面 x 轴扫描路径；法向轨迹用于控制扫描时剖面的法线方向，该类轨迹线仅限于“垂直于轨迹”的扫描方式，需要选取两条轨迹线来决定剖面的位置和方向，其中原始轨迹用于决定截面中心的位置，在扫描过程中的截面始终保持与法向轨迹垂直；辅助轨迹可以没有也可为一条或多条，一般用于控制特征剖面外形的变化。各轨迹长度可以不相同，系统创建特征时会扫描终止于最短的轨迹线。

创建可变剖面扫描特征时，不论采用何种剖面控制方式都必须定义原点轨迹，而辅助轨迹可有可无。要选取并改变轨迹类型，可打开特征操作面板中的“参照”上滑面板，选中轨迹旁的 *X* 复选框可使其成为 *X*-轨迹，选中轨迹旁的 *N* 复选框可使其成为法向轨迹，如果轨迹存在一个或多个相切曲面且为相切轨迹，可选中 *T* 复选框。对于原点轨迹外的所有其他轨迹，未选中任何复选框的均默认为辅助轨迹。

定义扫描轨迹时，要注意：第一个选取的轨迹不能是 *X*-轨迹；*X*-轨迹或法向轨迹只能有一个，当然同一轨迹可同时为法向轨迹和 *X*-轨迹。

三、创建可变剖面扫描特征时的一般步骤

(1) 选择工“插入”→“可变剖面扫描”→“伸出项”命令或者单击特征工具栏中的按钮。

(2) 在显示的特征操作面板中选择创建“实体”特征，如要创建曲面则单击“曲面”按钮，单击“薄板”按钮则创建薄板。

(3) 打开“参照”上滑面板，在“轨迹”列表栏依次选取要用于可变剖面扫描的轨迹，并分别定义其类型。如要选取多个轨迹则按住 Ctrl 键，使用 Shift 键可选取一条链中的多个图元，此时选定的轨迹将在图形窗口中以红色加亮。

(4) 在“剖面控制”列表框中指定剖面控制方式，并选取所需的方向参照以设定扫描剖面的定向，即扫描坐标系的 z 轴方向。在“水平/垂直控制”下拉列表框中确定剖面是如何沿轨迹扫描定向的。

(5) 打开“选项”上滑面板，根据需要进行各项设定。在“草绘放置点”文本框内单击，然后选取原始轨迹上的一点作为草绘剖面的点，如果“草绘放置点”文本框为空，表示以扫描的起始点作为草绘剖面的默认位置。

(6) 设置完成后，图标板上的草绘按钮被激活，单击该按钮打开二维草绘界面草绘剖面，完成后退出草绘器。如果选取的扫描轨迹为一条，那么此时创建的曲面就是普通的扫描曲面，显然是没有达到可变剖面的效果。但接下来可以返回到草绘界面，通过给一个尺寸或多个尺寸设计关系式的方法来获得可变剖面。如果选取的轨迹为多条，那么草绘的剖面将会受到多条轨迹的限制，从而在扫描的过程中获得可变剖面。

(7) 预览几何效果，确认无误后，打钩完成可变剖面扫描特征的操作。

操作指引

设计扁瓶三维模型

步骤一：选择“文件”→“新建”命令，弹出“新建”对话框，在“类型”选项组中选中“零件”单选按钮并输入文件名“bianping”，然后单击“确定”按钮进入三维实体建模模式。

步骤二：建立基准曲线。

如图 12-6 所示，选择“草绘”工具，选择 F 平面为草绘平面，其余为默认，进入草绘界面，草绘基准曲线一，完成后打钩退出草绘。

如图 12-7 所示，选择“草绘”工具，选择 R 平面为草绘平面，其余为默认，进入草绘界面，草绘基准曲线二，完成后打钩退出草绘。

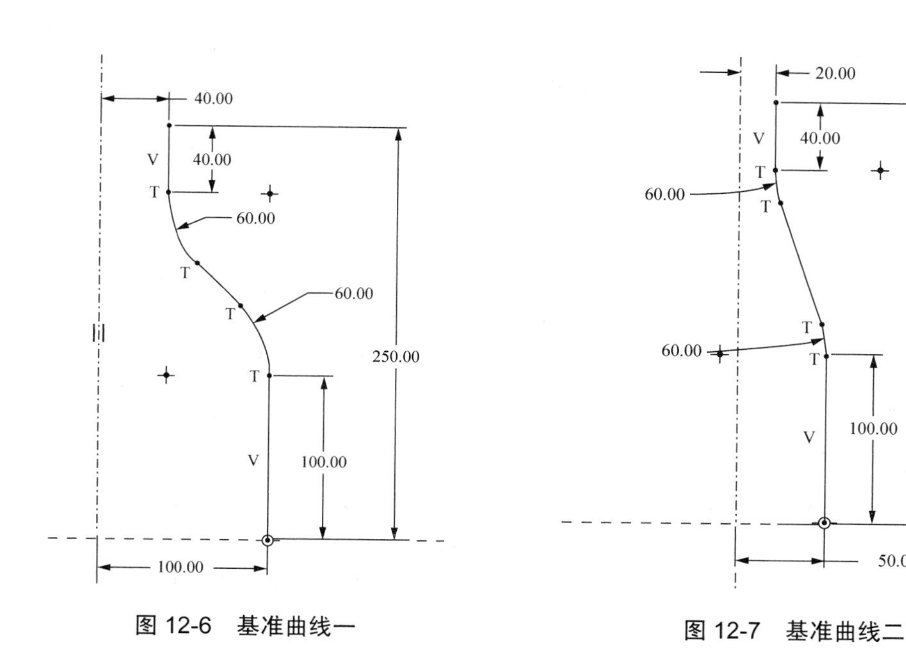

图 12-6　基准曲线一

图 12-7　基准曲线二

如图 12-8 所示，再次选择“草绘”工具，选择 R 平面为草绘平面，其余为默认，进入草绘界面，草绘基准曲线三，完成后打钩退出草绘。

如图 12-9 所示，选择曲线一，选择“镜像”工具，选择 R 平面为镜像平面，打钩完成曲线一的镜像，生成曲线四。

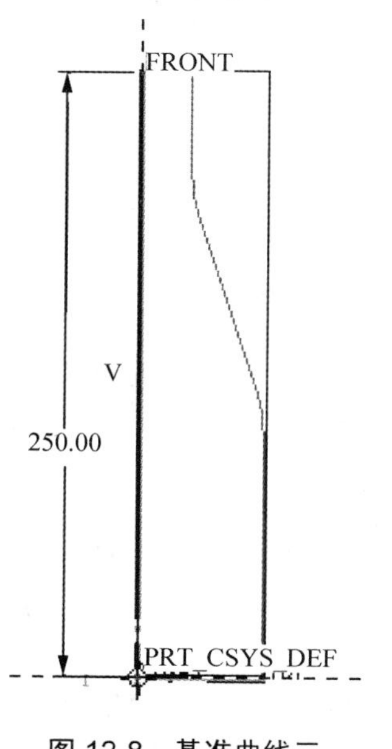

图 12-8　基准曲线三

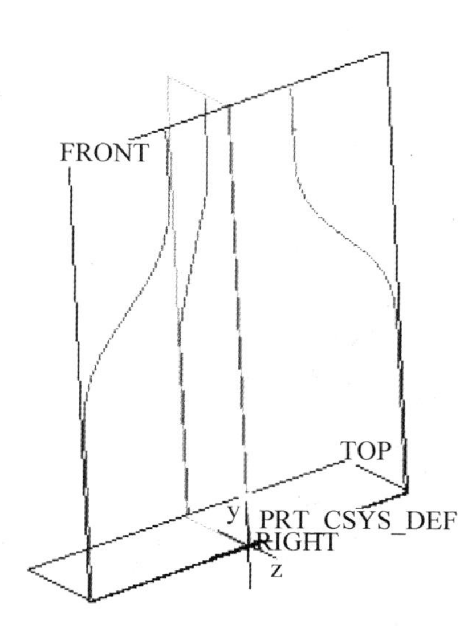

图 12-9　曲线四

如图 12-10 所示，选择曲线二，选择“镜像”工具，选择 F 平面为镜像平面，打钩完成曲线二的镜像，生成曲线五。

如图 12-11 所示，选择“插入”→“可变剖面扫描”→“伸出项”命令或者单击特征工具栏中的按钮，在显示的特征操作面板中选择创建“实体”特征。打开“参照”

上滑面板，在“轨迹”列表栏中选取曲线三作为原点轨迹；同时按住 Ctrl 键，依次选取曲线一、曲线二、曲线四、曲线五作为 *X*-轨迹，此时选定的轨迹将在图形窗口中以红色加亮显示。

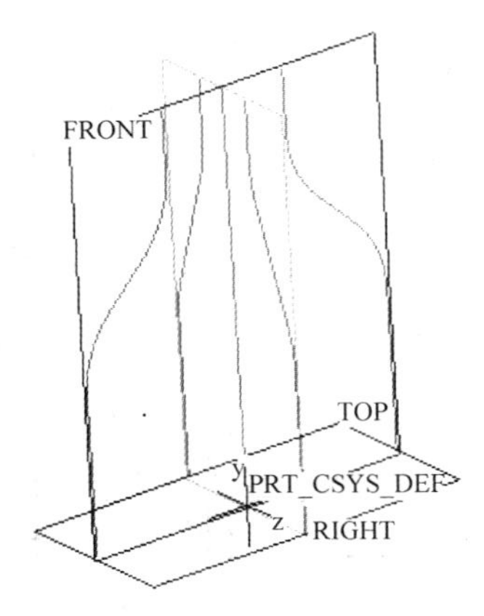

图 12-10 曲线五

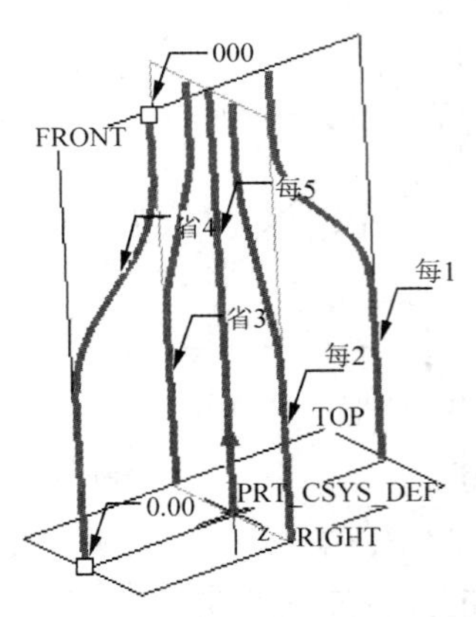

图 12-11 选定的轨迹

步骤三：创建扁瓶体。

如图 12-12 所示，在“剖面控制”列表框中指定剖面控制方式为“垂直于轨迹”，并选取所需的方向参照以设定扫描剖面的定向，即扫描坐标系的 *Z* 轴方向。在“水平/垂直控制”下拉列表框中确定剖面是如何沿轨迹扫描定向的。

如图 12-13 所示，打开“选项”上滑面板，根据需要进行各项设定。在“草绘放置点”文本框内单击，然后选取原始轨迹上的一点作为草绘剖面的点，如果“草绘放置点”文本框为空，表示以扫描的起始点作为草绘剖面的默认位置。

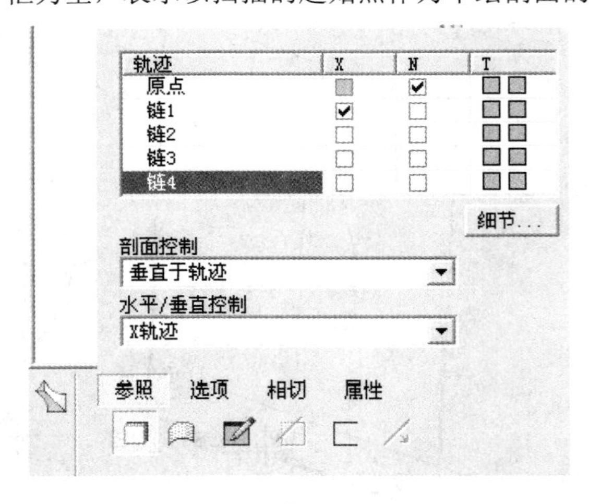

图 12-12 “参照”上滑面板

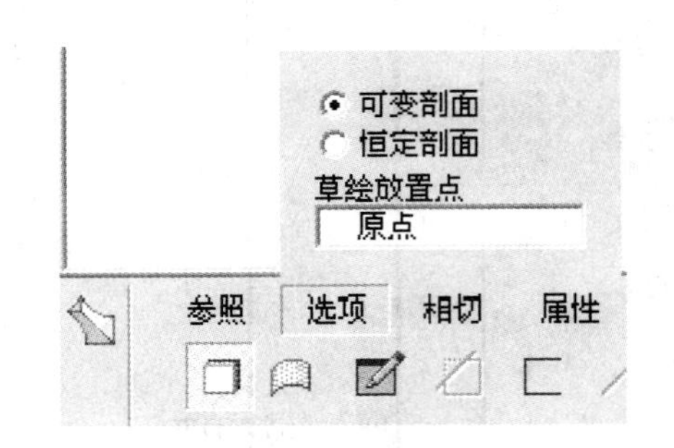

图 12-13 “选项”上滑面板

如图 12-14 所示，单击“草绘”按钮打开草绘器，此时剖面原点及草绘参考已由原点轨迹和 X-轨迹确定，草绘一椭圆剖面，约束各轨迹线端点在椭圆上，并沿选定轨迹草绘扫描剖面，完成后打钩退出草绘器。

如图 12-15 所示，预览几何效果，确认无误后，打钩完成扁瓶可变剖面扫描特征的操作。

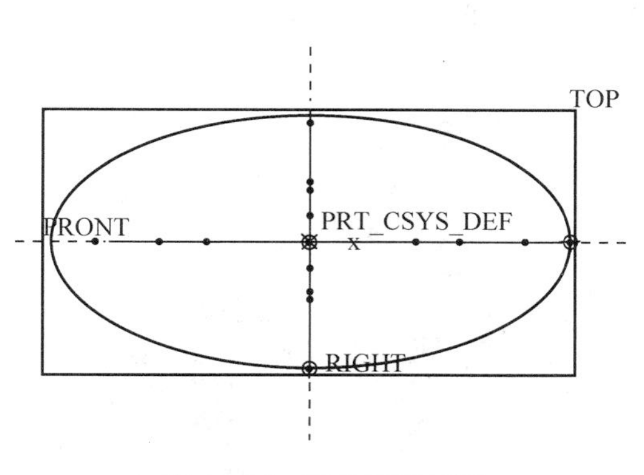

图 12-14　草绘椭圆部面

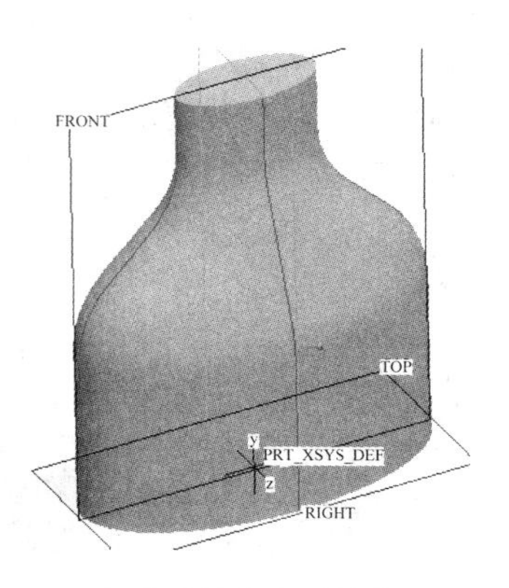

图 12-15　完成后的扁瓶引变部面扫描特征

步骤四：创建扁瓶底部凸台。

如图 12-16 所示，选择“拉伸”工具，单击“实体”按钮，单击“放置”按钮，然后在弹出的下滑面板中单击“定义”按钮进入“草绘”对话框，选择瓶底面作为草绘平面，其余按系统默认，进入草绘界面。

如图 12-17 所示，选择 F 和 R 为参照，草绘一椭圆，长轴为 70，短轴为 35，完成后打钩退出草绘界面。

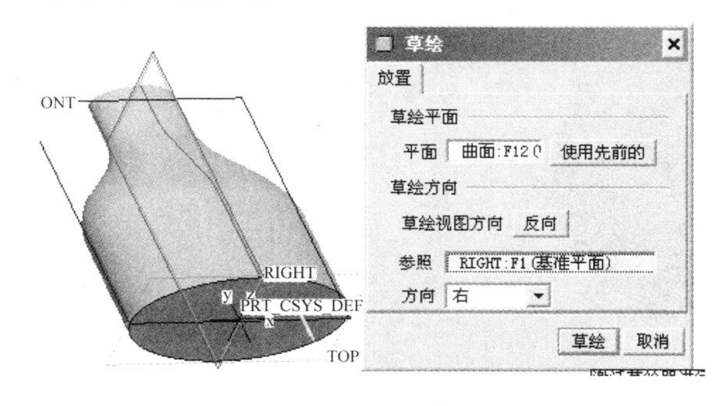

图 12-16　草绘平面

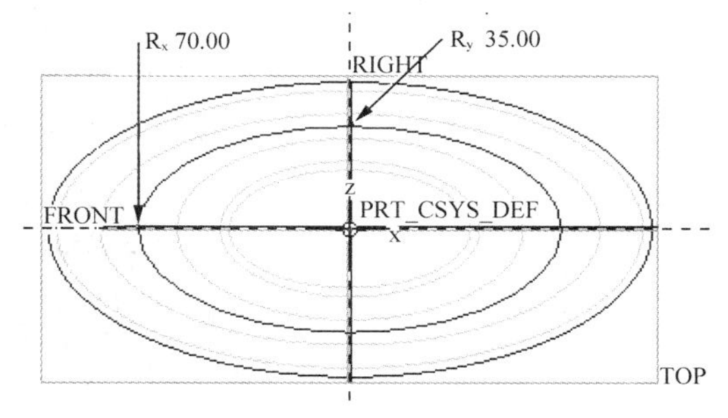

图 12-17　草绘一椭圆

如图 12-18 所示，选择拉伸方式为“单侧”，方向调整向外，拉伸深度为 6，打钩完成拉伸操作。

步骤五：底部倒圆角。

如图 12-19 所示，在可变剖面扫描特征瓶底的最外沿倒半径为 12 的圆角。

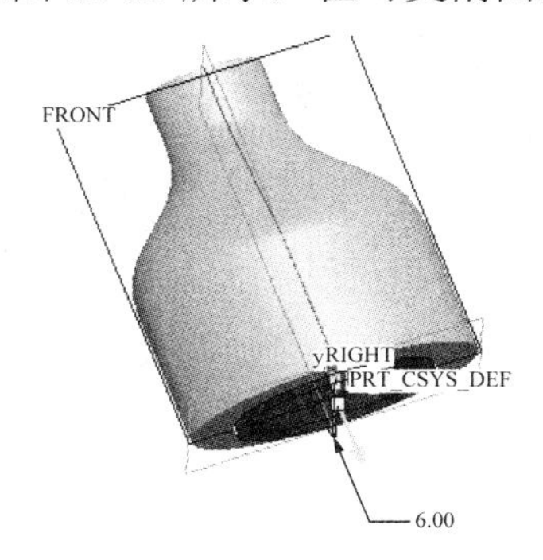

图 12-18　拉伸操作

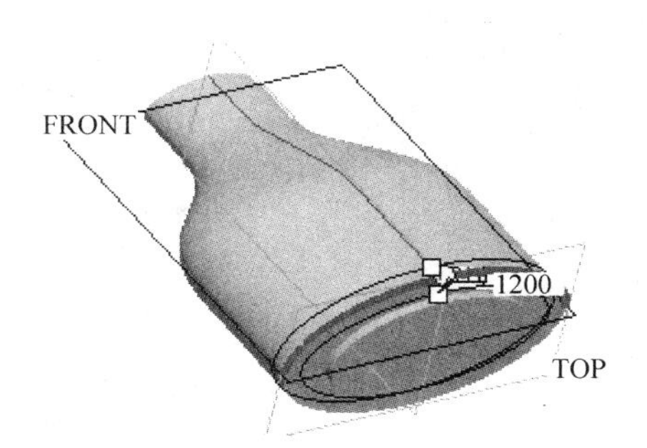

图 12-19　倒半径切口的圆角

如图 12-20 所示，在拉伸特征与可变剖面扫描特征之间倒半径为 4 的圆角。如图 12-21 所示，在拉伸特征最外沿边倒半径为 2 的圆角。

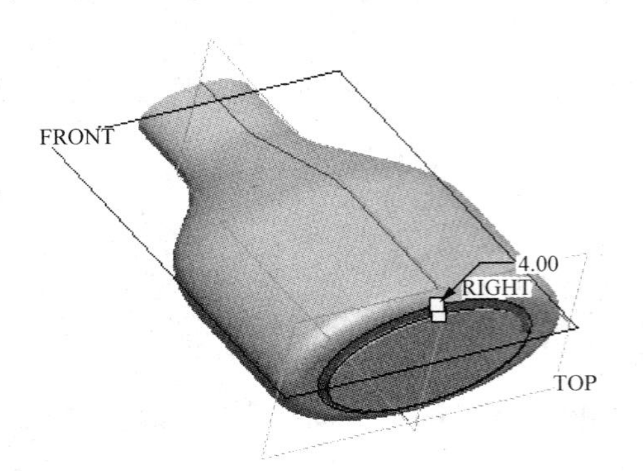

图 12-20　倒半径为 4 的圆角

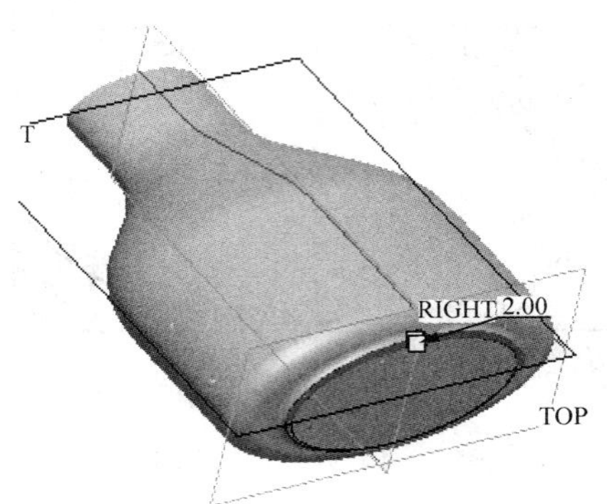

图 12-21　倒半径为 2 的圆角

步骤六：创建扁瓶抽壳特征。

如图 12-22 所示，运用“壳”工具，选择扁瓶上表面为去除表面，抽壳的厚度为 2，完成后打钩退出，最终生成扁瓶模型。

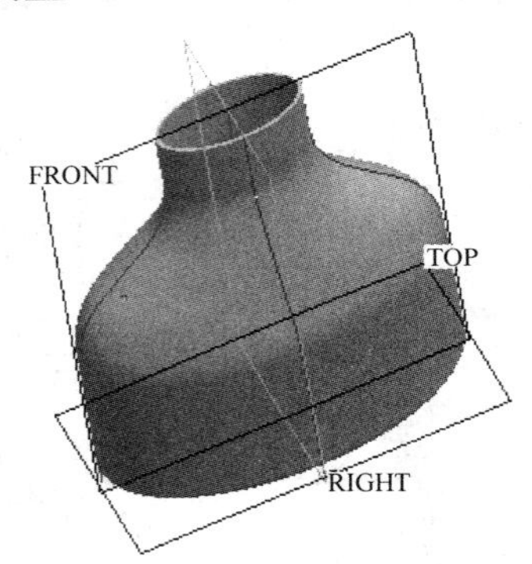

图 12-22　生成的扁瓶模型

拓展训练

1. 熟练地运用 Pro/E 三维设计软件，快速准确地设计如图 12-23 所示的救生圈模型，其轨迹线如图 12-24 所示，扫描截面为一个圆。

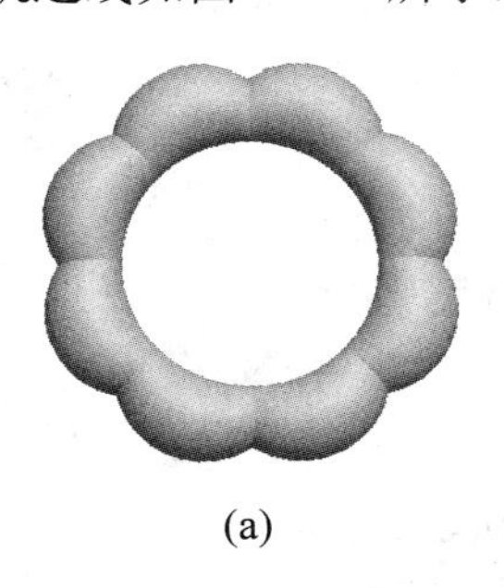

(a)

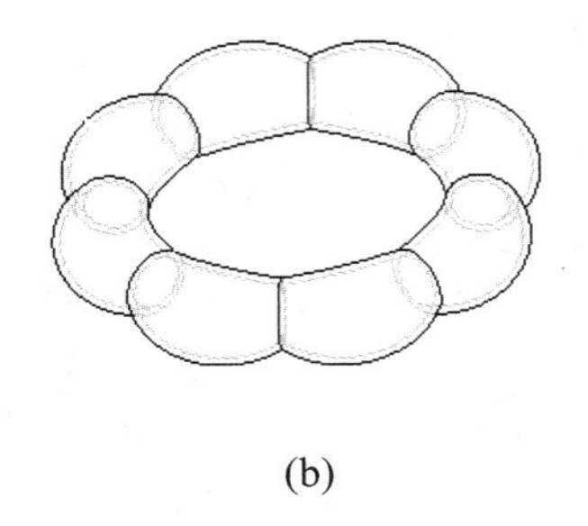

(b)

图 12-23　救生圈

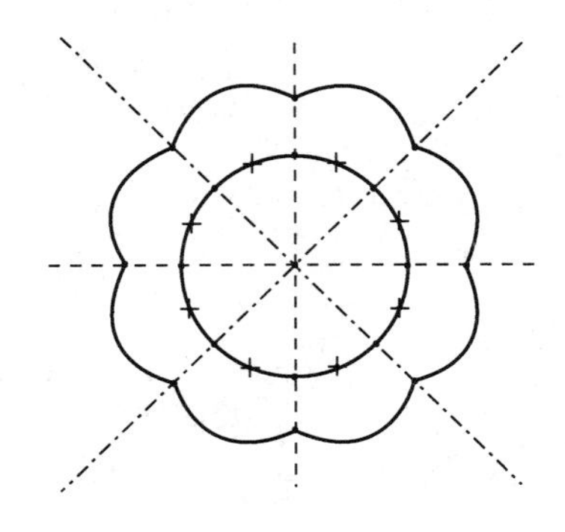

图 12-24　轨迹线

2. 熟练地运用 Pro/E 三维设计软件，快速准确地设计如图 12-25 所示的可变剖面扫描特征模型，其轨迹线如图 12－26 所示，扫描截面为一个椭圆。

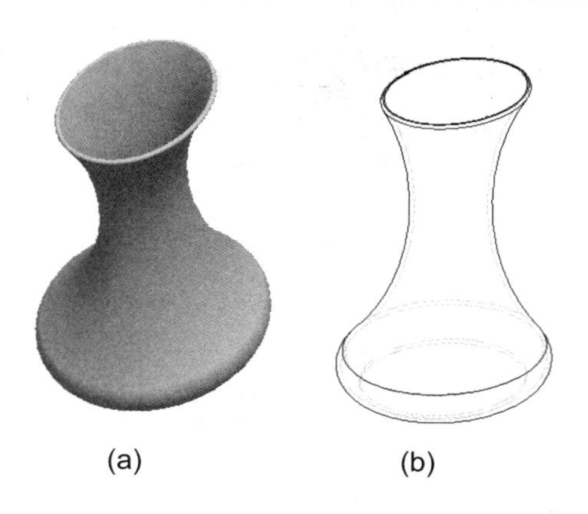

(a)　(b)

图 12-25　扁花瓶

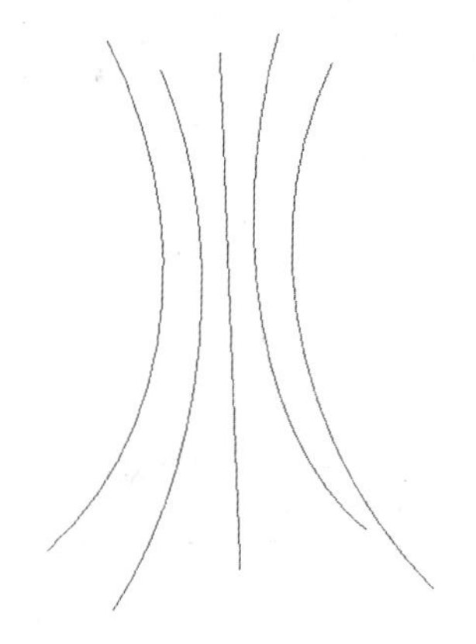

图 12-26　轨迹线

模块 5

特征操作及工程特征——零件设计应用实例

项目 13　旋转楼梯的设计

知识目标

了解三维绘图环境及其设置，掌握常用三维设计工具的用法，熟悉绘制二维图形的一般流程和技巧，掌握实体特征的基本操作方法，掌握编辑方式下的特征操作，如特征的复制、特征的移动、特征的阵列的操作方法，并能对特征进行相应的编辑操作。

技能目标

运用 Pro/E 三维设计软件，使用拉伸实体特征的创建方法，熟练地对选定的特征进行移动和旋转来重新设置特征的放置位置，运用阵列的操作方法快速准确地设计旋转楼模型。

项目任务

运用 Pro/E 设计软件，完成如图 13-1(a)所示开放式及图 13-1(b)所示封闭式的旋转楼梯三维模型的设计。

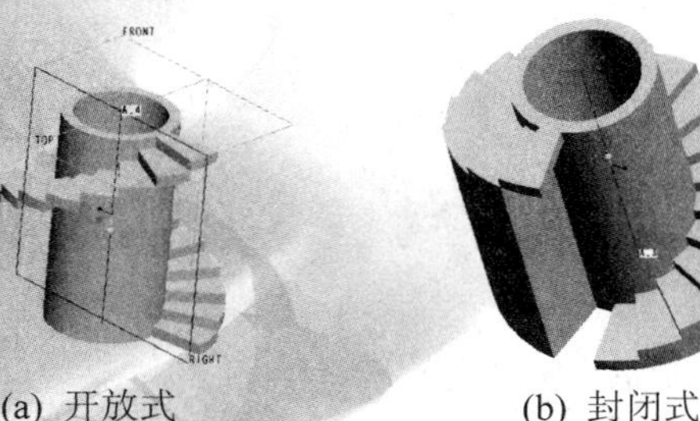

(a) 开放式　　　　(b) 封闭式

图 13-1　旋转楼梯三维模型

特征的基本操作

在 Pro/E 系统中，特征是三维模型的最基本组成单位，一个三维模型由为数众多的特征按照设计顺序拼装而成，如何对一个个的特征进行操作以得到满意的设计效果是一个设计者最起码的技能要求，在模型上选取特定的特征后，可以使用阵列、复制等方法为其创建副本，还可以使用修改、重定义等操作来修改和完善设计中的缺陷，使设计作品更加完善。

特征的基本操作主要有：特征的复制、特征的阵列、编辑特征、编辑定义特征等。

一、特征的复制

1. 特征复制简介

特征复制是建模过程中经常使用的一个工具，可以复制模型上的现有特征，并将其放置在零件的一个新位置上，以实现快速克隆已有对象，避免重复设计，提高设计效率，灵活使用复制特征可加速模型的建立。

本项目的知识内容重点讲述特征复制的使用方法，主要包括如下内容：新参考方式复制、相同参考方式复制、镜像方式复制、移动方式复制、阵列特征等。

选择“编辑”→“特征操作”命令，系统弹出“特征”菜单管理器，选择“特征”菜单管理器中的“复制”命令，系统弹出如图 13-2 所示的“复制特征”菜单，该菜单可分为特征放置、特征选择以及特征关系三大类，下面将介绍各选项的意义以及它们的用法。

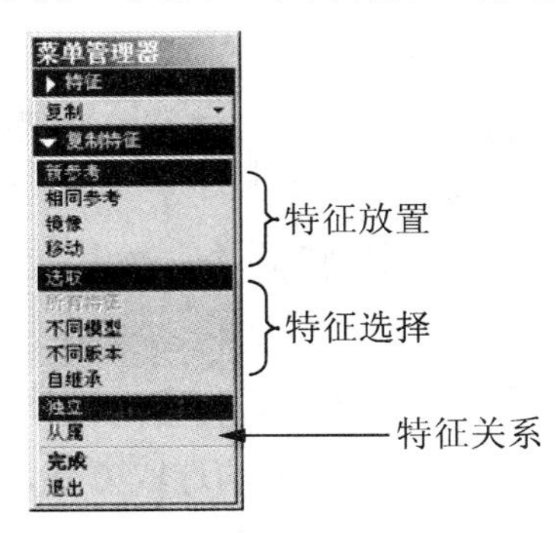

图 13-2 “复制特征”菜单

(1) 特征放置。

① 新参考。使用新的放置面与参考面来复制特征。

② 相同参考。使用与原模型相同的放置面与参考面来复制特征。

③ 镜像。利用镜像的方式进行特征复制。

④ 移动。以“平移”或“旋转”这两种方式复制特征。平移或旋转的方向可由平面的法线方向或实体的边、轴的方向来定义。

(2) 特征选择。

① 选取。即指在当前模型中选择要进行复制的特征。

② 所有特征。指在当前模型中选择要进行复制的所有特征，即复制当前模型中的所有特征。

③ 不同模型。复制不同零件模型中的特征。

④ 不同版本。复制同一个零件不同版本模型的特征。

⑤ 自继承。从继承特征中复制特征。

(3) 特征关系。

① 独立。复制后的特征尺寸与原始的特征尺寸互相独立，彼此无关。完成复制后，修改原始特征的尺寸，不会影响复制特征的尺寸。

② 从属。复制后的特征尺寸与原先的特征尺寸相关。完成复制后，如果修改或重新定义原始特征或复制特征的尺寸，另一个特征的尺寸也相应随之改变。

2. 新参考方式复制

使用“复制特征”菜单中的“新参考”命令，可以复制不同零件模型的特征，或同一零件模型的不同版本的模型特征。使用“新参考”方式进行特征复制时，需重新选择特征的放置面与参考面，以确定复制特征的放置平面。

在选择复制特征的参考面时，使用图13-3所示的“参考”菜单。其中，“替换”是指选择新的对象作为复制特征的参考；“相同”是指使用与原始特征相同的参考；“跳过”是指略过此参考特征的选择，去定义其他参考特征；“参照信息”是指显示参考平面的相关信息。

▼参考
替换
相同
跳过
参照信息

图13-3 “参考”菜单

新参考复制特征的操作步骤如下。

(1) 选择“编辑”→“特征操作”命令，弹出“特征”菜单管理器。

(2) 选择“复制”命令，弹出“复制特征”菜单，选择“新参考”命令。

(3) 选择特征的方式是“选取”、“所有特征”、“不同模型”还是“不同版本”。

(4) 若在步骤(3)中选择“选取”作为特征的选取方式，则需定义复制后特征与原始特征间的关系是“独立”还是“从属”，直接在图形窗口的模型中选择要复制的特征即可。

(5) 若在步骤(3)中选择“不同模型”或“不同版本”，则应选定一个模型，然后在该模型中选择要复制的特征。

(6) 定义复制后特征的尺寸。若在步骤(3)中选择“选取”作为特征的选取方式，系统显示如图13-4所示的“组可变尺寸”菜单，在该菜单选择要改变的尺寸。

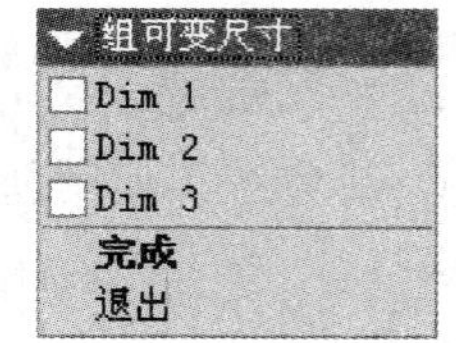

图13-4 “组可变尺寸”菜单

(7) 若在步骤(3)中选择“不同模型”或“不同版本”进行特征的复制，此时则会出现如图 13-5 所示的“比例”菜单管理器，以定义复制特征的缩放比例大小。

(8) 使用“参考”菜单，根据系统的提示依次选择相对于原始特征的参考面或参考边，以确定复制特征的放置位置。

(9) 完成上述操作后，单击鼠标中键即可完成特征的复制。

图 13-5 “比例”菜单管理器

3. 相同参考方式复制

使用“复制特征”菜单中的“相同参考”命令，复制的特征与原始特征位于同一个平面，使用该复制方式仅能改变复制特征的尺寸。

相同参考方式复制特征的操作步骤如下。

(1) 选择“编辑”→“特征操作”命令，弹出“特征”菜单。

(2) 选择“特征”菜单中的“复制”命令，弹出“复制特征”菜单，选择“相同参考”命令。

(3) 选择复制特征的选择方式是“选取”还是“不同版本”。

(4) 定义复制特征与原始特征的从属关系。

(5) 选择要复制的特征。

(6) 使用“组可变尺寸”菜单或“比例”菜单，定义复制特征的尺寸或缩放比例。

(7) 完成上述操作后，单击鼠标中键完成特征的复制。

4. 镜像方式复制

使用镜像方式，可对模型的若干特征进行镜像复制。该命令常用于建立对称特征的模型。

镜像方式复制特征的操作步骤如下。

(1) 选择“编辑”→“特征操作”命令，弹出“特征”菜单。

(2) 选择“特征”菜单中的“复制”命令，弹出“复制特征”菜单，选择“镜像”命令。

(3) 确定特征的选择方式是“选取”还是“所有特征”。

(4) 明确特征与原始特征之间的从属关系是“独立”还是“从属”。

(5) 选择镜像的对象。若步骤(3)中选择“所有特征”，则被隐含或隐藏的特征也会被镜像复制。

(6) 选择或建立一个平面作为镜像参照面，完成特征的镜像。

特别提示

在 Pro/ENGINEER Wildfire 版本中，也可以使用命令，快速完成对所选对象的镜像复制。具体操作如下。

选择要镜像复制的对象，单击按钮，打开镜像特征操控板；选择或建立一个平面作为镜像参照面，单击镜像特征操控板的按钮，完成对所选对象的镜像复制。

5. 移动方式复制

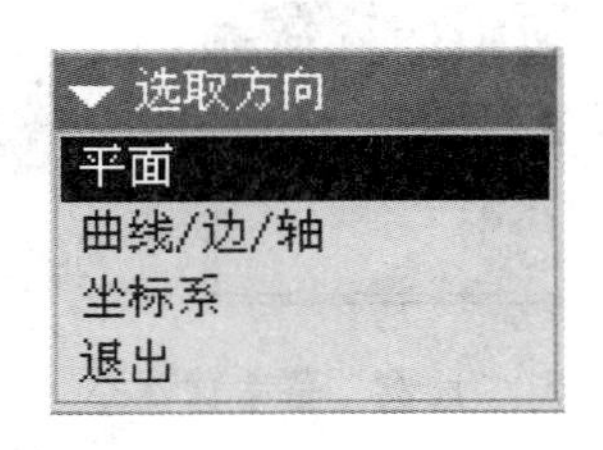

图 13-6 “选取方向”菜单

使用“复制特征”菜单中的“移动”命令，可以以“平移”或“旋转”两种方式复制特征。在使用移动方式复制特征时，要定义平移或旋转的参照的选择方式，使用如图 13-6 所示的菜单。

其中，“平面”是根据右手定则，将平面的法线方向作为平移或旋转的方向，此平面可以是基准面、零件的平面，也可以建立一个新平面。“曲线/边/轴”是指使用曲线、边或轴作为平移或旋转的方向参照。“坐标系”是指选择坐标系中的某一轴作为平移或旋转的方向参照。

移动方式复制特征的操作步骤如下：

(1) 选择“编辑”→“特征操作”命令，弹出“特征”菜单。

(2) 选择“特征”菜单中的“复制”命令，弹出“复制特征”菜单，选择“移动”命令。

(3) 确定特征的选择方式是“选取”还是“所有特征”。

(4) 明确特征与原始特征之间的从属关系是“独立”还是“从属”。

(5) 选择要复制的特征。

(6) 在“移动特征”菜单中选择复制特征的方式是“平移”还是“旋转”。

(7) 选择平移或旋转的方向参照，输入平移尺寸或旋转角度。

(8) 完成平移或旋转的定义后，若要改变复制特征的几何尺寸或位置尺寸，可选择“组可变尺寸”菜单中的相应的 Dim 命令，输入新的尺寸。

(9) 单击鼠标中键，完成特征的复制。

在选择平面作为平移的方向参照时，其平移方向为该平面的法线方向，选中该平面后会显示一方向箭头指示平移的方向。若选择菜单中的“反向”命令，则箭头更改为反向平移。

二、特征的阵列

1. 特征阵列简介

在建模过程中，如果需要建立许多相同或类似的特征，特征的阵列是指以现有特征为原型，按照一定的方式规则整齐地排列而建立出多个相同或类似的子特征，常用于快速、准确地创建数量较多、排列规则且形状相近的一组结构。如修改或删除阵列中的任何一个子特征，所有其他的特征将一并被修改或删除。

使用阵列特征的优势主要有：可建立多个相同的特征，设计效率非常高；修改原始特征，阵列特征会相应地自动更新。

若要删除阵列特征中的子特征，应使用“删除阵列”命令。阵列特征一次只能复制一个特征，如果一次要阵列多个特征，则需将所有要阵列的特征归为一个特征组，再进行特征组阵列即可。

在 Pro/E 中，特征阵列分为“尺寸”、“方向”、“轴”、“表”、“参照”、“填充”和“曲线”7 种类型，下面将对这些阵列类型做详细介绍。

在零件模型中选中要阵列的一个特征，图形窗口右侧的阵列工具按钮被激活，单击“阵列”按钮，打开如图 13-7 所示的阵列特征操控板。

图 13-7　阵列特征操控板

在面板的左下角是阵列类型下拉列表框，如图 13-8 所示。

2. 阵列类型

(1) 尺寸。选择原始特征参考尺寸当做特征阵列驱动尺寸，并明确在参考尺寸方向的特征阵列数量。尺寸方式的特征阵列又分为线性尺寸驱动和角度尺寸驱动两种，如图 13–9 所示。

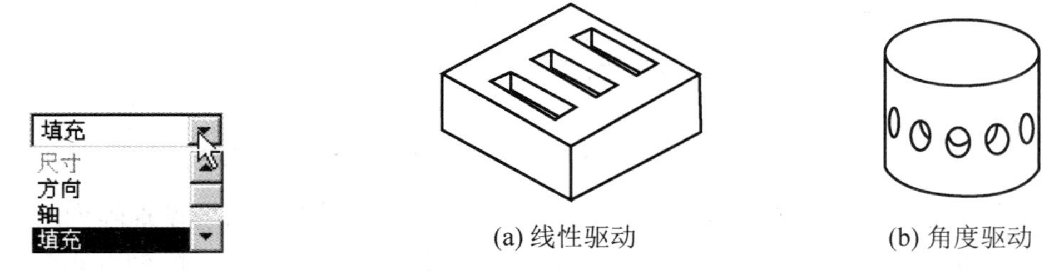

(a) 线性驱动　　(b) 角度驱动

图 13-8　阵列类型　　图 13-9　线性尺寸驱动和角度尺寸驱动

在以线性尺寸为驱动尺寸时，又有单方向阵列与双方向阵列之分，如图 13-10 所示。对于在每一个方向的阵列特征数量，在阵列特征操控板的文本栏中直接输入即可，如图 13-11 所示。

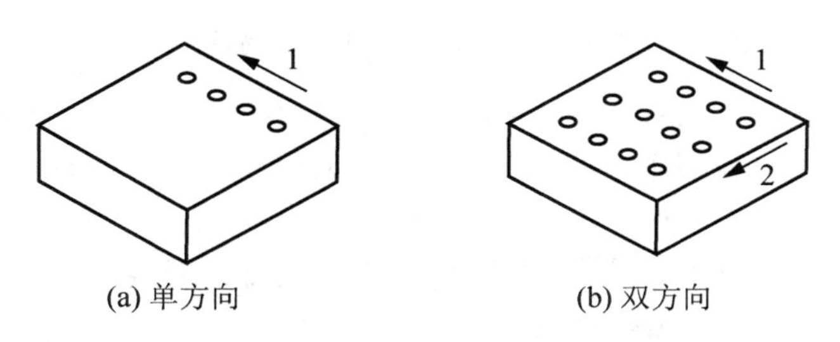

(a) 单方向　　(b) 双方向

图 13-10　单方向阵列和双方向阵列

图 13-11　在操控板的文本栏中输入每个方向的阵列特征数量

(2) 方向。通过选取平面、平整面、直边、坐标系或轴指定方向，可使用拖动句柄设置阵列增长的方向和增量来创建阵列。方向阵列可以单向或双向。选定“方向”阵列方式时，特征阵列面板的显示如图 13-12 所示。

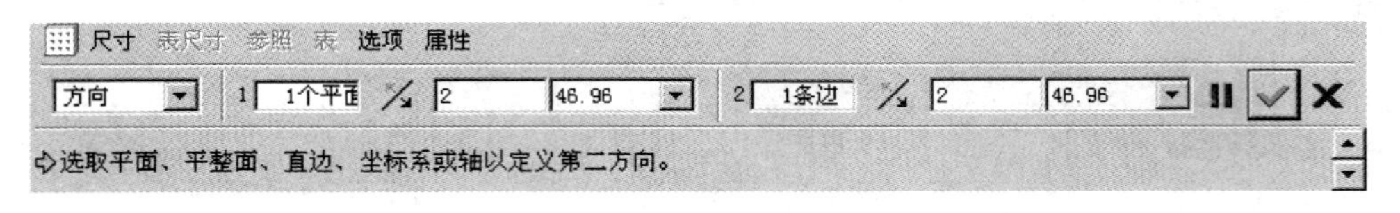

图 13-12　选定“方向”阵列方式时显示的特征阵列面板

选定“尺寸”或“方向”阵列方式后，打开的上滑面板如图 13-13 所示。

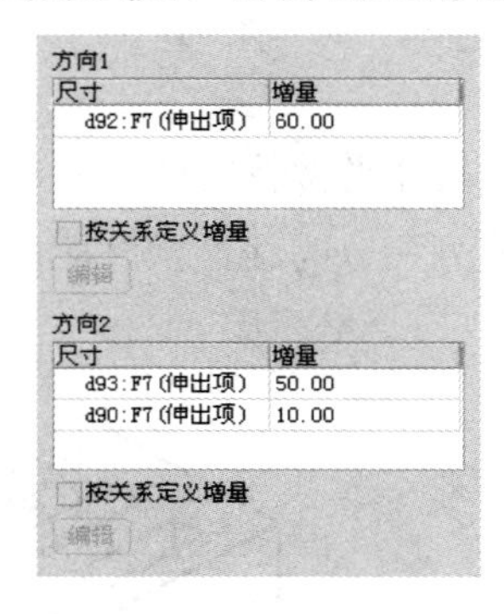

图 13-13　选定“尺寸”或“方向”阵列方式

(3) 轴。通过选取基准轴来定义阵列中心，可使用拖动句柄设置阵列的角增量和径向增量以创建径向阵列。也可将阵列拖动成为螺旋形。选定“轴”阵列方式时，特征阵列面板的显示如图 13-14 所示。

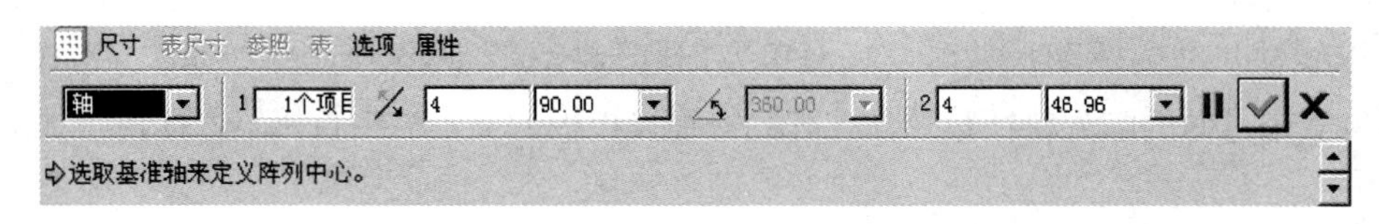

图 13-14　选定“轴”阵列方式时显示的特征阵列面板

(4) 表。指通过使用阵列表，并明确每个子特征的尺寸值来完成特征的阵列。选定“表”阵列方式时，特征阵列面板的显示如图 13-15 所示。如图 13-16 所示，打开表阵列建立的窗口。

图 13-15　选定“表”阵列方式时显示的特征阵列面板

(5) 参照。指通过参考已有的阵列特征创建一个阵列。选定“参考”方式阵列特征时，首先，模型中应该已经存在阵列特征，否则该项不能使用，该方式允许用户参照特征阵列或组阵列来阵列特征。

(6) 填充。将子特征添加到草绘区域来完成特征阵列。选定“填充”方式阵列特征时，显示如图 13-17 所示的面板。

(7) 曲线。指通过指定阵列成员的数目或阵列成员间的距离来沿着草绘曲线创建阵列。选定“曲线”方式阵列特征时，显示如图 13-18 所示的面板。

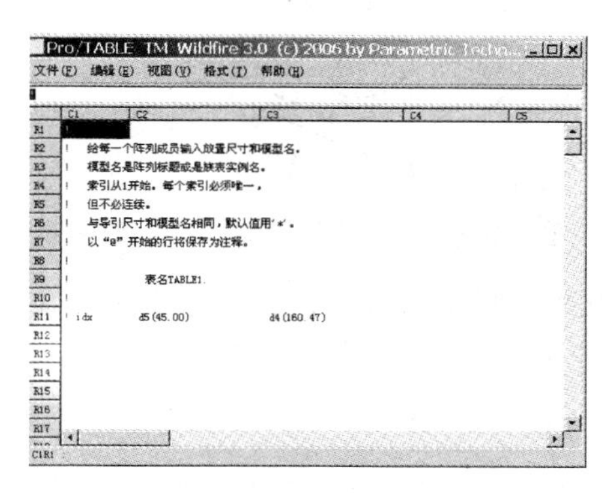

图 13-16　打开“表阵列建立”窗口

图 13-17　选定“填充”阵列方式时显示的特征阵列面板

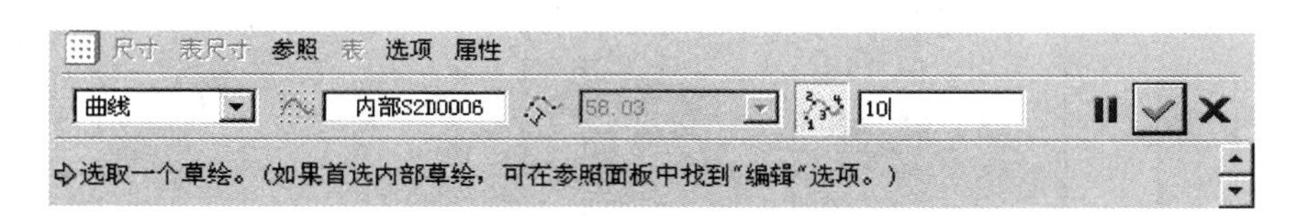

图 13-18　选定“曲线”阵列方式时显示的特征阵列面板

如果用关系式控制阵列间距，可选中“按关系定义增量”选项，并单击“编辑”按钮打开记事本，在记事本中输入和编辑关系式。

此外在阵列特征操控板中还有一个重要功能按钮“选项”，单击该按钮，弹出如图 13–19 所示的“再生选项”上滑面板，供用户选择阵列特征的生成模式。

其中，“相同”模式的阵列特征，是所有阵列特征中最简单的一种，如图 13-20 所示。用“相同”模式建立的阵列特征有如下特点：建立的阵列特征都具有相同的尺寸；建立的阵列特征都在同一平面上；建立的阵列特征不能相互干涉。“可变”模式的阵列特征较为复杂，使用该模式可以建立特征尺寸不同的阵列特征，如图 13-21 所示。“可变”模式的阵列特征具有如下特点：建立的阵列特征可具有不同的尺寸；建立的阵列特征可在不同平面上；建立的阵列特征不能相互干涉。

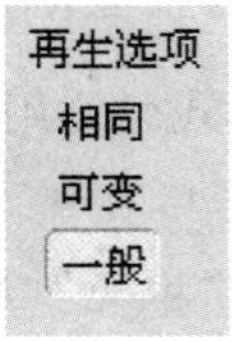

再生选项
相同
可变
一般

图 13-19 “再生选项”对话框

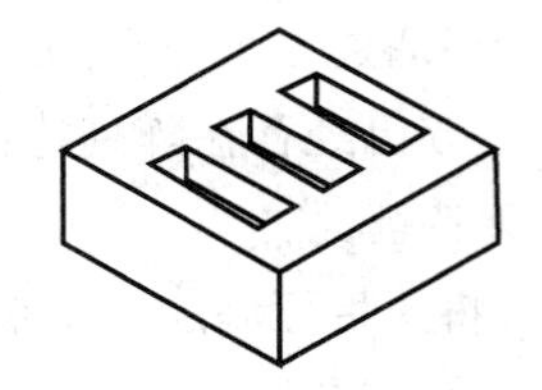

图 13-20 “相同”模式下的阵列特征

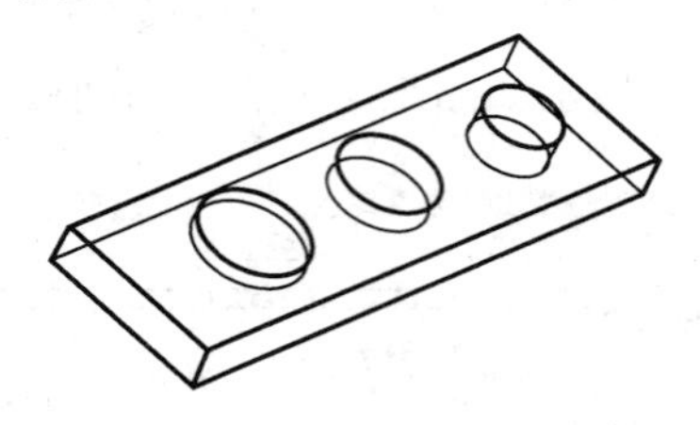

图 13-21 “可变”模式下的阵列特征

使用“一般”模式建立阵列特征最灵活，几乎没有什么条件限制，可形成复杂的阵列特征。

3. 尺寸阵列

创建尺寸阵列时，应选择特征尺寸并明确选定尺寸方向的阵列子特征间距以及阵列子特征数。尺寸阵列有单向阵列和双向阵列之分，根据选择尺寸的类型又分为线性阵列和角度阵列。

创建尺寸阵列的步骤如下，如图 13-22 所示。

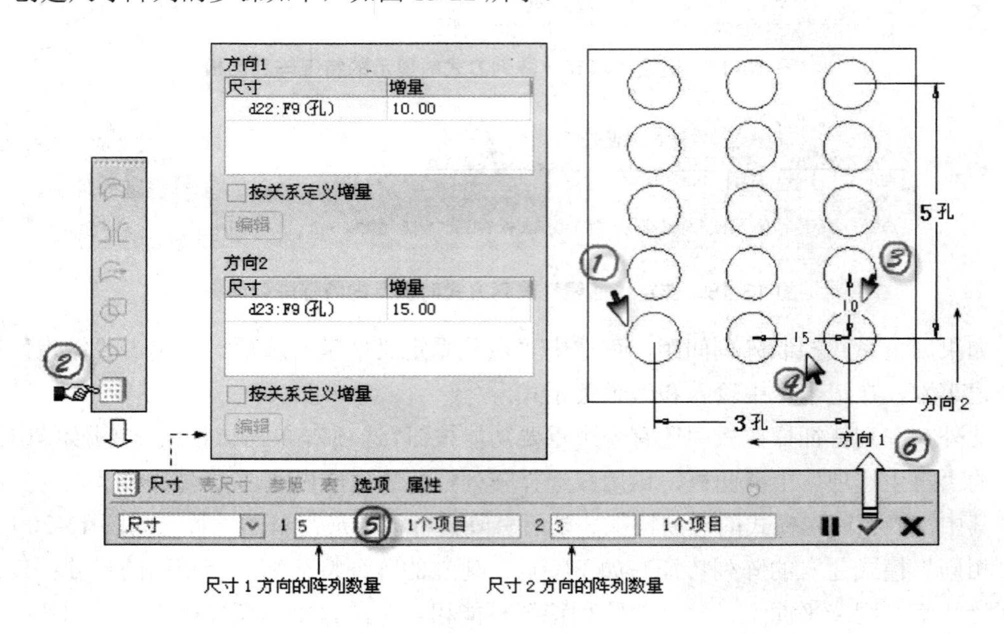

图 13-22 尺寸阵列操作步骤

(1) 选择要建立阵列的特征，见①，然后单击“阵列特征”按钮，见②，打开“阵列特征操控板”，系统默认的阵列类型是“尺寸”阵列。

(2) 选定一个尺寸作为第一个方向阵列的尺寸参考，见③，在“尺寸”面板相应的“增量”栏中输入该方向的尺寸增量(阵列子特征间距)，见④。

(3) 在第一个阵列方向要选择多个尺寸，应按住 Ctrl 键，然后在模型中选择尺寸，并在“尺寸”面板相应的“增量”栏输入相应的尺寸增量，见⑤。

(4) 在操控板中输入第一个方向的阵列数目(包括原始特征)。

(5) 要建立双向阵列，应在模型中选择阵列特征的第二个方向的尺寸，其他步骤与步骤(3)和步骤(4)相同。

(6) 单击阵列操控板中的✔按钮，完成特征阵列的建立，见⑥。

特别提示

输入的尺寸增量在模型中不显示，要修改该尺寸增量只需单击阵列面板中的“尺寸”按钮，在打开面板的“增量”栏中进行相应修改即可。

4. 方向阵列

创建方向阵列时，应选择参照(直线、平面)来定义阵列方向并明确选定尺寸方向的阵列子特征间距以及阵列子特征数。方向阵列有单向阵列和双向阵列之分。

创建方向阵列的步骤如下。

(1) 选取要创建阵列的特征，在“编辑特征”工具栏中单击▦按钮，打开“阵列”特征操控板。

(2) 将阵列类型设置为“方向”，第一方向的收集器变为激活状态。

(3) 选取作为方向参照的对象定义阵列的第一方向。可以作为方向参照的对象有直边、平面、平曲面、线性曲线、坐标系的轴和基准轴。

(4) 在选定方向上自动创建包含两个成员(用黑点表示)的默认阵列。

(5) 键入第一方向的阵列成员数。

(6) 更改阵列成员之间的距离。

(7) 完成一方向的陈列设置后，接着在另一方向上添加阵列成员，单击第二方向收集器，然后选取第二方向参照。

(8) 在文本框中输入以标签 2 开头的第二方向阵列成员数。

(9) 更改阵列成员之间的距离。

(10) 要调整某一方向阵列的方向，可单击“阵列”特征操控板中该方向的⁄按钮，或输入负增量。要创建可变阵列，可在“尺寸”面板中添加要改变的尺寸。单击阵列操控板中的✔按钮，完成特征阵列的建立。

特别提示

如果要创建可变阵列时，应首先激活“尺寸”面板中相应的方向栏，然后在模型中选择要阵列改变的尺寸。

5. 轴阵列

在 Pro/E Wildfire 2.0 之后的版本新增加轴阵列方式，通过围绕一个选定轴旋转特征创建阵列，轴阵列允许用户在两个方向上放置成员。

首先是以角度作为第一方向，阵列成员绕轴线旋转。默认轴阵列按逆时针方向等间距放置成员。其次是以径向尺寸作为第二方向，阵列成员被添加在径向方向上。

创建轴阵列的操作步骤如下。

(1) 选取要创建阵列的特征，然后单击按钮，打开阵列特征操控板。

(2) 选择阵列类型为“轴”，选取或创建基准轴作为阵列的中心。系统在角度方向上创建默认阵列，阵列成员以黑点表示。

(3) 根据设计要求调整阵列。指定角度方向的阵列成员数，可在操控板的文本框内输入个数。

(4) 要指定阵列成员之间的角度，可在数字框内输入角度值，或从预定义的角度列表中进行选取。

(5) 要指定角度范围，可使所有阵列成员在该范围内等间距分布，单击按钮，然后在文本框内输入角度范围，或从预定义的角度列表中进行选择。

(6) 要在径向方向(第二方向)上添加阵列成员，可在其对应文本框内输入以标签 2 开头的成员数。

(7) 要在径向方向上排列成员，可在文本框内输入成员之间的距离。

(8) 要反转阵列的方向，可对各个方向单击按钮或输入负增量。

(9) 要创建可变阵列，可在“尺寸”面板中添加要改变的尺寸。

(10) 单击阵列面板中的按钮，完成阵列特征的建立。

6. 表阵列

使用表阵列工具可创建复杂的、不规则的特征阵列或组阵列。在阵列表中可对每一个子特征单独定义，而且可以随时修改该表。在装配模式时可以使用阵列表阵列装配特征或零件。阵列表不是家族表，除非被解除阵列，否则每一个阵列子特征不是独立的特征。

创建表阵列的操作步骤如下。

(1) 选择要创建阵列的特征，然后单击“阵列”按钮，打开阵列特征操控板。

(2) 在阵列特征操控板中选择阵列类型为“表”。

(3) 在模型中选择要包括在阵列表中的尺寸，按住 Ctrl 键可选择多个尺寸包含在阵列表中。

(4) 单击阵列特征操控板中的“编辑”按钮，打开“表编辑”窗口。

(5) 对应阵列表中相应的尺寸，依次添加子特征的顺序号、子特征的尺寸。

(6) 完成阵列表的编辑，选择“文件”→“保存”命令，保存所做的更改，选择“文件”→“退出”命令，退出“表编辑”窗口。

(7) 如果还想创建另外的阵列表，单击“表”按钮，在打开的面板中单击鼠标右键，在弹出的快捷菜单中选择“添加”命令，该面板中添加一个新的表名称。方法同上，编辑第二个表。

(8) 单击阵列面板中的按钮，完成表阵列的建立。在表格每一行中输入子特征尺寸值，在该行的第 1 个字段输入行号，该行号必须是唯一的。如果子特征的某一尺寸与原始特征相等，在相应尺寸字段输入“*”即可。如果在此之前已保存了表文件，可选择“文件”→“读取”命令读入需要的表文件，如果想保存当前设置的表文件，可选择“文件”→“保存”或“另存为”命令，输入新文件名保存即可。

7. 参照阵列

当模型中已存在一个阵列时，可创建针对该阵列的一个参照阵列，创建的参照阵列数目与原阵列数目一致。要创建参照阵列特征，模型中必须存在阵列特征，才可使用“参照”类型阵列新特征。

创建参照阵列的操作步骤如下。

(1) 选择要阵列的特征，然后单击“阵列”按钮。

(2) 在打开的阵列操作面板中，选择“参照”类型，然后单击按钮即可完成特征参照阵列的建立。

并不是任何特征都可建立参照阵列，只有要创建阵列特征的参照与要参照的阵列特征的参照一致才可以，如轴孔、阵列孔的圆角、倒角等特征均可建立参照阵列。

8. 填充阵列

使用填充阵列可在指定的区域内创建阵列特征。指定的区域可通过草绘一个区域或选择一条草绘的基准曲线来构成该区域。应该说明的是，草绘的基准曲线与阵列特征没有联系，在以后修改该曲线时，它对阵列特征无影响。使用填充草绘区域的方法，则可通过曲线网格来定位阵列特征的成员。

建立填充阵列的操作步骤如下。

(1) 选择要创建阵列的特征，然后单击“阵列”按钮，打开阵列特征操作面板。

(2) 选择阵列类型为“填充”。

(3) 单击“参照”上滑面板中的“定义”按钮，弹出“草绘”对话框，选择草绘平面后进入草绘环境，草绘要创建阵列的区域。

(4) 选择阵列网格类型。

(5) 设定阵列子特征之间的间距。

(6) 设定阵列子特征与填充边界的最短距离。

(7) 明确网格关于原点的转角。

(8) 对于圆弧或旋转网格，设定其径距。

(9) 单击阵列面板中的按钮，完成填充阵列特征的建立。

阵列特征的中心与填充边界的最小值可设置成负值，其结果是部分子特征将分布在填充区域之外。

9. 曲线阵列

使用曲线阵列工具可创建沿指定曲线轨迹的特征阵列或组阵列。

创建曲线阵列的操作步骤如下。

(1) 选择要创建阵列的特征，然后单击“阵列”按钮，打开阵列特征操作面板。

(2) 在阵列特征操作面板中选择阵列类型为“曲线”。

(3) 单击“参照”上滑面板中的“定义”按钮，打开“草绘”窗口。

(4) 选择绘制阵列曲线的草绘平面和视图参照，在草绘环境中绘制阵列曲线。

(5) 在阵列特征操作面板中设置阵列特征在曲线上的间距或阵列特征个数。

(6) 单击阵列特征操作面板的按钮，完成曲线阵列的建立。

三、编辑特征

在 Pro/E 中，用户可对完成的或正在建立中的模型进行修改或重定义。灵活运用 Pro/E 软件具备的对模型的可编辑功能，可有效提高产品建模的灵活性和设计的高效率。

1. 特征只读

选择“编辑”→“只读”命令，系统弹出如图 13-23 所示的“只读特征”菜单管理器。使用该菜单可实现对模型特征的只读操作。

图 13-23 “只读特征”菜单管理器

菜单中各选项说明：“选取”是指选择一个特征，使该特征及其该特征以前建立的所有特征成为只读方式；“特征号”是指输入一个特征 ID 号，使该特征及其该特征以前建立的所有特征成为只读方式；“所有特征”是指使所有特征成为只读方式；“清除”是指从特征中撤销只读方式的设置。

使特征成为只读方式的操作步骤如下。

(1) 选择“编辑”→“只读”命令，系统弹出“只读特征”菜单管理器。

(2) 根据设定只读的要求，选择如下命令之一进行相应操作：“选取”、“特征号”、“所有特征”、“清除”。

(3) 选择“完成/返回”命令，选定的特征成为只读。

2. 修改特征名称

若进行特征名称的修改，一般有几种方式：一是在模型树中双击“特征”名称，然后在弹出的小文本框中输入新名称；二是右击模型树中的一个特征，在弹出的快捷菜单中选择“重命名”命令，然后输入新的特征名称；三是选择“编辑”→“设置”命令，系统弹出“零件设置”菜单管理器，如图 13-24 所示，选择该菜单中的“名称”命令，系统弹出“名称设置”菜单，如图 13-25 所示。选择相应的选项，然后选择要修改的对象并在文本框中输入新的名称。

图 13-24 “零件设置”菜单管理器

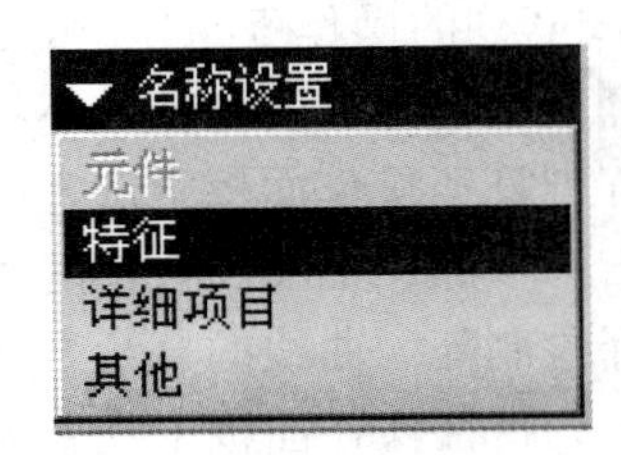

图 13-25 “名称设置”选项

3. 插入特征

在建立新特征时，系统会将新特征建立在所有已建立的特征之后，通过模型树可以了解特征建立的顺序，由上而下代表顺序的前与后。在特征创建过程中，使用特征插入模式，可以在已有的特征顺序队列中插入新特征，从而改变模型创建的顺序。

插入特征的操作步骤如下。

(1) 选择“编辑”→“特征操作”命令，弹出“特征”菜单。

(2) 选择“插入模式”命令，弹出如图 13-26 所示的菜单，选择“激活”命令即可进入特征插入模式，绘图区域右下方会出现文字“插入模式”。

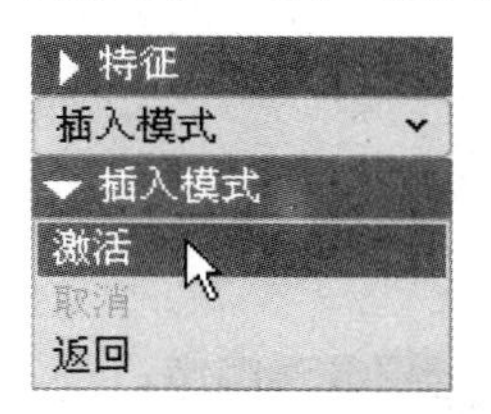

图 13-26　插入模式

(3) 系统提示：“选取在其后插入的特征”，选择一个特征作为插入的参照，在该特征之后的特征自动被隐含。如图 13-27 所示，被隐含的特征在此处插入新特征。

(4) 建立新特征。

(5) 完成新特征后，选择“编辑”→“恢复”→“恢复全部”命令，恢复在步骤(3)中所有隐含的特征。

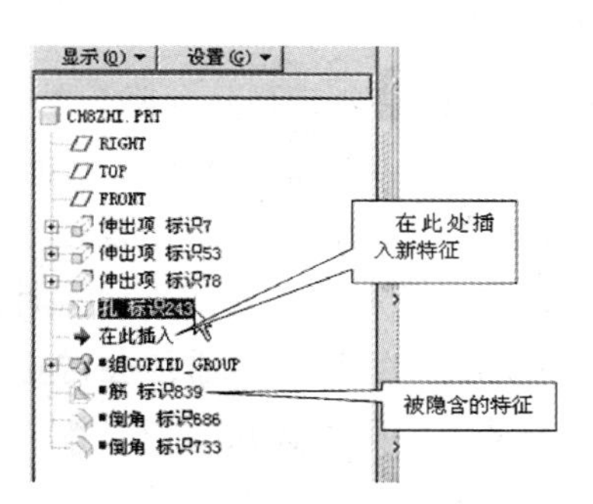

图 13-27　插入新特征

在模型树中直接进行插入特征的操作可能会更快捷。具体的操作方法是将光标移至“在此插入”，按住鼠标左键，直接将其拖至欲插入特征之后，然后建立新特征。新特征建立完毕，再将“在此插入”拖至模型树的尾部即可。

4. 特征排序

Pro/E 允许用户在已建立的多个特征中，重新排列各特征的生成顺序，从而增加设计的灵活性。

在特征排序时，应注意特征之间的父子关系，父特征不能移到子特征之后，同样子特征也不能移到父特征之前。

特征排序的操作步骤如下。

(1) 选择“编辑”→“特征操作”命令，打开“特征”菜单。

(2) 在“特征”菜单下，选择“重新排序”命令，系统提示：“选取要重排序的特征。多个特征必须是连续顺序”。

(3) 在绘图窗口或模型树中选择要调整的特征。

(4) 此时信息栏会提示该特征的可能排序范围，如图 13-28 所示。

(5) 选择“完成”命令，系统显示“重新排序”菜单，如图 13-29 所示。在该菜单中，选择“之前”或“之后”命令，以确定所选择的特征要移动到系统提示的某特征之前或之后。

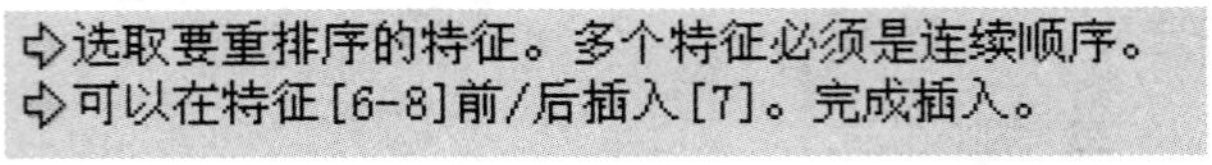

⇨选取要重排序的特征。多个特征必须是连续顺序。
⇨可以在特征[6-8]前/后插入[7]。完成插入。

图 13-28 信息栏会提示排序特征可能排序的范围

图 13-29 “重新排序”菜单

(6) 按系统提示，在绘图窗口或模型树中选择一个特征作为特征插入的位置。

同样，在模型树中进行特征排序的操作更快捷。具体方法是将光标移至某个要移动的特征，按住鼠标左键，直接将其拖至欲插入特征之前或之后即可。

5. 特征的隐含、恢复和删除

Pro/E 允许用户对产生的特征进行隐含或删除。隐含的特征可通过恢复命令进行恢复，而删除的特征将不可恢复。

一般情况下，在如下场合会对特征进行隐含。一是通过隐含、隐藏其他特征使当前工作区只显示目前的操作状态。二是在“零件”模式下，零件中的某些复杂特征，如高级圆角、数组复制(阵列)等，这些特征的产生与显示通常会占据较多系统资源，将其隐含可以节省模型再生或刷新的时间。三是使用组件模块进行装配时，使用“隐含”命令，隐含装配件中复杂的特征可减少模型再生时间。四是隐含某个特征，在该特征之前添加新特征。

如果隐含或删除的特征具有子特征，则隐含或删除特征后，其相应的子特征也随之隐含或删除。若不想隐含或删除子特征，则可使用“编辑”→“参照”命令，重新设定特征的参照，解除特征间的父子关系。

隐含或删除特征的操作步骤如下。

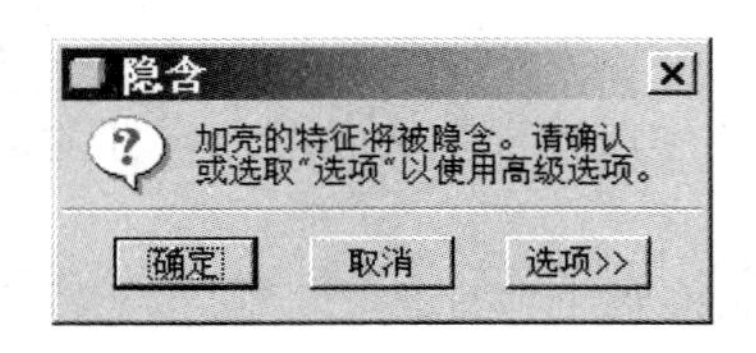

图 13-30 “隐含”对话框

(1) 在模型树或图形窗口中选择要删除或隐含的特征。

(2) 单击鼠标右键，在弹出的快捷菜单中选择“隐含”或“删除”命令，在模型树中被选择的特征及其子特征高亮显示，同时弹出一对话框，以确认要删除或隐含的特征，如图 13-30 所示。

(3) 单击“隐含”或“删除”对话框中的“确定”按钮，完成选定特征及其子特征的隐含或删除，若想保留子特征则单击“隐含”或“删除”对话框中的“选项”按钮，弹出“子项处理”窗口。

(4) 在“子项处理”窗口中选定该子特征的相应处理方式。

(5) 单击“确定”按钮，完成特征的隐含或删除。

如要恢复被隐含的特征，只要选择“编辑”→“恢复”命令，系统弹出如图 13-31 所示的“级联菜单”，选择其中的一项即可。

恢复(U)
恢复上一个集(L)
恢复全部(A)

图 13-31　级联菜单

级联菜单中各项含义：“恢复”是指恢复选定的特征；“恢复上一个集”是指恢复上次隐含的特征；“恢复全部”是指恢复所有隐含的特征。

选择特征后，选择“编辑”→“隐含”或“编辑”→“删除”命令，也可完成对选定特征的隐含或删除。

6. 简化表示

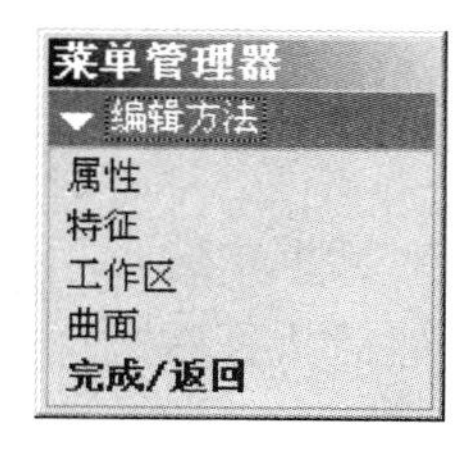

图 13-32 “编辑方法”菜单管理器

针对复杂的零件设计，Pro/E 提供简化表示功能。一般在如下场合使用该功能：通过包含某些特征或排除某些特征，简化设计模型的显示；通过明确“工作区”，只显示模型中的一部分；在模型显示中包括或不包括选中的面。

在进行简化表示时，要使用如图 13-32 所示的“编辑方法”菜单管理器选择简化表示的方式。

其中：“属性”是指通过设定属性，简化表示模型。选择该项，系统弹出如图 13-33 所示的菜单，在该菜单中明确要简化表示的属性。“特征”是指通过定义包括或不包括特征的方式建立模型的简化表示。选择该项，系统弹出如图 13-34 所示的菜单。使用该菜单，可选择特征的包括方式及模型的显示方式。“工作区”是指通过添加一工作区建立模型的简化表示。“曲面”是指通过合并曲面的方式建立模型的简化表示。

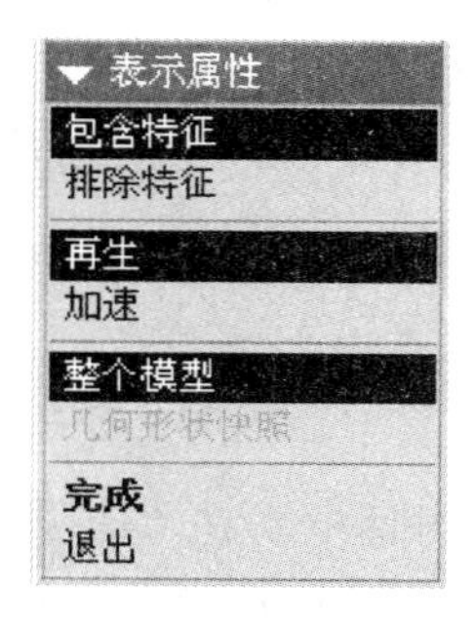

图 13-33　表示属性对话框图

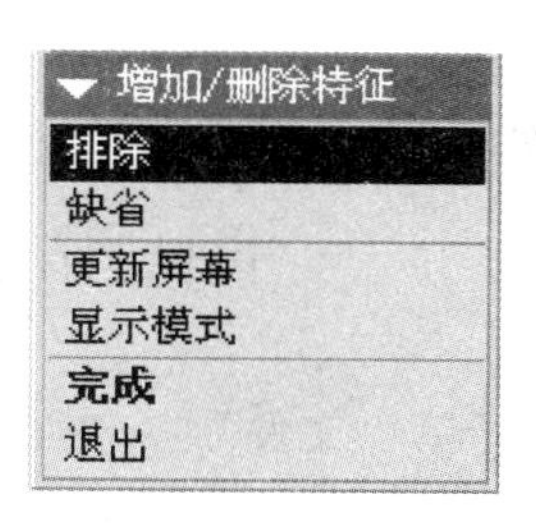

图 13-34　从菜单中选择特征的包括方式及模型的显示方式

建立简化表示的操作步骤如下。

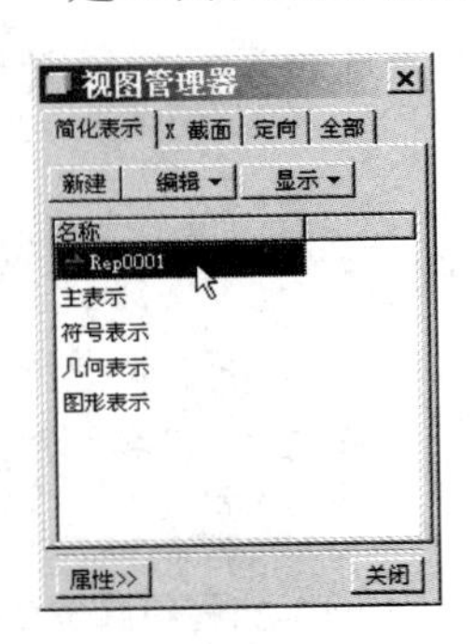

图 13-35　视图管理器

(1) 选择“视图”→“视图管理器”命令，或单击按钮弹出“视图管理器”对话框，如图 13-35 所示。

(2) 单击“新建”按钮，并输入新的简化表示名称，按 Enter 键确认。

(3) 右击新建的表示名称，在弹出的快捷菜单中单击“重定义”选项，也可选择“视图管理器”对话框中的“编辑”→“重定义”命令。

(4) 系统显示“编辑方法”菜单，选择简化表示的方式然后进行相应操作即可。

要进行简化表示，一般应明确如下内容：是否包括特征；刷新简化表示的方法；简化表示的数据类型。

四、编辑定义特征

Pro/E 允许用户重新定义已有的特征，以改变该特征的创建过程。选择不同的特征，其重定义的内容也不同。例如，对使用一个截面经过拉伸或旋转而成的特征，用户可重新定义该截面或重新定义该特征的参照等。

Pro/E 针对不同特征提供两种情形的重定义操作：一是在模型对话框中选择相应项目来重新定义特征；二是在模型树或模型中选择要重新定义的特征，然后执行右键快捷菜单中的“编辑定义”命令来重新定义特征。

编辑定义特征的操作步骤如下。

(1) 选择特征并单击鼠标右键。

(2) 在弹出的快捷菜单中选择“编辑定义”命令，弹出“模型”对话框或特征操控板或者出现“重定义”菜单。

(3) 若打开特征操控板，则选择适当的选项，以重定义特征；若弹出“模型”对话框，则双击要进行重定义的项目或单击该项目，然后单击“定义”按钮；若出现“重定义”菜单，则应选择相应的选项，然后单击“完成”按钮。

(4) 按系统提示进行操作，完成编辑定义特征。

操作指引

设计封闭式旋转楼梯的三维模型

步骤一：选择单“文件”→“新建”命令，弹出“新建”对话框，在“类型”选项组中选中“零件”单选按钮并输入文件名“xuanzhuanlouti”，然后单击“确定”按钮进入三维实体建模模式。

步骤二：创建旋转楼梯中柱特征。

如图 13-36 所示，创建拉伸实体特征，选择 F 平面为草绘平面，绘制直径分别为 400 和 500 的两个同心圆，完成后打钩退出草绘界面。

如图 13-37 所示，设置“单侧”位伸，拉伸深度为 1000，打钩完成后生成中柱特征。

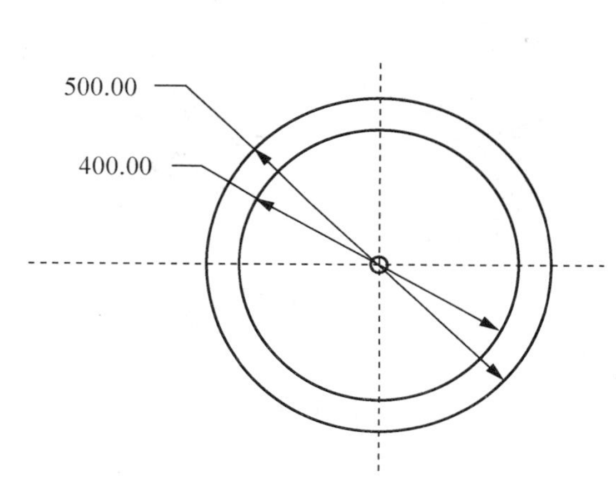

图 13-36　草绘两个同心圆

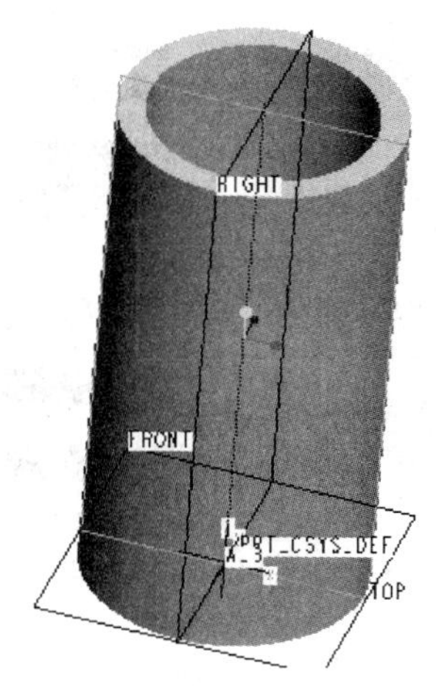

图 13-37　生成的中柱特征

步骤三：创建旋转楼梯第一个梯台特征。

如图 13-38 所示，再次创建拉伸实体特征，以刚创建的拉伸特征的上表面为草绘平面，其余按默认方式进入草绘界面。

如图 13-39 所示，草绘梯台的截面，完成后打钩退出草绘界面。

如图 13-40 所示，设置“单侧”拉伸，调整为反向拉伸，深度为 50，打钩后完成拉伸操作。

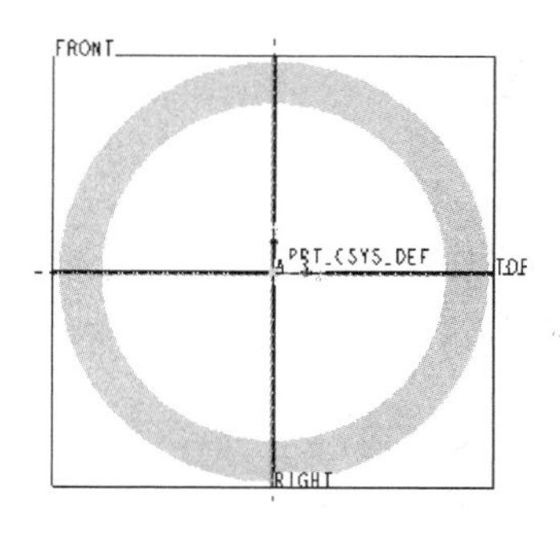

图 13-38　创建拉伸实体

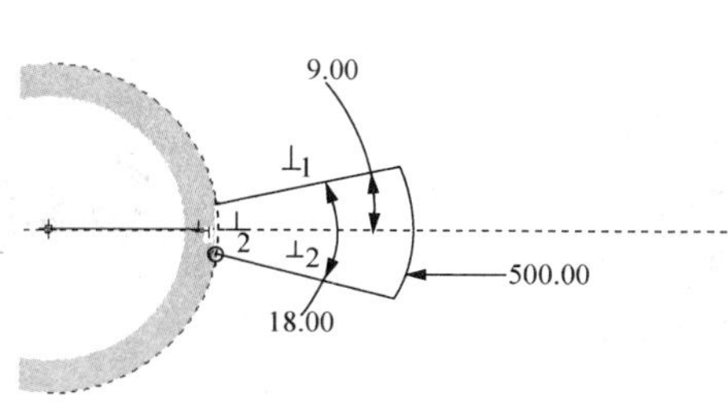

图 13-39　梯台截面

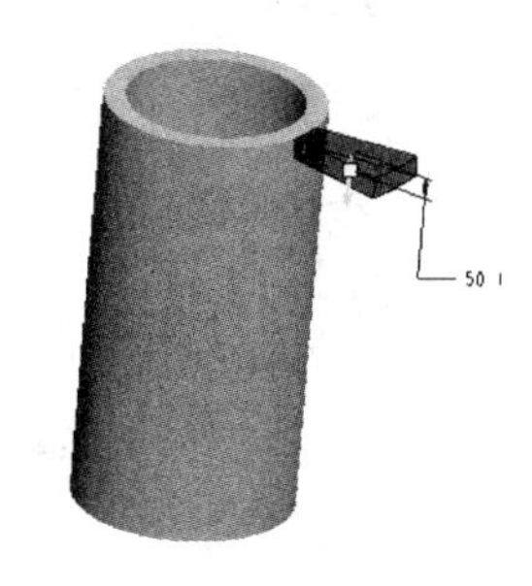

图 13-40　完成拉伸操作

步骤四：复制第二个梯台特征。

如图 13-41 所示，打开“编辑”下拉菜单，选择“特征操作”命令，弹出“特征”菜单管理器，选择“复制”命令，选择“移动”命令，同时选取“独立”命令，完成。

如图 13-42 所示，在弹出的新菜单中选择“平移”、“曲线/边/轴”命令，然后选取圆筒的轴线，正向，输入平移的距离为 5，完成特征平移的操作。

图 13-41 “特征”菜单管理器

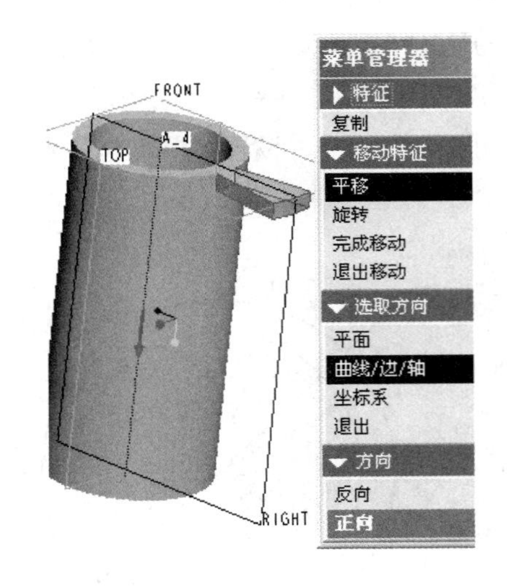

图 13-42 完成特征平移操作

如图 13-43 所示，然后在菜单管理器中重新选择“旋转”、“曲线/边/轴”命令，然后又选取圆筒的轴线，正向，输入旋转的角度为 18°，完成特征旋转的操作。

如图 13-44 所示，完成特征的复制，创建另一梯台的特征。

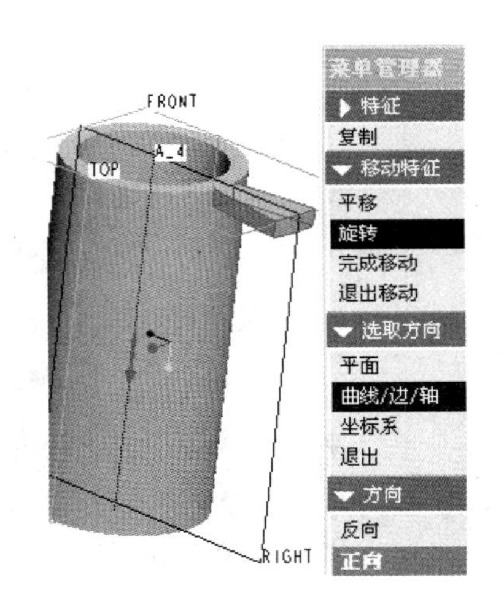

图 13-43 完成特征旋转操作

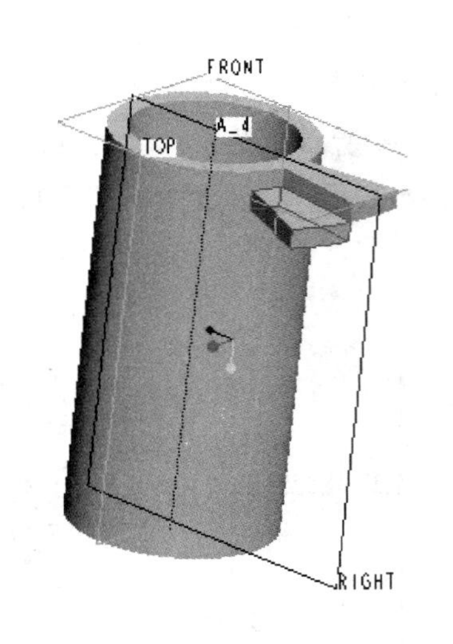

图 13-44 创建另一梯台

步骤五：阵列其他梯台特征。

如图 13-45 所示，选中刚创建的特征，打开“陈列”工具的操作面板，在“尺寸”上滑面板中尺寸方向 1 中选择复制时创建的两个尺寸，50 和 18° (操作时选择第二个尺寸时必须按住 Ctrl 键)，作为尺寸方向的增量。

如图 13-46 所示，阵列的数量为 19，打钩完成阵列的操作。

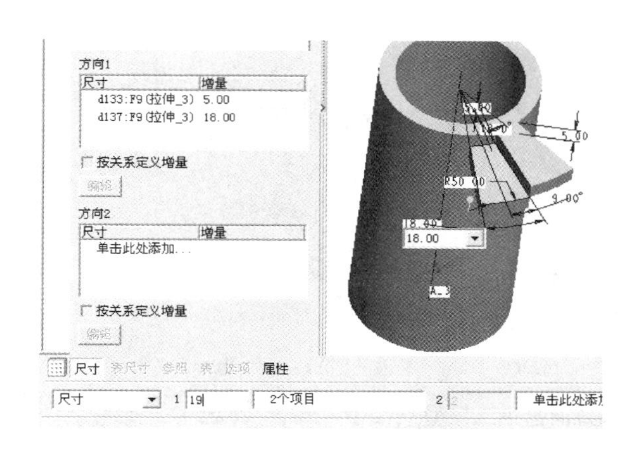

图 13-45　设置尺寸

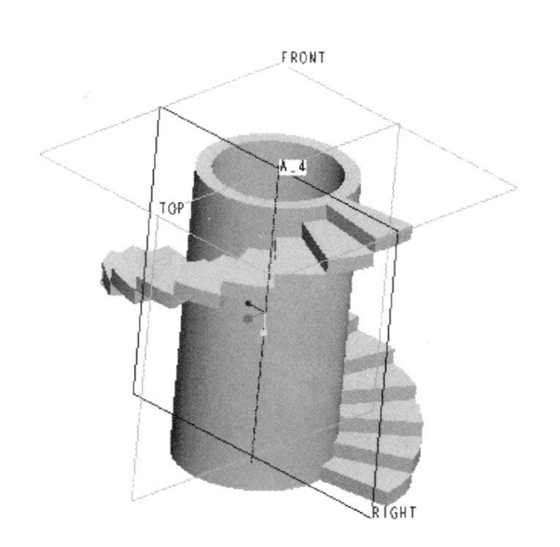

图 13-46　完成阵列操作

如图 13-47 所示，阵列时在尺寸方向 1 中选择创建实体特征时高度尺寸为 5，旋转角度还是选择复制时创建的 18°。

如图 13-48 所示，打钩完成后，阵列的楼梯就变成了实心的梯子。

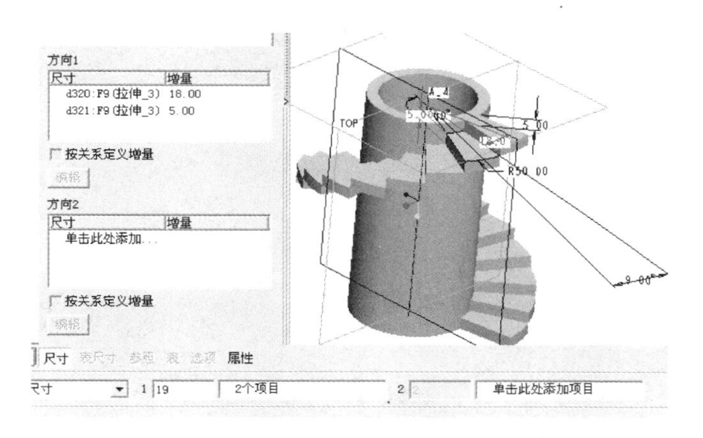

图 13-47　设置高度尺寸

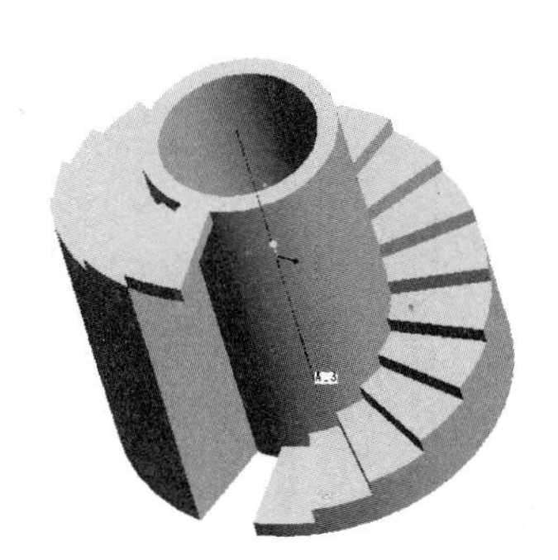

图 13-48　实心的梯子

特别提示

图 13-48 中的操作还可以选择以轴来阵列，轴线为圆筒的轴线，阵列 19 个，尺寸里选择复制时创建的 50 即可。

拓展训练

1. 运用 Pro/E 设计软件，完成如图 13-49 所示的汽车方向盘三维模型的设计，方向盘中的连接筋请运用编辑中的复制、选择性粘贴工具进行操作。

图 13-49　汽车方向盘三维模型

2. 运用 Pro/E 设计软件，完成如图 13-50 所示三维模型的设计，模型中的立柱请运用编辑中的阵列工具进行操作。

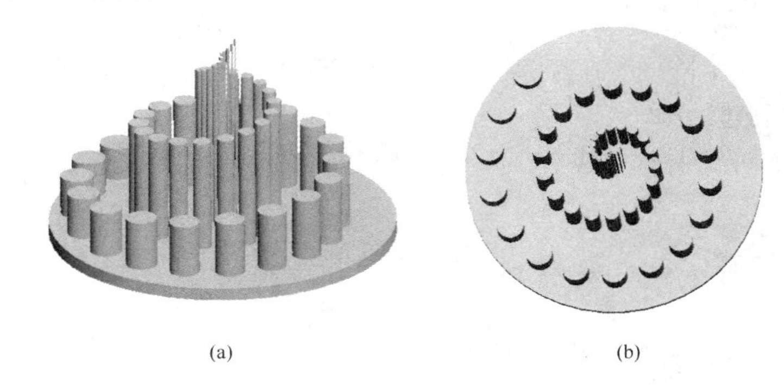

(a)　　　　(b)

图 13-50　三维模型

项目 14　轴承座的设计

知识目标

了解三维绘图环境及其设置，掌握常用三维工具的用法，熟悉绘制二维图形的一般流程和技巧，掌握工程特征中孔工具，包括光孔、草绘孔及标准螺纹孔等的基本操作方法与技巧。

技能目标

熟练地运用 Pro/E 设计软件，使用拉伸工具实体特征的创建方法创建轴承座的主体结构，然后运用拉伸减材料工具创建轴承孔、运用工程特征中的孔工具创建底板连接孔特征、运用阵列工具阵列一系列的孔，快速准确地设计轴承座模型。

项目任务

运用 Pro/E 设计软件，完成如图 14-1 所示的轴承座三维模型的设计。

图 14-1　轴承座三维模型

工程特征——孔特征

工程特征是指具有一定工程应用价值的特征，例如孔特征、倒圆角特征、拔模特征、抽壳特征、筋特征、倒角特征等，大多数工程特征是不能单独存在的，必须附着在其他的特征之上，这也是工程特征与基础实体特征的典型区别之一，因此使用 Pro/E 进行三维建模时，通常首先要先创建基础实体特征，然后在其上添加各类工程特征，直到最后生成满意的产品模型。

在 Pro/E 中，孔分为简单孔、草绘孔和标准孔。其中，简单孔和草绘孔同属于直孔类型。执行孔特征时，打开孔特征的操控板，如图 14-2 所示，可定义孔的放置位置、次参照及孔的其他具体特征，在此系统中，孔总是从放置参照位置开始延伸到指定的深度，并且会显示预览几何。

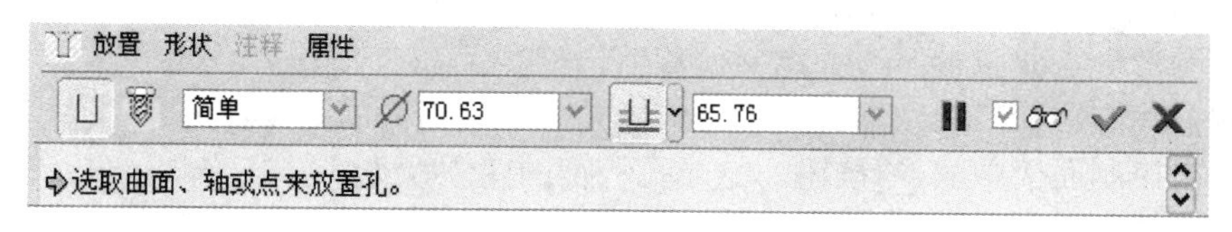

图 14-2 “孔”工具的操作面板

1. 孔的定位方式

使用“孔”命令建立孔特征，应指定孔的放置平面并标注孔的定位尺寸，单击该“放置”按钮，显示如图 14-3 所示的“放置”上滑面板，在该面板进行放置孔特征的操作。系统提供 4 种标注方法：线性、径向、直径、同轴。

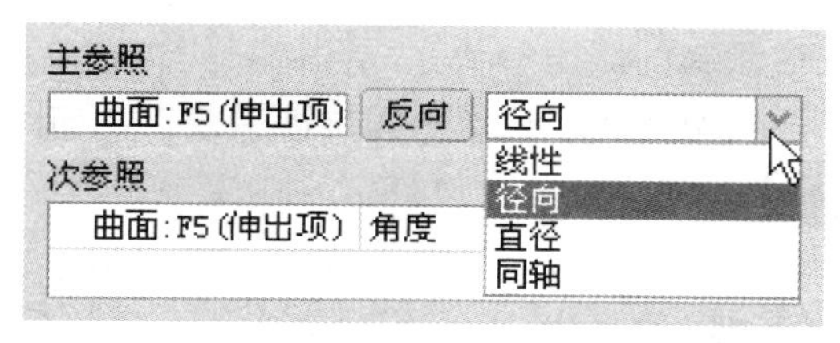

图 14-3 “放置”上滑面板

(1) 线性。使用两个线性尺寸来定位孔的位置，只标注孔的中心线到实体边或基准面的距离。

(2) 径向。使用一个线性尺寸和一个角度尺寸定位孔，以极坐标的方式标注孔的中心线位置。此时应指定参考轴和参考平面，以标注极坐标的半径及角度尺寸。

(3) 直径。使用一个线性尺寸和一个角度尺寸定位孔，以直径的尺寸标注孔的中心线的位置，此时应指定参考轴和参考平面，以标注极坐标的直径及角度尺寸。

(4) 同轴。使孔的轴线与实体中已有的轴线共线，在轴和曲面的交点处放置孔。

2. 简单孔

简单孔是一种最简单同时也最常用的一种孔类型。

建立简单孔的操作步骤如图 14-4 所示。

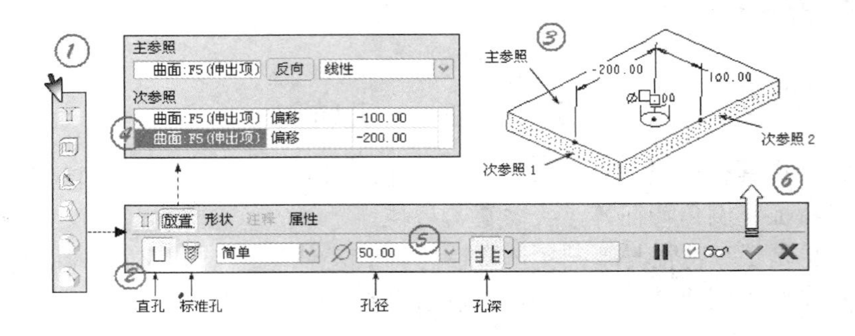

图 14-4　简单孔的创建步骤

(1) 选择“插入”→“孔”命令，或单击按钮，系统显示孔特征操作面板，见①。

(2) 选择孔的类型为“简单”，见②。

(3) 确定孔的放置平面及尺寸定位方式，并相应标注孔的定位尺寸，在图形中点取主参照，并定义孔的放置方式为线性，见③④。

(4) 在图形中点取主参照，并定义偏移值，见③④。

(5) 输入孔的直径，选定深度定义方式，并相应给出孔的深度，见⑤。

(6) 单击控制面板中的按钮，完成孔特征的建立，见⑥。

建立简单孔，只需选定放置平面、给定形状尺寸与定位尺寸即可，不需要设置草绘面、参考面等，这也是将孔特征归为放置特征的原因。

3. 草绘孔

草绘孔就是使用草图中绘制的截面形状完成孔特征的建立，其特征生成原理与旋转减料特征类似。选择“草绘”类型，建立孔使用的特征操控板，如图 14-5 所示。

图 14-5　“草绘孔”工具操作面板

其中：按钮是指打开一个草绘文件，该文件作为建立草绘孔特征的草绘剖面。按钮是指直接进入草绘环境，绘制建立草绘孔特征的草绘剖面。

绘制草绘孔的基本操作步骤如下。

(1) 选择“插入”→“孔”命令，或单击按钮，系统显示孔特征操控板。

(2) 选定孔的类型为“草绘”。

(3) 单击按钮打开一个草绘文件，或单击按钮进入草绘环境绘制一个剖面。

(4) 在草绘状态绘制一条旋转中心线和剖面，并标注尺寸。

(5) 完成步骤(4)，系统返回孔特征操控板。

(6) 单击“放置”按钮，在打开的“放置”面板中设定孔的放置平面及孔的定位方式，并相应标注孔的定位尺寸。

(7) 单击“预览”按钮，观察完成的孔特征；单击按钮，完成孔特征的建立。

特别提示

绘制的剖面至少要有一条边与旋转中心线垂直。如果对孔特征不满意，可单击孔特征操作面板中的按钮，对草绘截面重新调整，这也正是 Pro/E 在人机交互设计中提高效率的一大改进。

4. 标准孔

在 Pro/E 野火版本中新增了“标准孔”类型(ISO、UNC、UNF 3 个标准)，并允许用户选择孔的形状如埋头孔、沉孔等。

建立标准孔的基本操作步骤如下。

(1) 选择“插入”→“孔”命令，或单击按钮，系统显示孔特征操作板，如图 14–6 所示。

图 14-6　“标准孔”工具操作面板

(2) 选择标准孔的类型，如 ISO。

(3) 在模型上选取孔的近似位置，即主放置参照，系统将显示孔的预览几何。

(4) 打开“放置”上滑面板选取适当的放置类型，然后激活次参照列表以选取相应的次参照，并定义所需的次参照类型和参照值。

(5) 从对话栏的深度选项列表中选取一个深度选项并定义其深度值。

(6) 默认选取“埋头孔”按钮，打开“形状”上滑面板定义埋头孔直径或角度，否则单击“埋头孔”按钮移除埋头孔；如果在孔中攻丝则选取“攻丝”按钮，否则移除。

(7) 定义标准孔的直径和深度。

(8) 单击控制面板中的按钮，完成标准孔特征的建立。

操作指引

设计轴承座的三维模型

步骤一：选择“文件”→“新建”命令，弹出“新建”对话框，在“类型”选项组中选中“零件”单选按钮并输入文件名“zhouchengzuo”，然后单击“确定”按钮进入三维实体建模模式，首先选择“编辑”→“设置”命令，弹出“设置”菜单管理器，单击“单位”选项，打开“单位管理器”，选择 mmns_part_solid 作为设计模板。

步骤二：创建轴承座主体部分特征。

如图 14-7 所示，创建拉伸特征，在右工具箱中单击“拉伸”按钮或选择“插入”→“拉伸”→“伸出项”命令，打开其操作面板，以 F 平面为草绘平面，其余按系统默认，进入草绘界面，草绘拉伸的二维平面图形，完成后打钩退出草绘界面。

如图 14-8 所示，设置为“从草绘平面以指定的深度值拉伸”，深度为 20，打钩完成后生成拉伸特征。

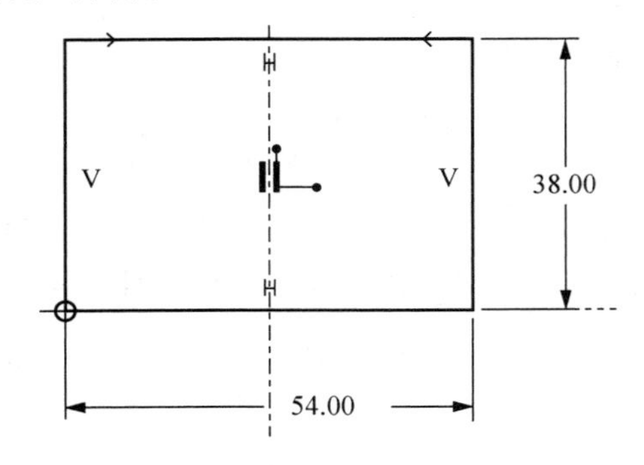

图 14-7　草绘拉伸的二维平面图形

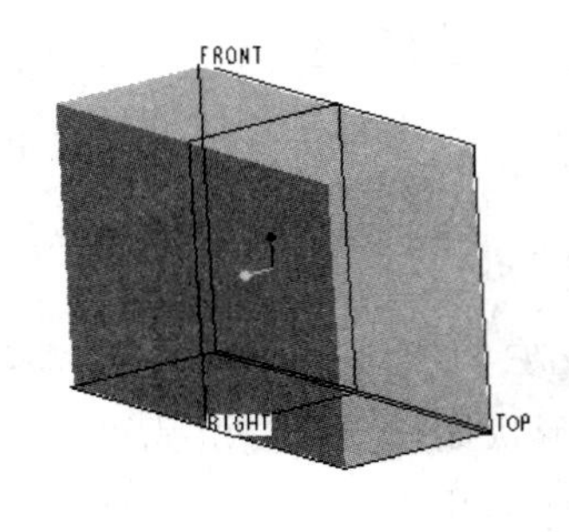

图 14-8　生成的拉伸特征

如图 14-9 所示，再次创建拉伸特征，在右工具箱中单击“拉伸”按钮或选择“插入”→“拉伸”→“伸出项”命令，打开其操作面板，以 T 平面为草绘平面，其余按系统默认，进入草绘界面，选择 3 条实体边作为草绘参照，草绘拉伸的二维平面图形，完成后打钩退出草绘界面。设置为“从草绘平面以指定的深度值拉伸”，深度为 40，打钩完成。

如图 14-10 所示，运用旋转工具创建旋转减材料的操作，在右工具箱中单击“旋转”按钮或选择“插入”→“旋转”→“伸出项”命令，打开其操作面板，然后以 F 平面为草绘平面，其余按照系统默认方式进入草绘界面，选择两实体边作为草绘的参照，草绘轴承孔旋转时的平面图形，建立旋转中心轴，完成后打钩退出草绘界面。

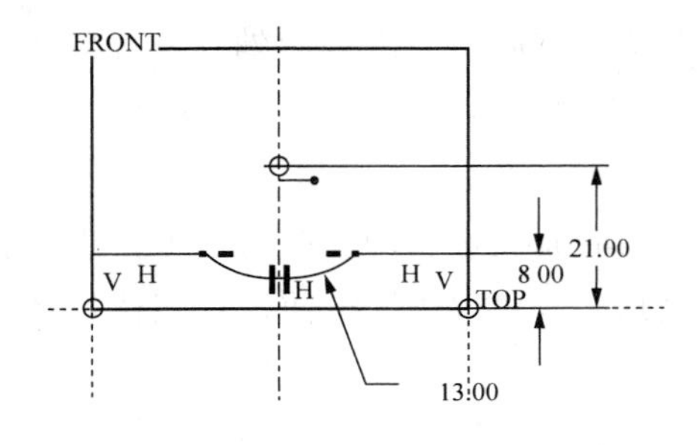

图 14-9　再次创建拉伸特征

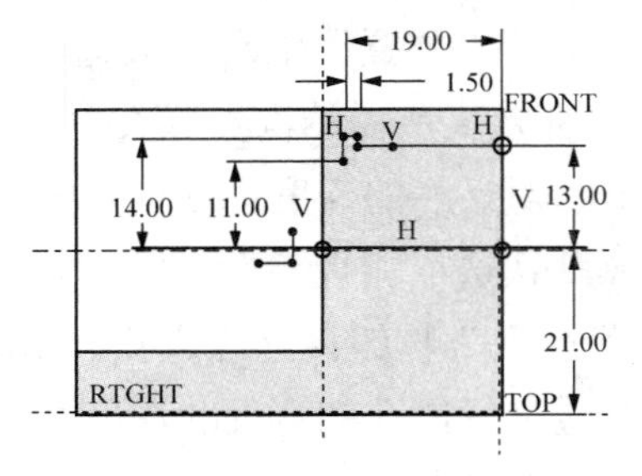

图 14-10　草绘轴承孔旋转时的平面图形

如图 14-11 所示，在旋转操作面板中输入旋转角度为 360°，“减材料”，预览后打钩完成轴承孔的创建。

如图 14-12 所示，再次创建拉伸特征，在右工具箱单击“拉伸”按钮或选择“插入”→“拉伸”→“伸出项”命令，打开其操作面板，以轴承座主体的右侧面为草绘平面，其余按系统默认，进入草绘界面，选择 4 条实体边作为草绘参照，草绘拉伸的二维平面图形，完成后打钩退出草绘界面。

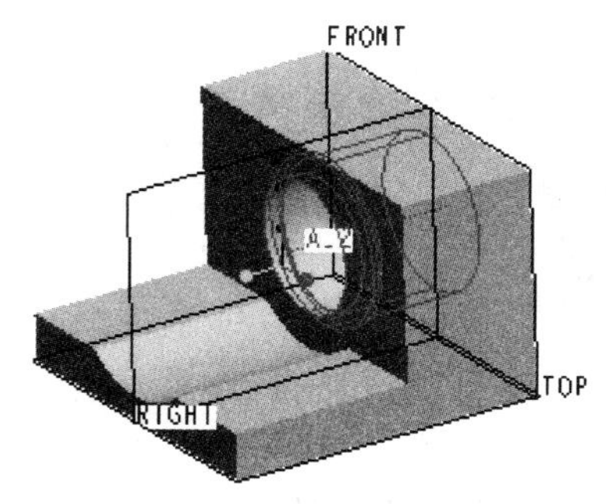

图 14-11　完成轴承孔的创建

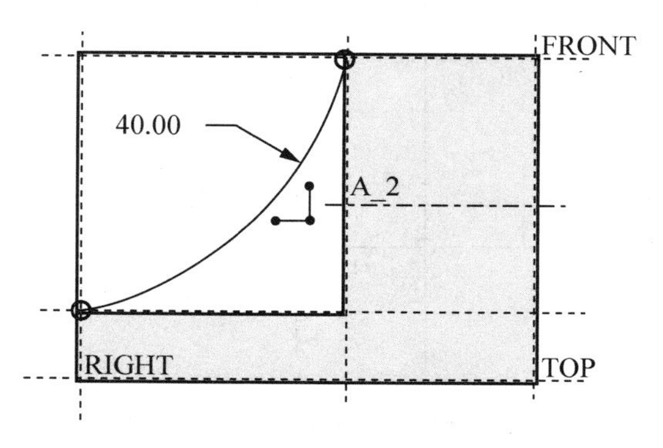

图 14-12　拉伸的二维平面图形

如图 14-13 所示，设置为“从草绘平面以指定的深度值拉伸”，拉伸的方向朝内，深度为 4，打钩完成右侧圆弧板的创建。将刚创建的拉伸特征以 R 平面为镜像平面进行镜像，可得到左侧圆弧板。

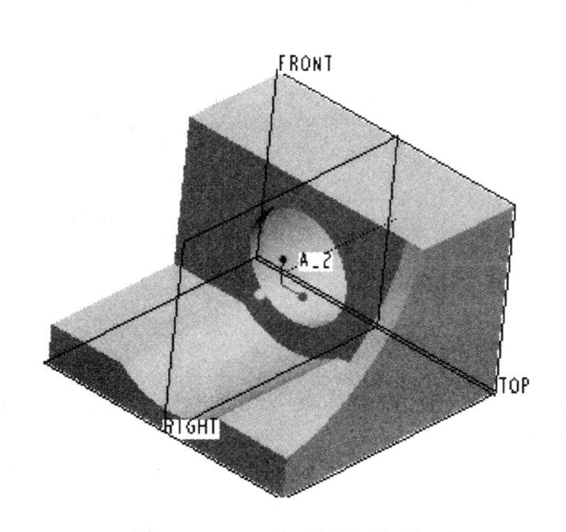

图 14-13　完成圆弧板创建

步骤三：创建轴承座上孔的特征。

如图 14-14 所示，选择“插入”→“孔”命令，或单击右工具箱中的“孔”按钮，系统显示孔特征操作面板，选定孔的类型为“草绘”，单击“草绘”按钮进入草绘环境绘制一个孔的剖面和一条旋转中心线，并标注尺寸，完成草绘后打钩退出草绘系统，返回孔特征的操作面板。

如图 14-15 说所示，单击“放置”按钮，在打开的“放置”面板中设定孔的放置平面及孔的定位方式，并相应标注孔的定位尺寸。

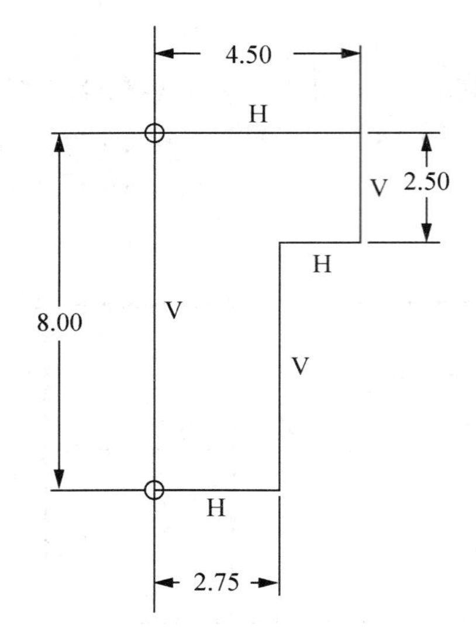

图 14-14　绘制一个孔的剖面和一条旋转中心线

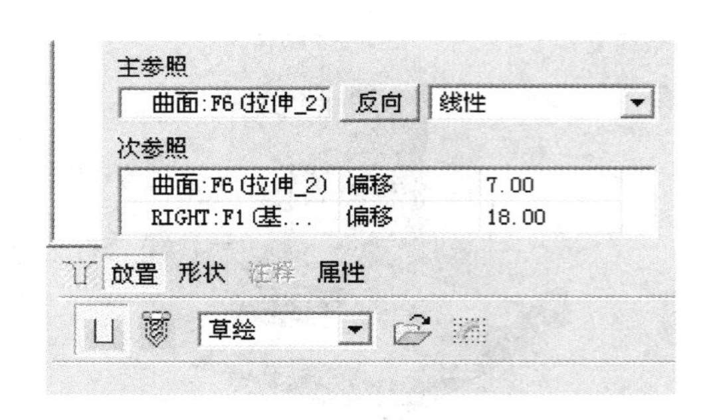

图 14-15　设定孔的放置平面及定位方式

如图 14-16 所示，单击预览按钮，观察完成的孔特征，打钩完成一个“草绘孔”特征的建立。

如图 14-17 所示，选取刚创建的“草绘孔”特征，打开“阵列”的操作面板，进行两个方向的阵列。

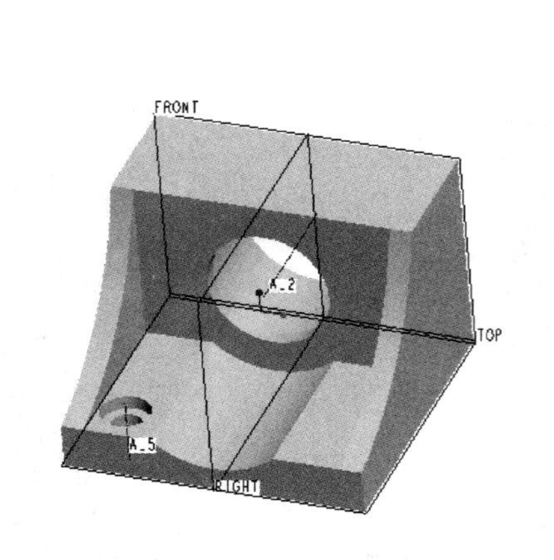

图 14-16　“草绘孔”的特征

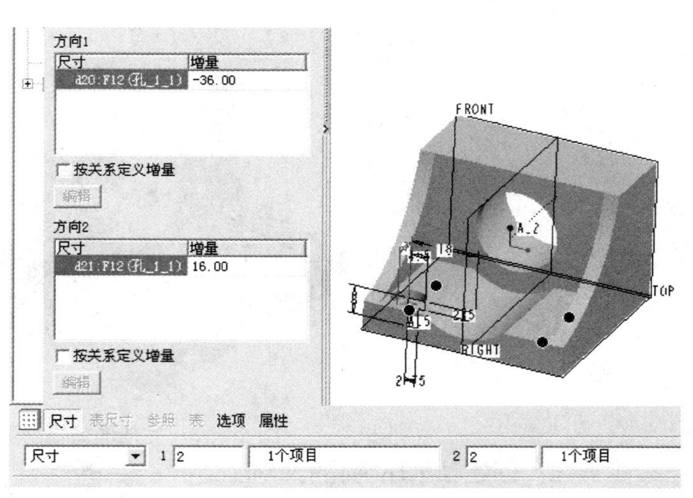

图 14-17　两个方向的阵列

如图 14-18 所示，完成阵列孔的操作。如图 14-19 所示，运用拉伸、减材料工具创建孔特征，在右工具箱中单击“拉伸”按钮或选择“插入”→“拉伸”→“伸出项”命令，打开其操作面板，以底板的上表面作为草绘平面，其余按系统默认，进入草绘界面，草绘两个直径为 3 的小圆，完成后打钩退出草绘界面。

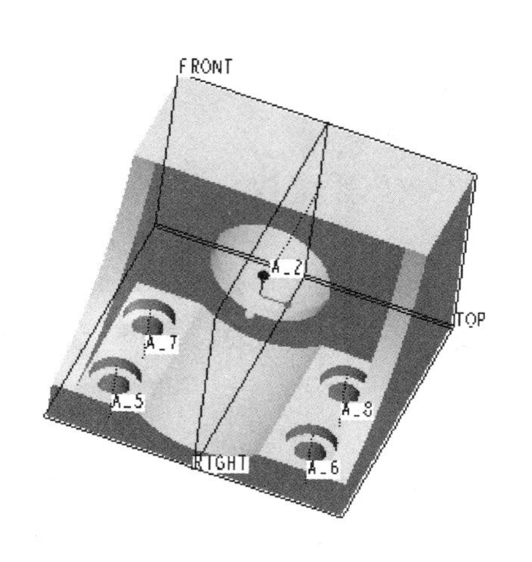

图 14-18　完成后的阵列孔

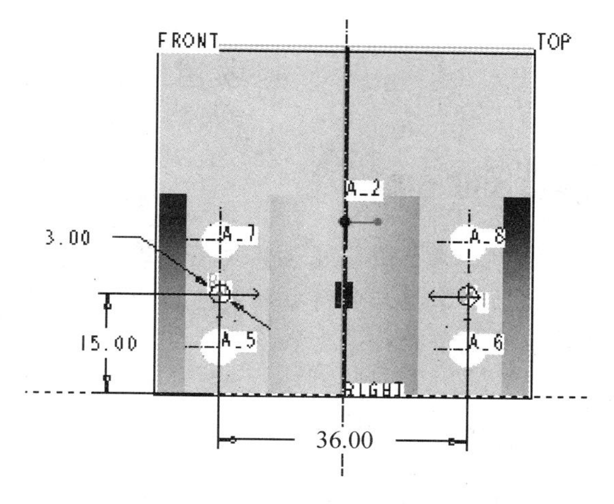

图 14-19　草绘两个小圆

如图 14-20 所示，设置为“穿透”、“减材料”，打钩完成。

如图 14-21 所示，选择“插入”→“孔”命令，或单击右工具箱中的“孔”按钮，系统显示孔特征操作面板，选定孔的类型为“标准孔”，型号为 ISO，其尺寸为“M3×0.5”，钻孔的深度为 6，无“添加埋头孔”、无“添加沉孔”，打钩完成标准孔的创建，以此孔为目标阵列其余 3 个。

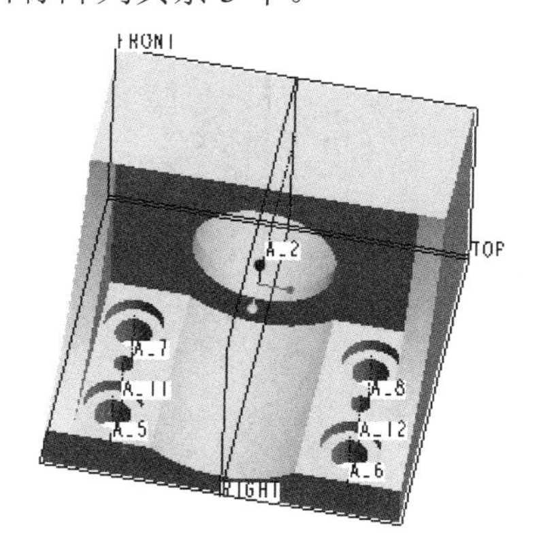

图 14-20　设置“穿透”、“减材料”

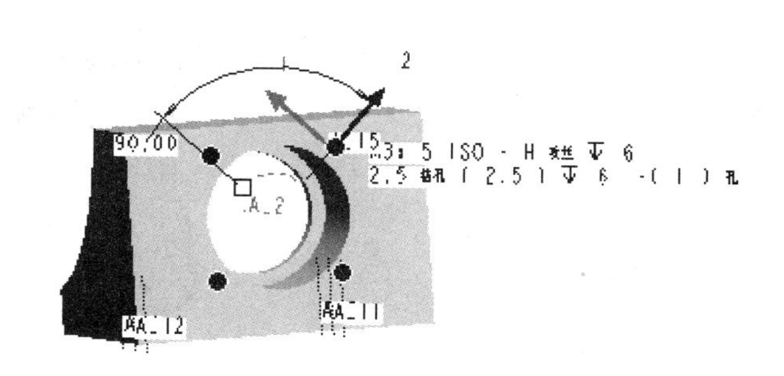

图 14-21　完成标准孔的创建

如图 14-22 所示，完成 4 个标准孔的创建。图 14–23 所示是最终完成的轴承座模型。

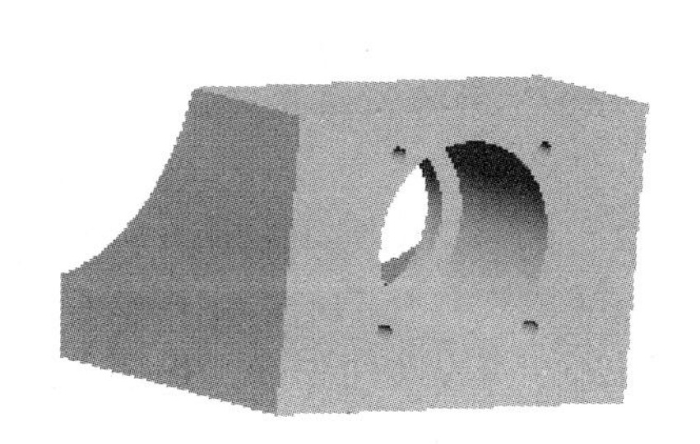

图 14-22　4 个标准孔的创建

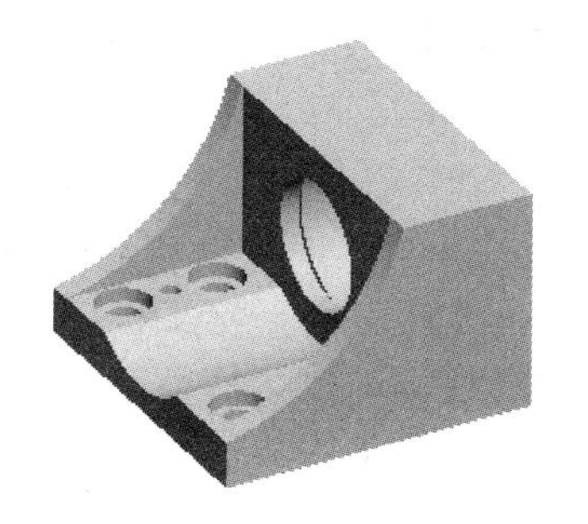

图 14-23　最终完成的轴承座模型

项目 15　皱边花瓶的设计

知识目标

了解三维绘图环境及其设置，掌握常用三维工具的用法，熟悉绘制二维图形的一般流程和技巧，掌握工程特征相关内容的基本操作方法与技巧，如拔模特征、抽壳特征、倒圆角特征及倒角特征等的操作方法。

技能目标

熟练地运用 Pro/E 三维设计软件，使用拔模特征的创建方法、可变拔模特征的创建方法、壳特征的创建方法等，快速准确地设计皱边花瓶模型。

项目任务

运用 Pro/E 设计软件，完成如图 15-1 所示的皱边花瓶三维模型的设计。

图 15-1　皱边花瓶

相关知识

工 程 特 征

工程特征是指具有一定工程应用价值的特征，例如孔特征、倒圆角特征、拔模特征、抽壳特征、筋特征、倒角特征等，大多数工程特征是不能单独存在的，必须附着在其他的特征之上，这也是工程特征与基础实体特征的典型区别之一，因此使用 Pro/E 进行三维建模时，通常要先创建基础实体特征，然后在其上添加各类工程特征，直到最后生成满意的产品模型。

一、拔模特征

1. 拔模特征简介

在模型表面上引入结构斜度，用于将实体模型上的圆柱面或平面转换为斜面，这类似于铸件上为方便起模而增加拔模斜度后的表面，通常在与脱模方向平行的表面上制作约 1°～5° 或者更大的倾斜角。Pro/E 提供“拔模”命令以建立零件模型的拔模特征，其允许的拔模角度范围介于-30°～+30°。

“拔模”工具的操作面板如图 15-2 所示，“参照”、“分割”上滑面板如图 15-3、图 15-4 所示。

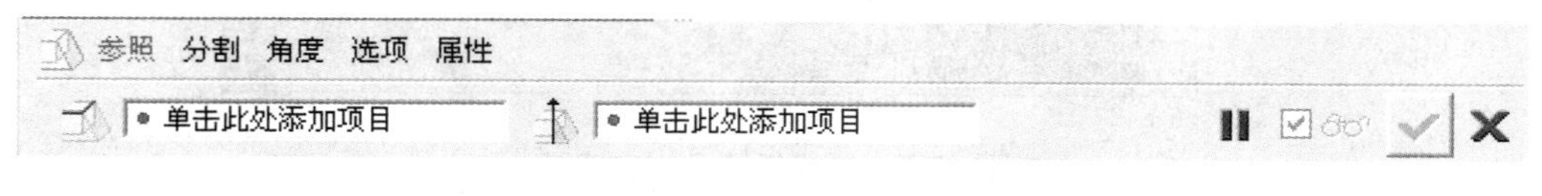

图 15-2 “拔模”工具的操作面板

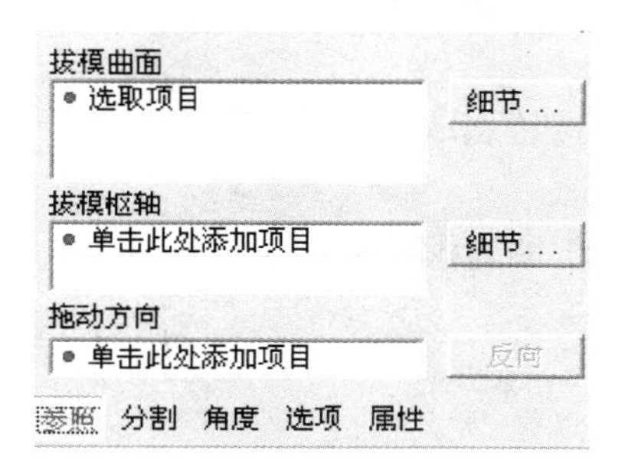

图 15-3 “参照”上滑面板

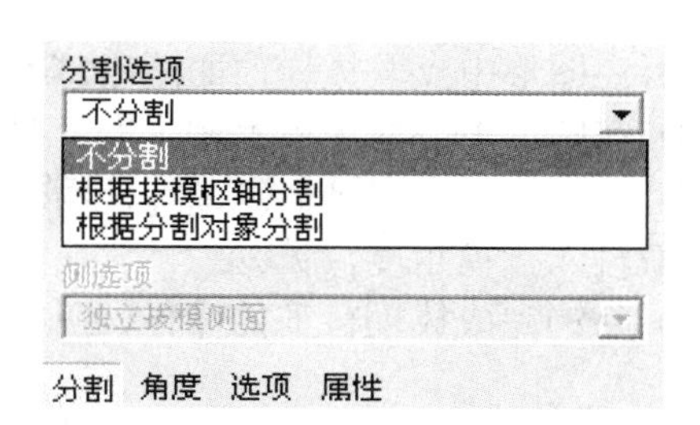

图 15-4 “分割”上滑面板

创建拔模特征时通常需要设置以下 4 个基本要素：拔模曲面、拔模枢轴、拖动方向、拔模角度。

(1) 选择拔模曲面。激活“拔模曲面”列表框选取拔模曲面，然后选取曲面作为拔模曲面，如果需要同时在多个曲面上创建拔模特征，可以按住 Ctrl 键并依次选取其他拔模曲面。

(2) 确定拔模枢轴。选取了拔模曲面后，接着在参照面板中激活“拔模枢轴”列表框来选取拔模枢轴，可以选取实体边线或平面作为拔模枢轴。

(3) 确定拖动方向。激活拔模面板的“拖动方向”列表框，选取适当的平面、边线或轴线参照来确定拖动方向，单击列表框中的“反向”按钮可以调整拖动方向的指向。

(4) 设置拔模角度。在正确设置了拔模参照后，如果创建基本拔模特征，可以直接在图标板上设置拔模角度，如果创建可变拔模特征，需要单击图标板上的“角度”按钮打开参数面板来详细编辑拔模角度。

特别提示

拔模角度的取值范围为-30°～+30°，不要超出该数值范围。

(5) 指定分割类型。通过对拔模曲面进行分割的方法可以在同一拔模曲面上创建多种不同形式的拔模特征。详细编辑拔模角度。

2. 建立拔模特征的操作步骤

建立拔模特征的操作步骤如图15-5所示。

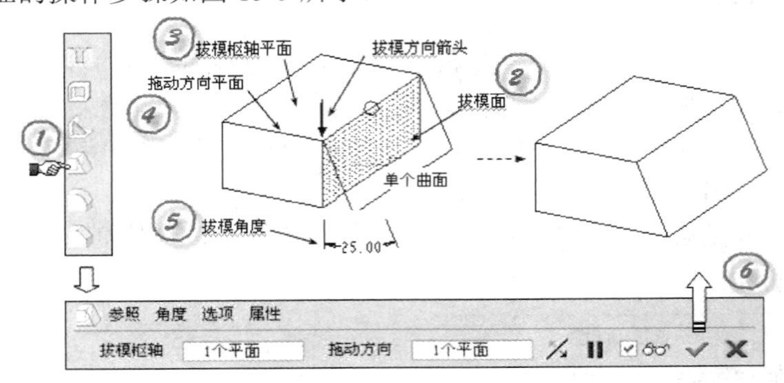

图15-5 拔模工具及操作步骤

(1) 选择“插入”→“拔模”命令，或单击右工具箱中的“拔模”按钮，打开“拔模”工具的操作面板，见①。

(2) 在图形中点取拔模曲面(借助Ctrl键进行多条棱边选取)，见②。

(3) 在图形中点取拔模枢轴平面，见③。

(4) 点取拖动方向平面(系统会自动默认拔模枢轴平面为拖动方向平面)，见④。

(5) 输入拔模角度，见⑤。

(6) 打钩完成拔模特征的操作，见⑥。

二、抽壳特征

1. 抽壳特征简介

壳特征是一种应用广泛的放置实体特征，这种特征通过挖去实体特征的内部材料，获得均匀的薄壁结构。建立壳特征时，需选取一个或多个要移除的曲面，如果未选取要移除的曲面，则会创建一个封闭的壳体。

由壳特征创建的模型具有较少的材料消耗和较轻的重量，常用于创建各种薄壳结构和各种壳体容器等。

2. 抽壳特征的基本操作步骤

(1) 选择“插入”→“壳”命令，或单击右工具箱中的“壳”按钮，打开“抽壳”工具的操作面板，如图15-6所示。

(2) 在模型中选择要移除的面。如果要移走多个面，应按住Ctrl键，然后依次单击要移走的面，在“参照”上滑面板中可对指定的抽壳面设定不同的抽壳厚度，如图15-7所示。

(3) 设定壳体厚度及去除材料方向。

图15-6 “壳”工具操作面板

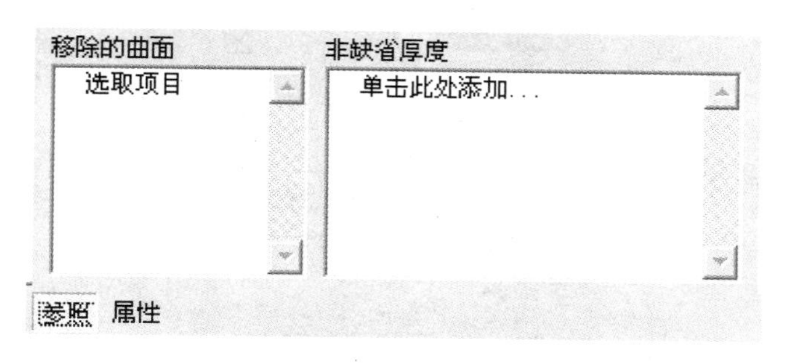

图 15-7 “参照”上滑面板

(4) 单击“预览”按钮，观察抽壳情况，单击✔按钮，完成抽壳特征。

特别提示

抽壳特征一般放在圆角特征之前进行。

三、倒圆角特征

1. 倒圆角简介

圆角特征在零件产品的设计中具有较重要的地位，是必不可少的一部分，它有助于模型设计中造型的变化或产生平滑的效果，可以去除模型的棱角，减小应力集中，有助于产品零件的外形美观。图 15-8 所示为“倒圆角”工具的操作面板。

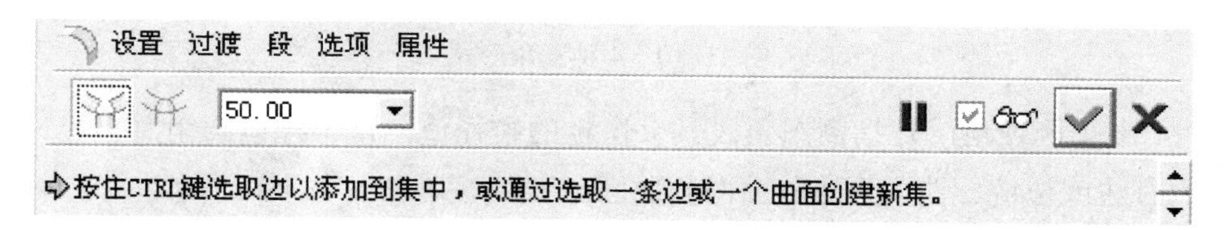

图 15-8 “倒圆角”工具操作面板

其中：

“设置”主要用来在该面板上设定模型中各圆角或圆角集的特征及大小，单击“设置”按钮，显示如图 15-9 所示的“设置”上滑面板。

“过渡”栏中列出除默认过渡外的所有用户定义的过渡。

“段”打开后，可在此面板上查看倒圆角特征的全部倒圆角集，查看当前倒圆角集中的全部倒圆角段，修剪、延伸或排除这些倒圆角段，以及处理放置模糊问题。

“选项”菜单中可选择创建实体圆角或者曲面圆角。

“属性”菜单显示当前圆角特征名称及其相关信息。

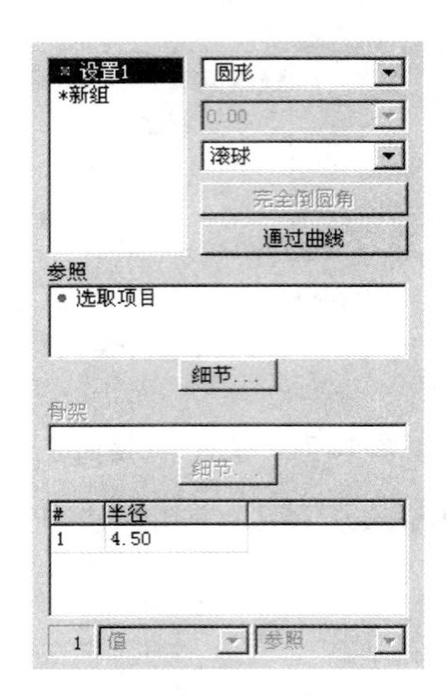

图 15-9 “设置”上滑面板

在圆角特征的操控板中，包括了简单倒圆角和高级倒圆角，在 Pro/E 中简单圆角有 4 种类型，如图 15-10 所示。

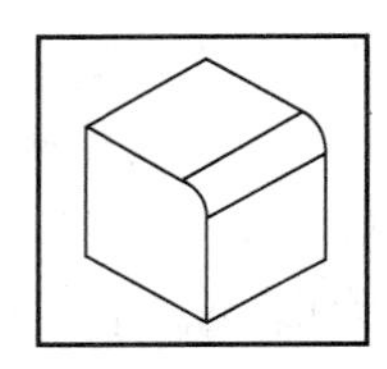

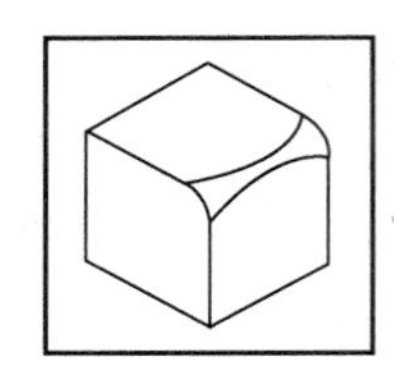

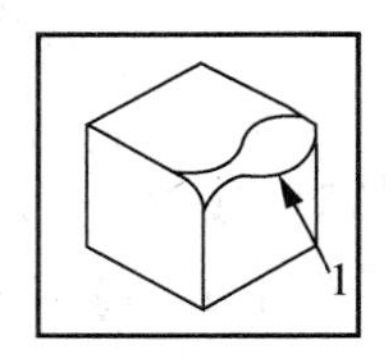

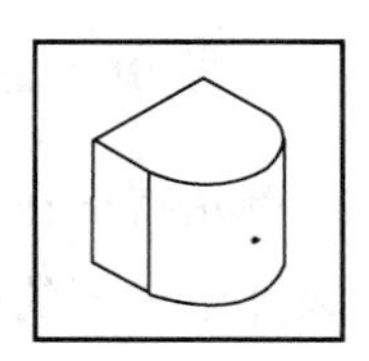

(a) 半径为常数的圆角　(b) 有多个半径的圆角　(c) 由曲线驱动的圆角　(d) 全圆角

图 15-10 4 种圆角形式

(1) 常半径倒圆角。是指倒圆角段具有恒定的半径值，常半径倒圆角时，允许选用的放置参照有边或边链、曲面到边、曲面到曲面。

(2) 变半径倒圆角。是指倒圆角段设置有多个半径值，创建时，必须在倒圆角段上指定相应的位置，以作为每个半径值的参照点。

(3) 通过曲线倒圆角。是指通过选取的曲线或曲面边来建立圆角，倒圆角的半径由选取的曲线或曲面边驱动，不需要单独定义，通过曲线倒圆角时，允许选用的放置参照有边或边链、曲面到曲面两种类型。

(4) 完全倒圆角。是指依据选取的曲面或曲面边来产生完全倒圆角，以替代选定的曲面，此时不需要设置倒圆角半径，创建时，允许选用的放置参照有对边、曲面到边、曲面到曲面。

高级倒圆角是包含多个简单圆角的设定，能控制多个圆角在相交处的相交状况，而创建高级倒圆角时，最重要也是最关键的是进行倒圆角的过渡设置，图 15-11 所示为高级倒圆角时可选择的形式。

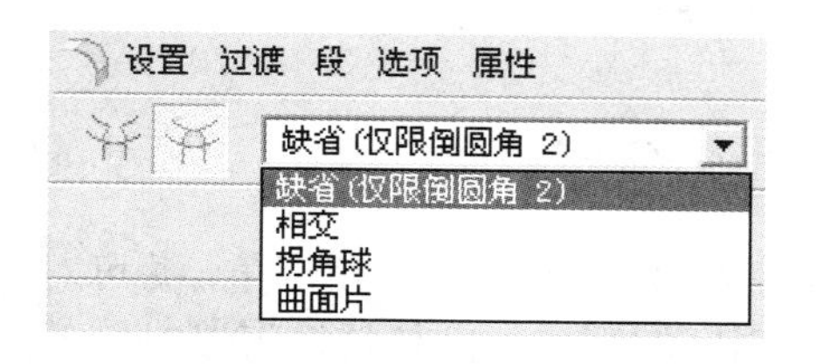

图 15-11　高级倒圆角的形式

2. 常半径倒圆角的操作步骤

建立常半径倒圆角特征的操作步骤如图 15-12 所示。

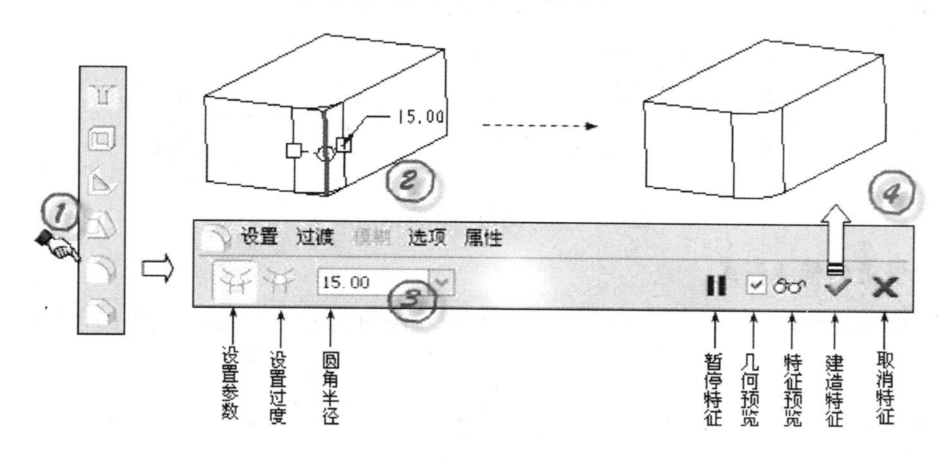

图 15-12　倒圆角工具及操作步骤

(1) 选择“插入”→“倒圆角”命令，或单击右工具栏中的按钮，打开“倒圆角”工具操作面板，见①。

(2) 单击“设置”按钮，在打开的“设置”上滑面板中设定圆角类型、形成圆角的方式、圆角的参考、圆角的半径等，见②、③。如在同一个倒圆集中欲对多条边倒圆角，必须按住 Ctrl 键来选取欲放置的边，如要去除多选取的边，只要再点选一次要去除的边即可。

(3) 单击圆角“过渡模式”按钮，可设置转角处的过渡圆角的形状。

(4) 单击“选项”按钮，选择生成的圆角是实体形式还是曲面形式。

(5) 单击“预览”按钮，观察生成的圆角，单击按钮，完成倒圆角特征的建立，见④。

3. 说明

建立变半径倒圆角时，只需在“设置”上滑面板中的“半径”列表中通过单击鼠标右键弹出快捷菜单添加所需的半径，或在模型中双击圆角半径和放置点比率值直接进行修改。

建立通过曲线倒圆角时，只需在“设置”上滑面板中单击“通过曲线”按钮，然后在模型中选取倒圆角的驱动曲线。建立完全倒圆角时，打开圆角特征操控板后，首先按住 Ctrl 键依次选取欲倒圆角的两条对边或两个曲面，然后在“设置”上滑面板中单击“完全倒圆角”按钮即可。

四、倒角特征

1. 倒角简介

Pro/E 提供两种方式的倒角，即边倒角和拐角倒角，并可对多边构成的倒角接头进行过渡设置，建立倒角的基本原则同倒圆角。倒角特征可以对模型的实体边或拐角进行斜切削加工。

(1) 边倒角。是指在选定的模型边或两曲面间创建斜切面。

(2) 拐角倒角。是指从产品零件的拐角处移处材料，以在共有该拐角的 3 个原曲面间创建斜切面。图 15-13 所示为“倒角”特征的操作面板。

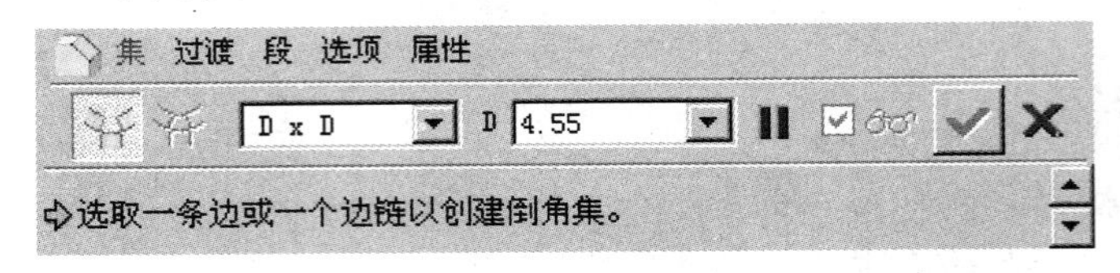

图 15-13 “倒角”工具操作面板

2. 边倒角的标注形式

操作面板上的第一个下拉列表中提供了 4 种边倒角的创建方法，如图 15-14 所示。

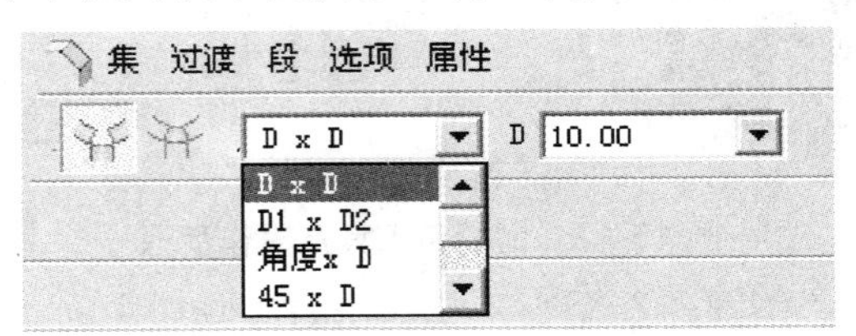

图 15-14 倒角方式

(1) D×D。在两曲面上距参照边距离为 D 处创建倒角特征。

(2) D1×D2。在一个曲面上距参照边距离为 D1、在另一个曲面上距参照边距离为 D2 处创建倒角特征。

(3) 角度×D。在一个曲面上距参照边距离为 D，同时与另一曲面成指定角度创建倒角特征。

(4) 45×D。与两个曲面均成 45°角且在两曲面上与参照边距离 D 处创建倒角特征。此选项仅适用于在两个垂直平面相交的边上建立圆角。

3. 建立倒角特征

建立边倒角特征的操作步骤如下。

(1) 选择“插入”→“倒角”命令，或单击按钮，打开“倒角”特征操作面板，系统默认选择“设置模式”倒角，显示如图 15-13 所示的“倒角”特征面板。

(2) 若采用“边倒角”方式，则根据选择的倒角类型，输入相应的尺寸。

(3) 对于多个相邻边构成的倒角接头，可选中“过渡模式”按钮，对接头外形和尺寸进行设置，系统可按如图 15-15 所示的对话框中选择 3 种方式进行接头处的倒角处理。

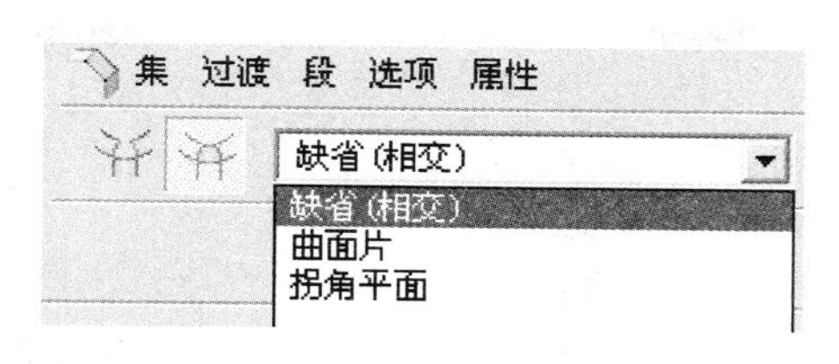

图 15-15 “过渡模式”下拉列表

(4) 单击预览按钮，或单击鼠标中键，完成倒角建立。

操作指引

设计皱边花瓶的三维模型

步骤一：选择“文件”→“新建”命令，弹出“新建”对话框，在“类型”选项组中选中“零件”单选按钮并输入文件名“zhoubianhuaping”，然后单击“确定”按钮进入三维实体建模模式。

步骤二：创建皱边花瓶瓶体特征。

如图 15-16 所示，创建拉伸实体特征，选择“插入”→“拉伸”→“伸出项”命令或单击右工具箱中的“拉伸”按钮，打开“拉伸”的操作面板，以 T 平面为草绘平面，其余按系统默认进入草绘界面，草绘一个直径为 120 的圆，完成后打钩退出草绘界面。

如图 15-17 所示，选择“指定深度值”拉伸，并打开“选项”上滑面板，设置第一侧的拉伸深度为 250，第二侧也选择“盲孔”，设置第二侧的拉伸深度为 100，预览拉伸的效果，打钩完成后生成实体特征。

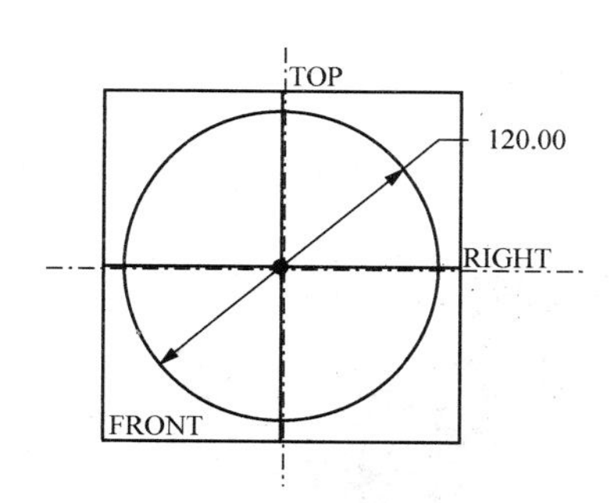

图 15-16　草绘一个直径圆为 120 的圆

图 15-17　生成的实体特征

步骤三：创建皱边花瓶下瓶体的斜面特征。

如图 15-18 所示，对皱边花瓶下瓶体进行拔模处理，选择“插入”→“拔模”命令或单击右工具箱中的“拔模”按钮，打开“拔模”的操作面板，单击“参照”按钮，打开“参照”上滑面板，选取圆柱面为拔模曲面，选取 T 平面为拔模枢轴，在图标板上单击“分割”按钮，打开“分割”上滑面板，在分割选项中选择“根据拔模枢轴分割”、“只拔模第一侧”，设置拔模角度为 30°，预览拔模的效果，打钩完成皱边花瓶下瓶体曲面的拔模处理。

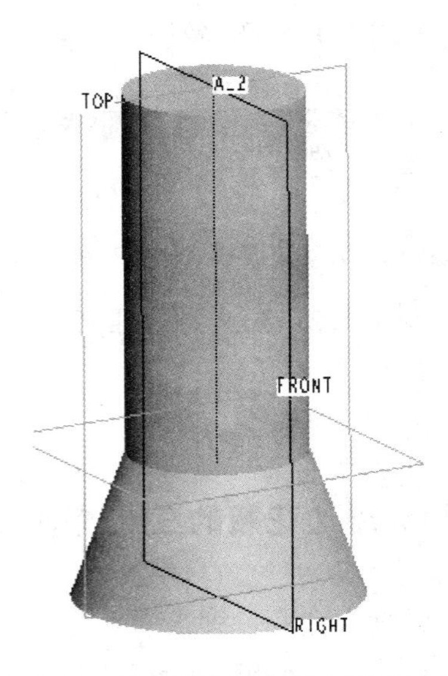

图 15-18　皱边花瓶下瓶体曲面的拔模处理

步骤四：创建皱边花瓶上瓶体的斜皱面特征。

如图 15-19 所示，对皱边花瓶上瓶体再次进行拔模处理，选择“插入”→“拔模”命令或单击右工具箱中的“拔模”按钮，打开“拔模”的操作面板，单击“参照”按钮，打开“参照”上滑面板，选取圆柱面为拔模曲面，选取 T 平面为拔模枢轴，使用 T 平面来确定拖动方向，单击“反向”按钮，创建加材料的拔模特征，在图标板上单击“角度”按钮，打开“角度”上滑面板，创建可变拔模特征，首先为左半圆弧的 11 个控制点(均匀分布)设置拔模角度，最大为 10，最小为 5，交替设置。在角度表格单击角度 12 的参照，选择右半圆弧，继续为右半圆弧的 9 个控制点(均匀分布)，设置拔模角度，最大为 10，最小为 5，交替设置。完成角度的设置后打钩完成后生成可变角度拔模特征——皱边花瓶上瓶体的斜皱面特征。

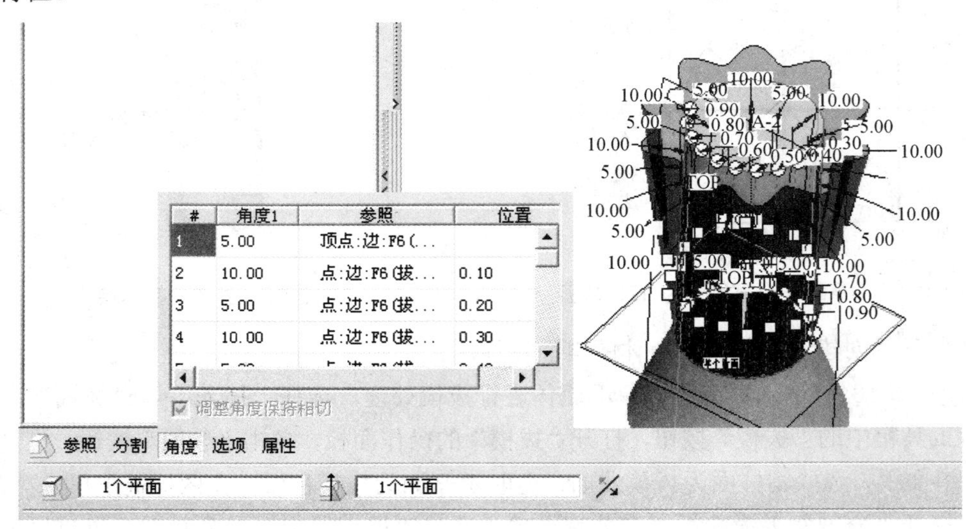

图 15-19　皱边花瓶上瓶体的拔模处理

图 15-20 所示为完成的特征。

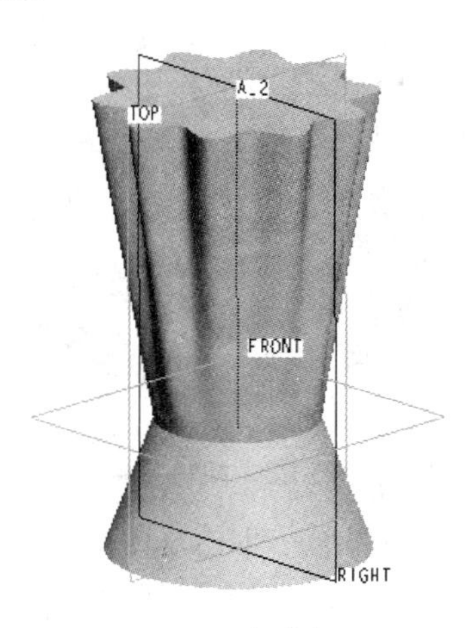

图 15-20　完成的特征

步骤五：创建皱边花瓶中空(上表面去除)特征及倒圆角。

如图 15-21 所示，打开“倒圆角”工具的操作面板，选取在拔模分界处的交线进行倒圆角处理，圆角设置为 50，预览效果后打钩完成；再打开“倒圆角”工具的操作面板，选取皱边花瓶的底边，进行倒圆角处理，圆角设置为 20，预览效果后打钩完成。

如图 15-22 所示，选择“插入”→“壳”命令或单击右工具栏中的“壳”按钮，打开“壳”的操作面板，单击“参照”按钮，打开“参照”上滑面板，首先激活移除的曲面列表，选取皱边花瓶的上表面为移除的表面，壳厚度设置为 5，打钩完成。接着又打开“倒圆角”工具的操作面板，选取瓶口里外的两条边，倒圆角操作，设置圆角都为 2，预览效果后打钩完成。最终完成皱边花瓶模型。

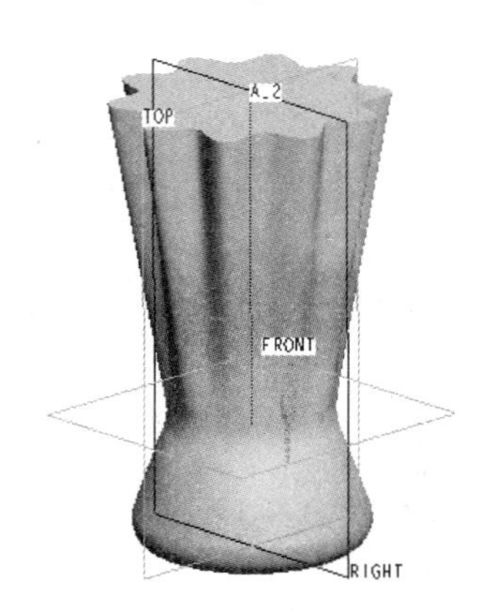

图 15-21　倒圆角

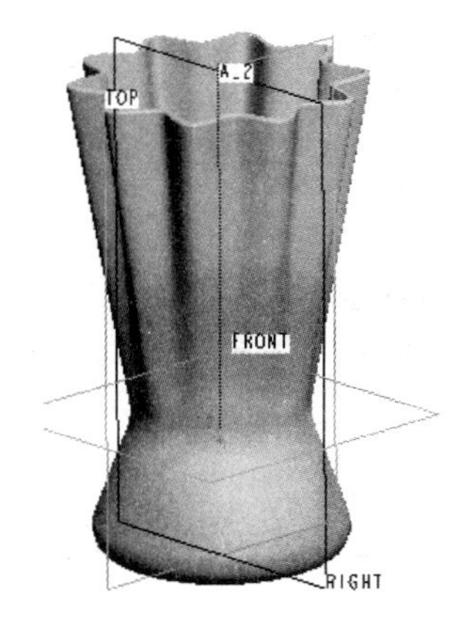

图 15-22　最终完成的皱边花瓶模型

拓展训练

1. 运用 Pro/E 三维设计软件，完成如图 15-23 所示的机械零件的设计，零件的尺寸自定，零件上有沉孔、光孔、草绘孔、螺纹孔，运用“孔”工具创建。

图 15-23　机械零件一

2. 运用 Pro/E 三维设计软件，完成如图 15-24 所示的机械零件的设计，零件的尺寸自定，注意创建拔模特征、螺纹扫描特征、打孔特征等。

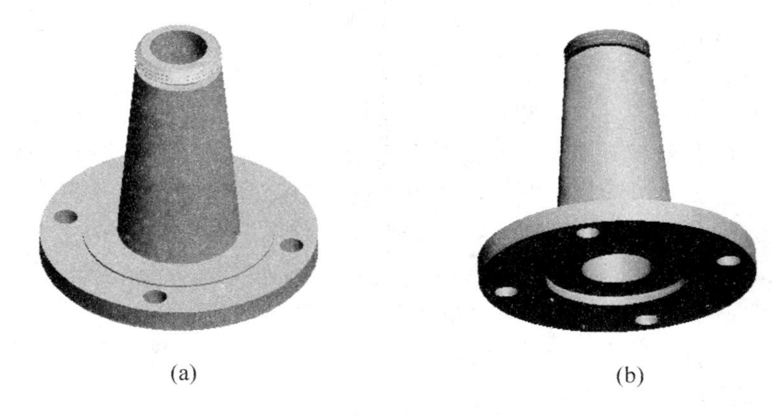

(a)　(b)

图 15-24　机械零件二

模块6

曲面造型——零件设计应用实例

项目16　女士帽、绅士礼帽的设计

知识目标

了解三维绘图环境及其设置，掌握常用三维设计工具在曲面设计上的应用，如拉伸、旋转、扫描、混合、扫描混合、螺纹扫描等工具在曲面上的设计，熟悉绘制二维图形的一般流程和技巧。

技能目标

熟练地运用 Pro/E 设计软件，使用边界混合曲面特征的创建方法，快速准确地设计女士帽、绅士礼帽三维模型。

项目任务

运用 Pro/E 设计软件，完成如图 16-1 所示的女士帽、绅士礼帽模型的设计。

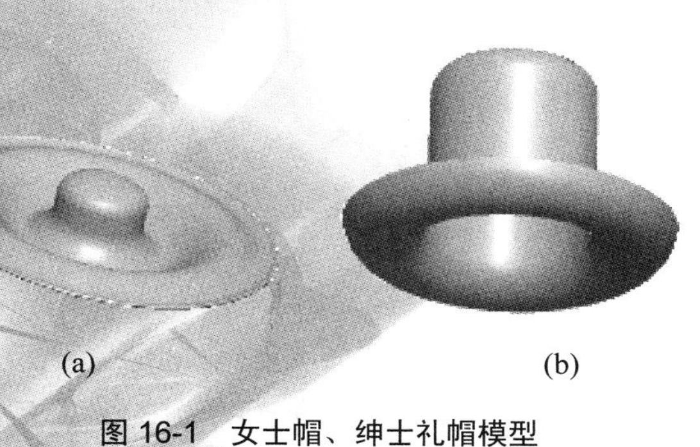

(a)　(b)

图 16-1　女士帽、绅士礼帽模型

曲 面 造 型

对于较规则的三维零件来说，实体特征提供了方便而且快捷的造型方式，但是日常生活中的较多产品零件都具有复杂的外形，通过实体特征的创建就显得力不从心，因此曲面特征提供了较灵活的设计，利用曲面造型功能可顺利地勾画出各类复杂产品的外形。

曲面是构建复杂模型最重要的设计方法之一，Pro/E 提供了强大的曲面设计功能，曲面技术的发展为实体模型的表达提供了更加有效的工具，在现代复杂产品的设计中，曲面应用广泛，例如汽车、飞机、轮船等具有精美外观和优良物理性能的表面结构通常使用参数曲面来构建。

曲面特征是一种几何特征，没有质量和厚度等物理属性，这是与实体特征最大的差别。但创建曲面特征的方法和创建实体特征的方法具有较大的相似之处，与实体建模方法相比，曲面建模手段更为丰富。

一、基本曲面特征的创建

基本曲面特征是指使用拉伸、旋转、扫描和混合等常用三维建模方法创建的曲面特征，其创建原理与创建实体特征基本上类似。

1. 创建拉伸曲面特征

首先在右工具箱中单击“拉伸”按钮 或选择“插入”→“拉伸”→“曲面”命令，打开“拉伸”工具操作面板，然后选取曲面设计工具，如图 16-2 所示；其次是打开“放置”上滑面板，选取并放置草绘平面，然后草绘剖面图，完成草绘后打钩退出草绘界面；最后是在拉伸设计图标板中设置曲面拉伸的深度，完成后即可创建拉伸曲面特征。

图 16-2 “拉伸”工具的操作面板

创建拉伸曲面特征时，对其草绘的剖面要求不像创建实体特征草绘时那样严格，用户既可以使草绘剖面是开放的也可以是封闭的，如图 16-3、图 16-4 所示。另外，若采用闭合剖面创建曲面特征，还可以指定是否创建两端封闭的曲面特征，操作只要在“选项”上滑面板中选中“封闭端”复选框即可，如图 16-5 所示。

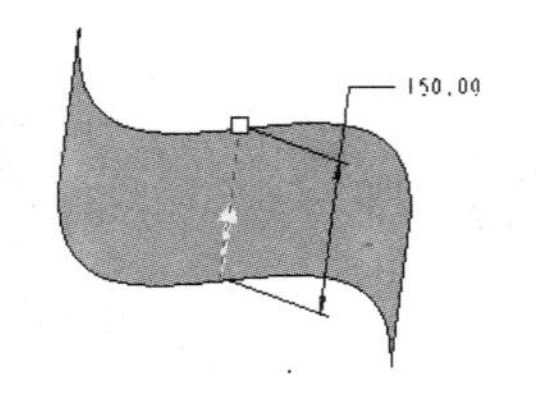

图 16-3 开放式剖面拉伸曲面

图 16-4 闭合式剖面拉伸开放曲面

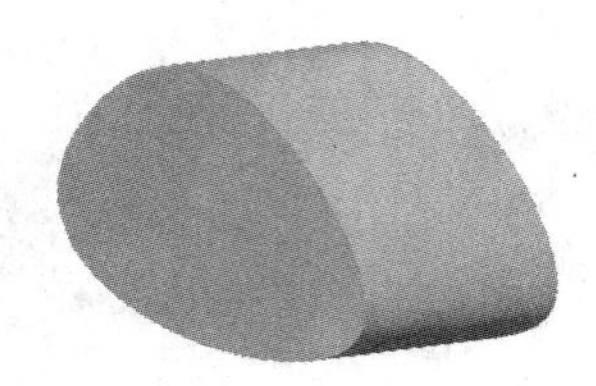

图 16-5 开放式剖面拉伸封闭曲面

2. 创建旋转曲面特征

首先在右工具箱中单击“拉伸”按钮 或选择“插入”→“旋转”→“曲面”命令，打开“旋转”工具的操作面板，然后选取曲面设计工具，如图 16-6 所示；其次是打开“位置”上滑面板，选取并放置草绘平面，然后草绘剖面图及旋转中心线，完成草绘后打钩退出草绘界面；最后是在旋转设计图标板中设置曲面旋转的角度，完成后即可创建旋转曲面特征。

图 16-6 “旋转”工具的操作面板

同样在创建旋转曲面特征时，对其草绘的剖面要求也不像创建实体特征草绘时那样严格，用户既可以使草绘剖面是开放的也可以是封闭的，如图 16-7、图 16-8 所示。

若采用闭合剖面创建曲面特征，还可以指定是否创建两端封闭的曲面特征，操作只要在“选项”上滑面板中选中“封闭端”复选框即可，如图 16-9 所示。

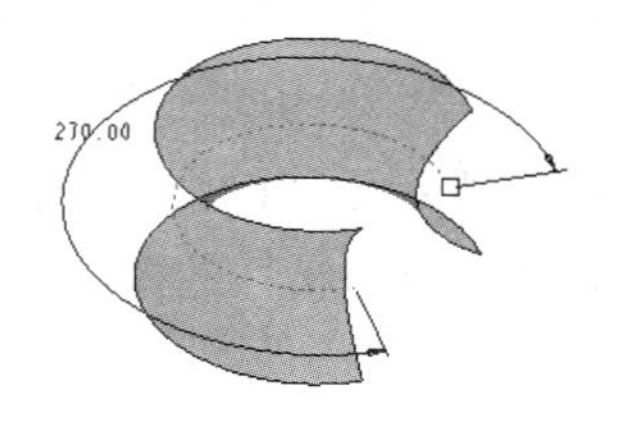

图 16-7　开放式剖面旋转曲面

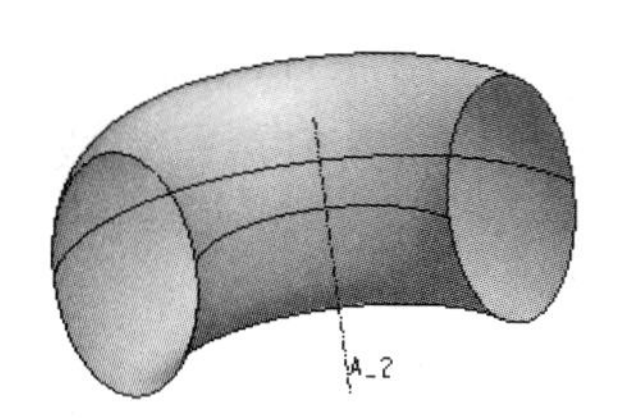

图 16-8 闭合式剖面旋转开放曲面

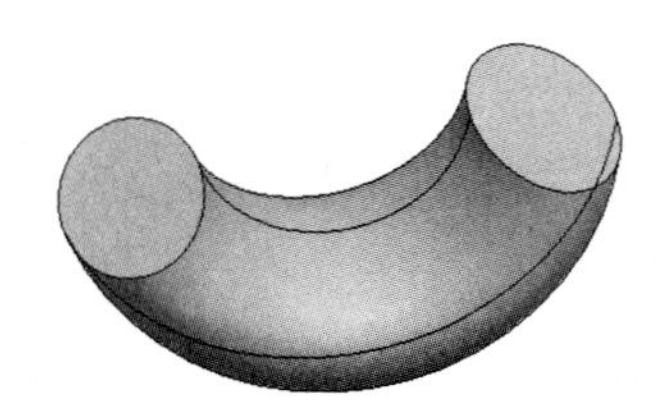

图 16-9　开放式剖面旋转封闭曲面

3. 创建扫描曲面特征

选择“插入”→“扫描”→“曲面”命令，弹出“曲面扫描”工具操作对话框，如图 16-10 所示；其次是在弹出的“扫描轨迹”菜单中选择创建轨迹线的方式，草绘轨迹或选取轨迹；完成草绘或选取轨迹后系统会弹出“属性”菜单管理器，确定曲面创建完成后端面是否闭合，如果设置属性为“开放终点”，则曲面的两端面开放不封闭，如果属性为“封闭端”，则两端面封闭，如图 16-11、图 16-12 所示；最后预览检查设计效果，单击“扫描模型”对话框中的“确定”按钮，完成扫描特征的创建。

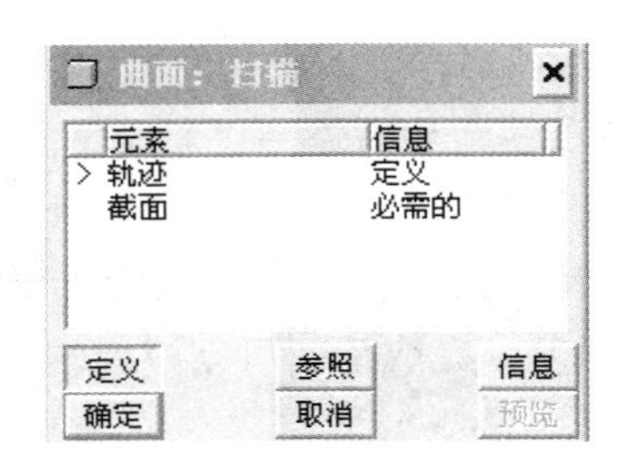

图 16-10 “曲面扫描”工具对话框

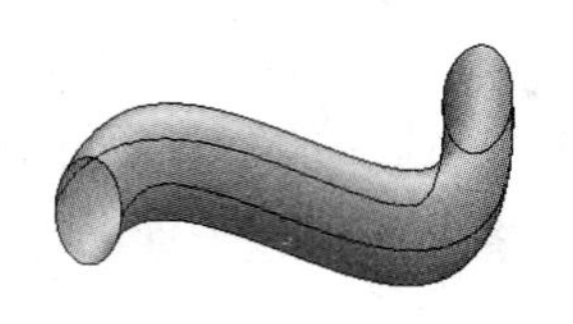

图 16-11 扫描曲面(开放终点)

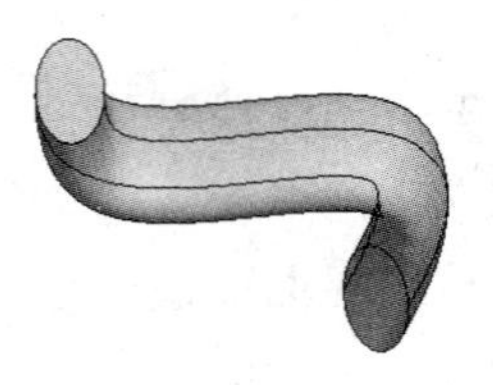

图 16-12 扫描曲面(封闭端)

4. 创建混合曲面特征

选择“插入”→“混合”→“曲面”命令，弹出“曲面扫描”对话框，如图 16-13 所示。

与创建实体特征的操作步骤一样，可以创建平行混合曲面特征、旋转混合曲面特征、一般混合曲面特征 3 种类型；同时在弹出的“属性”菜单管理器中确定截面混合的方式是“直的”还是“光滑”，主要用于各截面之间是否光滑过渡，若建立混合曲面还应选择端面为“开放终点”还是“封闭端”，如图 16-14 所示。完成属性的设置后，进入草绘截面的操作，各截面可以是形状和大小都不一样，但各截面必须满足截面的顶点数是相同的，如果不同，可以使用混合顶点以及插入截断点等方法使截面的顶点数相同；最后确定各截面之间的距离或旋转角度后，完成混合曲面的创建。图 16-15 所示创建的混合曲面的属性选择的是“直的”、“开放终点”，而图 16-16 所示创建的混合曲面的属性选择的是“光滑”、“封闭端”。

图 16-13 “混合”工具菜单管理器

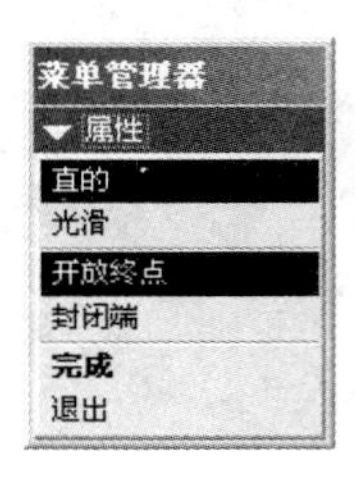

图 16-14 “属性”菜单管理器

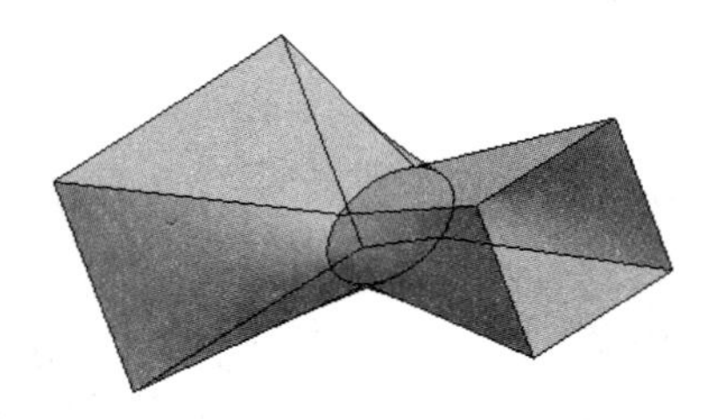

图 16-15 混合曲面(直的、开放终点)

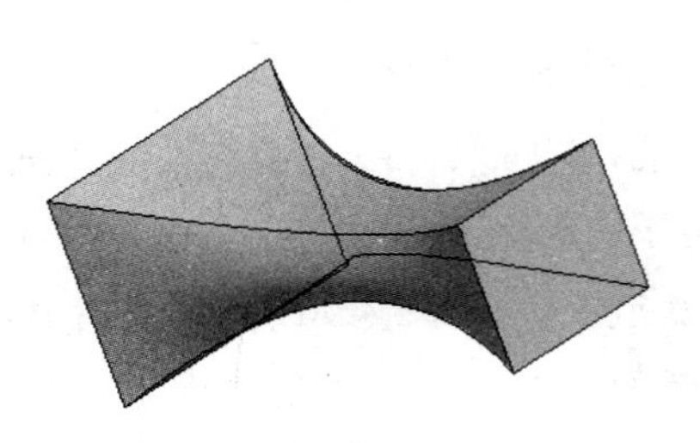

图 16-16 扫描曲面(光滑、封闭端)

二、填充曲面

填充曲面是指用一个平面来填充所草绘的区域，通常用于创建一个曲面两端的封口，其创建过程比较简单。

选择“编辑”→“填充”命令，打开“填充”工具的操作面板，如图 16-17 所示；打开“参照”上滑面板，单击草绘的“定义”按钮，或在设计工作区内单击鼠标右键，在弹出的快捷菜单中选择“定义内部草绘”命令，然后选取草绘平面，在草绘平面内绘制剖面图后打钩完成填充曲面的操作。

图 16-17　“填充”工具的操作面板

由于填充曲面主要用作其他曲面端部的封口，图 16-18 所示的基础曲面的前端面需要封口，所以在草绘图形时，通常使用“利用实体边创建图元”工具利用已有曲面边界曲线来围成剖面，如图 16-19 所示。绘制图中的小圆，最后生的填充曲面如图 16-20 示。这样操作的好处就是在以后的曲面合并中两个曲面不会出现合并失败的情况。

图 16-18　基础曲面

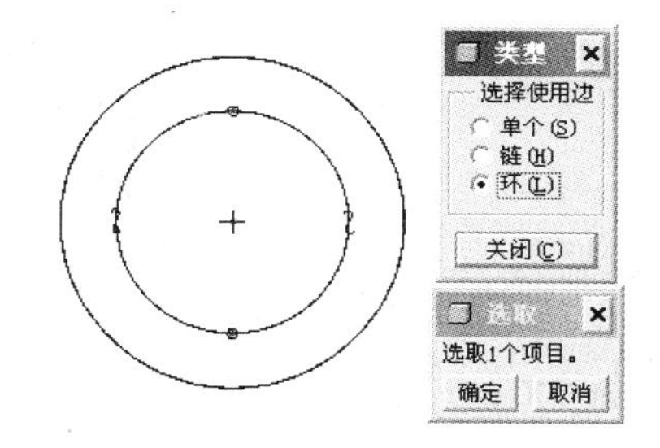

图 16-19　绘制需填充的图形

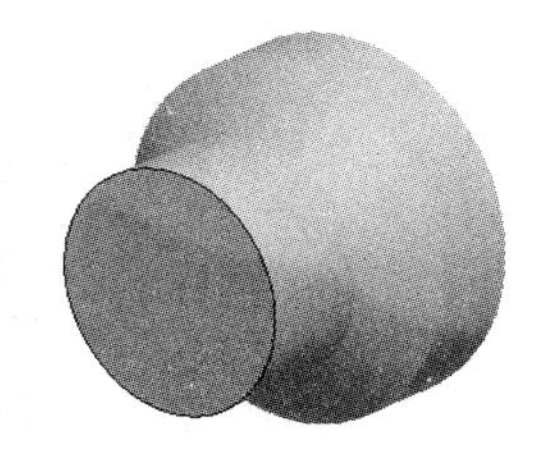

图 16-20　生成的填充曲面

操作指引(一)

设计女士帽的模型

步骤一：选择“文件”→“新建”命令，弹出“新建“对话框，在“类型”选项组中选中“零件”单选按钮并输入文件名“nvshimao”，然后单击“确定”按钮进入三维实体建模模式。

步骤二：创建女士帽的帽体。

如图 16-21 所示，运用拉伸工具，打开其操作面板，选择“曲面”创建，以 F 平面为草绘平面草绘直径为 120 的圆，完成草绘后打钩退出草绘界面。

如图 16-22 所示，设置“指定的深度值”进行拉伸，拉伸的深度为 50，打钩完成后生成拉伸曲面特征。

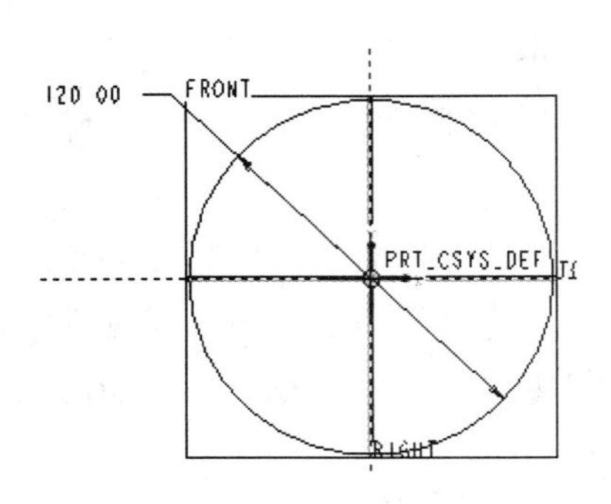

图 16-21　草绘直径 120 的圆

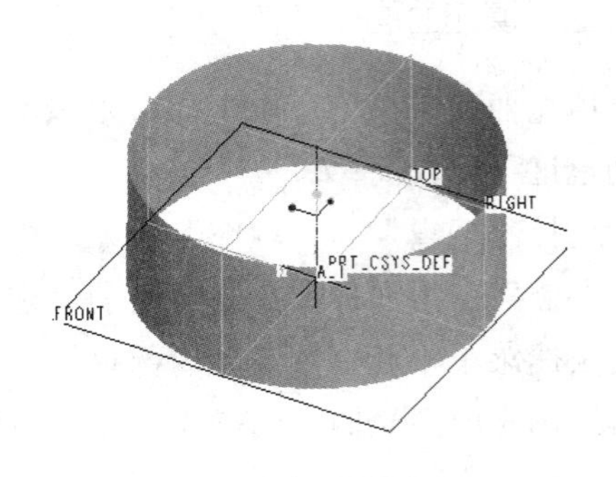

图 16-22　完成后生成的拉伸曲面特征

步骤三：创建女士帽的帽盖。

如图 16-23 所示，运用旋转工具，打开其操作面板，选择“曲面”创建，以 R 平面(或 T 平面)为草绘平面，首先草绘旋转中心线，然后草绘一半径为 100 的圆弧，完成草绘后打钩退出草绘界面。

如图 16-24 所示，设置旋转角度为 360°，打钩完成旋转曲面的操作。

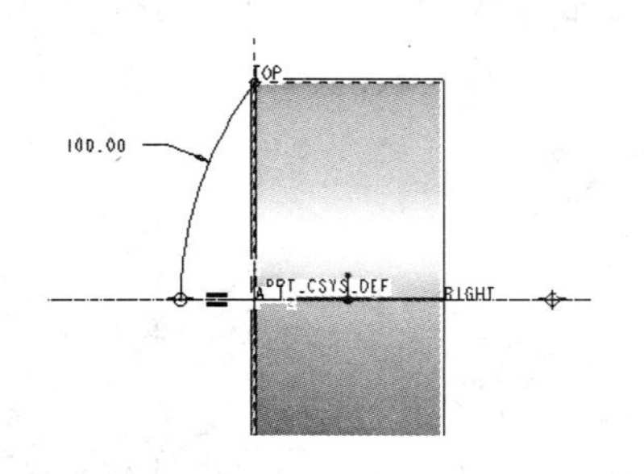

图 16-23　草绘旋转中心线和半径为 100 的圆弧

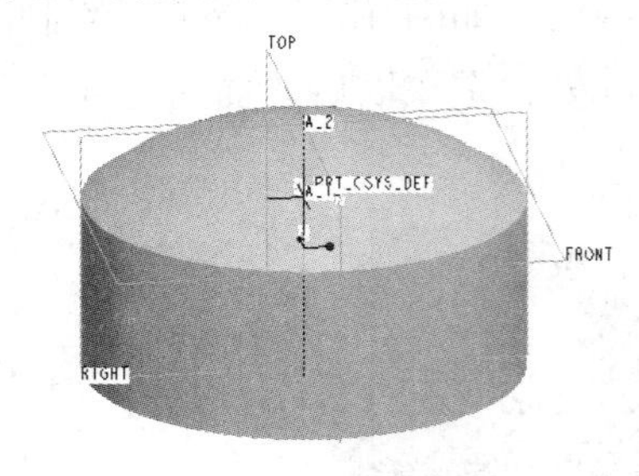

图 16-24　完成旋转曲面的操作

步骤四：创建女士帽的帽檐。

如图 16-25 所示，运用扫描曲面工具，弹出其对话框，弹出相应的菜单管理器，选择帽体下边的圆作为扫描轨迹，完成进入草绘截面的界面，选择帽体的两相交边作为“参照”。

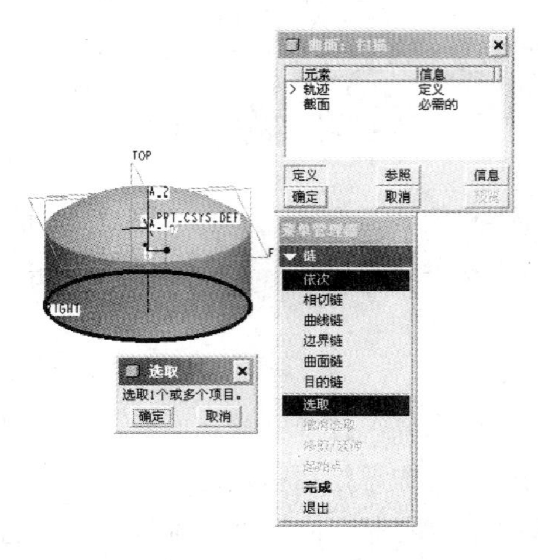

图 16-25　草绘截面

如图 16-26 所示，草绘一样条曲线，曲线的起点落在两参照相交点上，标注尺寸，完成后打钩退出草绘界面。

如图 16-27 所示，在扫描曲面主菜单中单击“确定”按钮，完成扫描曲面的操作。

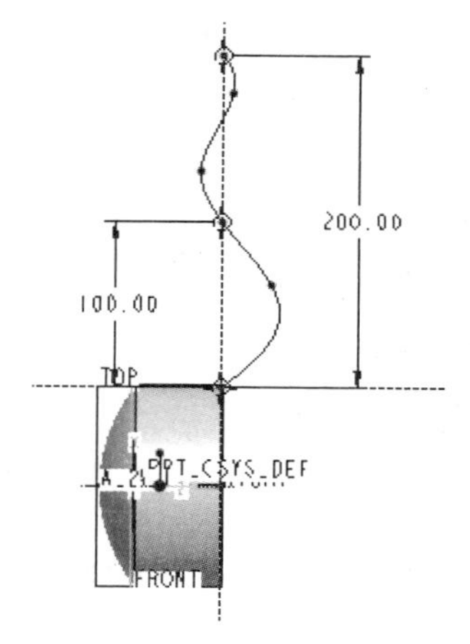

图 16-26　草绘一样条曲线

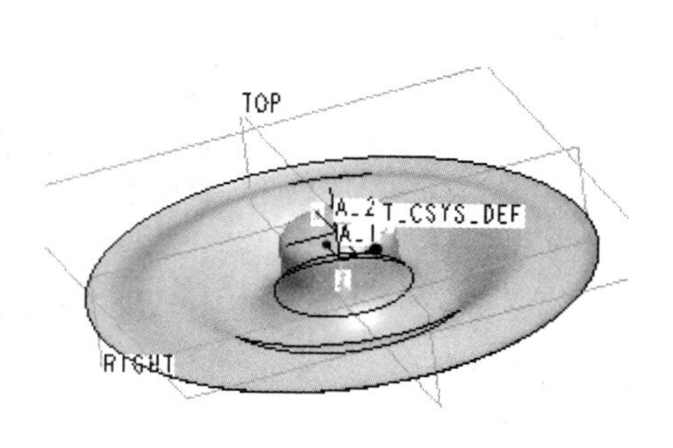

图 16-27　完成扫描曲面的操作

步骤五：曲面合并。

如图 16-28 所示，运用“曲面合并”工具对各曲面进行合并操作，选择要合并的两曲面，打开“曲面合并”工具的操作面板，打钩完成合并。

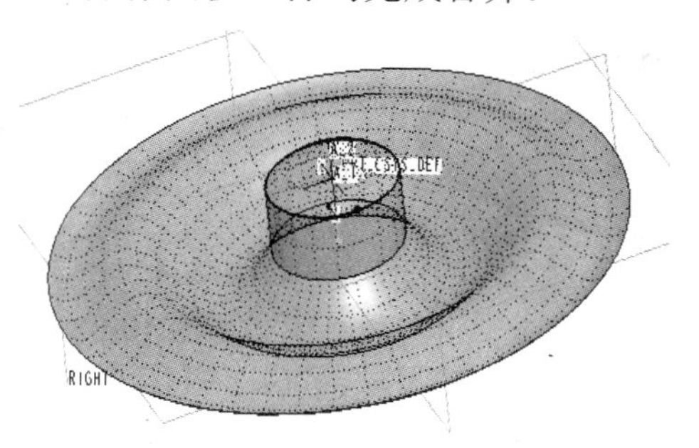

图 16-28　曲面合并

步骤六：倒圆角。

如图 16-29 所示，选择帽顶边沿，进行倒圆角处理，圆角的半径为 20。如图 16-30 所示，选择帽底边沿，进行倒圆角处理，圆角的半径为 40。

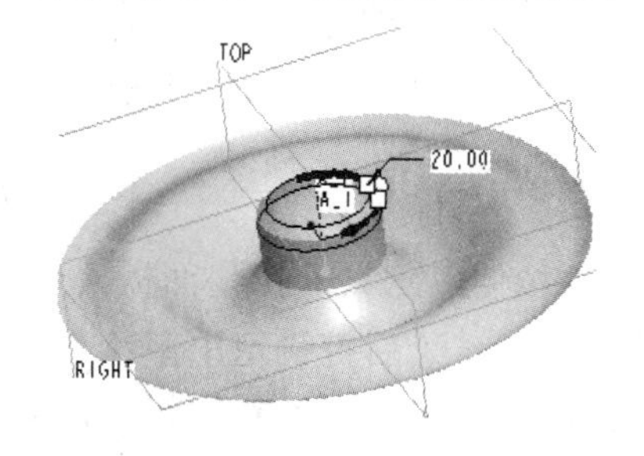

图 16-29　半径为 20 的倒圆角

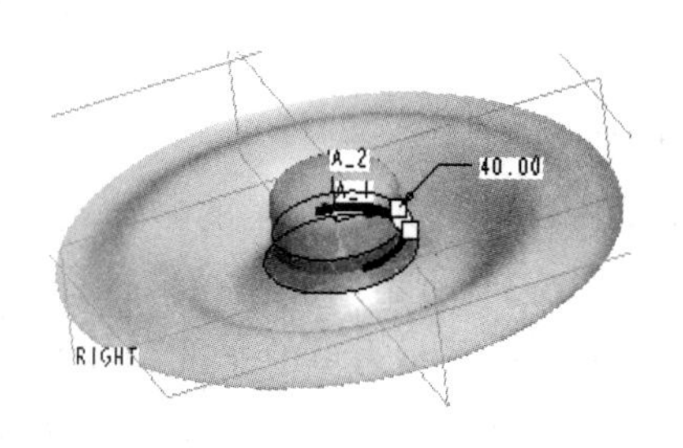

图 16-30　半径为 40 的倒圆角

步骤七：曲面加厚操作。

如图 16-31 所示，选择整个帽子，在“编辑”下拉菜单中选择“加厚”命令，打开“加厚”工具的操作面板，输入加厚的厚度为 5，打钩完成。

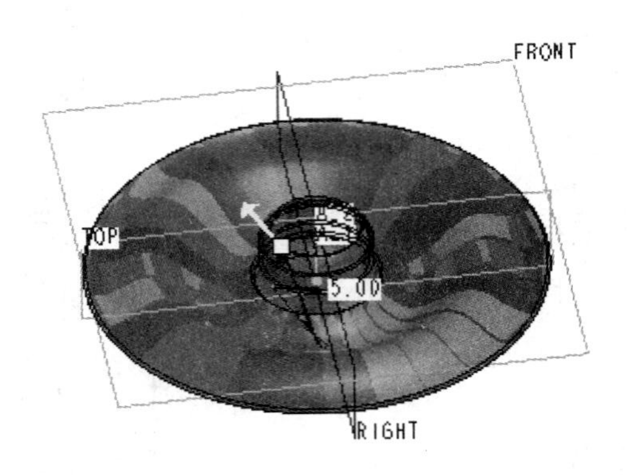

图 16-31　曲面加厚

步骤八：倒圆角。

如图 16-32 所示，选择帽檐的最边缘的上下两条圆线，进行半径为 2 的倒圆角处理。图 16-33 所示是最终完成的女士帽模型。

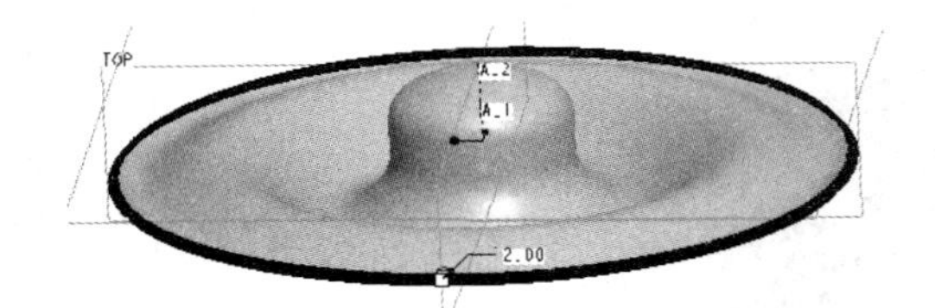

图 16-32　半径为 2 的倒圆角

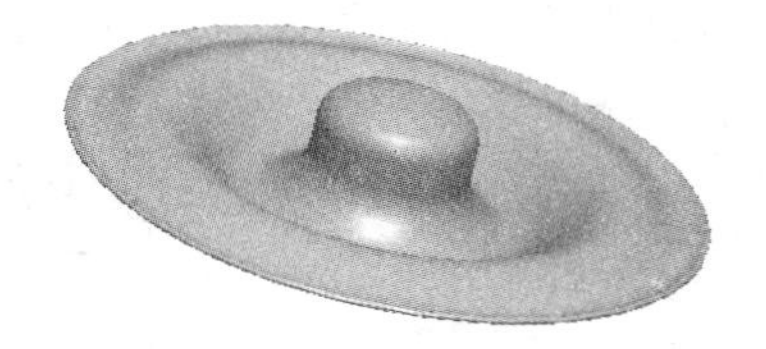

图 16-33　最终完成的女士赗模型

操作指引(二)

设计绅士礼帽的模型

步骤一：选择“文件”→“新建”命令，弹出“新建”对话框，在“类型”选项组中选中“零件”单选按钮并输入文件名“shenshilimao”，然后单击“确定”按钮进入三维实体建模模式。

步骤二：创建绅士礼帽的帽体。

如图 16-34 所示，运用拉伸曲面工具创建，打开“拉伸”工具的操作面板，选择创建“曲面”，以 F 平面为草绘平面草绘直径为 120 的圆，完成草绘后打钩退出草绘界面。

如图 16-35 所示，设置“指定深度值”进行拉伸，拉伸的深度为 150，打钩完成拉伸曲面的操作。

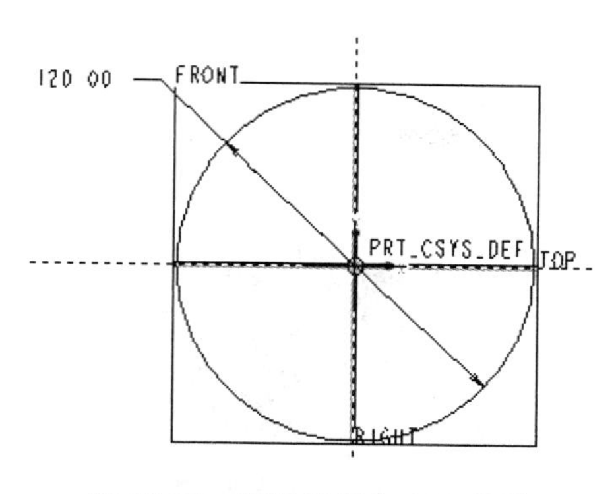

图 16-34　草绘直径为 120 的圆

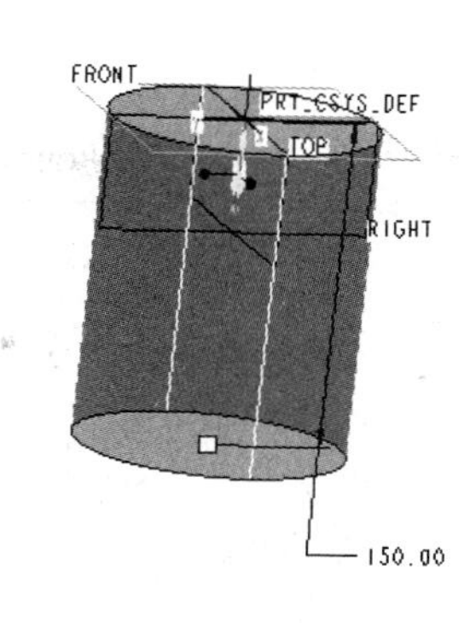

图 16-35　完成拉伸曲面的操作

图 16-36 所示是绅士礼帽的帽体特征。

步骤三：创建绅士礼帽的帽盖。

如图 16-37 所示，运用填充工具创建绅士礼帽的帽盖，在“编辑”下拉菜单中选择“填充”命令，打开“填充”工具的操作面板，单击“参照”按钮，在其上滑面板中单击“编辑”按钮，弹出“草绘”对话框，选择 F 平面为草绘平面，其他按默认的方式进入草绘界面。

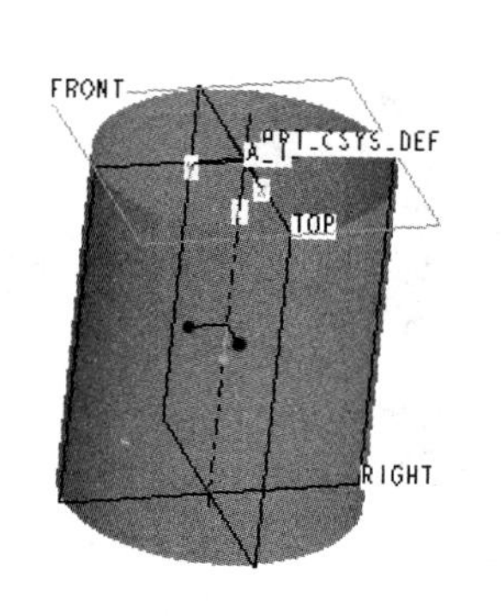

图 16-36　绅士礼赗的赗体特征

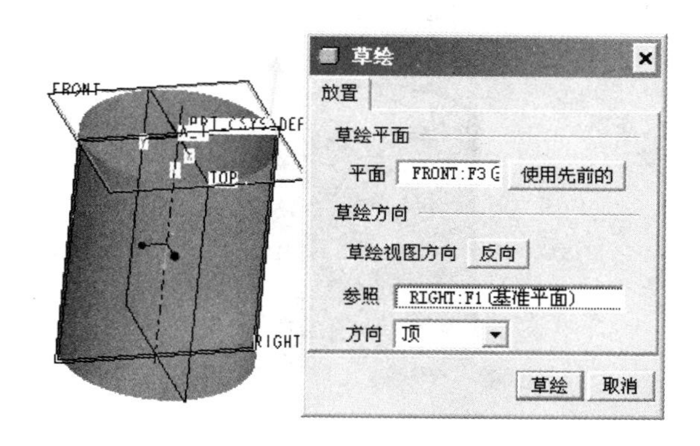

图 16-37　进入草绘界面

如图 16-38 所示，运用草绘工具中的“通过边创建图元”工具，在弹出的“类型”对话框中选中“单个”或“环”单选按钮，然后在图元中选择 F 平面上的一个圆。

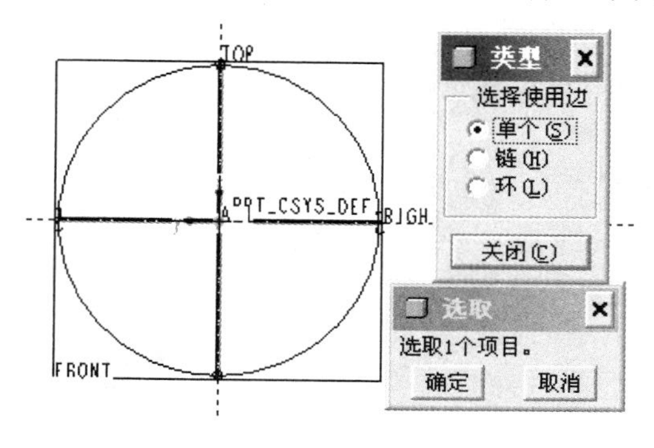

图 16-38　选择 F 平面上的一个圆

如图 16-39 所示，退出草绘界面，打钩完成填充的操作。

步骤四：曲面合并。

如图 16-40 所示，运用曲面合并工具进行曲面的合并，选择要合并的曲面，打开“曲面合并”工具的操作面板，打钩完成合并操作。

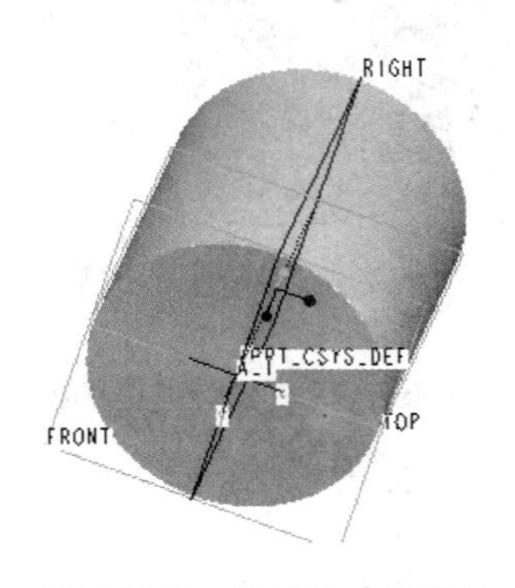

图 16-39 完成填充的操作

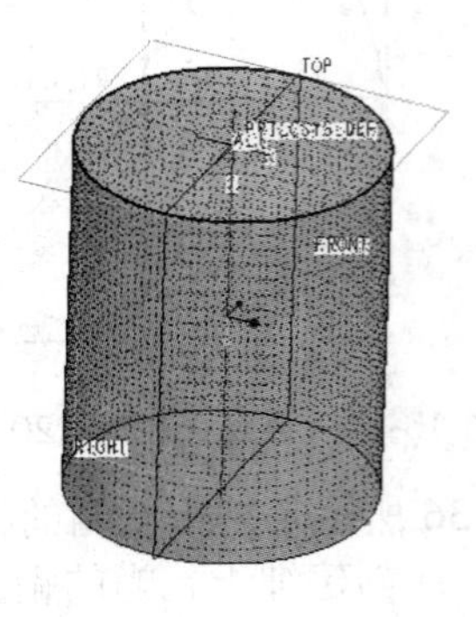

图 16-40 曲面合并

步骤五：倒圆角。

如图 16-41 所示，选择帽顶的边缘，进行倒圆角处理，圆角设置为 20，打钩完成圆角的操作。图 16-42 所示是完成的倒圆角效果。

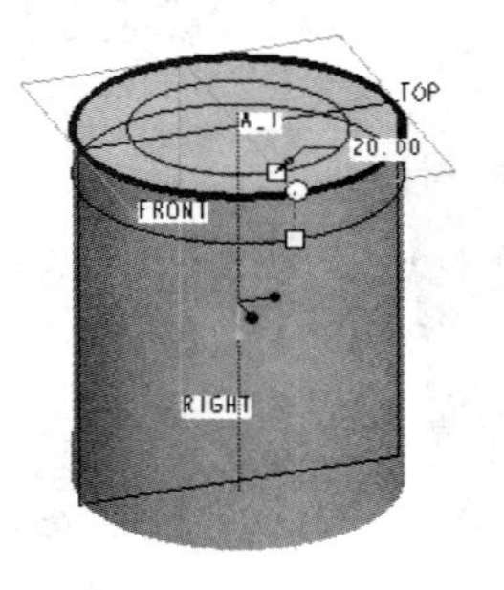

图 16-41 倒圆角

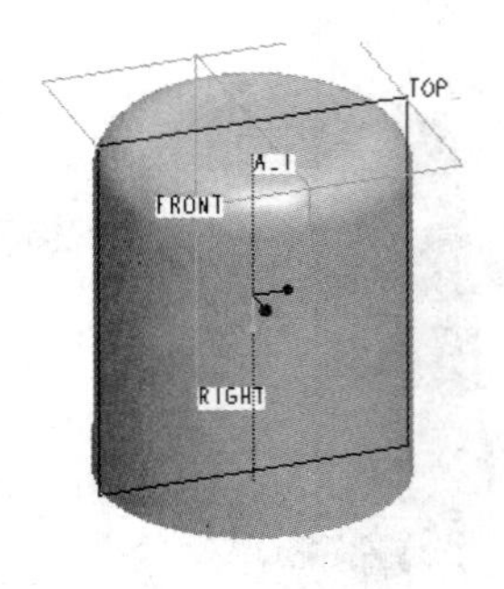

图 16-42 完成的倒圆角效果

步骤六：创建男士礼帽的帽沿。

如图 16-43 所示，打开“旋转”工具的操作面板，选择“曲面”创建，以 R 平面(T 平面)为草绘平面，选择上边为“参照”，首先草绘旋转中心线，然后草绘一半径为 30 的半圆弧，完成草绘后打钩退出草绘界面。

如图 16-44 所示，设置“指定深度值”进行旋转，输入旋转角度为 360°，打钩完成旋转曲面的操作。

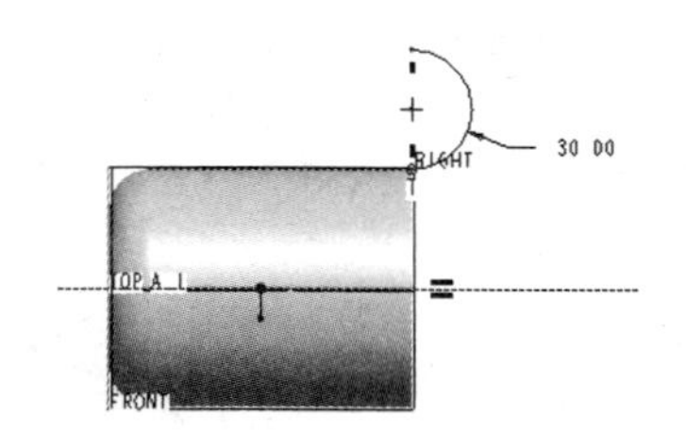

图 16-43 草绘旋转中△线

图 16-44 完成旋转曲面的操作

步骤七：曲面合并。

如图 16-45 所示，选择要合并的两个曲面，打开“曲面合并”工具的操作面板，打钩完成合并操作。

步骤八：曲面加厚。

如图 16-46 所示，选择整个帽子，在“编辑”下拉菜单中选择“加厚”命令，输入加厚的厚度为 3，打钩完成。

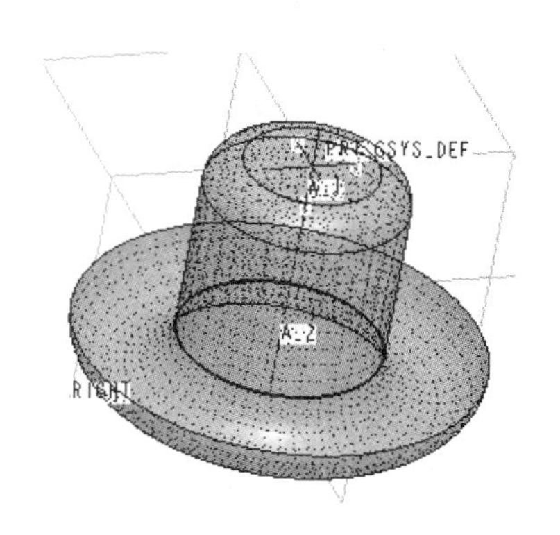

图 16-45　选择并合并曲面

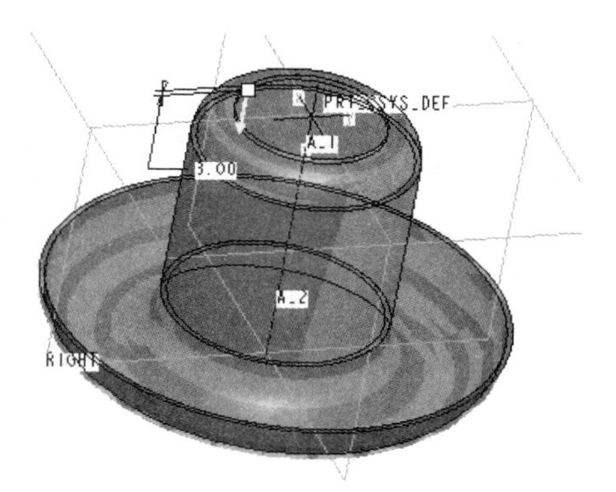

图 16-46　曲面加厚

步骤九：倒圆角。

如图 16-47 所示，选择帽檐的最边缘的上下两条圆线，进行半径为 2 的倒圆角处理。图 16-49 所示是最终完成的男士礼帽模型。

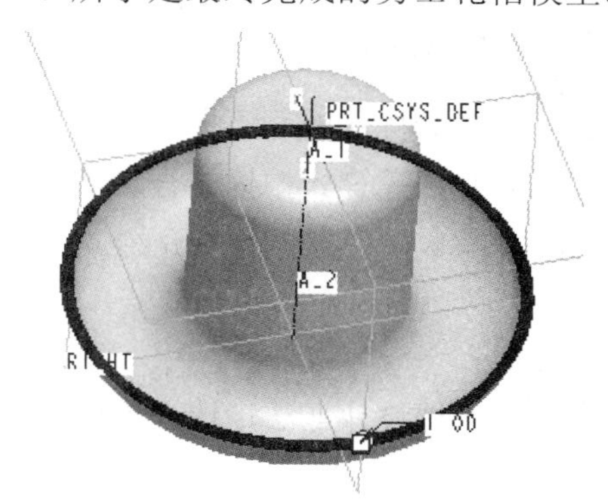

图 16-47　半径为 2 的倒圆角

图 16-48　最终完成的男士礼赗模型

项目 17　雨伞的设计

知识目标

了解三维绘图环境及其设置，掌握常用三维工具的用法，熟悉绘制二维图形的一般流程和技巧，掌握边界混合曲面特征的基本内容及操作方法、技巧等。

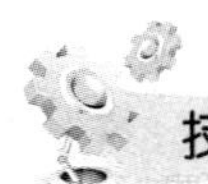

技能目标

熟练地运用 Pro/E 三维设计软件，使用边界混合曲面特征的创建方法，快速准确地设计雨伞三维模型。

【项目任务】

运用 Pro/E 设计软件，完成如图 17-1 所示的雨伞三维模型的设计。

图 17-1 雨伞三维模型

相关知识

曲面及其应用——边界混合曲面

系统除了使用拉伸、旋转、扫描和混合等方法创建曲面特征外，还提供了其他曲面创建方法，如扫描混合、螺旋扫描、边界混合及可变剖面扫描等等。扫描混合和螺旋扫描工具创建曲面的操作方法与创建实体的方法基本一致，所以本项目不再一一介绍。

一、边界混合曲面简介

边界混合曲面特征是在产品设计中应用较为广泛的一种设计方法，边界混合曲面的创建原理具有典型代表性。

在创建边界混合曲面特征时，首先定义构成曲面的边界曲线，然后由这些边界曲线围成曲面特征，如果需要创建更加完整和准确的曲面形状，可以在设计过程中使用更多的参照图元，例如控制点、边界条件以及附加曲线等。设计时，可以在一个方向上指定边界曲线，也可以在两个方向上指定边界曲线，此外，为了获得理想的曲面特征，还可以控制影响曲线来调节曲面的形状，最后填充曲线边界构建所需的曲面。

选择“插入”→“边界混合”命令，或单击右工具箱中“边界混合”按钮 ，打开“边界混合”工具的操作面板，如图 17-2 所示；单击“曲线”按钮，弹出如图 17-3 所示的“曲线”上滑面板，激活第一方向列表框，选取第一方向的曲线，如多条曲线则需按住 Ctrl 键依次选取曲线；同样可以激活第二方向列表框，同样方法选取第二方向的曲线。

图 17-2 “边界混合”操作面板

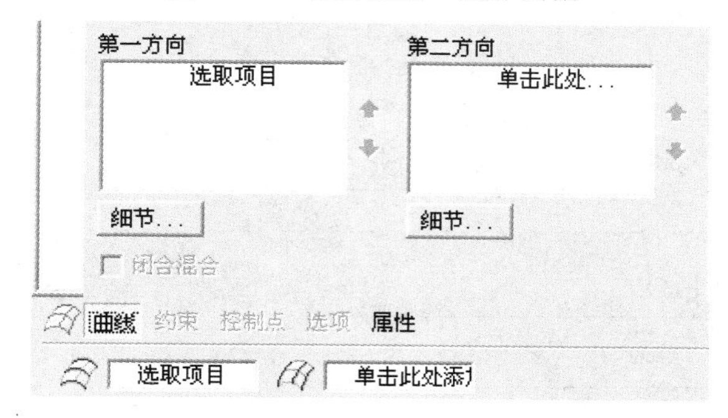

图 17-3 “曲线”上滑面板

完成曲线的选取后，系统会自动根据所选取的曲线形状生成空间自由曲面，如需要对曲面进行相应的修改或处理，可以通过影响曲线来调整曲面的形状，单击操作板中的“选项”按钮，弹出如图 17-4 所示的“选项”上滑面板，选取确定影响曲线，选取多条拟合曲线时需按住 Ctrl 键，设置“平滑度因子”和“在方向上的曲面片”。其中，“平滑度因子”是一个在 0～1 之间的实数，数值越小，边界混合曲面愈逼近选定的拟合曲线；“在方向上的曲面片”的参数是 1～29，指控制边界混合曲面沿两个方向的曲面片数，曲面片数量越多，曲面愈逼近拟合曲线。

图 17-4 “选项”上滑面板

二、创建边界混合操作的基本步骤

创建边界混合操作的基本步骤如图 17-5 所示。

(1) 单击“边界混合”工具，或选择“插入”→“边界混合”命令，弹出“边界混合”特征操作面板，单击操作板中“曲线”按钮，弹出“曲线”上滑面板，见①。

(2) 激活第一方向列表框后，在产品图形上按住 Ctrl 键依次点取相应曲线为第一方向曲线，见②。单击“细节”按钮，弹出“链”对话框，可用于精确设置边界曲线的参数。

(3) 再次激活第二方向列表框后，在产品图形上按住 Ctrl 键依次点取相应曲线为第二方向曲线，见③。 同上步一样，在弹出“链”对话框中设置边界曲线的参数。

(4) 此时按两方向的曲线生成一个空间的曲面，这时可以利用影响曲线来调整曲面的形状，单击操作板中的“选项”按钮，打开“选项”上滑面板，在产品图形中选取曲线作为影响曲线，设置此曲线的“平滑度因子”和曲面的“在方向上的曲面片”的理想参数。

(5) 单击“预览”图标，进行曲面特征的预览，产品设计满意后打钩完成边界混合曲面的设计，见④。

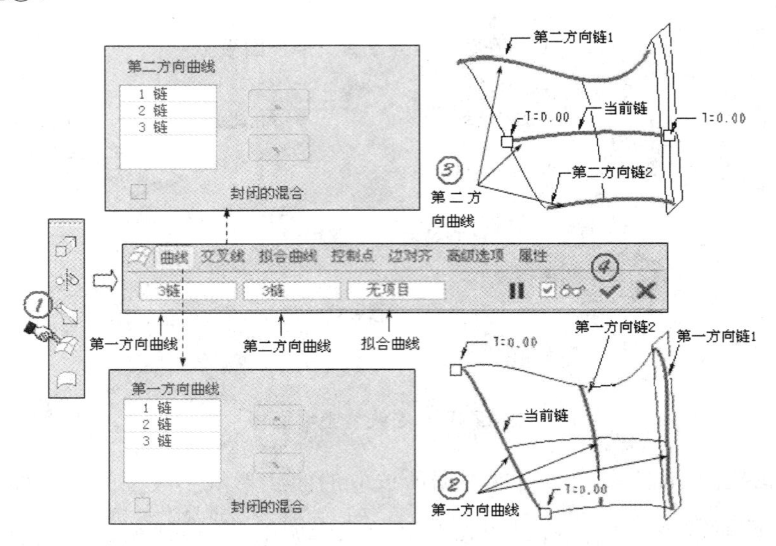

图 17-5 创建边界混合操作的基本步骤

操作指引

设计雨伞的三维模型

步骤一：选择“文件”→“新建”命令，在“类型”选项组中选中“零件”单选按钮并输入文件名“yusanmian”，然后单击“确定”按钮进入三维实体建模模式。

步骤二：运用草绘工具草绘第一条曲线。

如图 17-6 所示，草绘模式下，以 F 为草绘平面，草绘曲线一。

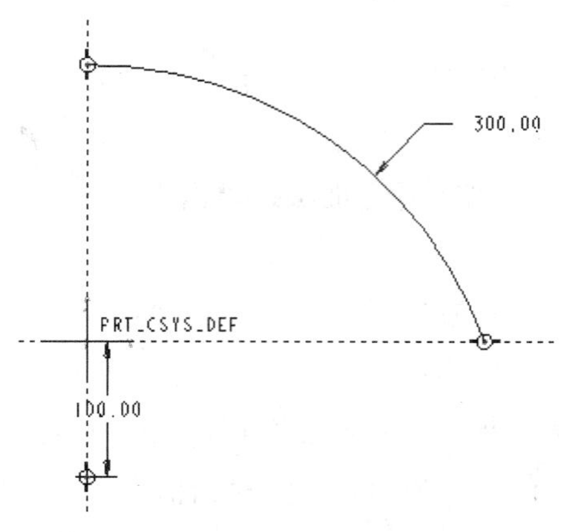

图 17-6 曲线一

步骤三：创建一旋转轴。

如图 17-7 所示，过 R 和 T 平面创建一基准轴 A-1。如图 17-8 所示，创建曲线与基准轴。

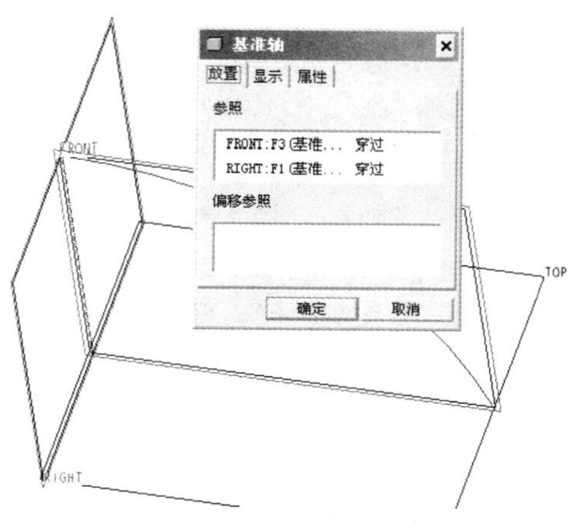

图 17-7　基准轴 A-1

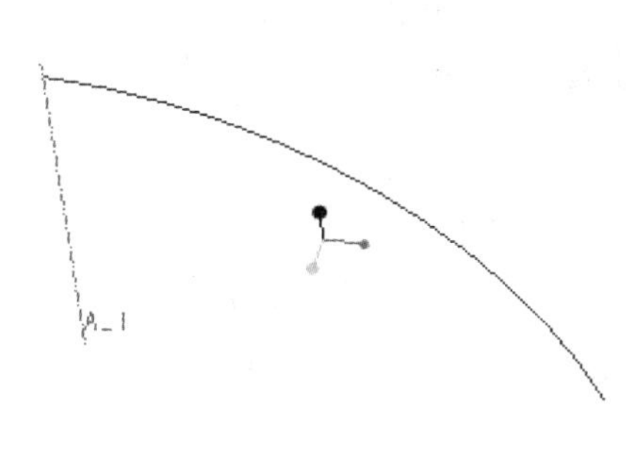

图 17-8　创建曲线与基准轴

步骤四：创建第二条曲线。

如图 17-9 所示，选择曲线，选择“插入”→“复制”、“选择性粘贴”命令，在弹出的对话框中选中“对副本应用移动/旋转变换”复选框，确定完成。

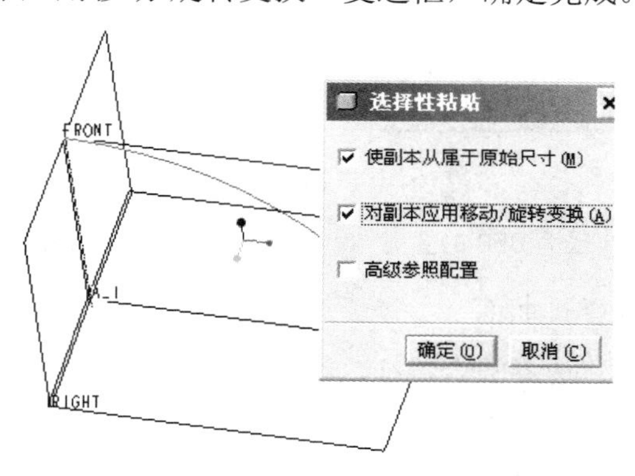

图 17-9　对副本应用移动/旋转变换

如图 17-10 所示，在其操作面板中选择“旋转”应用，选择基准轴 A-1 为旋转轴，并为方向参照，设置旋转角度为 45°，打钩完成。如图 17-11 所示，生成曲线二。

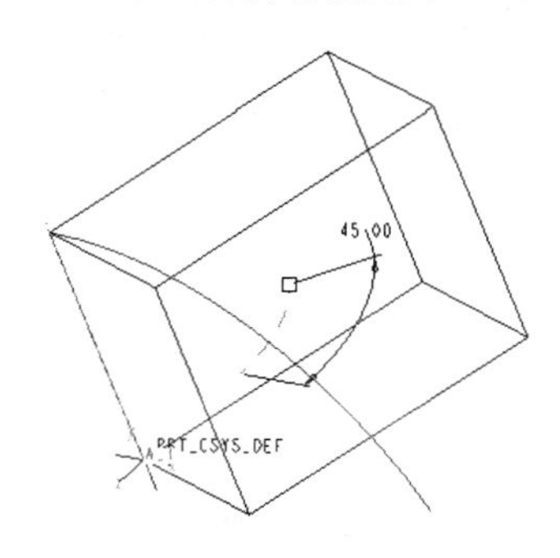

图 17-10　旋转 45°

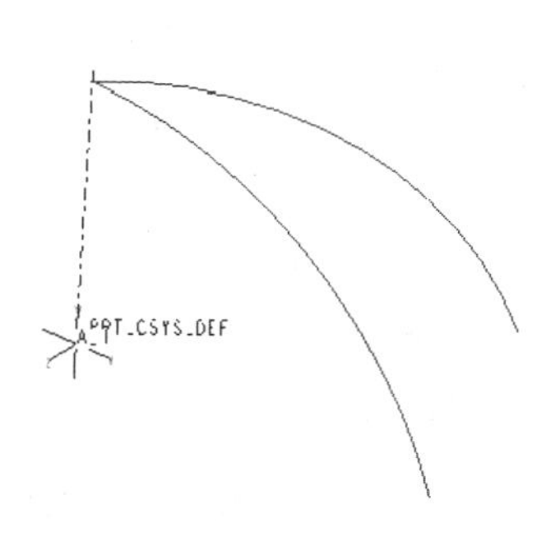

图 17-11　曲线二

特别提示

曲线二的创建也可以直接草绘，首先过基准轴 A-1 旋转 F 平面 45°创建一基准平面 DTM1，然后运用草绘工具草绘曲线二即可。

步骤五：创建第三条曲线。

如图 17-12 所示，在草绘模式下，以 T 为草绘平面，选择两曲线为参照，草绘一条半径为 650 的圆弧，注意圆弧的两端与前两曲线的端点相连。

如图 17-13 所示，完成后打钩退出草绘后生成曲线三。

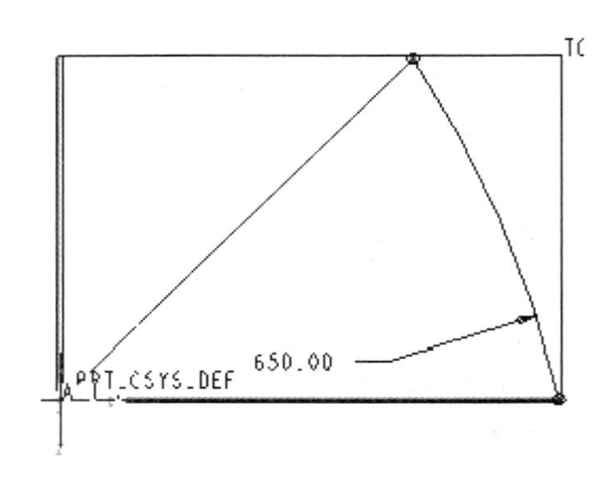

图 17-12　草绘一条半径为 650 的圆弧

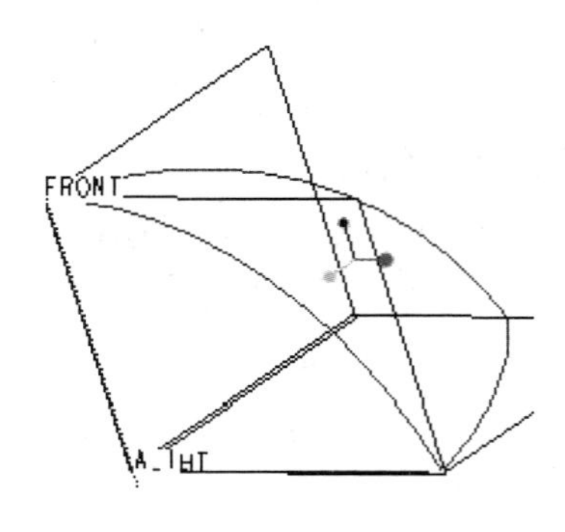

图 17-13　曲线三

步骤六：创建雨伞其中一曲面。

如图 17-14 所示，创建边界混合特征，选择第一方向曲线，按住 Ctrl 键依次选择曲线一和二，选择第二方向的曲线，选择曲线三，打钩完成。

图 17-15 所示是创建生成的曲面。

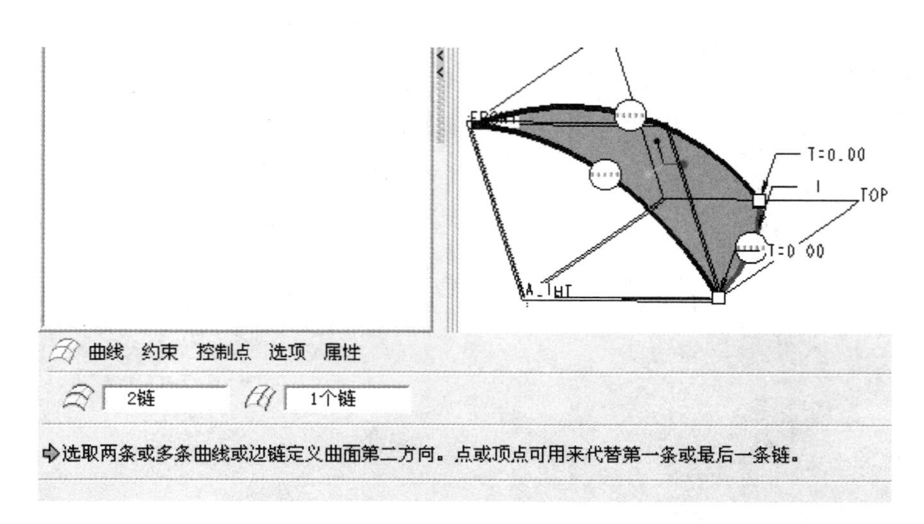

图 17-14　创建边界混合特征

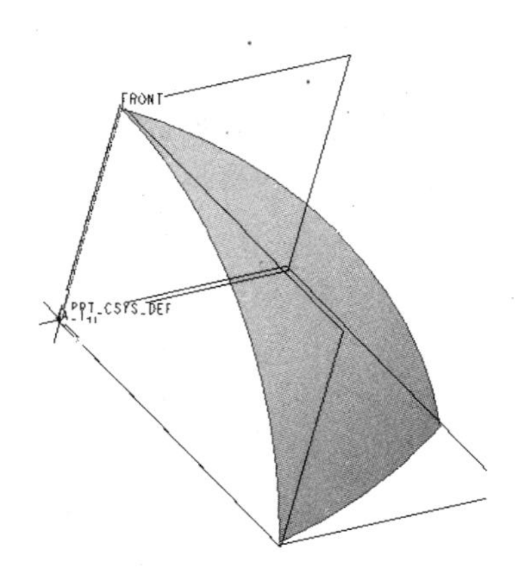

图 17-15　创建生成的曲面

步骤七：创建雨伞的其他曲面。

如图 17-16 所示，选取刚创建的曲面，打开“阵列”工具的操作面板，以 A-1 为旋转轴，设置阵列 8 个，角度为 45°，打钩完成。

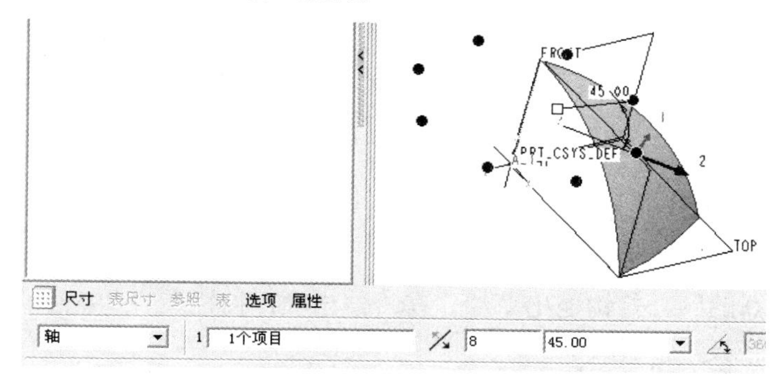

图 17-16　阵列 8 个曲面

图 17-17 所示为阵列生成的雨伞曲面。

步骤八：创建雨伞杆的曲线。

如图 17-18 所示，在草绘模式下，草绘雨伞杆的曲线。

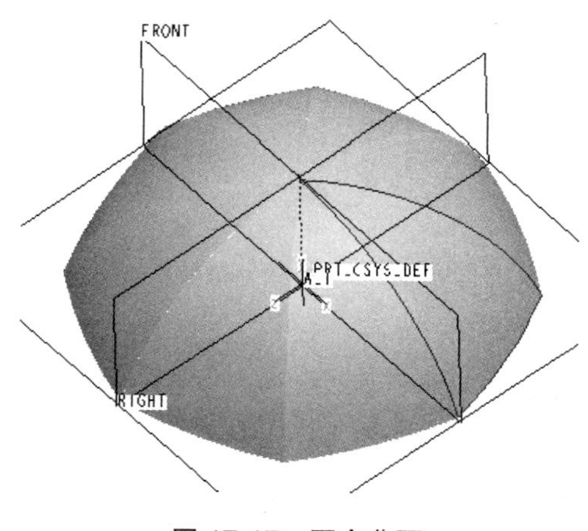

图 17-17　雨伞曲面

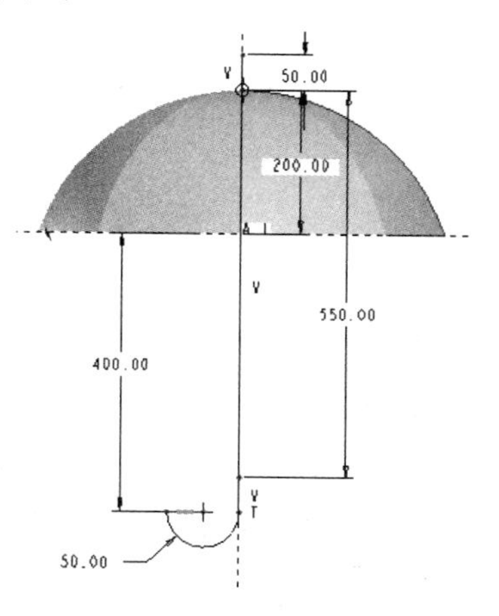

图 17-18　草绘雨伞杆的曲线

步骤九：创建雨伞杆手柄特征。

如图 17-19 所示，打开“扫描”工具，首先选取扫描轨迹线。

如图 17-20 所示，完成后进入扫描截面的草绘界面，草绘一个直径为 30 的圆，完成后打钩退出草绘界面。

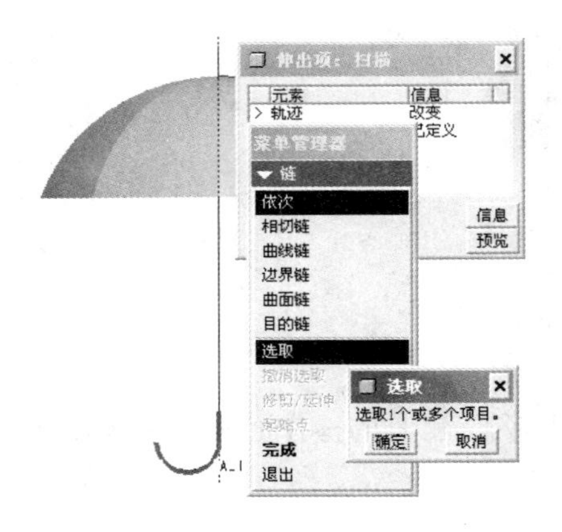

图 17-19　选取扫描轨迹线

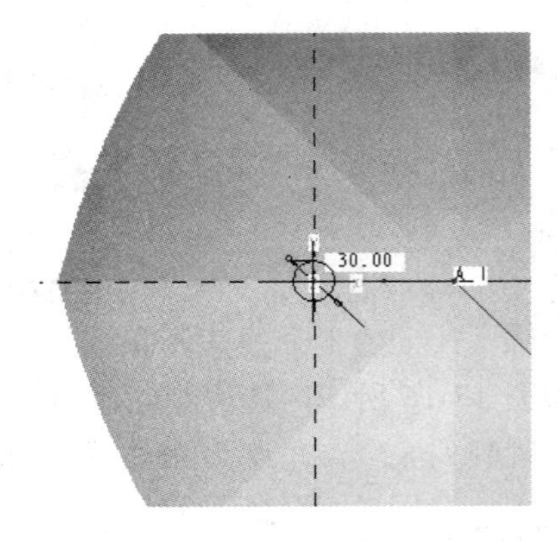

图 17-20　草绘一个直径为 30 的圆

如图 17-21 所示，在“伸出项：扫描”的对话框中单击“确定”按钮，完成雨伞杆手柄的创建。

步骤十：创建雨伞杆特征。

如图 17-22 所示，同样运用扫描工具，选择中间线段作为扫描轨迹，进入草绘界面，草绘一个直径为 10 的圆，打钩退出草绘，在“伸出项：扫描”对话框中单击“确定”按钮完成雨伞杆特征的创建。

图 17-21　完成后的雨伞杆手柄

图 17-22　完成的雨伞杆特征

步骤十一：创建雨伞杆头特征。

如图 17-23 所示，打开“扫描混合”工具，选取雨伞杆头部直线作为扫描轨迹，其余按照系统提示操作进入草绘第一个截面的界面，草绘一个直径为 10 的圆，打钩完成，同样的操作后进入第二个截面的草绘界面，草绘一个点，打钩完成，最后在“伸出项：扫描混合”对话框中单击“确定”按钮完成雨伞杆头特征的创建。图 17-24 所示为最后生成雨伞。

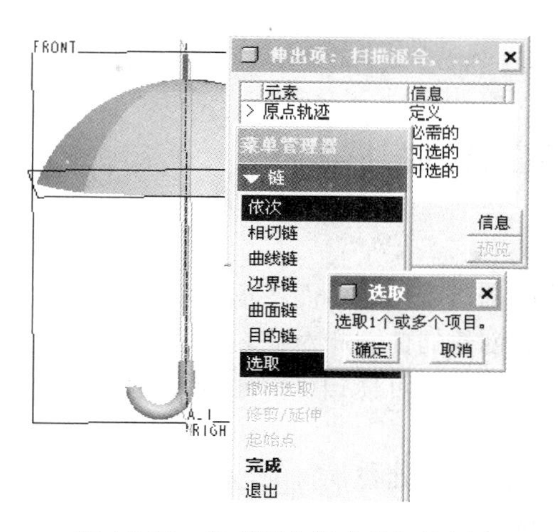

图 17-23　完成雨伞杆头特征的创建

图 17-24　最后生成的雨伞

项目 18　手提包曲面的设计

项目目标

了解三维绘图环境及其设置，掌握常用三维工具的用法，熟悉绘制二维图形的一般流程和技巧，掌握可变剖面扫描特征的操作方法及基准曲线的创建方法与技巧。

技能目标

熟练地运用 Pro/E 设计软件，使用可变剖面扫描特征的创建方法及基准曲线的创建方法与技巧，快速准确地设计手提包曲面模型。

项目任务

运用 Pro/E 设计软件，完成如图 18-1 所示的手提包曲面模型的设计。

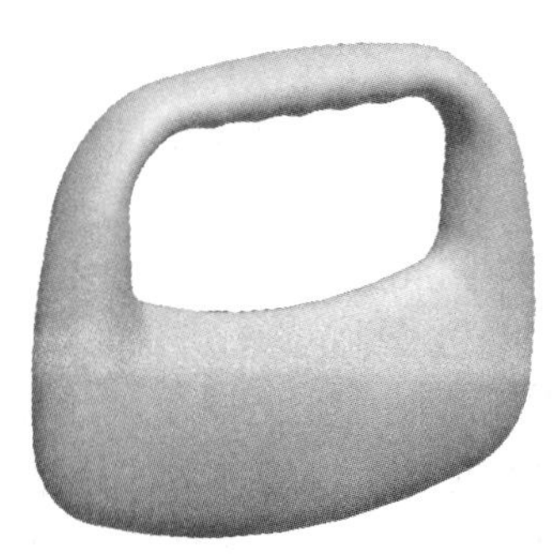

图 18-1　手提包曲面模型

曲面及其应用——可变剖面扫描曲面

一、可变剖面扫描曲面简介

创建扫描曲面是将扫描截面沿一定的轨迹线扫描后生成曲面特征，虽然轨迹线的形式多样，但由于扫描剖面是固定不变的，所以最后创建的曲面相对比较单一。而创建扫描混合曲面则综合了扫描与混合两种曲面建模方法的特点，可使扫描剖面较灵活些，这样设计的曲面效果更加富于变化。

创建可变剖面扫描曲面则使用可以变化的剖面来创建扫描特征，可以创建出形状变化更为丰富的曲面特征。其创建步骤与方法与模块四中项目 11 中的实体创建基本上是一致的，有些内容可以参照。

选择“插入”→“可变剖面扫描”命令，或在右工具箱中单击按钮，打开如图 18-2 所示的“可变剖面扫描”工具操作面板。

图 18-2 “可变剖面扫描”操作面板

1. 可变剖面的含义

顾名思义，可变剖面扫描就是使用可以变化的剖面创建扫描特征，因此从原理上讲，可变剖面扫描应该具有扫描的一般特点，剖面沿着轨迹线作扫描运动，可变剖面扫描的核心是剖面“可变”，剖面的变化主要包括以下几个方面。

(1) 方向。可以使用不同参照确定剖面扫描运动的方向。

(2) 旋转。扫描时可以绕指定轴线适当旋转剖面。

(3) 几何参数。扫描时可以改变剖面的尺寸参数。

2. 两种剖面类型

在可变剖面扫描中通过对多个参数进行综合控制从而获得不同的设计效果。在创建可变剖面扫描时，可以使用两种剖面形式，其建模原理有一定的差别。

(1) 恒定剖面。在沿轨迹扫描的过程中，草绘剖面的形状不发生改变，而唯一发生变化的是剖面所在框架的方向。

(2) 可变剖面。通过在草绘剖面图元与其扫描轨迹之间添加约束，或使用由参数控制的剖面关系式使草绘剖面在扫描运动过程中可变。

(3) 关系式。一种抽象出来的剖面尺寸变化规律，此处的关系式比较特殊，主要由参数 trajpar 控制，trajpar 是 Pro/E 提供的一个轨迹参数，该参数为一个 0～1 的变量，在生成特征的过程中，此变量呈线性变化，它代表着扫描特征创建长度百分比，在开始扫描时，trajpar 的值是 0，而完成扫描时，该值为 1。

(4) 框架。框架实质上是一个坐标系，此坐标系和熟悉的坐标系的不同之处在于它沿着扫描原始轨迹滑动并且其上带有扫描的剖面，坐标系的轴由辅助轨迹和其他参照定义。

二、可变剖面扫描的一般步骤

(1) 选择“插入”→“可变剖面扫描”命令或者单击特征工具栏中的按钮，打开“可变剖面扫描”工具的操作面板。如图 18-2 所示，选择创建“曲面”工具。

(2) 在操控板上单击“参照”按钮，打开如图 18-3 所示的“参照”上滑面板。在“轨迹”列表栏依次选取要用于可变剖面扫描的轨迹，如果同时按住 Ctrl 键则可以添加任意多个轨迹，并分别定义其类型，可以使用原始轨迹、法向轨迹、*X* 轨迹和辅助轨迹 4 种轨迹类型。各类轨迹既可以是二维平面型曲线，也可以是三维空间型曲线。

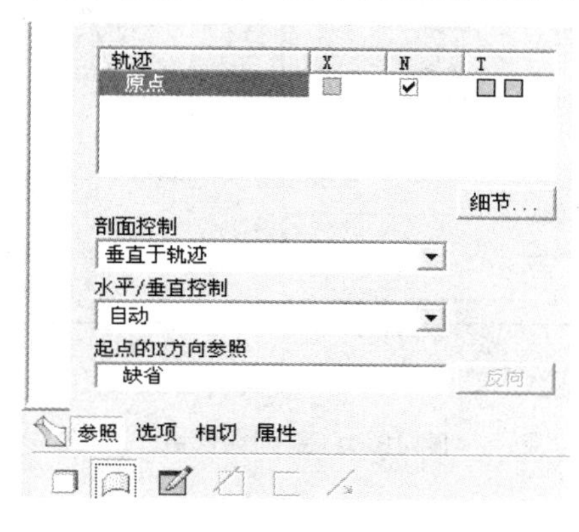

图 18-3 “参照”上滑面板

(3) 指定“剖面控制”以及“水平/垂直控制”参照；在“剖面控制”下拉列表框中为扫描剖面选择定向方法：垂直于轨迹、垂直于投影和恒定的法向。在“水平/垂直控制”下拉列表框中设置如何控制框架绕草绘平面法向的旋转运动：自动、垂直于曲面和 *X* 轨迹。

(4) 打开“选项”上滑面板，根据需要进行各项设定。在“草绘放置点”文本框内单击，然后选取原始轨迹上的一点作为草绘剖面的点，如果“草绘放置点”文本框为空，表示以扫描的起始点作为草绘剖面的默认位置。

(5) 设置完成后，图标板上的“草绘”按钮被激活，单击该按钮打开二维草绘界面草绘剖面，完成后退出草绘器。如果选取的扫描轨迹为一条，那么此时创建的曲面就是普通的扫描曲面，这显然是没有达到可变剖面的效果。但接下来可以返回到草绘界面，通过给一个尺寸或多个尺寸设计关系式的方法来获得可变剖面。如果选取的轨迹为多条，那么草绘的剖面将会受到多条轨迹的限制，从而在扫描的过程中获得可变剖面。

(6) 预览几何效果，确认无误后，打钩完成可变剖面扫描特征的操作。

操作指引

设计手提包的曲面模型

步骤一：选择“文件”→“新建”命令，弹出“新建”对话框，在“类型”选项组中选中“零件”单选按钮并输入文件名“shoutibao”，然后单击“确定”按钮进入三维实体建模模式。

步骤二：草绘曲线一。

如图 18-4 所示，打开“草绘”工具，在草绘模式下，以 F 平面为草绘平面，其余按系统默认方式进行草绘界面。草绘过程首先是在距 T 平面为 15 高度的位置草绘 3 段相同的首尾相接的曲线，然后以基准平面 R 为镜像平面，镜像另一侧的曲线，完成后生成 6 段小圆弧曲线；在 T 平面的下面继续草绘大圆弧曲线，曲线的最高点距 T 平面为 15，为 T 平面的上面 6 段小圆弧曲线之间增加半径为 5 的圆角，并进行修剪。

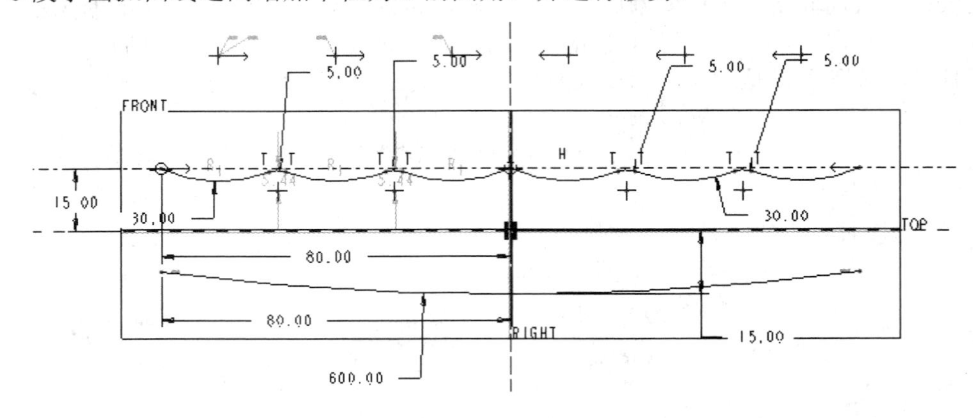

图 18-4　草绘曲线一

如图 18-5 所示，完成后打钩退出草绘模式，生成基准曲线一。

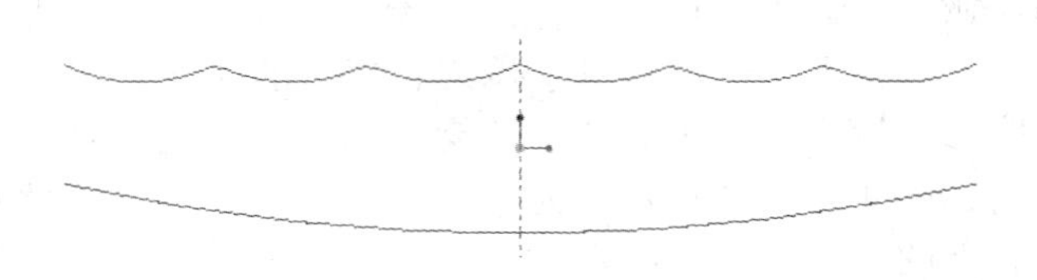

图 18-5　基准曲线一

步骤三：草绘曲线二。

如图 18-6 所示，草绘曲线的模式下，以 T 平面为草绘平面，以 F 平面为对称轴草绘两段半径都为 1000 的大圆弧，完成后打钩退出草绘界面，生成曲线二。

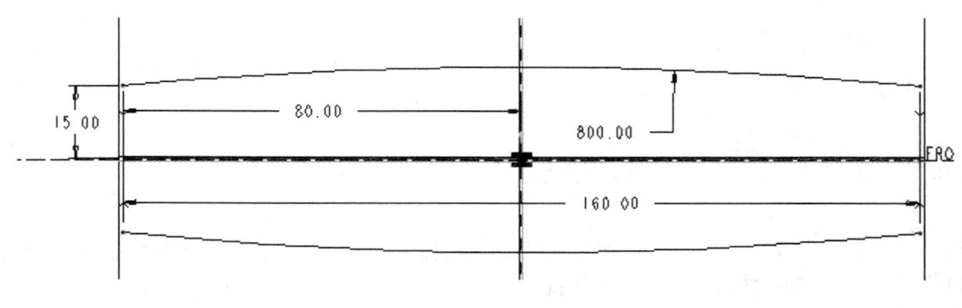

图 18-6　曲线二

图 18-7 所示为两次草绘的曲线一和曲线二。

步骤四：创建可变曲面。

如图 18-8 所示，选择“插入”→“可变剖面扫描”命令或者单击特征工具栏中的按钮，打开“可变剖面扫描”工具的操作面板，选择 “曲面”创建，选择曲线一中的大圆弧曲线作为原始轨迹。

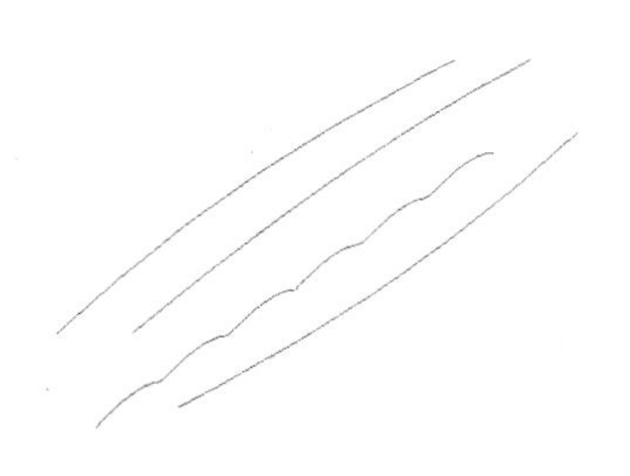

图 18-7 曲线一和曲线二

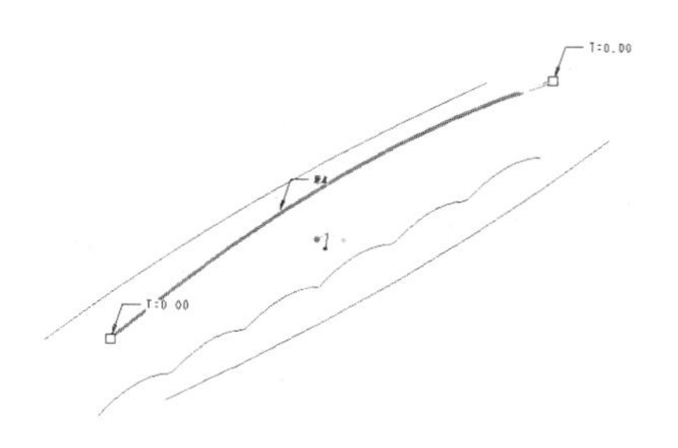

图 18-8　可变剖面树苗

如图 18-9 所示，按住 Ctrl 选择其余的 3 条作为辅助轨迹，单击图标板上的“草绘”图标。

如图 18-10 所示，进入草绘界面，草绘一椭圆，利用约束工具，使 4 条基准曲线的端点与椭圆共点。

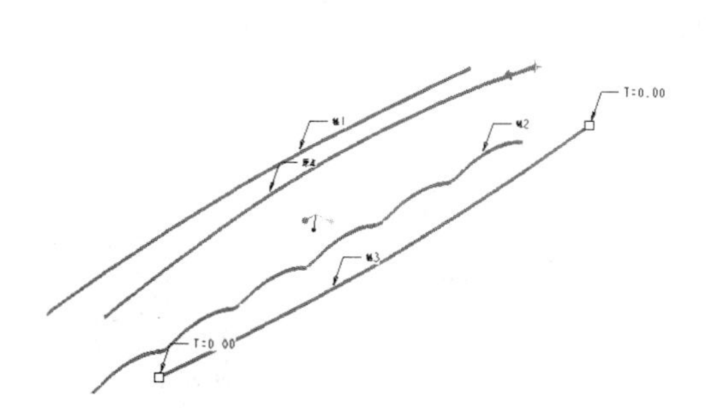

图 18-9　选择辅助轨迹

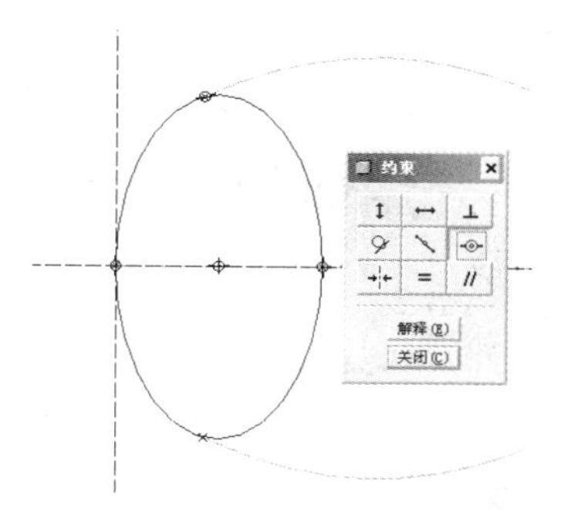

图 18-10　草绘一椭圆

如图 18-11 所示，打钩完成，生成可变剖面扫描特征。

步骤五：草绘曲线三。

如图 18-12 所示，在草绘模式下，以 F 平面为草绘平面，草绘曲线三，完成后打钩退出草绘模式。

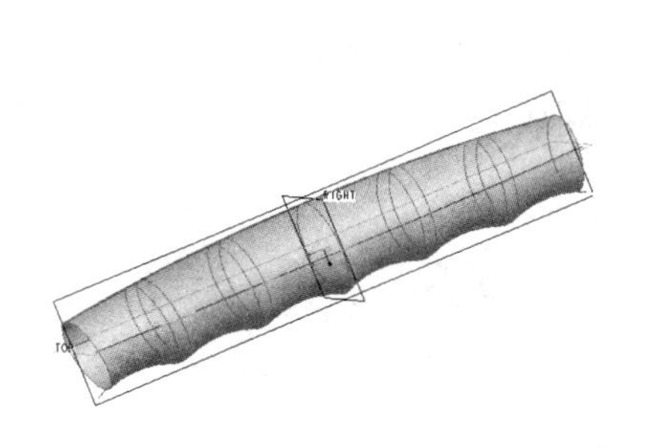

图 18-11　生成可变剖面扫描特征

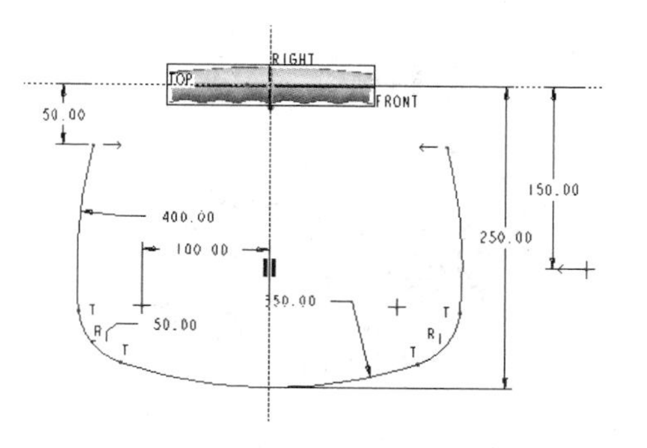

图 18-12　草绘曲线三

步骤六：草绘曲线四。

如图 18-13 所示，在草绘模式下，以 F 平面为草绘平面，草绘曲线四，完成后打钩退出草绘模式。如图 18-14 所示，完成草绘曲线四。

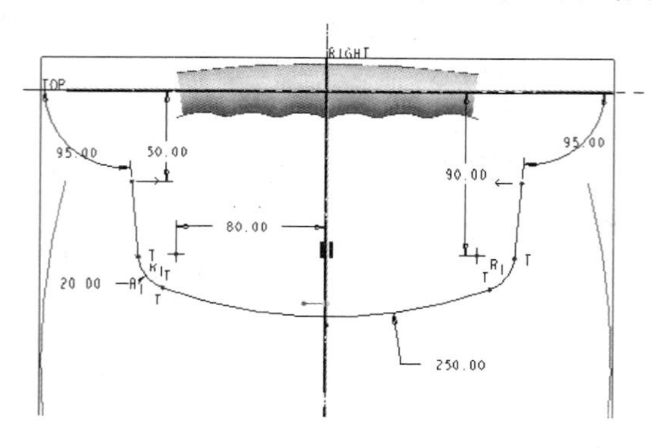

图 18-13　草绘曲线四

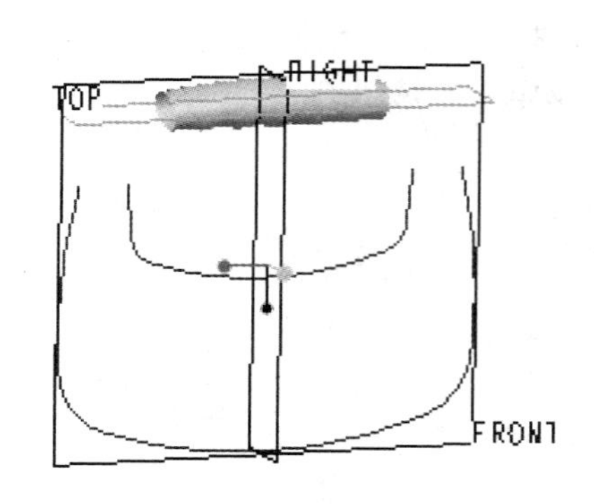

图 18-14　曲线四

步骤七：创建可变曲面。

如图 18-15 所示，创建可变剖面扫描特征，选择曲线四为原始轨迹，曲线三为辅助轨迹，进入草绘截面的界面。

如图 18-16 所示，草绘一椭圆，约束两曲面的端点在椭圆上，打钩完成草绘。

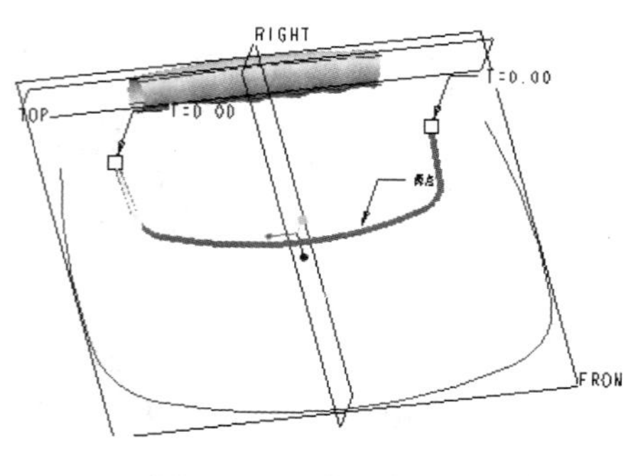

图 18-15　草绘截面

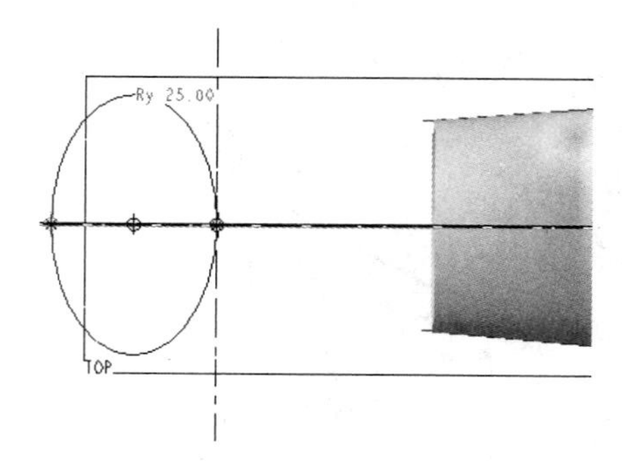

图 18-16　草绘椭圆

如图 18-17 所示，退出草绘后生成可变剖面扫描曲面，预览效果。如图 18-18 所示，打钩完成后生成可变曲面特征。

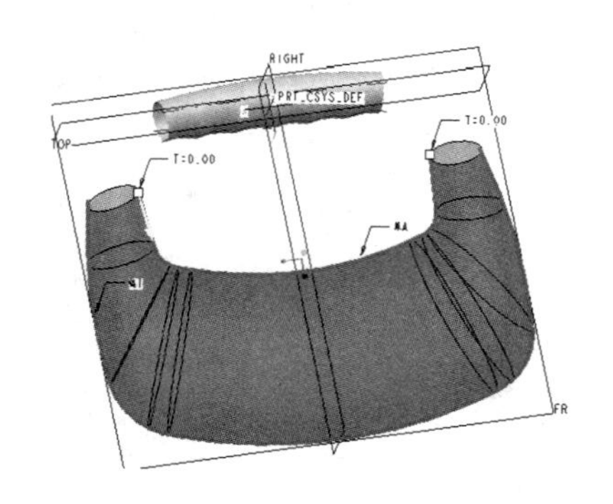

图 18-17　生成的可变剖面扫描曲面

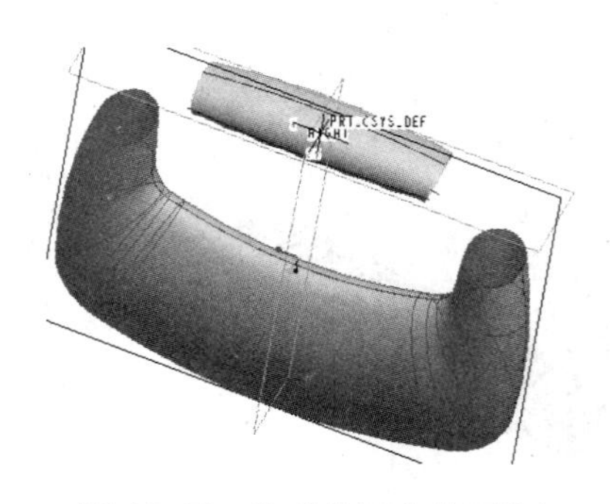

图 18-18　生成的可变曲面特征

步骤八：创建基准曲线五。

如图 18-19 所示，创建“基准曲线”，选择“曲线：通过点”选项，选取“经过点”，完成，在弹出的“连结类型”菜单管理器中选择“样条”、“整个阵列”、“增加点”命令，在图形中选取两点，这两点分别是曲线三和曲线一与其生成的曲面的交点，完成后连成一曲线。

如图 18-20 所示，在“曲线：通过点”对话框中选择“相切”选项，在弹出的“定义相切”菜单管理器中选择“起始”、“曲面”命令，在图中选择起点所在的曲面，即由曲线三和曲线四创建的可变曲面，曲线在起始位置就马上与曲面相切了。

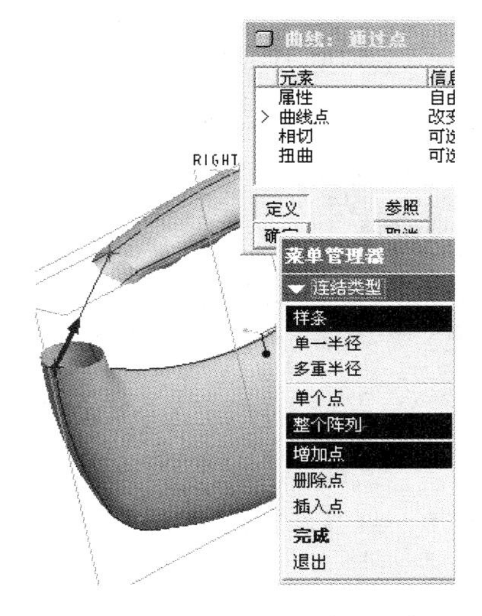

图 18-19　在图形平选取两点

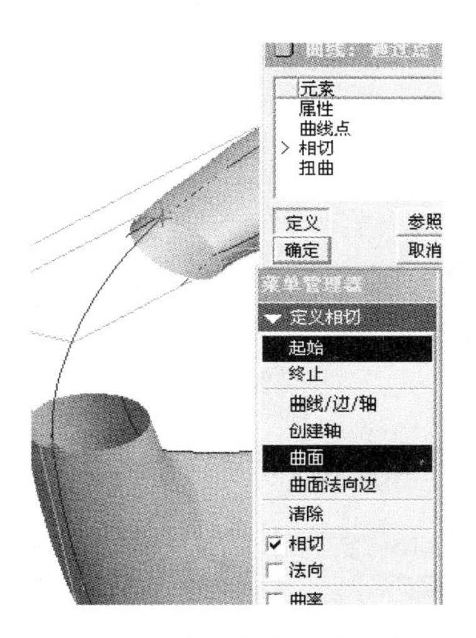

图 18-20　选择起点所在的曲面

如图 18-21 所示，再次选择“终止”、“曲面”命令，在图中选择终点所在的曲面，即由曲线三和曲线四创建的可变曲面，曲线在终止位置就马上与曲面也相切了，在“曲线：通过点”对话框中选择“确定”按钮，这样就通过基准曲线工具创建了曲线五。

图 18-22 所示为完成的曲线五。

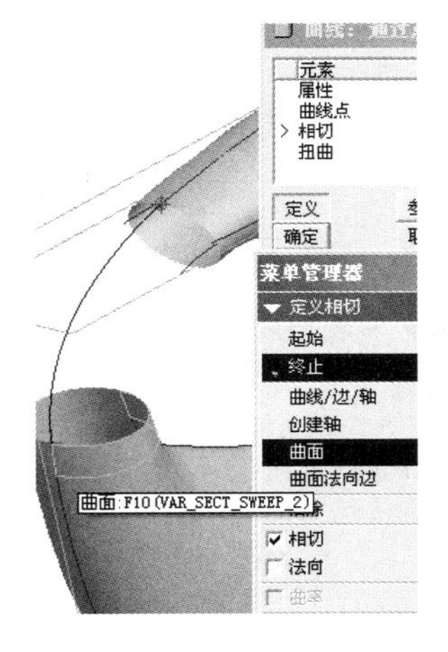

图 18-21　创建曲线五

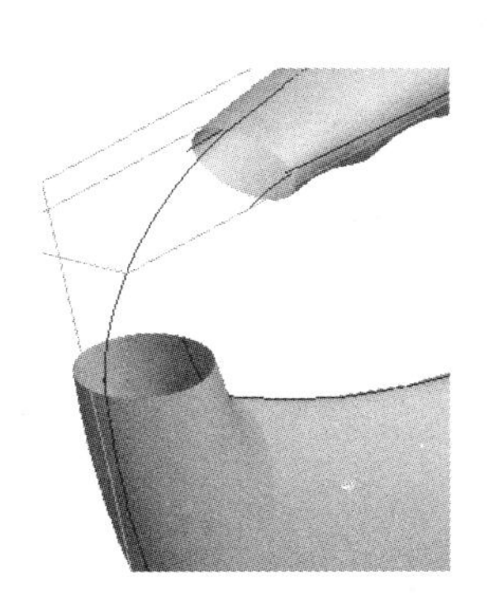

图 18-22　曲线五

步骤九：创建基准曲线六。

如图 18-23 所示，用同样的方法创建曲线六。

步骤十：运用边界混合工具创建曲面。

如图 18-24 所示，打开“边界混合曲面”工具，按 Ctrl 选择刚创建的曲线五和曲线六作为第一方向的曲线，按住 Ctrl 键选择第一及第二次创建的可变剖面特征中的半圆曲线作为第二方向的曲线。

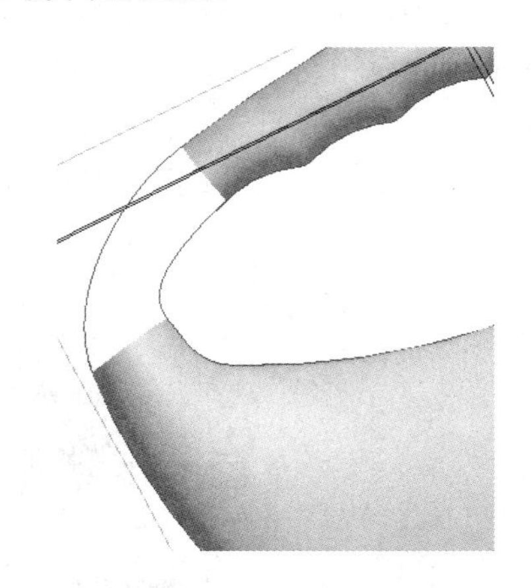

图 18-23　创建曲线六

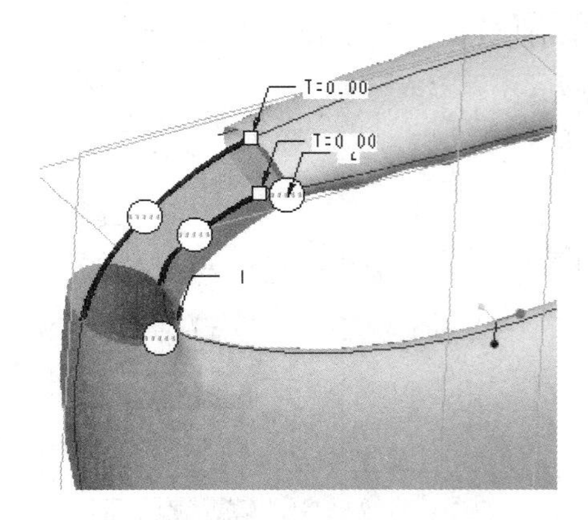

图 18-24　选择第一方向和第二方向的曲线

如图 18-25 所示，单击操作面板中的“曲线”按钮，打开其上滑面板，选择第二方向中的链 1，进入链 1 的对话框界面，选中“基于规则”/“完成环”单选按钮，确定。

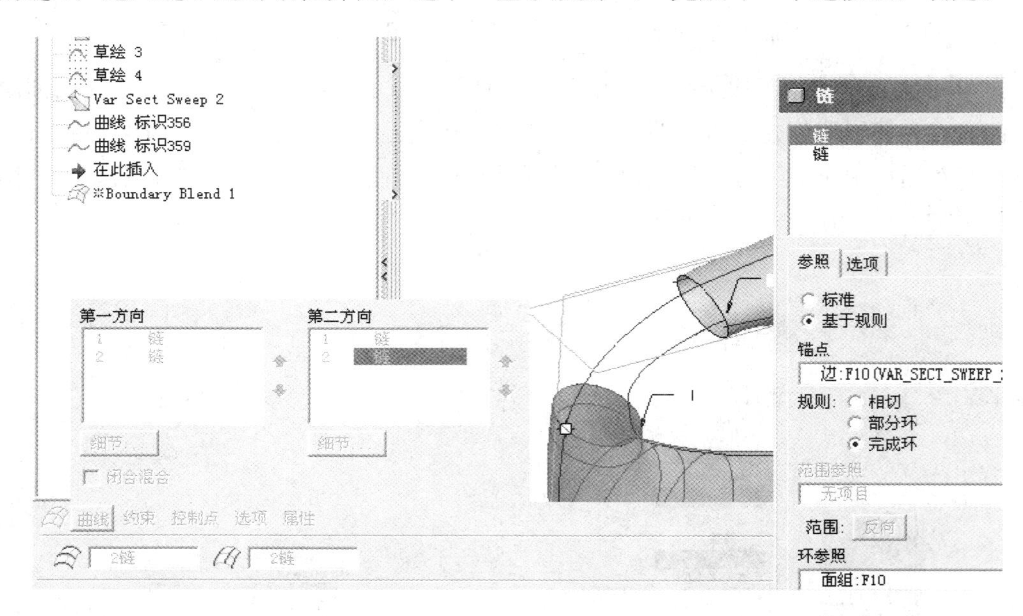

图 18-25　设置链 1

如图 18-26 所示，同样对链 2 也进行同样的操作。

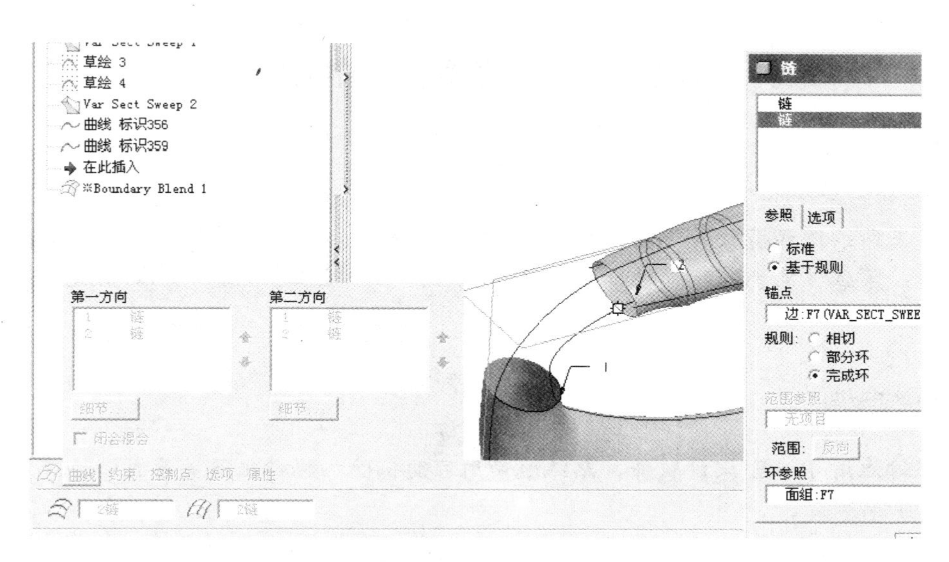

图 18-26　设置链 2

如图 18-27 所示，最终完成边界混合曲面。

步骤十一：运用镜像工具镜像曲面。

如图 18-28 所示，选择刚创建的边界混合曲面，打开“镜像”工具操作面板，选择 R 平面为镜像平面镜像出另一侧的曲面。

图 18-29 所示是最终完成的提手的设计模型。

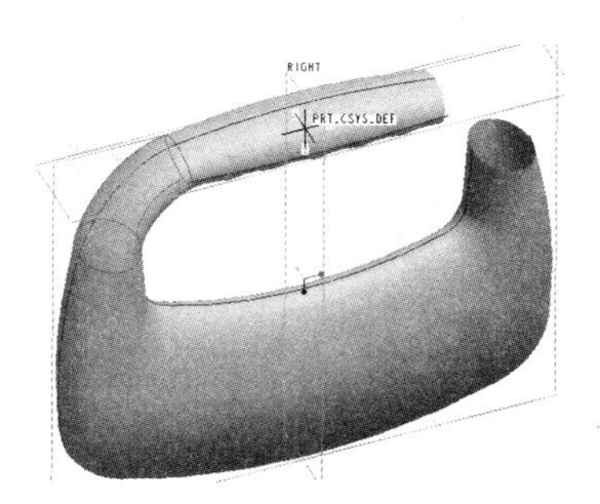

图 18-27　最终完成的边界混合曲面

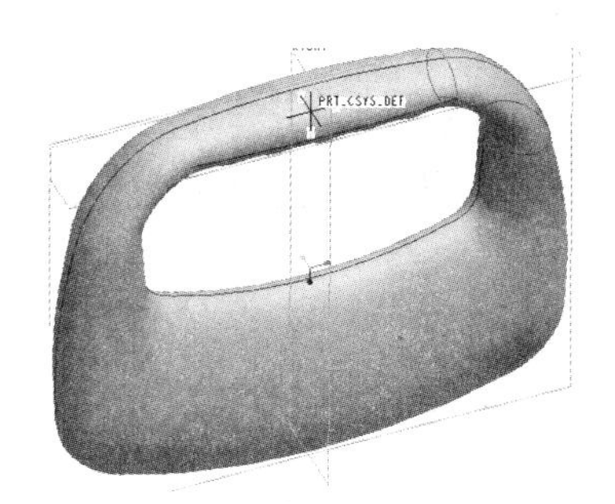

图 18-28　镜像另一侧曲面

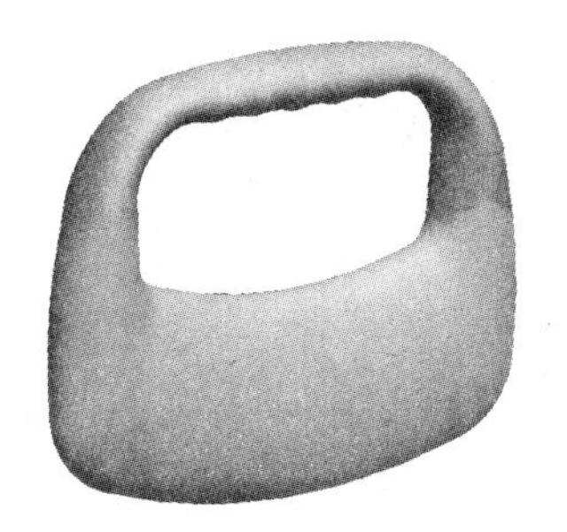

图 18-29　最终完成的提手的设计模型

项目 19　异形管曲面的设计

知识目标

了解三维绘图环境及其设置，掌握常用三维工具的用法，熟悉绘制二维图形的一般流程和技巧，掌握可变剖面扫描特征的操作方法及在设计过程中能正确地运用关系式来实现可变剖面的扫描。

技能目标

熟练地运用 Pro/E 设计软件，熟练地使用可变剖面扫描特征及关系式，快速准确地设计异形管曲面模型。

项目任务

运用 Pro/E 设计软件，完成如图 19-1 所示的异形管曲面模型的设计。

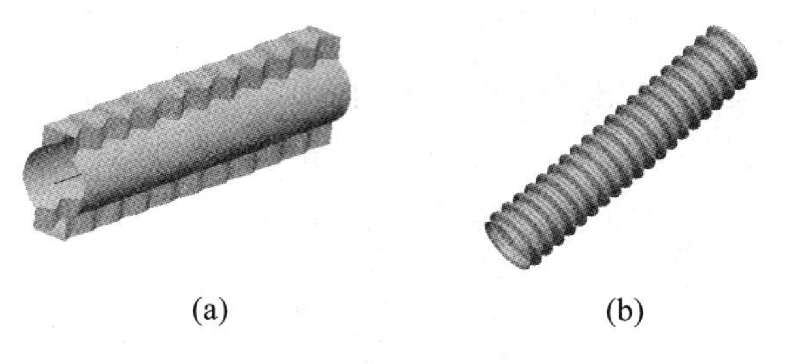

(a)　　　　(b)

图 19-1　异形管曲面模型

操作指引

设计异形管曲面的模型

步骤一：选择“文件”→“新建”命令，弹出“新建”对话框，在“类型”选项组中选中“零件”单选按钮并输入文件名“yixingguan”，然后单击“确定”按钮进入三维实体建模模式。

步骤二：草绘一条扫描曲线。

如图 19-2 所示，草绘模式下，在 F 平面上草绘一条长度为 500 的直线作为扫描轨迹，完成后退出草绘模式。

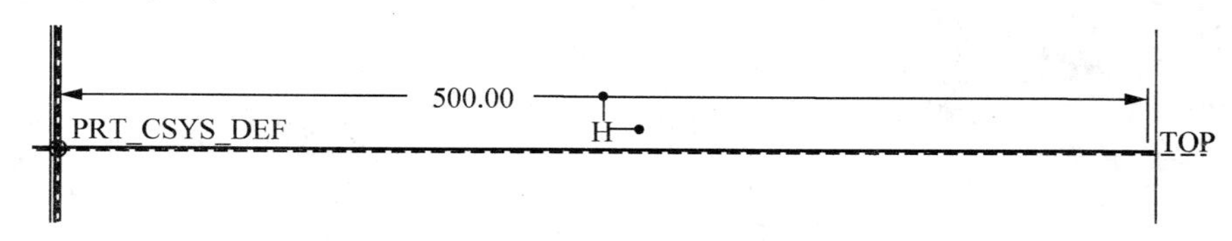

图 19-2　草绘一条直线

步骤三：创建各种异形管的曲面。

选择“插入”→“可变剖面扫描”命令或者单击特征工具栏中的按钮，打开“可变剖面扫描”工具的操作面板，选择创建“曲面”工具，选择刚创建的曲线作为扫描轨迹，如图 19-3 所示。

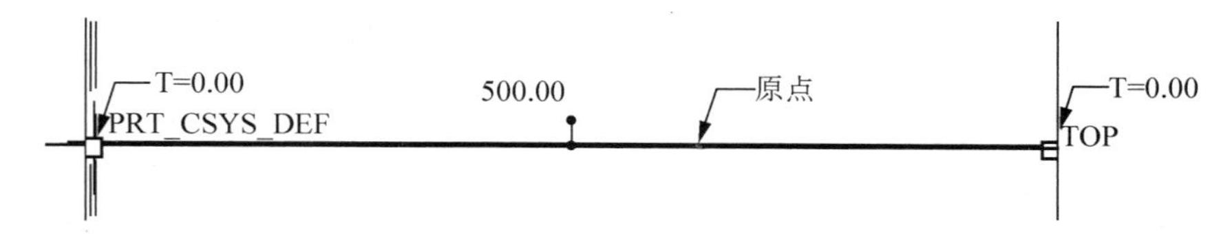

图 19-3　选择扫描轨迹

如图 19-4 所示，单击“草绘”按钮，进入草绘截面的界面，草绘扫描截面的图形。

如图 19-5 所示。打钩完成后生成特征(从起始到结束截面没有发生任何的变化，这样操作就相当于扫描)。

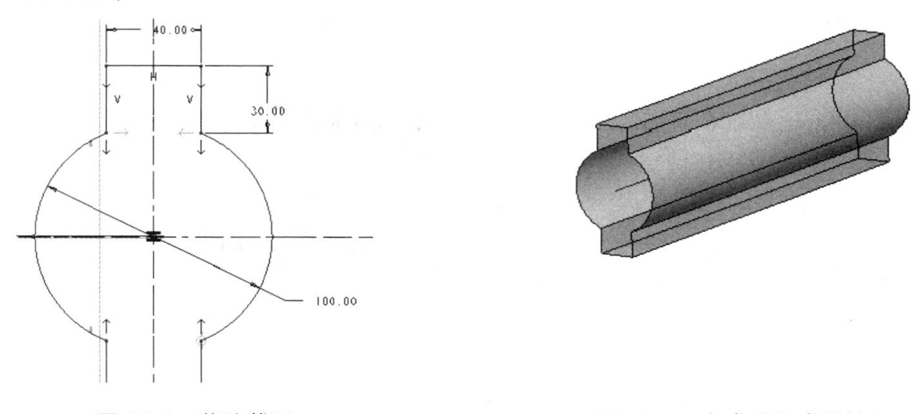

图 19-4　草绘截面　　　　图 19-5　完成后生成的特征

如图 19-6 所示，在模型树中，选择刚创建的特征，单击鼠标右键，在弹出的菜单中选择“编辑定义”命令，重新打开了“可变剖面扫描”的操作面板，单击“草绘”按钮，重新进入草绘截面的界面，选择“工具”→“关系”命令，弹出“关系”对话框，这时图形中的两尺寸即刻变成了尺寸代码，通过输入两尺寸的关系，控制其中 sd7 尺寸在扫描过程中按照余弦关系变化。

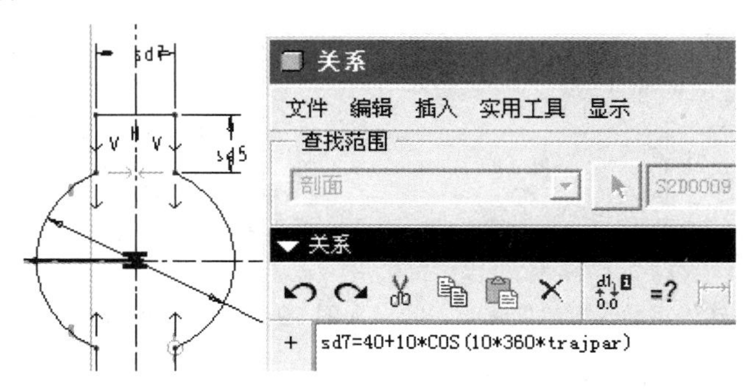

图 19-6　控制尺寸关系

如图 19-7 所示，确定后图形按关系式的尺寸发生相应的变化，打钩退出草绘界面。

如图 19-8 所示，在“可变剖面扫描操控板”中打钩完成创建，生成可变剖面扫描曲面特征。

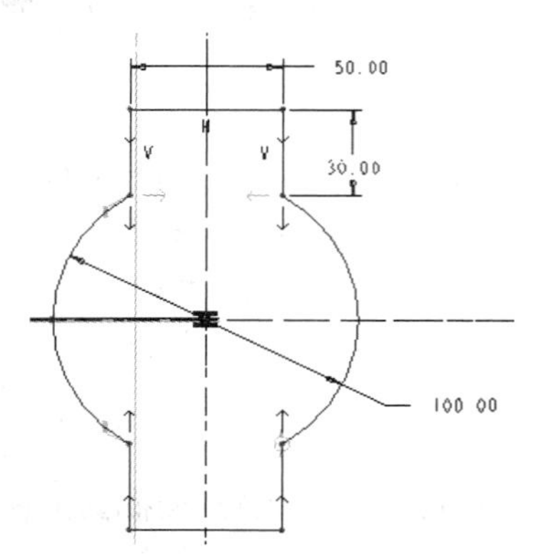

图 19-7　尺寸相应的变化

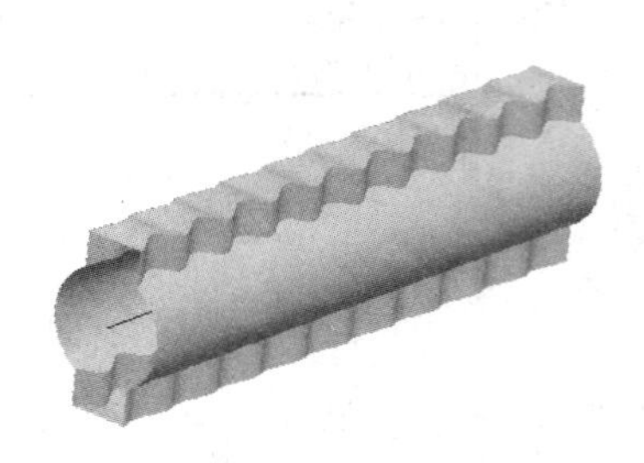

图 19-8　生成的可变剖面树苗曲面特征

如图 19-9 所示，按照上述方法再重新进入草绘截面的界面，改变关系中的一尺寸的关系式。

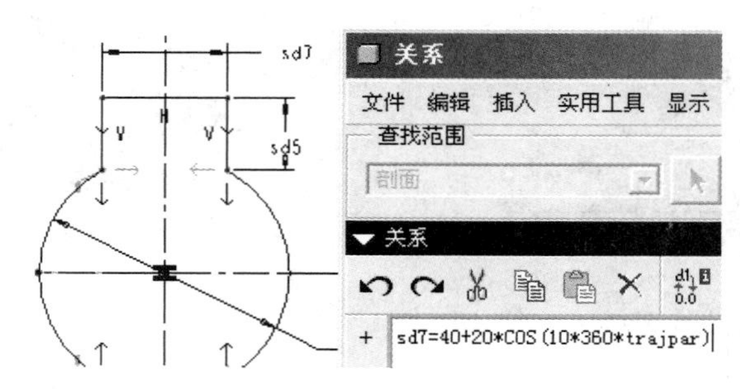

图 19-9　改变尺寸关系式

如图 19-10 所示，关系式确定后图形重新发生变化。图 19-11 所示是重新生成的可变剖面扫描曲面特征。

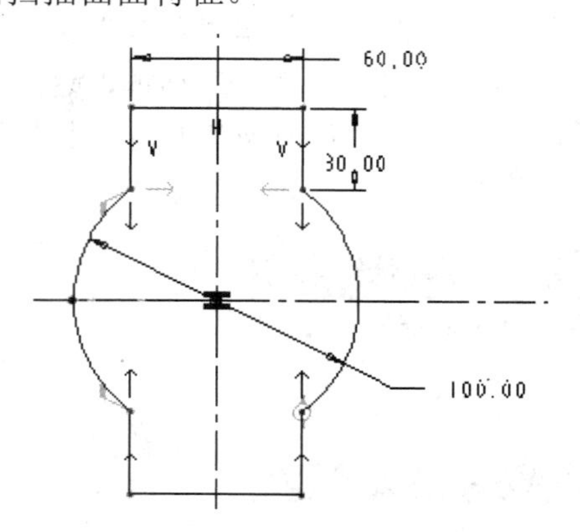

图 19-10　关系式确定后图形的变化

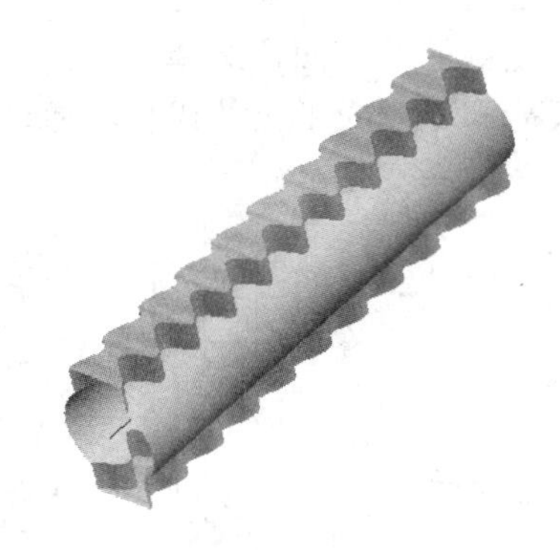

图 19-11　重新生成的可变剖面扫描曲面特征

如图 19-12 所示，按照上述方法再重新进入草绘截面的界面，又改变关系中的一尺寸关系式。图 19-13 所示是关系式确定后生成的草绘截面图形。

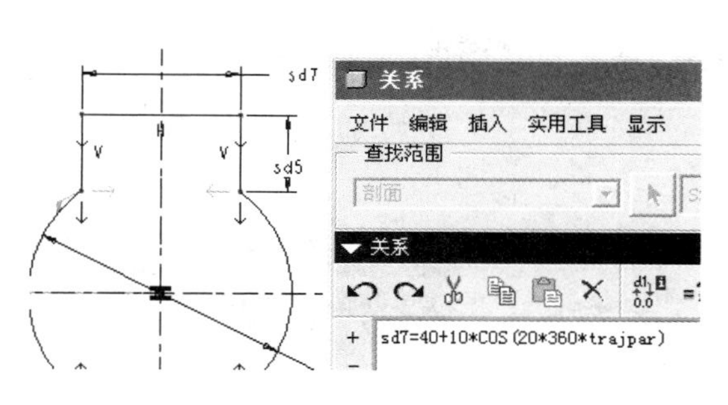

图 19-12　草绘截面

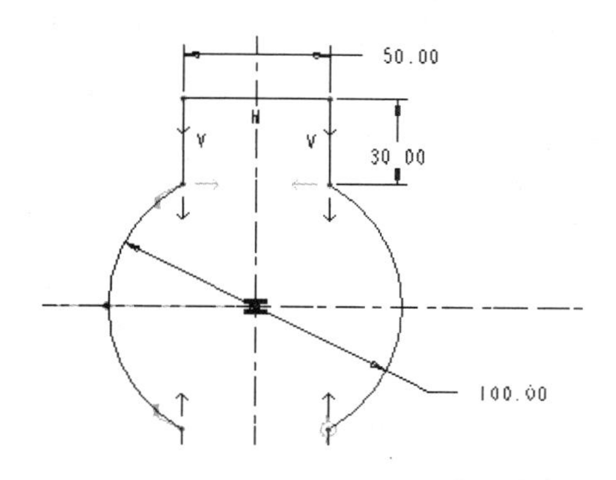

图 19-13　关系式确定后生成的草绘截面图形

图 19-14 所示是重新生成的可变剖面扫描曲面特征。如图 19-15 所示，按照上述方法再重新进入草绘截面的界面，去掉尺寸关系中的余弦变化。

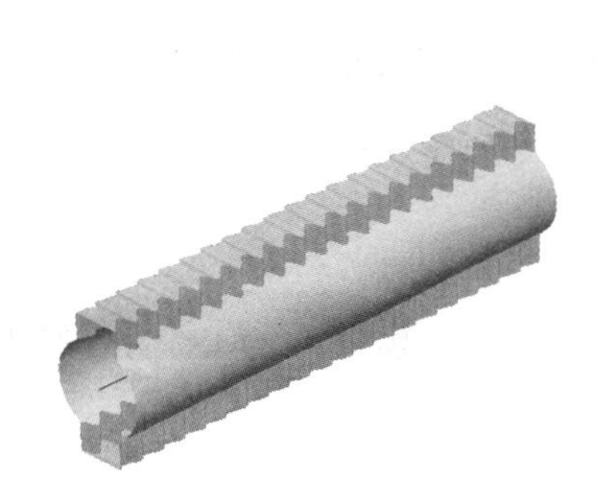

图 19-14　重新生成的可变剖面扫描曲面特征

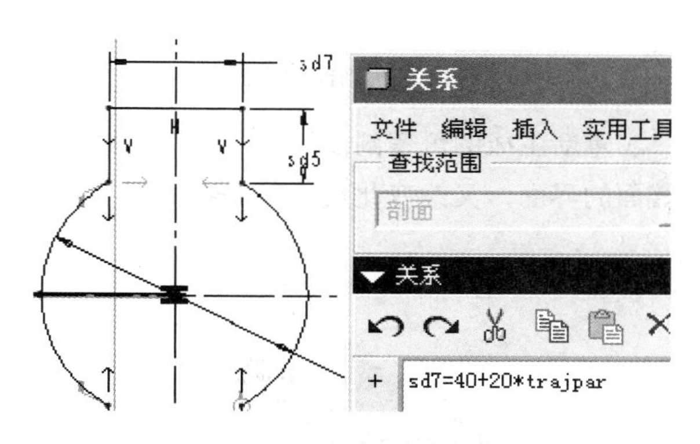

图 19-15　去掉关系中的余弦变化

图 19-16 所示是确定后生成的草绘截面图形。图 19-17 所示是重新生成的可变剖面扫描曲面特征。(同样也可以对草绘截面中的其他尺寸进行尺寸控制，可以观察产生的效果。)

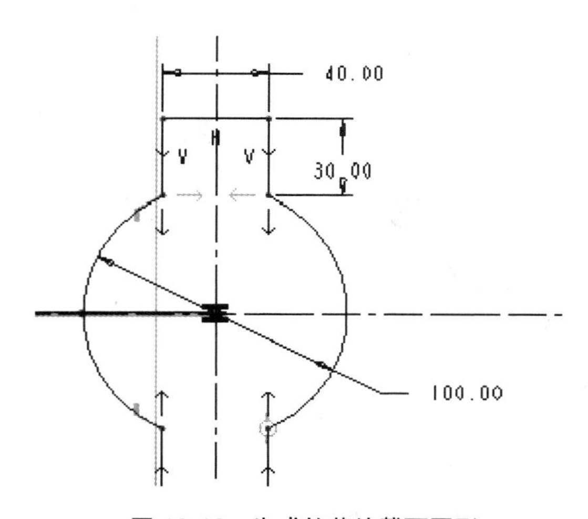

图 19-16　生成的草绘截面图形

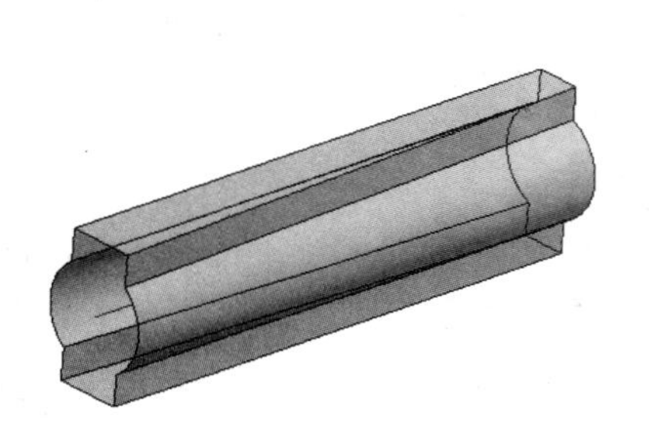

图 19-17　重新生成引变剖面扫描曲面的特征

如图 19-18 所示，按照上述方法再重新进入草绘截面的界面，重新草绘扫描截面图形。

如图 19-19 所示，选择下拉菜单中的“工具”中的“关系”命令，这时图形中的尺寸即刻变成了尺寸代码，通过输入此尺寸的关系，控制其中 sd11 尺寸在扫描过程中按照余弦关系变化。

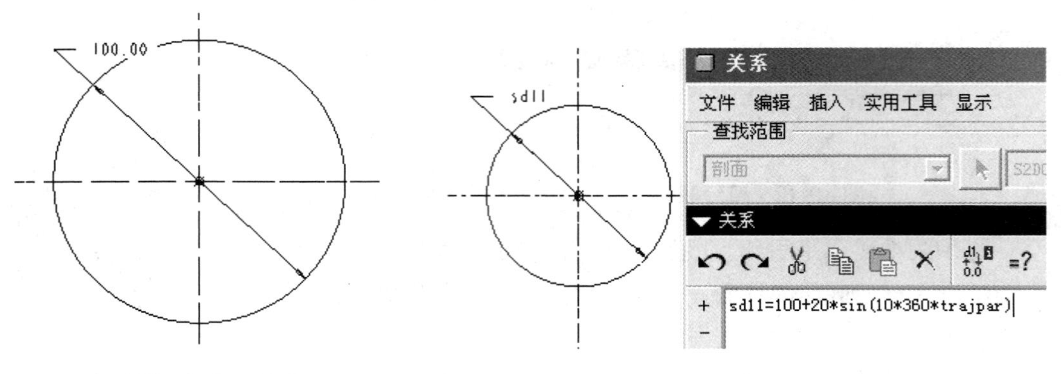

图 19-18 重新草绘扫描截面图形　　　　图 19-19 尺寸按照余弦变化

重新生成的可变剖面扫描曲面特征如图 19-20 所示。如图 19-21 所示，重新进入草绘截面的界面，又改变此尺寸的关系式。

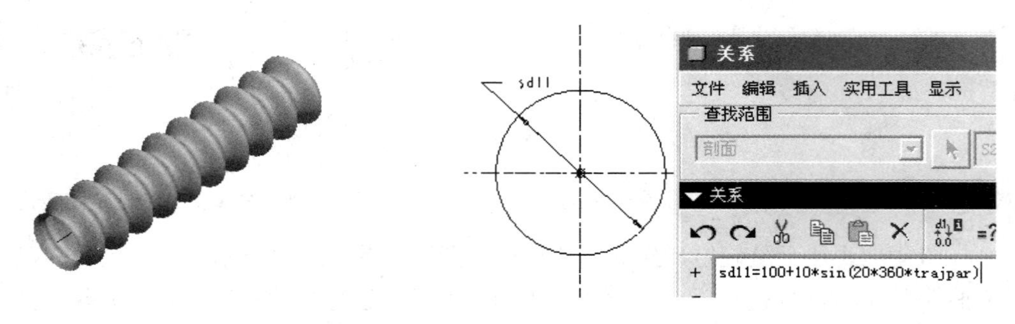

图 19-20 重新生成的引变剖面扫描面特征　　　　图 19-21 改变尺寸的关系式

图 19-22 所示是重新生成的可变剖面扫描曲面特征。

图 19-22 重新生成的可变剖面扫描曲面特征

项目 20　水果盘的设计

知识目标

了解三维绘图环境及其设置，掌握常用三维设计工具的用法，熟悉绘制二维图形的一般流程和技巧，掌握可变剖面扫描特征的操作方法及给尺寸增加关系式的方法，掌握混合扫描的方法，掌握利用尺寸参照驱动阵列的方法等。

技能目标

熟练地运用 Pro/E 设计软件，熟练地使用可变剖面扫描工具创建曲面，给尺寸增加关系式，运用混合扫描工具，运用尺寸参照驱动阵列等方法，快速准确地设计水果盘模型。

【项目任务】

运用 Pro/E 设计软件，完成如图 20-1 所示圆形水果盘和椭圆形水果盘模型的设计。

(a)　　　　(b)

图 20-1　水果盘模型

操作指引(一)

设计圆形水果盘的模型

步骤一：选择“文件”→“新建”命令，弹出“新建”对话框，在“类型”选项组中选中“零件”单选按钮并输入文件名“yuanxingshuiguopan”，然后单击“确定”按钮进入三维实体建模模式。

步骤二：运用草绘工具草绘一条扫描曲线，直径为 100 的圆。

如图 20-2 所示，运用“可变剖面扫描”工具，利用图标板上的草绘工具绘制直径为 100 的圆的扫描轨迹。

步骤三：运用“可变剖面扫描”工具创建水果盘的曲面。

如图 20-3 所示，选择“插入”→“可变剖面扫描”命令或者单击特征工具栏中的图标按钮，打开“可变剖面扫描”工具的操作面板，选择“创建曲面”工具，选择此圆曲线作为扫描轨迹。进入草绘扫描剖面，草绘一圆弧。

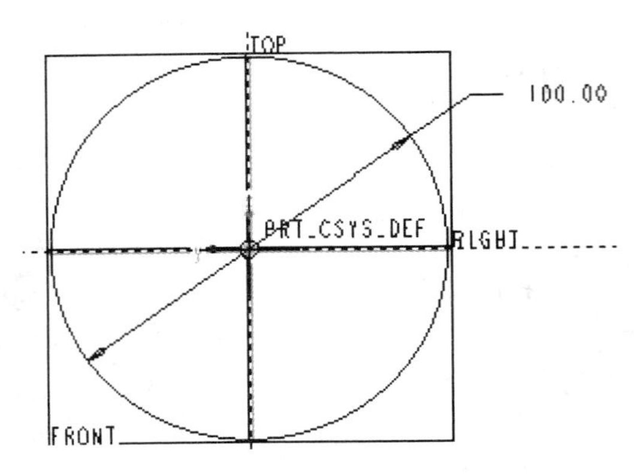

图 20-2　草绘直径为 100 的圆的扫描轨迹

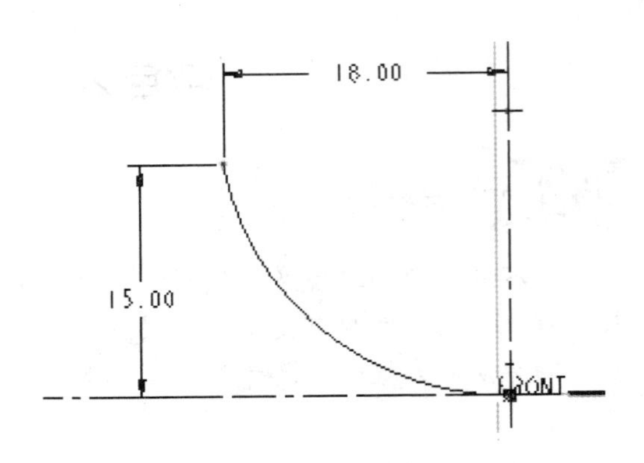

图 20-3　草绘一圆弧

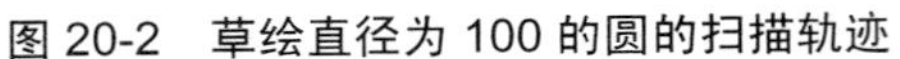

如图 20-4 所示，选择“工具”→“关系”命令，这时草绘图中两尺寸变成尺寸代码，为这两尺寸代码增加关系式。

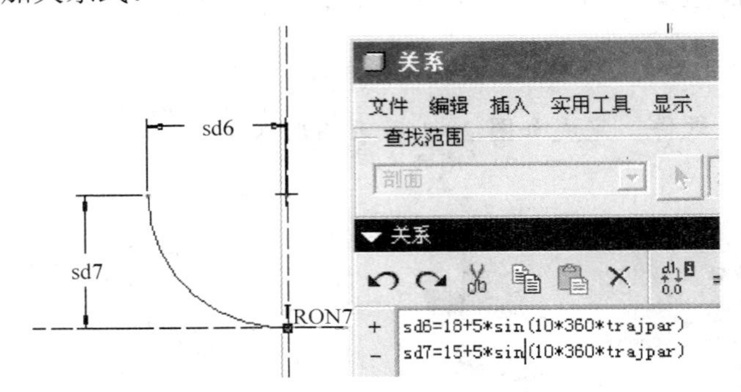

图 20-4　为两尺寸代码增加关系式

如图 20-5 所示，两尺寸增加关系后，单击“确定”按钮重新生成图形。如图 20-6 所示，在“可变剖面扫描”操控板中打钩完成后生成水果盘曲面设计效果。

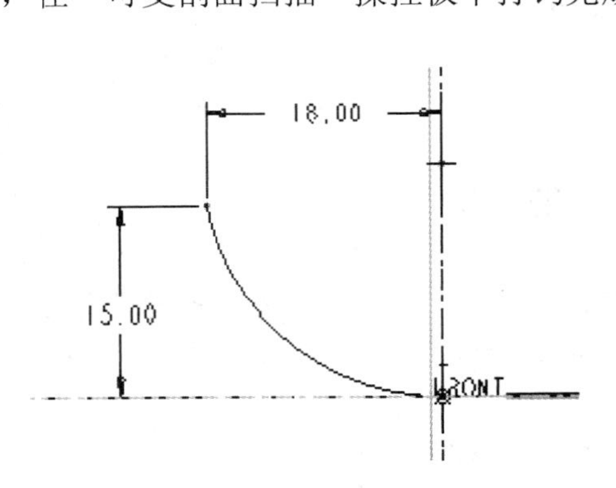

图 20-5　重新生成图形

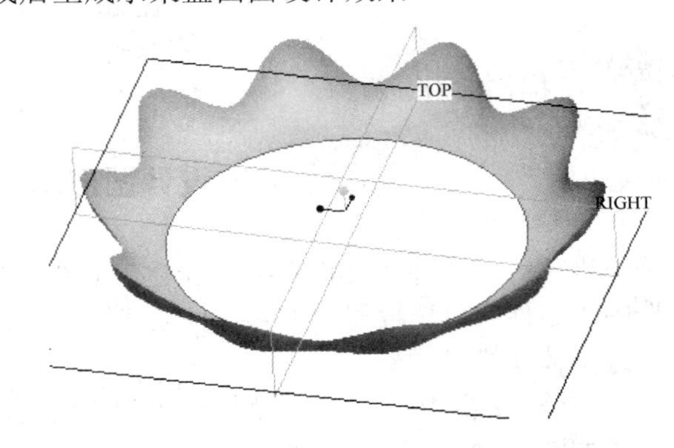

图 20-6　生成的水果盘曲面设计效果

步骤四：运用旋转曲面工具创建水果盘的底面。

如图 20-7 所示，打开“旋转”工具操控板，选择“曲面”命令，以 R 平面为草绘平面进入草绘界面，选择草绘圆为参照，绘制旋转轴和旋转图形，完成后打钩退出草绘界面。

如图 20-8 所示，设置旋转角度为 360°，打钩完成旋转曲面的创建。

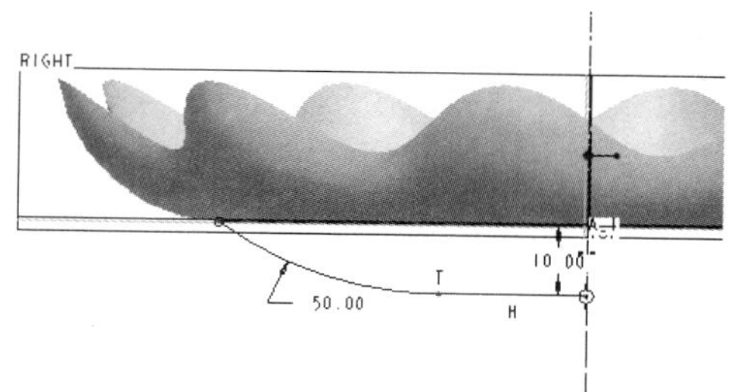
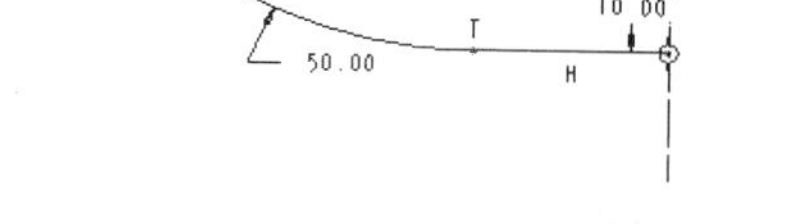

图 20-7　绘制旋转轴和旋转图形

图 20-8　完成旋转曲面的创建

步骤五：运用“曲面合并”工具合并两曲面。

如图 20-9 所示，选择可变剖面创建的曲面和旋转创建的曲面，单击“曲面合并”按钮，打开其操作面板，打钩完成曲面的合并。

步骤六：倒圆角操作。

如图 20-10 所示，选择两曲面交接处的一圆，进行半径为 50 的倒圆角处理。

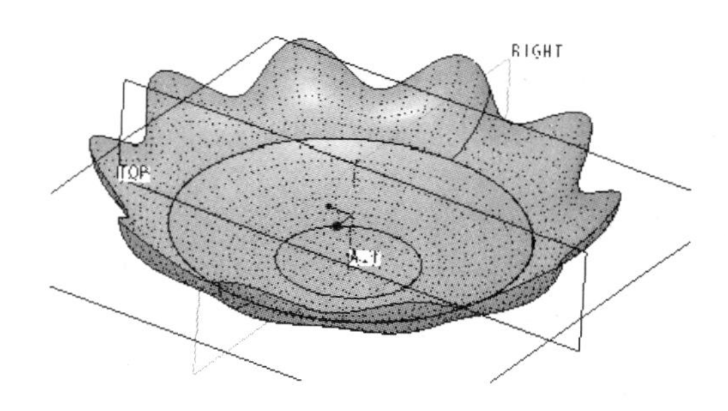

图 20-9　曲面合并

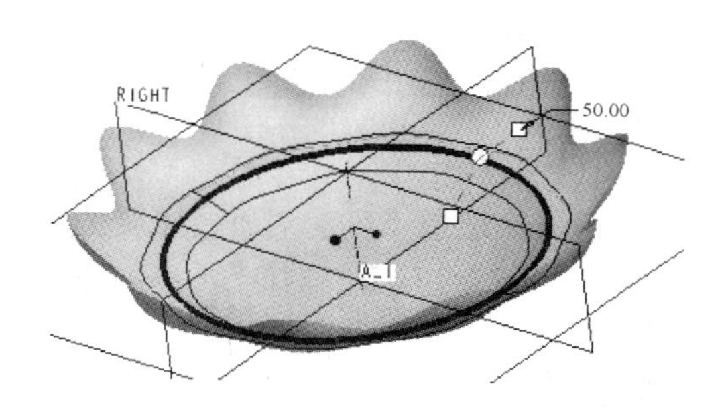

图 20-10　半径为 50 的倒圆角

图 20-11 为打钩完成倒圆角。

步骤七：曲面加厚处理。

如图 20-12 所示，选择合并了的整个的曲面，选择“编辑”→“加厚”命令，设置加厚的厚度为 0.5，打钩完成。

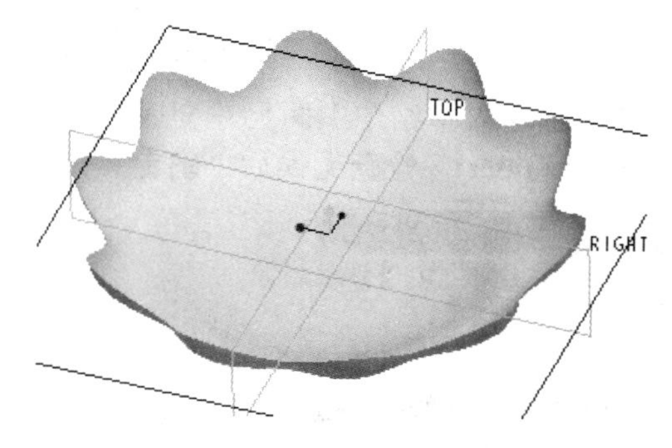

图 20-11　完成倒圆角

图 20-12　曲面加厚

最后完成的圆形水果盘曲面如图 20-13 所示。

图 20-13　完成的圆形水果盘曲面

操作指引(二)

设计椭圆形水果盘的模型

步骤一：选择“文件”→“新建”命令，弹出“新建”对话框，在“类型”选项组中选中“零件”单选按钮并输入文件名“tuoyuanxingshuiguopan”，然后单击“确定”按钮进入三维实体建模模式。

步骤二：运用“草绘”工具草绘一条扫描曲线，直径为 100 的圆。

如图 20-14 所示，单击右工具栏中的“草绘”工具，绘制长轴为 200、短轴为 100 的椭圆，完成后打钩退出草绘界面。

步骤三：运用“可变剖面扫描”工具创建水果盘的曲面。

如图 20-15 所示，选择“插入”→“可变剖面扫描”命令或者单击特征工具栏中的图标按钮，打开“可变剖面扫描”工具的操作面板，选择创建“曲面”工具，选择此圆曲线作为扫描轨迹。进入草绘扫描剖面，草绘一圆弧。

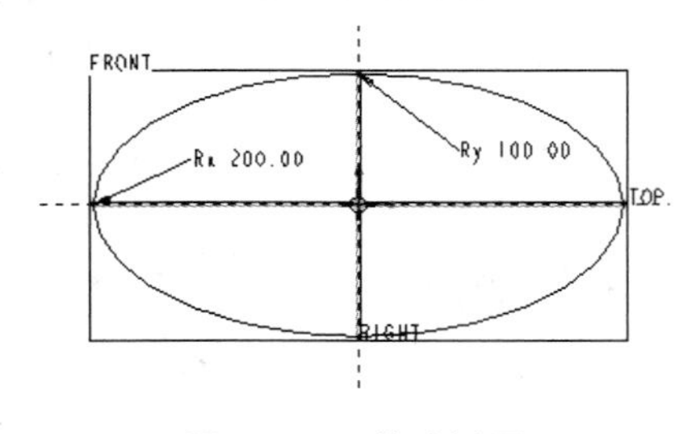

图 20-14　草绘椭圆

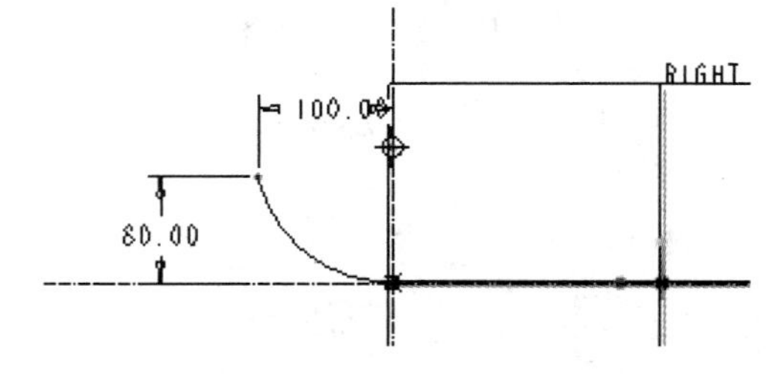

图 20-15　草绘一圆弧

如图 20-16 所示，选择“工具”→“关系”命令，这时草绘图中两尺寸变成尺寸代码，为 sd7 尺寸代码增加关系式，sd7=80+20*sin(20*360*trajpar)，检查无误后“确定”关系式。

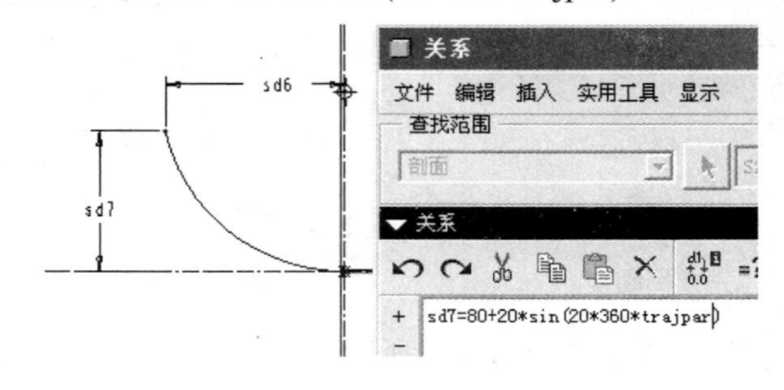

图 20-16　尺寸代码关系式

如图 20-17 所示，关系式确定后生成可变剖面扫描曲面。图 20-18 所示为打钩完成后生成的可变剖面扫描曲面的效果。

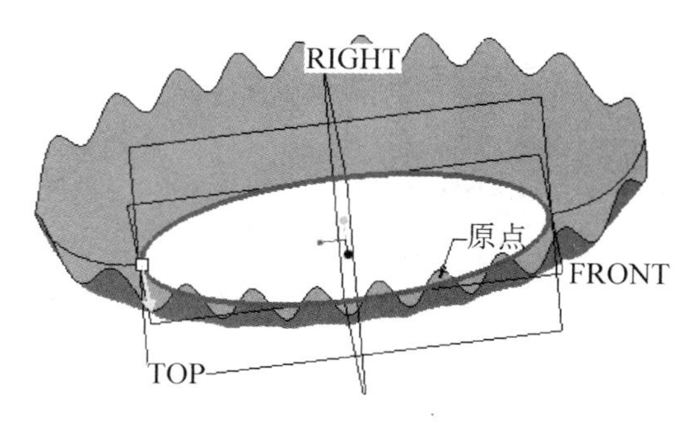

图 20-17　生成的可变剖面扫描曲面

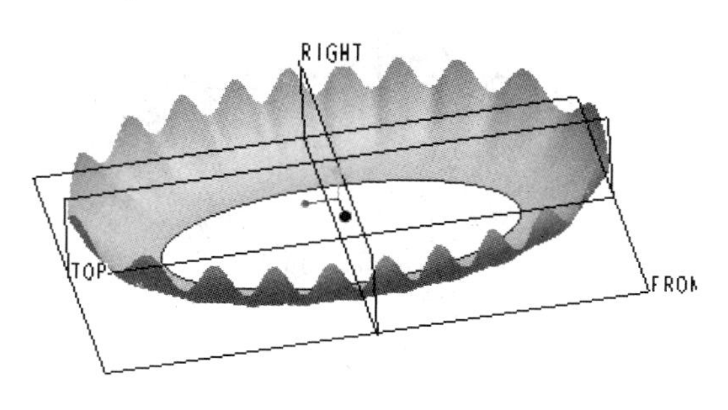

图 20-18　生成的可变剖面扫描曲面的效果

步骤四：运用“填充”工具创建水果盘底面。

如图 20-19 所示，选择“编辑”→“填充”命令，选择 F 平面为草绘平面进入草绘界面，运用“通过边创建图元”工具点选出底部的椭圆，进行填充，形成盘底。

图 20-20 为打钩完成填充形成的底面效果。

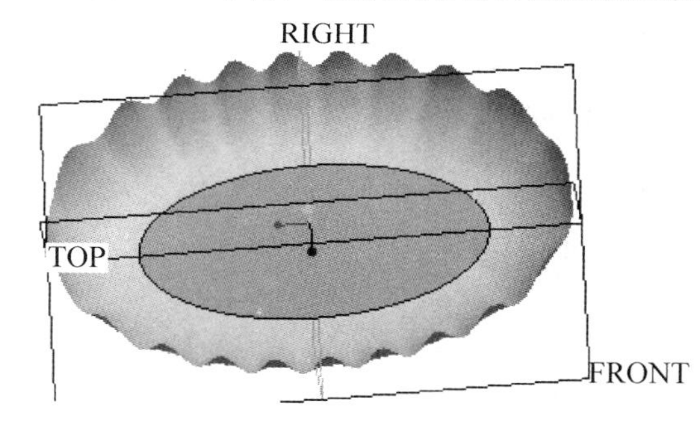

图 20-19　盘府

图 20-20　府面效果

步骤五：合并曲面。

如图 20-21 所示，选取刚创建的填充底面和可变剖面扫描曲面，右工具栏中单击“合并”工具，将两曲面进行合并。

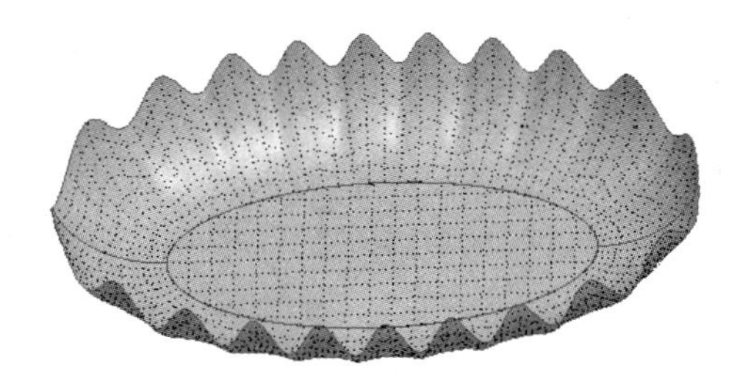

图 20-21　合并曲面

步骤六：加厚曲面。

如图 20-22 所示，选取刚进行合并完成的曲面，选择“编辑”→“加厚”命令，打开其操作面板，输入厚度为 0.5。

如图 20-23 所示，打钩完成加厚操作，最终完成椭圆形水果盘。

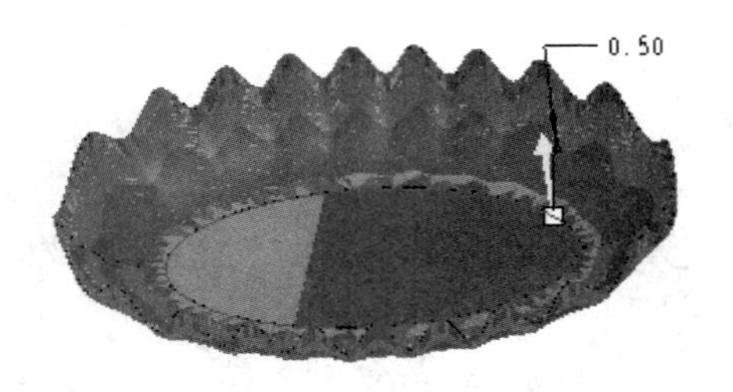

图 20-22　加厚曲面

图 20-23　最终完成的椭圆形水果盘

拓展训练

运用 Pro/E 三维设计软件，运用具有关系式的“可变剖面扫描”及“扫描混合”工具完成如图 20-24 所示的水果盘模型的设计。

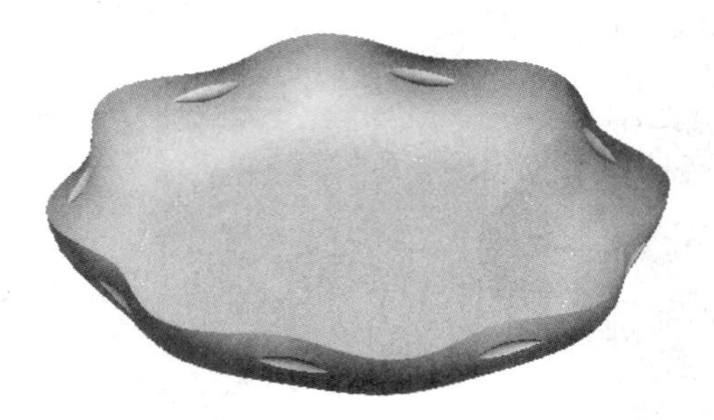

图 20-24　水果盘模型

项目 21　工艺瓶的设计

知识目标

了解三维绘图环境及其设置，掌握常用三维工具的用法，熟悉绘制二维图形的一般流程和技巧，掌握基准特征的创建方法及边界混合曲面的创建方法，掌握编辑曲面特征的操作方法，如复制曲面、镜像曲面、延伸曲面、修剪曲面、曲面合并、加厚曲面、曲面实体化等方法与技巧。

技能目标

熟练地运用 Pro/E 设计软件，熟练地使用基准特征的创建及边界混合曲面的创建，运用曲面合并及曲面实体化工具，快速准确地设计工艺瓶模型。

运用 Pro/E 设计软件，完成如图 21-1 所示的工艺瓶模型的设计。

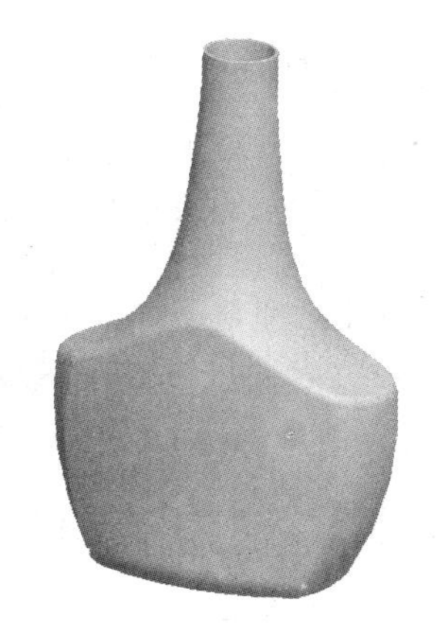

图 21-1　工艺瓶模型

编辑曲面特征

在三维建模中，曲面特征的创建是产品设计中非常灵活的一种设计手段，经常用来构建实体特征的外轮廓，但有时也不一定正好就满足设计要求，这时就要利用编辑曲面的方法来对曲面进行完善。编辑曲面的方法主要有：复制曲面、镜像曲面、移动曲面、合并曲面、修剪曲面、延伸曲面、偏移曲面等。

一、复制曲面

1. 复制曲面简介

此功能是将一个现有的曲面，包括实体上或曲面上的曲面，对其进行复制，创建出已有曲面的原副本，系统提供了多种曲面复制方法，一是直接利用曲面复制工具进行复制的操作，二是选择“编辑”→“复制”命令，然后选择“选择性粘贴”命令进行操作，这种方法在模块五中的项目十二中有详细的介绍，这里就不再介绍。操作者可以在设计时根据设计的需要进行选择复制方法。

2. 复制曲面的一般操作步骤

复制曲面的一般步骤如图 21-2 所示。

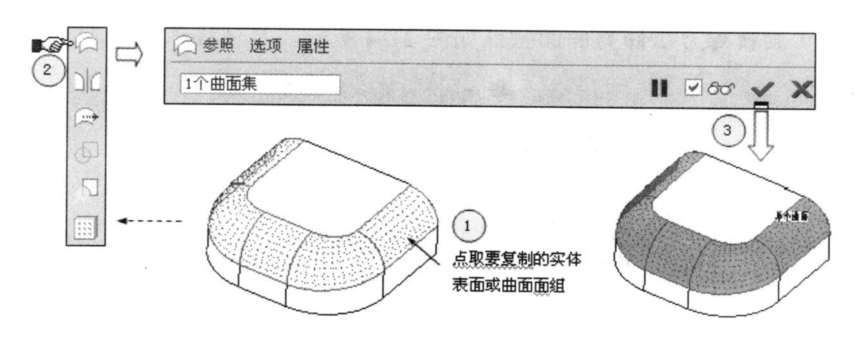

图 21-2　复制曲面

(1) 选取实体上或曲面上的曲面，见①，激活“曲面(曲线)复制”工具，见②。
(2) 单击“曲面(曲线)复制”工具，弹出“曲面(曲线)复制”工具操作板。
(3) 打钩完成复制曲面的创建，见③。

二、镜像曲面

此功能是将现有的曲面，利用一个平面作为镜像平面，镜像至平面的另一侧，原始曲面与镜像曲面的关系是以镜像平面为对称的。选择“编辑”→“镜像”命令或在右工具箱中单击按钮，打开“镜像”工具操控面板，如图 21-3 所示。镜像曲面的操作方法与其他的镜像原理是一样，之前在模块五中的项目 12 中有介绍，这里就不再介绍。

图 21-3 “镜像”工具操控板

三、修剪曲面

1. 修剪曲面简介

此功能是将一个现有的曲面，利用一个修剪工具，修剪工具可以是曲线、曲面或平面等，来对现有的曲面进行修剪的操作，裁去指定曲面上多余的部分以获得理想大小和形状的曲面，曲面的修剪方法较多，既可以使用已有基准平面、基准曲线或曲面等修剪对象来修剪曲面特征，也可以使用拉伸、旋转、扫描等三维建模方法来修剪曲面特征。

2. 修剪曲面的操作步骤

修剪曲面的一般操作步骤如图 21-4 所示。

(1) 在特征树或零件图形中点取要进行裁剪的曲面，激活曲面裁剪命令，见①、②。

(2) 单击右工具箱中的按钮，或选择“编辑”→“修剪”命令，打开“曲面裁剪”工具操作面板。

(3) 在零件图形中点取一曲面为修剪工具，即裁剪对象，见③。

(4) 单击“方向”按钮，调整裁剪方向，确认曲面欲留下的区域，见④。

(5) 打钩完成修剪曲面的操作，见⑤。

3. 使用拉伸、旋转等方法修剪曲面特征

使用拉伸、旋转等方法修剪曲面特征如图 21-4 所示，具体操作方法与步骤省略。

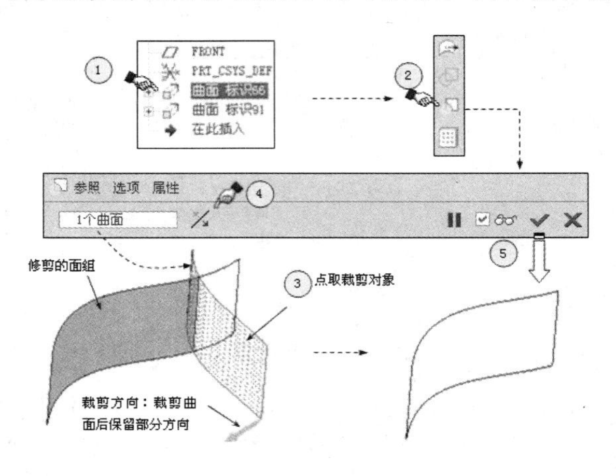

图 21-4 修剪曲面

四、延伸曲面

1. 延伸曲面简介

延伸曲面是指修改曲面的边界，适当扩大或缩小曲面的伸展范围以获得新的曲面特征的一种曲面操作方法。要延伸某一曲面，首先选取该曲面的一侧边界曲线，然后选择“编辑”→“延伸”命令，弹出如图 21-5 所示的曲面边界“延伸”的操作面板。

图 21-5　曲面边界“延伸”操作面板

系统提供两种方式来延伸曲面，一是“沿原始曲面延伸”，沿被延伸曲面的原始生长方向延伸曲面的边界链，这是系统默认的曲面延伸模式，图标为，操作时只需输入延伸的长度即可；二是“延伸至参照”，将曲面延伸到指定的参照，图标为。

如果使用“沿原始曲面延伸”方式延伸曲面特征，还可以在操控板中单击“选项”按钮，打开上滑面板，如图 21-6 所示。单击“方式”的下拉列表框，可以用 3 种方式来实现延伸的操作。

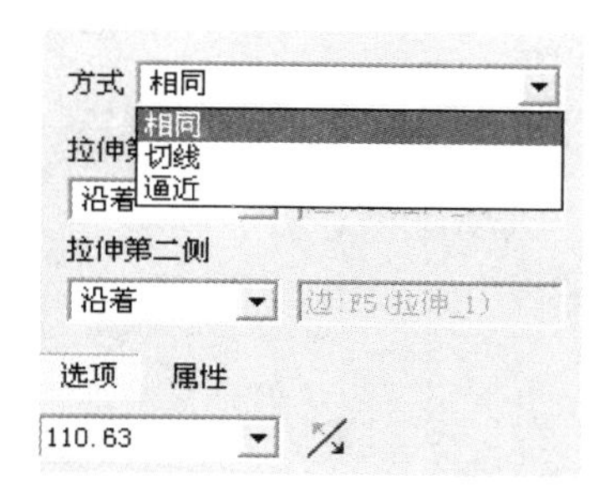

图 21-6　“选项”上滑面板

其中：“相同”是创建与原始曲面相同类型的曲面作为延伸曲面，这种方式是应用最为广泛的曲面延伸方式。“相切”就创建与原始曲面相切的直纹曲面作为延伸曲面。“逼近”是在原始曲面的边界与延伸边界之间创建边界混合曲面作为延伸曲面。

2. 创建“相同”曲面延伸的一般操作步骤

(1) 在零件图形中点取曲面特征，使曲面变亮色；单击要延伸的曲面边界，使曲面边界变粗亮色。

(2) 单击“曲面延伸”工具，选择“编辑”→“延伸”命令，弹出曲面边界“延伸”的操作面板。

(3) 选择延伸的方式，选取延伸类型为“相同”；如果使用“沿原始曲面延伸”方式，需要指定曲面上的边链作为延伸参照，如果使用“延伸至参照”方式，除了需要指定边链作为延伸参照外，还需要指定参照平面来确定延伸尺寸，这时可以单击操作面板中的“参照”按钮，打开其上滑面板，如图 21-7 所示。

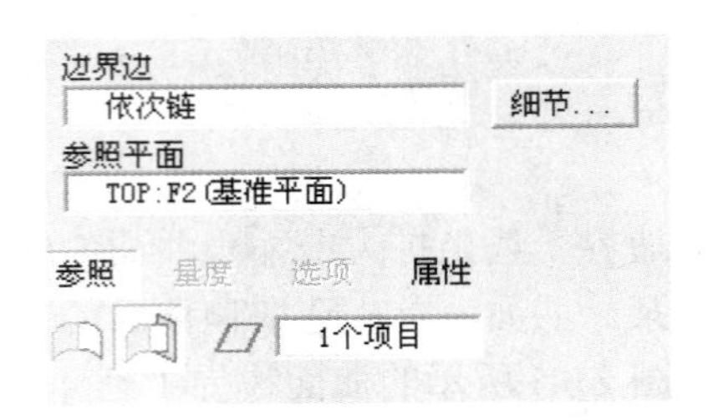

图 21-7 “参照”上滑面板

(4) 根据延伸曲面的方式不同来设置延伸距离，如果使用“沿原始曲面延伸”方式，在操作面板中单击“量度”按钮打开其参数面板，在该面板中可以通过多种方法设置延伸的距离，如图 21-8 所示。如果使用“延伸至参照”方式，在指定作为参照的曲面边线和确定曲面延伸终止位置的参照平面后，曲面将延伸至该平面。

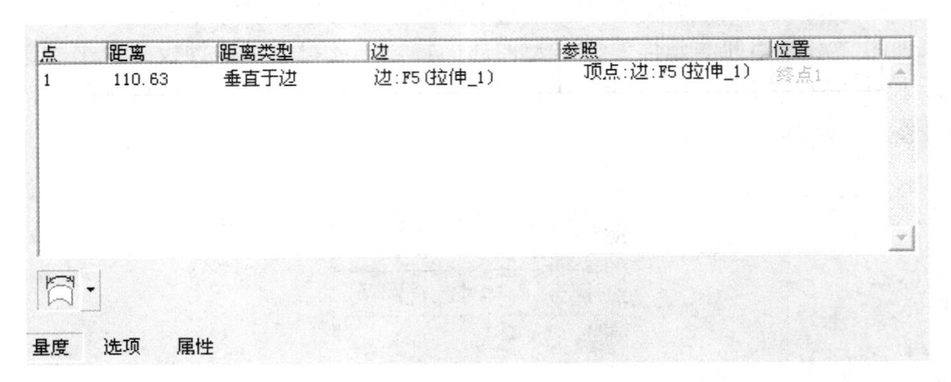

图 21-8 “量度”上滑面板

(5) 预览延伸的曲面，打钩完成曲面边界延伸的创建。

五、曲面移动或旋转

1. 曲面移动或旋转简介

如果要对一个曲面进行移动或旋转的操作，只需运用复制及选择性粘贴进行操作即可，图 21-9 所示为曲面移动或旋转的操作面板。其中“移动”工具 ↔ 是系统的默认项，“旋转”工具为 。

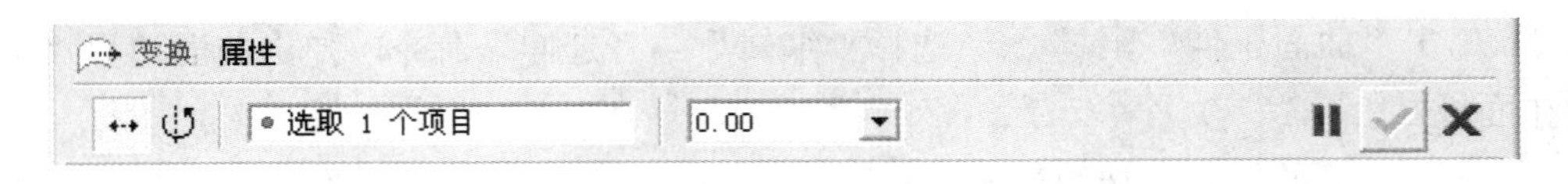

图 21-9 曲面移动或旋转操作面板

2. 曲面移动

曲面“曲线”移动的一般操作步骤如图 21-10 所示。

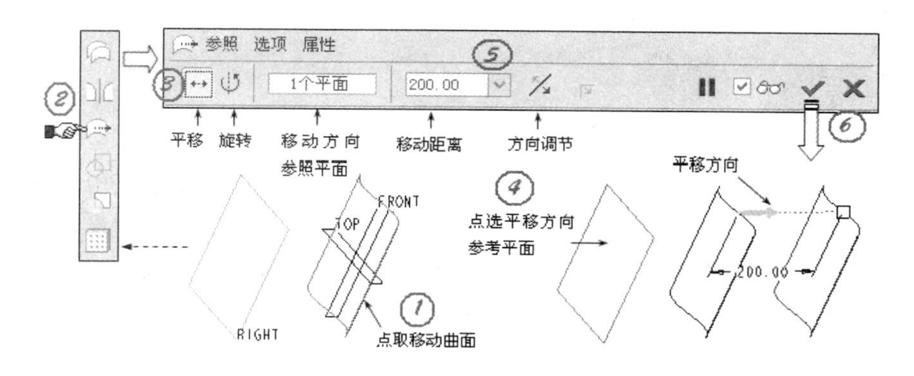

图 21-10　曲面(曲线)移动的操作步骤

(1) 在特征树中或零件图形中点取要移动的曲面，见①。

(2) 选择"编辑"→"复制"命令，然后选择"选择性粘贴"命令，或激活"曲面移动"工具，弹出其操作面板，见②。

(3) 单击图标 按钮，定义曲面移动方式为平移，见③。

(4) 在图形中点取直线或平面作为曲面移动方向的参照，若选择的是直线，那么曲面的移动方向与直线一致，若选择的是平面，那么曲面的移动方向是按此平面的法向方向进行移动，见④。

(5) 输入平移距离，单击 按钮，调整曲面的移动方向，见⑤。

(6) 预览效果，打钩完成曲面特征的移动，见⑥。

3. 曲面旋转

曲面旋转移动的一般操作步骤如图 21-11 所示。

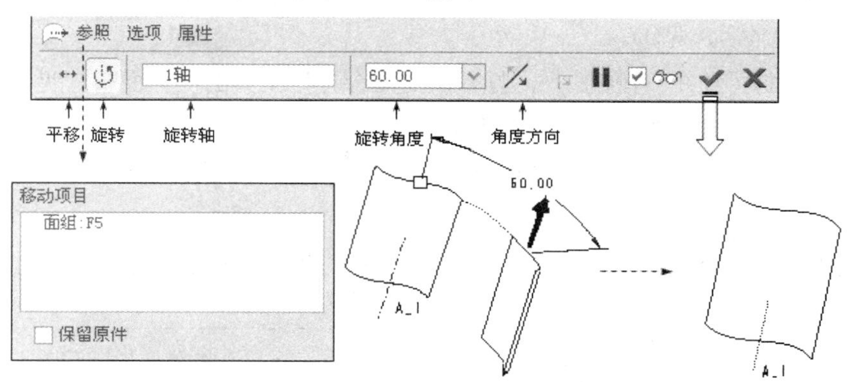

图 21-11　曲面旋转移动的操作步骤

(1) 在特征树中或零件图形中点取要移动的曲面。

(2) 选择"编辑"→"复制"命令然后选择"选择性粘贴"命令或激活曲面移动工具，打开其操作面板。

(3) 单击图标 ，定义曲面移动方式为旋转。

(4) 在图形中点取旋转轴，旋转的曲面将绕此轴进行旋转。

(5) 输入旋转角度，单击方向按钮 ，调整曲面的旋转方向。

(6) 预览效果，打钩完成曲面特征的旋转。

六、合并曲面

1. 合并曲面简介

使用曲面合并的方法可以把多个曲面合并生成单一曲面特征，即曲面组，这是曲面设计中的一个重要操作，当模型上具有多个一个独立曲面特征时，首先选取参与合并的两个曲面特征，在模型树窗口中选取时，依次单击两曲面的标志即可，在模型上选取时，选取一个曲面后，按住 Ctrl 键再选取另一个曲面，然后选择“编辑”→“合并”命令，或在右工具箱中单击按钮，都能打开“合并”工具的操作面板。

2. 合并曲面的操作步骤

合并曲面的一般操作步骤如图 21-12 所示。

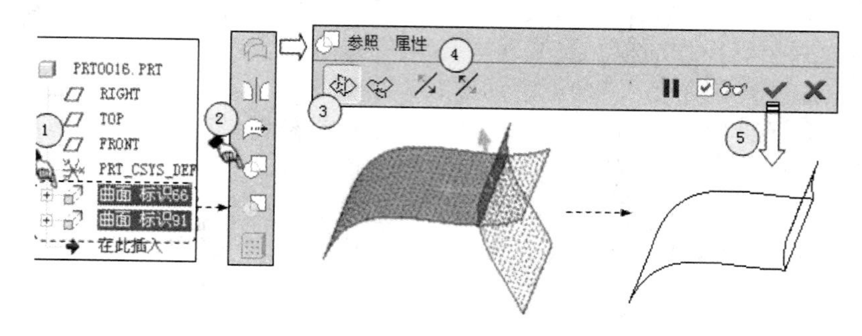

图 21-12 合并曲面

(1) 在特征树或零件图形中点取要进行合并操作的两个曲面特征，使“曲面合并”工具变亮色，即被激活，见①。

(2) 单击“曲面合并”按钮 ，打开“曲面合并”工具的操作面板，见②。

(3) 选择合并方式，选择“相交合并曲面”按钮，见③。

(4) 单击方向按钮 和 ，调整合并方向，见④。

(5) 打钩完成合并曲面的操作，见⑤。

若在步骤(3)中选择的合并方式为“连接合并”，那么完成的合并曲面如图 21-13 所示。

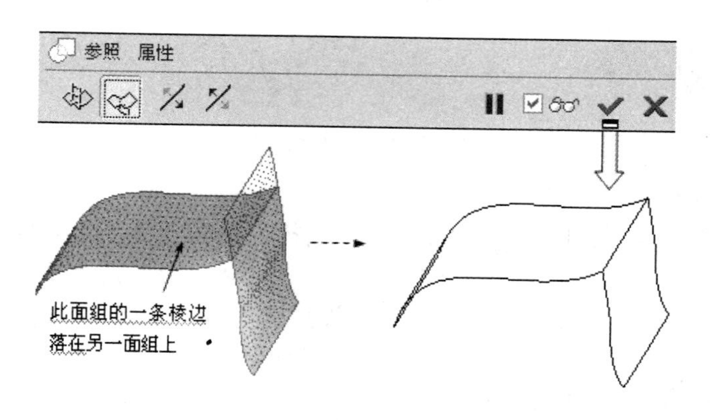

图 21-13 “连接合并”曲面

七、曲面倒圆角

与创建实体特征类似，用户也可以在曲面过滤处的边线上创建倒圆角，从而使曲面之间的连接更为顺畅，过渡更为平滑。曲面倒圆角的设计工具和用法与实体倒圆角类似，首先在右工具箱中单击 按钮，然后选取放置圆角的边线，接下来设置圆角半径参数，即可创建曲面的倒圆角。

八、曲面实体化

1. 曲面实体化简介

曲面特征的重要用途之一就是由曲面转化成实体的表面，在将曲面特征实体化时，既可以创建实体特征又可以创建薄板特征。使用曲面构建实体特征有以下 3 种基本情况：一是使用闭合曲面创建实体特征；二是作用曲面对实体进行切剪；三是使用曲面片替代实体表面。

2. 闭合曲面实体化

曲面特征的重要用途之一就是由曲面围成实体特征的表面，然后将曲面实体化，这也是曲面实体化最基本的一种方式，但需注意的是这种方法只适合闭合的曲面，实体化后的形状与闭合的曲面没有多大的区别，但是曲面实体化后已经彻底变为实体特征，而所有实体特征的基本操作都适用于该特征。

闭合曲面实体化的一般操作步骤如图 21-14 所示。

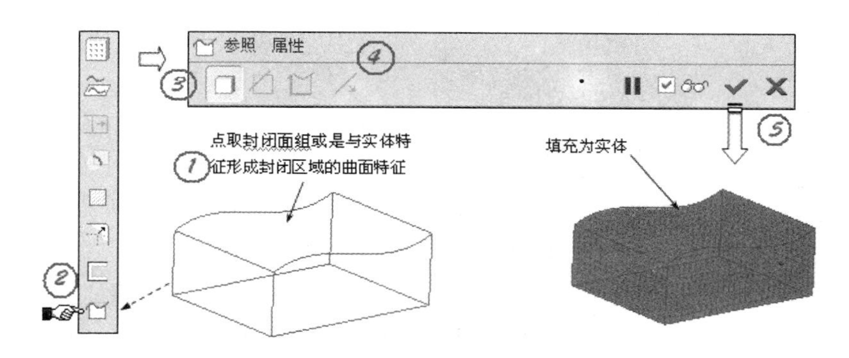

图 21-14　闭合曲面实体化的操作步骤

(1) 在特征树或零件图形中点取要进行实体化操作的曲面特征，激活“实体化”工具 ，见①。

(2) 单击“实体化”按钮 ，见②，打开“曲面实体化”工具的操作面板。

(3) 选择实体化方式，直接单击默认的 按钮，见③；如果是选择“用曲面对实体切剪”或“曲面片替代实体表面”，那么可通过单击 按钮来调整方向，见④。

(4) 打钩完成曲面实体化的操作，见⑤。

3. 用曲面对实体切剪

用曲面对实体切剪的一般步骤如图 21-15 所示。

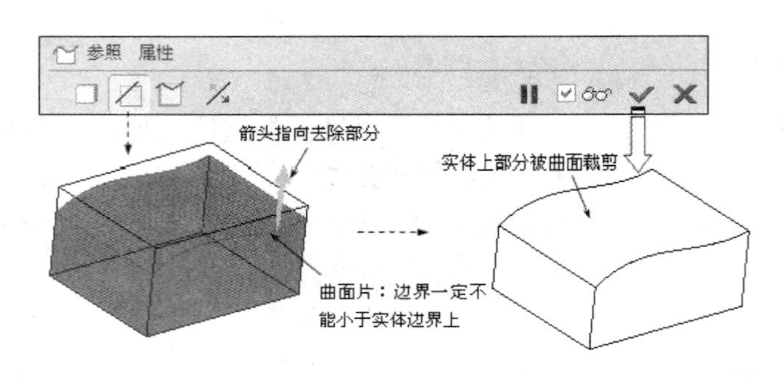

图 21-15 用曲面对实体切剪

(1) 在特征树或零件图形中点取要进行实体化操作的曲面特征，激活“实体化”工具。
(2) 单击“实体化”按钮，打开“曲面实体化”工具的操作面板。
(3) 选择实体化方式，单击“去除材料”的按钮。
(4) 单击方向按钮，调整方向。
(5) 打钩完成曲面实体化特征的创建。

4. 曲面片替代实体表面

曲面片替代实体表面的一般步骤如图 21-16 所示。

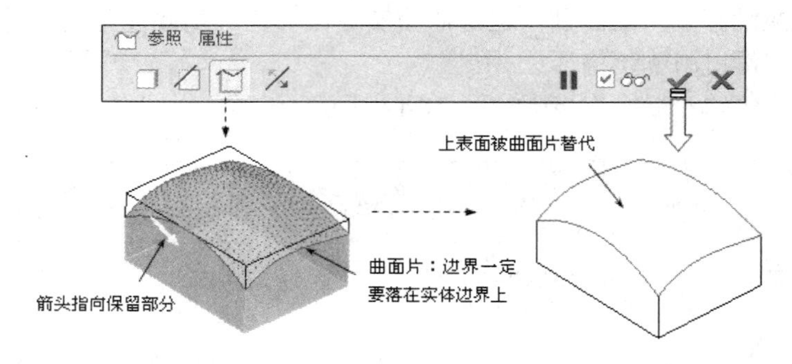

图 21-16 曲面片替代实体表面

(1) 在特征树或零件图形中点取要进行实体化操作的曲面特征，激活“实体化”工具。
(2) 单击实体化按钮，打开“曲面片替代实体表面”工具的操作面板。
(3) 选择实体化方式，单击“用曲面片替代”的按钮。
(4) 单击方向按钮，调整方向。
(5) 打钩完成曲面实体化特征的创建。

九、曲面的加厚操作

除了使用曲面构建实体特征外，还可以使用曲面构建薄板特征。选择“编辑”→“加厚”命令，打开“曲面加厚”工具的操作面板，如图 21-17 所示。

图 21-17 “曲面加厚”操作面板

使用操作面板上默认的□工具可以加厚任意曲面特征，此时在图标板上的文本框中输入加厚厚度，系统使用黄色箭头指示加厚方向，单击⁄按钮可以调整加厚方向。

操作指引

设计工艺瓶的模型

步骤一：选择“文件”→“新建”命令，弹出“新建”对话框，在“类型”选项组中选中“零件”单选按钮并输入文件名“gongyiping”，然后单击“确定”按钮进入三维实体建模模式。

步骤二：草绘曲线一。

如图21-18所示，在草绘模式下，在F平面上草绘一条半径为300的圆弧，完成后打钩退出草绘。图21-19为创建的第一条曲线。

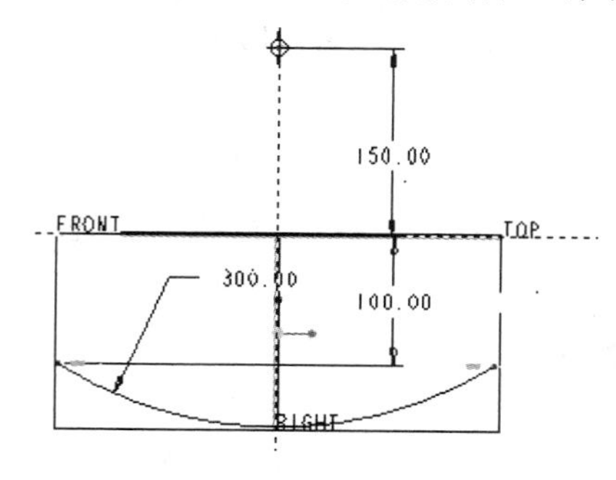

图21-18　草绘一圆弧

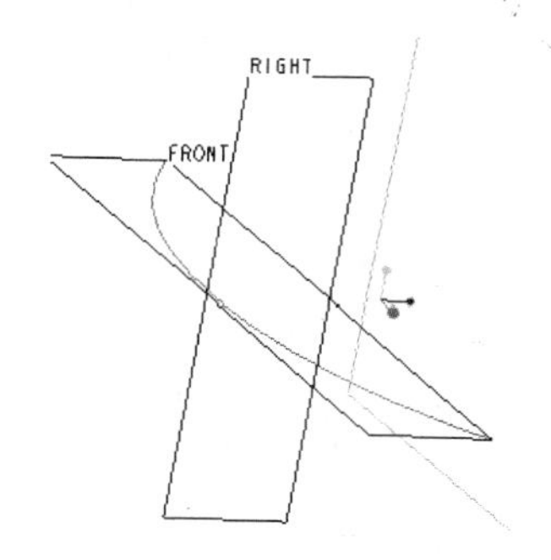

图21-19　曲线一

步骤三：创建基准平面。

如图21-20所示，过曲线的两端点，平行T平面创建DTM1基准平面。

步骤四：草绘曲线二。

如图21-21所示，在草绘模式下，在DTM1面上草绘第二条曲线，注意曲线的一端点与前一曲线的端点相连。

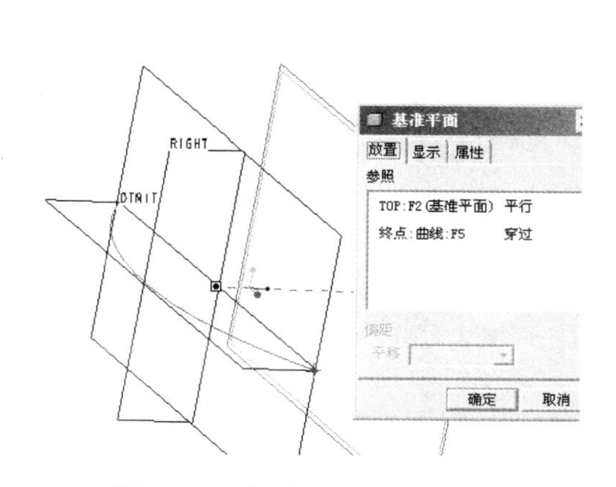

图21-20　创建DTM1基准平面

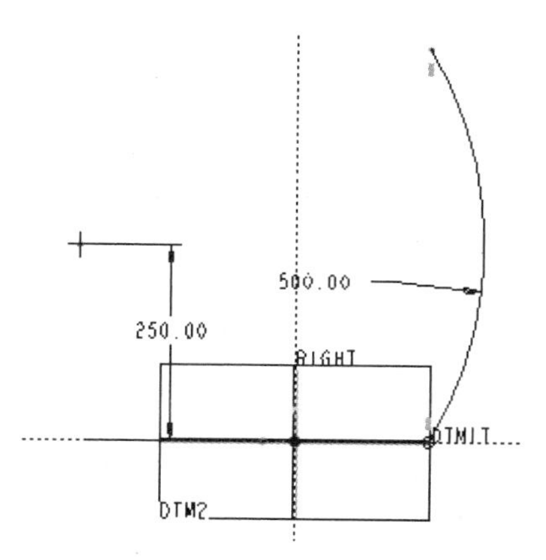

图21-21 曲线二

步骤五：镜像曲线。

如图 21-22 所示，以 R 平面为镜像平面镜像复制出曲线三。如图 21-23 所示，又以 T 平面为镜像平面镜像复制出 3 条曲线。

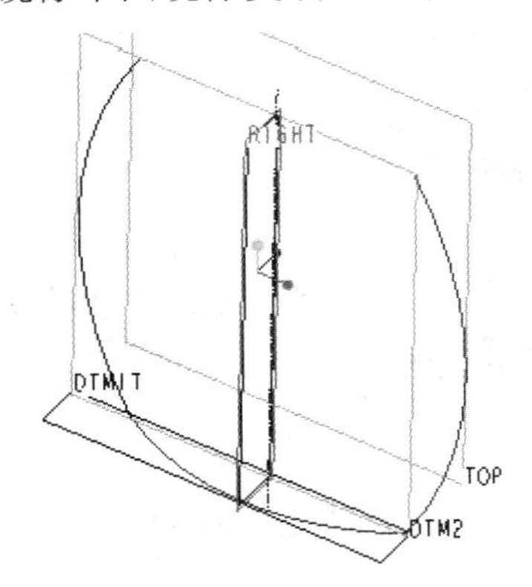

图 21-22 曲线 3

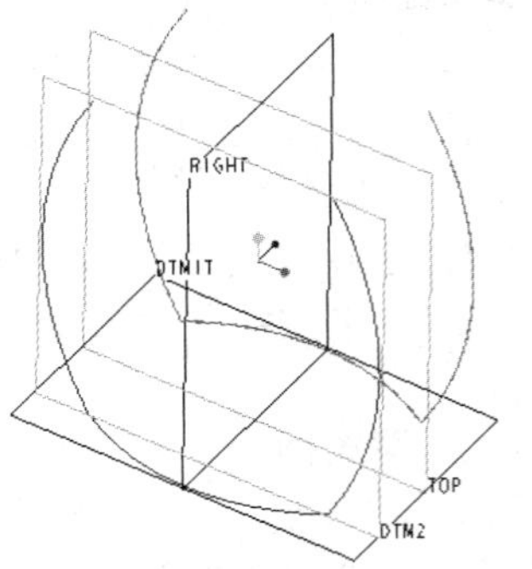

图 21-23 复制出 3 条曲线

步骤六：草绘曲线七。

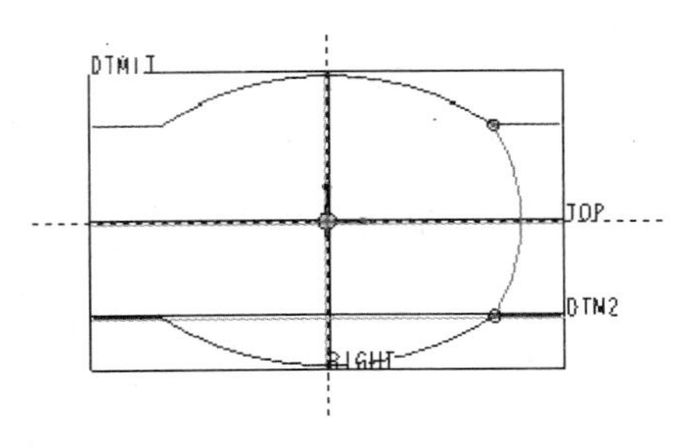

图 21-24 草绘曲线七

如图 21-24 所示，在草绘模式下，以 F 为草绘平面，选取底面两段圆弧为参照，草绘一条圆心正好在坐标原点位置的圆弧，圆弧的两端点与原曲线端点相连，完成后打钩退出。

步骤七：运用镜像工具镜像曲线八。

如图 21-25 所示，以 R 平面为镜像平面镜像刚草绘的曲线。

步骤八：创建基准平面。

如图 21-26 所示，过一曲线的一个上端点，平行 F 平面创建 DTM2 基准平面。

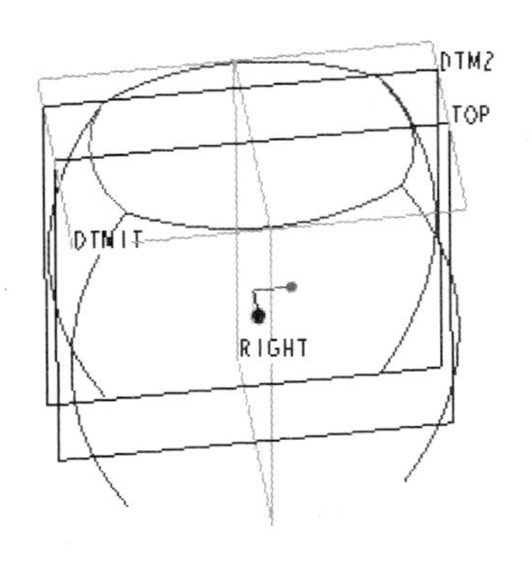

图 21-25 镜像曲线八

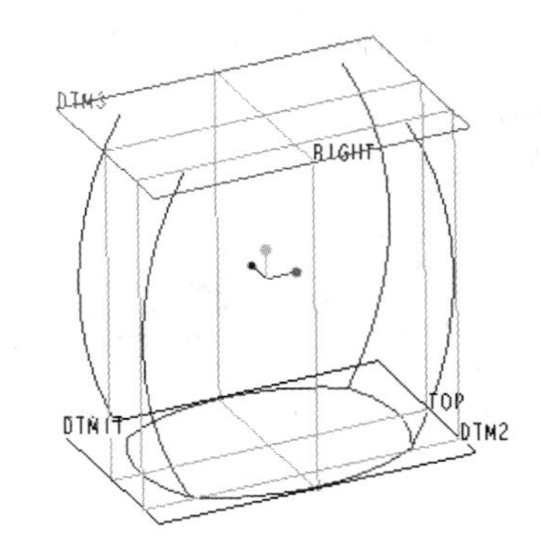

图 21-26 创建 DTM2 基准平面

步骤九：运用草绘工具草绘曲线。

如图 21-27 所示，在草绘模式下，以 DTM2 基准平面为草绘平面，选取 4 条竖方向的曲线为参照，草绘两对称的曲线，曲线的两端点过参照曲线的端点，曲线的半径为 500，完成后打钩退出。图 21-28 所示是完成的两条曲线。

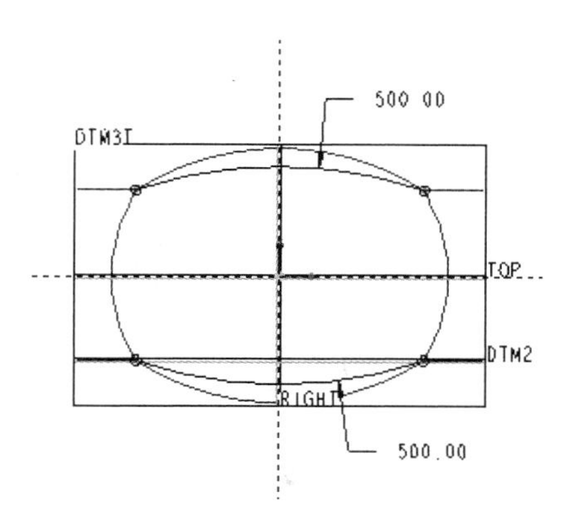

图 21-27　草绘两对称曲线

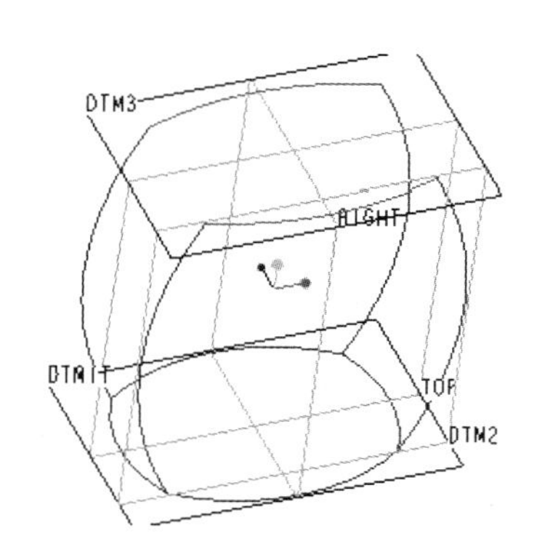

图 21-28　完成的两条曲线

如图 21-29 所示，在草绘模式下，在 DTM2 面上绘制另外两两对称的曲线，打钩退出草绘界面。图 21-30 所示是最终完成的所有曲线。

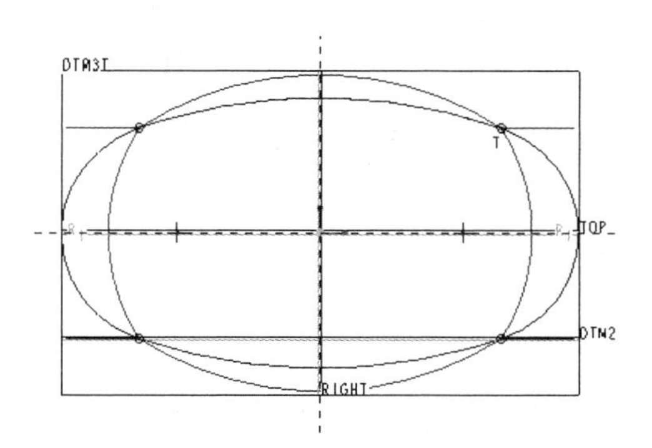

图 21-29　绘制另外两对称曲线

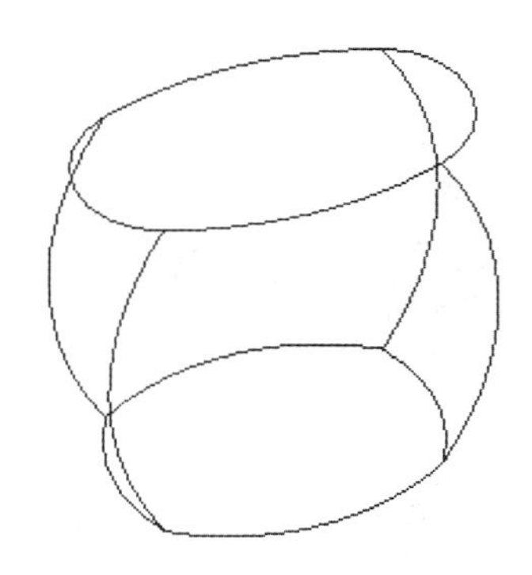

图 21-30　最终完成的所有曲线

步骤十：运用边界混合曲面工具创建曲面。

如图 21-31 所示，选择“插入”→“边界混合曲面”命令或单击右工具箱中的按钮，打开其操作面板，在第一方向上在图形中选取竖方向的两条曲线，在第二方向上在图形中选取横方向的两条曲线，打钩完成边界混合曲面一的创建。

如图 21-32 所示，同样方法与步骤依次完成其他三面曲面的创建。

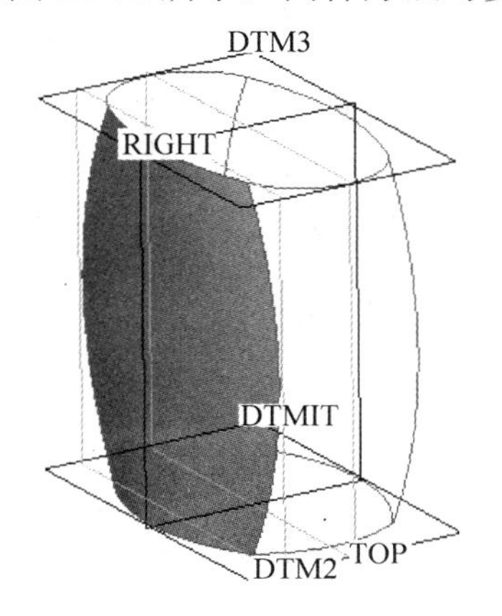

图 21-31　创建边界混合曲面一

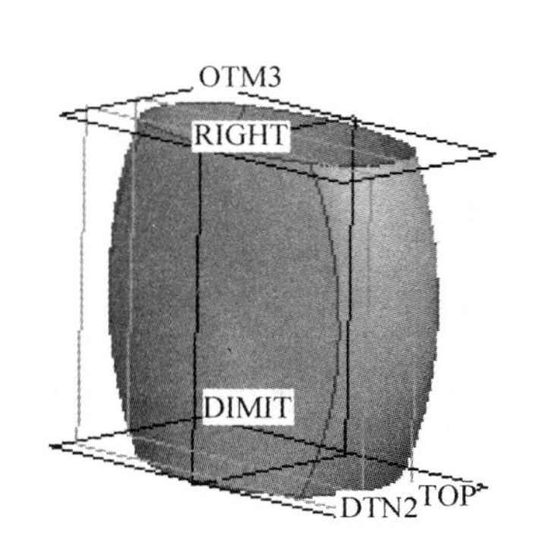

图 21-32　创建其他三面曲面

步骤十一：填充曲面并合并曲面。

如图 21-33 所示，打开“填充”工具的操作面板，选择 F 平面为草绘平面，运用草绘工具栏中的“实体边创建图元”工具点选 F 平面上的 4 条曲线，打钩退出完成底面的填充。

步骤十二：创建旋转曲面特征。

如图 21-34 所示，创建旋转曲面特征，在 T 平面上草绘旋转曲面的曲线及旋转轴。如图 21-35 所示，设置旋转角度为 360°，打钩完成旋转曲面的操作。

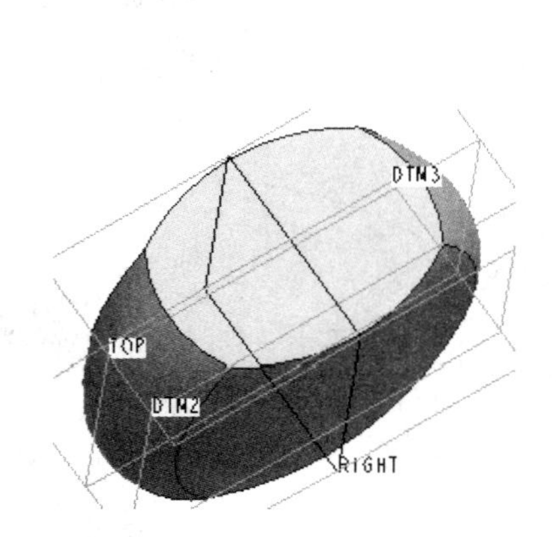

图 21-33　填充底面

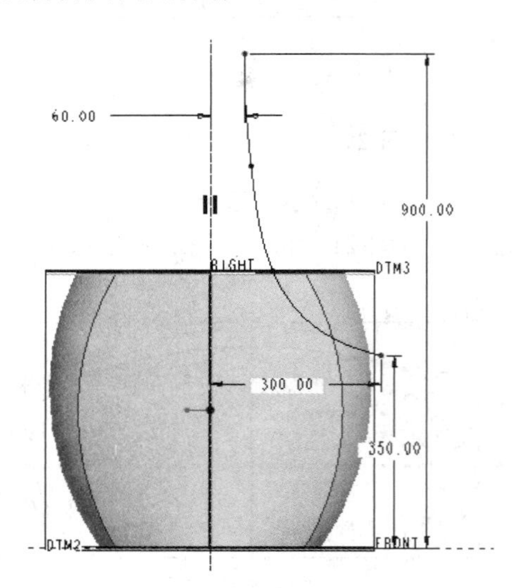

图 21-34　草绘旋转曲面的曲线及旋转轴

步骤十三：合并曲面。

如图 21-36 所示，将创建的边界混合曲面两个两个地进行合并操作，然后与填充底面进行合并。

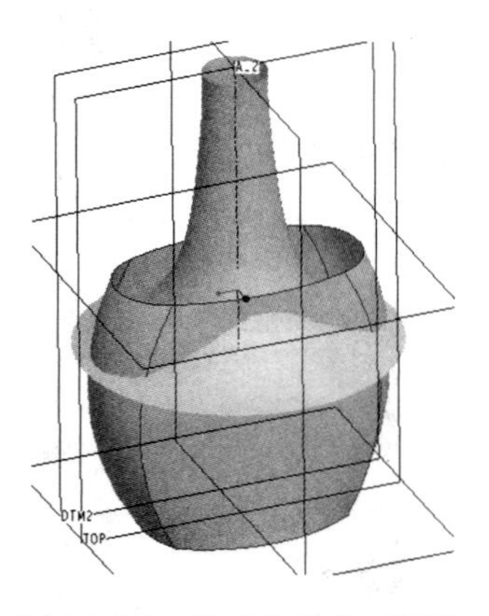

图 21-35　完成旋转曲面操作

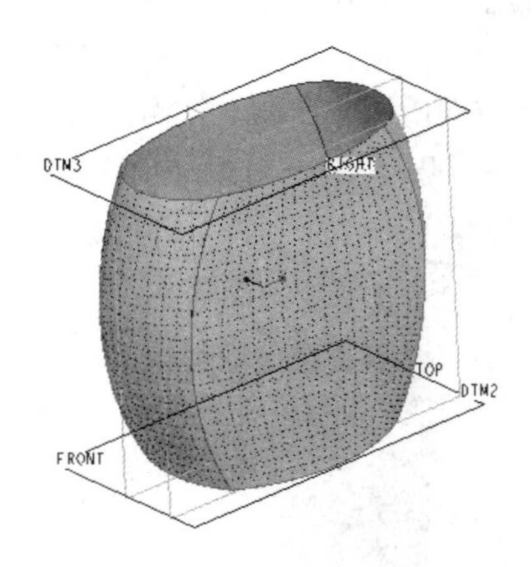

图 21-36　合并曲面

如图 21-37 所示，最后瓶体将与刚创建的旋转曲面进行合并，完成后生成曲面特征。图 21-38 所示是完成合并后的工艺瓶特征。

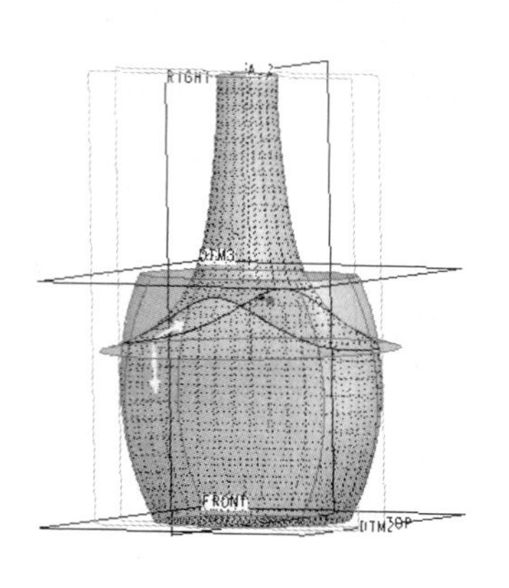

图 21-37　完成后生成的曲面特征

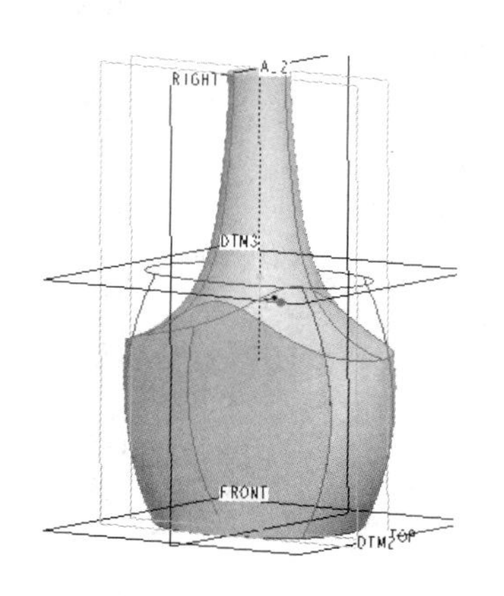

图 21-38　完成合并后的工艺特征

步骤十四：倒圆角。

如图 21-39 所示，四周轮廓线倒半径为 30 的圆角。如图 21-40 所示，底部曲线倒半径为 50 的圆角。图 21-41 所示是完成倒圆角后的工艺瓶特征。

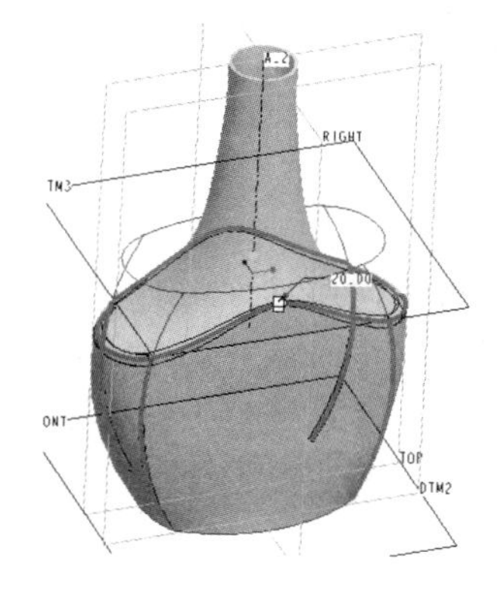

图 21-39　半径为 30 的倒圆角

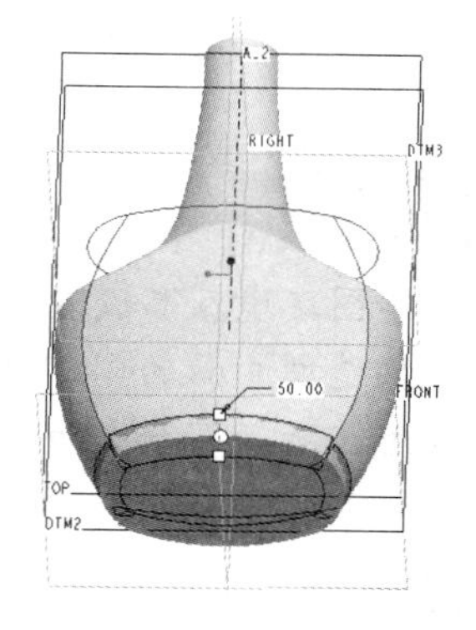

图 21-40　半径为 50 的倒圆角

步骤十五：曲面加厚处理。

如图 21-42 所示，选取整个瓶子的曲面，进行“加厚”操作，设置厚度为 6，打钩完成加厚操作。

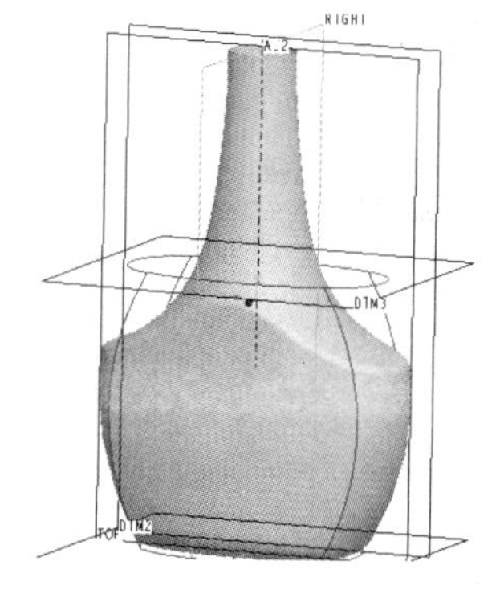

图 21-41　完成倒圆角后的工艺瓶特征

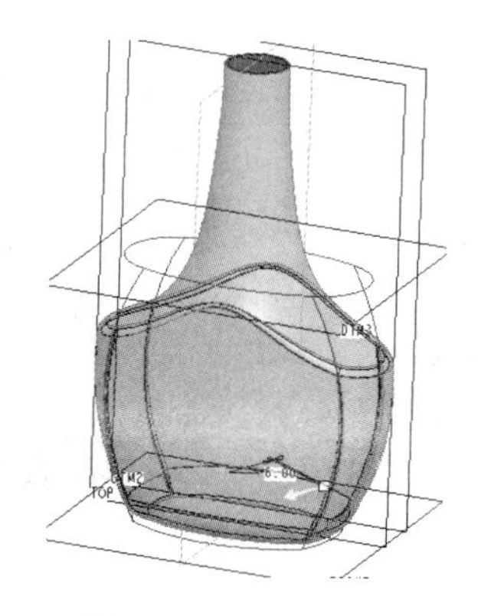

图 21-42　曲面加厚

步骤十六：倒圆角。

如图 21-43 所示，瓶口里外两曲线倒半径为 2 的圆角。图 21-44 所示是最终完成的工艺瓶的设计。

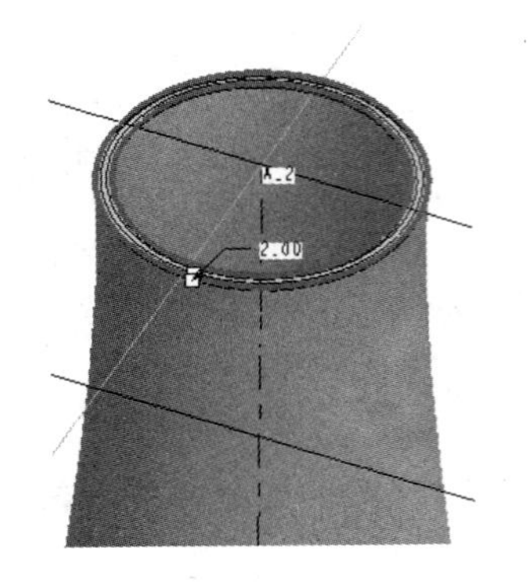

图 21-43 倒圆角

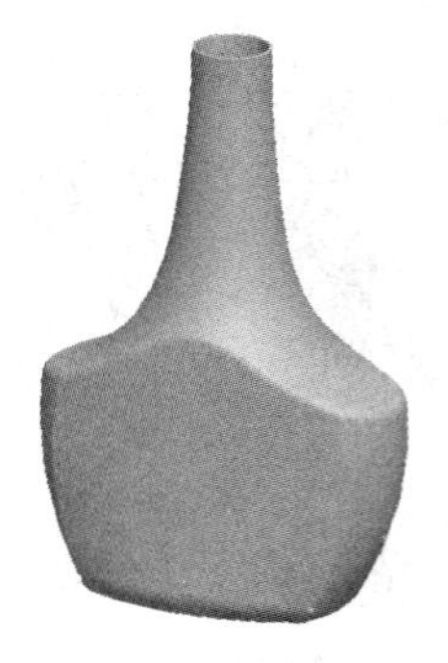

图 21-44 最终的工艺瓶的设计

项目 22 淋浴头的设计

知识目标

了解三维绘图环境及其设置，掌握常用三维工具的用法，熟悉绘制二维图形的一般流程和技巧，掌握造型曲面的创建方法及设计技巧，包括造型曲面设计的工具、视口模式、捕捉功能的应用、活动基准平面的设置、造型曲线的创建、造型曲面的创建等。

技能目标

熟练地运用 Pro/E 设计软件，熟练地使用造型曲面建模的操作方法，快速准确地设计淋浴头模型。

项目任务

运用 Pro/E 设计软件，完成如图 22-1 所示的淋浴头三维模型的设计。

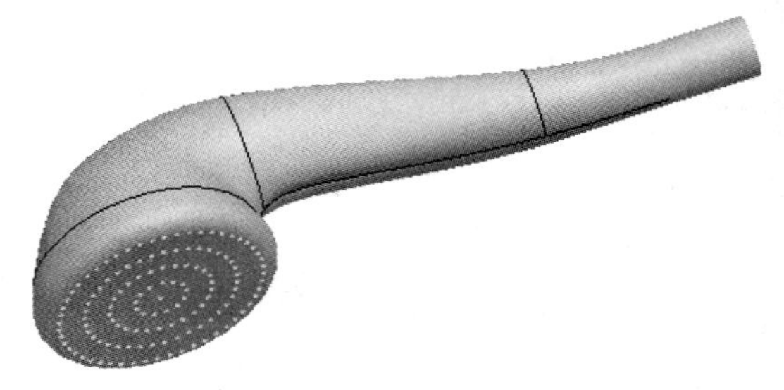

图 22-1 淋浴头三维模型

造 型 曲 面

一、造型曲面简介

造型曲面工具可以方便快捷地创建一些自由曲线和曲面，特别适合于对形状复杂的模型表面上进行设计工作，造型工具提供了一个相对独立的设计环境，其功能强大，用法非常灵活，可以方便地完成交互式的曲面设计。

1. 造型曲面设计工具

单击三维建模环境下右工具箱中的“造型”按钮 或选择“插入”→“造型”命令，打开“造型”曲面设计工具，如图 22-2 所示。

2. 视口模式

在造型设计中，可以在单视窗口模式中工作，这时模型显示在单一的视图窗口中，这个窗口即为系统的工作窗口；如果在上工具箱中单击按钮将打开 4 视口模式，模型可以分别从不同的视角显示在不同的窗口中，可以全方位地观察模型，在一个视图中的设计和编辑结果即会显示在其他视图中，激活任意一个视图后即可在其中创建和编辑图形。

3. 捕捉功能

在创建曲线或曲面时，常常需要选择曲线上的基准点、模型顶点以及实体边线等作为曲线或曲面经过的参照，使用捕捉功能可以简单方便地选中这些参照。操作时可以选“造型”→“捕捉”命令，如图 22-3 所示，或者在选取对象时按住 Shift 键，这时鼠标指标上有一个红色的十字光标，使用该光标可以方便地捕捉到离其最近的有效几何图元，被捕捉到的对象将会加亮显示。

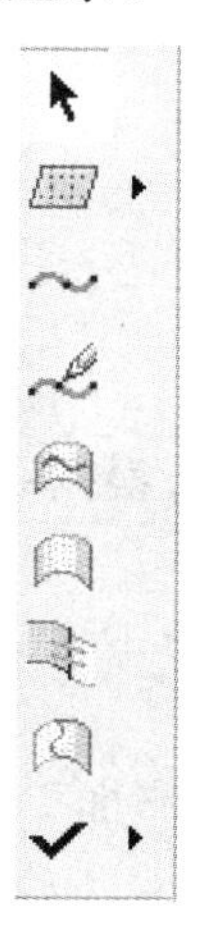

图 22-2 “造型”设计工具

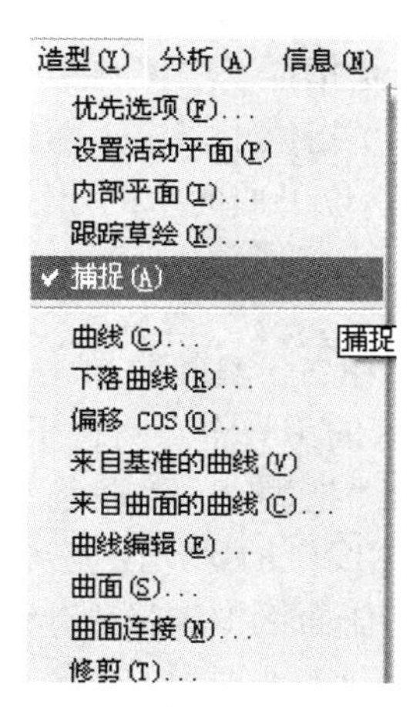

图 22-3 “捕捉”工具

4. 设置活动基准平面

选择“造型”→“设置活动平面”命令或在“造型”设计工具中单击“设置活动平面”按钮，就可以定义活动基准平面，如图 22-4 所示，选择了 F 基准平面为活动平面，其上显示水平与竖直网格线。设计时所有不受限制的点都将放置在活动平面上。

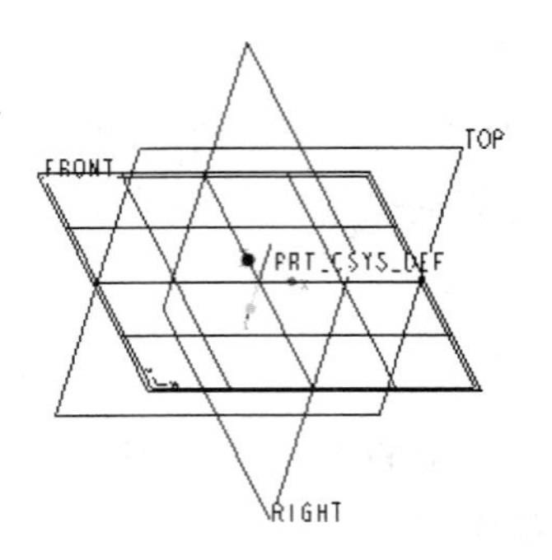

图 22-4　活动平面(F 平面)

二、创建造型曲线

1. 造型曲线操控板

在造型曲面的设计中，曲面是由曲线来定义的，因此，创建曲线是造型设计中的基础和关键。选择“造型”→“曲线”命令或在“造型”设计工具中单击“创建曲线”按钮，将打开如图 22-5 所示的操作面板。

图 22-5　“创建曲线”操作面板

造型曲线的类型有以下 3 种选择。

其中：

“自由”是指位于三维自由空间中的曲线。

“平面”是指位于指定平面上的曲线。

COS 是指位于曲面上的曲线，即 Curve On Surface。

2. 创建造型曲线的一般步骤

(1) 首先在右工具箱中单击“设置活动平面”按钮，然后根据系统提示设置活动基准平面，输入的第一个点将位于该平面上。

(2) 选择“造型“→“曲线”命令或在“造型”设计工具中单击“创建曲线”按钮，打开创建“曲线”的操作面板。

(3) 在操作面板中选择创建造型曲线的类型：“自由”、“平面”、COS。

(4) 在活动基准平面上定义曲线上的点，如果步骤(3)选择的是 COS，那么就要在选定的曲面上选取点来创建 COS 曲线。

(5) 单击鼠标中键可以完成一条曲线的创建，然后创建下一条曲线。

(6) 创建曲线后，可以使用“曲线编辑”工具 修改曲线上点的位置、约束条件以及曲线的切线及方向等参数，从而改变曲线的形状，以满足设计要求。

(7) 最后单击右工具箱中的 按钮，完成造型曲线的创建。

三、创建造型曲面

1. 造型曲面操控板

造型曲面的创建与边界混合曲面的创建思路基本上是一致的，使用两个方向上的边界曲线以及内部控制曲线来构造曲面，最大的区别就是前者围成曲面的边界，后者决定曲面的内部形状。选择“造型”→“曲面”命令或在“造型”设计工具中单击“曲面”按钮 ，将打开如图22-6所示的操作面板。

图22-6　创建“曲面”操作面板

2. 创建造型曲面时注意事项

(1) 造型曲面对边界曲线的基本要求。造型曲面对边界曲线的要求不如边界混合曲面那样严格，选取曲线时不用考虑顺序性，只要边界曲线封闭，都可以构建造型曲面，但同一方向的边界曲线不能相交，相邻不同向的边界曲线必须相交，不允许相切。

(2) 造型曲面对内部控制曲线的基本要求。内部控制曲线用于控制造型曲面的形状，常用于构建比较复杂的曲面，在选用内部曲线时不能使用COS作为内部曲线，内部曲线不能与相邻边界曲线相交，穿过相同边界曲线的两条内部曲线不能在曲面相交，内部曲线必须与边界曲线相交，但与边界曲线的交点不能多于两点。

3. 创建造型曲面的一般步骤

(1) 首先运用“造型曲线”工具创建一定数量的边界曲线和内部曲线。

(2) 选择“造型”→“曲面”命令或在“造型”设计工具中单击“创建曲面”按钮 ，打开创建“曲面”的操作面板。

(3) 选取第一条边界曲线，然后按住Ctrl键选取其他边界曲线。

(4) 如果需要，可以继续选取一条或多条内部曲线。

(5) 最后单击右工具箱中的 按钮，完成造型曲线的创建。

操作指引

设计淋浴头的三维模型

步骤一：选择“文件”→“新建”命令，弹出“新建”对话框，在“类型”选项组中选中“零件”单选按钮并输入文件名“linyutou”，然后单击“确定”按钮进入三维实体建模模式。

步骤二：运用旋转工具创建旋转曲面。

如图22-7所示，运用“旋转”命令，选择创建曲面，选择基准平面F为草绘平面，草绘四分之一半径为20的圆弧，加上水平线封底，打钩完成退出草绘界面。

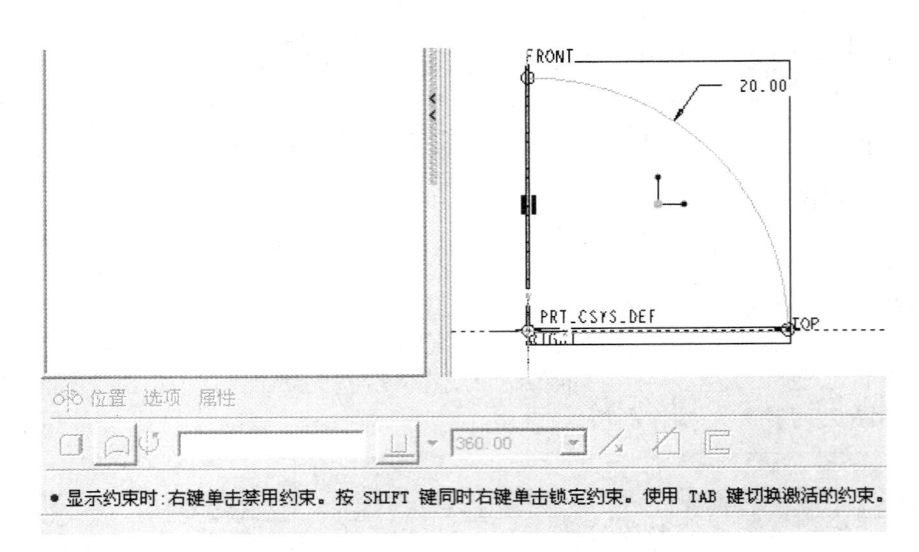

图 22-7 草绘圆弧

如图 22-8 所示，设置旋转角度为 360°，打钩完成后生成旋转曲面。

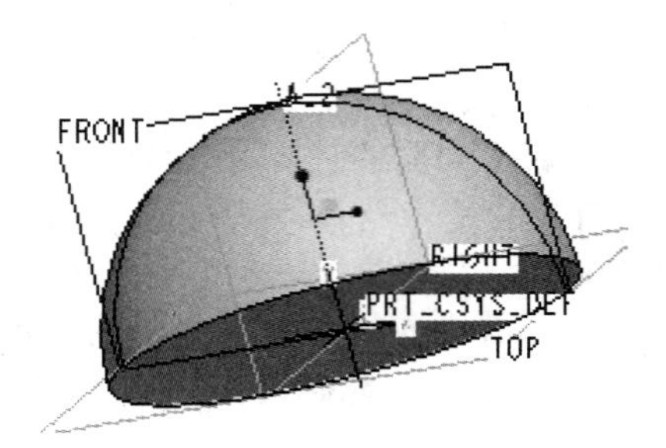

图 22-8 生成的旋转曲面

步骤三：倒圆角。

如图 22-9 所示，底圆边倒半径为 3 的圆角。

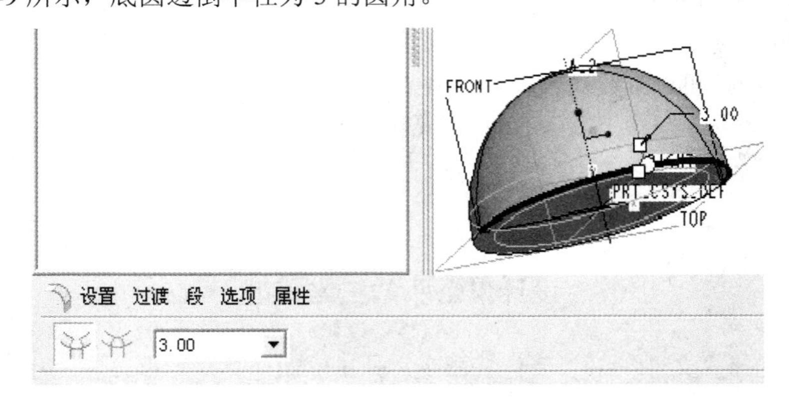

图 22-9 倒圆角

步骤四：加厚曲面。

如图 22-10 所示，选择整个曲面，运用“编辑/加厚”命令，设定厚度为 2，方向向里加厚。

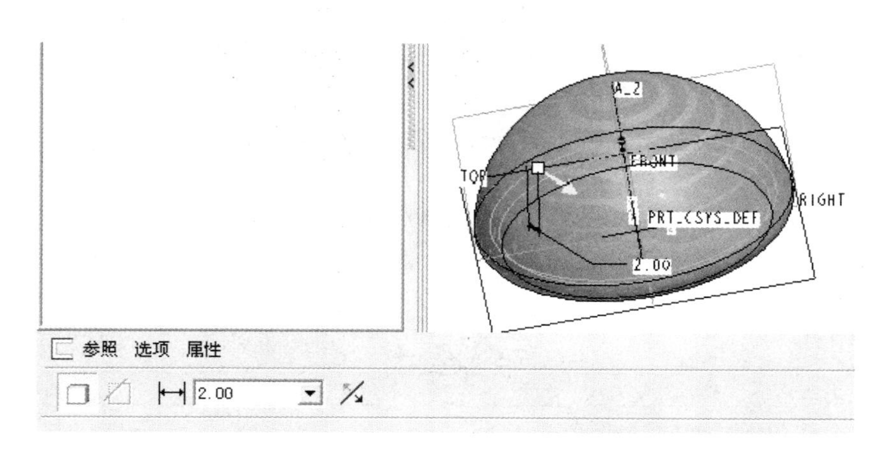

图 22-10　加厚曲面

步骤五：创建基准平面。

如图 22-11 所示，以 R 为平面平移 100 创建 DTM1 平面。

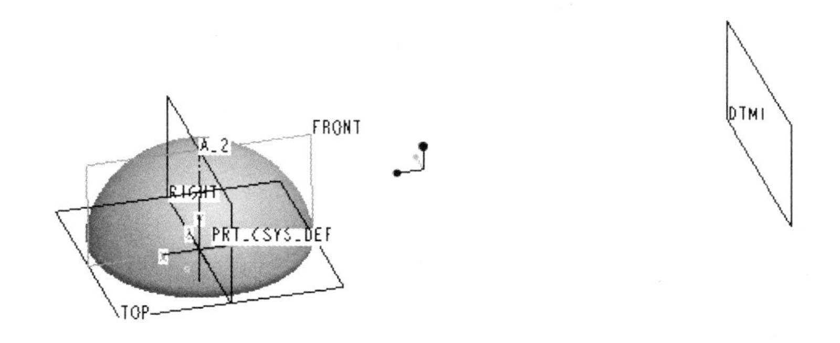

图 22-11　创建 DTM1 平面

步骤六：运用拉伸工具拉伸一半圆曲面。

如图 22-12 所示，以此平面为草绘平面，创建拉伸曲面特征的操作，草绘半径为 5 的半圆，圆心到底面的距离为 12，打钩完成退出草绘界面。

如图 22-13 所示，设拉伸的长度为 15，调整拉伸的方向，生成拉伸的曲面。

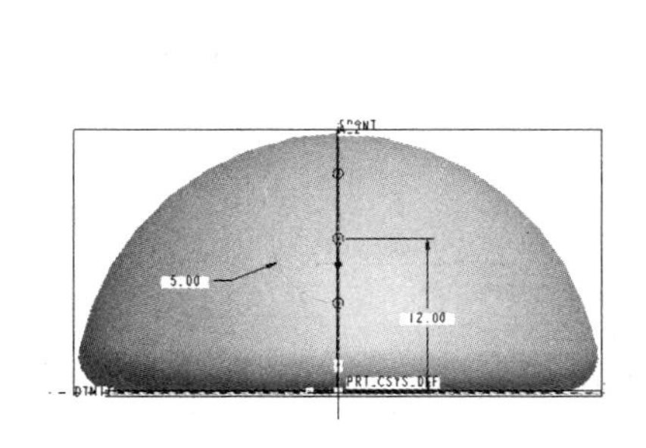

图 22-12　草绘半圆

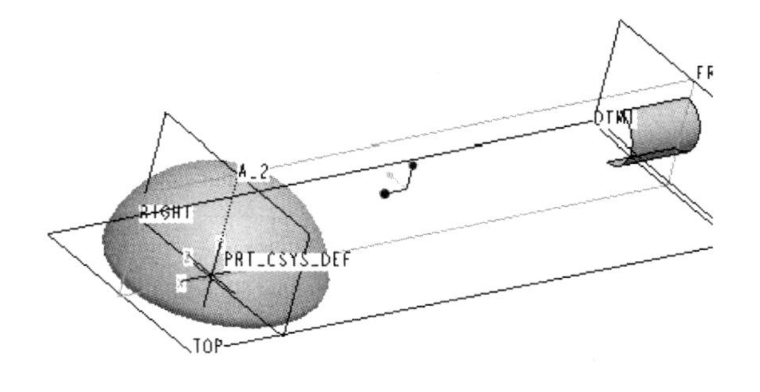

图 22-13　生成的拉伸的曲面

步骤七：运用造型曲面工具创建曲线。

如图 22-14 所示，创建造型曲面特征一，选择“插入”→“造型”命令或单击右工具箱中“造型曲面”按钮，打开“造型曲”面操作面板，设置活动基准平面，选择 F 平面，稍后绘制的曲线将位于该活动平面上；单击右工具箱中的“创建曲线”按钮，设置曲线类型为“平面”，按住 Shift 键的同时把光标靠近旋转曲面的上表面，可以看到出现一个十字星形状的图标，选取淋浴头头部的表面，创建第一个控制点，松开 Shift 键，创建中间一些控制点，最后再按住 Shift 键，把光标靠近拉伸曲面特征的表面，捕捉到曲面的一个顶点作为参照，创建曲线。

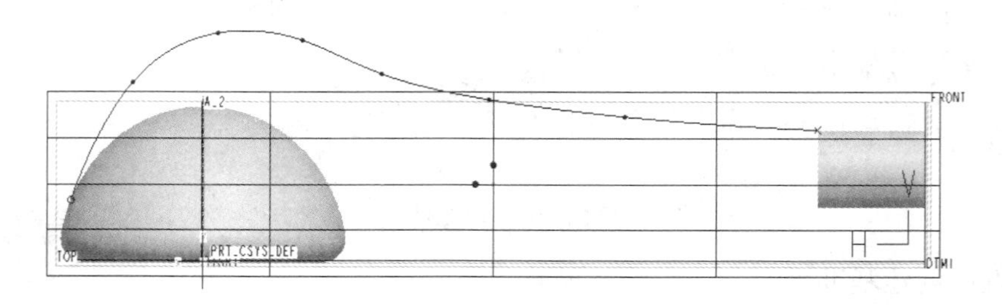

图 22-14　创建造型曲面特征一

如图 22-15 所示，单击右工具箱中的“编辑曲线”按钮，对刚才生成的造型曲线进行编辑修改，选中曲线的一端点，单击鼠标左键显示此点的切线，单击鼠标右键，选择菜单中的“曲面相切向”命令，选择淋浴头的表面为参照曲面，这样就设置了造型曲面的一端相切于参照曲面。

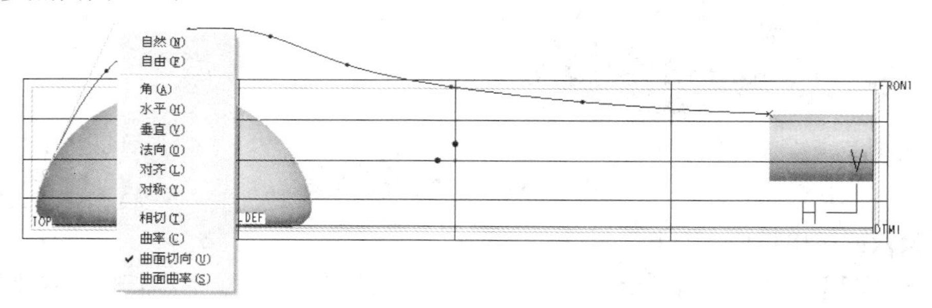

图 22-15　设置造型曲面的端相切于参照曲面

如图 22-16 所示，同样的方法设置造型曲线的另一端点的切线也相切于拉伸的曲面。

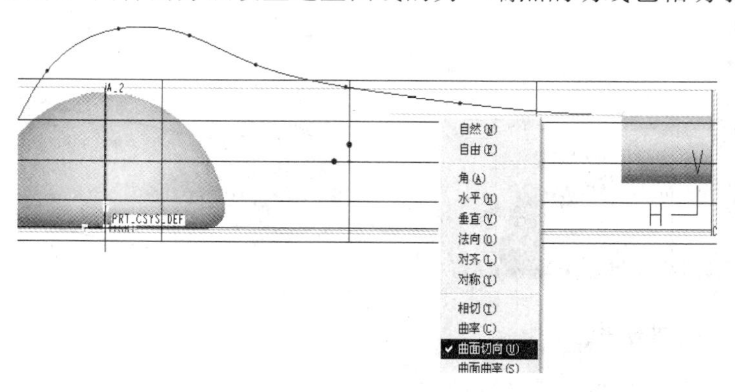

图 22-16　设置另一端点曲线相切于拉伸的曲面

如图 22-17 所示，创建造型曲面特征二，用与创建曲线一相同的方法创建曲线二。

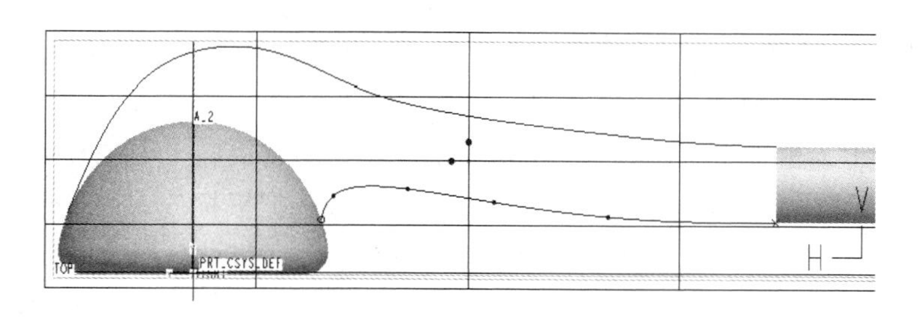

图 22-17　创建造型曲面特征二

如图 22-18 所示，创建造型曲面特征三，单击右工具箱中的“创建曲线”工具，设置曲线类型为 COS，按住 Shift 键的同时把光标靠近曲线一在淋浴前头上的端点，创建第一个控制点，再把光标靠近拉伸曲面特征表面上的曲线一的另一个端点，创建如图 22-19 所示的曲线三(放大图)。

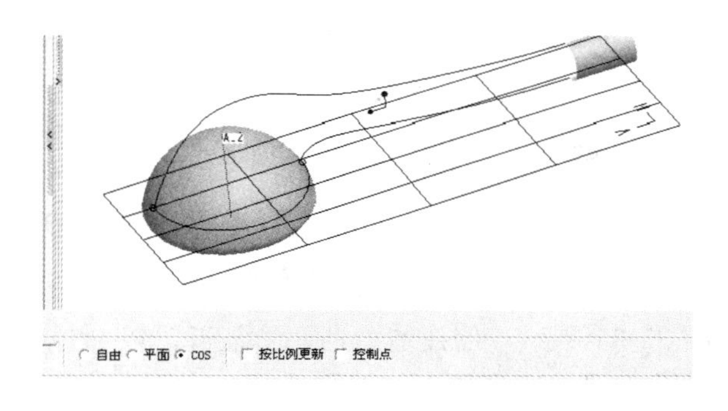

图 22-18　创建造型曲面特征 3

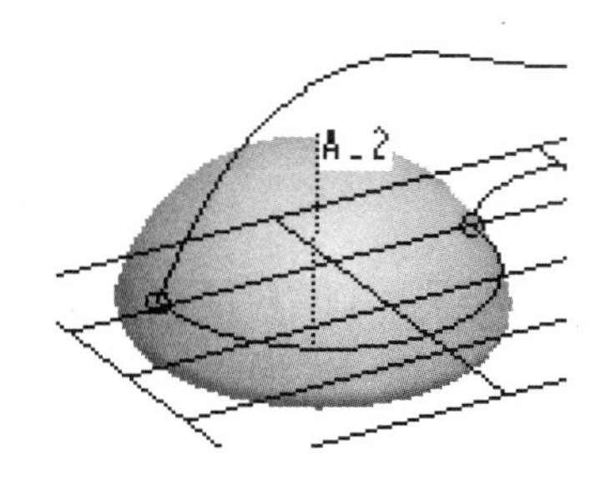

图 22-19　创建曲线三

特别提示

捕捉曲线端点时留意其形状，如果是个小圆圈，则表明为固定点，如果为小方形，则表明不是固定点，需要通过编辑曲线工具移动此点变为固定点，操作时需要按住 Shift 键，最后也变成小圆圈就可以了。

如图 22-20 所示，以 R 平面分别平移 20 和 45 创建基准平面 DTM2 和 DTM3。

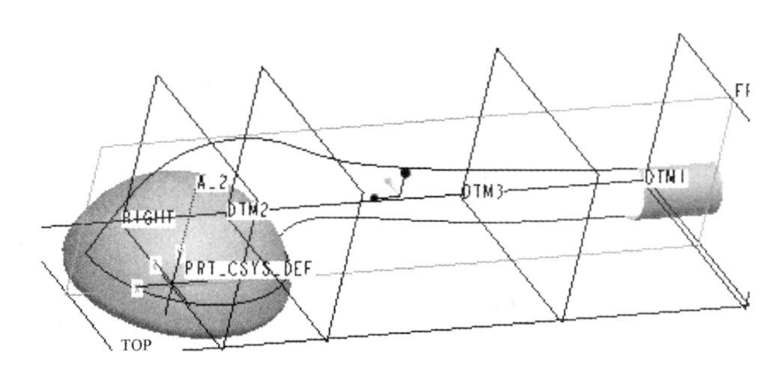

图 22-20　创建基准平面 DTM2 和 DDTM3

如图 22-21 所示，创建造型曲面特征四，以 DTM2 为活动基准平面，稍后绘制的曲线将位于该活动平面上，单击右工具箱中的“创建曲线”按钮，设置曲线类型为“平面”，按住 Shift 键的同时把光标靠近曲线一的位置，可以看到出现一个十字星形状的图标，创建第一个控制点，松开 Shift 键，创建中间一些控制点，最后再按住 Shift 键，把光标靠近曲线二的位置，可以看到出现一个十字星形状的图标，创建最后一个控制点，创建如图 22-21 所示的曲线；通过编辑曲线工具，对曲线四进行修改，把鼠标放在第一个交点处(曲线一与曲线四的交点)，单击鼠标左键，出现此点的切线，单击鼠标右键，选择“法向”命令，然后选取 F 平面为参照平面，同样另一个交点(曲线二与曲线四的交点)也这样操作。最后创建的曲线四如图 22-22 所示。

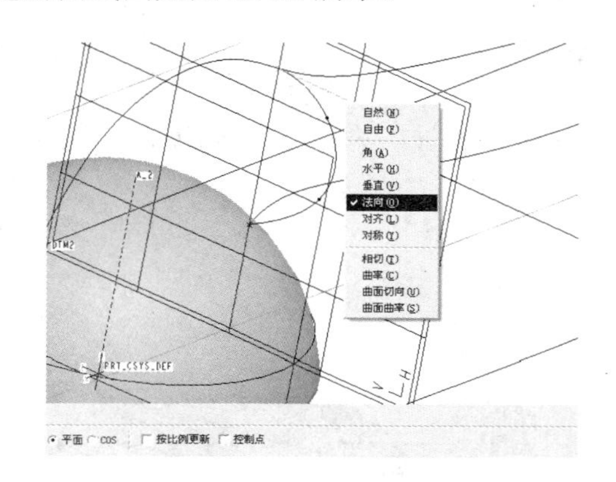

图 22-21　创建造型曲面特征四

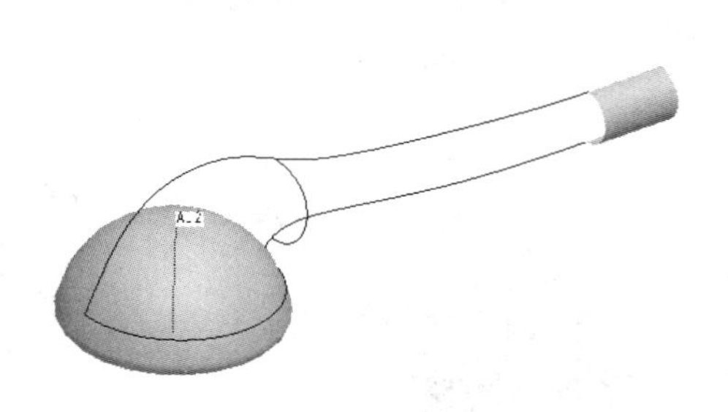

图 22-22　最后创建的曲线四

如图 22-23 所示，创建造型曲面特征五，以 DTM3 为活动基准平面，同样的方法创建曲线五。

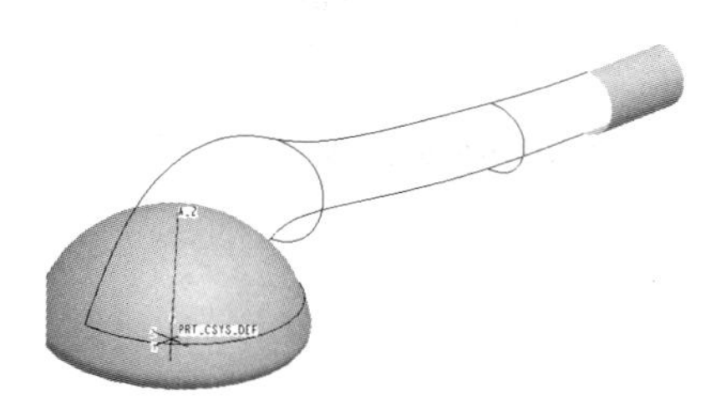

图 22-23　创建造型曲面特征五

如图 22-24 所示，创建造型曲面特征，在右工具箱中单击从“边界曲线创建曲面”按钮，选取曲线一、曲线二、曲线三及拉伸的曲线(选取时按住 Ctrl 键)作为曲面的边界，单击“内部”按钮，再次选取曲线四和曲线五，控制曲面的内部形状，单击鼠标中键结束。生成如上图 22-23 所示的曲面。

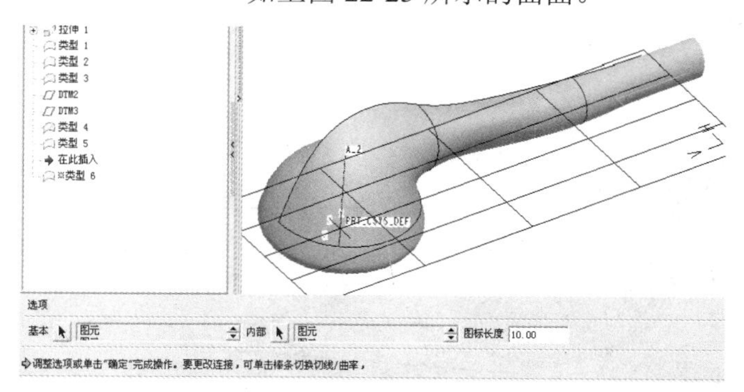

图 22-24　创建造型曲面特征

步骤八：编辑曲面。

如图 22-25 所示，选取刚创建的曲面，再按住 Ctrl 键选取拉伸曲面，单击右工具箱中的“合并”按钮，生成合并曲面。

如图 22-26 所示，选取合并后的曲面，以 F 为平面镜像。图 22-27 所示是合并后的结果。

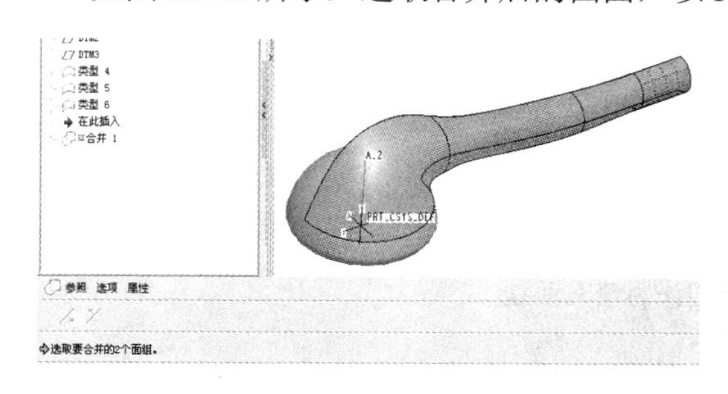

图 22-25　生成合并曲面

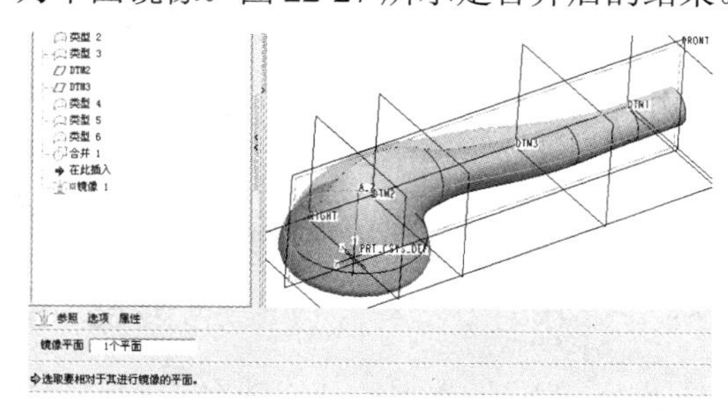

图 22-26　选取合并后的曲面，以下面为镜像

步骤九：运用拉伸工具创建一个喷孔。

如图 22-28 所示，创建拉伸特征，以淋浴头的前表面为草绘平面，草绘一个喷孔，直径为 1，打钩退出草绘界面。

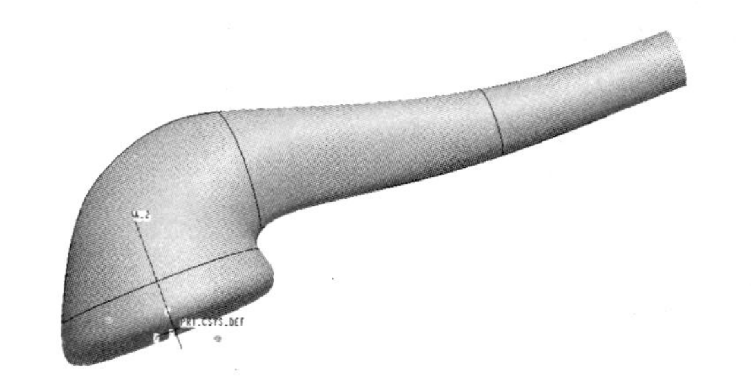

图 22-27　合并后的结果

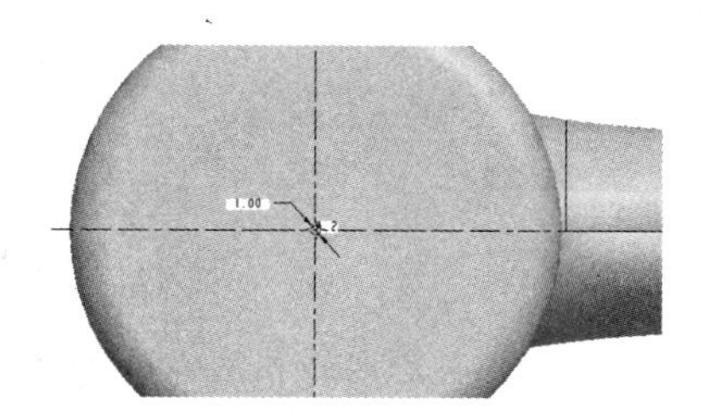

图 22-28　草绘一喷孔

如图 22-29 所示，选择“减材料”命令，设置拉伸深度为“至下一个曲面”，打钩确定后完成。

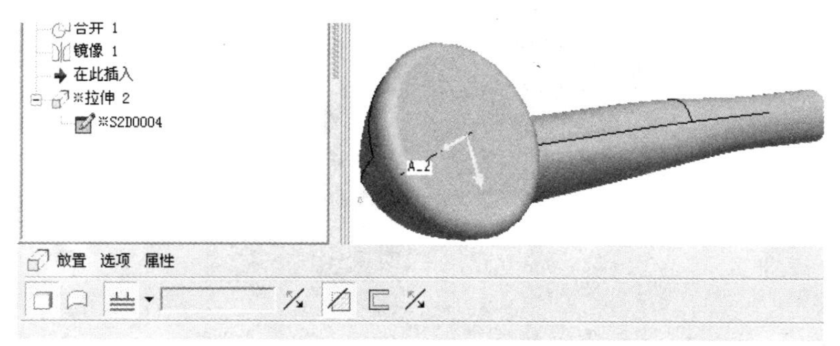

图 22-29　选择“减材料”，设置拉伸深度

步骤十：阵列喷孔。

如图 22-30 所示，选择创建好的喷水孔，单击“陈列”工具按钮，选择方式为“填充”，草绘直径为 34 的圆作为填充曲线。

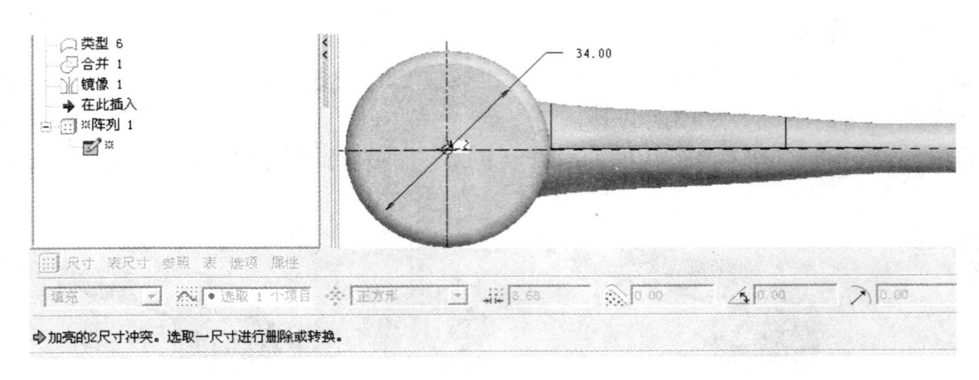

图 22-30 草绘圆作为填充曲线

如图 22-31 所示，从“填充”图标板选取实例特征的排列阵形为圆，输入实例特征之间的距离为 2，输入特征之间的半径为 4。

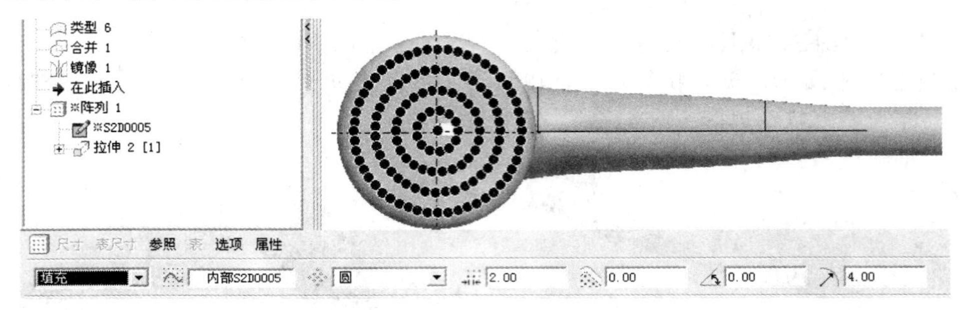

图 22-31 设置“填充”图标板

图 22-32 所示是最终创建的淋浴头。

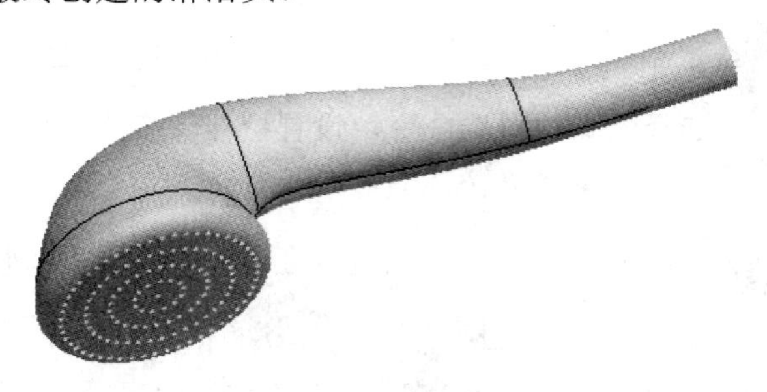

图 22-32 最终创建的淋浴头

模块 7

产品综合设计应用实例

项目 23　果汁瓶的设计

知识目标

了解三维绘图环境及其设置，掌握常用三维工具的用法，熟悉绘制二维图形的一般流程和技巧，掌握实体设计的基本工具，如拉伸、旋转、混合、扫描混合等工具的操作方法与技巧，掌握倒圆角、抽壳等操作方法与技巧等。

技能目标

熟练地运用 Pro/E 设计软件，熟练地应用曲面创建工具、拔模工具、倒圆角工具、切螺纹工具等、快速准确地设计果汁瓶模型。

项目任务

用 Pro/E 设计软件，完成如图 23-1 所示的果汁瓶三维模型的设计。

图 23-1　果汁瓶三维模型

操作指引

设计果汁瓶三维的模型

步骤一：选择“文件”→“新建”命令，打开“新建”对话框，在“类型”选项组中选中“零件”单选按钮并输入文件名“guozhiping”，然后单击“确定”按钮进入三维实体建模模式。

步骤二：创建果汁瓶的主体。

如图 23-2 所示，创建拉伸特征，以 F 为草绘平面，草绘拉伸图形，完成后打钩退出草绘界面。如图 23-3 所示，设置为“单侧”拉伸，深度为 250，打钩完成。

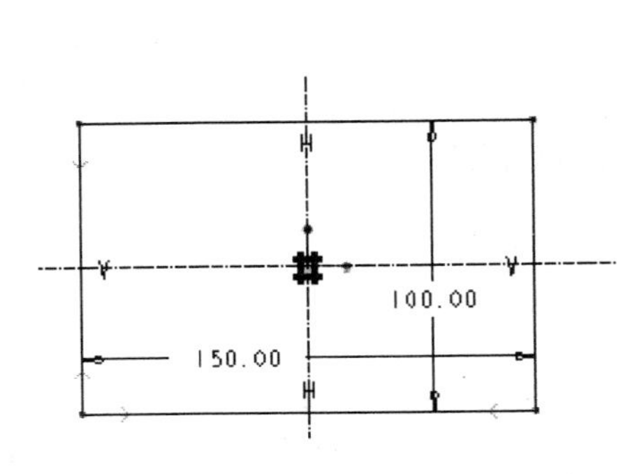

图 23-2　草绘拉伸图形

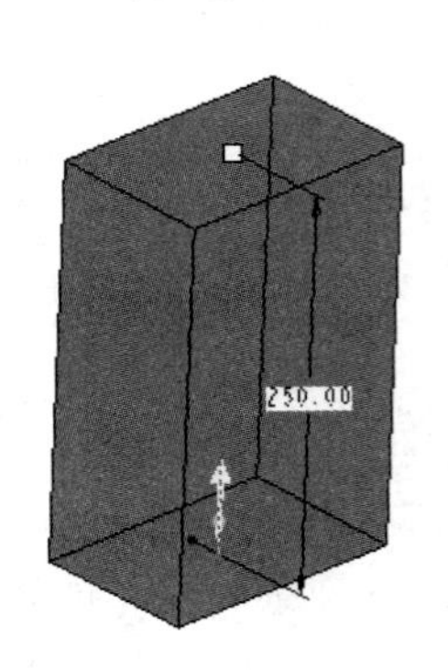

图 23-3　设置拉伸方式和深度

图 23-4 所示是生成的拉伸特征。如图 23－5 所示，再次创建拉伸特征，以 T 为草绘平面，选择实体的 3 条边作为草绘时的参照。

图 23-4　生成的拉伸特征

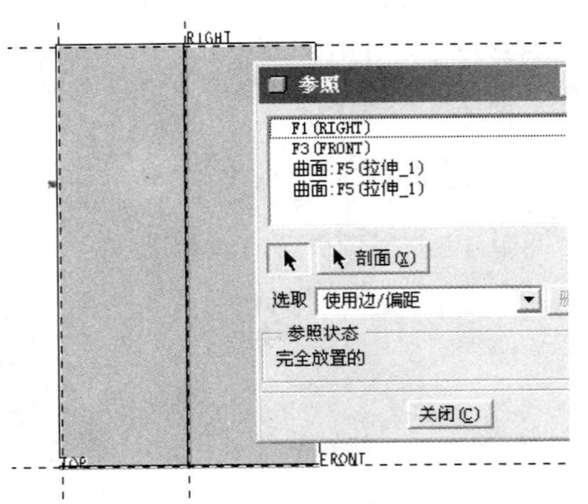

图 23-5　选择实体的 3 条边作为参照

如图 23-6 所示，草绘一条圆弧，并约束圆弧与侧边相切，完成后打钩退出草绘界面。如图 23-7 所示，设置为“双侧”拉伸，深度为 300，“减材料”，调整减材料的方向，打钩完成。

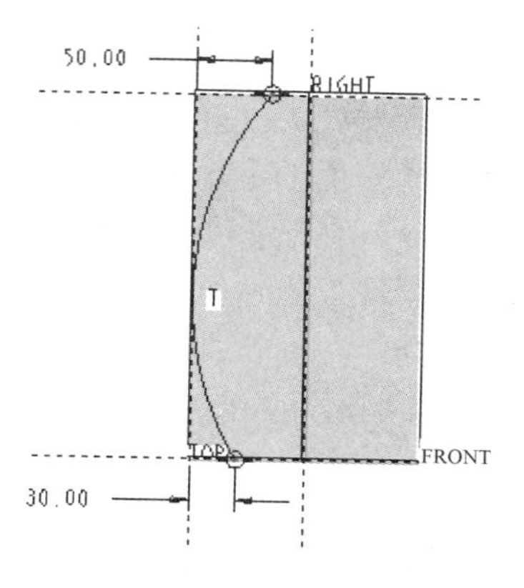

图 23-6　草绘一圆弧

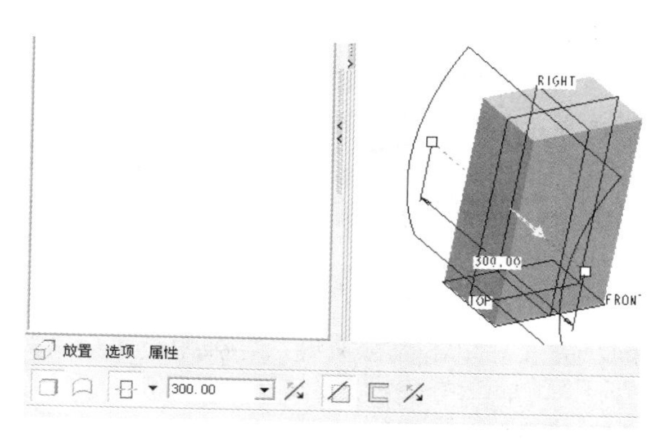

图 23-7　设置减材料拉伸特征

图 23-8 所示是创建的减材料拉伸特征。如图 23-9 所示，选择右侧面，向左平移 50 来创建一基准平面 DTM1，确定后完成。

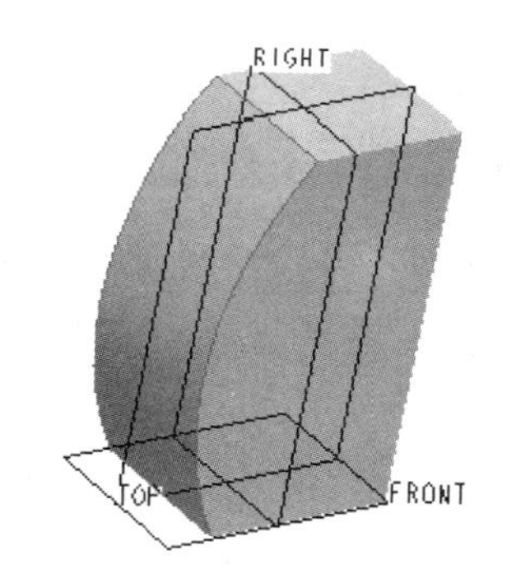

图 23-8　创建的减材料拉伸特征

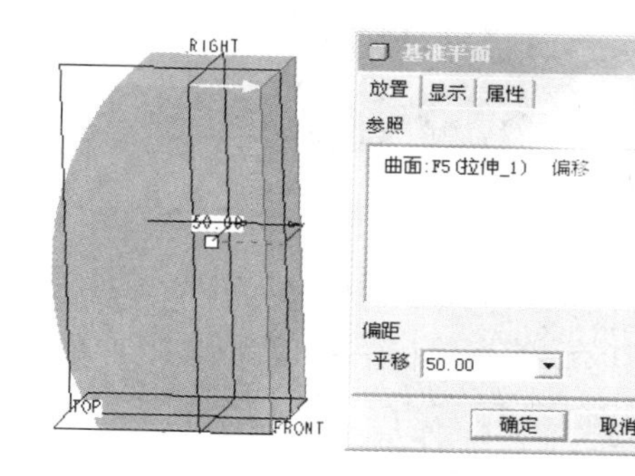

图 23-9　创建基准平面 DTM1

如图 23-10 所示，按住 Ctrl 键，选择 4 条侧边，进行半径为 20 的倒圆角处理。图 23-11 所示是倒圆角完成的特征。

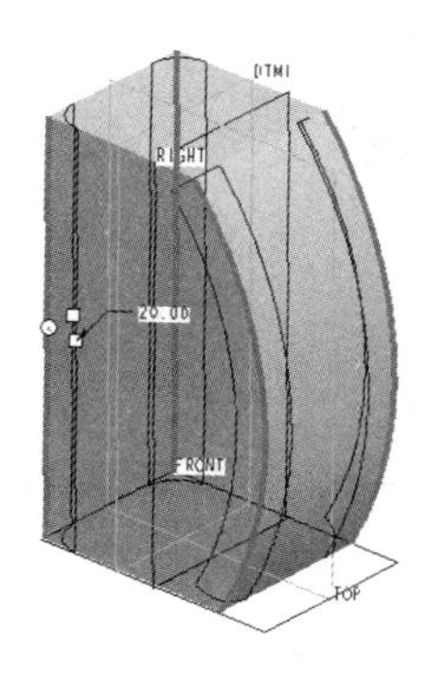

图 23-10　倒圆角

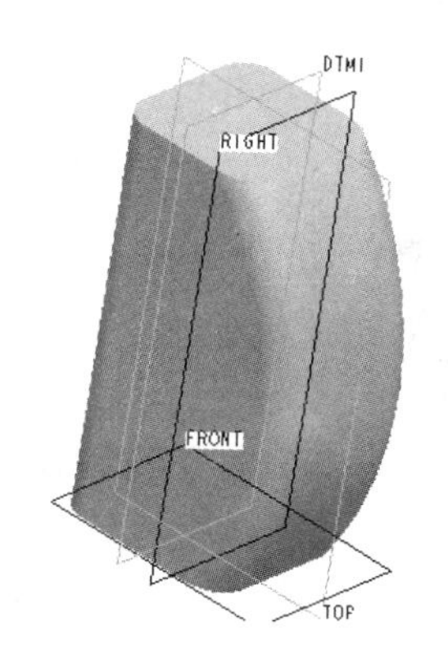

图 23-11　倒圆角完成的特征

步骤三：创建果汁瓶的瓶口结构。

如图 23-12 所示，选择“编辑”→“混合”→“伸出项”命令，弹出其菜单，选择“平行”、“规则截面”、“草绘截面”命令，单击“完成管理器”，在弹出的“属性”菜单管理器中选择“直的”命令单击“完成”命令，在设置草绘平面的菜单元中按系统默认方式选择如图所示的上表面作为草绘平面，单击“正向”命令，然后再单击“缺省”命令，进入草绘界面，运用“利用实体边创建图元”工具，选择“环”点选上表面的四周边线，完成后单击鼠标右键，在弹出菜单中选择“切换剖面”命令。

如图 23-13 所示，草绘一个直径为 60 的圆，打成 8 段，注意起始位置与第一个截面相同。完成后单击鼠标右键，在弹出菜单中选择“切换剖面”命令。

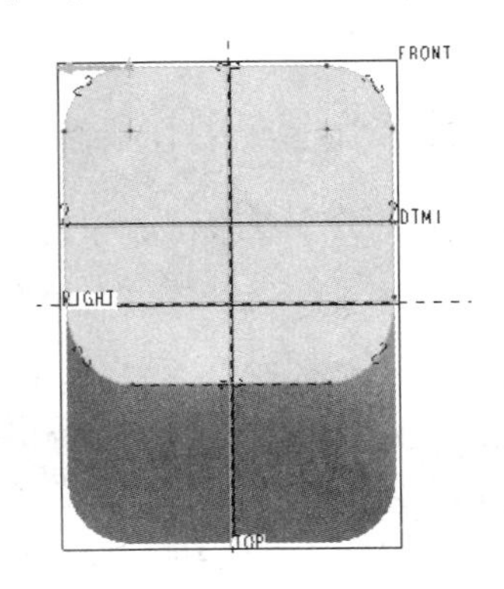

图 23-12　草绘截面

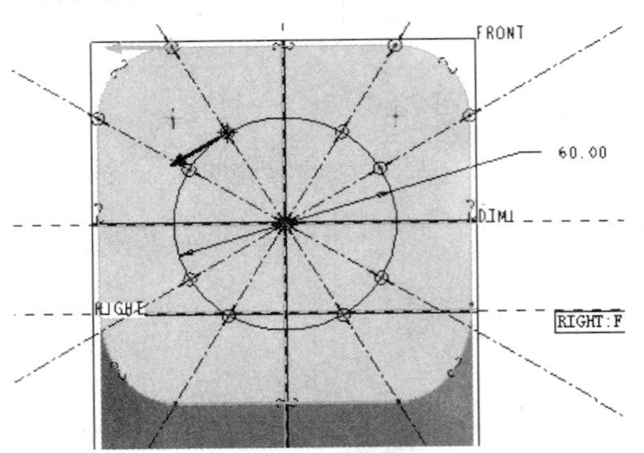

图 23-13　草绘一直径为 60 的圆

如图 23-14 所示，草绘一个直径为 85 的圆，打成 8 段，注意起始位置与第一个截面相同。完成后单击鼠标右键，在弹出菜单中选择“切换剖面”命令。

如图 23-15 所示，完成后打钩退出草绘界面，在“伸出项：混合、平行”对话框中单击“确定”按钮生成特征。

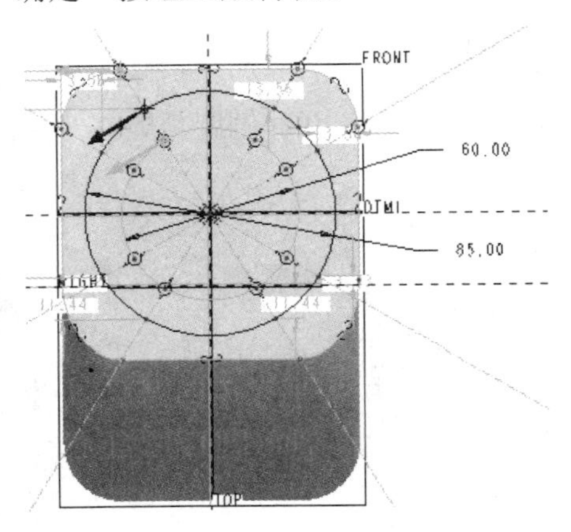

图 23-14　草绘一直径为 85 的圆

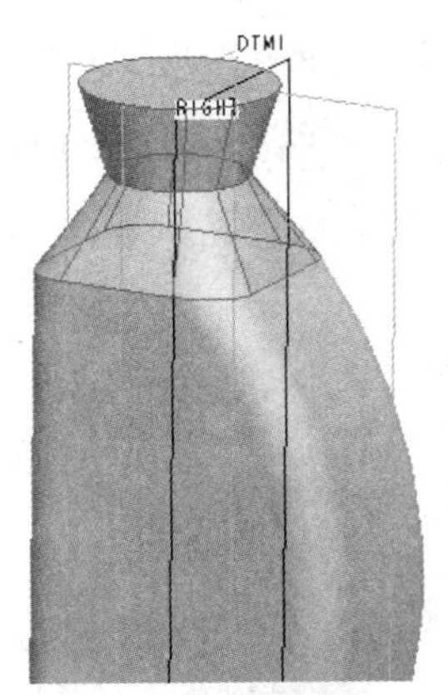

图 23-15　完成后生成的特征

如图 23-16 所示，选择刚创建的平行混合特征的中间圆，进行半径为 20 的倒圆角。如图 23-17 所示，再次选择“编辑”→“混合”→“伸出项”命令，弹出其菜单，选择“平行”、“规则截面”、“草绘截面”命令，单击“完成”命令，在弹出的“属性”菜单管理器中选择“直的”命令单击“完成”命令，在设置草绘平面的菜单元中选择 R 平面作为

草绘平面，单击“正向”命令，然后再选择“缺省”命令，进入草绘界面，草绘一三角形图形，完成后单击鼠标右键，弹出菜单中选择“切换剖面”命令，然后在与上表面平齐的中心位置插入一个点，打钩完成。

如图 23-18 所示，打钩退出草绘界面后，在“伸出项：混合、平行”对话框中单击“确定”按钮生成的瓶嘴特征。

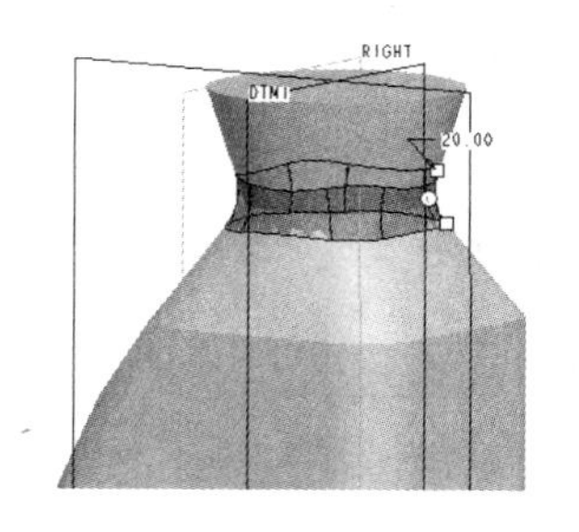

图 23-16　进行半径为 20 的倒圆角

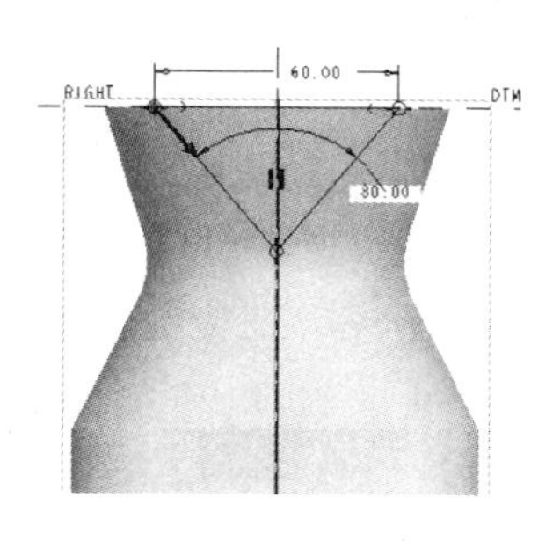

图 23-17　草绘截面

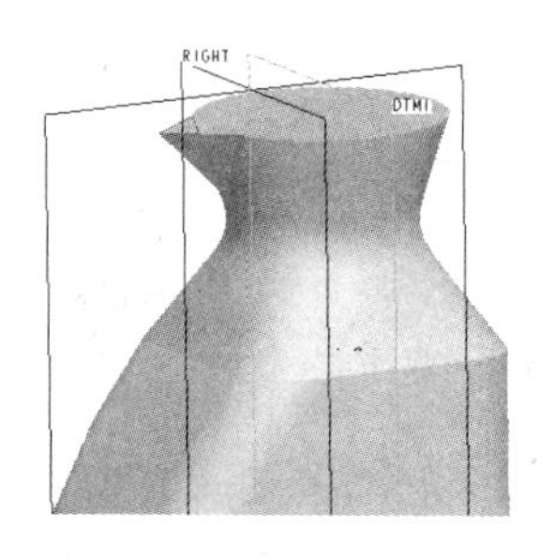

图 23-18　生成的瓶嘴特征

步骤四：创建果汁瓶的瓶底凹面特征。

如图 23-19 所示，在右工具箱中单击“旋转”按钮或选择“编辑”→“旋转”→“伸出项”命令，弹出其操作面板，选择 T 平面作为草绘平面，其余按系统默认方式进入草绘界面，草绘旋转轴和一段圆弧，完成后打钩退出草绘界面。如图 23-20 所示，在操作面板中选择“减材料”、“单侧旋转”，调整减材料的方向，预览效果后打钩完成，生成底面凹面特征。

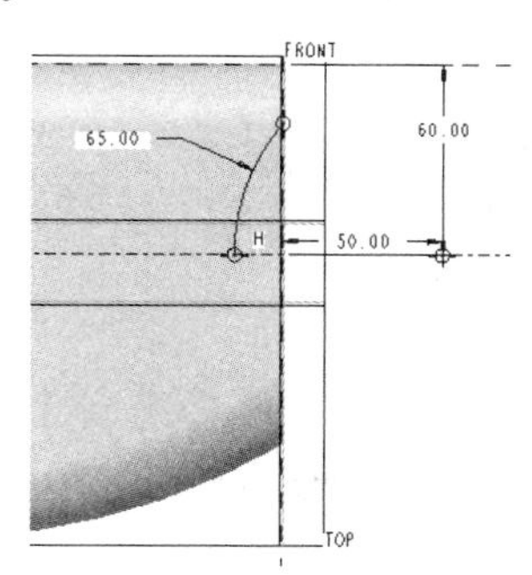

图 23-19　草绘旋转轴和段圆弧

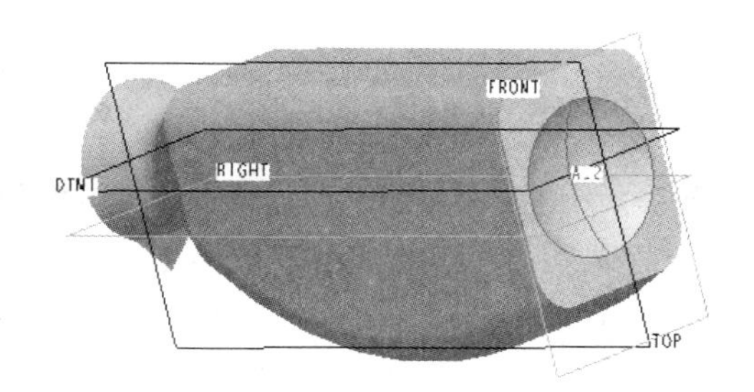

图 23-20　生成的底面凹面特征

如图 23-21 所示，选择底面凹面圆边及底部四周边进行半径为 10 的倒圆角处理。图 23-22 所示是倒圆角完成后的特征。

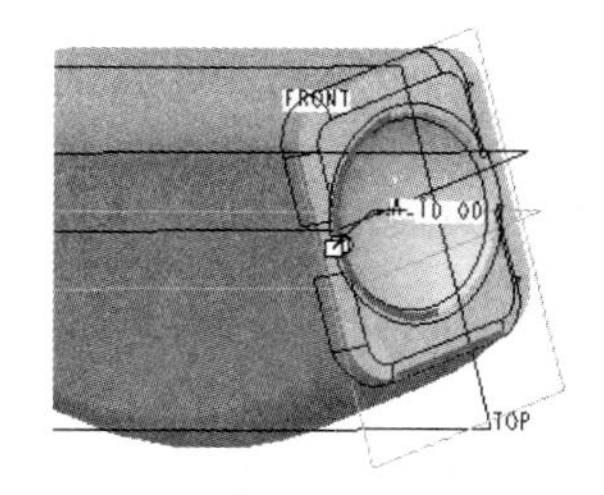

图 23-21　进行半径为 10 的倒圆角

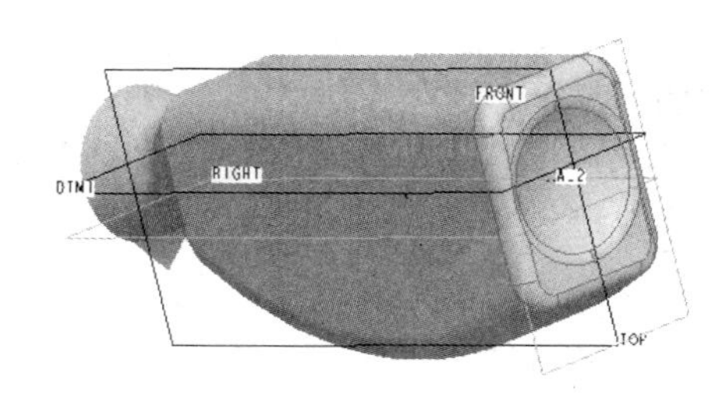

图 23-22　倒圆角完成后的特征

步骤五：创建果汁瓶的中空特征。

如图 23-23 所示，在右工具箱中单击“抽壳”按钮，弹出其操作面板，选择上平面为去除表面，壳的厚度为 2，预览效果后打钩完成。

步骤六：创建果汁瓶的把手特征。

如图 23-24 所示，打开草绘工具，以 T 平面为草绘平面，其余按系统默认方式进入草绘界面，运用样条曲线工具草绘一曲线，完成后打钩退出。

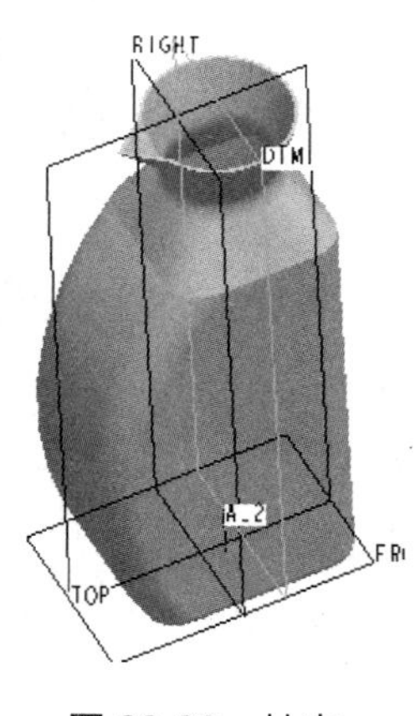

图 23-23　抽壳

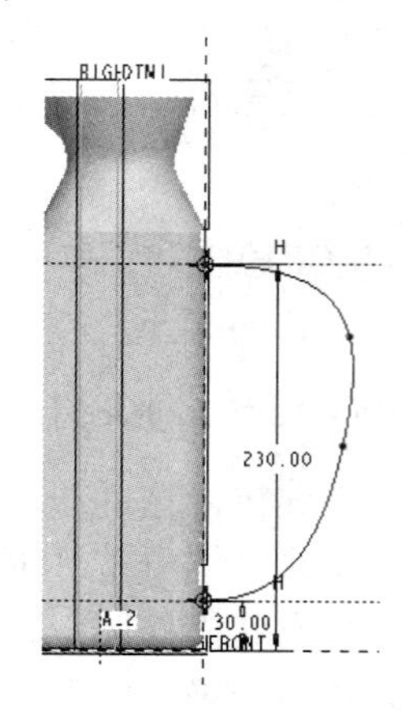

图 23-24　草绘一曲线

如图 23-25 所示，选择刚创建的曲线，在工具箱中单击“插入基准点”按钮，在曲线 0.60 处创建一个基准点 PNT0，单击“确定”按钮完成。

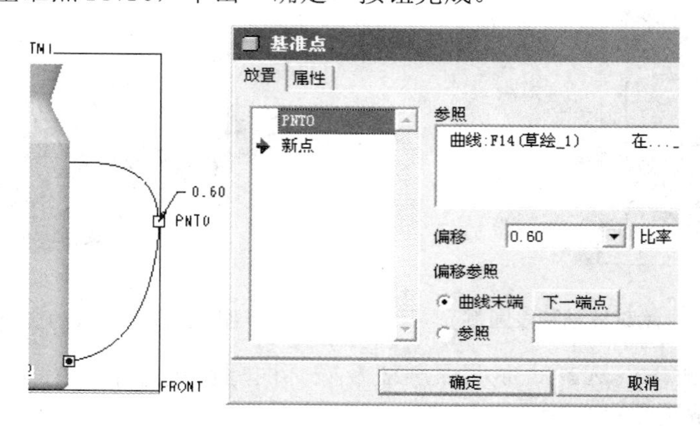

图 23-25　创建基准点 PNT0

如图 23-26 所示，然后选择“编辑”→“扫描混合”→“伸出项”命令，弹出“混合选项”菜单，选择“草绘截面”、“垂直于原始轨迹”命令，选择“完成”命令，在弹出的“扫描轨迹”菜单管理器中选择“选取轨迹”命令，然后选取刚草绘的曲线作为扫描轨迹，选择“完成”命令，在弹出的“截面定向”菜单中选择“自动”命令，选择“完成”命令，输入 Z 轴的旋转角度为 0，打钩后进入草绘界面，草绘一个 60×30 的矩形图形，打钩完成。

如图 23-27 所示，在弹出的“截面定向”菜单中选择“自动”命令，选择“完成”命令，输入 Z 轴的旋转角度为 0，打钩后进入草绘界面，草绘一个长轴为 20、短轴为 10 的椭圆形图形，打钩完成。

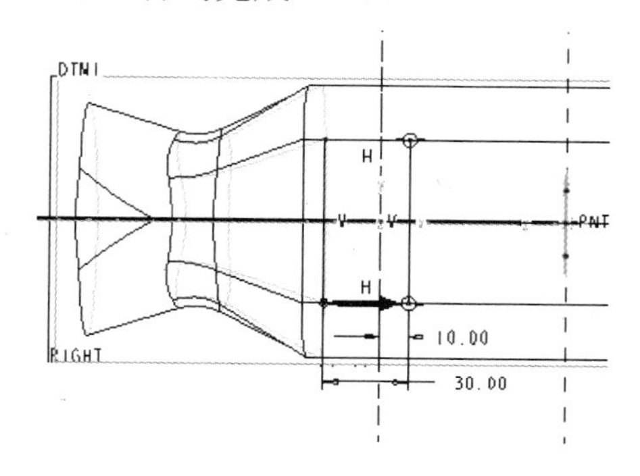

图 23-26　草绘截面

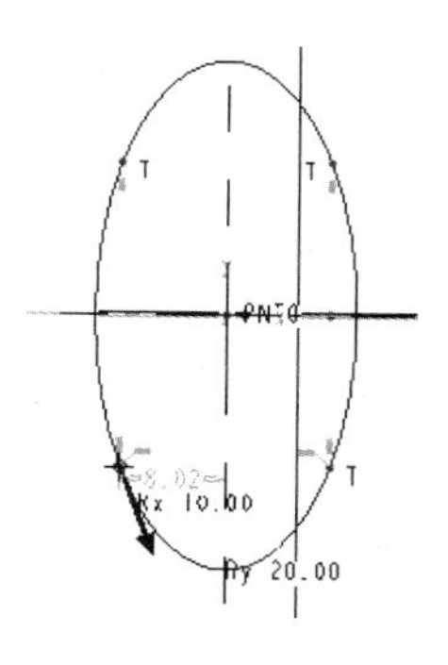

图 23-27　草绘一椭圆

如图 23-28 所示，在弹出的“截面定向”菜单中选择“自动”命令，选择“完成”命令，输入 Z 轴的旋转角度为 0，打钩后进入草绘界面，草绘一个 60×30 的矩形图形，打钩完成。

如图 23-29 所示，在“伸出项：扫描混合”对话框中单击“确定”按钮生成果汁瓶把手特征。

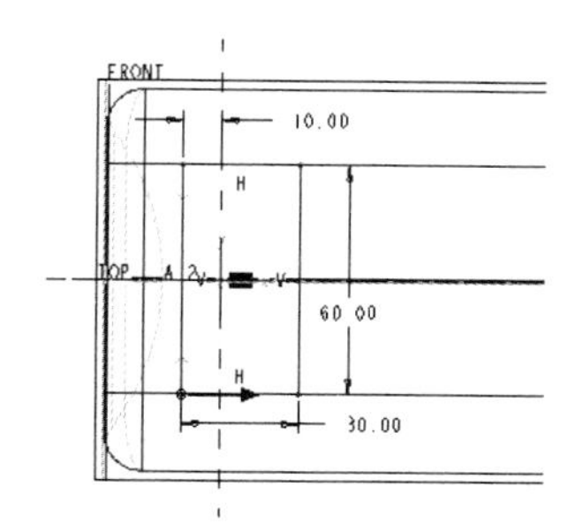

图 23-28　草绘一矩形

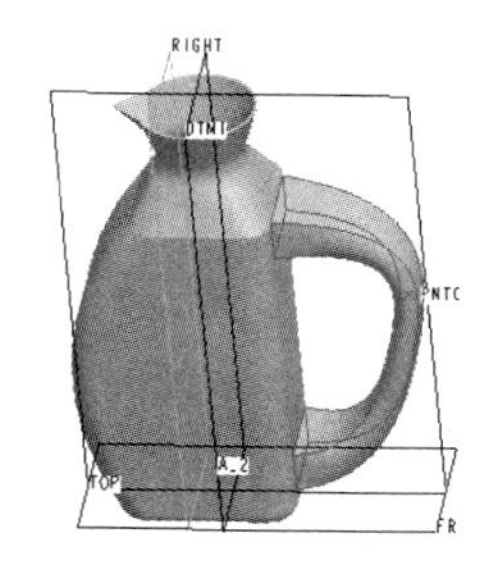

图 23-29　生成的果汁瓶把手特征

步骤七：草绘果汁瓶前表面的图案。

如图 23-30 所示，选择前表面为草绘平面，草绘一装饰图案，完成后打钩退出。图 23-31 所示是最终完成的果汁瓶模型。

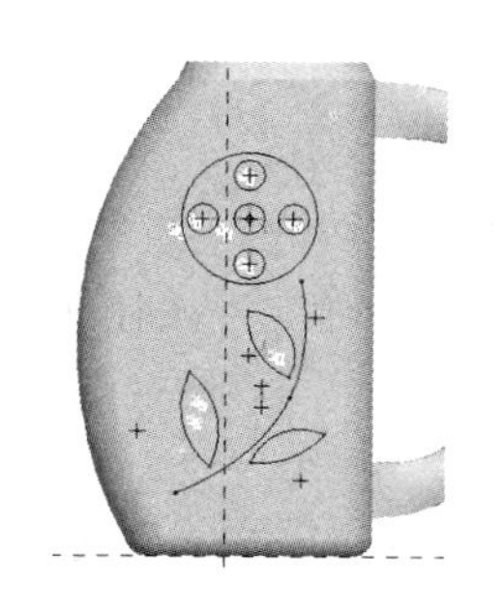

图 23-30　草绘装饰图案

图 23-31　最终完成的果汁瓶模型

项目 24　吊钩的设计

知识目标

了解三维绘图环境及其设置，熟悉绘制二维图形的一般流程和技巧，掌握创建基准平面和基准点的操作方法与技巧，掌握常用曲面工具创建曲面的方法与技巧，掌握实体设计的基本工具的操作方法与技巧，掌握曲面合并、曲面实体化等操作方法与技巧等。

技能目标

熟练地运用 Pro/E 设计软件，熟练地运用二维草绘界面草绘不同的曲线，应用边界混合曲面工具创建空间曲面，快速地运用实体特征工具如拉伸工具，切螺纹工具等创建实体特征，快速准确地设计吊钩模型。

项目任务

运用 Pro/E 设计软件，完成如图 24-1 所示的吊钩三维模型的设计。

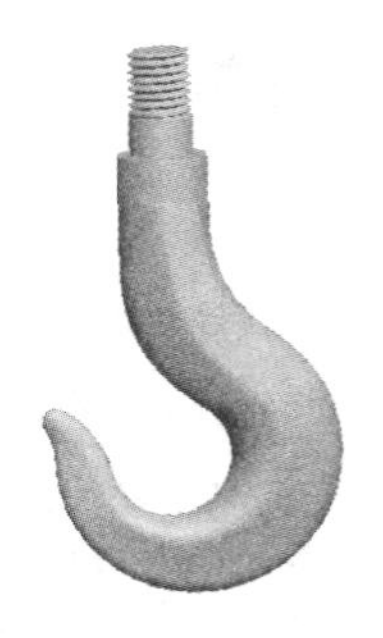

图 24-1　吊钩三维模型

操作指引

设计吊钩三维模型

步骤一：选择“文件”→“新建”命令，弹出“新建”对话框，在“类型”选项组中选中“零件”单选按钮并输入文件名“diaogou”，然后单击“确定”按钮进入三维实体建模模式。

步骤二：草绘吊钩主体曲线。

如图 24-2 所示，在右工具箱中单击“草绘”按钮，以 F 平面为草绘平面，其余按系统默认方式进入草绘界面，草绘吊钩主体的两条曲线。图 24-3 所示是打钩退出草绘后生成的两条曲线。

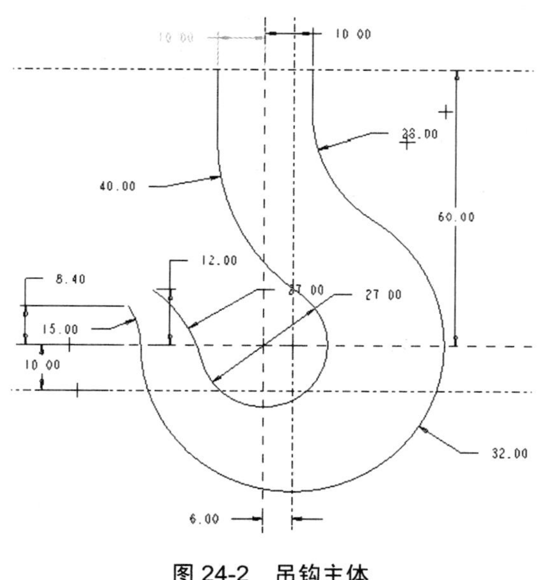

图 24-2　吊钩主体

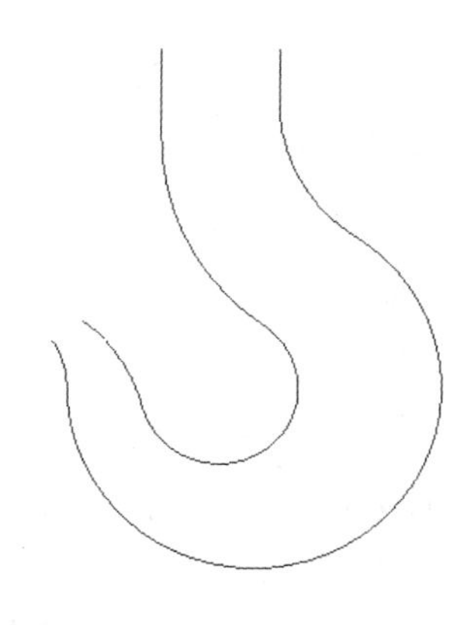

图 24-3　草绘后生成的曲线

如图 24-4 所示，过基准平面 T 和 R 创建一基准轴 A-1。如图 24-5 所示，过刚创建的基准轴 A-1，并与 T 平面成 45° 的夹角创建基准平面 DTM1。如图 24-6 所示，过刚创建的基准轴 A-1，并与 R 平面成 45° 的夹角创建基准平面 DTM2。

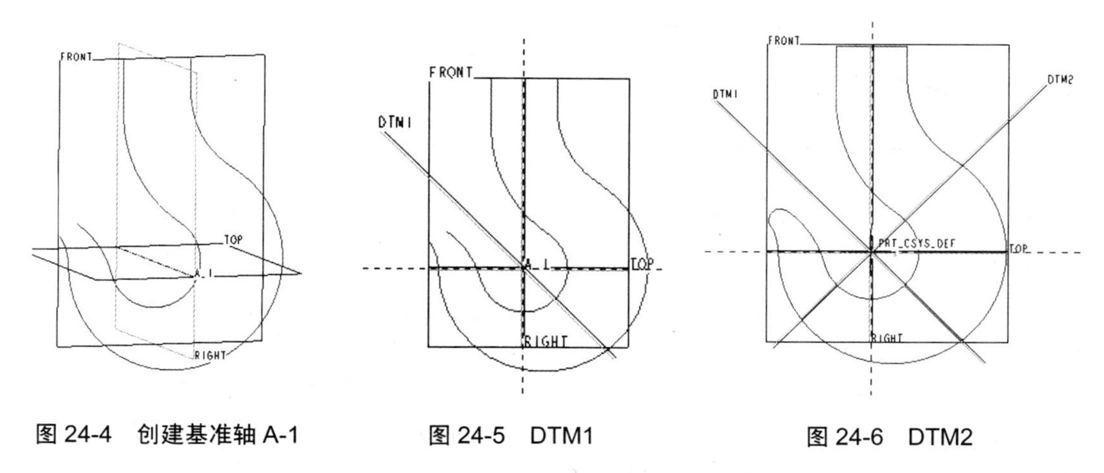

图 24-4　创建基准轴 A-1　　图 24-5　DTM1　　图 24-6　DTM2

如图 24-7 所示，过两条曲线的上两端点，并与 F 平面垂直创建基准平面 DTM3，过两条曲线的下两端点，并与 F 平面垂直创建基准平面 DTM4。

如图 24-8 所示，在基准平面 DTM4 与两草绘曲线相交处创建基准点 PNT0 和 PNT1，同样的方法在基准平面 DTM2 与两草绘曲线相交处创建基准点 PNT2 和 PNT3，在基准平面 DTM1 与两草绘曲线相交处创建基准点 PNT4 和 PNT5，在基准平面 T 与两草绘曲线相交处创建基准点 PNT6 和 PNT7。

图 24-9 所示，在右工具箱中单击“草绘”按钮，以 DTM4 基准平面为草绘平面，以 F 平面为草绘方向的参照，方向为“顶”，进入草绘界面，草绘半径为 3.5 的一段圆弧，约束圆弧的起始点及终点在基准点 PNT0 和 PNT1 上，打钩退出草绘。

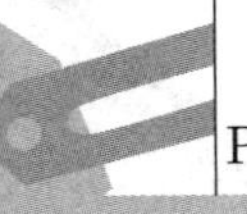

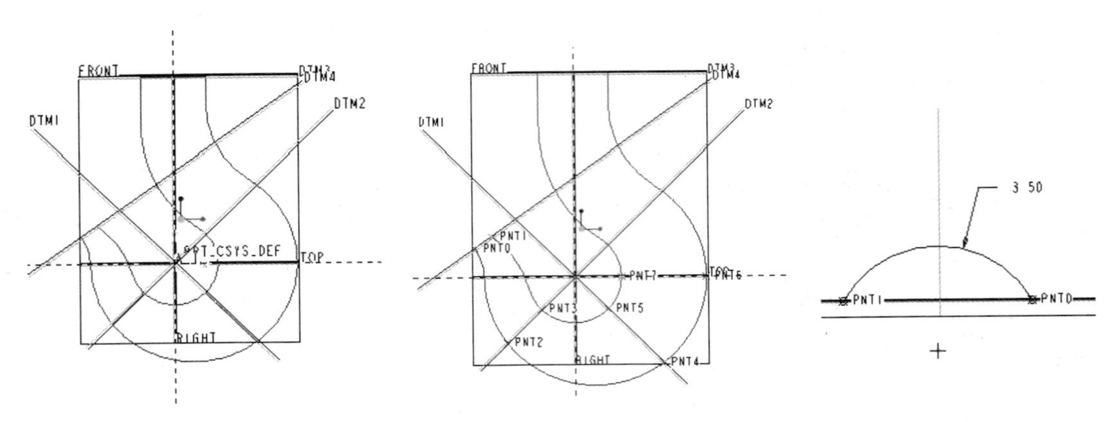

图 24-7 DTM3 和 DTM4　　图 24-8 创建基准点　　图 24-9 草绘一段圆弧

如图 24-10 所示，在右工具箱中单击“草绘”按钮，以 DTM2 基准平面为草绘平面，以 F 平面为草绘方向的参照，方向为“顶”，进入草绘界面，草绘如图所示的图形，约束圆弧的起始点及终点在基准点 PNT2 和 PNT3 上，打钩退出草绘。

如图 24-11 所示，在右工具箱中单击“草绘”按钮，以 DTM1 基准平面为草绘平面，以 F 平面为草绘方向的参照，方向为“顶”，进入草绘界面，草绘如图所示的图形，约束圆弧的起始点及终点在基准点 PNT4 和 PNT5 上，打钩退出草绘。

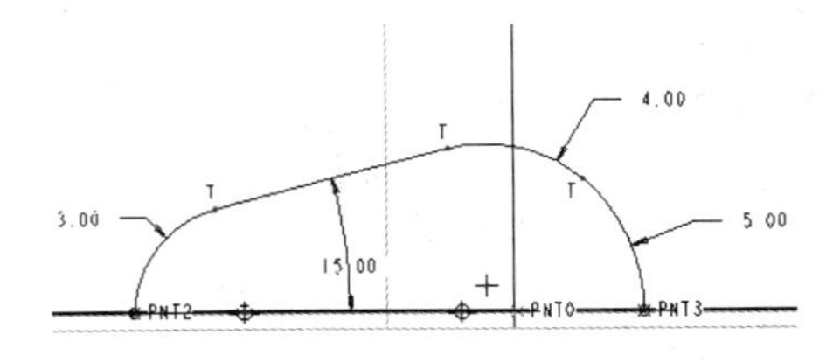

图 24-10 草绘图形一

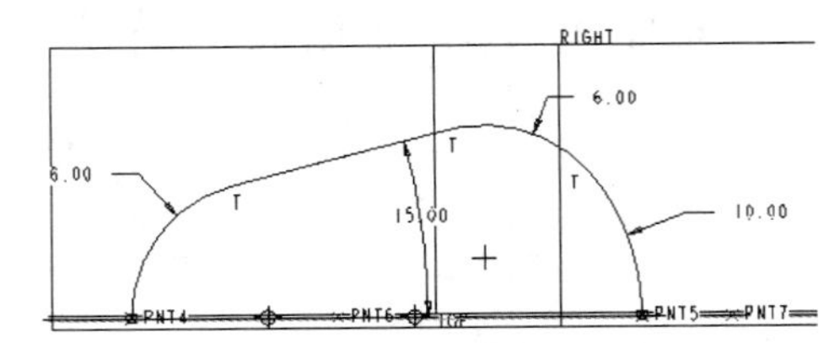

图 24-11 草绘图形二

如图 24-12 所示，在右工具箱中单击“草绘”按钮，以 T 基准平面为草绘平面，以 F 平面为草绘方向的参照，方向为“顶”，进入草绘界面，草绘如图所示的图形，约束圆弧的起始点及终点在基准点 PNT6 和 PNT7 上，打钩退出草绘。

如图 24-13 所示，在右工具箱中单击“草绘”按钮，以 DTM3 基准平面为草绘平面，以 F 平面为草绘方向的参照，方向为“顶”，进入草绘界面，草绘如图所示的半圆图形，约束半圆的起始点及终点在两条曲线的端点上，打钩退出草绘。图 24-14 所示是草绘的所有曲线。

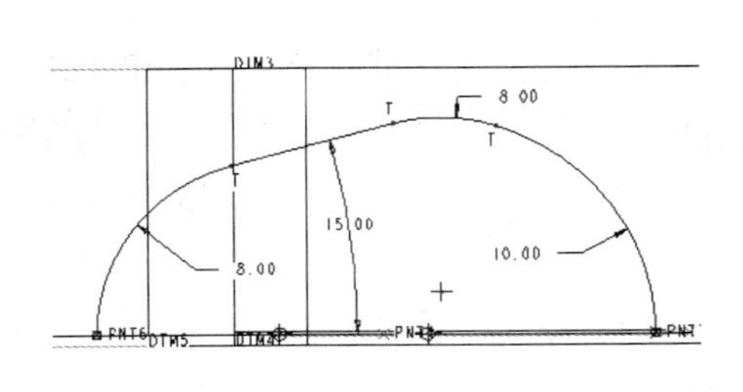

图 24-12 草绘图形三

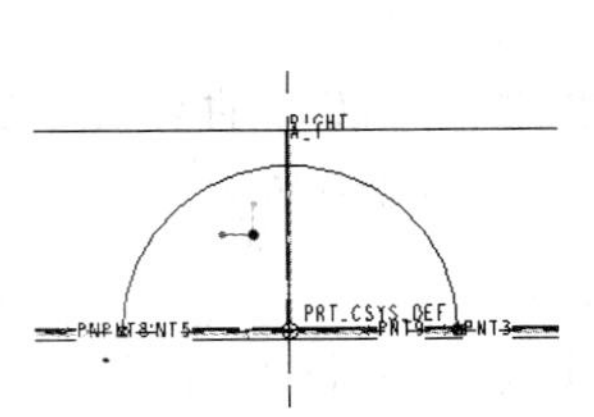

图 24-13 草绘半圆图形

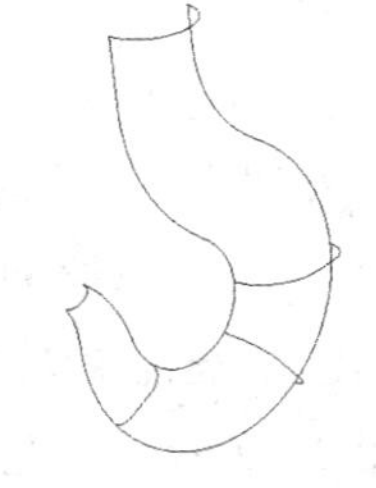

图 24-14 草绘的所有曲线

如图 24-15 所示，在右工具箱中单击“草绘”按钮，以 F 基准平面为草绘平面，其余按系统默认方式进入草绘界面，草绘如图所示的一小段圆弧图形，约束圆弧的起始点及终点在两条曲线的端点上，打钩退出草绘。图 24-16 是最终完成的吊钩曲线。

如图 24-17 所示，在右工具箱中单击“边界混合曲面”按钮或选择“插入”→“边界混合曲面”命令，打开其操作面板，首先选择第一次草绘的两条曲线作为第一方向的曲线，选择第二条时可按住 Ctrl 键，然后激活第二方向的曲线选项，按住 Ctrl 键分别把后面草绘的五条曲线选上。

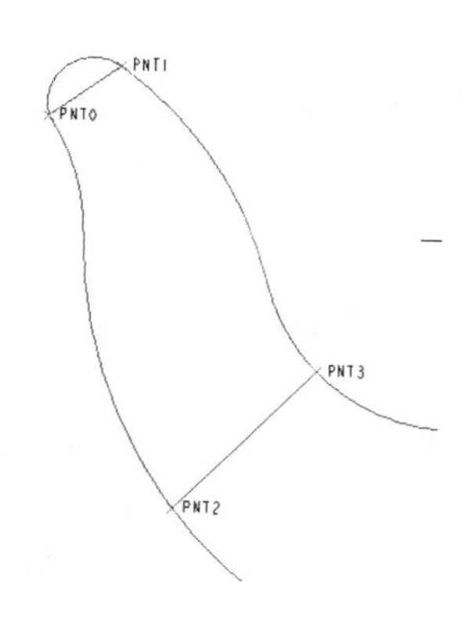

图 24-15 草绘一小段圆弧

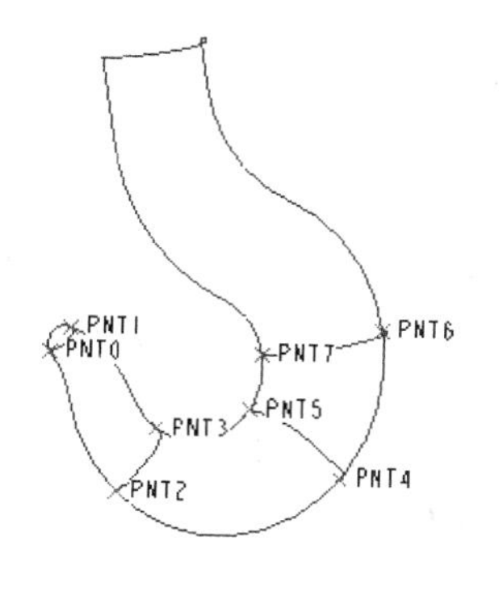

图 24-16　最终完成的吊钩曲线

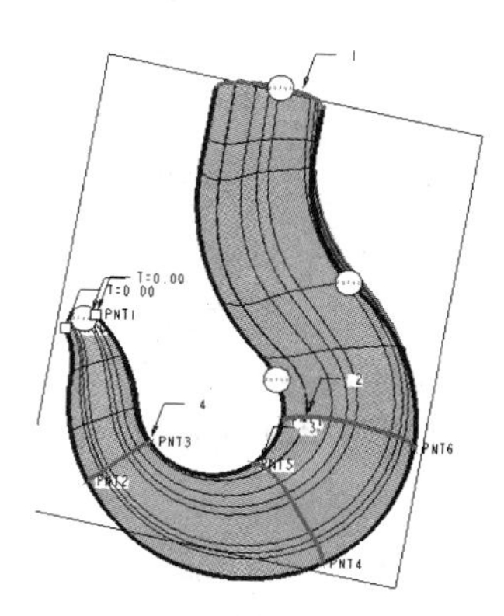

图 24-17　边界混合曲面

图 24-18 是打钩完成后生成的吊钩曲面。

如图 24-19 所示，在右工具箱中单击“边界混合曲面”按钮或选择“插入”→“边界混合曲面”命令，再次打开其操作面板，选择最后一次草绘的曲线作为第一方向的第一条曲线，选择曲面上的边线作为第二条曲线，打开“约束”上滑面板，在“条件”的选项中选择“垂直”。

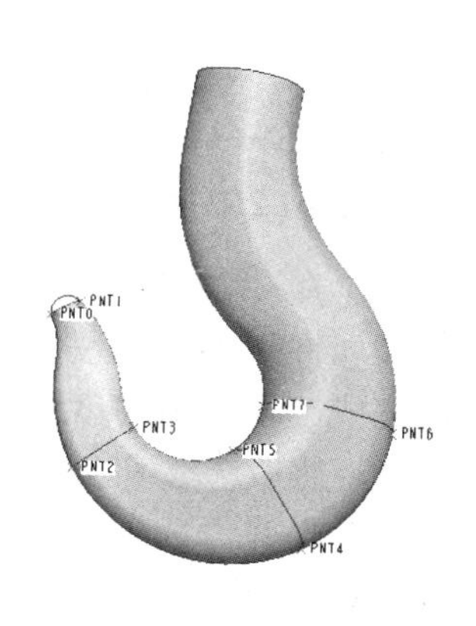

图 24-18　生成的吊钩曲面

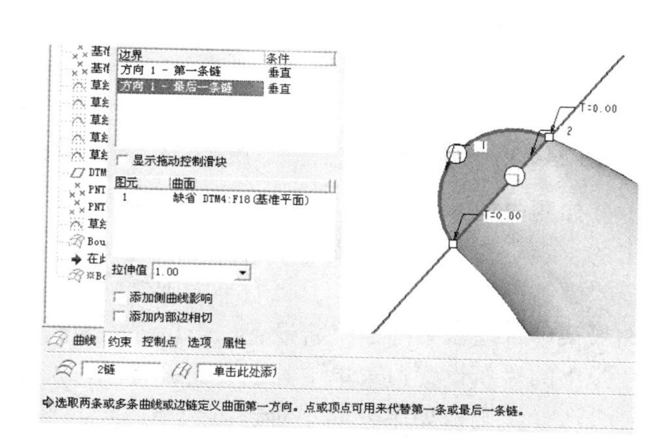

图 24-19　边界混合曲面

图 24-20 所示是打钩完成后生成的曲面。如图 24-21 所示，选择两个曲面进行合并的操作。

如图 24-22 所示，选择刚合并的曲面，然后打开“镜像”工具，以 F 平面为镜像平面进行镜像，生成另一侧的曲面，并对两侧的曲面再次进行合并。

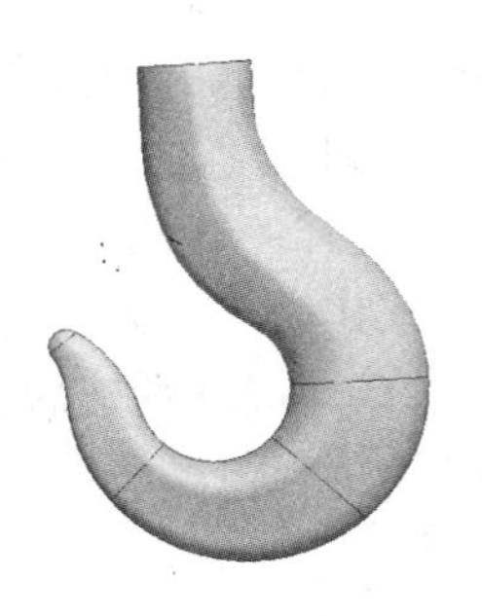

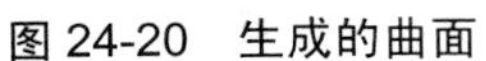

图 24-20　生成的曲面

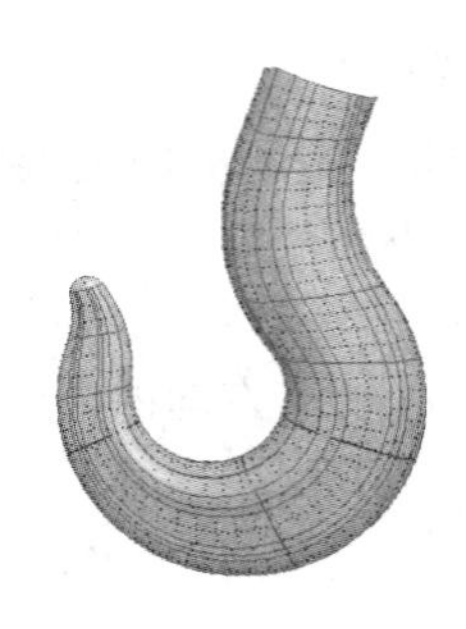

图 24-21　合并曲面

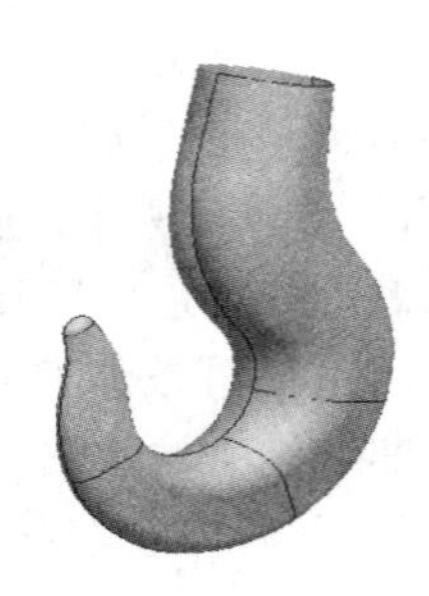

图 24-22　生成另一侧曲面并合并

如图 24-23 所示，在右工具箱中单击“拉伸”按钮或选择“插入”→“拉伸”→“伸出项”命令，打开其操作面板，以 DTM3 为草绘平面，其余按系统默认方式进入草绘界面，运用“实体边创建图元”工具点选出吊钩上部的圆，完成后打钩退出草绘界面，选择“单侧”拉伸，深度为 10，打钩完成。

如图 24-24 所示，同样的方式再次创建拉伸特征，以刚拉伸的上表面作为草绘平面，其余按系统默认方式进入草绘界面，运用“实体边创建图元并偏移”工具点选出吊钩上部的圆，偏移 3，完成后打钩退出草绘界面，选择“单侧”拉伸，深度为 25，打钩完成。

图 24-25 所示是两次拉伸完成后的特征。

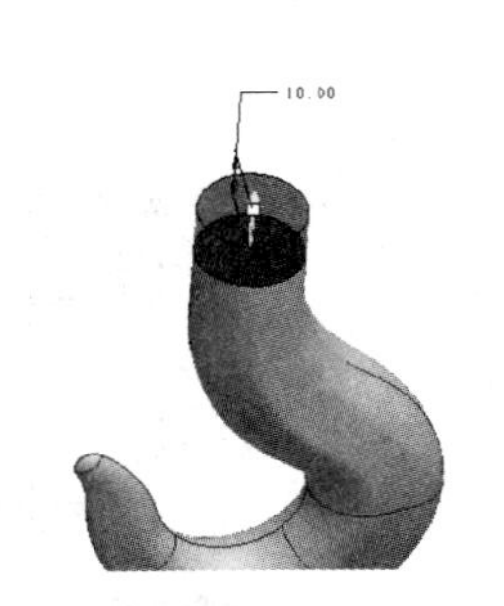

图 24-23　创建拉伸特征

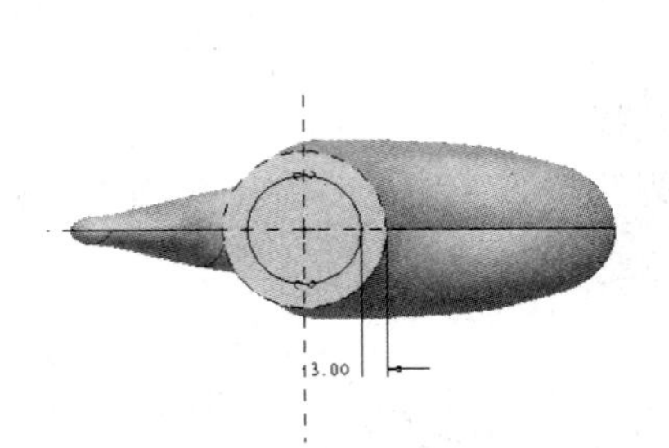

图 24-24　再次创建拉伸特征

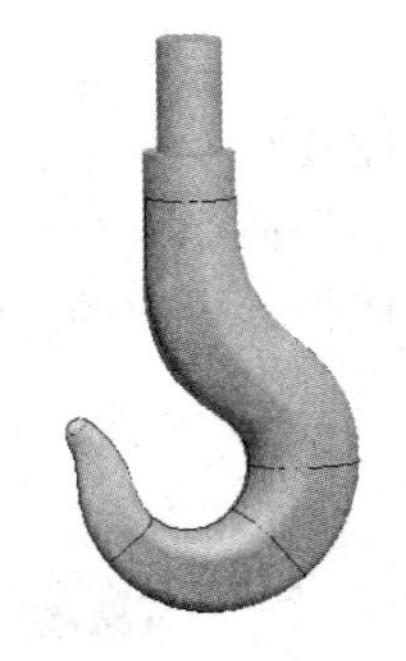

图 24-25　两次拉伸后的特征

如图 24-26 所示，选择“插入”→“螺旋扫描”→“切口”命令，弹出其菜单。在弹出的“螺旋扫描”定义菜单中选择“属性”选项，在弹出的“属性”菜单管理器中相应选择“常数”、“穿过轴”、“右手定则”等绘制形式，然后完成。在弹出的“设置草绘平面”菜单管理器中确定“新设置”，设置平面选择为“平面”，然后选取 F 为草绘平面，在弹出的“新设置”菜单中确定“新设置”，选择方向为“正向”或“反向”，看看方向是否选择正确，如果方向不对，再选择“反向”，然后“正向(即确定)”退出。在“设置草绘平面”菜单管理器中选择“草绘视图”命令，一般情况设置选择为“缺省”，进入草绘界面，首先绘制螺旋旋转中心轴，然后绘制螺纹扫引轨迹的图形，并标注尺寸，并观察或调整起始点的位置，完成后打钩退出草绘界面。

如图 24-27 所示，接着输入螺纹的节距值为 2，打钩完成。进入螺纹扫描截面的草绘界面，绘制螺纹的截面，边长为 1.8 的等边三角形，完成后打钩退出草绘界面。再次回到“切口螺旋扫描”对话框中，再检查各项设置是否正确，完成后单击“确定”按钮。

图 24-28 所示是生成的螺旋扫描切口的特征——吊钩上部螺纹。

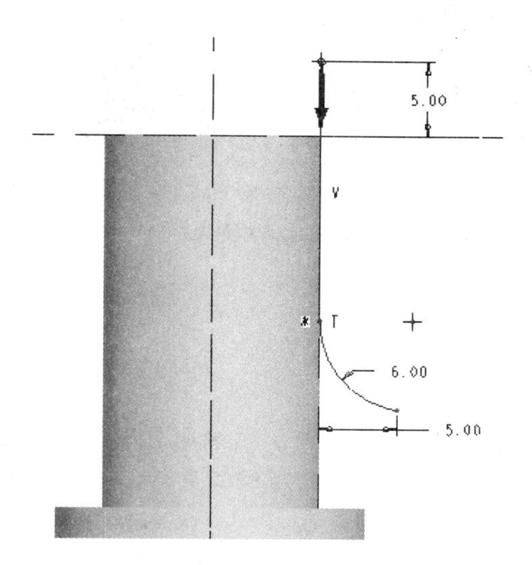

图 24-26　绘制螺旋旋转中心轴和螺纹扫描轨迹

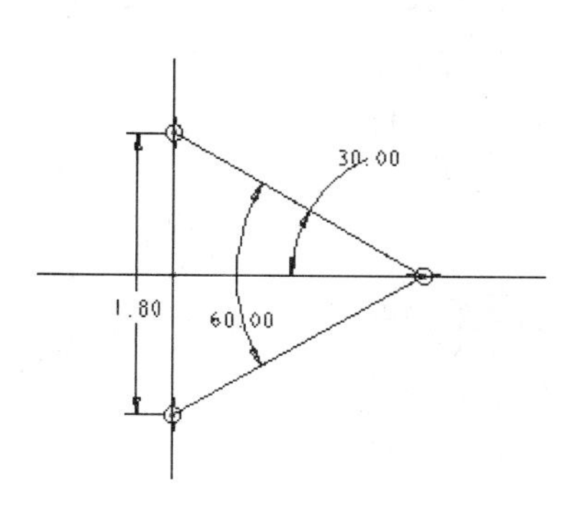

图 24-27　绘制螺纹截面

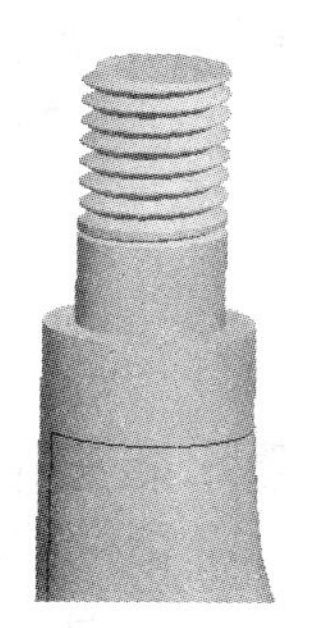

图 24-28

如图 24-29 所示，选择前面合并的曲面，然后选择“编辑”→“实体化”，打钩完成后曲面生成了实体。图 24-30 所示是最终完成的吊钩模型。

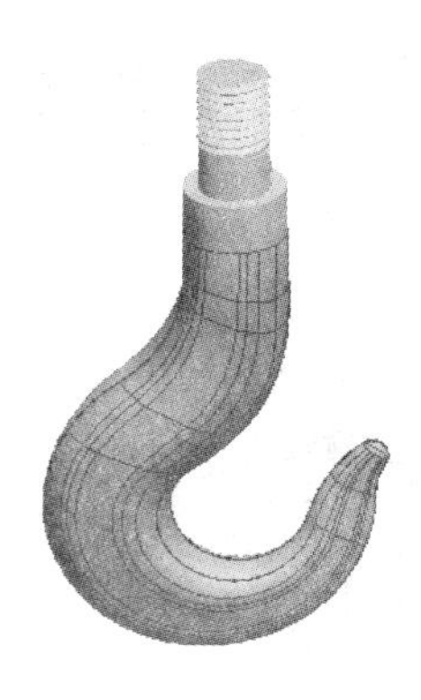

图 24-29　曲面生成的实体

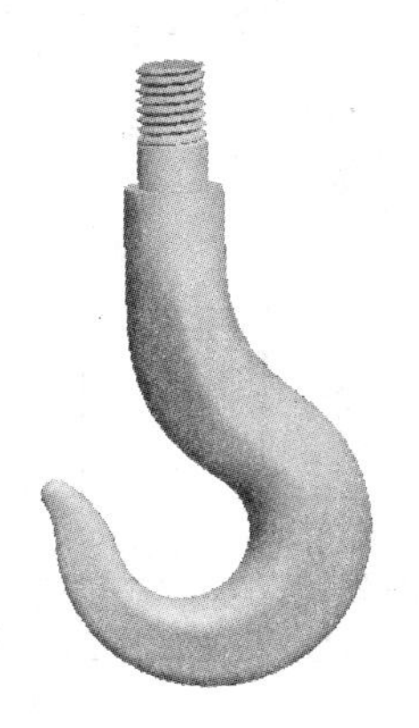

图 24-30　最终完成的吊钩模型

项目 25　墨水瓶的设计

知识目标

了解三维绘图环境及其设置，掌握常用三维工具的用法，熟悉绘制二维图形的一般流程和技巧，掌握简单的曲面创建工具，如扫描和混合曲面以及曲面替换等操作方法与技巧，掌握特征拔模及螺纹操作方法与技巧等。

图 25-1　英雄牌墨水瓶三维模型

技能目标

熟练地运用 Pro/E 设计软件，熟练地应用曲面创建工具，拔模工具，倒圆角工具，切螺纹工具等，快速准确地设计英雄牌墨水瓶模型。

项目任务

运用 Pro/E 设计软件，完成如图 25-1 所示的英雄牌墨水瓶三维模型的设计。

操作指引

设计墨水瓶三维模型

步骤一：选择“文件”→“新建”命令，弹出“新建”对话框，在“类型”选项组中选中“零件”单选按钮并输入文件名“yingxiongpaimoshuiping”，然后单击“确定”按钮进入三维实体建模模式。

步骤二：创建英雄牌墨水瓶的主体。

如图 25-2 所示，创建拉伸特征，以 T 为草绘平面，草绘拉伸图形，完成后打钩退出草绘界面。

如图 25-3 所示，设置为“双侧”拉伸，深度为 36，打钩完成后生成拉伸特征。

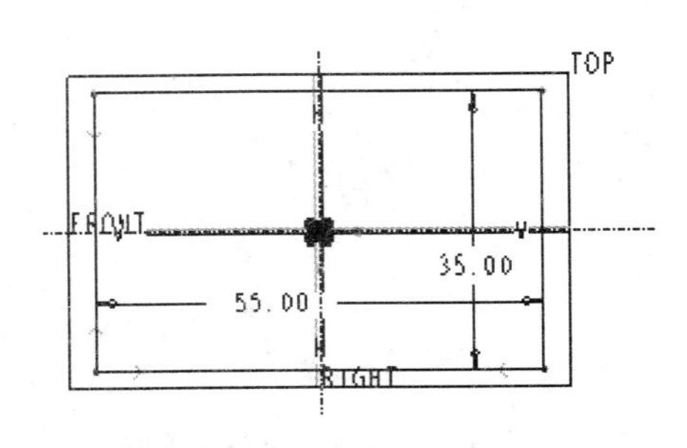

图 25-2　草绘拉伸图形

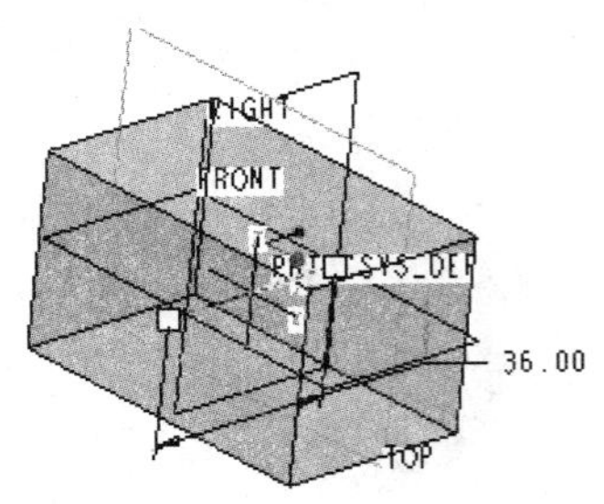

图 25-3　生成的拉伸特征

步骤三：对拉伸特征进行拔模处理。

如图 25-4 所示，在右工具箱中单击“拔模”按钮或选择“插入”→“拔模”命令，选取四周的面为拔模曲面，选取底面为拔模枢轴进行 8°的拔模。

如图 25-5 所示，预览效果，打钩完成拔模，生成特征。

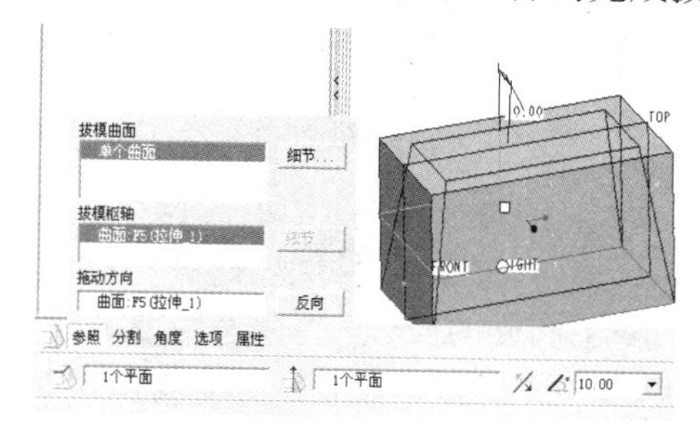

图 25-4　拔摸

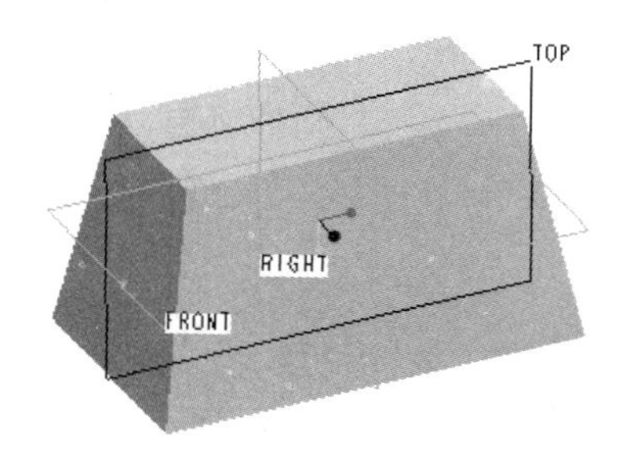

图 25-5　拔措后生成的特征

步骤四：创建曲面。

如图 25-6 所示，草绘模式下，以底面为草绘平面草绘半径为 50 的曲线一。如图 25-7 所示，同样，以上表面为草绘平面草绘半径为 30 的曲线二。

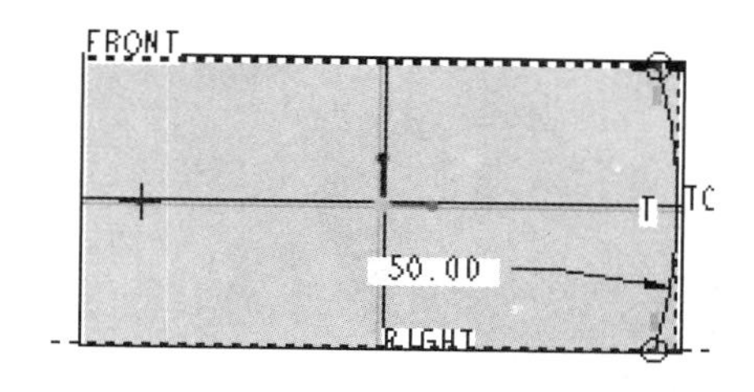

图 25-6　曲线一

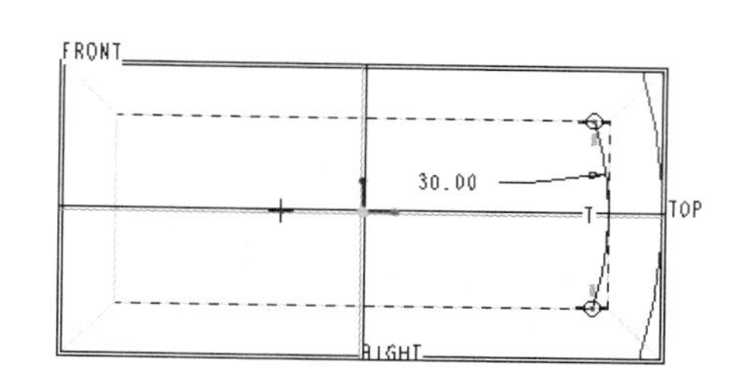

图 25-7　曲线二

图 25-8 所示是草绘的两条曲线。

如图 25-9 所示，在右工具箱中单击“边界混合”按钮或选择“插入”→“边界混合”命令，打开其操作面板，在第一方向上选取两条曲线。

图 25-10 所示是打钩完成后生成的曲面。

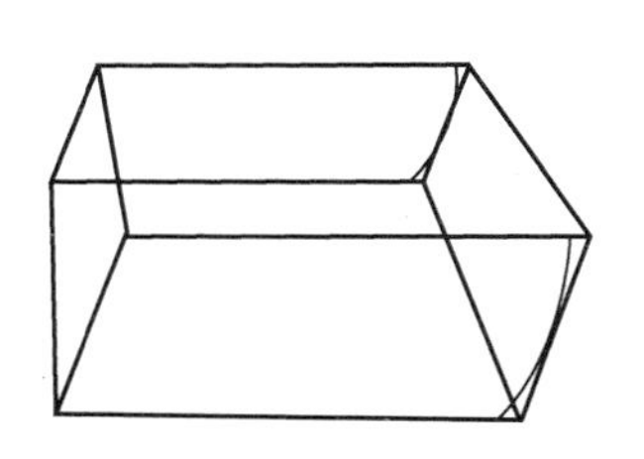

图 25-8　草绘的两条曲线

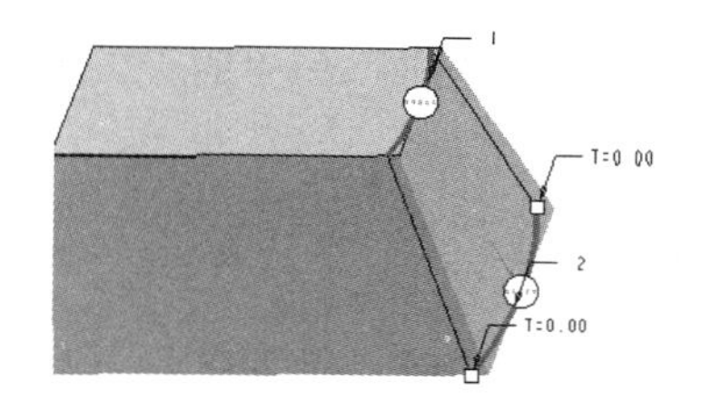

图 25-9　选取两条曲线

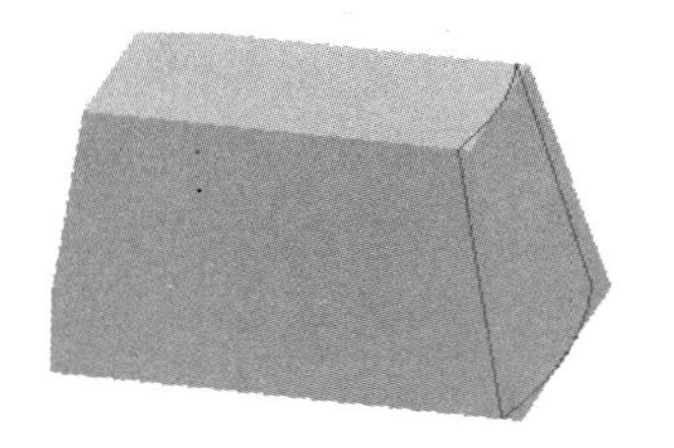

图 25-10　完成后生成的曲面

步骤五：替换曲面。

如图 25-11 所示，首先选中要被替换的面。然后选择“编辑”→“偏移”命令，打开其操作面板，选择替换特征，即选取刚创建的曲面，如图 25-12 所示。图 25-13 所示是打钩完成后生成的曲面特征。

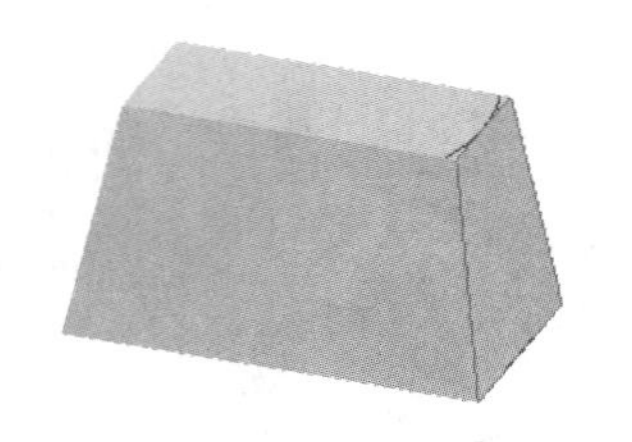
图 25-11 选中要替换的曲面

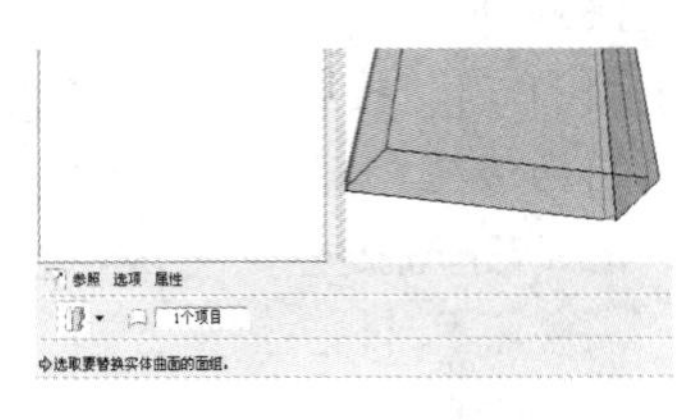
图 25-12 选择替换特征

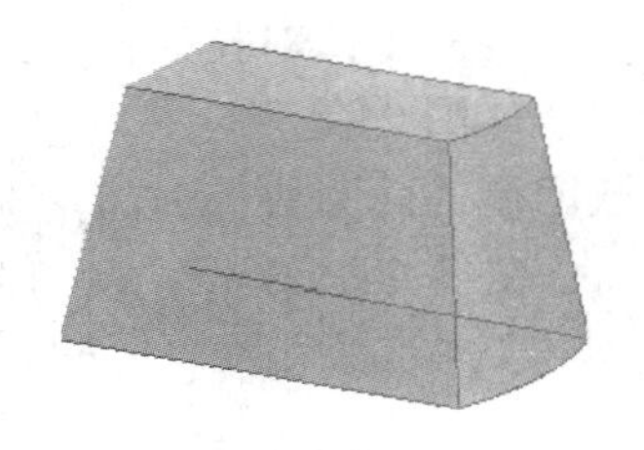
图 25-13 生成的曲面特征

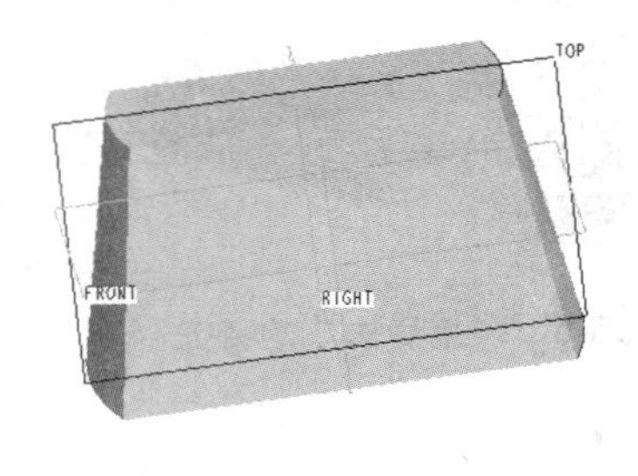

图 25-14 生成另一侧的曲面特征

步骤六：另一侧的替换曲面。

如图 25-14 所示，选中以边界混合创建的曲面，以 R 为镜像，镜像曲面。同样的操作，首先选中要被替换的面，然后选择“编辑”→“偏移”命令，打开其操作面板，选择“替换”工具，即选取刚创建的曲面，打钩完成后生成另一侧的曲面特征。

步骤七：创建曲面。

如图 25-15 所示，草绘模式下，以 R 为草绘平面草绘半径为 60 的圆弧曲线一。

如图 25-16 所示，以 T 平面平移 18 创建基准平面 DTM1。

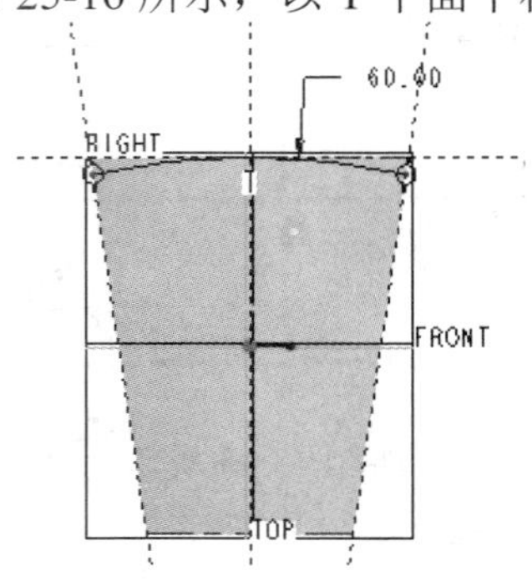

图 25-15 草绘圆弧曲线一

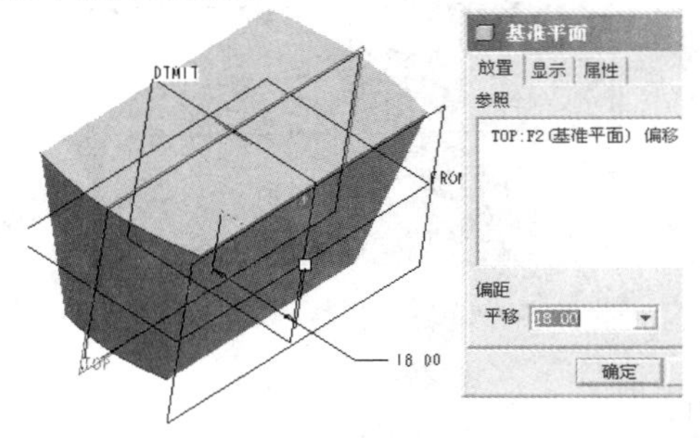

图 25-16 创建基准平面 DTM1

如图 25-17 所示，在草绘模式下，以 DTM1 为草绘平面草绘半径为 150、长度为 57(只要比 55 长就可以)的圆弧曲线二。

如图 25-18 所示，选择“插入”→“扫描”→“曲面”命令，打开其操作面板，图 25-19 所示是选取曲线一为扫描轨迹。

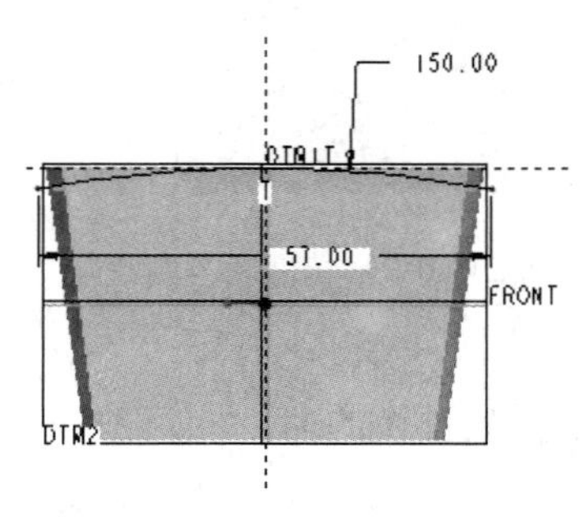

图 25-17 草绘圆弧曲线二

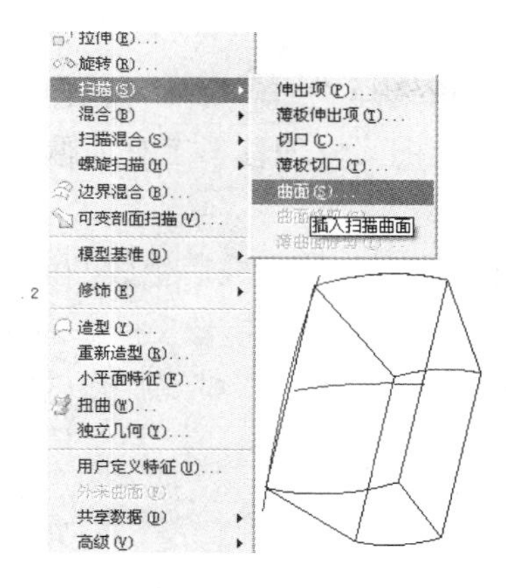

图 25-18　选择“曲面”命令

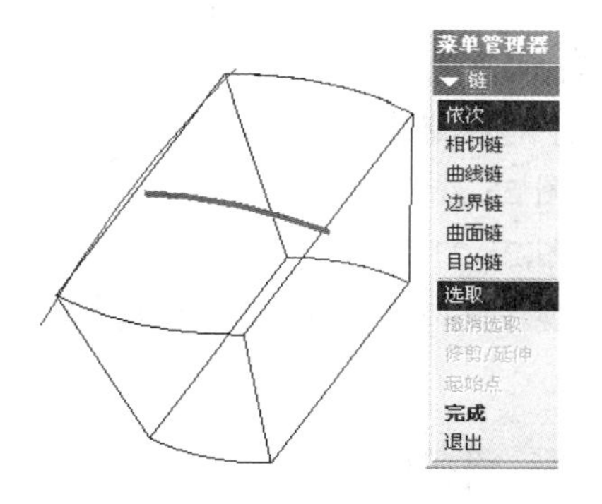

图 25-19　选取曲线一为扫描轨迹

如图 25-20 所示，进入草绘截面，通过运用“实体边创建图元”工具点选曲线二作用扫描截面。图 25-21 所示是打钩完成后生成的扫描曲面。

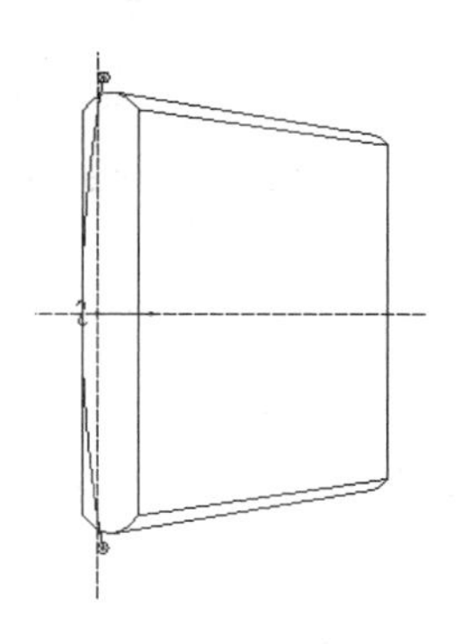

图 25-20　作用扫描截面

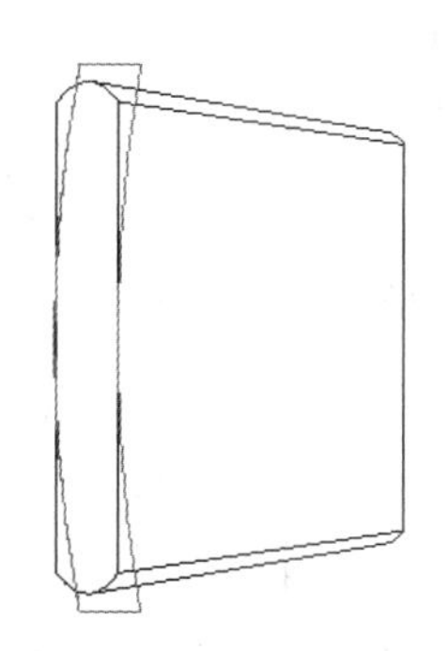

图 25-21　生成的扫描曲面

步骤八：替换曲面。

如图 25-22 所示，首先选中要被替换的上表面，然后选择“编辑”→“偏移”命令，打开其操作面板，选择“替换”工具，即选取刚创建的曲面，打钩完成后生成曲面特征，如图 25-23 所示。图 25-24 所示是生成的上表面特征。

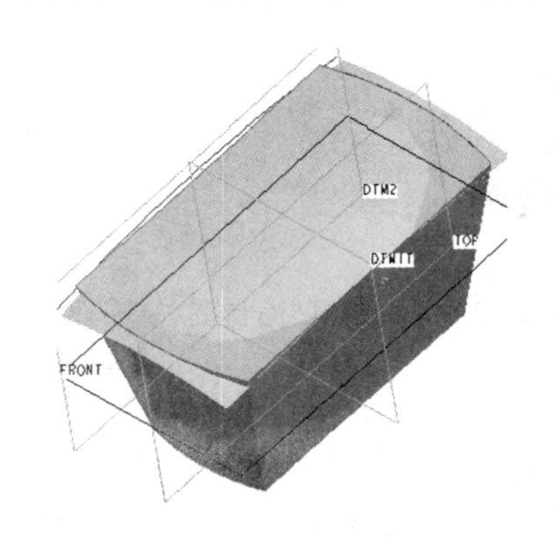

图 25-22　替换曲面

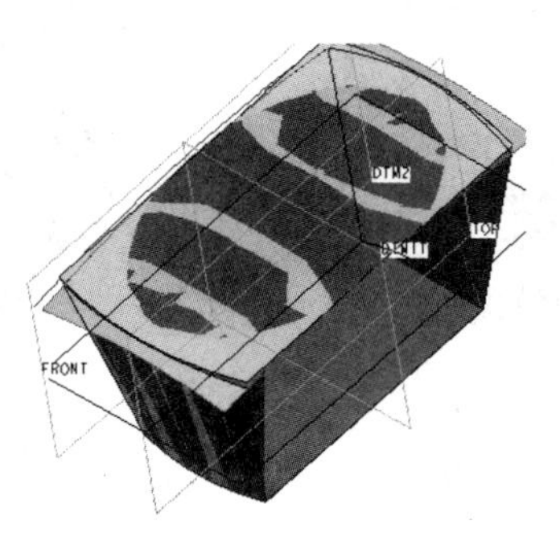

图 25-23　生成的曲面特征

图 25-24　生成的上表面特征

步骤九：创建英雄牌墨水瓶两侧的凹面。

如图 25-25 所示，在右工具箱中单击“拉伸”按钮或选择“插入”→“拉伸”命令，打开其操作面板，以侧面为草绘平面，利用“实体边创建图元并偏移”工具，偏移的距离为 5，打钩完成草绘并退出草绘界面。

如图 25-26 所示，设置拉伸深度为 3，选择“减材料”，打钩完成后生成凹面特征。

如图 25-27 所示，选取该凹面特征以激活“镜像”工具，打开“镜像”操作面板，以 F 平面为镜像面，生成另一侧的凹面特征。

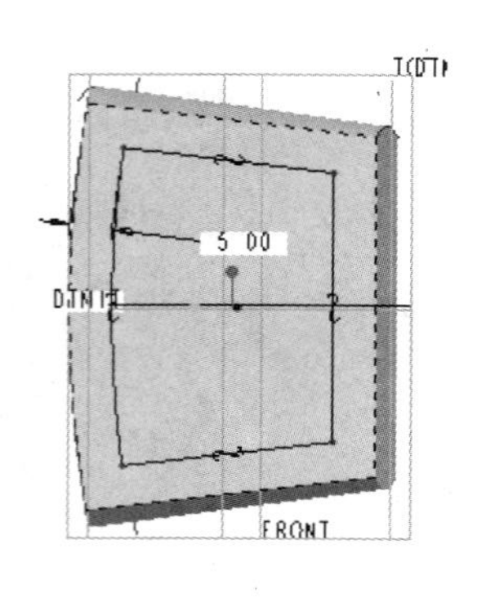

图 25-25 以侧面为草绘平面

图 25-26 生成的凹面特征

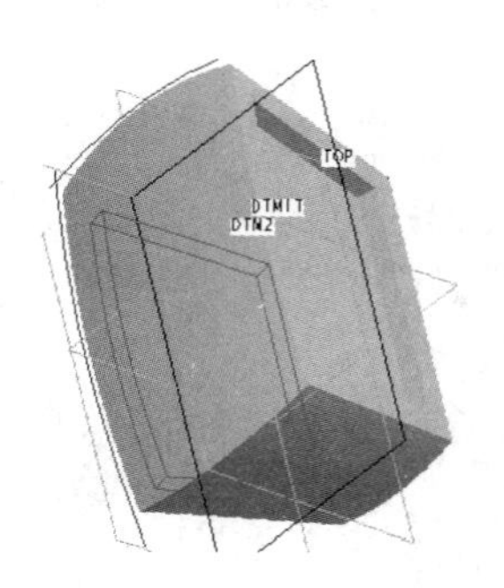

图 25-27 生成另一侧的凹面特征

步骤十：创建英雄牌墨水瓶底面的凹面。

如图 25-28 所示，在右工具箱中单击“拉伸”按钮或选择“插入”→“拉伸”命令，打开其操作面板，以底面为草绘平面，利用“实体边创建图元并偏移”工具，偏移的距离为 4，打钩完成草绘并退出草绘界面。

如图 25-29 所示，设置拉伸深度为 3，选择“减材料”，打钩完成后生成凹面特征。

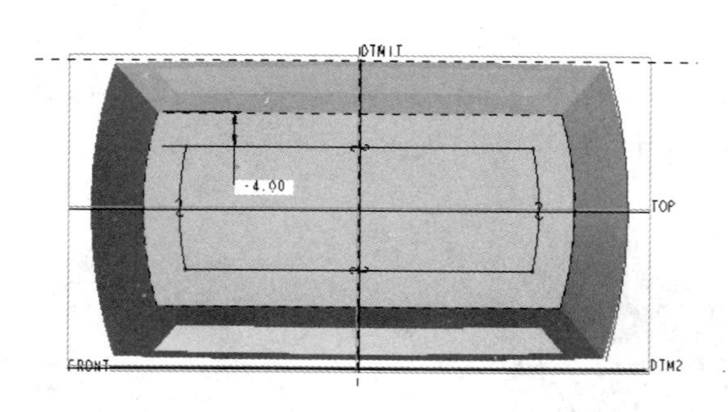

图 25-28 以府面为草绘平面

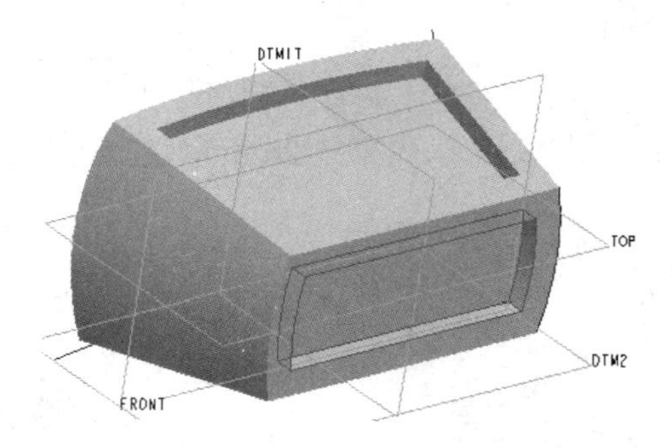

图 25-29 生成的凹面特征

步骤十一：倒圆角。

如图 25-30 所示，打开“倒圆角”工具，选取刚创建的 3 个拉伸特征的 4 周边，进行半径为 2 的倒圆角。同样的方法，选取周边倒半径为 2 的圆角，如图 25-31 所示。如图 25-32 所示，同样的方法，选取墨水瓶的 4 周边倒半径为 1.5 的圆角。

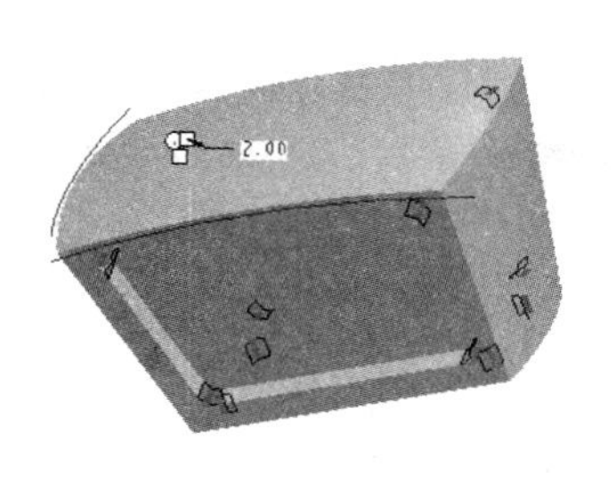

图 25-30　倒半径为 2 的圆角

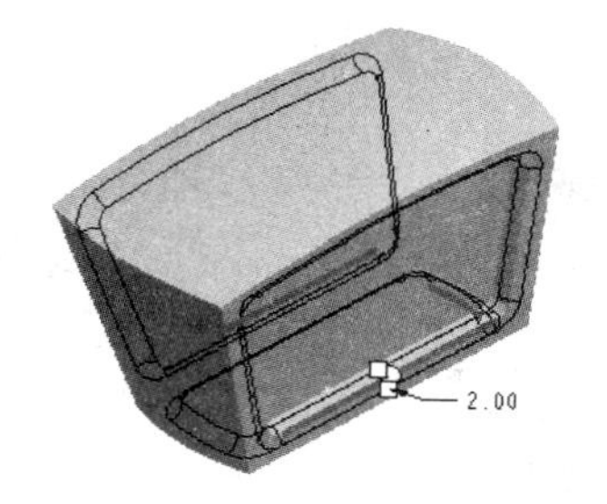

图 25-31　倒半径为 2 的圆角

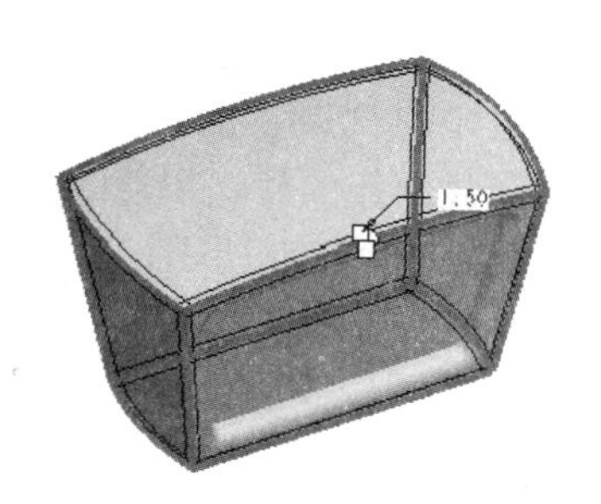

图 25-32　倒半径为 1.5 的圆角

步骤十二：创建瓶嘴的拉伸特征。

如图 25-33 所示，首先创建基准平面，以 F 为平面平移 35 创建基准平面 DTM2。

如图 25-34 所示，在右工具箱中单击"拉伸"按钮或选择"插入"→"拉伸"选项，打开其操作面板，以 DTM2 为草绘平面，草绘直径为 24 的圆，完成后打钩退出草绘界面。如图 25-35 所示，设置"拉伸到下一平面"，打钩完成后生成拉伸特征。

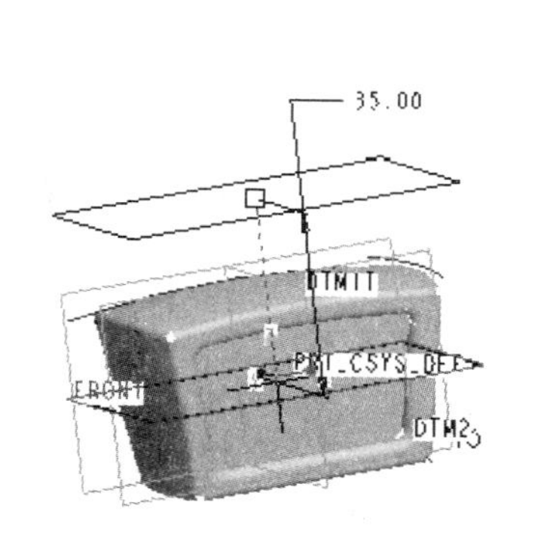

图 25-33　创建基准平面 DTM2

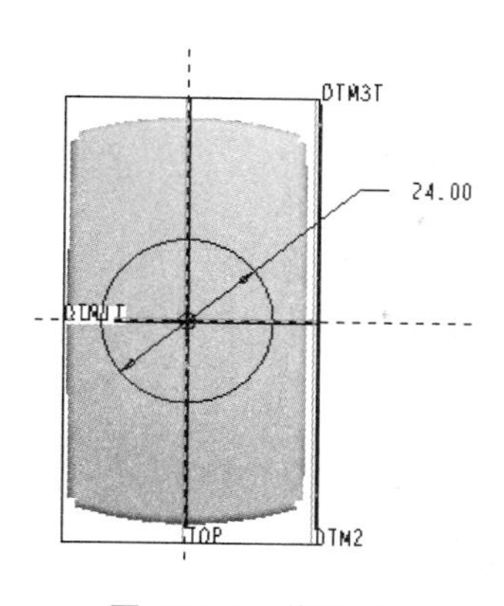

图 25-34　草绘图

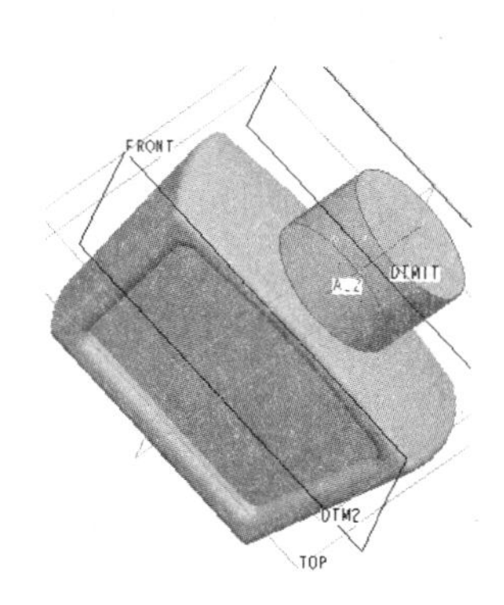

图 25-35　生成的拉伸特征

步骤十三：抽壳处理。

如图 25-36 所示，在右工具箱中单击"抽壳"按钮或选择"插入"→"抽壳"命令，打开其操作面板，对整个墨水瓶进行抽壳处理，选取上表面为去除面，进行厚度为 1.5 的抽壳操作后，打钩完成。图 25-37 所示是抽壳后的效果。

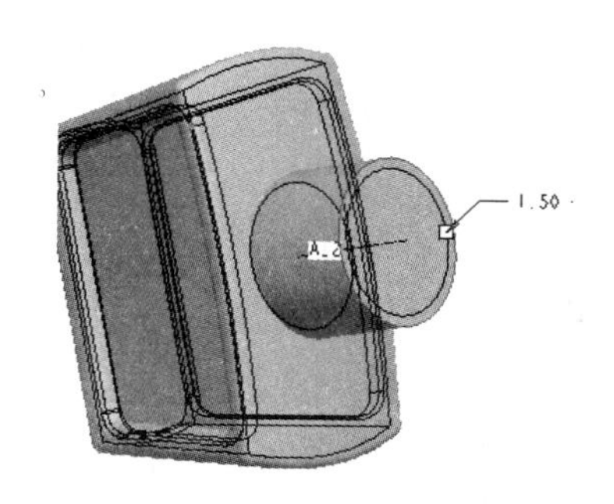

图 25-36　抽壳处理

图 25-37　抽壳后的效果

步骤十四：创建旋转特征。

如图 25-38 所示，在右工具箱中单击“旋转”按钮或选择“插入”→“旋转”命令，打开其操作面板，以 T 为草绘平面，草绘旋转图形及旋转轴，完成后打钩退出草绘界面。

如图 25-39 所示，设置旋转角度为 360°，打钩完成后生成旋转特征。

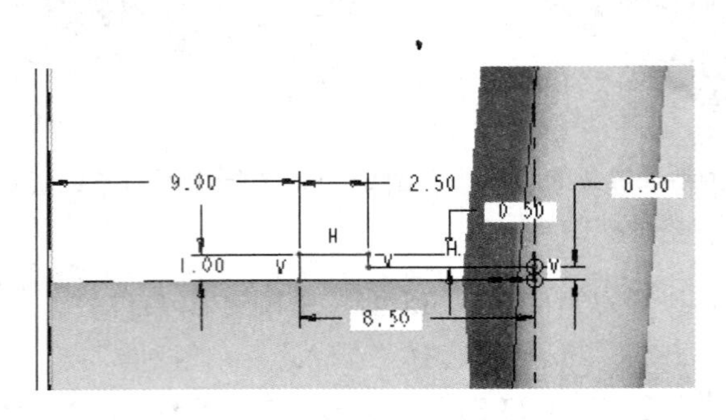

图 25-38 草绘旋转图形及旋转轴

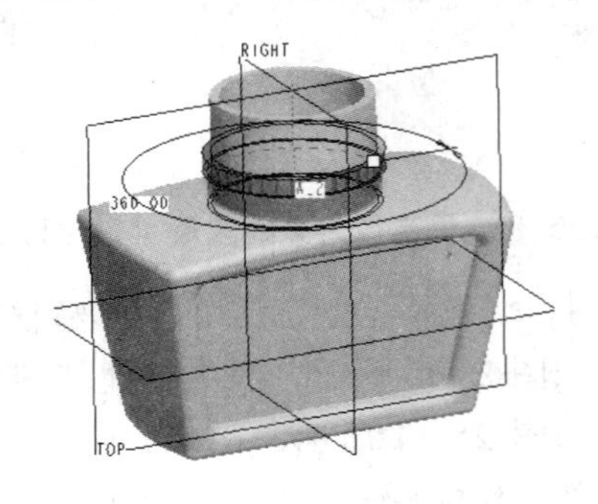

图 25-39 生成的旋转特征

步骤十五：创建螺旋扫描特征。

如图 25-40 所示，选择“插入”→“螺旋扫描”选项，弹出其对话框，弹出“属性”菜单管理器，选择“常数”、“穿过轴”、“右手定则”命令，完成，选取 T 为草绘平面，接受系统默认的参照进入草绘轨迹的界面。

如图 25-41 所示，草绘扫描轨迹及旋转轴，打钩完成后又进入草绘截面的界面，完成后打钩退出草绘界面，在“螺旋扫描”对话框中单击“确定”按钮。图 25-42 所示是完成螺纹扫描后生成的特征。

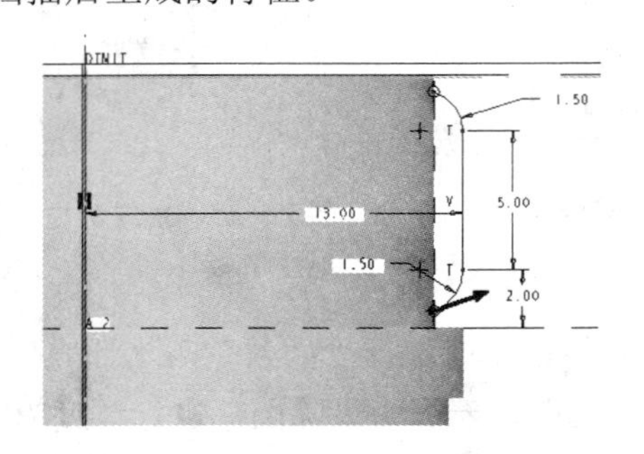

图 25-40 草绘轨迹的界面

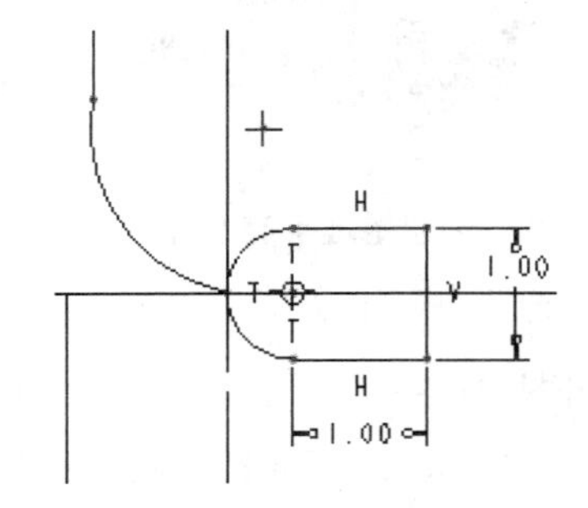

图 25-41 草绘扫描轨迹及旋转轴

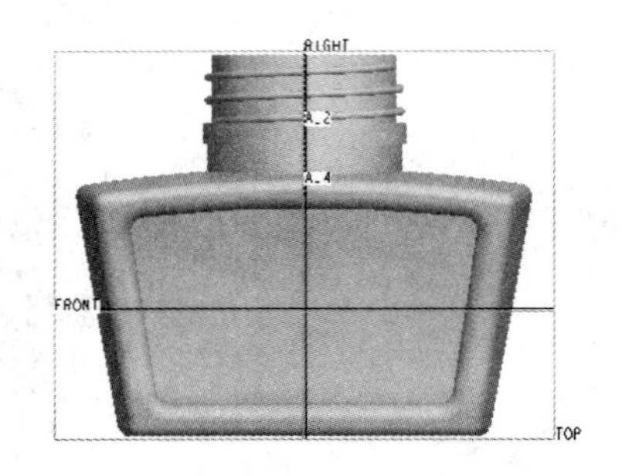

图 25-42 完成螺纹扫描后的特征

步骤十六：倒圆角。

如图 25-43、图 25-44 所示，进行半径为 0.5 的倒圆角绘制，倒圆角后生成实体。

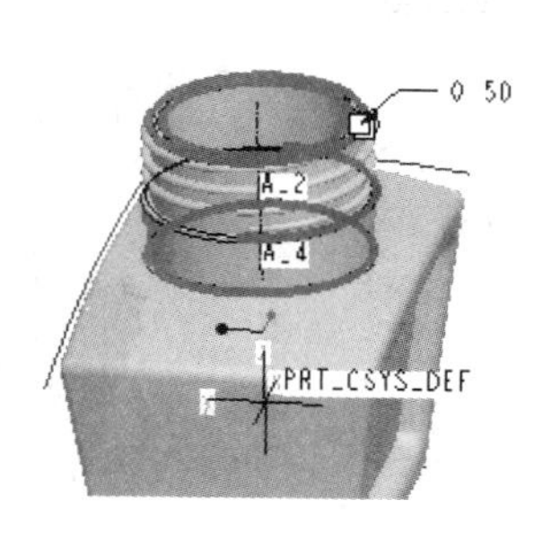

图 25-43　倒圆角

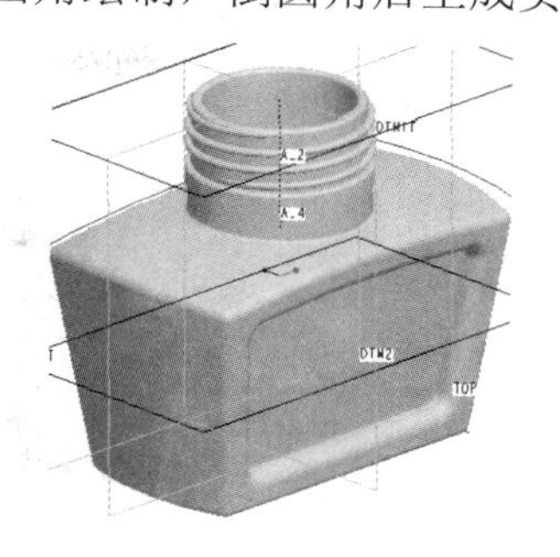

图 25-44　生成的实体

步骤十七：创建英雄牌墨水瓶一面的文字。

如图 25-45 所示，在草绘模式下，以前面为草绘平面草绘“英雄”两个文字，注意调节文字的上、下、左、右位置，打钩完成。

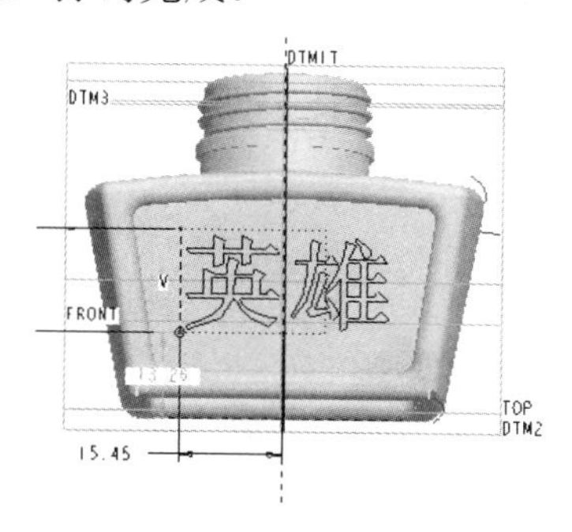

图 25-45　草绘“英雄”两个文字

特别提示

文字的格式选择要避免文字交叉，否则后面的操作不能进行。

如图 25-46 所示草绘“英雄”两个文字。如图 25-47 所示，先选取前面为参照，选择“编辑”→“偏移”命令，打开其操作面板，选择偏移的方式为“展开特征”。

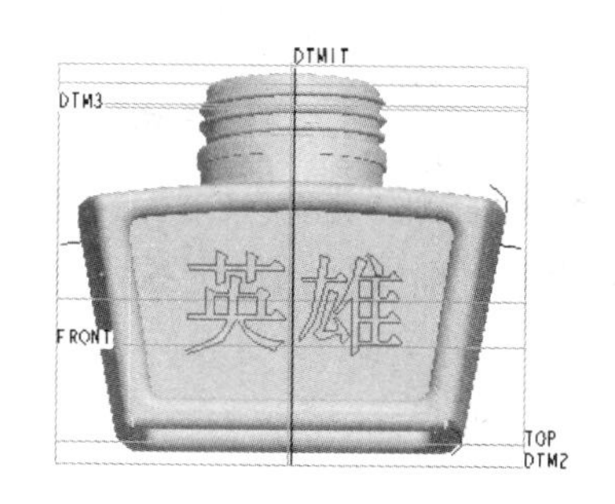

图 25-46　草绘的文字

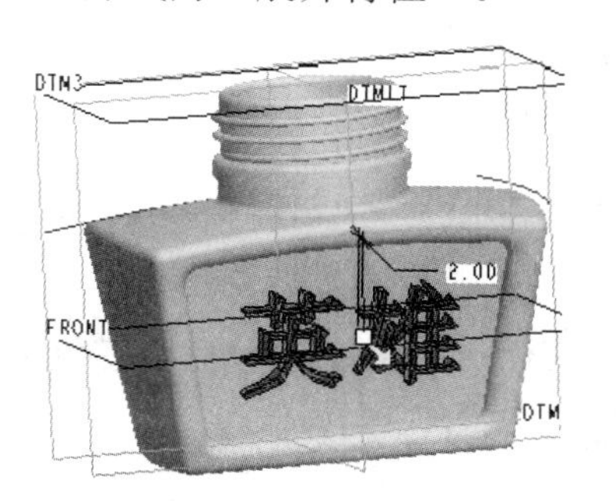

图 25-47　选择偏移方式

如图 25-48 所示，此时曲线隐藏在模型里面。在“选项”上滑面板中设置展开区域为“草绘区域”，单击“编辑”按钮，弹出“草绘”对话框，选取墨水瓶前面为草绘平面，进入草绘界面，如图 25-49 所示。

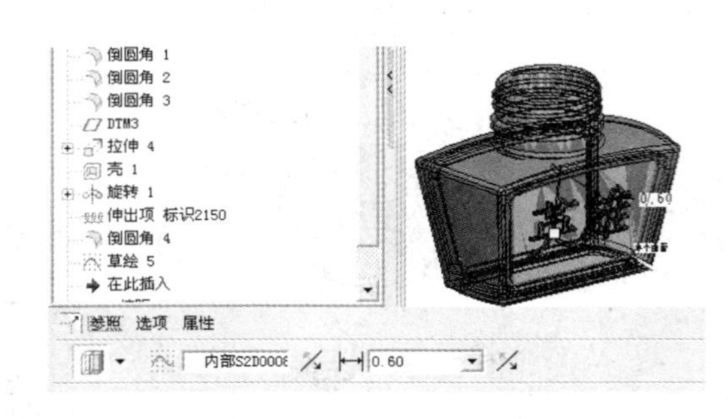

图 25-48 “选项”上滑面板

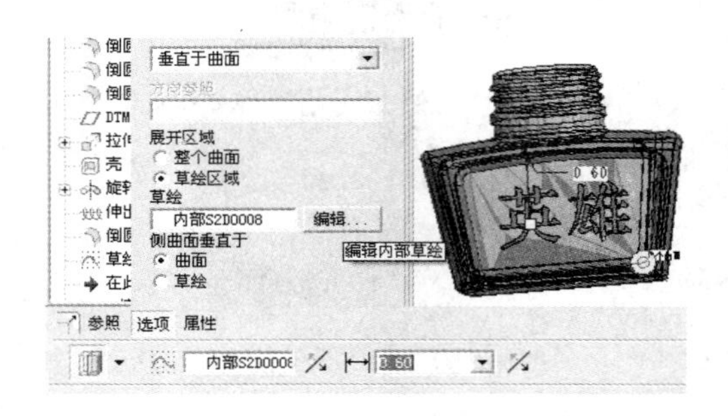

图 25-49 草绘界面一

如图 25-50 所示，利用“实体边创建图元”工具，选择方式为“环”，然后点选取两个文字，完成后打钩退出草绘界面。如图 25-51 所示，打钩完成特征的偏移操作，生成文字特征。图 25-52 所示是最终的墨水瓶设计效果。

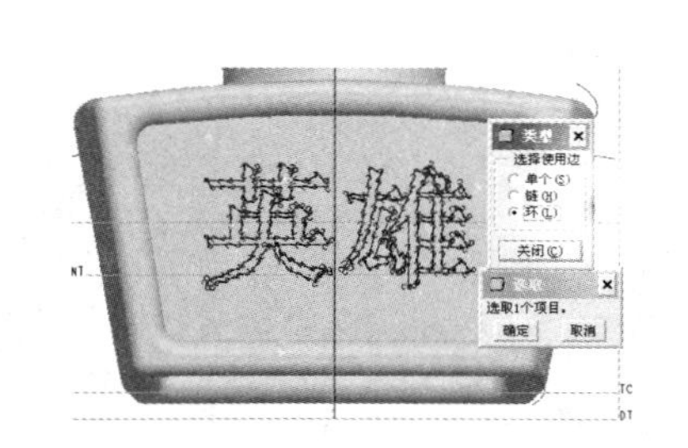

图 25-50 草绘界面二

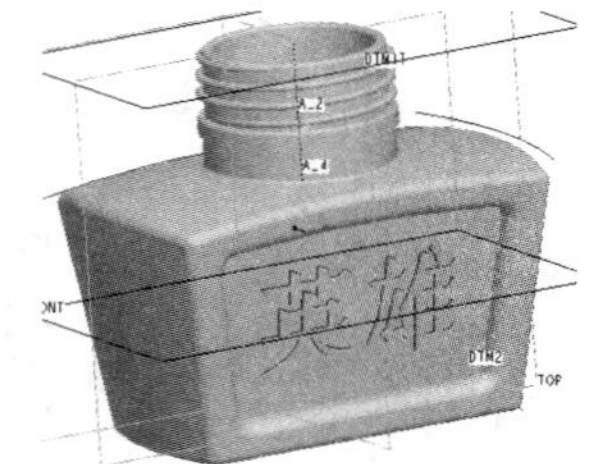

图 25-51 生成文字特征

图 25-52 最终的墨水瓶设计效果

特别提示

文字除了利用选择“编辑”→“偏移”命令，选择方式为“展开特征”来创建外，还可以利用拉伸命令来创建，但这只能在平面上创建，不能在圆柱面上创建。

拓展训练

1. 运用 Pro/E 设计软件，完成如图 25-53 所示的茶杯模型的设计。CUP 的设计：尺寸自定，利用拉伸或旋转创建杯体，上下分别拔模后倒圆角，抽壳、扫描、分别倒圆角后，创建投影字体，再扫描成有凸感效果的文字。

2. 运用 Pro/E 设计软件，完成如图 25-54 碗模型的设计。BOWL：尺寸自定，利用旋转创建碗体，利用拉伸或旋转创建碗托，碗托内部拔模 10°后倒圆角，创建投影图案，再扫描成有凸感效果的图案，阵列 8 个。

图 25-53　茶杯模型

图 25-54　碗模型

项目 26　吊钟的设计

知识目标

了解三维绘图环境及其设置，掌握常用三维工具的用法，熟悉绘制二维图形的一般流程和技巧，在设计此模型时还需要掌握的主要内容有：使用薄板旋转的方法创建中空的基础模型；创建基准曲线，选其作为参照在钟体表面创建规则的纹路；将基准平面投影到基础模型表面；复制基础模型表面获得曲面；使用投影后的曲线将曲面分为两个部分；使用下部曲面作为参照将其加厚为实体特征；创建基准曲线，使之作为参照创建减材料的拉伸实体特征，并阵列特征；使用扫描工具在模型顶部创建凸起的扫描特征；最后也是运用拉伸工具创建顶部的吊环孔，再运用扫描工具创建吊环。

技能目标

熟练地运用 Pro/E 设计软件，熟练地应用基准曲线创建工具，复制、加厚、倒圆角等工具，快速准确地设计吊钟模型。

项目任务

运用 Pro/E 设计软件，完成如图 26-1 所示的吊钟三维模型的设计。

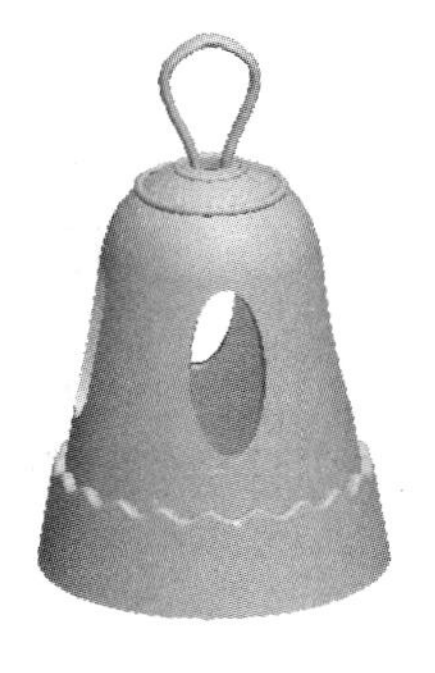

图 26-1　吊钟三维模型

操作指引

设计吊钟的三维模型

步骤一：选择“文件”→“新建”命令，弹出“新建”对话框，在“类型”选项组中选中“零件”单选按钮并输入文件名“diaozhong”，然后单击“确定”按钮进入三维实体建模模式。

步骤二：运用旋转工具创建吊钟的主体。

如图 26-2 所示，在右工具箱中单击“旋转”按钮或选择“插入”→“旋转”命令，打开其操作面板，选择创建“薄板”特征，以 T 为草绘平面，草绘图形及旋转轴，完成后打钩退出草绘界面。

如图 26-3 所示，旋转角度为系统默认的“从草绘平面以指定的角度值旋转”方式，设置旋转角度为 360°，设置薄板的厚度为 10。预览效果后，打钩完成，生成的旋转特征。如图 26-4 所示。

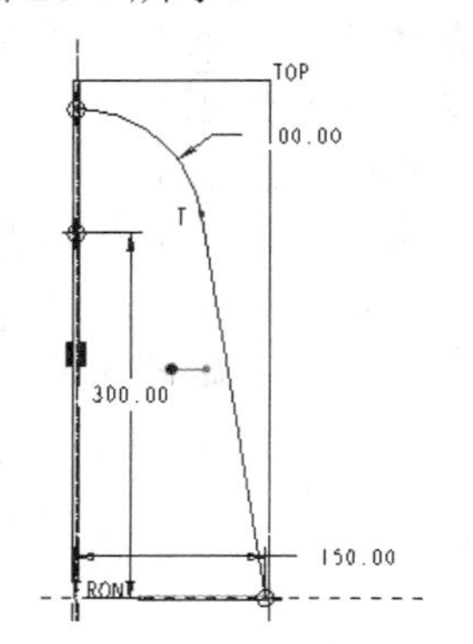

图 26-2 草绘图形及旋转轴

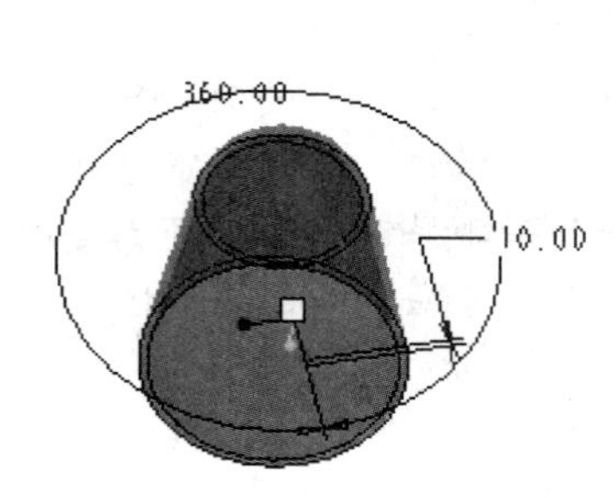

图 26-3 设置旋转方式

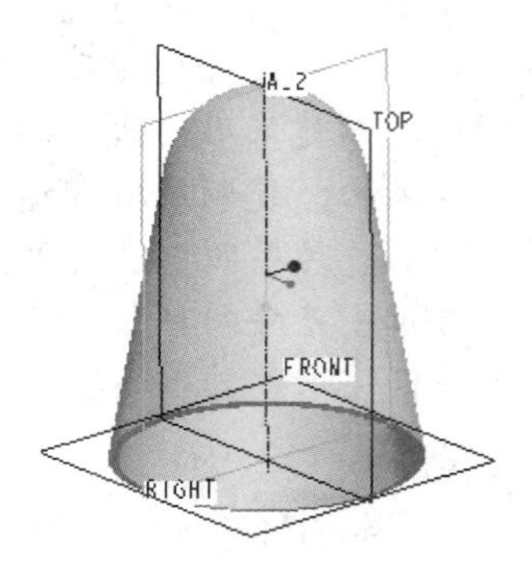

图 26-4 生成的旋转特征

步骤三：创建基准曲线。

如图 26-5 所示，在右工具箱中单击“插入基准曲线”按钮或选择“插入”→“模型基准”→“曲线”命令，弹出其菜单管理器，选择“从方程”、“完成”命令。

如图 26-6 所示，在弹出的“曲线：从方程”对话框中，首先选取坐标系，选取系统本身具有的坐标系，此坐标系中 F 平面为 xy 平面，z 轴垂直于 F 平面。然后在“坐标系类型”中选择“柱坐标”命令，如图 26-7 所示。

图 26-5 “曲线选项”菜单管理器

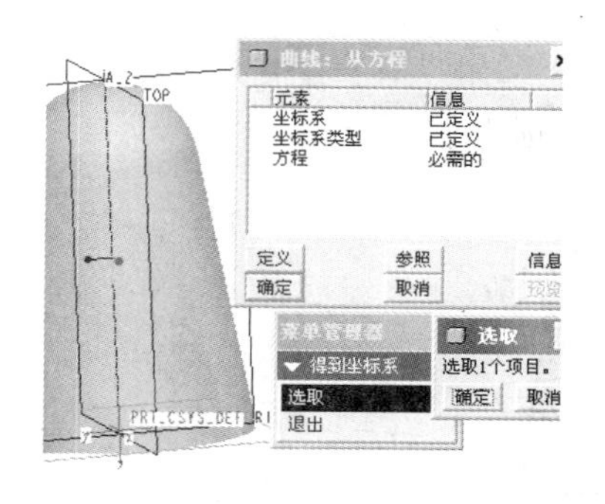

图 26-6　“曲线：从方程”对话框

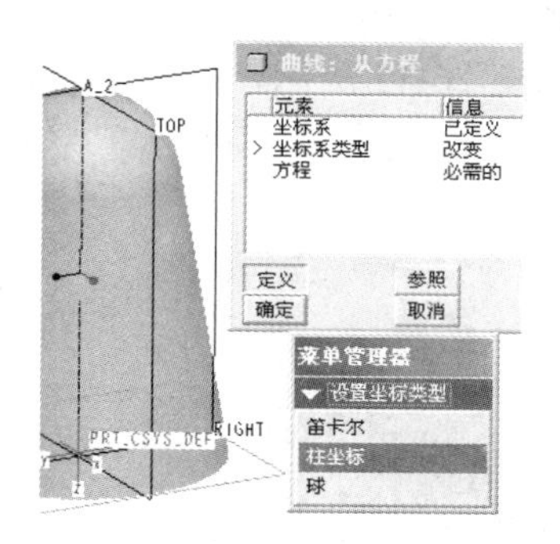

图 26-7　选“柱坐标”

如图 26-8 所示，在弹出的记事本中，输入曲线方程，保存后关闭窗口。图 26-9 所示是完成基准曲线的创建。

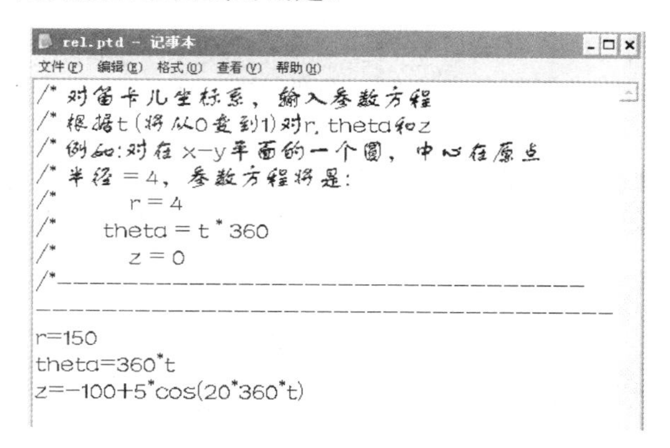

图 26-8　弹出的记事本

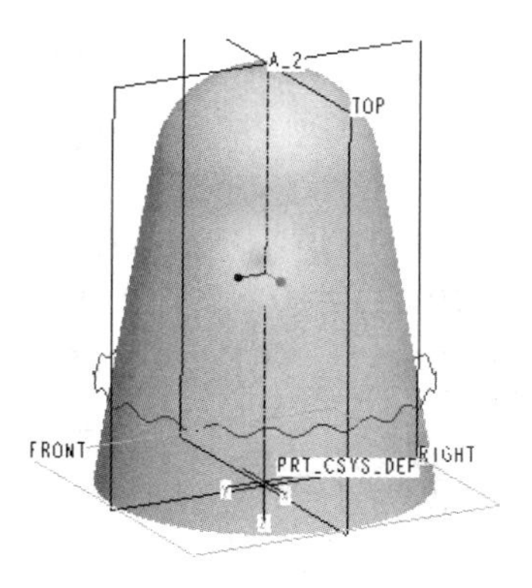

图 26-9　完成基准曲线的创建

步骤四：投影曲线。

如图 26-10 所示，选择“编辑”→“投影”命令，打开其操作面板，单击“参照”按钮。选取刚创建的曲线作为投影链，选取外表面的投影为曲面，方向选择为“垂直于曲面”。图 26-11 所示是打钩完成后曲线在吊钟表面的投影。

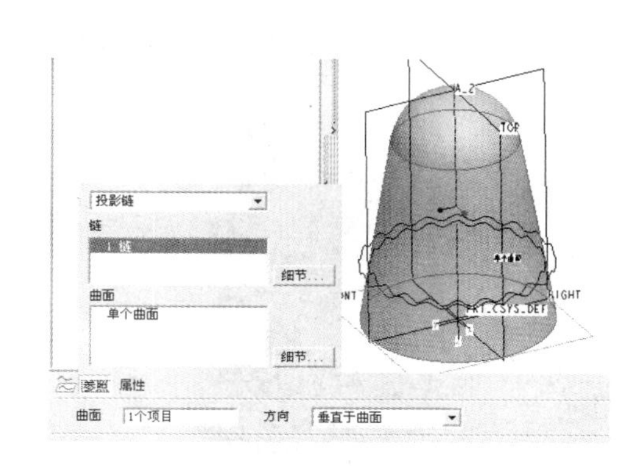

图 26-10　投影曲线

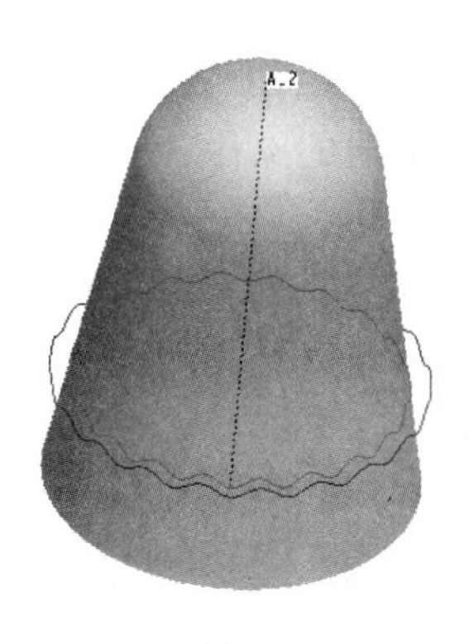

图 26-11　曲线在吊钟表面的投影

步骤五：编辑曲面。

如图 26-12 所示，首先选取外表面。然后选择“编辑”→“复制”命令，然后选择“粘贴”命令，如图 26-13 所示。完成后得到另一曲面如图 26-14 所示。

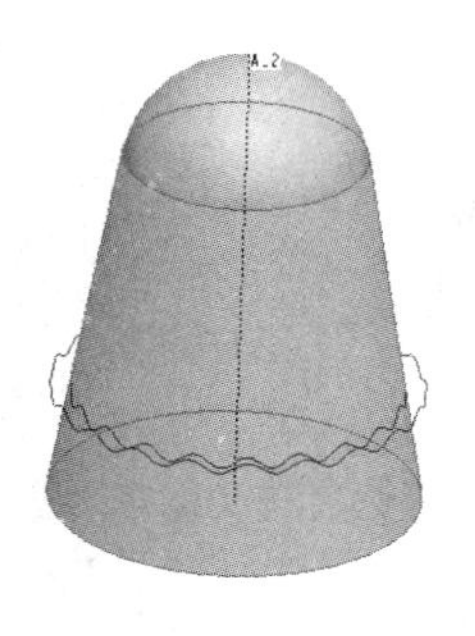

图 26-12　选取外表面

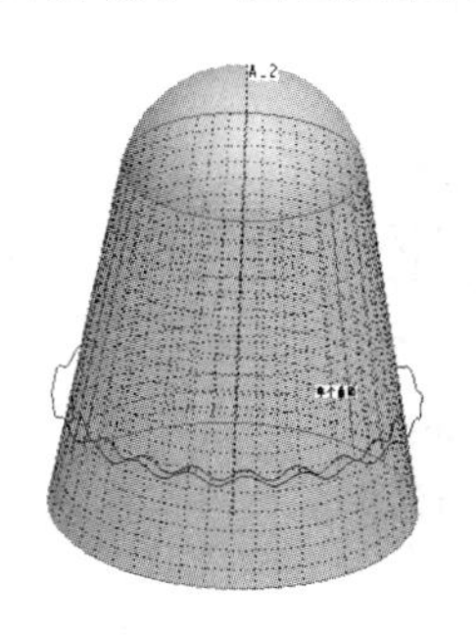

图 26-13　“复制”和“粘贴”

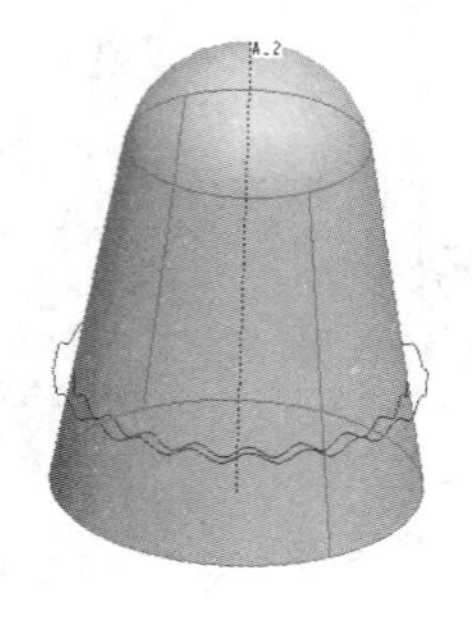

图 26-14　另一曲面

在模型树中选择“复制 1”标志，选择“编辑”→“修剪”命令。选择投影曲线作为修剪参照，调整箭头的方向，黄色箭头指示的是保留的曲面侧，打钩完成曲面的修剪，如图 26-15 所示。

如图 26-16 所示，在模型树中选择“修剪 1”标志，选择“编辑”→“加厚”命令，设置加厚的厚度为 10，加厚的方向朝外。图 26-17 所示是打钩完成后的曲面的加厚。

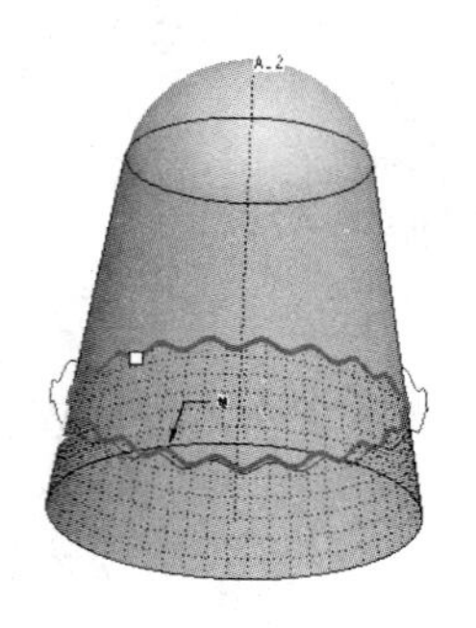

图 26-15　完成曲面的修剪

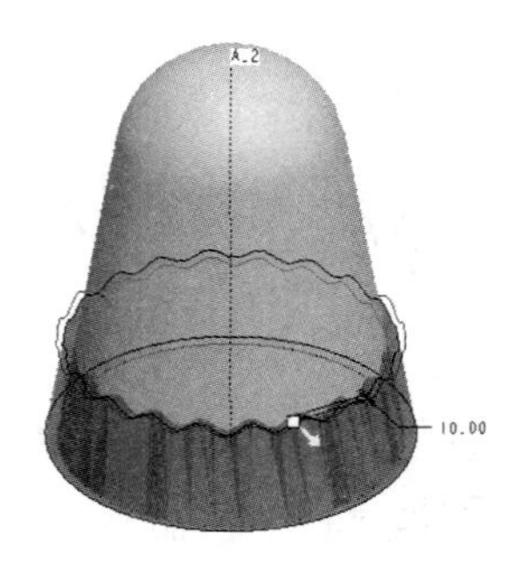

图 26-16　加厚

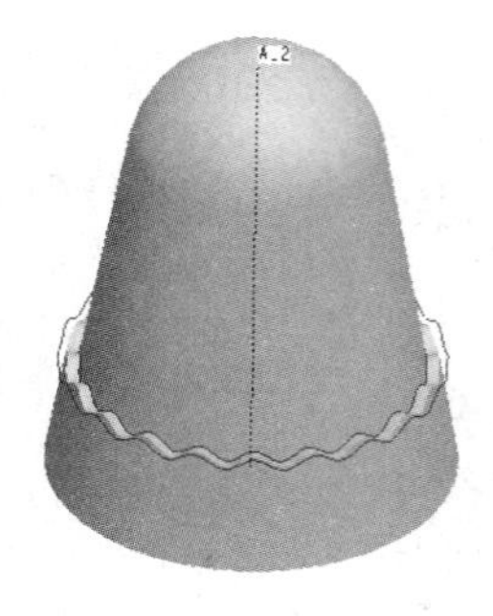

图 26-17　完成后的曲面的加厚

步骤六：倒圆角。

如图 26-18 所示，对曲面上边进行倒圆角的操作，设置圆角半径为 5。如图 26-19 所示，打钩完成倒圆角的操作。

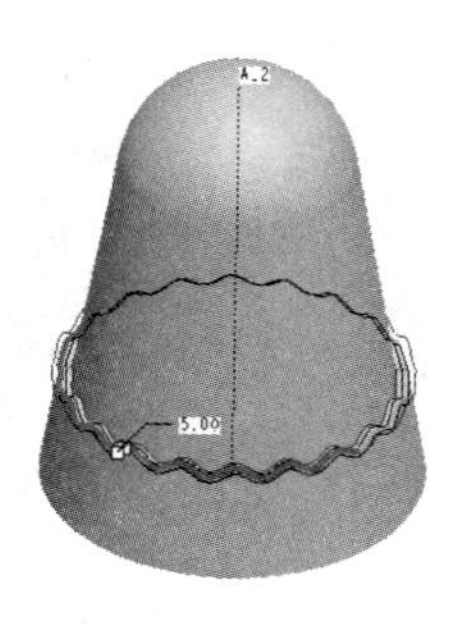

图 26-18　倒圆角

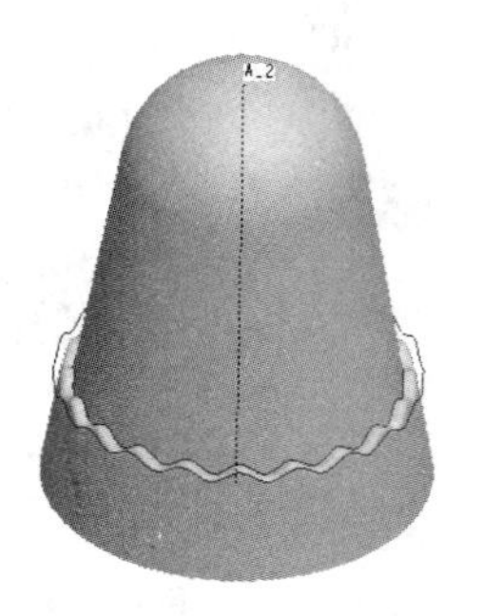

图 26-19　完成倒圆角的操作

步骤七：创建一椭圆形孔。

如图 26-20 所示，在草绘模式下，以 T 为草绘平面，草绘长轴为 80、短轴为 35 的椭圆图形，完成后打钩退出草绘界面。图 26-21 所示是完成的草绘曲线。

如图 26-22 所示，首先选取刚草绘的椭圆曲线，然后选择“编辑”→“投影”命令，选择吊钟的外表面作为投影的曲面，方向选择“沿方向”，选择 T 平面作为方向的参照。

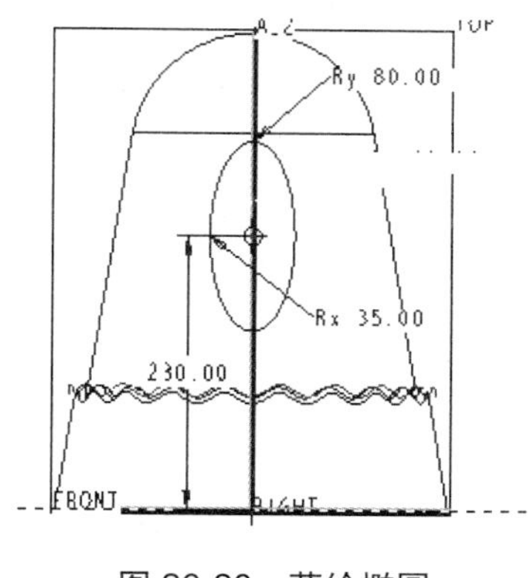

图 26-20　草绘椭圆

图 26-21 完成的草绘曲线

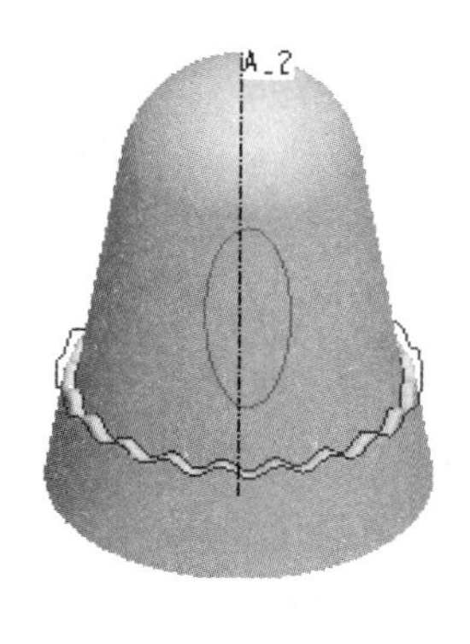

图 26-22　投影

如图 26-23 所示，选择上表面。选择上工具箱中的“复制”、“粘贴”命令，复制出另一上表面，如图 26-24 所示。

如图 26-25 所示，在模型树中选择“复制 2”标志，选择“编辑”→“修剪”命令，调整方向，保留内部的曲面，打钩完成。

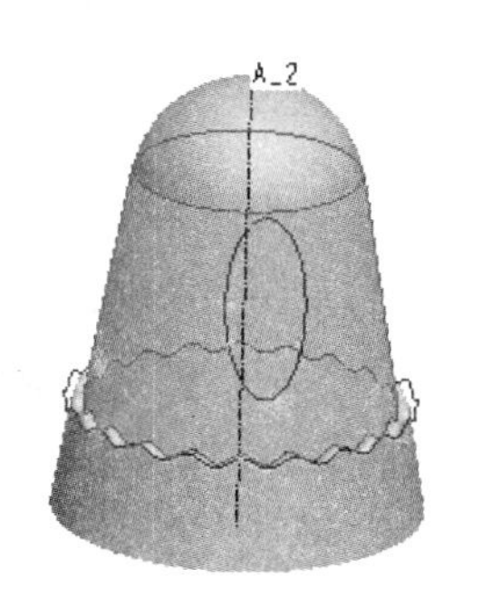

图 26-23　选择上外表

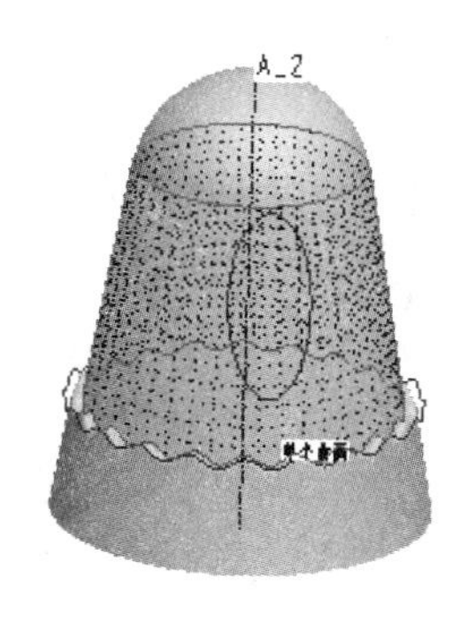

图 26-24　复制另一上表面

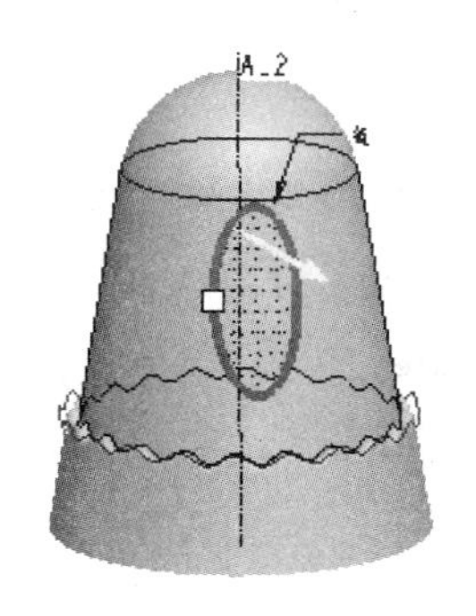

图 26-25　修剪

步骤八：阵列出其他的椭圆孔。

如图 26-26 所示，模型树中选择“投影”、“复制”及“修剪”3 步操作，单击鼠标右键选择“组”命令，把它们设置成组。

如图 26-27 所示，在右工具箱中单击“阵列”按钮或选择“插入”→“阵列”命令，打开其操作面板，选择阵列的方式为“轴”，设置 360°范围内阵列 4 个，打钩完成阵列的操作。图 26-28 所示是阵列完成后的模型。

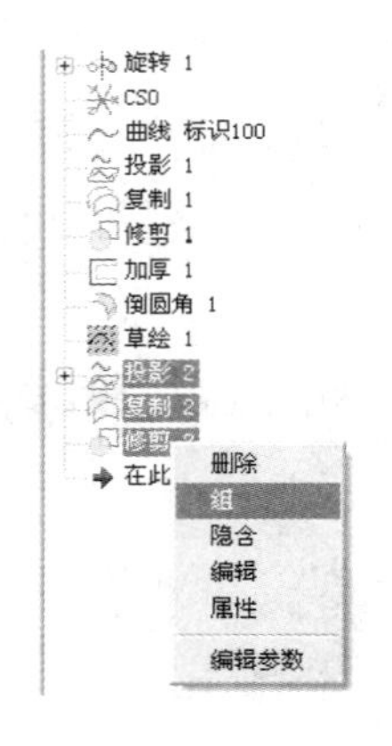

图 26-26　设置组

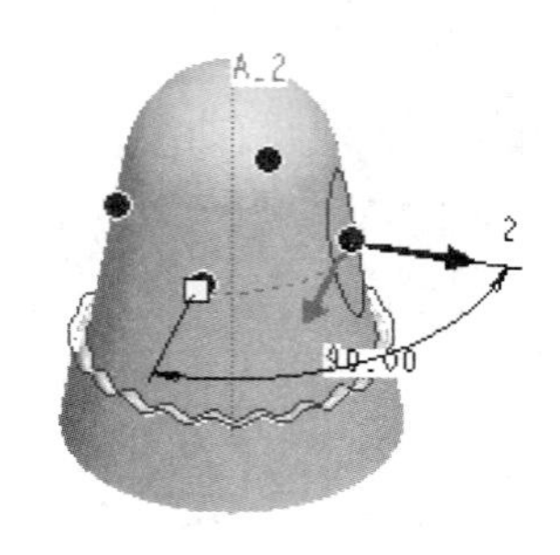

图 26-27　阵列 4 个

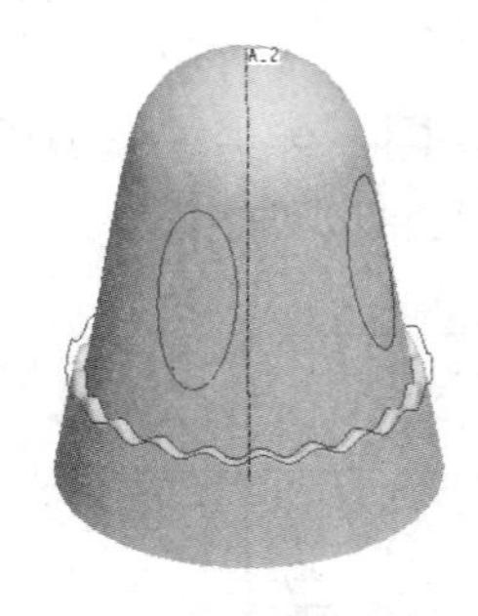

图 26-28　阵列完成后的模型

如图 26-29 所示，选取第二次修剪的曲面，选择“编辑”→“加厚”命令，设置加厚方向向内，选择“减材料”，加厚的厚度为 12，打钩完成孔特征的加厚，即穿透。图 26-30 所示是完成孔穿透的效果。

如图 26-31 所示，在模型树中选取刚加厚的组，运行阵列，即可完成所有孔穿透的操作。

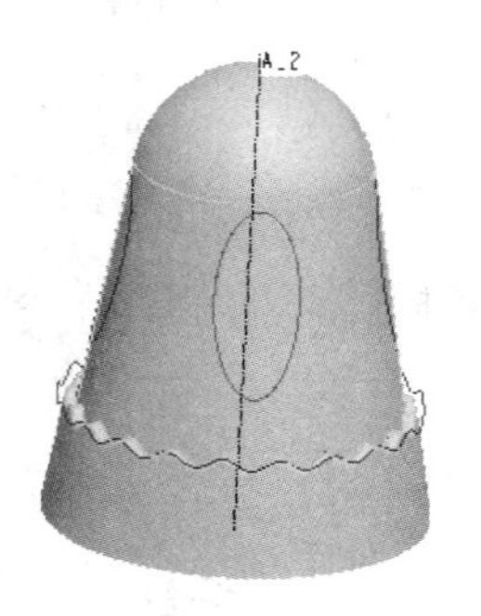

图 26-29　加厚礼

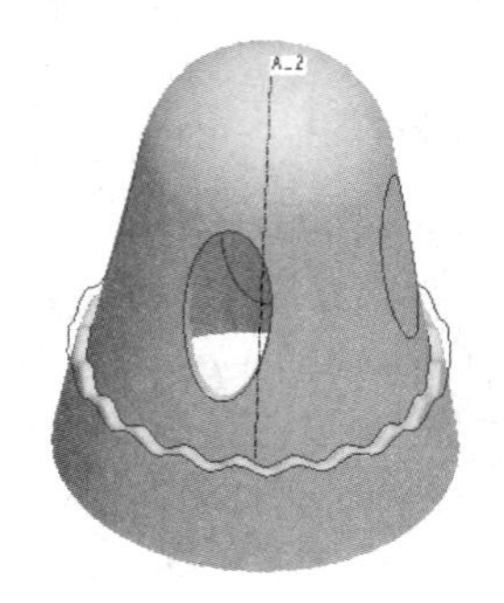

图 26-30　完成孔穿透的效果

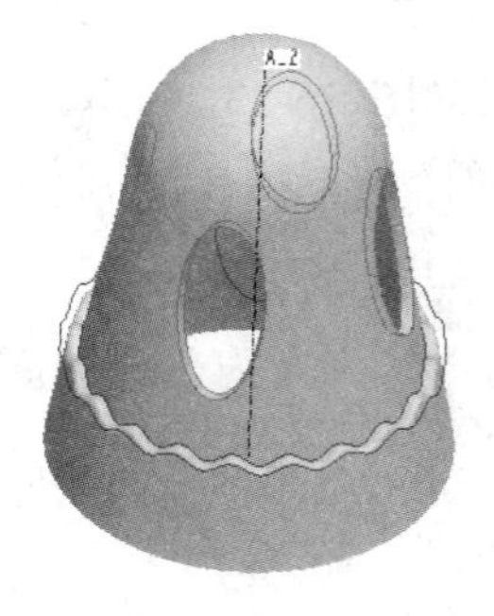

图 26-31　穿透所有孔

步骤九：创建吊钟顶部的扫描特征。

如图 26-32 所示，草绘模式下，以 F 平面为草绘平面，草绘直径为 60 和直径为 130 的两圆，完成后打钩退出草绘界面。图 26-33 所示是草绘模式下生成的曲线。

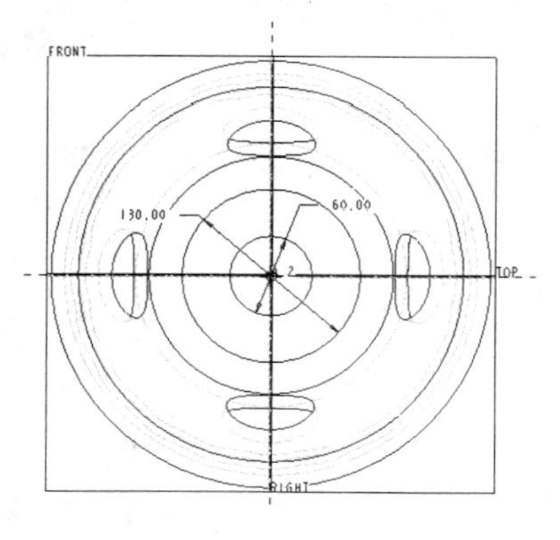

图 26-32　草绘两圆

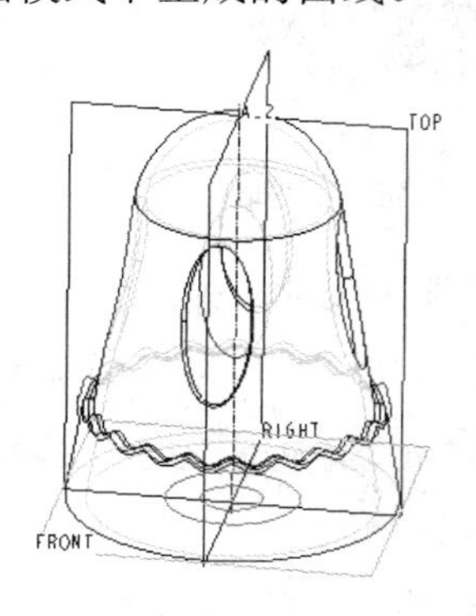

图 26-33　草绘模式下生成的曲线

如图 26-34 所示，选取刚草绘的两圆，然后选择“编辑”→“投影”命令，选择上表面为投影面，方向为“沿方向”，以 F 平面的方向参照。

如图 26-35 所示，打钩完成后即可生成两圆的投影曲线。

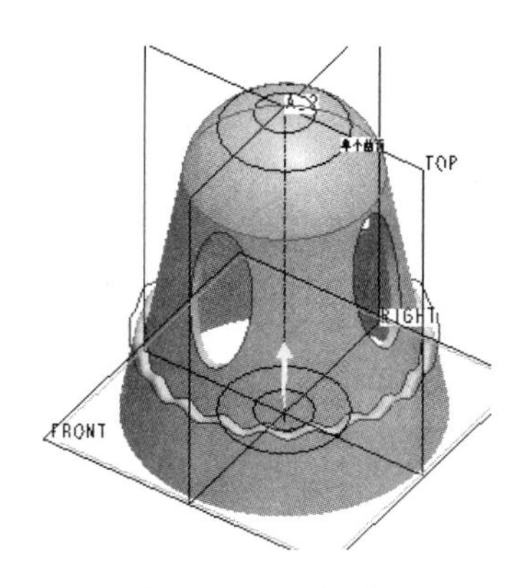

图 26-34　投影

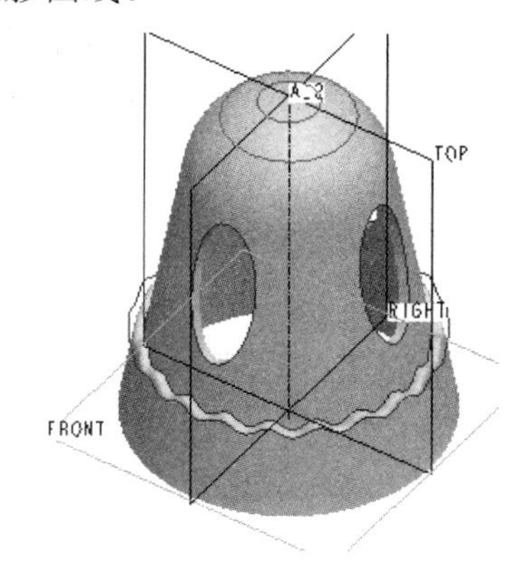

图 26-35　两圆的投影曲线

如图 26-36 所示，选择“插入”→“扫描”→“伸出项”命令，弹出其操作菜单，选取刚投影两圆曲线中的大圆作为扫描轨迹，然后进入草绘截面，草绘一个直径为 10 的圆，完成后打钩退出草绘界面。

图 26-37 所示为完成后生成的扫描特征。

如图 26-38 所示，同样的方法与步骤，创建第二次扫描，选取刚投影两圆曲线中的大圆作为扫描轨迹，草绘一个直径为 8 的圆，生成第二个扫描特征。

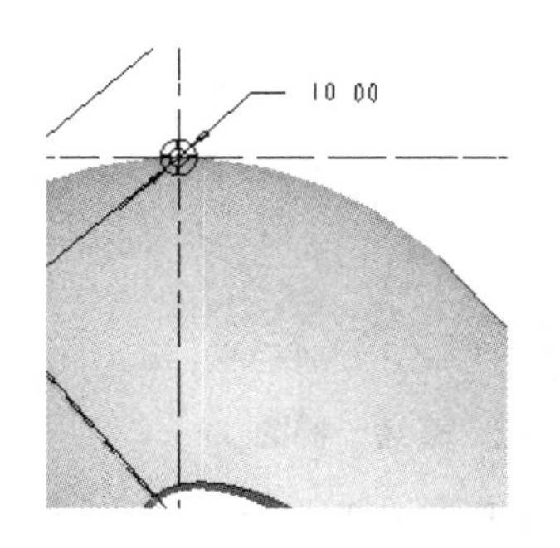

图 26-36　草绘一圆

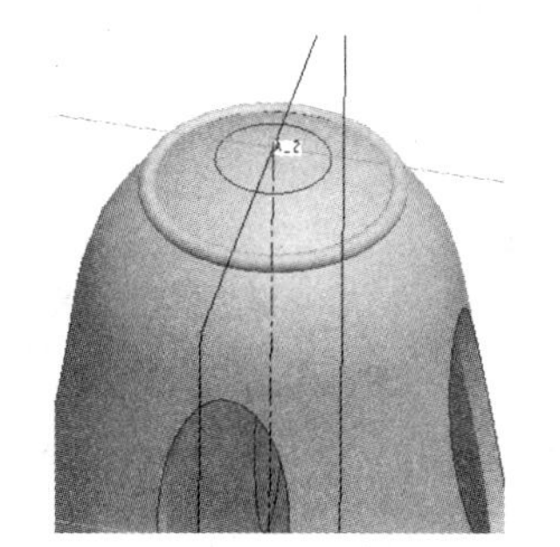

图 26-37　生成的扫描特征

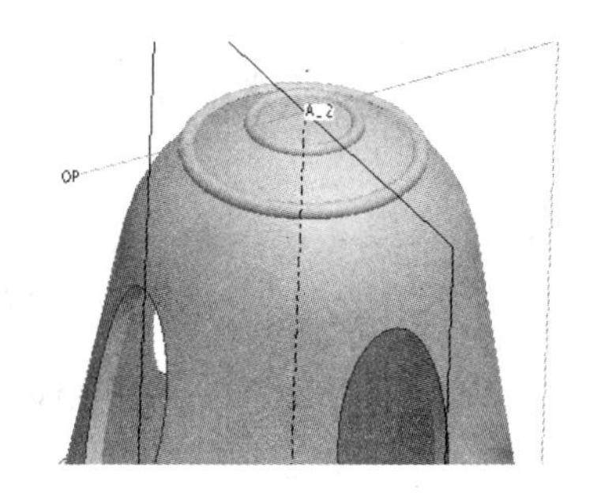

图 26-38　生成的第二个扫描特征

步骤十：创建吊钟顶部的吊环孔及吊环。

如图 26-39 所示，运用拉伸减材料操作创建吊钟上端的开孔，打开“拉伸”工具的操作面板，以 F 平面为草绘平面，草绘一个直径为 30 的圆，打钩退出草绘，设置为“减材料”、“穿透”，调整拉伸的方向，打钩完成，生成孔特征。

如图 26-40 所示，在草绘模式下，以 T 平面为草绘平面，运用样条曲线来草绘吊钟的吊环平面图(可以草绘一侧的一条样条曲线，然后镜像另一侧的曲线，在两样条曲线交接处进行半径为 25 的倒圆角处理)，完成后打钩退出草绘。

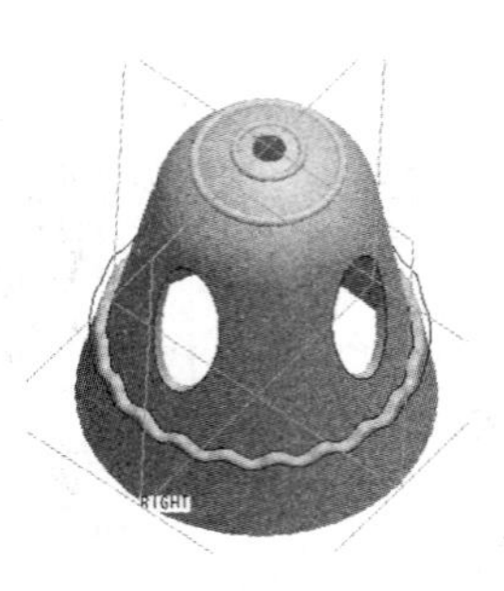

图 26-39　草绘一圆和生成孔特征

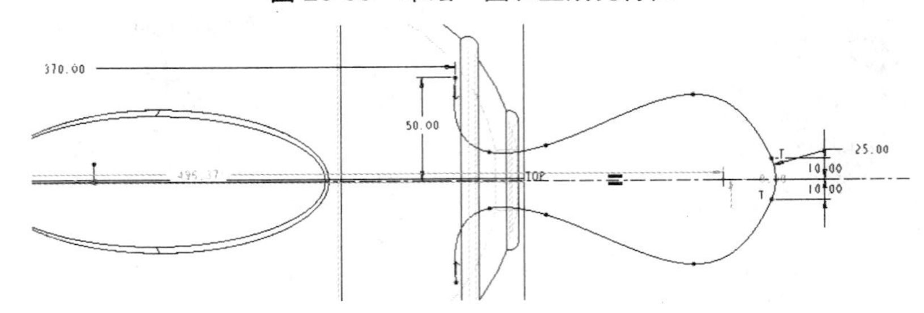

图 26-40　草绘吊环平面图

如图 26-41 所示是草绘完成的吊环曲线。

如图 26-42 所示，选择“插入”→“扫描”→“伸出项”命令，弹出其操作菜单，首先选取刚草绘的曲线作为扫描轨迹，然后以 T 平面作为草绘平面进入草绘截面的界面，草绘一个长轴为 10、短轴为 5 的椭圆，完成后打钩退出草绘界面。

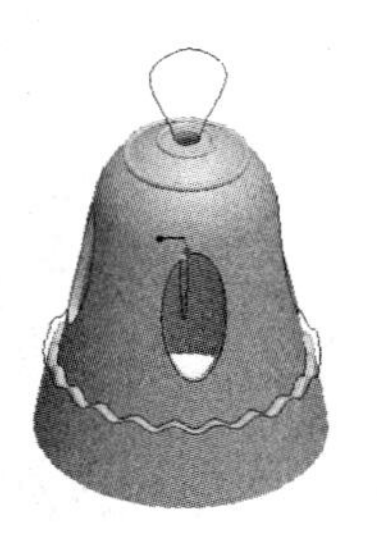

图 26-41　吊环曲线

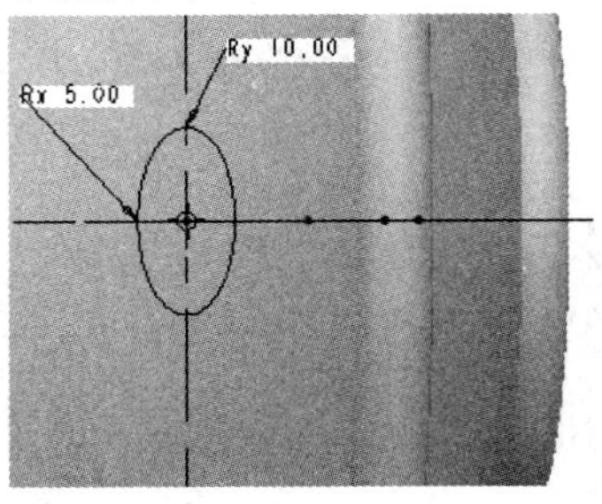

图 26-42　草绘一椭圆

如图 26-43 所示，在主菜单中单击“确定”按钮完成，生成扫描特征。图 26-44 所示是最终完成的吊钟模型。

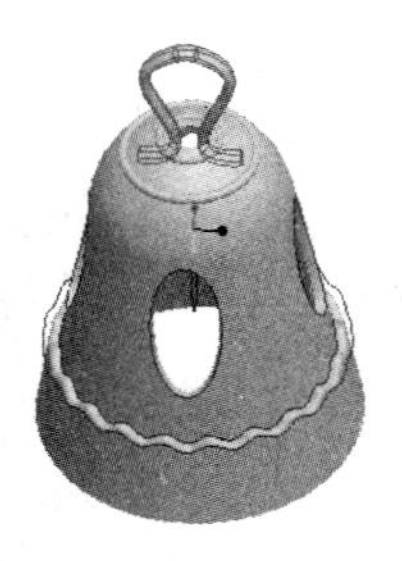

图 26-43　生成的吊钟扫描特征

图 26-44　最终完成的吊钟模型

拓展训练

运用 Pro/E 软件，完成如图 26-45 所示的吊钟三维模型的设计。

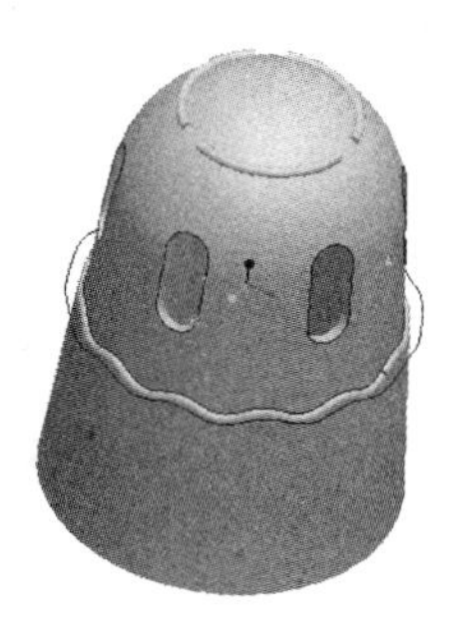

图 26-45　吊钟三维模型

项目 27　直齿圆柱齿轮的设计

知识目标

了解三维绘图环境及其设置，掌握常用三维工具的用法，熟悉绘制二维图形的一般流程和技巧，在设计此模型时还需要掌握的主要内容有：参数化建模的基本原理、创建参数的方法、创建关系的方法、通过参数变更模型的方法；在创建参数化的齿轮模型时，首先创建参数，然后创建组成齿轮的基本曲线，最后创建齿轮模型，通过在参数间引入关系的方法使模型具有参数化的特点。

技能目标

熟练地运用 Pro/E 设计软件，熟练地运用参数化建模、创建关系式、通过参数变更模型的方法等，快速准确地设计直齿圆柱齿轮模型。

运用 Pro/E 设计软件，完成如图 27-1 所示的直齿圆柱齿轮三维模型的设计。

图 27-1　直齿圆柱齿轮三维模型

操作指引

设计直齿圆柱齿轮的三维模型

步骤一：选择“文件”→“新建”命令，弹出“新建”对话框，在“类型”选项组中选中“零件”单选按钮并输入文件名“zhichiyuanzhuchilun”，然后单击“确定”按钮进入三维实体建模模式，首先选择“编辑”→“设置”命令，弹出“设置”菜单管理器，单击“单位”按钮，打开“单位管理器”，选择“mmns_part_solid”作为设计模板。

步骤二：设置齿轮相关参数。

如图 27-2 所示，选择“工具”→“参数”命令，弹出“参数”窗口，将齿轮各参数依次添加到参数列表框中，完成齿轮参数添加后，关闭对话框。

参数

文件 编辑 参数 工具 显示

查找范围

零件 T6

名称	类型	数值	指定	访问	源	说明	受限制的	单位
DESCRIP...	字符串		✔	完全	用户定义的			
MODELED_BY	字符串		✔	完全	用户定义的			
PTC_COM...	字符串	t6.prt	✔	完全	用户定义的			
M	实数	2		完全	用户定义的	模数		
Z	实数	25		完全	用户定义的	齿数		
ALPHA	整数	20		完全	用户定义的	压力角		
HAX	实数	1		完全	用户定义的	齿顶高系数		
CX	实数	0.25		完全	用户定义的	顶隙系数		
B	实数	30		完全	用户定义的	齿宽		
HA	实数	0.000000		完全	用户定义的	齿顶高		
HF	实数	0.000000		完全	用户定义的	齿根高		
X	实数	0.000000		完全	用户定义的	变位系数		
DA	实数	0.000000		完全	用户定义的	齿顶圆直径		
DB	实数	0.000000		完全	用户定义的	基圆直径		
DF	实数	0.000000		完全	用户定义的	齿根圆直径		
D	实数	0.000000		完全	用户定义的	分度圆直径		

图 27-2 “参数”对话框

步骤三：创建具有关系的 4 个圆。

如图 27-3 所示，单击“草绘”按钮，以 F 平面为草绘平面，草绘齿轮基本圆，草绘任意尺寸的 4 个圆，打钩完成草绘图的操作。

如图 27-4 所示，选择“工具”→“关系”命令，弹出“关系”对话框，输入创建齿轮的关系式，确定齿轮 4 个圆的尺寸。

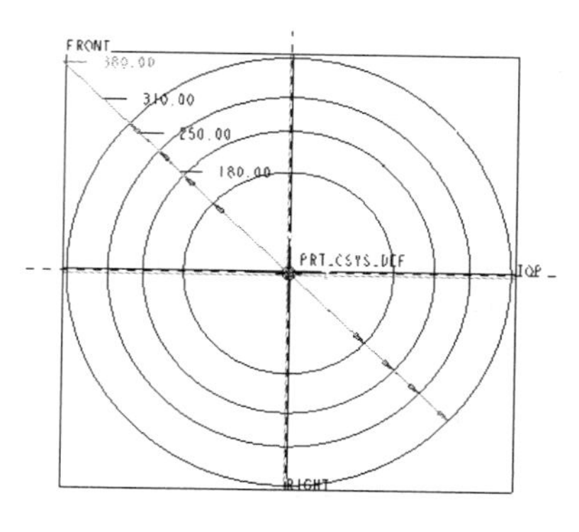

图 27-3　草绘齿轮基本圆

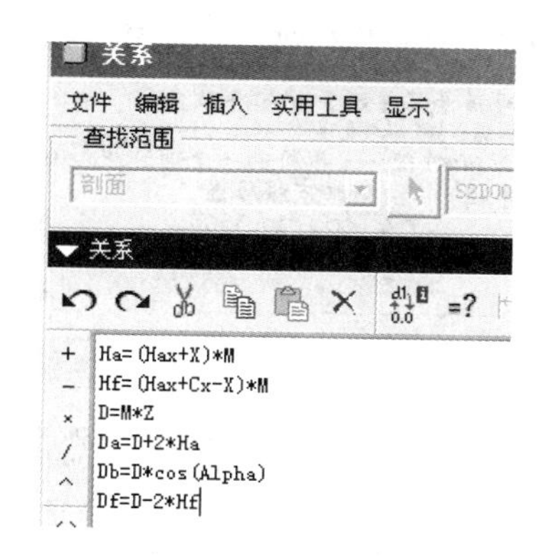

图 27-4　确定齿轮圆的尺寸

如图 27-5 所示，确定关系后，草绘的 4 个圆的直径尺寸变成以代码的形式显示。如图 27-6 所示，在关系中再给 4 个圆的 4 个直径尺寸添加一定的关系。

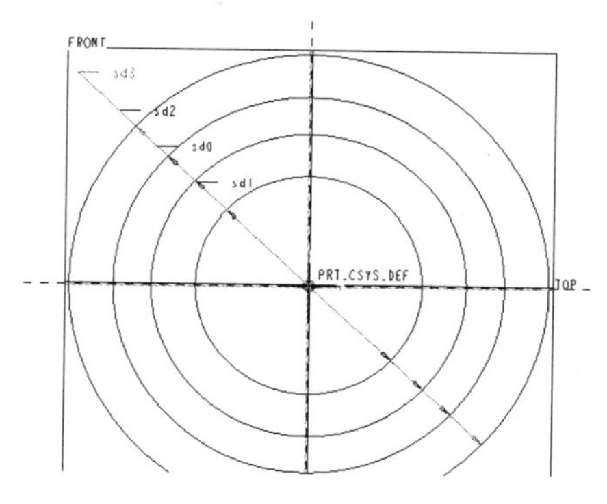

图 27-5　直径尺寸以代码形式显示

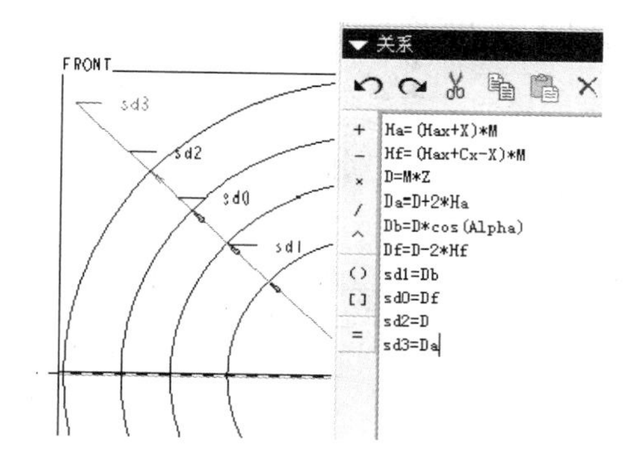

图 27-6　为直径尺寸添加关系

如图 27-7 所示，添加关系后生成 4 个圆的新尺寸，这样 4 个直径尺寸与齿轮的参数就有了一定的关系。

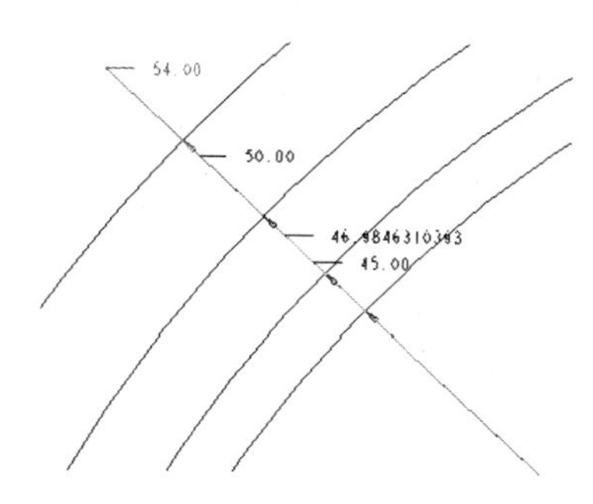

图 27-7　生成的 4 个圆的新尺寸

步骤四：创建渐开线曲线。

如图 27-8 所示，创建基准曲线，单击“曲线”按钮，选择“从方程”，“完成”命令，系统提示选取坐标系，选择当前的坐标系，选择“笛卡儿”坐标系，选择 F 平面为草绘平面，系统打开记事本编辑器，输入齿轮轮廓线(渐开线)方程，保存，关闭记事本。如图 27-9 所示，完成齿轮单侧渐开线的创建。

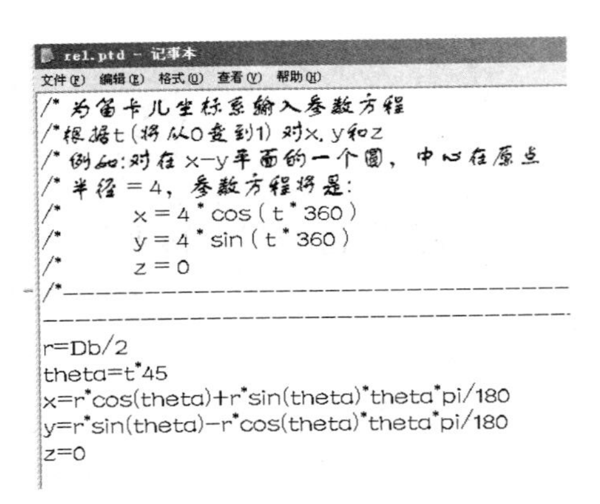
rel.ptd - 记事本
文件(F) 编辑(E) 格式(O) 查看(V) 帮助(H)

```
/* 为笛卡儿坐标系输入参数方程
/*根据t (将从0变到1) 对x, y和z
/* 例如:对在 x-y 平面的一个圆, 中心在原点
/* 半径 = 4, 参数方程将是:
/*        x = 4 * cos ( t * 360 )
/*        y = 4 * sin ( t * 360 )
/*        z = 0
/*--------------------------------------------
----------------------------------------------
r=Db/2
theta=t*45
x=r*cos(theta)+r*sin(theta)*theta*pi/180
y=r*sin(theta)-r*cos(theta)*theta*pi/180
z=0
```

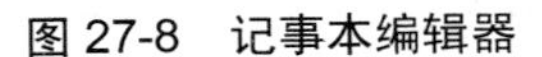
图 27-8　记事本编辑器

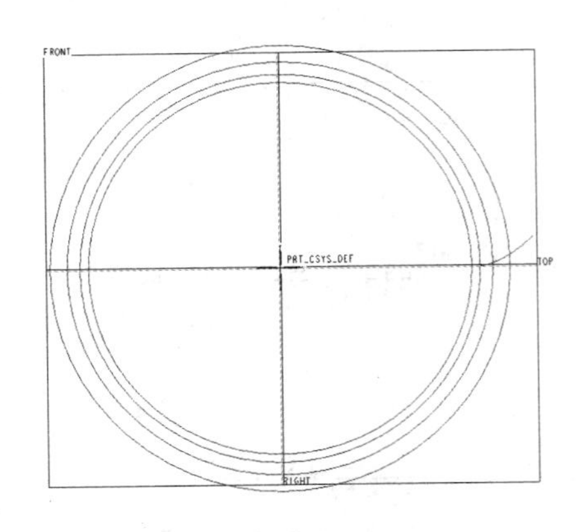

图 27-9　完成齿轮单侧渐开线的创建

步骤五：创建对称侧的渐开线曲线。

如图 27-10 所示，创建基准点 PNT0，此点在渐开线与分度圆上。如图 27-11 所示，同时选取 T 和 R 平面创建基准轴 A-1。

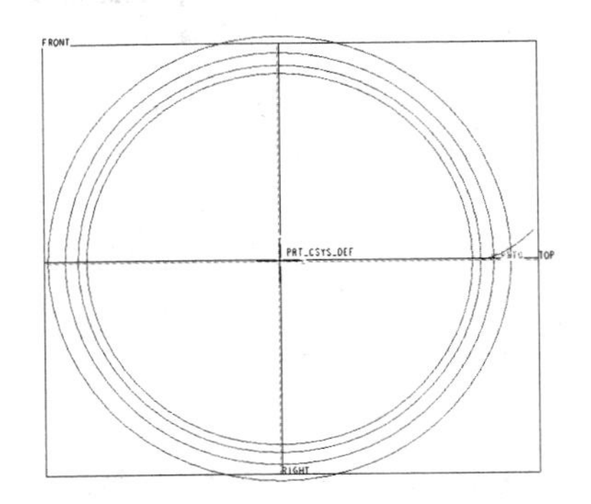

图 27-10　创建基准点 PNT0

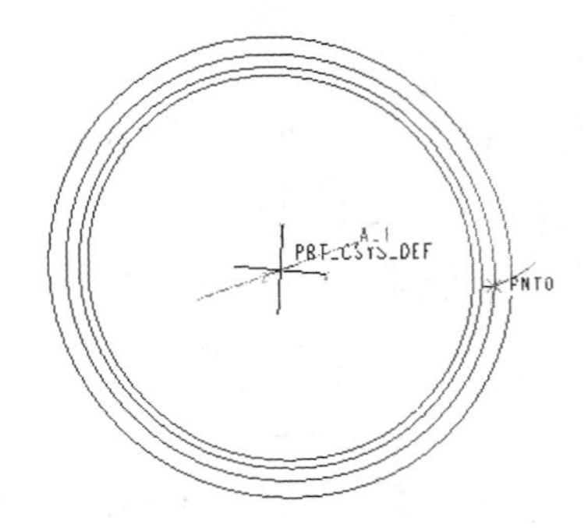

图 27-11　创建基准轴 A-1

如图 27-12 所示，经过 PNT0 点和 A-1 轴创建基准平面 DTM1。同时选取 DTM1 和 A-1 作为参照，输入旋转角度，增加关系“360/(4*z)”后创建基准平面 DTM2，如图 27-13 所示。或在模型树中选择刚创建的基准平面 DTM2，单击鼠标右键，选择“编辑”命令如图 27-14 所示。如图 27-15 所示，为 DTM2 与 DTM1 的夹角再创建关系式也可。

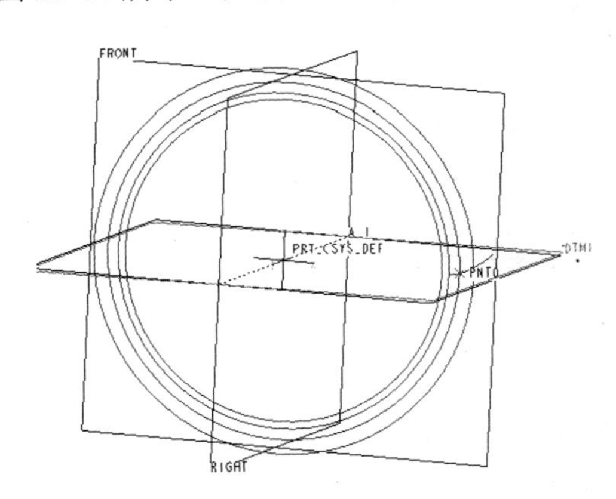

图 27-12　创建基准平面 DTM1

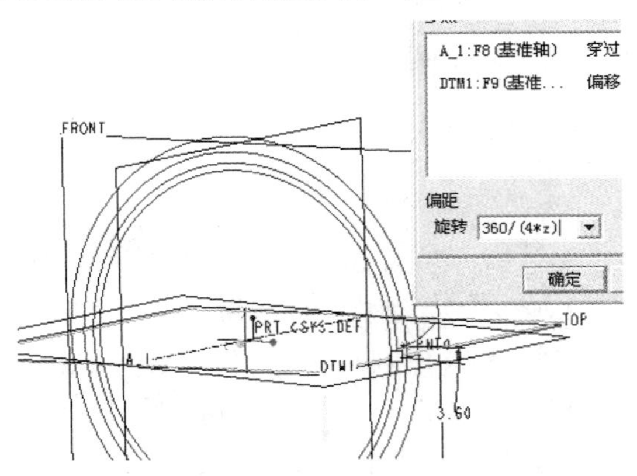

图 27-13　创建基准平面 DTM2

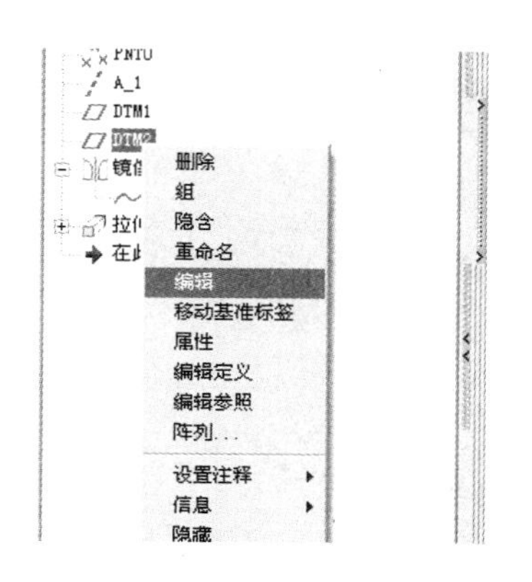

图 27-14　选择“编辑”命令

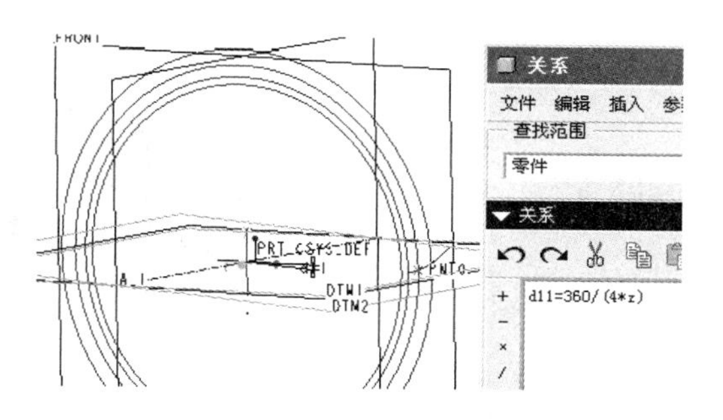

图 27-15　为 DTM2 创建关系式

如图 27-16 所示，生成具有关系式的基准平面 DTM2。以 DTM2 为基准平面镜像齿轮渐开线，如图 27-17 所示。

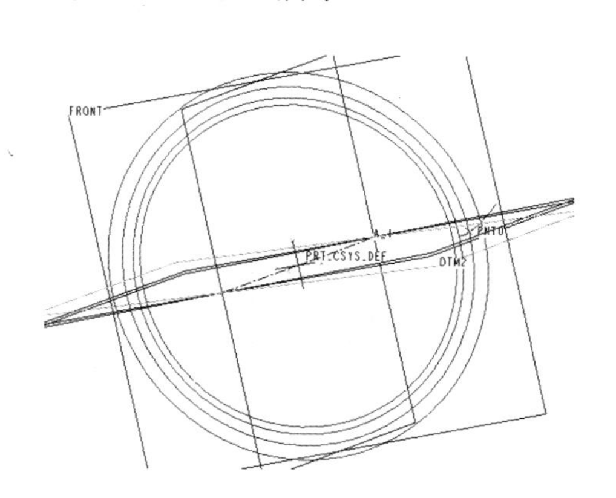

图 27-16　具有关系式的基准平面 DTM2

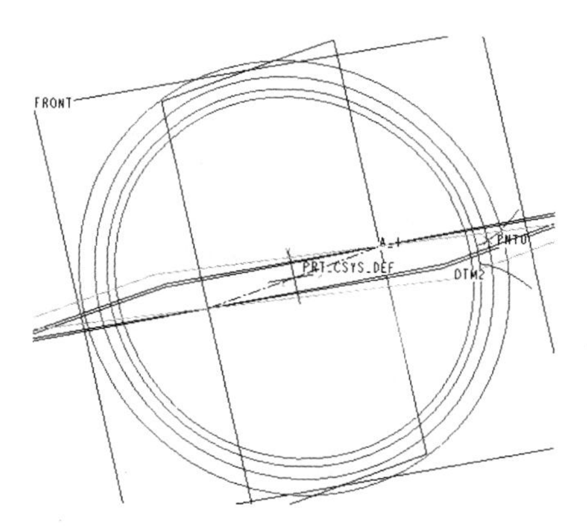

图 27-17　镜像齿轮渐开线

步骤六：拉伸齿顶圆。

如图 27-18 所示，选择“插入”→“拉伸”命令或单击右工具箱中的“拉伸”按钮，打开其操作面板，以 F 作为草绘平面，运用“实体边创建图元”工具选取齿顶圆，打钩完成草绘，输入具有关系的深度为 B(创建关系)，选择一侧拉伸，打钩完成。在模型树中选择刚创建的拉伸特征，点击鼠标右键，选择“编辑”、“拉伸”命令，弹出“关系”对话框如图 27-19 所示。

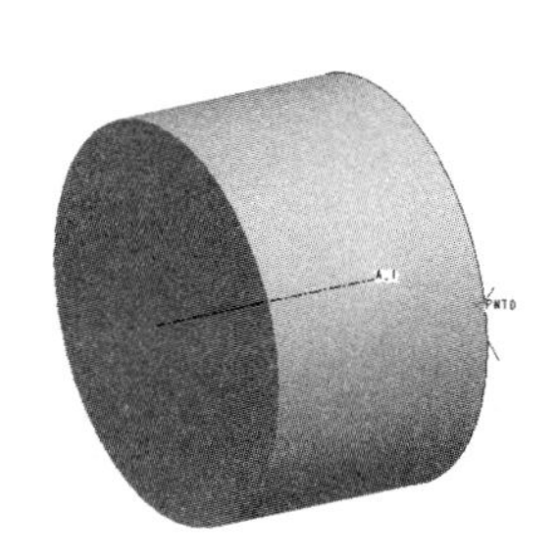

图 27-18　拉伸齿顶圆

图 27-19　选择“编辑”命令

如图 27-20 所示，为深度代号尺寸创建关系式，确定后即可创建拉伸深度的关系式。

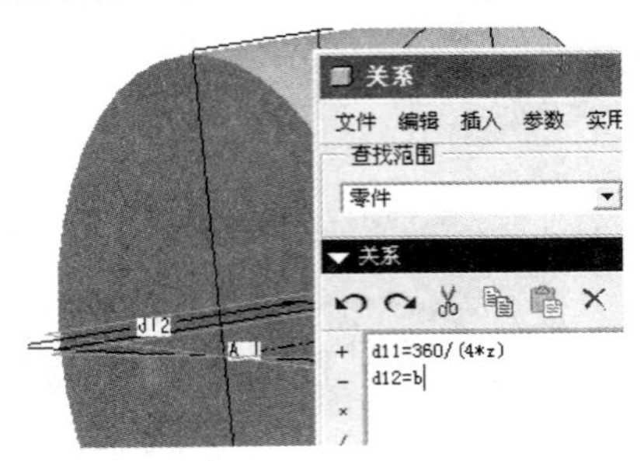

图 27-20　创建拉伸深度的关系式

步骤七：创建一个齿槽。

如图 27-21 所示，选择“插入”→“拉伸”命令或单击右工具箱中的“拉伸”按钮，打开其操作面板，以前表面为草绘平面，利用“实体边创建图元”工具，选取需要的边作为齿廓，打钩退出草绘界面，设置拉伸深度为 B(创建关系)，设置为“减材料”，打钩完成拉伸操作。图 27-22 所示是生成的一个齿槽。

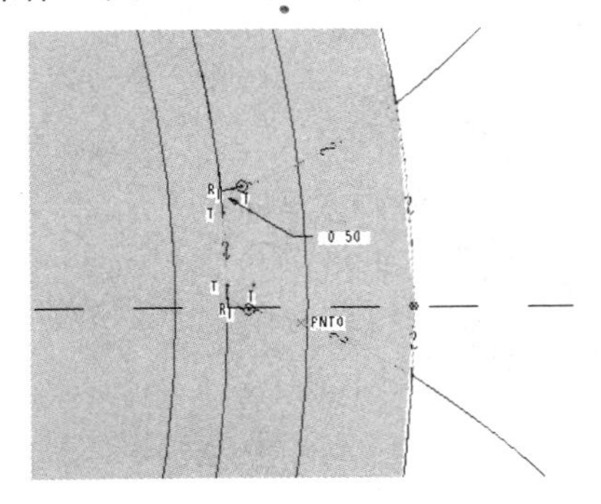

图 27-21　创建齿槽

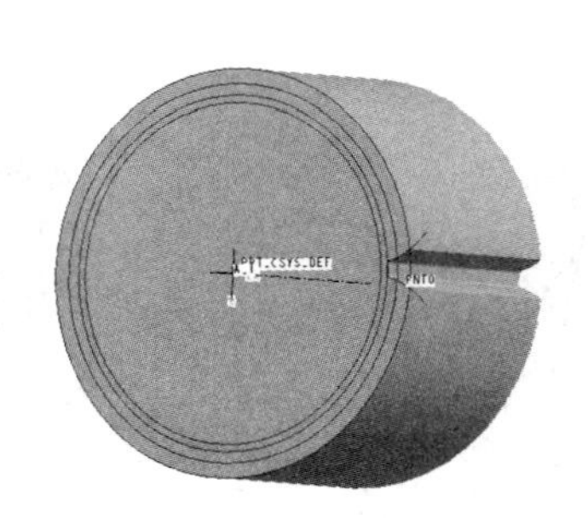

图 27-22　生成的一个齿槽

步骤八：为圆角增加关系式。

如图 27-23 所示，在模型树中选择拉伸操作，单击鼠标右键，选择“编辑”、“拉伸”命令，弹出“关系”对话框，可为齿廓线倒圆角尺寸添加相应的关系式(或在草绘界面里设置倒圆角尺寸的关系式也可)。

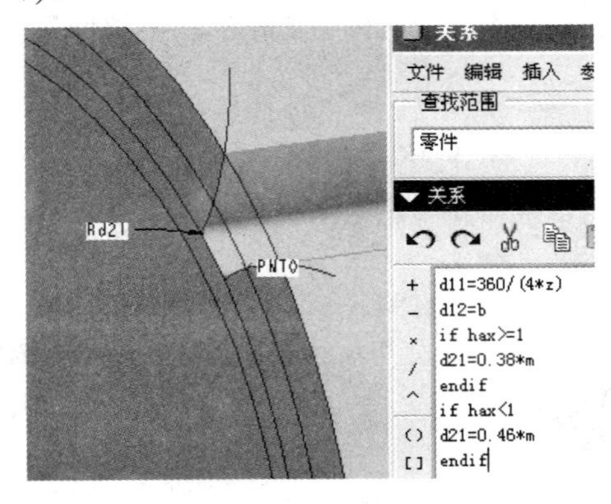

图 27-23　为倒圆角尺寸添加相应的关系式

步骤九：复制另一个齿槽。

如图 27-24 所示，首先选取刚创建的齿槽，然后选择择“编辑”→“复制”命令，然后选择“选择性粘贴”命令，在操作面板中选择“旋转”，设置旋转轴，设置旋转的角度为 14.4°，打钩完成复制。

如图 27-25 所示，在模型树中选择刚复制的操作，单击鼠标右键，选择“编辑”、“复制”命令，添加旋转尺寸的关系式。

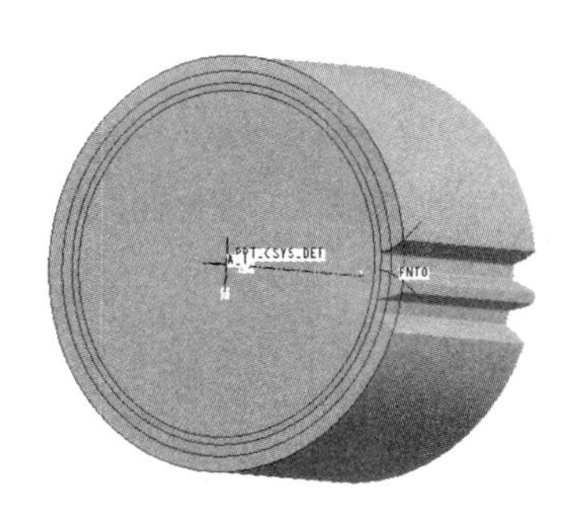

图 27-24　完成复制齿槽

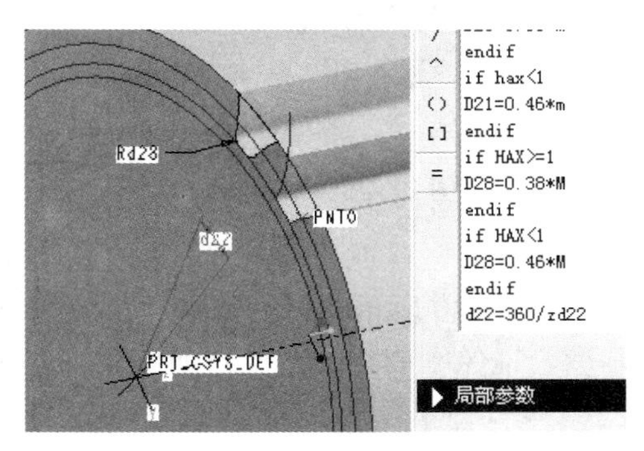

图 27-25　添加旋转尺寸的关系式

步骤十：阵列其他的齿槽。

如图 27-26 所示，首先选择复制创建出来的齿槽激活“阵列”工具，然后选择“插入”→“陈列”命令或单击右工具箱中的“阵列”按钮，打开其操作面板，选择阵列的方式为“轴”，选择中心轴为旋转轴，设置阵列的数量为 24，打钩完成后生成齿轮。

同样在模型树中选择阵列特征，单击鼠标右键，选择“编辑”命令，为阵列的相关尺寸添加关系式，如图 27-27 所示。

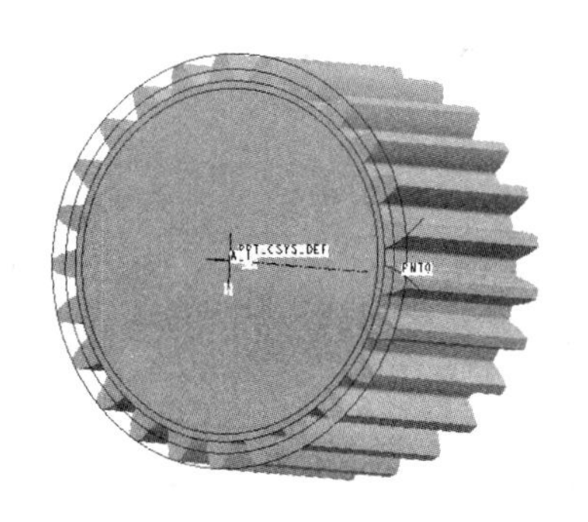

图 27-26　生成的齿轮

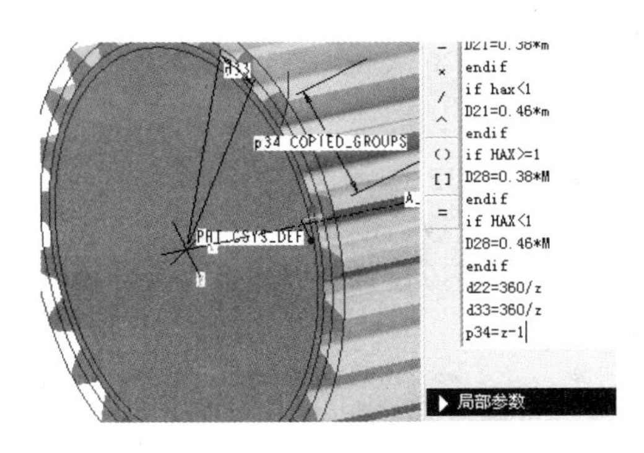

图 27-27　为阵列的相关尺寸添加关系式

步骤十一：创建减轻环。

如图 27-28 所示，选择“插入”→“拉伸”命令或单击右工具箱中的“拉伸”按钮，打开其操作面板，以 F 平面为草绘平面，草绘一个直径为 40 的圆，打钩退出草绘界面，设置为“单侧”拉伸，方向“朝里”，“减材料”，拉深深度为 10，打钩完成拉伸减材料的操作。

如图 27-29 所示，同样在模型树中选择刚创建的拉伸，单击鼠标右键，选择“编辑”命令，为直径和深度添加关系式。

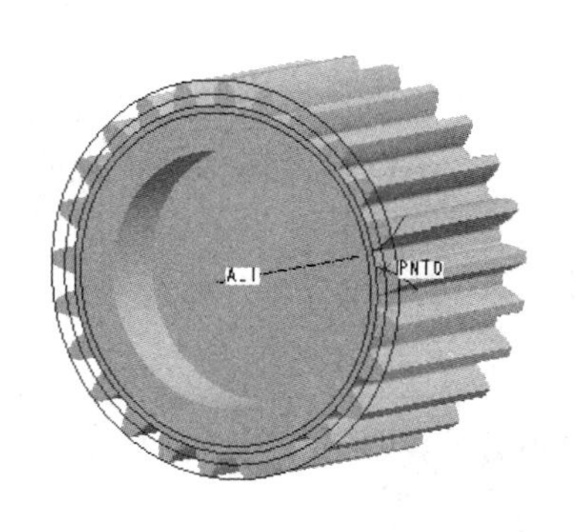

图 27-28 草绘一圆

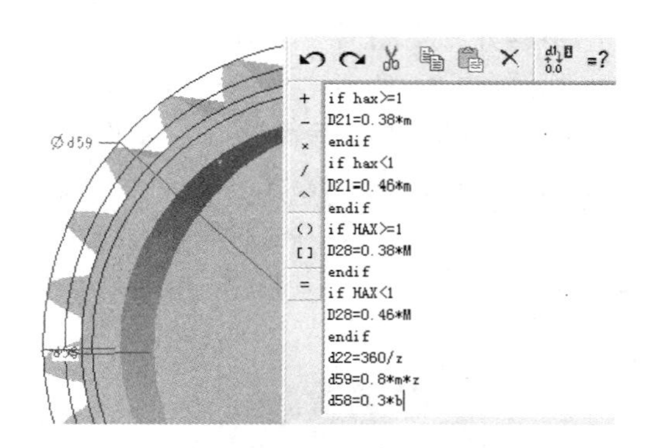

图 27-29 为直径和深度添关系室

步骤十二：镜像另一侧的减轻环。

如图 27-30 所示，以 F 平面平移 B/2(创建关系式)，创建一基准平面 DTM3。以 DTM3 为基准，镜像刚创建的拉伸，如图 27-31 所示。

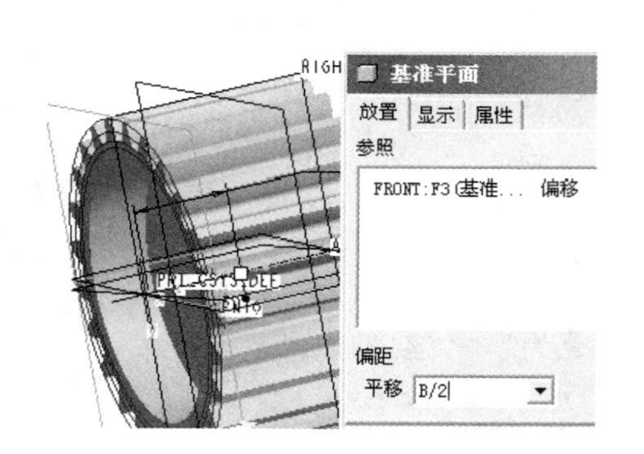

图 27-30 创建一基准平面 DTM3

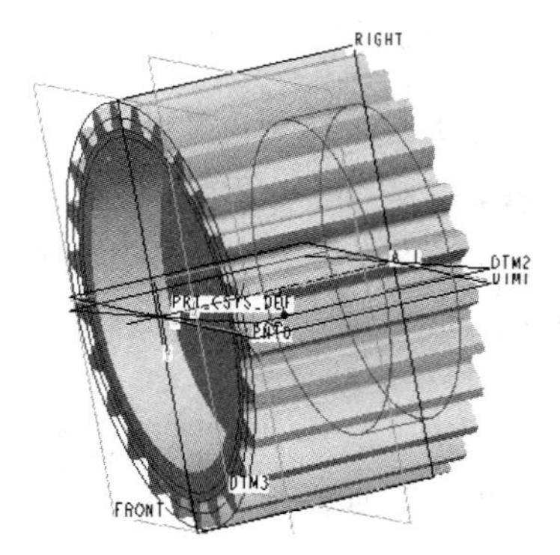

图 27-31 镜像刚创建的拉伸

步骤十三：创建齿轮轴孔和减轻孔。

如图 27-32 所示，选择“插入”→“拉伸”命令或单击右工具箱中的“拉伸”按钮，打开其操作面板，以 F 平面作为草绘平面，草绘图形(也可在此增加关系式)，完成后打钩退出草绘界面，设置为“穿透”，“减材料”，打钩完成操作。图 27-33 所示是拉伸完成后的效果。

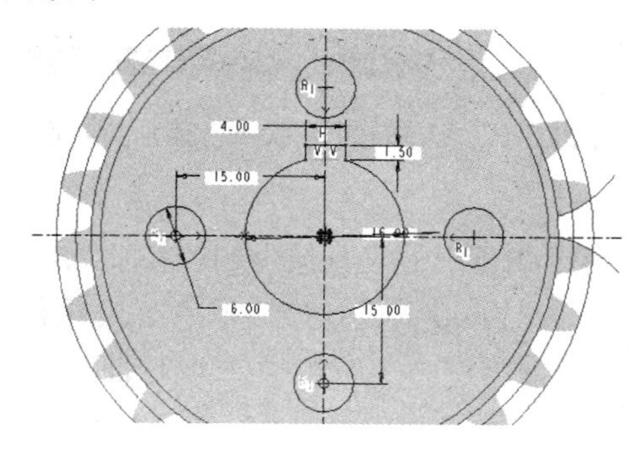

图 27-32 草绘图形

图 27-33 拉伸完成后的效果

如图 27-34 所示，同样在模型树中选择刚创建的拉伸，单击鼠标右键，选择“编辑”命令，为相关尺寸添加关系式。

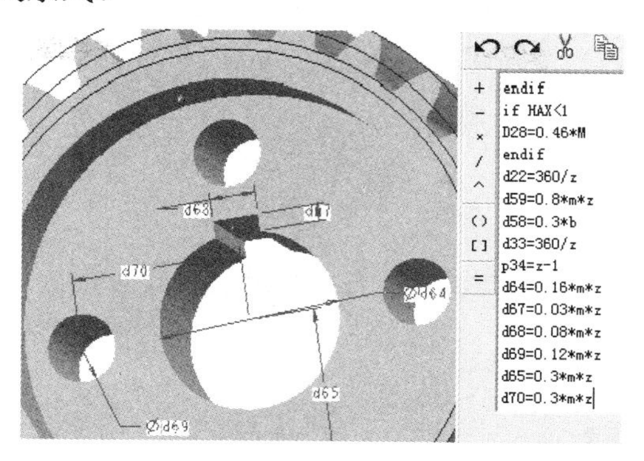

图 27-34　为相关尺寸添加关系式

步骤十四：隐藏处理。

如图 27-35 所示，隐藏草绘线与基准点。图 27-36 所示是最终生成的直齿圆柱齿轮模型。

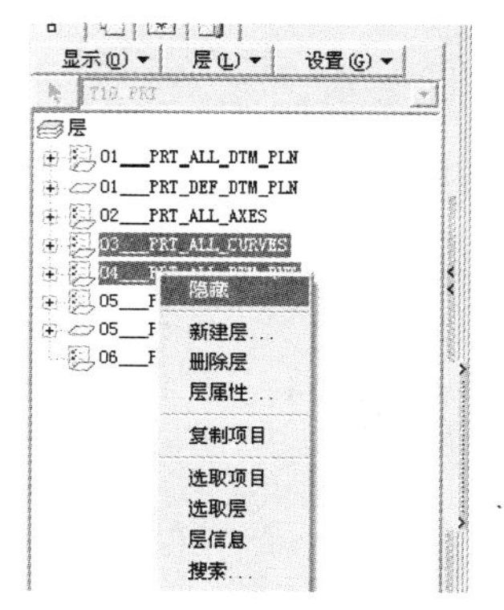

图 27-35　隐藏草绘线与基准点

图 27-36　最终生成的直齿圆柱齿轮模型

步骤十五：参数修改重生特征。

图 27-37 是模数改为 3 后生成的齿轮(其他参数不变)。图 27-38 所示是齿数改为 40 后生成的齿轮(其他参数不变)。图 27-39 所示是齿厚改为 20 后生成的齿轮(其他参数不变)。

图 27-37　模数改为 3 后生成的齿轮

图 27-38　齿数为 40 后生成的齿轮

图 27-39　齿厚改为 20 后生成的齿轮

拓展训练

运用 Pro/E 三维设计软件，完成如图 27-40 所示的斜齿圆柱齿轮模型的设计。

图 27-40　斜齿圆柱齿轮模型

项目 28　斜齿圆柱齿轮的设计

知识目标

了解三维绘图环境及其设置，掌握常用三维工具的用法，熟悉绘制二维图形的一般流程和技巧，在设计此模型时还需要掌握的主要内容有：创建参数的方法、创建关系的方法、通过参数变更模型的方法；在创建参数化的齿轮模型时，首先创建参数，然后创建组成齿轮的基本曲线，通过复制多个齿形来创建斜齿，设计通过在参数间引入关系的方法使模型具有参数化的特点。

技能目标

熟练地运用 Pro/E 设计软件，熟练地运用参数化建模，创建关系式、通过参数变更模型的方法等，快速准确地设计斜齿圆柱齿轮模型。

项目任务

运用 Pro/E 设计软件，完成如图 28-1 所示的斜齿圆柱齿轮三维模型的设计。斜齿圆柱齿轮的主要设计参数为：端面模数(m)为 3mm、齿数(z)为 45、压力角(afph)为 20°，螺旋角(bta)为 12°、齿宽(b)为 60。

图 28-1　斜齿圆柱齿轮三维模型

操作指引

设计斜齿圆柱齿轮的三维模型

步骤一：选择“文件”→“新建”命令，弹出“新建”对话框，在“类型”选项组中选中“零件”单选按钮并输入文件名“xiechiyuanzhuchilun”，然后单击“确定”按钮进入三维实体建模模式，首先选择“编辑”→“设置”命令，弹出“设置”菜单管理器，单击“单位”按钮，打开“单位管理器”，选择“mmns_part_solid”作为设计模板。

步骤二：设置斜齿轮相关参数。

如图 28-2 所示，选择“工具”→“参数”命令，进行斜齿轮参数设计。

步骤三：相关尺寸增加关系式。

如图 28-3 所示，选择“工具”→“关系”命令，弹出“关系”对话框，为斜齿轮的相关尺寸增加关系式并检验关系式。

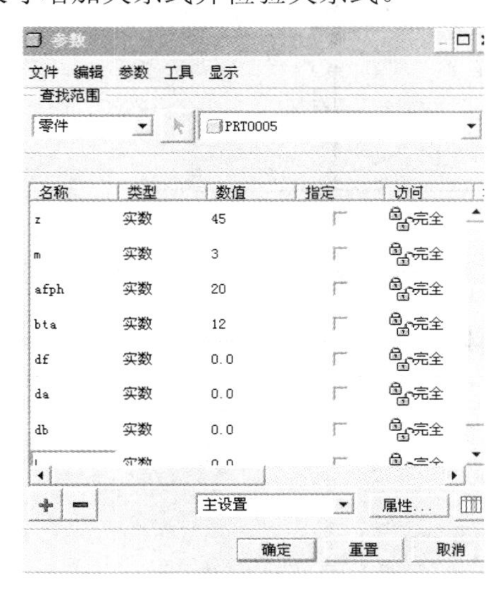

图 28-2　斜齿轮参数设计

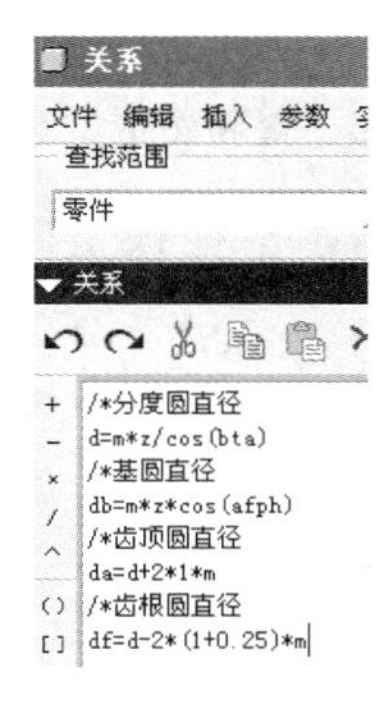

图 28-3　为斜齿轮的相关尺寸增加关系式

步骤四：草绘基本圆。

如图 28-4 所示，在草绘模式下，以 F 平面为草绘平面，草绘一个圆，在输入尺寸 d。图 28-5 所示为打钩完成后重新生成的分度圆。

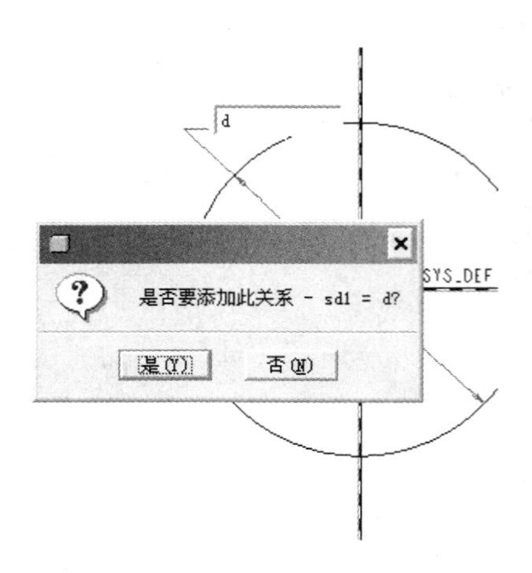

图 28-4 草绘一个圆

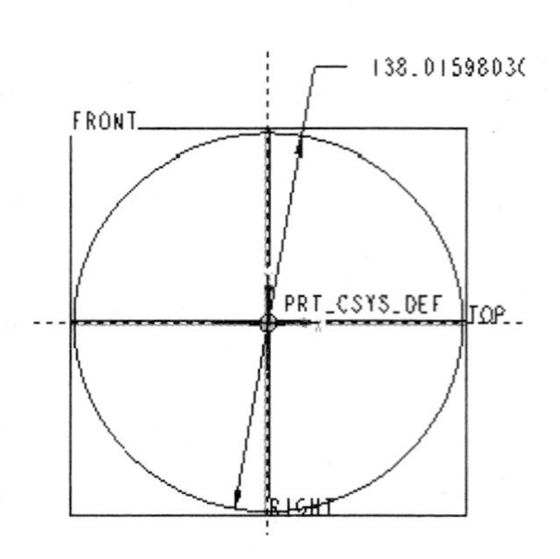

图 28-5 重新生成的分度圆

如图 28-6 所示，在草绘模式下，以 F 平面为草绘平面，草绘齿顶圆，输入尺寸 da，打钩完成后重新生成齿顶圆。

如图 28-7 所示，在草绘模式下，以 F 平面为草绘平面，草绘齿根圆，输入尺寸 df，打钩完成后重新生成齿根圆。

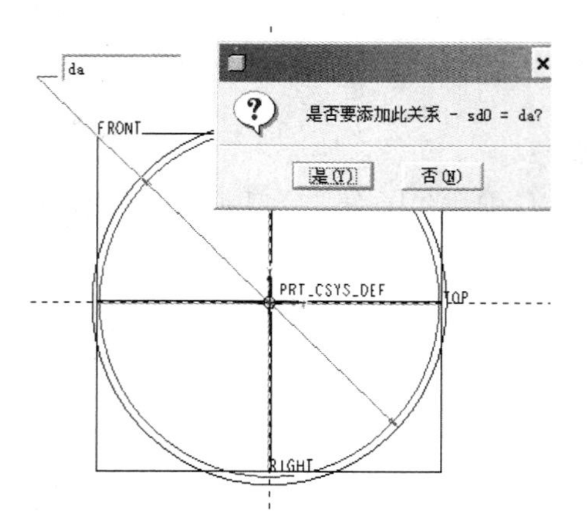

图 28-6 重新生成的齿顶圆

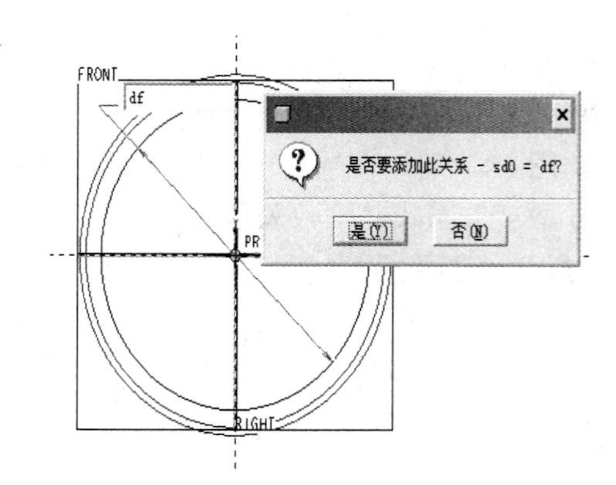

图 28-7 重新生成的齿根圆

如图 28-8 所示，在模型树中，可以把 3 个草绘图重命名(或不改)。

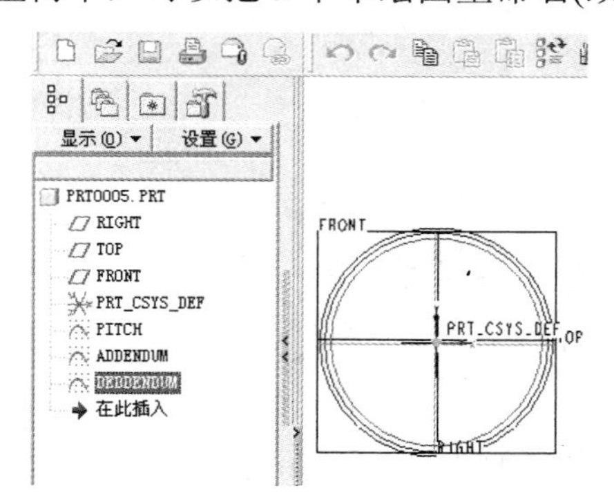

图 28-8 对草绘圆重命名

步骤五：创建渐开线齿形曲线。

如图 28-9 所示，在右工具箱打开“基准曲线”菜单，选择“从方程”、“笛卡儿”，在弹出的记事本窗口中输入渐开线基准曲线方程。

如图 28-10 所示，完成后选择“文件”→“保存”命令，关闭对话框，完成渐开线曲线的创建。

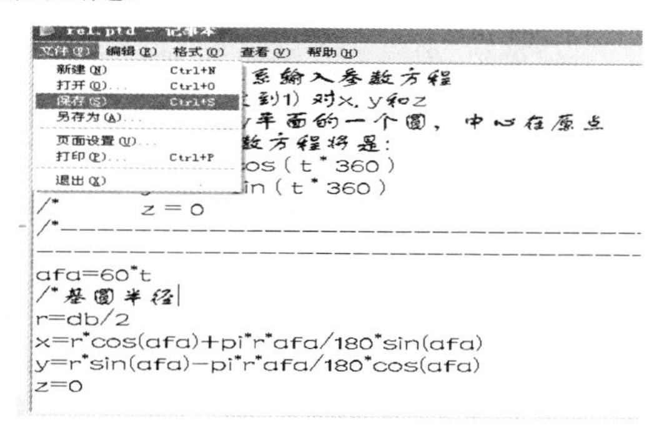

图 28-9　记事本编辑器

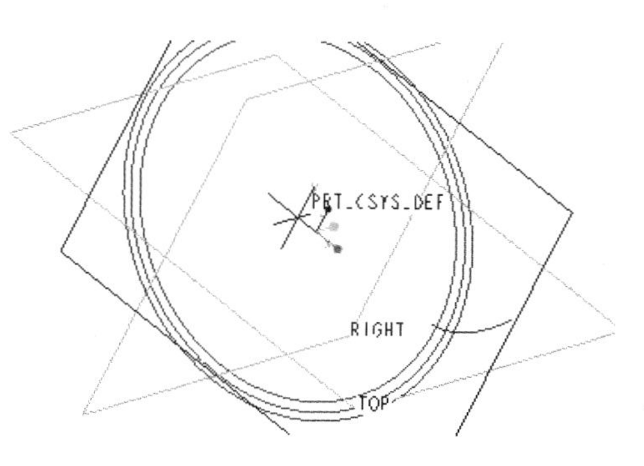

图 28-10　完成后的渐开线曲线

步骤六：通过镜像创建另一条渐开线曲线。

如图 28-11 所示，通过 T 和 R 平面来创建基准轴 A-1。如图 28-12 所示，通过渐开线和基圆创建基准点 PNT0。

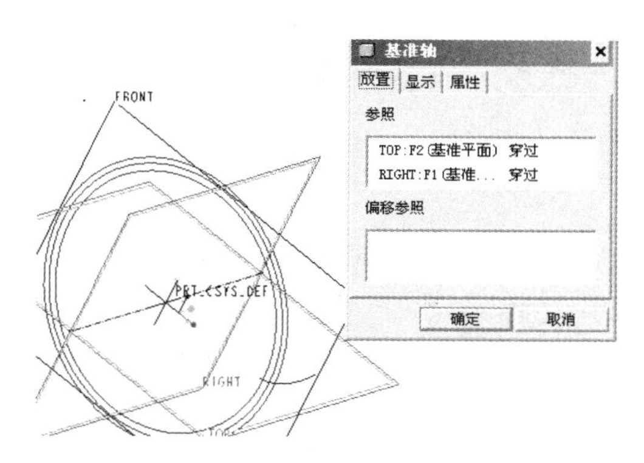

图 28-11　创建基准轴 A-1

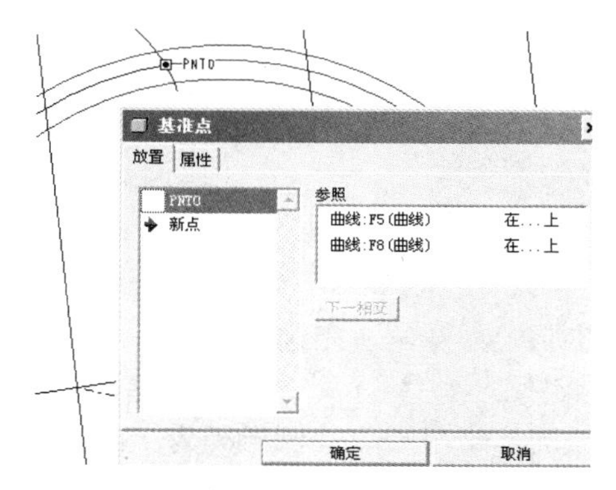

图 28-12　创建基准点 PNT0

如图 28-13 所示，再通过基准点 PNT0 和基准轴 A-1 创建基准平面 DTM1。

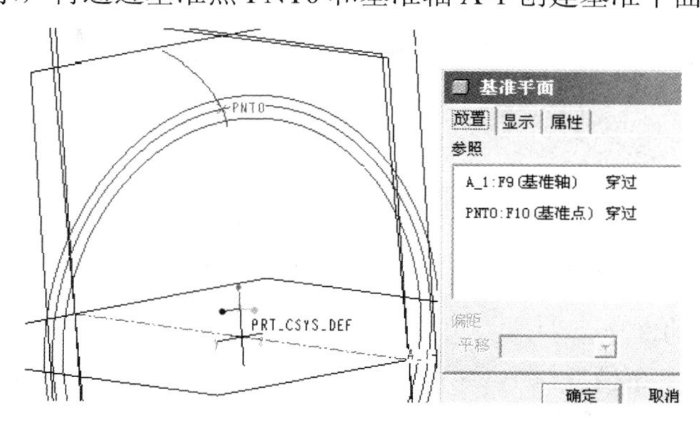

图 28-13 创建基准平面 DTM1

如图 28-14 所示，过基准轴 A-1，并使 DTM1 旋转“90/z”角度来创建基准平面 DTM2。

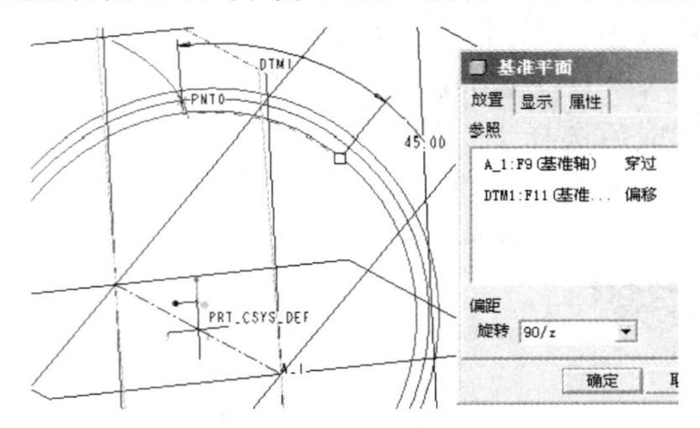

图 28-14　创建基准平面 DTM2

如图 28-15 所示，选取渐开线曲线以激活镜像工具，打开镜像操作面板，以 DTM2 为镜像平面，镜像生成另一条渐开线，打钩完成另一条渐开线的创建。把一些已无用的基准隐藏起来，如图 28-16 所示。

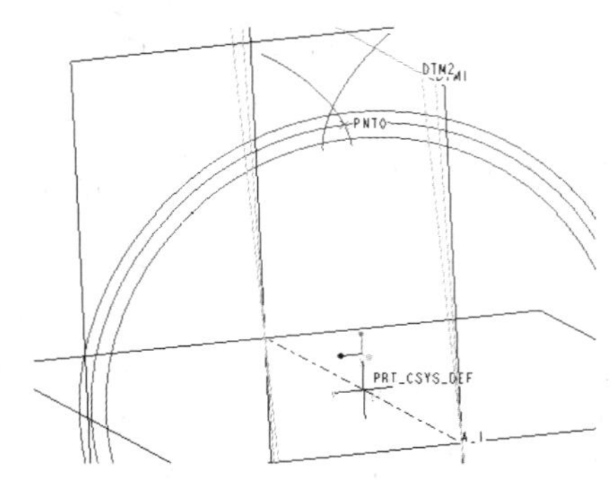

图 28-15　镜像生成另一条渐近线

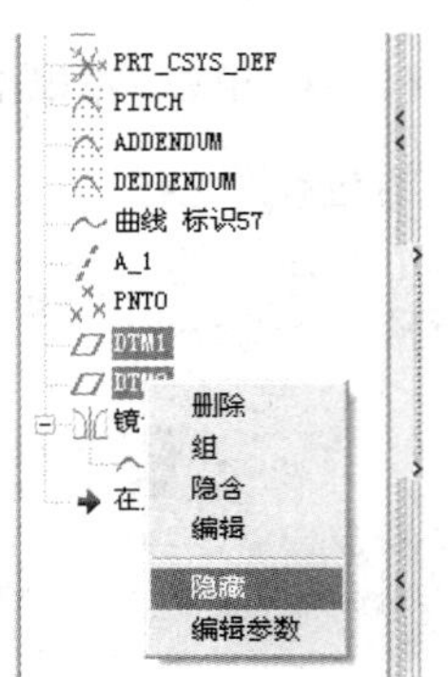

图 28-16 隐藏无用的基准

步骤七：草绘一个齿图形。

如图 28-17 所示，在右工具箱单击“草绘”按钮，运用“实体边创建图元”工具，草绘齿轮的一个齿形，并倒半径为 1 的圆角。

如图 28-18 所示，完成后打钩退出草绘界面，生成一个草绘齿形图。

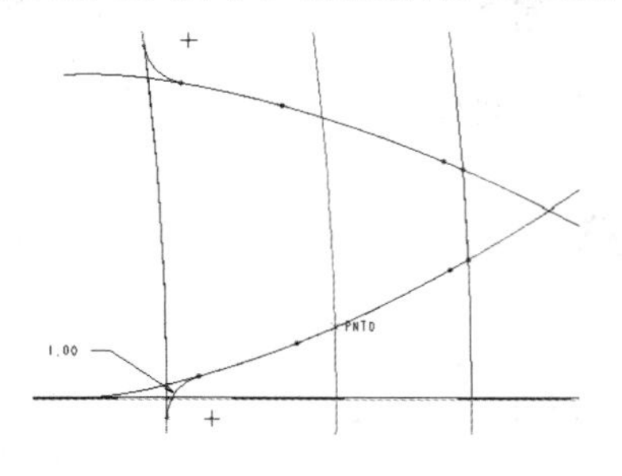

图 28-17　倒圆角

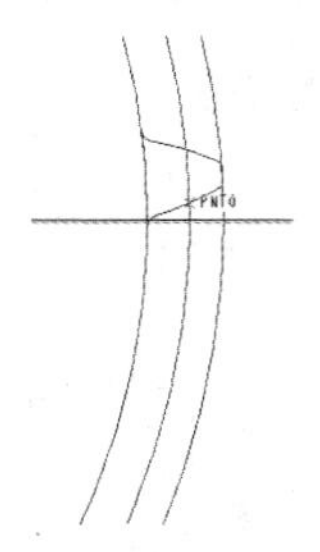

图 28-18　生成的一个草绘齿形圆

步骤八：复制出另 3 个齿图形。

如图 28-19 所示，在模型树中选中刚草绘的齿形图，再选择“编辑”→“特征操作”命令，弹出“特征”菜单管理器，选择“复制”命令，再选取这个齿形。

如图 28-20 所示，在菜单中再选择“平移”命令，选择方向为“平面”，选择 F 平面为参照方向，平移图形。

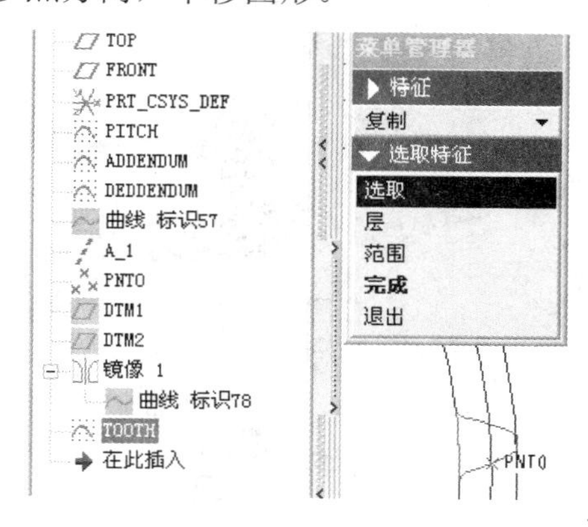

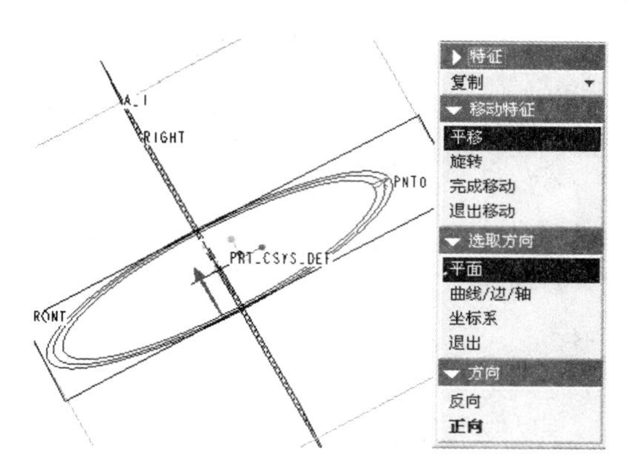

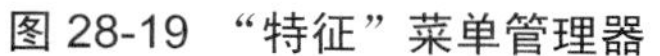

图 28-19 “特征”菜单管理器

图 28-20 平移图形

如图 28-21 所示，输入偏移距离“b*cos(bta)/3”。完成后再在“特征”菜单管理器中选择“旋转”命令，准备对齿形图进行旋转的操作，如图 28-22 所示。

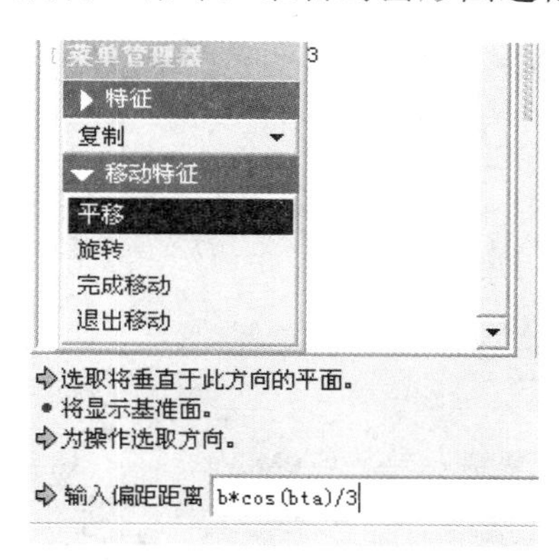

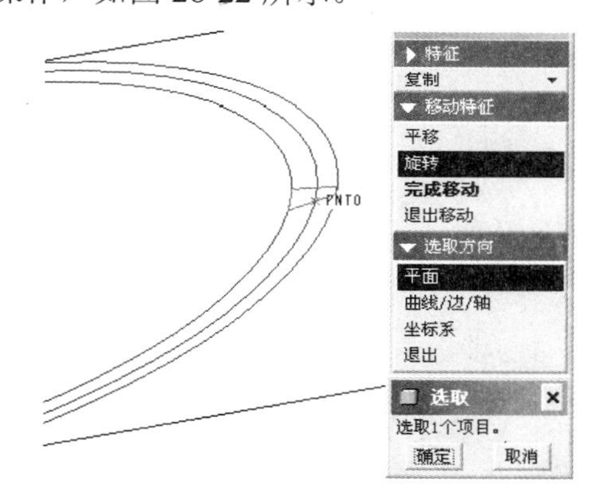

图 28-21 输入偏移距离

图 28-22 对齿形图进行旋转的操作

如图 28-23 说所示，选取方向为“坐标系”，并选择“Z 轴”为旋转轴，选择“正向”命令退出。输入旋转角度“bta/3”，打钩完成，如图 28-24 所示。

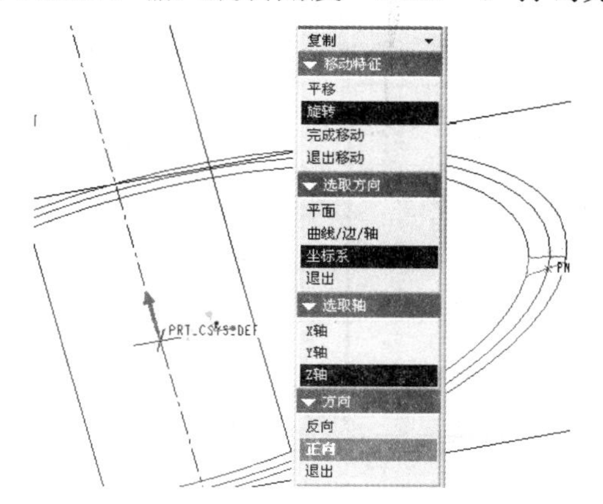

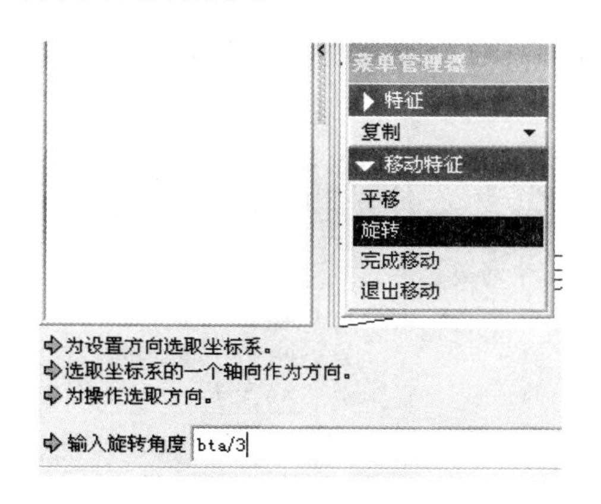

图 28-23 “特征”菜单的管理器

图 28-24 输入旋转角度

如图 28-25 所示，完成复制后生成另一个齿形，用同样的方样选择刚复制创建来的齿形图形，再选择“编辑”→“特征操作”命令，弹出“特征”菜单管理器。

如图 28-26 所示，用同样的操作方法对刚复制的齿形进行下一次的复制。

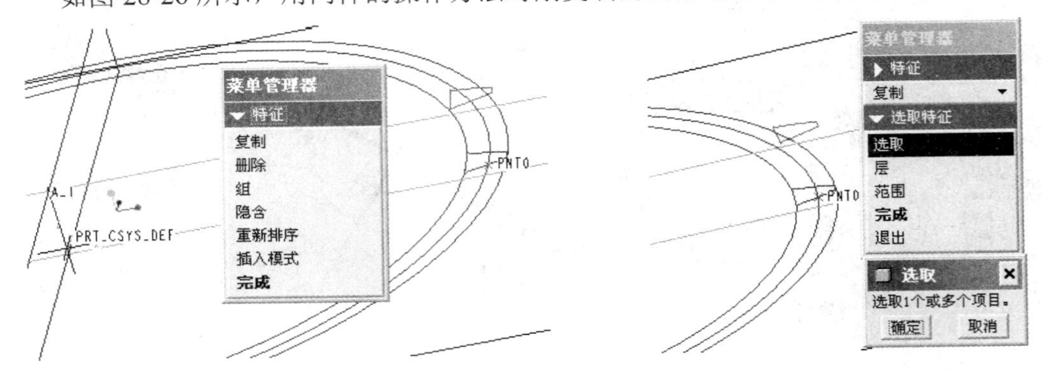

图 28-25 “特征”菜单管理器

图 28-26 对齿形进行下一次的复制

如图 28-27 所示，用同样的操作方法对刚复制的齿形进行下一次的复制。

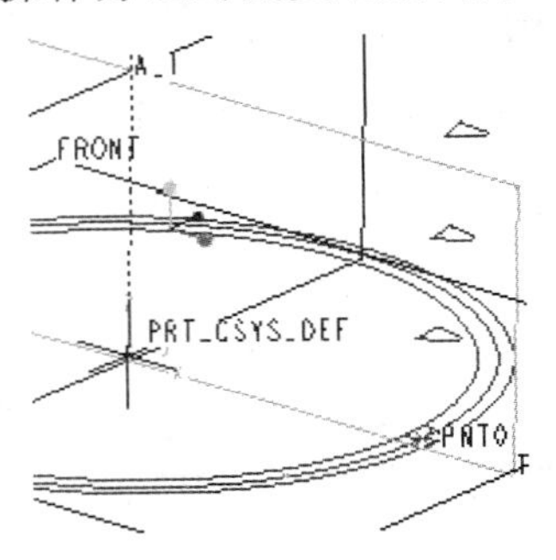

图 28-27 对齿型再进行复制

步骤九：创建一个齿。

如图 28-28 所示，以平面作为草绘平面，T 平面为草绘方向的参照，单击“草绘”按钮进入草绘界面。

如图 28-29 所示，在草绘模式下，草绘一条长度为 60 的直线作为扫描混合的扫描轨迹线，直线的起点为坐标中心点。

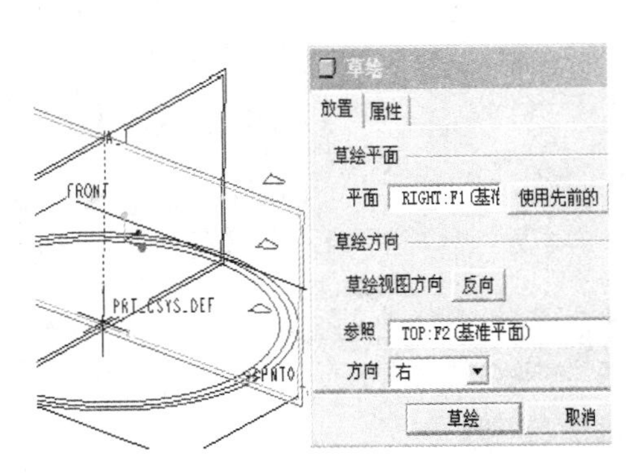

图 28-28 草绘平面

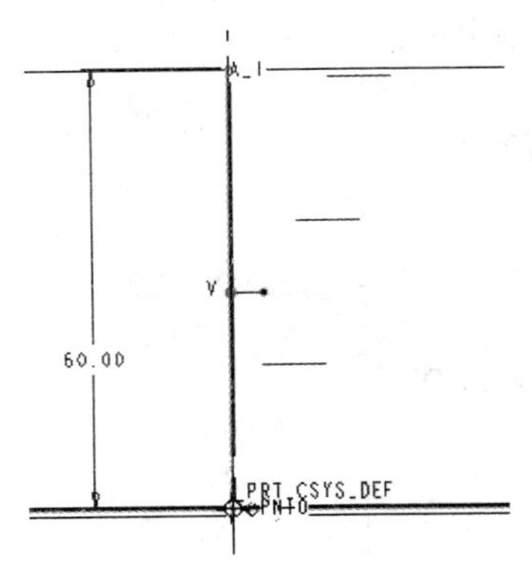

图 28-29 草绘一直线

如图 28-30 所示，选择“插入”→“扫描混合”命令或在右工具箱中单击“扫描混合”按钮，弹出其对话框，选取刚才创建的扫描轨迹线。

如图 28-31 所示，进入草绘扫描截面的界面，在“曲线草绘器”菜单管理器中选择“选取环”命令，然后点选草绘的齿形曲线。

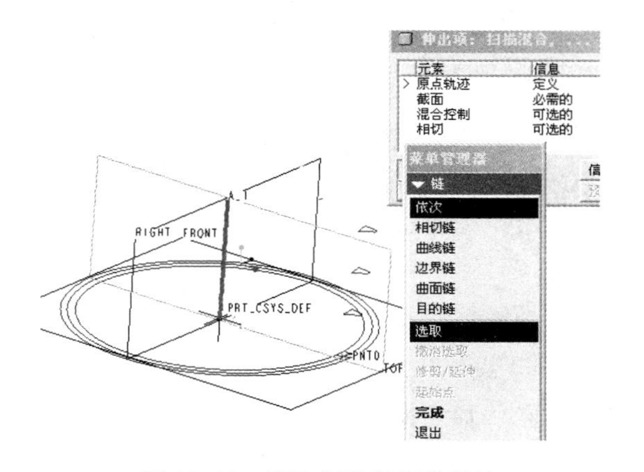

图 28-30　选取创建的扫描轨迹

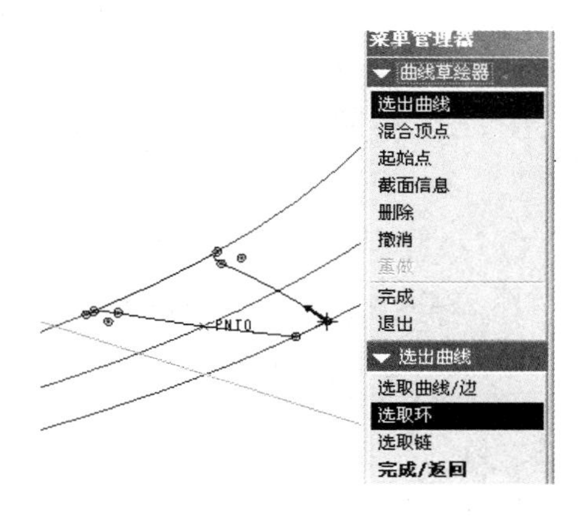

图 28-31　“曲线草绘器”菜单管理器

如图 28-32 所示，依次选取另 3 个图形环，注意起始点的方向要一致。图 28-33 所示为“确定”完成扫描混合后生成的一个斜齿。

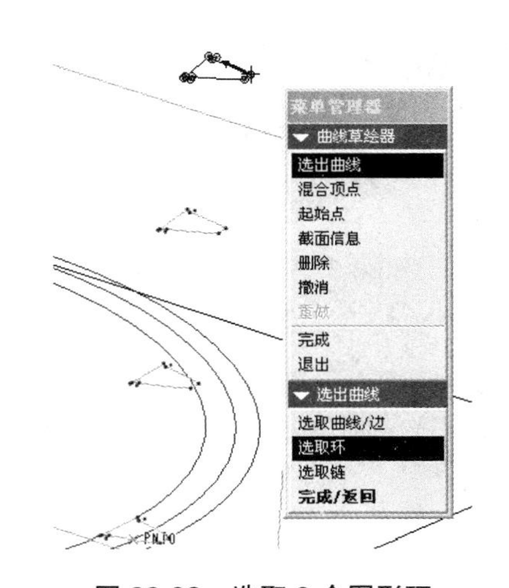

图 28-32　选取 3 个图形环

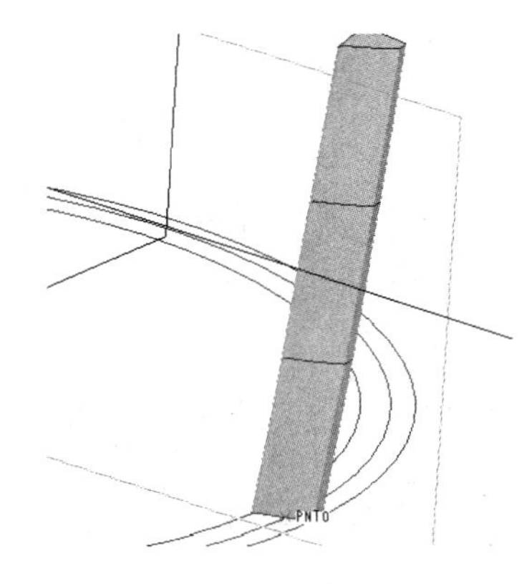

图 28-33　生成的斜齿

步骤十：复制另一个齿。

如图 28-34 所示，在模型树中选择刚创建的这个齿，再选择“编辑”→“特征操作”命令，弹出“特征”菜单管理器，选择“复制”、“移动”、“独立”命令，然后选择“完成”命令。

如图 28-35 所示，选择“旋转”选取方向则选择“曲线/边/轴”选项，然后选取 Z 轴为旋转轴，旋转的角度为设置为“360/z”。

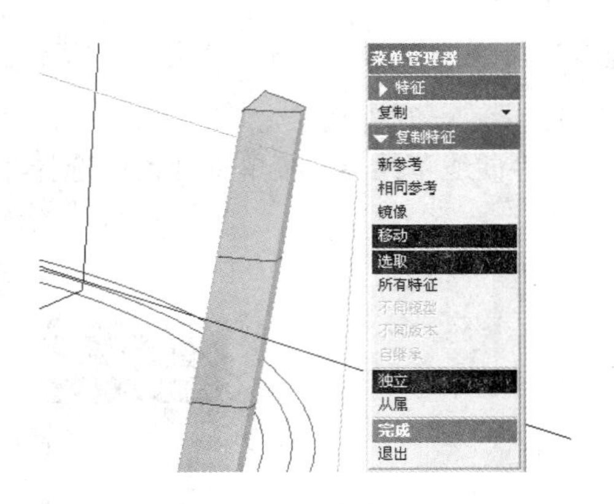

图 28-34　菜单管理器 1

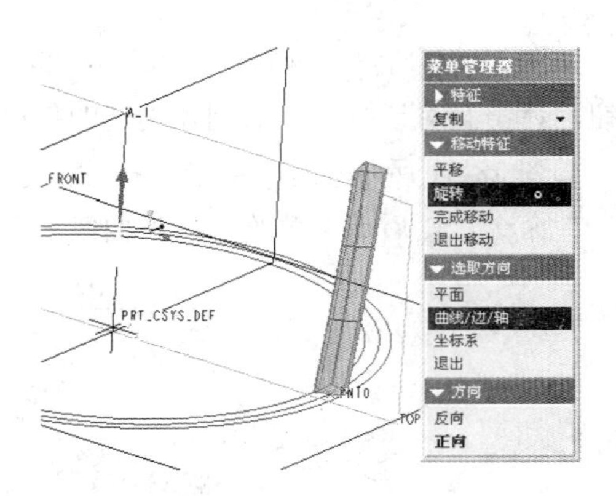

图 28-35　菜单管理器 2

如图 28-36 所示，完成后旋转复制成另一个齿。

步骤十一：阵列其他所有的齿。

如图 28-37 所示，选择刚复制出来的齿，选择“编辑”→“阵列”命令或在右工具箱中单击“阵列”按钮，打开其操作面板，阵列的方式选择“轴”，以 A-1 轴为旋转中心轴，阵列齿轮 44 个，打钩完成阵列。

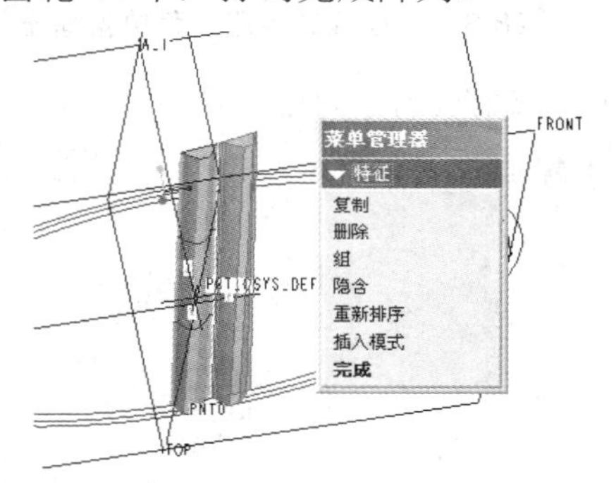

图 28-36　旋转复制成另一个齿

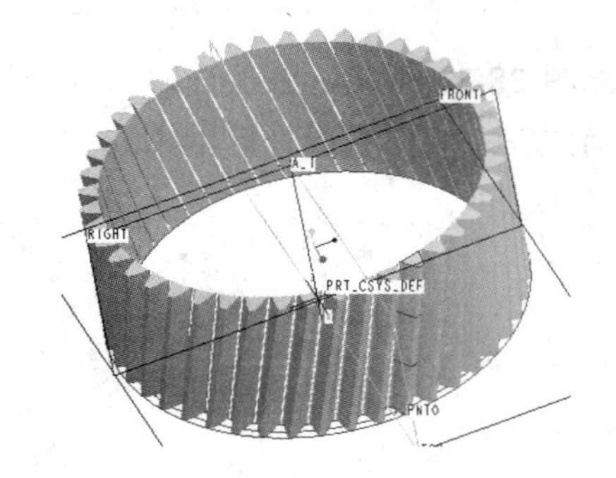

图 28-37　阵列 44 个齿轮

步骤十二：创建齿轮实体。

如图 28-38 所示，以平面向上平移“b*cos(bta)/2”距离，创建基准平面 DTM3。

如图 28-39 所示，打开“拉伸”工具的操作面板，选择刚创建的平面 DTM3 为草绘平面，草绘拉伸的截面图形，草绘一个为直径为 36 的圆，另一个圆则运用草绘工具“实体边创建图元”点选出齿根圆，完成后打钩退出草绘界面。

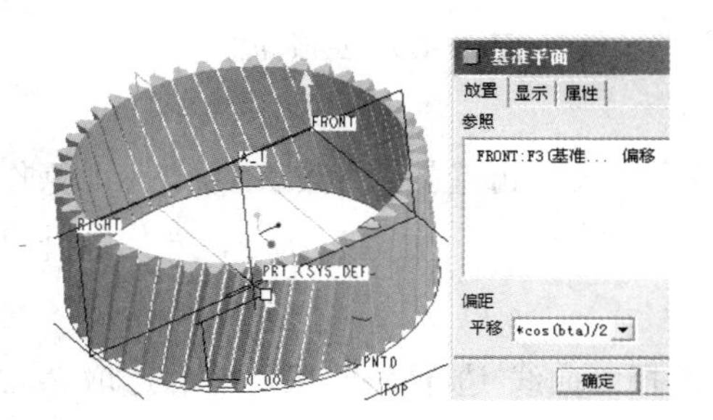

图 28-38　创建基准平面 DTM3

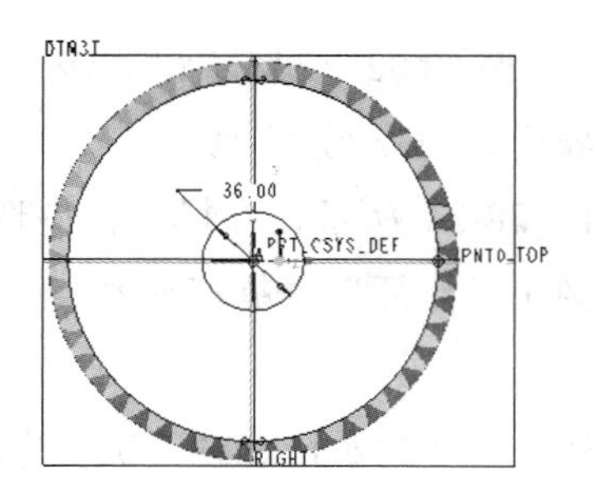

图 28-39　草绘一圆

如图 28-40 所示，选择拉伸方式为“对称”拉伸，深度设置为 b*cos(bta)/2。图 28-41 所示是打钩完成后生成的拉伸实体，即齿轮幅。

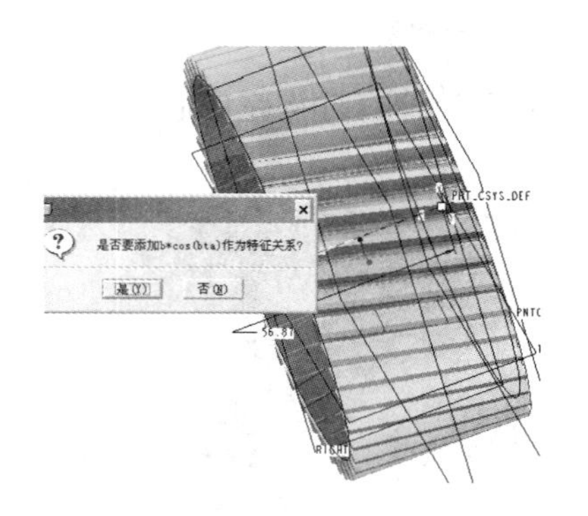

图 28-40　设置拉伸方式

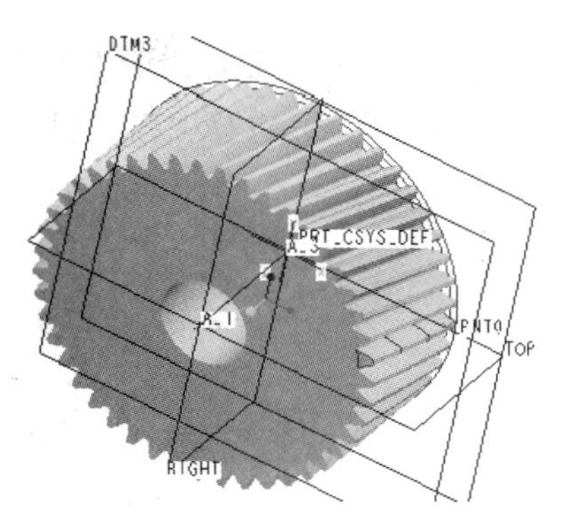

图 28-41　生成的拉伸实体

步骤十三：创建齿轮两侧的减轻环。

如图 28-42 所示，打开“旋转”工具的操作面板，以 F 平面为草绘平面，草绘旋转轴和截面(另一侧镜像草绘图即可)，打钩退出草绘界面。

如图 28-43 所示，设置“去除材料”，设置旋转 360°，打钩完成旋转后得到的齿轮的减轻环。另一侧的减轻环只需要“镜像”操作即可。

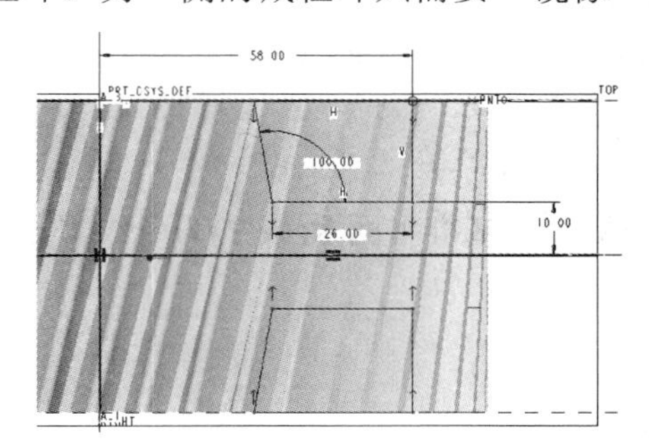

图 28-42　草绘旋转轴和截面

图 28-43　旋转后得到的齿轮的减轻环

步骤十四：创建齿轮的减重孔和轴孔。

如图 28-44 所示，打开“拉伸”工具的操作面板，以基准平面 DTM3 为草绘平面，草绘拉伸的截面图，完成后打钩退出草绘界面。图 28-45 说明：设置“去除材料”，深度设置为“穿透”，打钩完成后生成减重孔和轴孔。

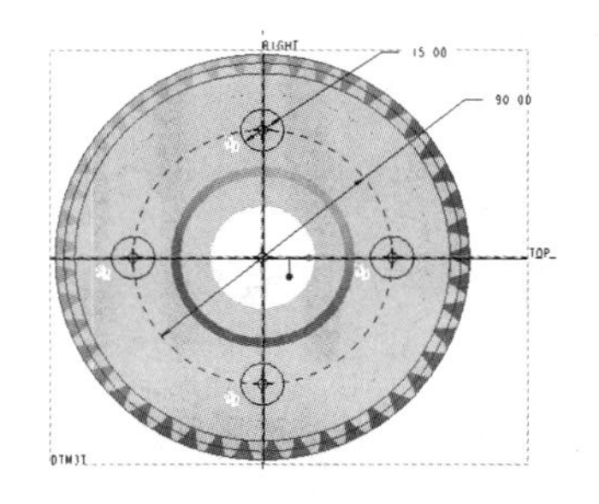

图 28-44　草绘拉伸的截面图

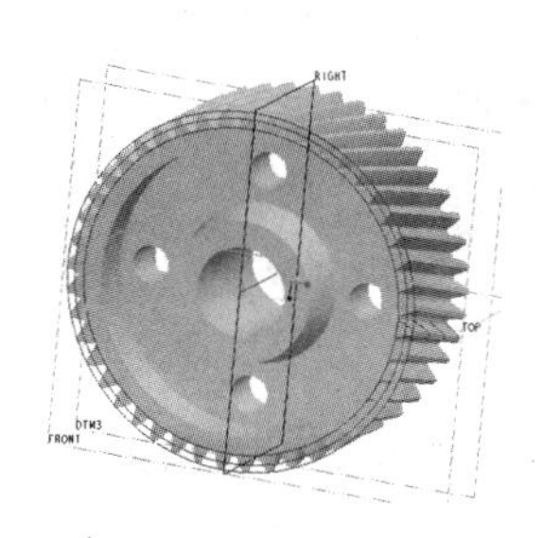

图 28-45　生成的减重孔和轴孔

步骤十五：创建轴孔的键槽。

如图 28-46 所示，打开“拉伸”工具的操作面板，以基准平面 DTM3 为草绘平面，草绘键槽的截面图，完成后打钩退出草绘界面。

如图 28-47 所示，选择“减材料”，设置为“双侧”拉伸，打钩完成后生成键槽。

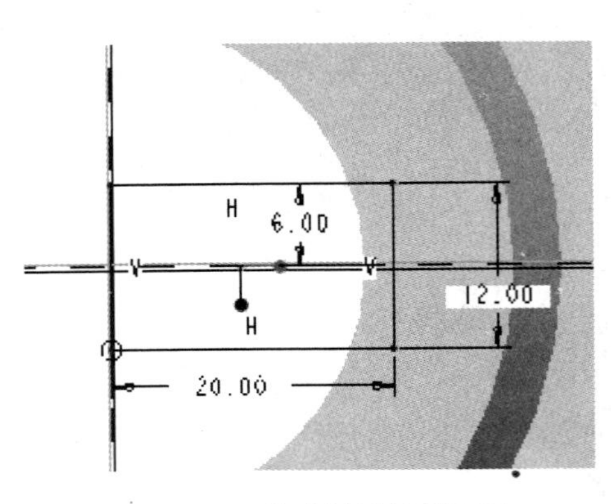

图 28-46　草绘键槽的截面图

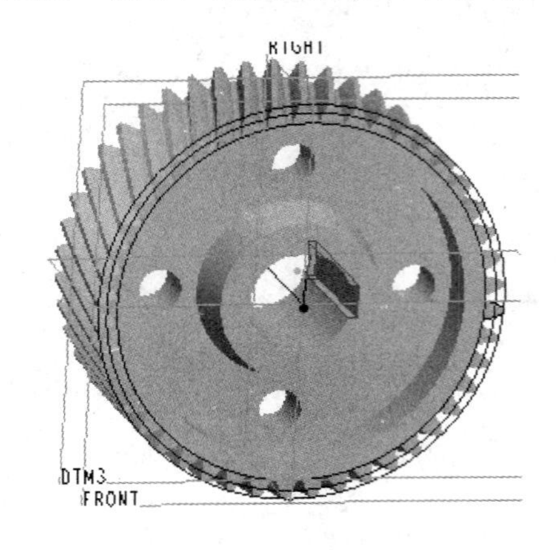

图 28-47　生成的键槽

步骤十六：增加铸造圆角。

如图 28-48 所示，单击“倒圆角”按钮，选择需要铸造圆角的边进行半径为 2 的倒圆角处理。

步骤十七：增加齿轮的倒角。

如图 28-49 所示，打开“旋转”工具的操作面板，以基准平面 R(或 T)为草绘平面，草绘倒角的截面图和旋转轴。

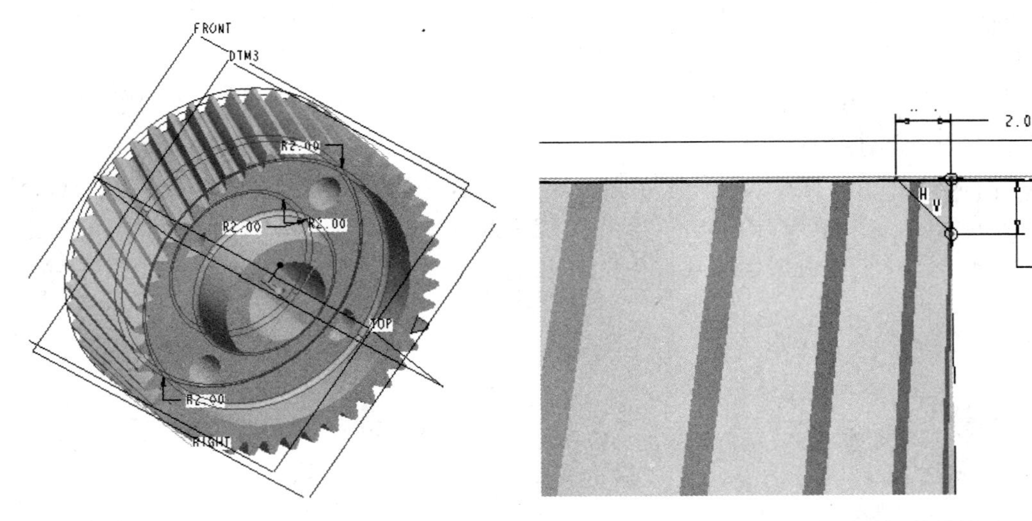

图 28-48　倒圆角

图 28-49　草绘截面图和旋转轴

如图 28-50 所示，镜像另一侧倒斜角的图形，完成后打钩退出草绘界面。

如图 28-51 所示，设置“减材料”，旋转 360°，打钩完成后生成特征。

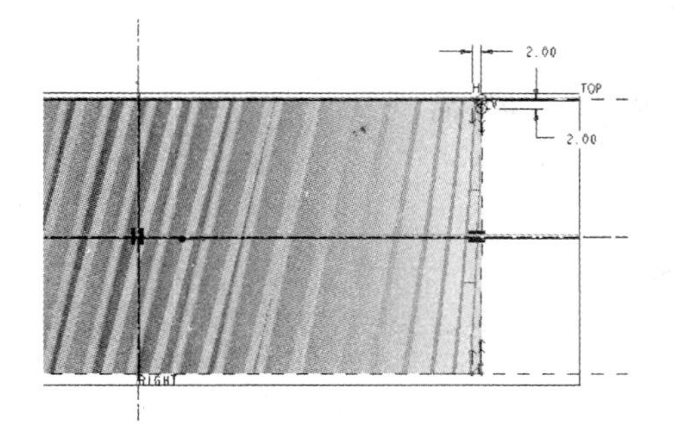

图 28-50　镜像另一侧图形

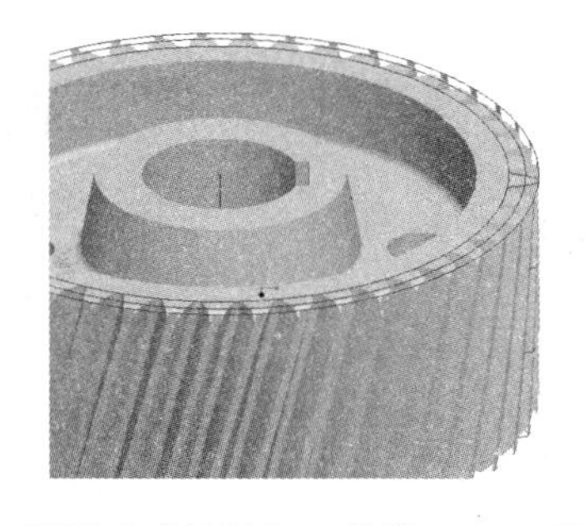

图 28-51　设置“减材料”，旋转 360°后生成的特征

如图 28-52 所示，单击“倒角”按钮，增加其他的倒斜角。
如图 28-53 所示为最终完成的斜齿圆柱齿轮。

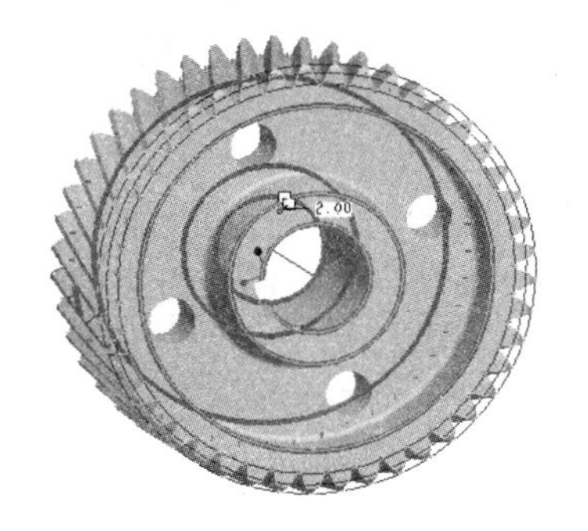

图 28-52　增加其他的倒斜角

图 28-53　最终完成的斜齿圆柱齿轮

项目 29　减速箱上箱盖设计

知识目标

掌握二维平面图形的绘制，掌握三维实体模型的创建方法，掌握基础实体、工程特征及特征的基本操作等操作方法等。

技能目标

熟练地运用 Pro/E 设计软件，熟练地运用所学过的所有的实体特征、工程特征、特征的基本操作等工具快速地设计减速箱上箱盖模型。

项目任务

运用 Pro/E 设计软件，完成如图 29-1 所示的减速箱上箱盖三维模型的设计。

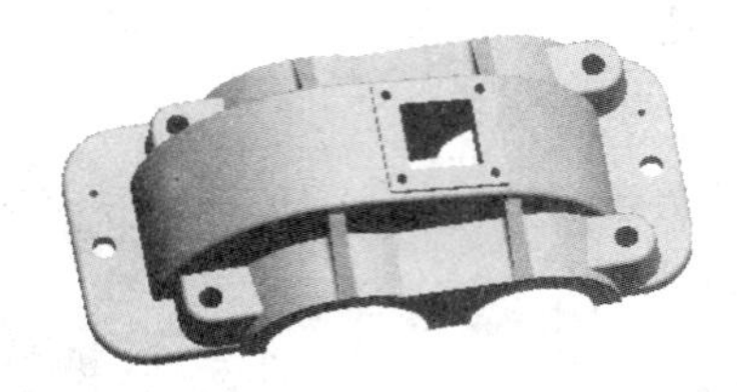

图 29-1　减速箱上箱盖三维模型

操作指引

设计减速箱上箱盖的三维模型

步骤一：选择“文件”→“新建”命令，弹出“新建”对话框，在“类型”选项组中选中“零件”单选按钮并输入文件名“jiansuxiangshangxianggai”，然后单击“确定”按钮进入三维实体建模模式。首先选择“编辑”→“设置”命令，打开“设置”菜单管理器，单击“单位”按钮，打开“单位管理器”，选择“mmns_part_solid”作为设计模板。

步骤二：创建上箱盖主体。

如图 29-2 所示，选择“插入”→“拉伸”→“伸出项”命令或在右工具箱中单击“拉伸”按钮，打开其操作面板，创建拉伸“实体”特征，选择 F 平面为草绘平面，草绘上箱盖的图形，完成后打钩退出草绘界面。

如图 29-3 所示，设置“双侧”拉伸，深度设置为 52，打钩完成后生成上箱盖主体。

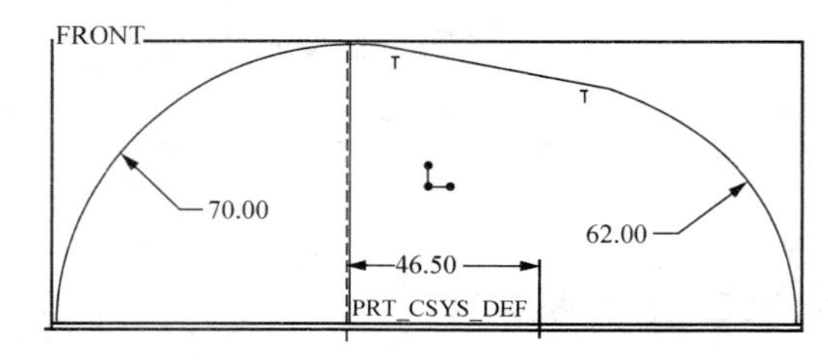

图 29-2　草绘上箱盖的图形

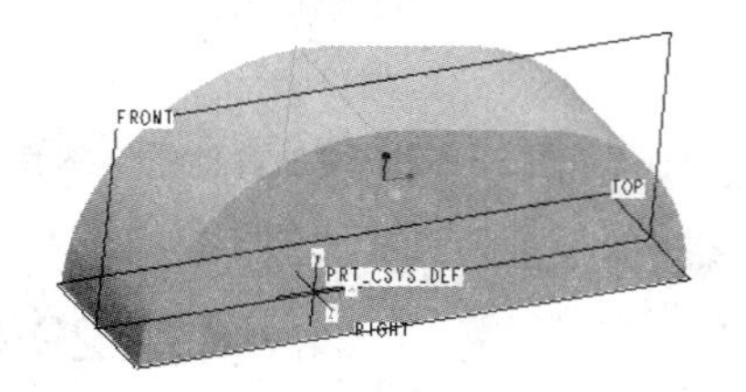

图 29-3　生成的上箱盖的主体

步骤三：创建上箱盖两侧翼。

如图 29-4 所示，选择“插入”→“拉伸”→“伸出项”命令或在右工具箱中单击“拉伸”按钮，打开其操作面板，创建拉伸“实体”特征，以上箱盖主体的一侧面为草绘平面，草绘侧翼截面图形，完成后打钩退出草绘界面。

如图 29-5 所示，设置为“单侧”拉伸，深度为 52，打钩完成后生成上箱体的一个侧翼。

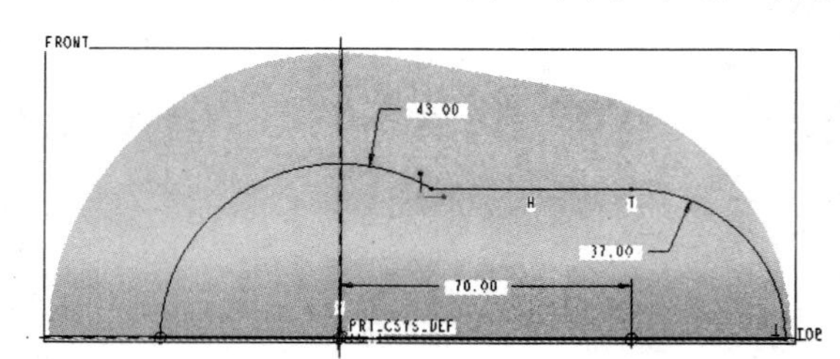

图 29-4　草绘侧翼截面图形

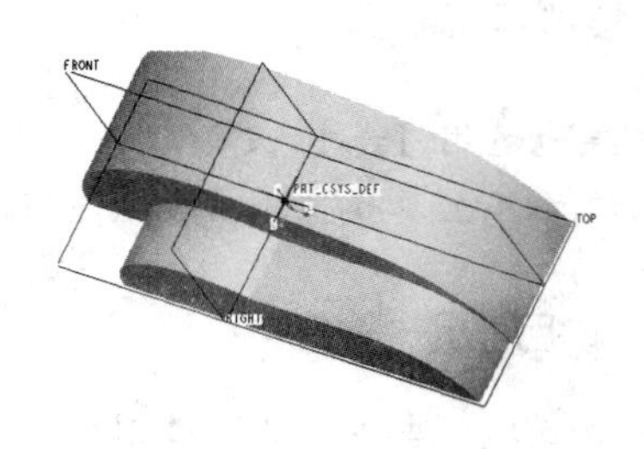

图 29-5　生成箱体的一个侧翼

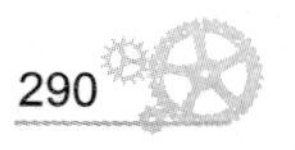

如图 29-6 所示，单击“镜像”按钮，选择 F 平面为镜像平面，镜像出箱体的另一侧的另一个侧翼。

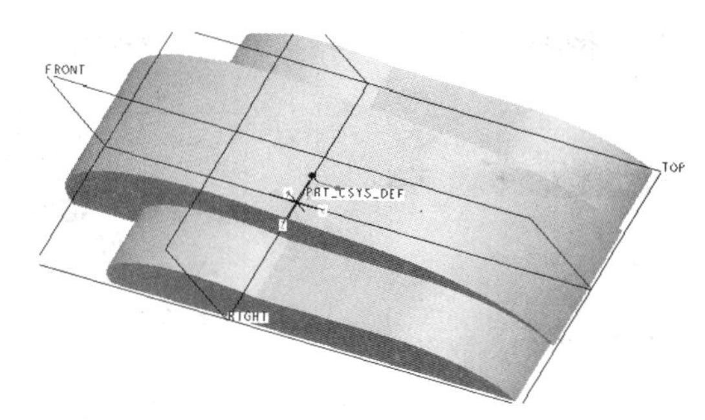

图 29-6　镜像另一个侧翼

步骤四：为两边的侧翼进行拔模。

如图 29-7 所示，单击“拔模”按钮，选择如图 29-7 所示的上曲面为拔模曲面，选择上箱盖的左侧面为拔模枢轴，设置拔模角度为 6°，打钩完成拔模的操作，同样的方法对右边的侧翼也进行拔模处理。

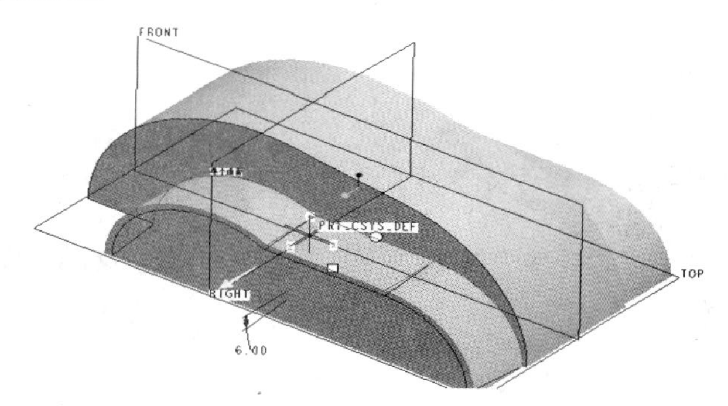

图 29-7　拔摸

步骤五：创建底板。

如图 29-8 所示，选择“插入”→“拉伸”→“伸出项”命令或在右工具箱中单击“拉伸”按钮，打开其操作面板，创建拉伸“实体”特征，以 T 平面为草绘平面，草绘底板图形，完成后打钩退出草绘界面。

如图 29-9 所示，选择“单侧”向上进行拉伸，设置拉伸高度为 7，打钩完成后生成底板特征。

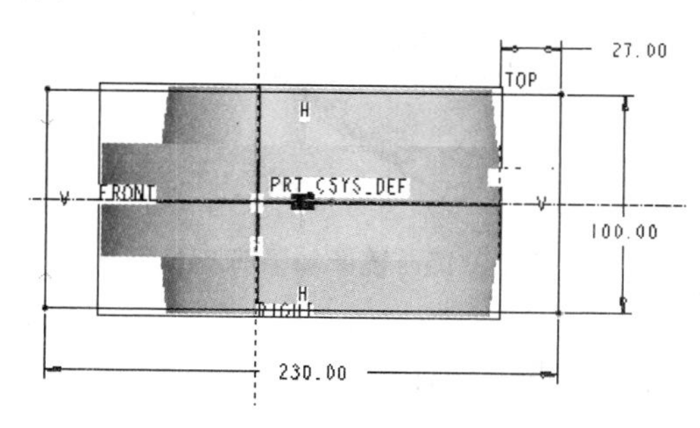

图 29-8　草绘底扳图形

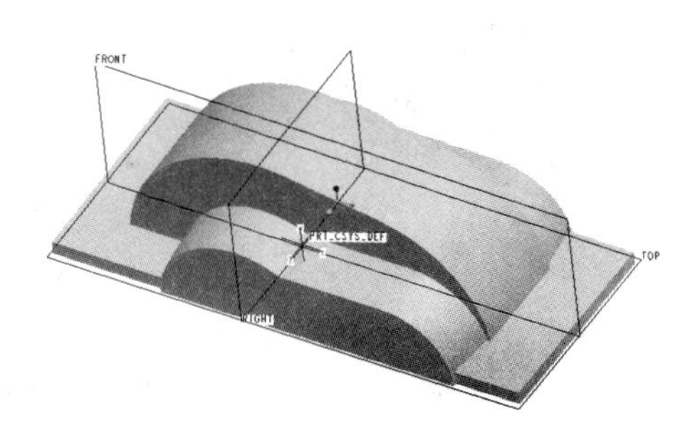

图 29-9　生成的底板特征

步骤六：创建加强筋。

如图 29-10 所示，单击“筋”按钮，选择如图所示的参照。如图 29-11 所示，以 R 平面为草绘平面，草绘加强筋的图形。

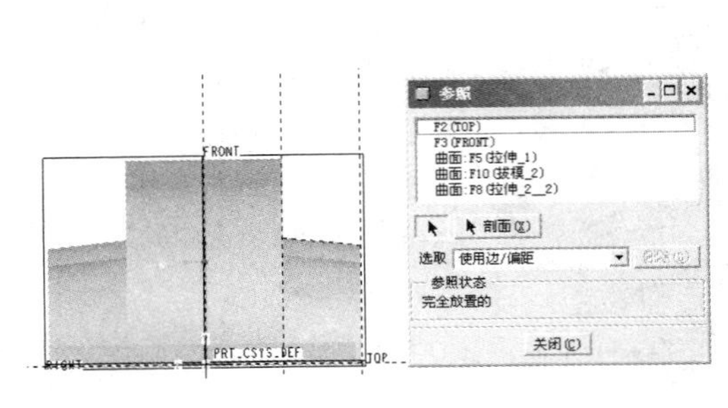

图 29-10 “参照”窗口

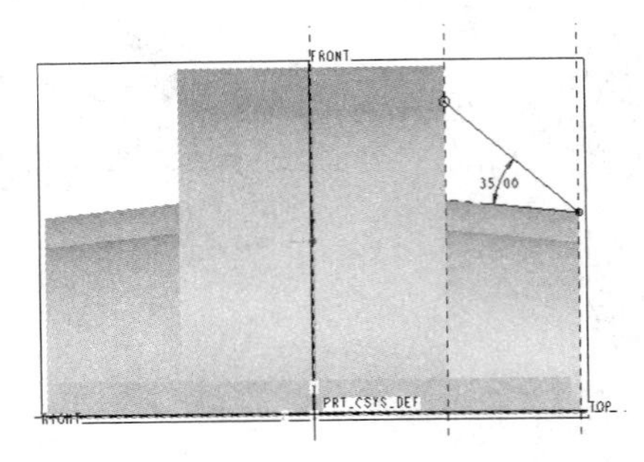

图 29-11 草绘加强盘的图形

如图 29-12 所示，设置加强筋的厚度为 6，设置为“两侧对称生成”，打钩完成筋板的创建。同时以 R 平移 70 创建基准平面 DTM1。

如图 29-13 所示，用同样方法，创建高速轴的加强筋，注意草绘平面选择 DTM1 平面。

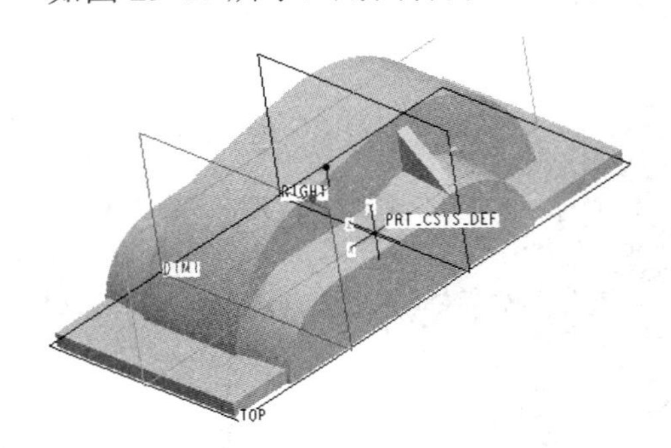

图 29-12 创建筋扳和基准平面 DTM1

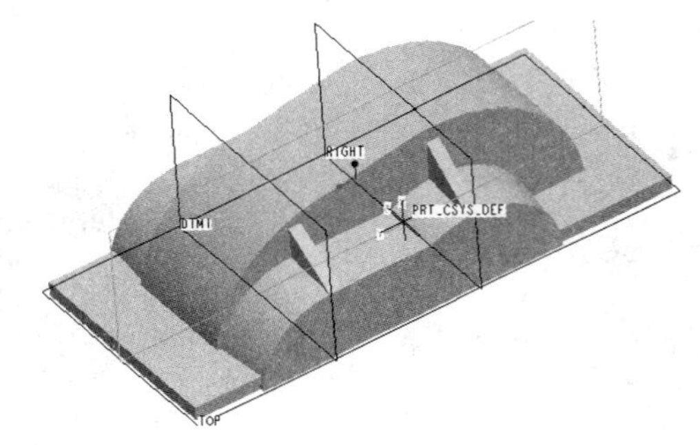

图 29-13 创建高速轴的加强筋

图 29-14 所示为加强筋增加圆角半径为 2 的倒圆角。如图 29-15 所示，以 F 平面为镜像，镜像加强筋及圆角(如不行，则分开操作)。

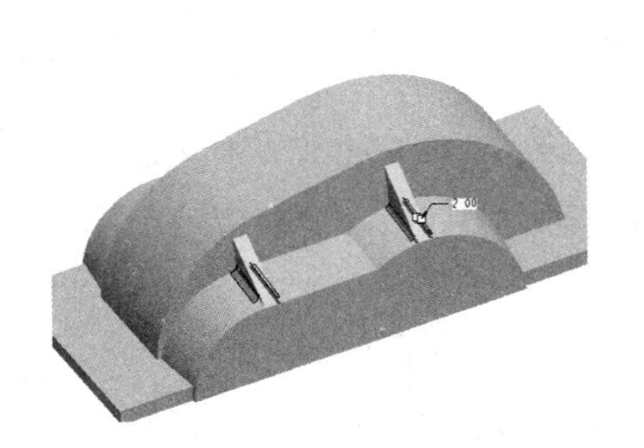

图 29-14 倒圆角

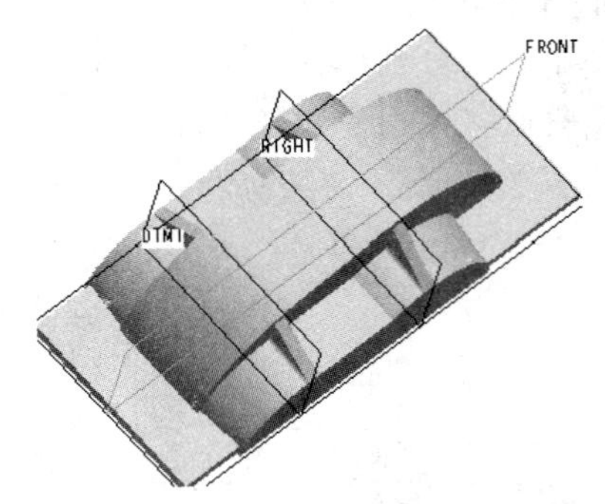

图 29-15 镜像加强筋及圆角

步骤七：创建沉头座凸台。

如图 29-16 所示，首先创建辅助平面，以 TOP 上移 27 创建基准平面 DTM2。

如图 29-17 所示，选择“插入”→“混合”→“伸出项”命令，弹出其菜单，选择“平

行混合”命令，以 T 平面为草绘平面，草绘沉头座凸台的第一个截面图形，完成后单击鼠标右键，在弹出的菜单中选择“下一个截面”命令，继续草绘第二个截面，完成后打钩退出草绘界面，在“平行混合”菜单中单击“确定”按钮完成沉头座凸台的创建。

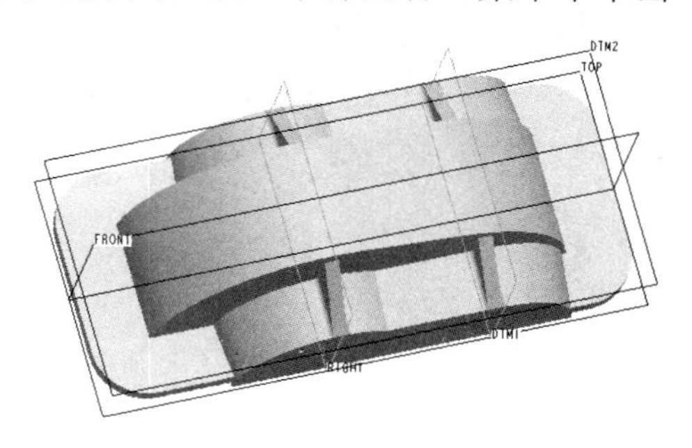

图 29-16　创建辅助平面和基准平面 DTM2

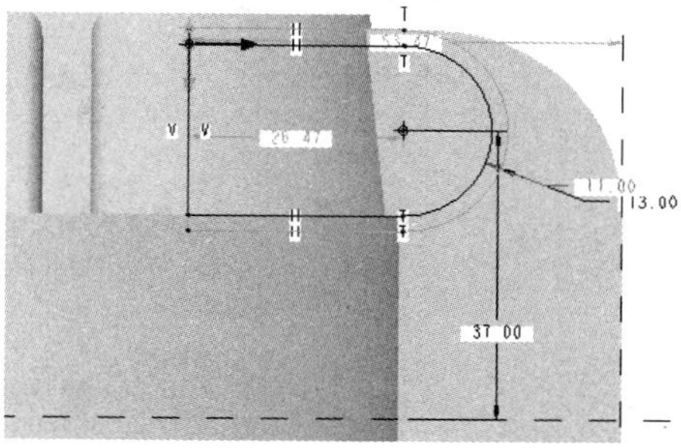

图 29-17　创建沉头凸台

如图 29-18 所示，同样的方法创建另一端的沉头座凸台，草绘两截面的图形。

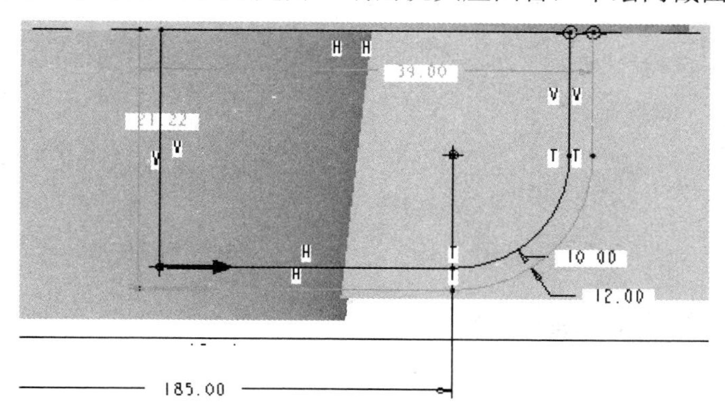

图 29-18　创建另一端沉头座凸台

图 29-19 所示是分别生成的两端凸台。如图 29-20 所示，选择刚创建的两端沉头座凸台，单击“镜像”按钮，以 F 平面为镜像平面镜像另一边的两端凸台，打钩完成。

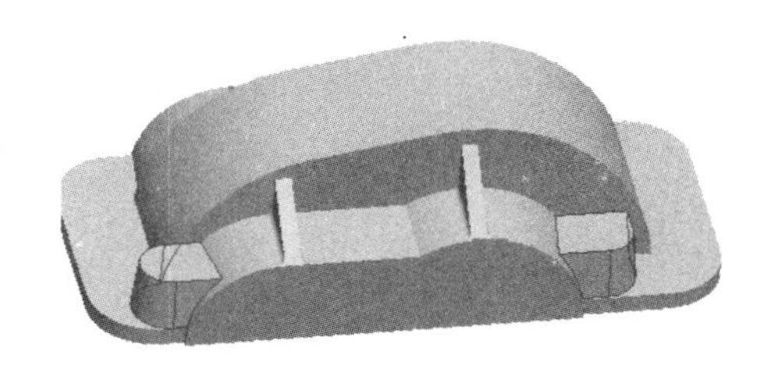

图 29-19　分别生成的两端凸台

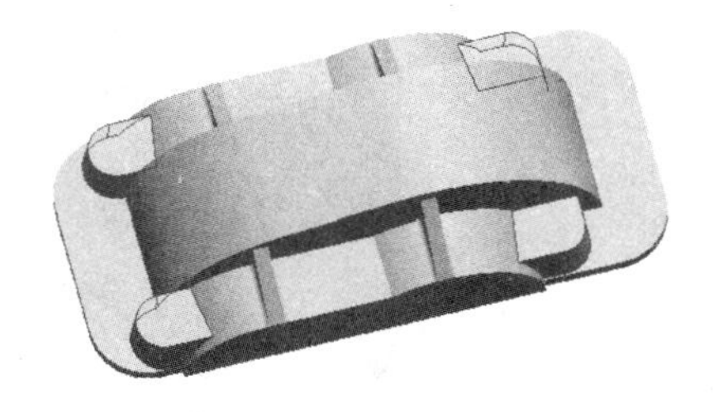

图 29-20　镜像另一边的两端凸台

步骤八：创建沉头座凸台及底板上的光孔。

如图 29-21 所示，选择“插入”→“拉伸”→“伸出项”命令或在右工具箱中单击“拉伸”按钮，打开其操作面板，创建拉伸“实体”特征，以底板的下表面为草绘平面，草绘 6 个直径为 9 的圆，完成后打钩退出草绘界面。

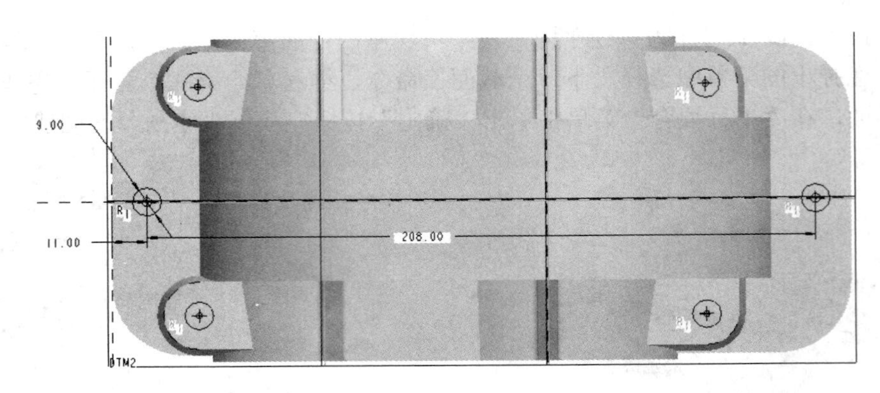

图 29-21 草绘 6 个圆

如图 29-22 所示，设置为“减材料”，深度为“穿透”，打钩完成后生成 6 个光孔。

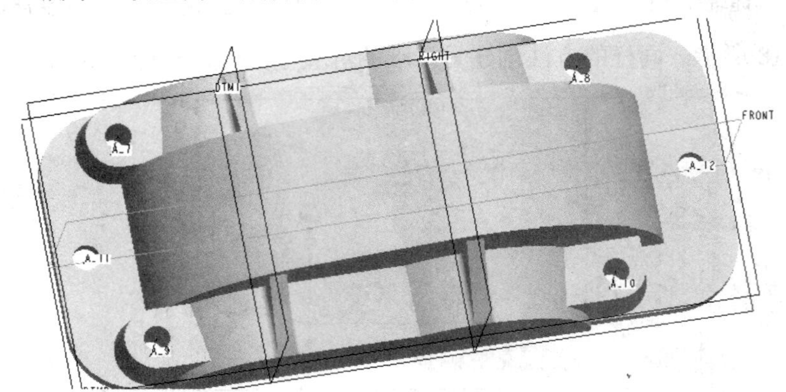

图 29-22 生成的 6 个光孔

步骤九：创建上箱盖的空腔。

如图 29-23 所示，选择“插入”→“拉伸”→“伸出项”命令或在右工具箱中单击“拉伸”按钮，打开其操作面板，创建拉伸“实体”特征，以 F 为草绘平面，草绘空腔的图形，完成后打钩退出草绘界面。

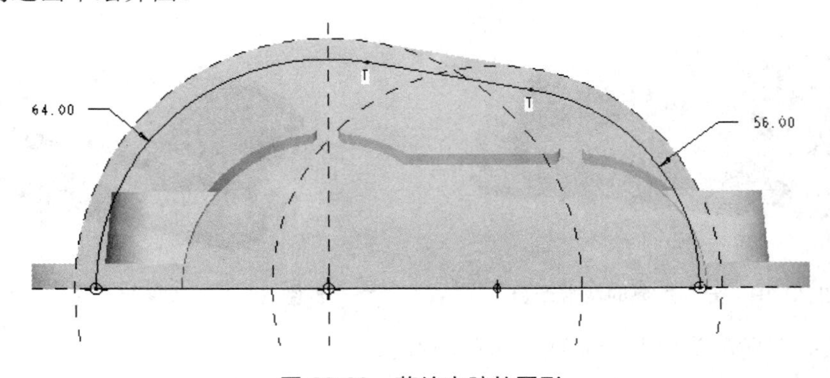

图 29-23 草绘空腔的图形

如图 29-24 所示，设为“对称”拉伸，“减材料”，设置深度为 40，打钩完成后生成特征。

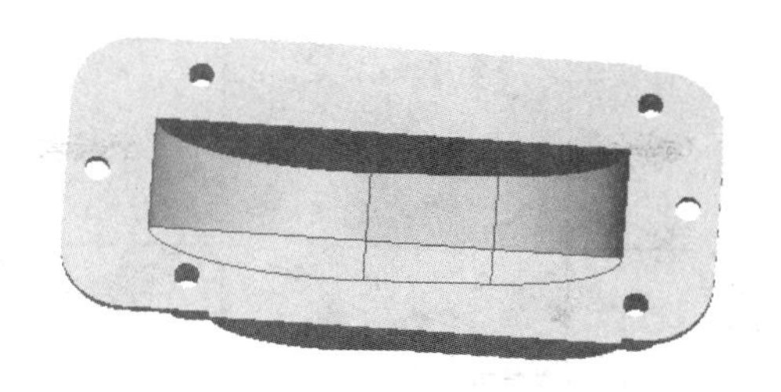

图 29-24　生成的特征

步骤十：创建高低速轴孔。

如图 29-25 所示，选择“插入”→“拉伸”→“伸出项”命令或在右工具箱中单击“拉伸”按钮，打开其操作面板，创建拉伸“实体”特征，以 F 为草绘平面，草绘直径为 47 和 62 的两圆，完成后打钩退出草绘界面。

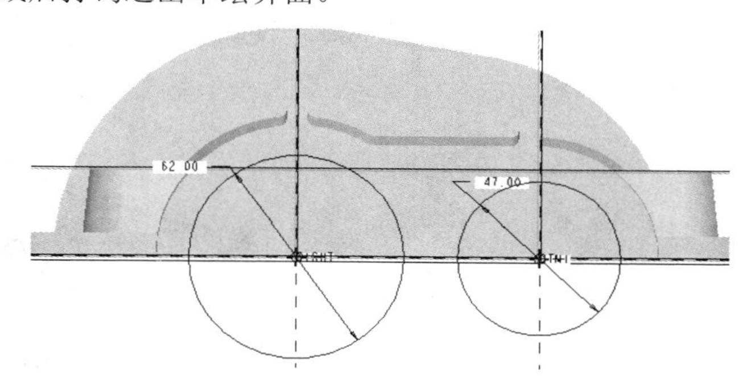

图 29-25　草绘两圆一

如图 29-26 所示，设置为“减材料”，“穿透”，打钩完成拉伸后生成轴孔特征。

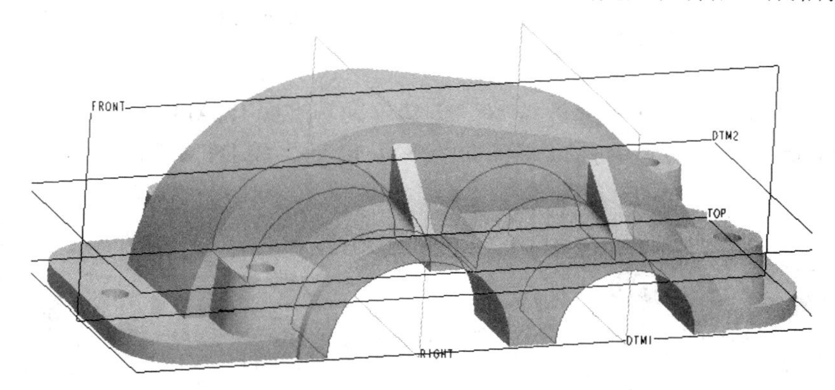

图 29-26　生成的轴孔特征

步骤十一：创建高低速轴两轴端的挡油槽。

如图 29-27 所示，首先通过偏移 F 平面 48 创建基准平面 DTM3。然后选择“插入”→“拉伸”→“实体”命令或在右工具箱中单击“拉伸”命令，打开其操作面板，创建拉伸“实体”特征，以 DTM3 为草绘平面草绘直径为 55 和 70 两圆的图形，完成后打钩退出草绘界面。

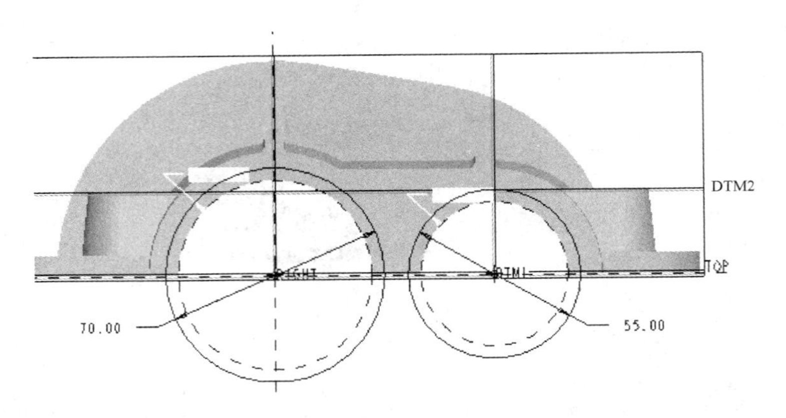

图 29-27　草绘两圆二

如图 29-28 所示，设置为“单向”拉伸，“减材料”，深度为 4，打钩完成后生成挡油槽。如图 29-29 所示，选择刚创建的挡油槽，单击“镜像”按钮，以 F 平面为镜像平面镜像出另一侧的挡油槽，打钩完成。

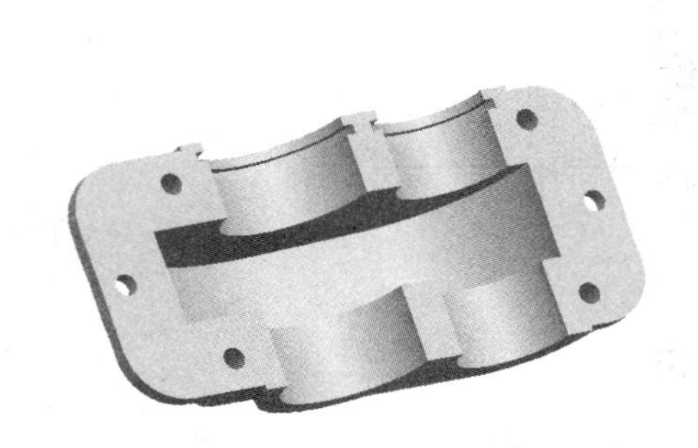

图 29-28　生成的挡油槽

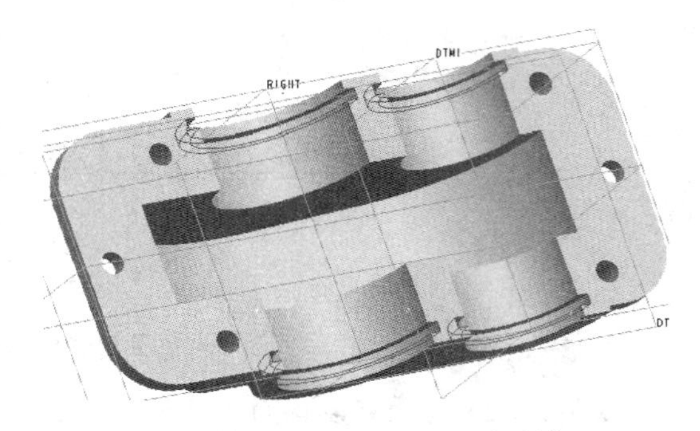

图 29-29　镜像另一侧的挡油槽

步骤十二：创建上箱盖的观察孔。

如图 29-30 所示，以 R 平面旋转 10° 创建辅助基准面 DTM4。

如图 29-31 所示，再把 DTM4 平面向上平移 32 后生成 DTM5 平面。

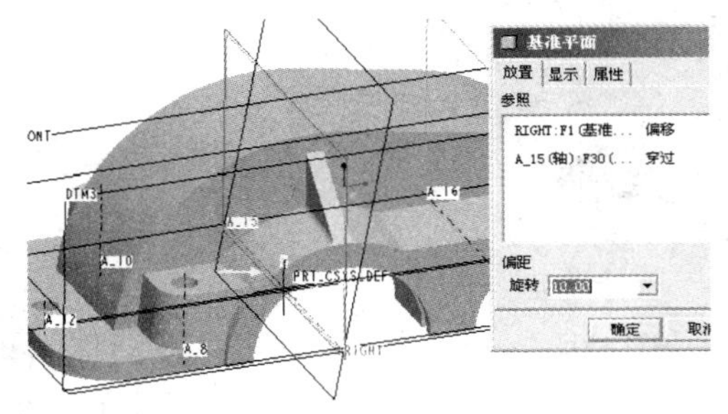

图 29-30　创建基准面 DTM4

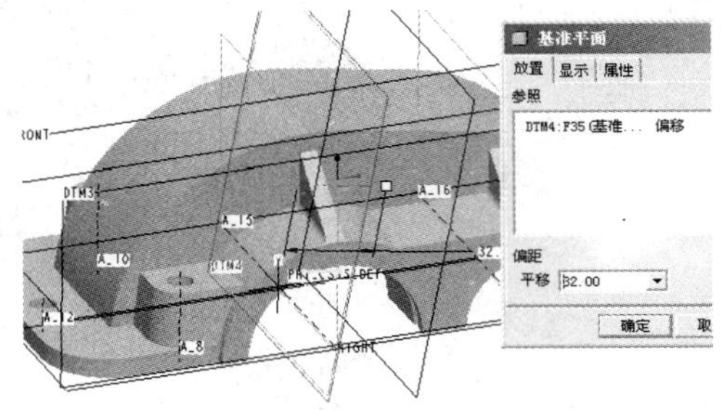

图 29-31　生成 DTM5 平面

如图 29-32 所示，选择“插入”→“拉伸”→“伸出项”命令或在右工具箱中单击“拉伸”按钮，打开其操作面板，创建拉伸“实体”特征，以 DTM5 为草绘平面草绘图形，完成后打钩退出草绘界面。

如图 29-33 所示，设置“双侧对称”拉伸，设置深度为 46，打钩完成后生成特征。

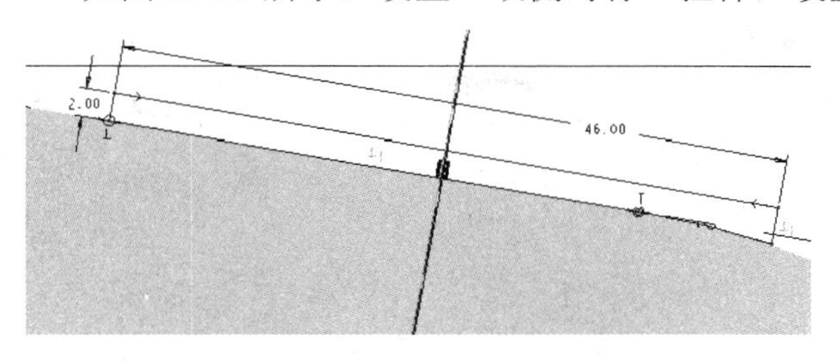

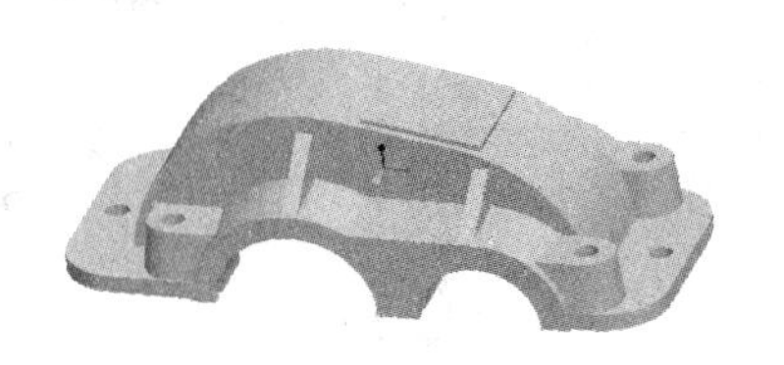

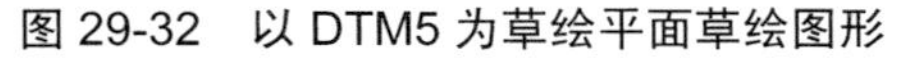
图 29-32　以 DTM5 为草绘平面草绘图形

图 29-33　生成的特征

如图 29-34 所示，同样方法再次创建拉伸特征，在 DTM5 平面上草绘可视孔的图形。

如图 29-35 所示，设置为“减材料”，“双侧”拉伸，拉伸深度为 28，打钩完成后生成可视孔图形。

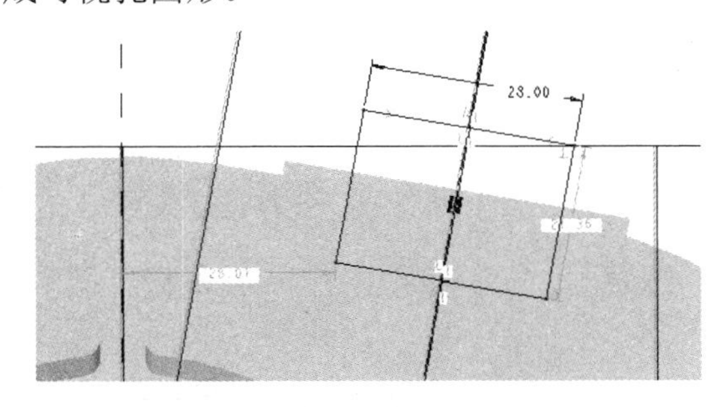

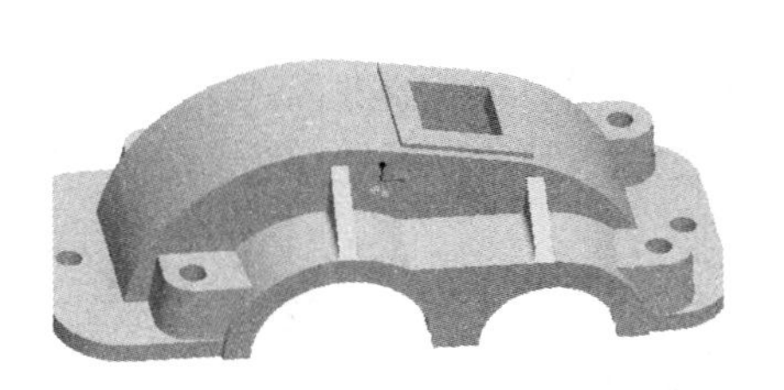

图 29-34　草绘可视孔的图形

图 29-35　生成的可视孔图形

如图 29-36 所示，创建螺纹孔的操作，选择“插入”→“孔”命令或在右工具箱中单击“孔”按钮，打开其操作面板，选择“标准孔”、ISO，为可视孔增加螺孔 M3×0.5 的参数，选择“穿透”，然后打开“放置”上滑面板，确定一个螺纹孔的位置，打钩完成一个螺纹孔的创建。

如图 29-37 所示，同样方法创建其他的 3 个螺纹孔，最终完成 4 个螺孔。

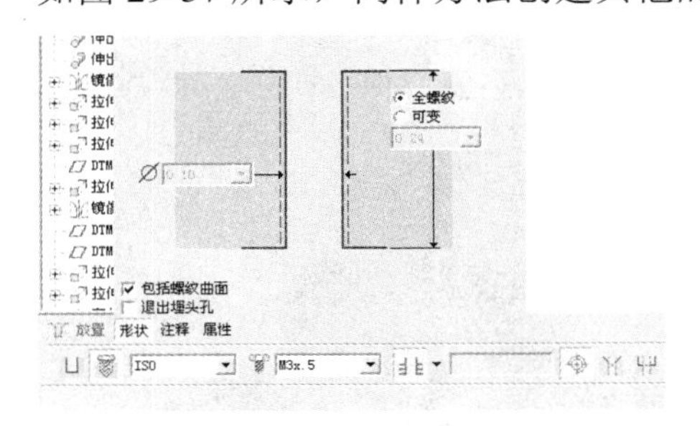

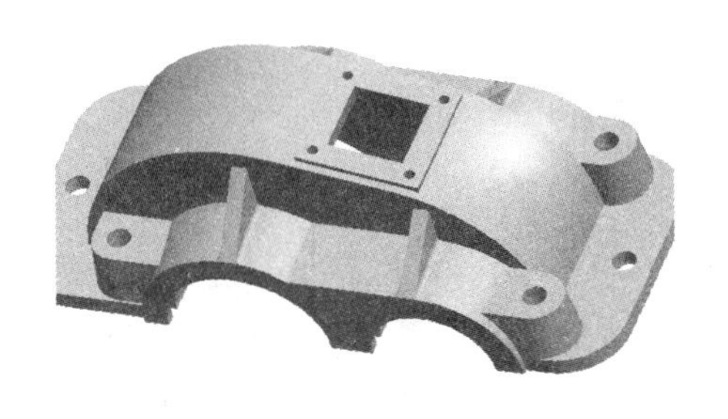

图 29-36　创建一个螺纹孔

图 29-37　最终完成的 4 个螺孔

步骤十三：创建定位销孔。

如图 29-38 所示，首先以 F 平面为参照向前偏移 23 后生成基准平面 DTM6。然后择“插入”→“旋转”→“实体”命令或在右工具箱中单击“旋转”命令，打开其操作面板，选择“实体”特征，以 DTM6 为草绘平面草绘圆锥销孔旋转的截面图形，完成后打钩退出草绘界面。

如图 29-39 所示，设置为“减材料”，旋转角度为 360°，打钩完成后生成锥度为 1：50 的定位销孔。

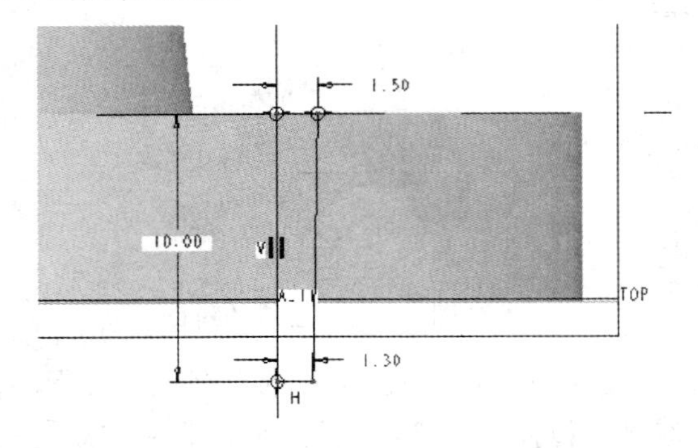

图 29-38 草绘图锥销孔旋转的截面图形

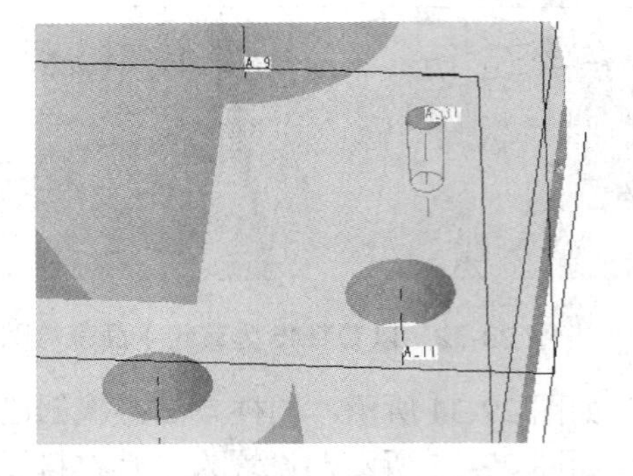

图 29-39 生成的锥度为 1：50 的定位销孔

如图 29-40 所示，同样方法，首先以 F 平面向后偏移 23 后生成基准平面 DTM7。运用旋转工具创建另一个锥度为 1：50 的定位销孔。

步骤十四：增加铸造圆角。

图 29-41 所示为减速箱上箱盖增加铸造半径为 3 的圆角后最终生成的设计结果。

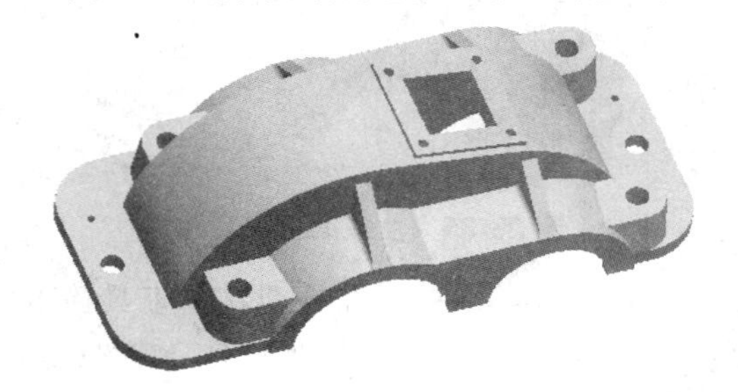

图 29-40 创建另一个锥度为 1：50 的定位销孔

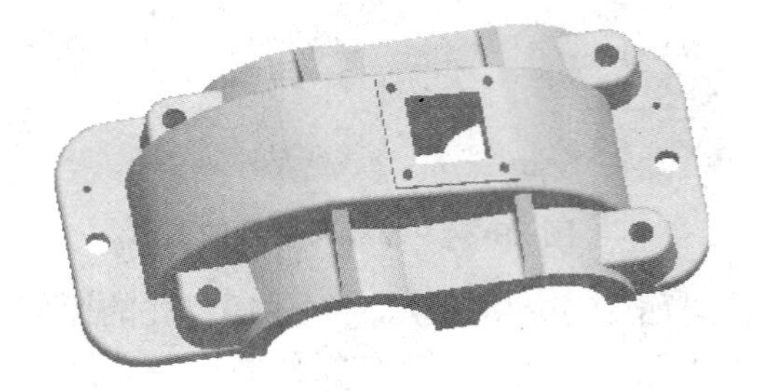

图 29-41 最终的设计结果

拓展训练

运用 Pro/E 设计软件，完成如图 29-42 所示齿轮泵减速箱箱体三维模型的设计。

图 29-42 齿轮减速箱箱体

项目 30　减速箱下箱体设计

知识目标

掌握二维平面图形的绘制、掌握三维实体模型的创建方法、掌握基础实体、工程特征及特征的基本操作等操作方法等。

技能目标

熟练地运用 Pro/E 设计软件，熟练地运用所学过的所有的实体特征、工程特征、特征的基本操作等工具快速地设计减速箱下箱体模型。

项目任务

运用 Pro/E 设计软件，完成如图 30-1 所示的减速箱下箱盖三维模型的设计。

图 30-1　减速箱下箱体三维模型

操作指引

设计减速箱下箱盖的三维模型

步骤一：选择“文件”→“新建”命令，弹出“新建”对话框，在“类型”选项组中选中“零件”单选按钮并输入文件名“jiansuxiangxiaxianggai”，然后单击“确定”按钮进入三维实体建模模式。首先选择“编辑”→“设置”命令，弹出“设置”菜单管理器，单击“单位”按钮，打开“单位管理器”，选择“mmns_part_solid”作为设计模板。

步骤二：创建下箱体主体。

如图 30-2 所示，选择“插入”→“拉伸”→“伸出项”命令或在右工具箱中单击“拉伸”按钮，打开其操作面板，创建拉伸“实体”特征，以 F 为草绘平面草绘图形，完成后打钩退出草绘界面。

如图 30-3 所示，设置为“对称双侧”拉伸，深度为 180°，打钩完成后生成拉伸特征。

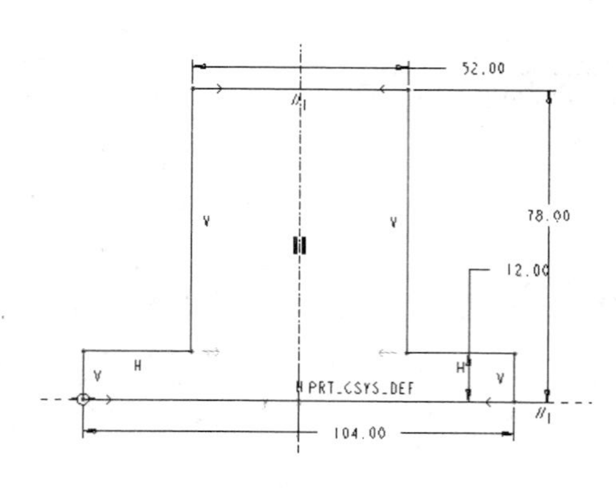

图 30-2 草绘图形

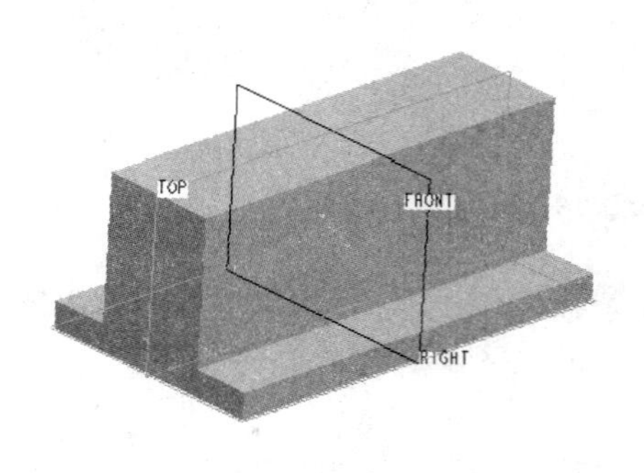

图 30-3 生成的拉伸特征

如图 30-4 所示，再次创建拉伸特征，以 F 为草绘平面草绘图形，完成后打钩退出草绘界面。如图 30-5 所示，设置为“双侧对称”拉伸，深度为 230，打钩完成后生成拉伸特征。

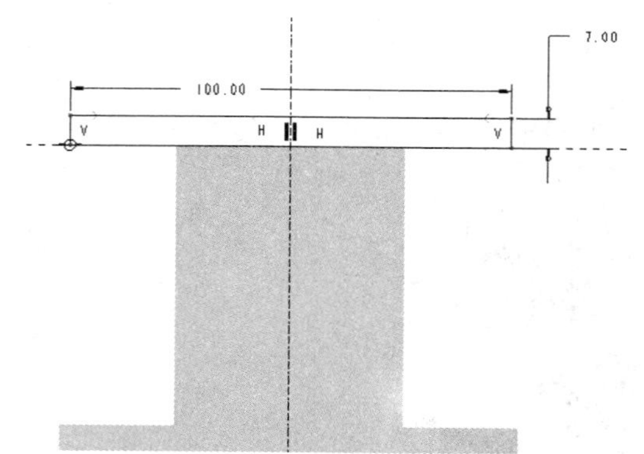

图 30-4 再次创建拉伸特征

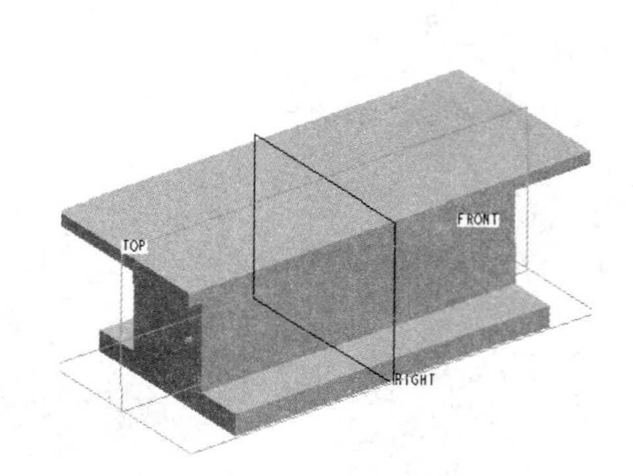

图 30-5 再次生成的拉伸特征

步骤三：倒圆角。

如图 30-6 所示，单击“倒圆角”按钮，为上平台的 4 个角创建半径为 23 的圆角特征。

步骤四：创建箱体轴孔凸台。

如图 30-7 所示，以 R 平面为参照偏移-65 创建 DTM1，以 DTM1 平面为参照偏移-70 创建 DTM2。

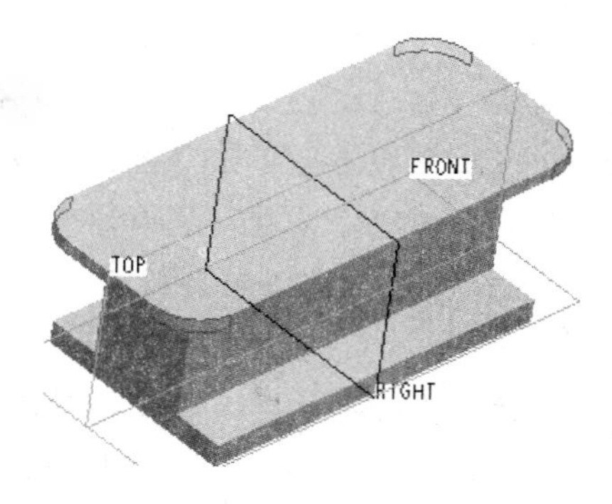

图 30-6 倒圆角

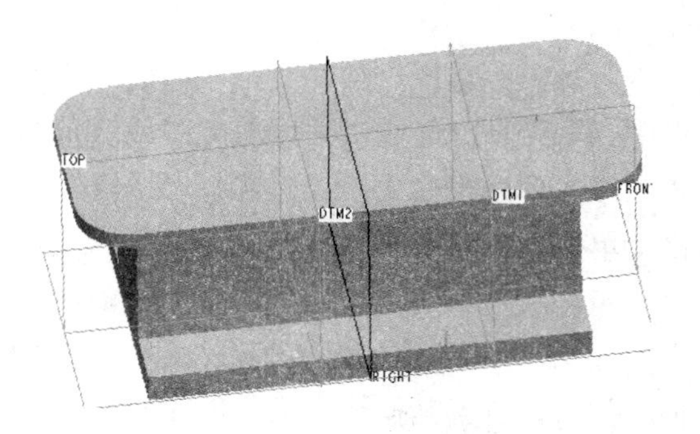

图 30-7 创建 DTM1 和 DTM2

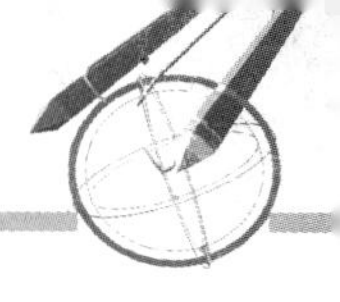

如图 30-8 所示，选择“插入”→“拉伸”→“伸出项”命令或在右工具箱中单击“拉伸”按钮，打开其操作面板，创建拉伸“实体”特征，以 F 为草绘平面草绘图形，完成后打钩退出草绘界面。如图 30-9 所示，设置为“双侧对称”拉伸，深度为 104，打钩完成后生成拉伸特征。

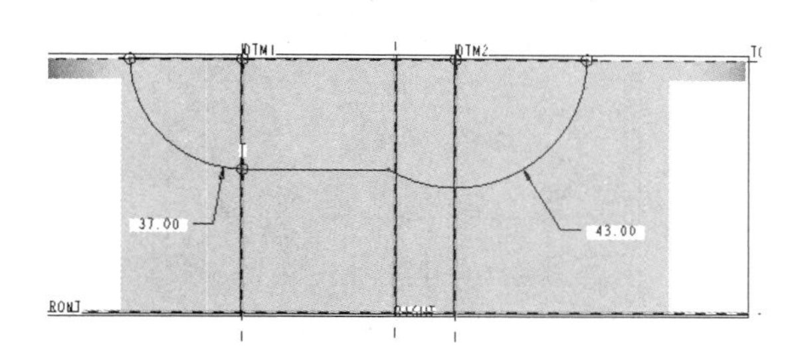

图 30-8　创建拉伸“实体”特征草绘图形

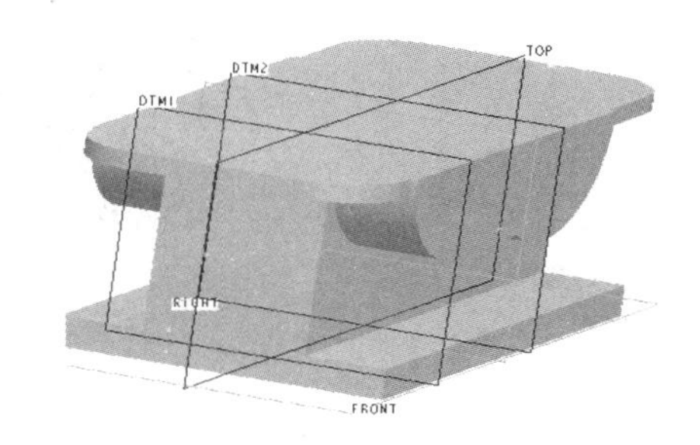

图 30-9　“双侧对称”拉伸生成的拉伸特征

如图 30-10 所示，单击“拔模”按钮，选择上曲面为拔模曲面，选择下箱体的前面为拔模枢轴，单击“分割”上滑面板，选择“根据拔模枢轴分割”和“只拔模第一侧”选项，设置拔模角度为 6°，打钩完成拔模的操作。

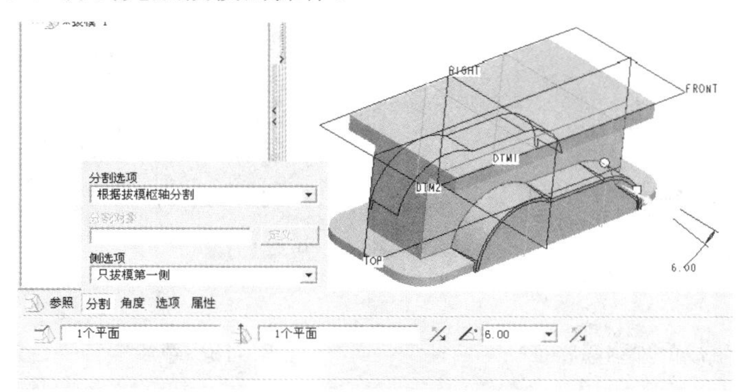

图 30-10　拔模

如图 30-11 所示，同样方法创建另一侧凸台拔模，同样拔模角度为 6°　。

步骤五：创建加强筋。

如图 30-12 所示，单击“筋”按钮，以 DTM2 为草绘平面，草绘筋的图形(开放图形)，设置筋的厚度为 6，打钩完成低速轴的加强筋(注意草绘时选择合适的参照)。

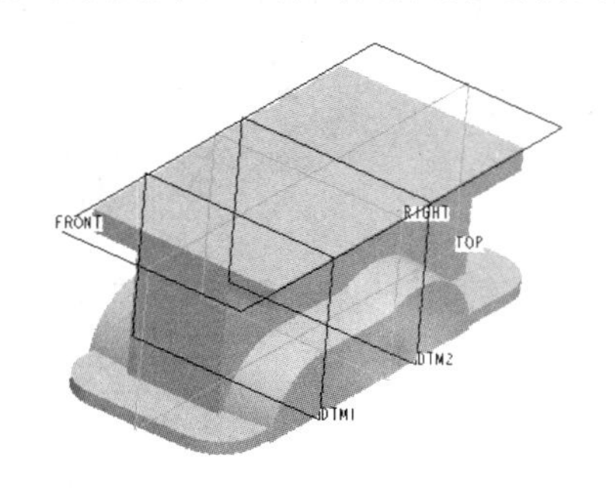

图 30-11　创建另--侧凸台拔模

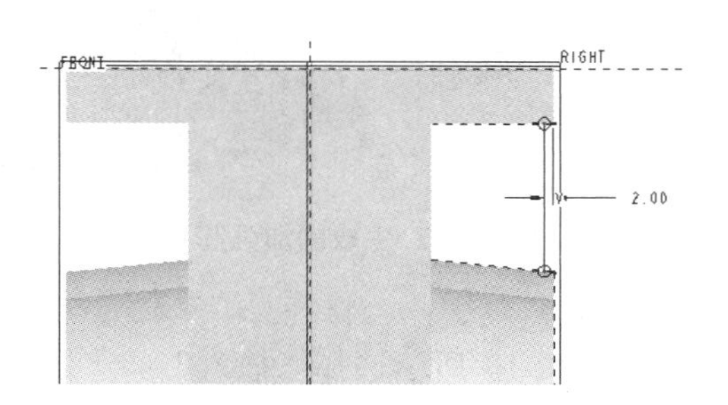

图 30-12　低速轴的加强筋

如图 30-13 所示，选择刚创建的加强筋，单击“镜像”按钮，以 T 平面为镜像平面镜像出另一侧低速轴的加强筋。如图 30-14 所示，运用拉伸特征方法创建高速轴处的加强筋时，以 DTM1 为草绘平面，草绘加强筋的图形，完成后打钩退出草绘界面。

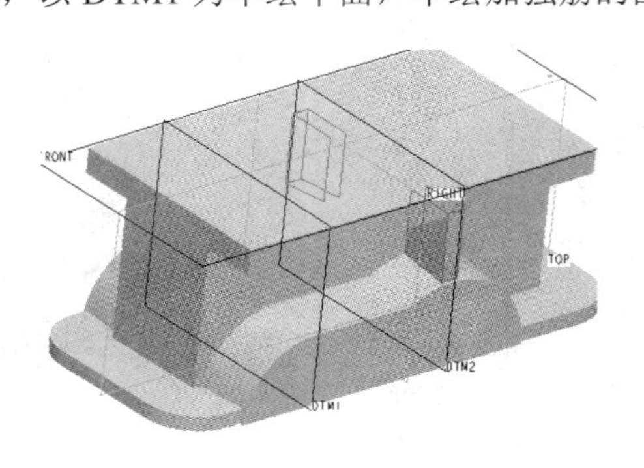

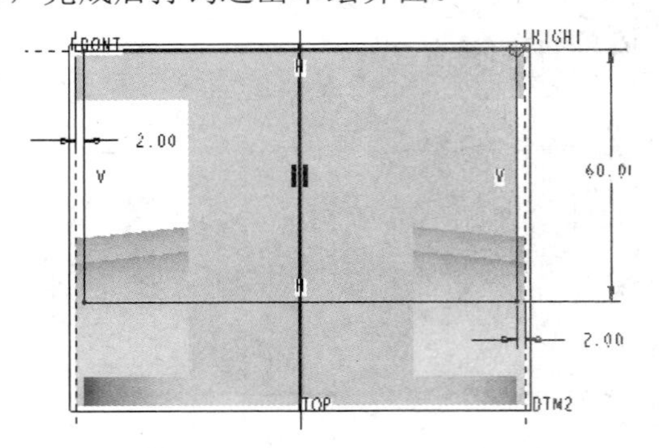

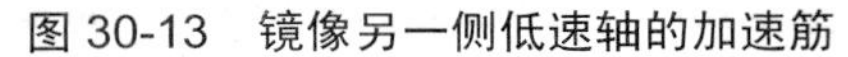
图 30-13　镜像另一侧低速轴的加速筋

图 30-14　草绘加强筋的图形

如图 30-15 所示，设置为“双侧”拉伸，拉伸的厚度为 6，打钩完成后生成加强筋特征。如图 30-16 所示，运用“拉伸”、“实体”工具，以第一次拉伸的实体前面为草绘平面，草绘安装平台处的加强筋的草绘图，完成后退出草绘界面。

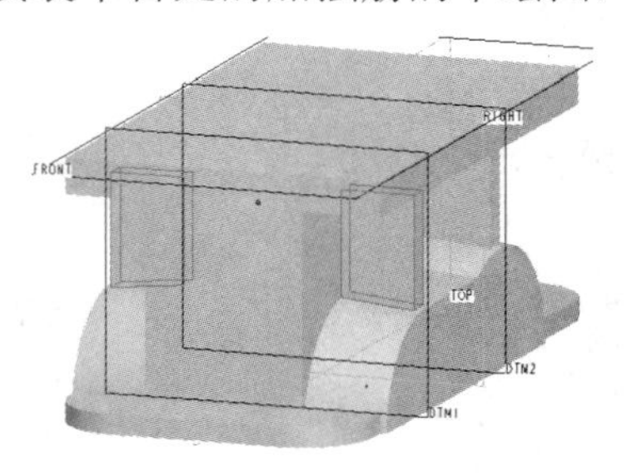

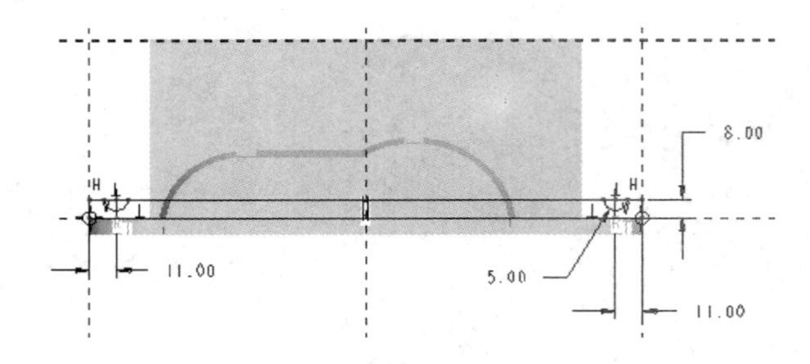

图 30-15　生成的加强筋特征

图 30-16　草绘安装平台处的加强筋

如图 30-17 所示，设置为“反向”拉伸，拉伸的深度为 6，打钩完成后生成加强筋。

如图 30-18 所示，以 T 为镜像平面镜像出另一侧安装平台处的加强筋。

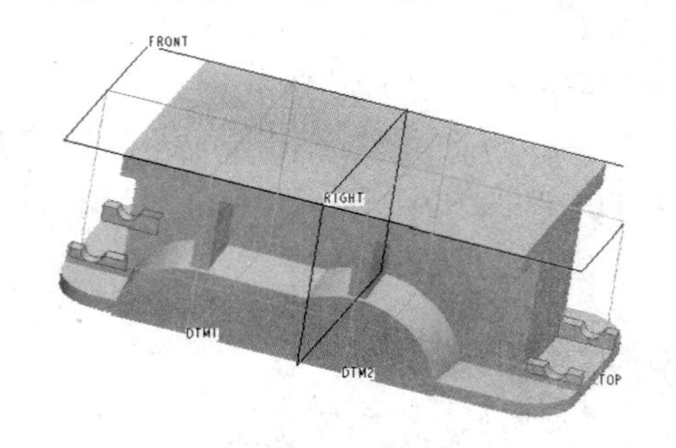

图 30-17 生成的加强筋

图 30-18　镜像另一侧的安装平台处的加强筋

步骤六：创建凸台特征。

如图 30-19 所示选择“插入”→“混合”→“伸出项”命令，弹出其菜单，选择“平行混合”命令，弹出“伸出项：混合平行”对话框，“属性”选项中选择“竖直的”，然

后在弹出的菜单中选择底板的上表面作为草绘平面，其余按照系统默认进入草绘界面，草绘第一个剖面。

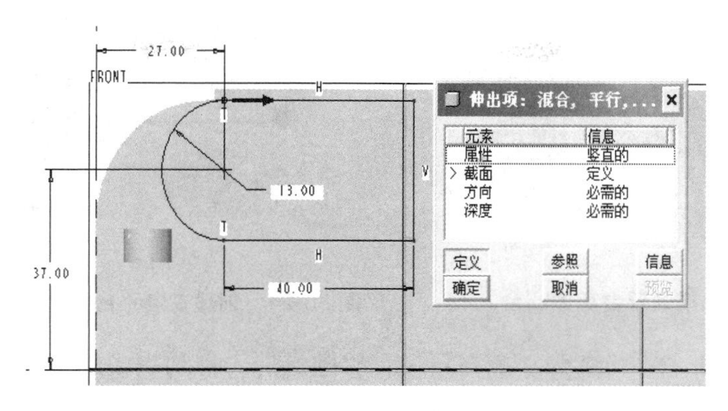

图 30-19　草绘第一个剖面

如图 30-20 所示，完成后单击鼠标右键，在弹出的菜单中选择“切换剖面”命令，然后继续草绘另一个剖面。完成后打钩退出草绘界面。

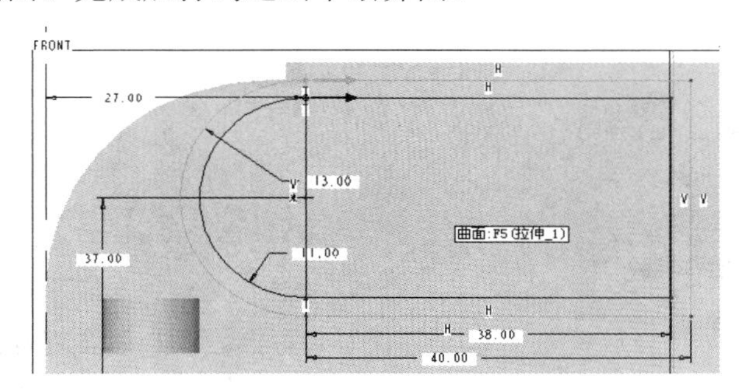

图 30-20　草绘另一个剖面

如图 30-21 所示，设置深度为 30，在主菜单中单击“确定”按钮即完成平行混合创建，生成的混合实体凸台。图 30-22 所示为用同样的步骤与方法，运用平行混合实体特征创建另一侧凸台时的草绘两剖面图。

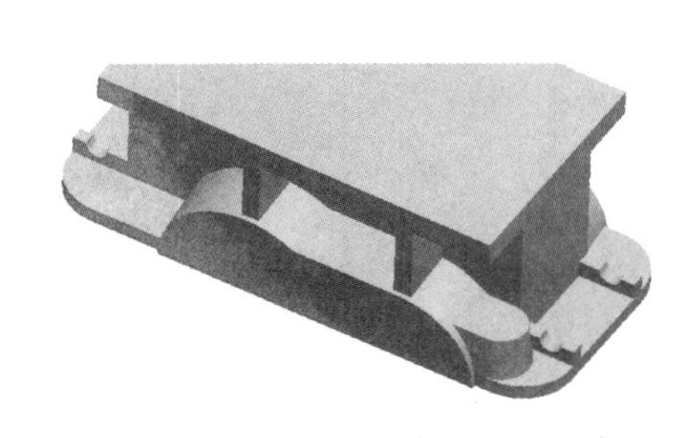

图 30-21　生成的混合实体凸台

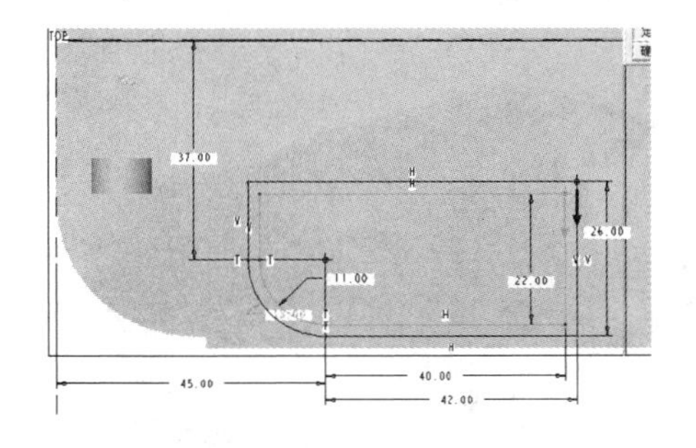

图 30-22　创建另一侧凸台时的草绘两剖面图

如图 30-23 所示，设置深度为 30，生成混合实体凸台。

步骤七：创建安装孔。

图 30-24 所示为利用“拉伸”、“去除材料”创建安装平台上的安装孔(直径为 9 的圆)时的草绘图。

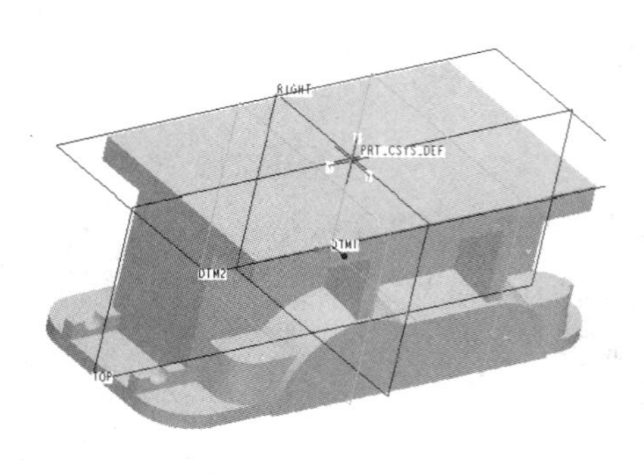

图 30-23　生成的混合实体凸台

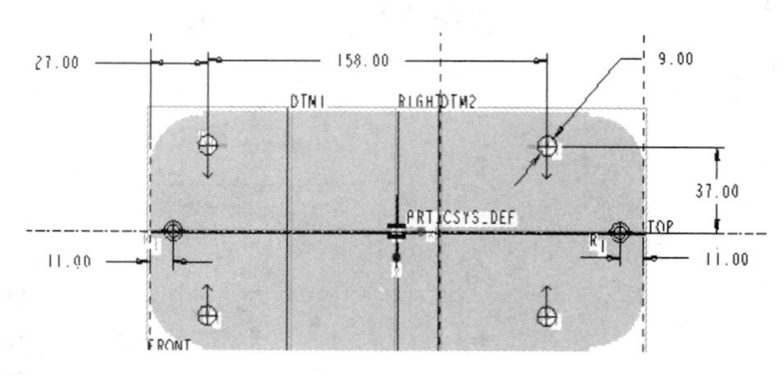

图 30-24　创建安装平台上的安装孔时的草绘图

如图 30-25 所示，设置为“减材料”、“穿透”，打钩完成后生成安装孔。

步骤八：创建油孔凸台。

如图 30-26 所示，首先选取创建凸台的面(第一次拉伸实体的侧面)，再选择“编辑”→“偏移”命令，选择类型为“具有斜度”，利用“草绘”按钮草绘图形。

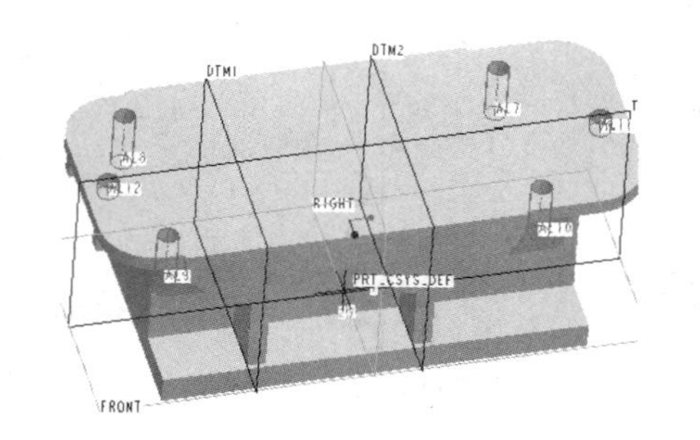

图 30-25　生成的安装孔

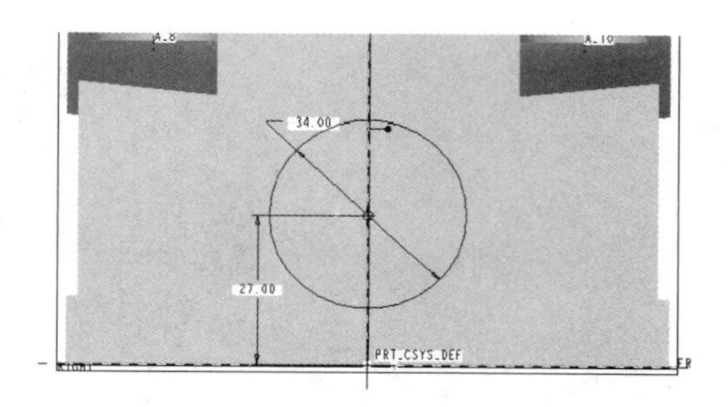

图 30-26　草绘图形

如图 30-27 所示，在偏移距离中输入 2，倾斜角度为 0°，完成后生成油孔凸台。

如图 30-28 所示，先选取刚创建好的凸台表面，再次选择“编辑”→“偏移”命令，偏移方向选择“指向实体内部”，利用“草绘”按钮草绘图形，创建减材料的油面观察孔。

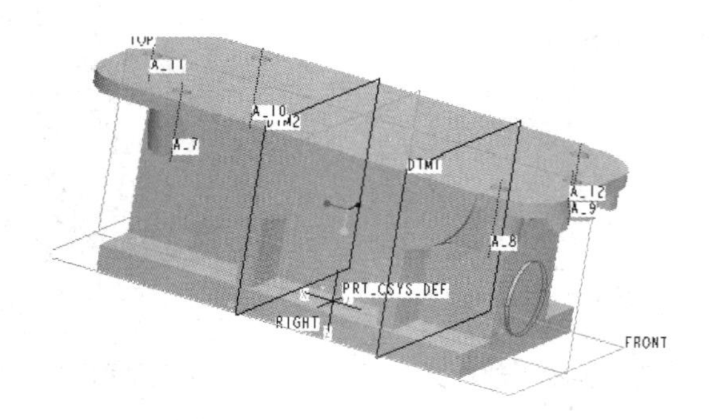

图 30-27　生成的油孔凸台

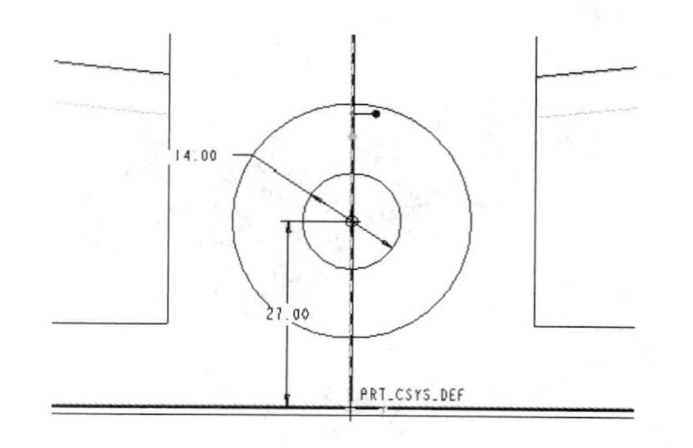

图 30-28　创建减材料的油面观察孔

如图 30-29 所示，利用“拉伸”、“减材料”命令创建深度为 15 的连接孔，草绘孔的平面图形。

如图 30-30 所示，利用“拉伸”或“旋转”命令创建漏油孔凸台。

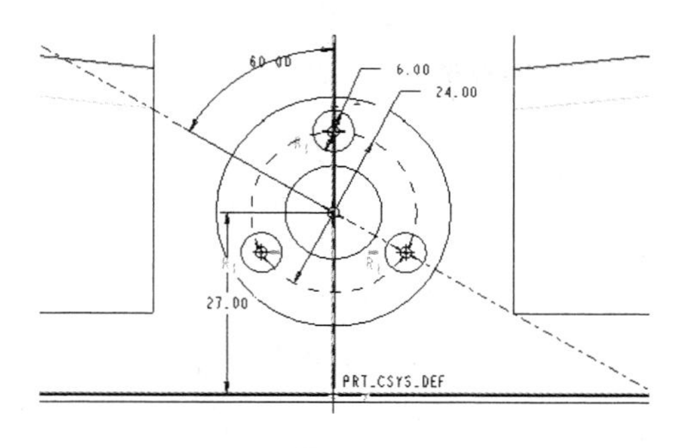

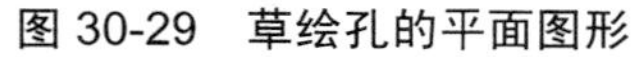
图 30-29　草绘孔的平面图形

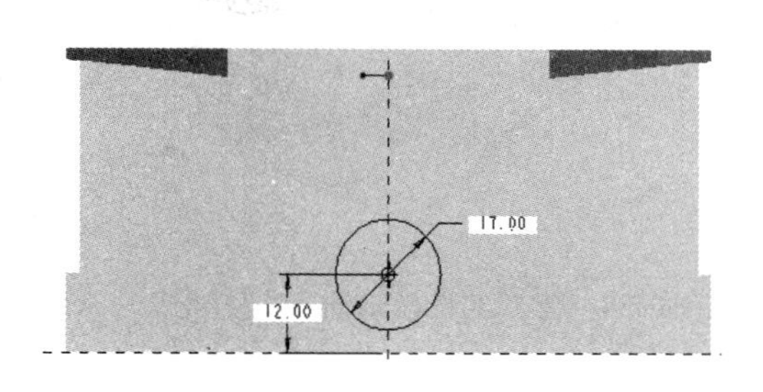

图 30-30　创建漏油空凸台

如图 30-31 所示，运用“打孔”命令创建螺纹孔 M10×1，深度为 8。图 30-32 是生成的漏油孔。

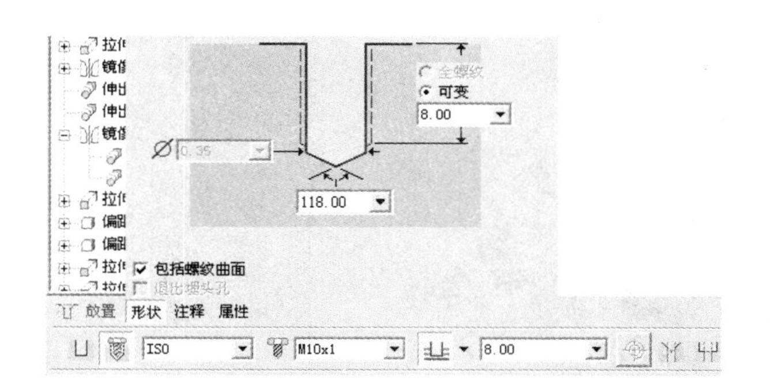

图 30-31　创建螺纹孔

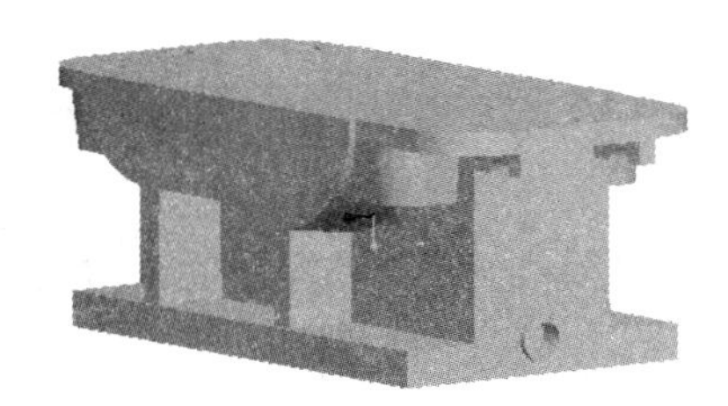

图 30-32　生成的漏油孔

步骤九：创建低速轴轴孔和挡油槽。

如图 30-33 所示，选择“插入”→“旋转”→“伸出项”命令或在右工具箱中单击“旋转”按钮，打开其操作面板，创建拉伸“实体”特征，以 TDM1 为草绘平面，草绘图形和旋转轴，完成后打钩退出草绘界面。

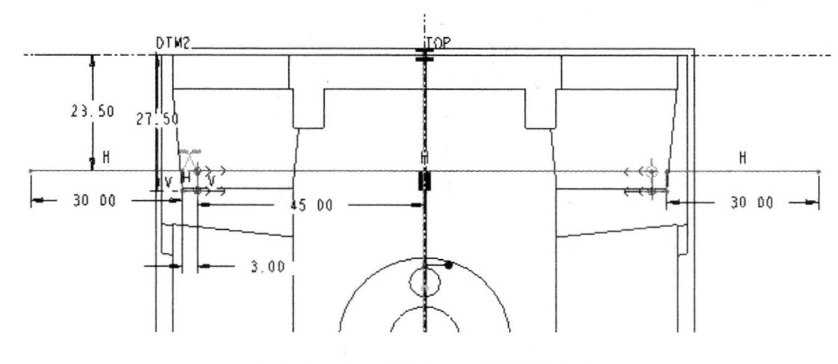

图 30-33　草绘图形和旋转轴

如图 30-34 所示，设置为“减材料”、旋转角度为 360°，打钩完成后生成低速轴轴孔和挡油槽。

图 30-35 所示为同样方法创建低速轴轴孔和挡油槽的草绘图形。

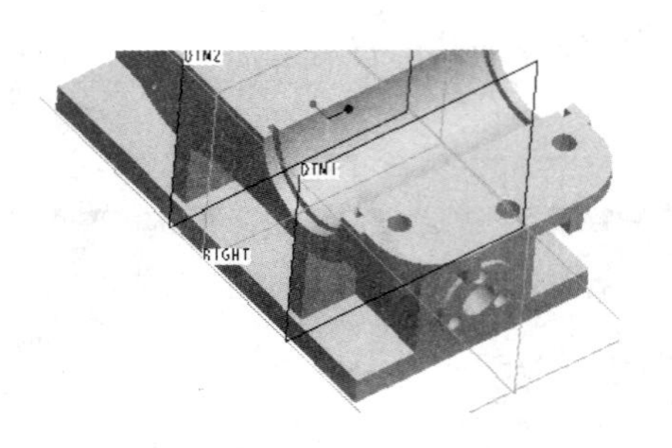

图 30-34　生成的低速轴轴孔和挡油槽

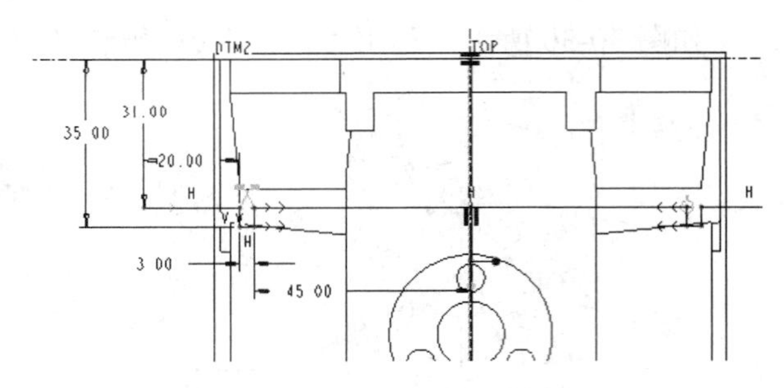

图 30-35　轴孔和挡油槽草绘图形

如图 30-36 所示，运用“旋转”“减材料”创建低速轴轴孔和挡油槽。

步骤十：创建下箱体空腔。

如图 30-37 所示，选择“插入”→“拉伸”→“伸出项”命令或在右工具箱中单击“拉伸”按钮，打开其操作面板，创建拉伸“实体”特征，以 F 为草绘平面草绘图形，完成后打钩退出草绘界面。

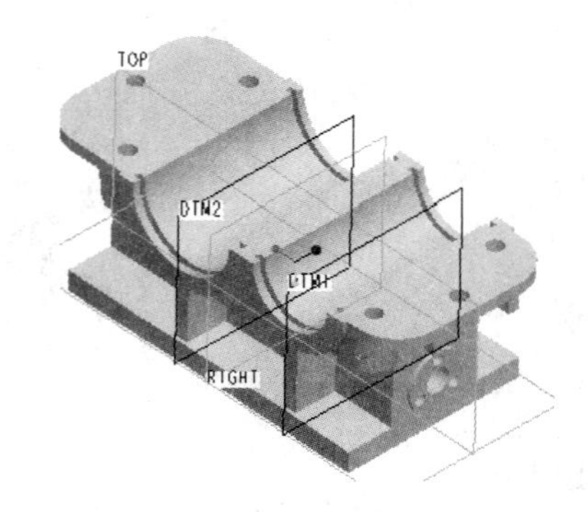

图 30-36　运用“旋转”、“减材料”创建的低速轴轴孔和挡油槽

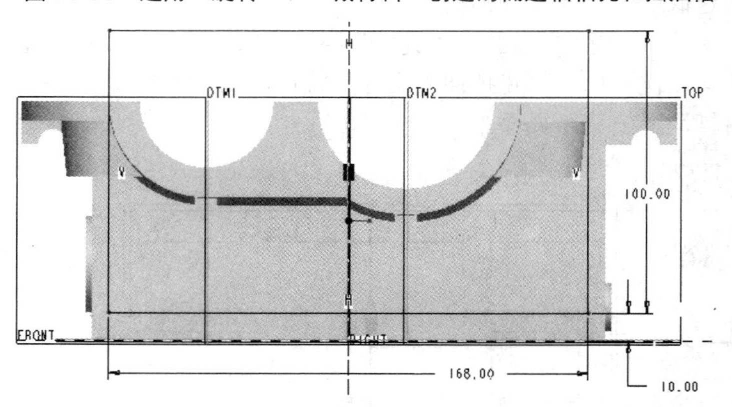

图 30-37　下箱体空腔草绘图形

如图 30-38 所示，设置为“双侧对称”拉伸，“减材料”，设置拉深的深度为 40，打钩完成后生成下箱体的空腔效果。

步骤十一：倒圆角。

图 30-39 说明：单击“倒圆角”按钮，按住 Ctrl 键依次选取内腔四角处的四边，都进行半径为 6 的倒圆角，打钩完成。

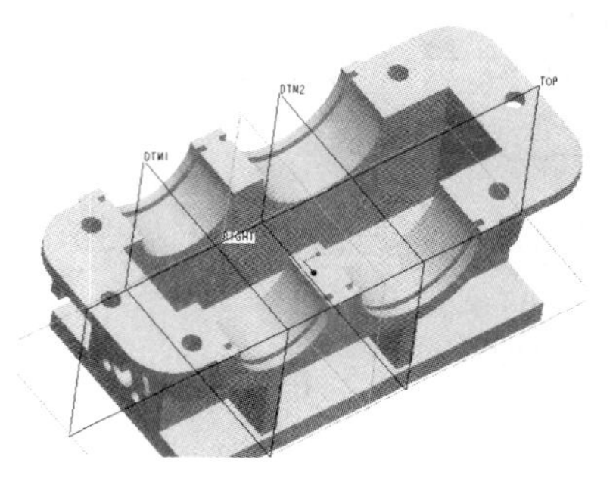

图 30-38　生成的下箱体的空腔效果

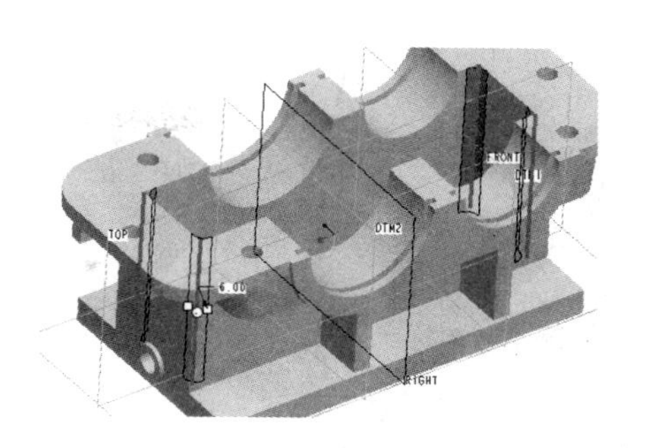

图 30-39　倒圆角

如图 30-40 所示，再次单击“倒圆角”按钮，按住 Ctrl 键依次选取下箱体四角处的 4 条边，都进行半径为 12 的倒圆角，打钩完成。图 30-41 所示为倒圆角后的减速箱下箱体。

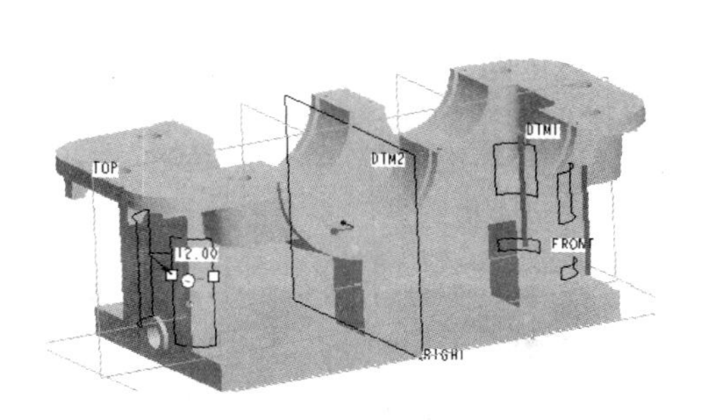

图 30-40　半径为 12 的倒圆角

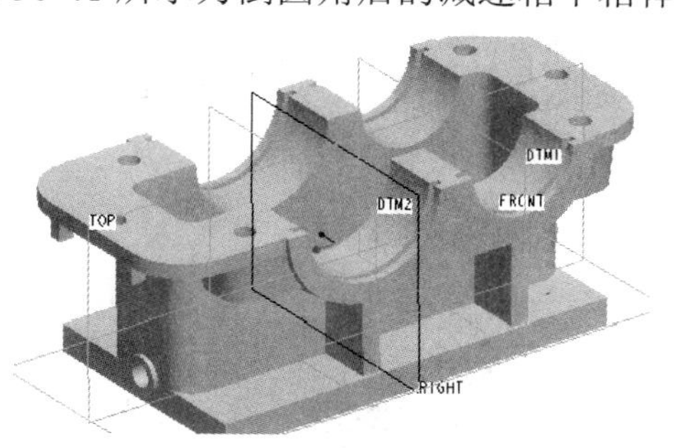

图 30-41　倒圆角后的减速箱下箱体

步骤十二：创建安装孔。

如图 30-42 所示，打开“孔”的操作面板，选择“尺寸”，在下底板的上表面上先建立一个安装孔，定位尺寸分别为 39 和 67.5。

如图 30-43 所示，然后选择“草绘孔”，进入草绘界面，草绘孔的截面图，完成后打钩退出草绘界面。

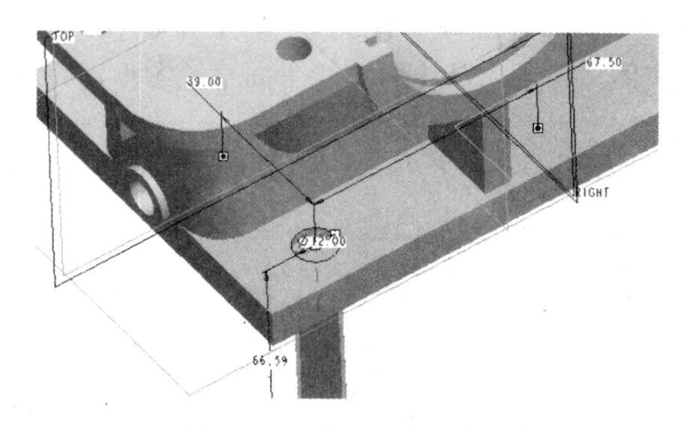

图 30-42　建立一个安装孔

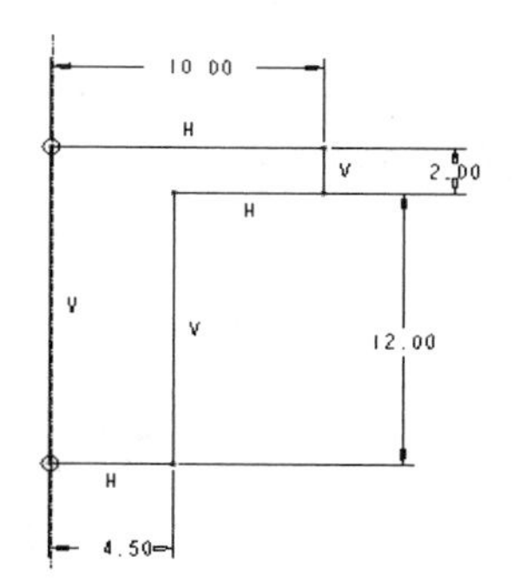

图 30-43　草绘孔的截面图

图 30-44 所示为打钩完成后所生成的安装孔。如图 30-45 所示，首先选取刚创建的安装孔，然后打开“阵列”的操作面板，选择“尺寸”，打开“尺寸”上滑面板，进行两个方向的阵列，阵列的数量都为 2，阵列的距离分别为 78 和 135，打钩完成。

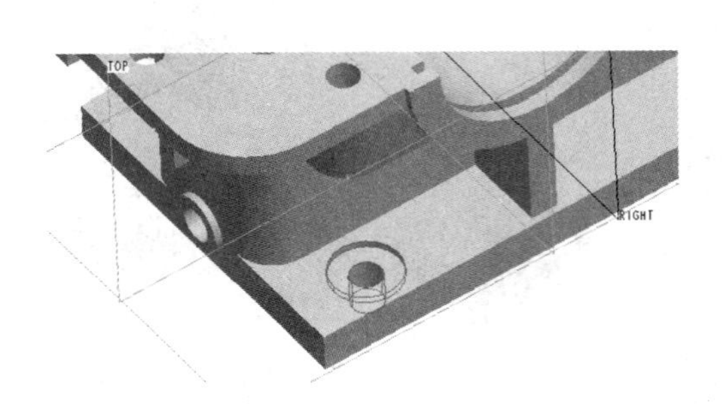

图 30-44　生成的安装孔

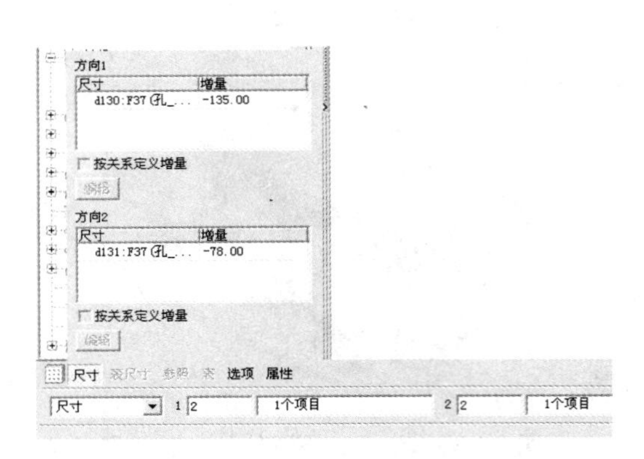

图 30-45　进行两个方向的阵列

图 30-46 是阵列完成后的安装孔。

步骤十三：倒圆角。

如图 30-47 所示，单击“倒圆角”按钮，设置倒圆角的半径为 3，选择油位观察孔凸台周边，打钩完成倒圆角。

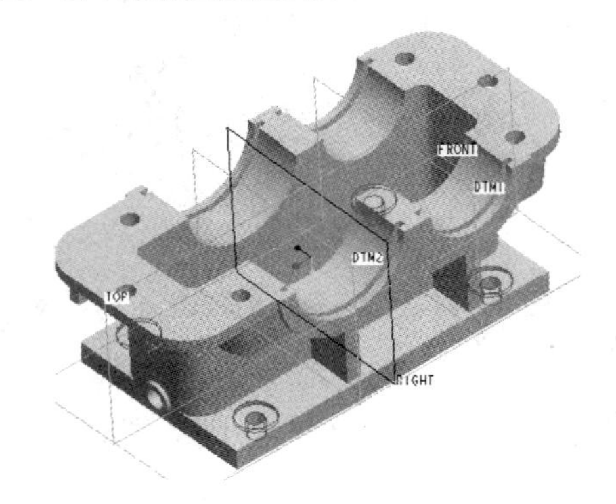

图 30-46　阵列完成后的安装孔

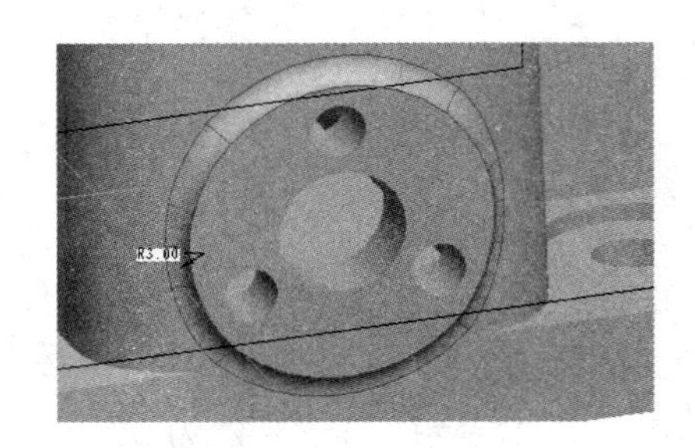

图 30-47　半径为 3 的倒圆角

步骤十四：创建箱体底座凹槽。

如图 30-48 所示，选择“插入”→“拉伸”→“伸出项”命令或在右工具箱中单击“拉伸”命令，打开其操作面板，创建拉伸“实体”特征，以 T 为草绘平面草绘图形，完成后打钩退出草绘界面。

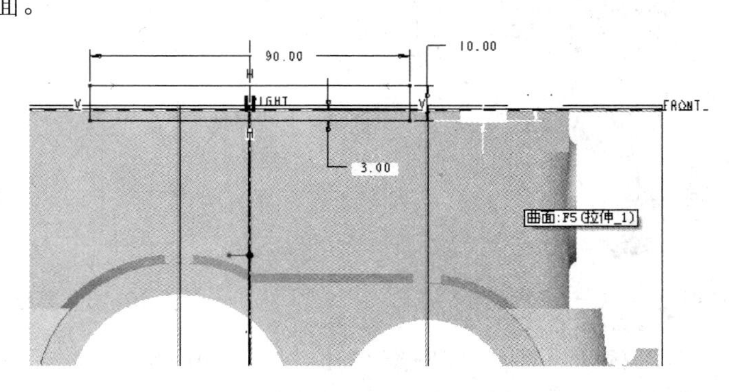

图 30-48　箱体底座凹槽草绘图形

如图30-49所示，设置为“双侧对称”拉伸，“减材料”，拉伸深度为120，打钩完成后生成特征。

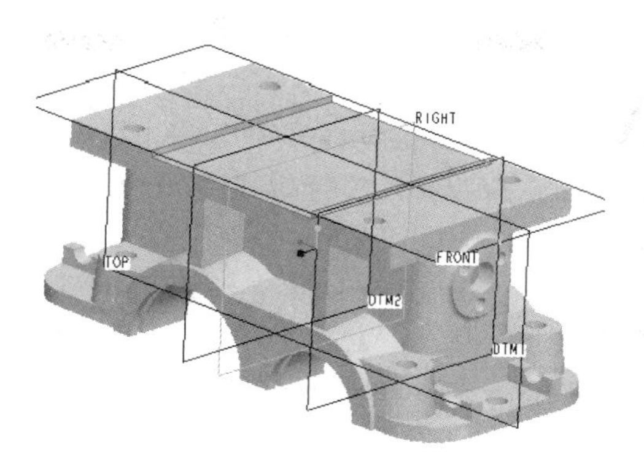

图30-49　生成的特征

步骤十五：增加铸造圆角。

如图30-50所示，单击“倒圆角”按钮，设置倒圆角的半径为5，选择底板四周边，打钩完成倒圆角，增加了底板四周铸造圆角。图30-51所示是最终生成的减速器下箱体。

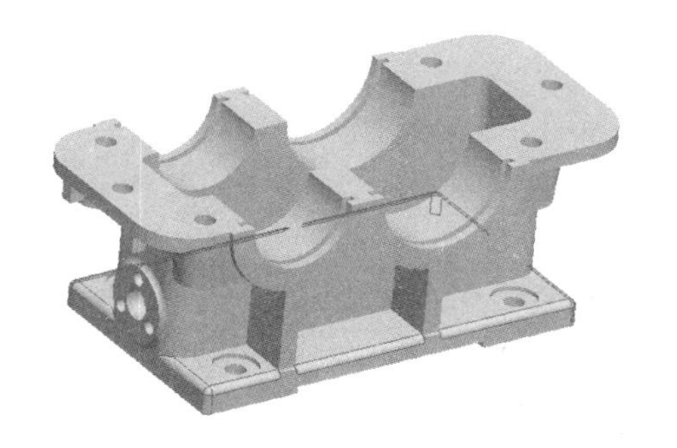

图30-50　底板四周铸造圆角

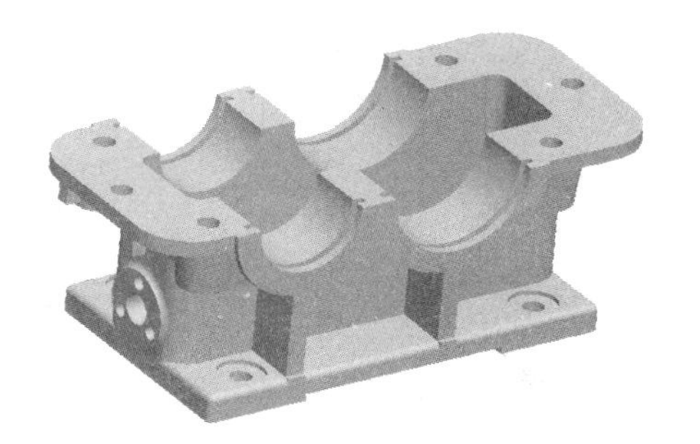

图30-51　最终生成的减速器下箱体

拓展训练

运用Pro/E设计软件，完成如图30-52所示齿轮减速箱箱体三维模型的设计。

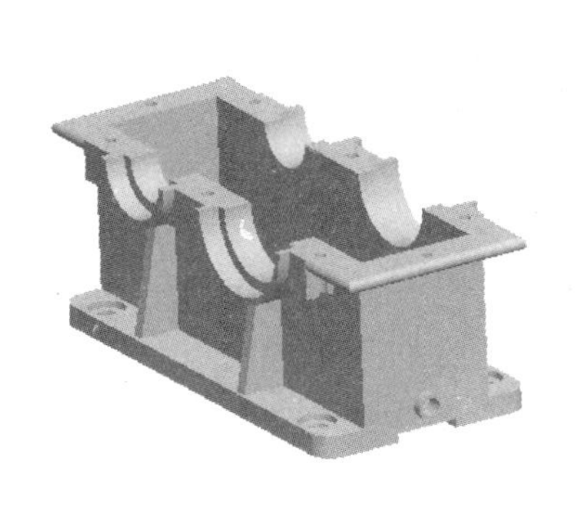

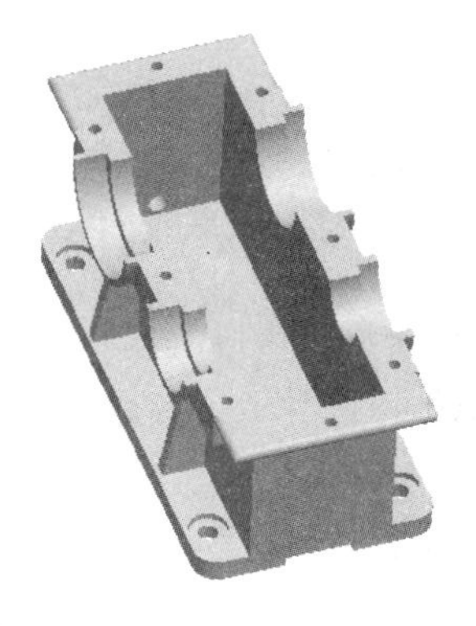

图30-52　齿轮减速箱箱体三维模型

参 考 文 献

[1] 谭雪松，甘露萍，张黎骅．Pro/ENGINEER Wildfire 基础教程[M]．北京：人民邮电出版社，2007.

[2] 甘登岱．Pro/ENGINEER Wildfire 3.0 基础与应用精品课程[M]．北京：航空工业出版社，2008.

[3] 蔡冬根．Pro/ENGINEER Wildfire 3.0 实用教程[M]．北京：人民邮电出版社，2008.

[4] 谭雪松，张黎骅，漆向军．Pro/ENGINEER Wildfire 基础教程[M]．北京：人民邮电出版社，2009.

[5] 赵战峰．Pro/Engineer 野火版零件设计[M]．北京：中国轻工业出版社，2010.

[6] 谭雪松，张青，郭安全．从零开始——Pro/ENGINEER Wildfire 3.0 中文版基础培训教程[M]．北京：人民邮电出版社，2008.

北京大学出版社高职高专机电系列规划教材

序号	书号	书名	编著者	定价	出版日期
1	978-7-301-12181-8	自动控制原理与应用	梁南丁	23.00	2012.1 第3次印刷
2	978-7-5038-4861-2	公差配合与测量技术	南秀蓉	23.00	2011.12 第4次印刷
3	978-7-5038-4865-0	CAD/CAM 数控编程与实训(CAXA 版)	刘玉春	27.00	2011.2 第3次印刷
4	978-7-5038-4869-8	设备状态监测与故障诊断技术	林英志	22.00	2011.8 第3次印刷
5	978-7-301-13262-3	实用数控编程与操作	钱东东	32.00	2011.8 第3次印刷
6	978-7-301-13383-5	机械专业英语图解教程	朱派龙	22.00	2012.2 第4次印刷
7	978-7-301-13582-2	液压与气压传动技术	袁　广	24.00	2011.3 第3次印刷
8	978-7-301-13662-1	机械制造技术	宁广庆	42.00	2010.11 第2次印刷
9	978-7-301-13574-7	机械制造基础	徐从清	32.00	2012.7 第3次印刷
10	978-7-301-13653-9	工程力学	武昭晖	25.00	2011.2 第3次印刷
11	978-7-301-13652-2	金工实训	柴增田	22.00	2011.11 第3次印刷
12	978-7-301-14470-1	数控编程与操作	刘瑞已	29.00	2011.2 第2次印刷
13	978-7-301-13651-5	金属工艺学	柴增田	27.00	2011.6 第2次印刷
14	978-7-301-12389-8	电机与拖动	梁南丁	32.00	2011.12 第2次印刷
15	978-7-301-13659-1	CAD/CAM 实体造型教程与实训(Pro/ENGINEER 版)	诸小丽	38.00	2012.1 第3次印刷
16	978-7-301-13656-0	机械设计基础	时忠明	25.00	2012.7 第3次印刷
17	978-7-301-17122-6	AutoCAD 机械绘图项目教程	张海鹏	36.00	2011.10 第2次印刷
18	978-7-301-17148-6	普通机床零件加工	杨雪青	26.00	2010.6
19	978-7-301-17398-5	数控加工技术项目教程	李东君	48.00	2010.8
20	978-7-301-17573-6	AutoCAD 机械绘图基础教程	王长忠	32.00	2010.8
21	978-7-301-17557-6	CAD/CAM 数控编程项目教程(UG 版)	慕　灿	45.00	2012.4 第2次印刷
22	978-7-301-17609-2	液压传动	龚肖新	22.00	2010.8
23	978-7-301-17679-5	机械零件数控加工	李　文	38.00	2010.8
24	978-7-301-17608-5	机械加工工艺编制	于爱武	45.00	2012.2 第2次印刷
25	978-7-301-17707-5	零件加工信息分析	谢　蕾	46.00	2010.8
26	978-7-301-18357-1	机械制图	徐连孝	27.00	2011.1
27	978-7-301-18143-0	机械制图习题集	徐连孝	20.00	2011.1
28	978-7-301-18470-7	传感器检测技术及应用	王晓敏	35.00	2012.7 第2次印刷
29	978-7-301-18471-4	冲压工艺与模具设计	张　芳	39.00	2011.3
30	978-7-301-18852-1	机电专业英语	戴正阳	28.00	2011.5
31	978-7-301-19272-6	电气控制与 PLC 程序设计（松下系列）	姜秀玲	36.00	2011.8
32	978-7-301-19297-9	机械制造工艺及夹具设计	徐　勇	28.00	2011.8
33	978-7-301-19319-8	电力系统自动装置	王　伟	24.00	2011.8
34	978-7-301-19374-7	公差配合与技术测量	庄佃霞	26.00	2011.8
35	978-7-301-19436-2	公差与测量技术	余　键	25.00	2011.9
36	978-7-301-19010-4	AutoCAD 机械绘图基础教程与实训(第2版)	欧阳全会	36.00	2012.1
37	978-7-301-19638-0	电气控制与 PLC 应用技术	郭　燕	24.00	2012.1
38	978-7-301-19933-6	冷冲压工艺与模具设计	刘洪贤	32.00	2012.1
39	978-7-301-20002-5	数控机床故障诊断与维修	陈学军	38.00	2012.1
40	978-7-301-20312-5	数控编程与加工项目教程	周晓宏	42.00	2012.3
41	978-7-301-20414-6	Pro/ENGINEER Wildfire 产品设计项目教程	罗　武	31.00	2012.5
42	978-7-301-15692-6	机械制图	吴百中	26.00	2012.7 第2次印刷
43	978-7-301-20945-5	数控铣削技术	陈晓罗	42.00	2012.7
44	978-7-301-21053-6	数控车削技术	王军红	28.00	2012.8
45	978-7-301-21119-9	数控机床及其维护	黄应勇	38.00	2012.8
46	978-7-301-20752-9	液压传动与气动技术(第2版)	曹建东	40.00	2012.8
47	978-7-301-21147-2	Protel 99 SE 印制电路板设计案例教程	王　静	35.00	2012.8
48	978-7-301-16448-8	Pro/ENGINEER Wildfire 设计实训教程	吴志清	38.00	2012.8

北京大学出版社高职高专电子信息系列规划教材

序号	书号	书名	编著者	定价	出版日期
1	978-7-301-12180-1	单片机开发应用技术	李国兴	21.00	2010.9 第 2 次印刷
2	978-7-301-12386-7	高频电子线路	李福勤	20.00	2010.3 第 2 次印刷
3	978-7-301-12384-3	电路分析基础	徐　锋	22.00	2010.3 第 2 次印刷
4	978-7-301-13572-3	模拟电子技术及应用	刁修睦	28.00	2012.8 第 3 次印刷
5	978-7-301-12390-4	电力电子技术	梁南丁	29.00	2010.7 第 2 次印刷
6	978-7-301-12383-6	电气控制与 PLC(西门子系列)	李　伟	26.00	2012.3 第 2 次印刷
7	978-7-301-12387-4	电子线路 CAD	殷庆纵	28.00	2012.7 第 4 次印刷
8	978-7-301-12382-9	电气控制及 PLC 应用(三菱系列)	华满香	24.00	2012.5 第 2 次印刷
9	978-7-301-16898-1	单片机设计应用与仿真	陆旭明	26.00	2012.4 第 2 次印刷
10	978-7-301-16830-1	维修电工技能与实训	陈学平	37.00	2010.7
11	978-7-301-17324-4	电机控制与应用	魏润仙	34.00	2010.8
12	978-7-301-17569-9	电工电子技术项目教程	杨德明	32.00	2012.4 第 2 次印刷
13	978-7-301-17696-2	模拟电子技术	蒋　然	35.00	2010.8
14	978-7-301-17712-9	电子技术应用项目式教程	王志伟	32.00	2012.7 第 2 次印刷
15	978-7-301-17730-3	电力电子技术	崔　红	23.00	2010.9
16	978-7-301-17877-5	电子信息专业英语	高金玉	26.00	2011.11 第 2 次印刷
17	978-7-301-17958-1	单片机开发入门及应用实例	熊华波	30.00	2011.1
18	978-7-301-18188-1	可编程控制器应用技术项目教程(西门子)	崔维群	38.00	2011.1
19	978-7-301-18322-9	电子 EDA 技术(Multisim)	刘训非	30.00	2012.7 第 2 次印刷
20	978-7-301-18144-7	数字电子技术项目教程	冯泽虎	28.00	2011.1
21	978-7-301-18470-7	传感器检测技术及应用	王晓敏	35.00	2011.1
22	978-7-301-18630-5	电机与电力拖动	孙英伟	33.00	2011.3
23	978-7-301-18519-3	电工技术应用	孙建领	26.00	2011.3
24	978-7-301-18770-8	电机应用技术	郭宝宁	33.00	2011.5
25	978-7-301-18520-9	电子线路分析与应用	梁玉国	34.00	2011.7
26	978-7-301-18622-0	PLC 与变频器控制系统设计与调试	姜永华	34.00	2011.6
27	978-7-301-19310-5	PCB 板的设计与制作	夏淑丽	33.00	2011.8
28	978-7-301-19326-6	综合电子设计与实践	钱卫钧	25.00	2011.8
29	978-7-301-19302-0	基于汇编语言的单片机仿真教程与实训	张秀国	32.00	2011.8
30	978-7-301-19153-8	数字电子技术与应用	宋雪臣	33.00	2011.9
31	978-7-301-19525-3	电工电子技术	倪　涛	38.00	2011.9
32	978-7-301-19953-4	电子技术项目教程	徐超明	38.00	2012.1
33	978-7-301-20000-1	单片机应用技术教程	罗国荣	40.00	2012.2
34	978-7-301-20009-4	数字逻辑与微机原理	宋振辉	49.00	2012.1
35	978-7-301-20706-2	高频电子技术	朱小祥	32.00	2012.6
36	978-7-301-21055-0	单片机应用项目化教程	顾亚文	32.00	2012.8